한국
군대의
윤리학

한국 군대의 윤리학

박균열 지음

솔과학

책머리에

우리는 군인정신은 제정신이 아니라고 말하곤 한다. 이는 군인 스스로가 자조하는 말이 아니다. 곰곰이 생각해보면 임무수행을 위해 명령을 내리고 그것대로 수행하는 일이 취미인 군인은 없다. 어쩔 수 없는 숙명이기 때문에 행하는 것이다. 그런데 이러한 숙명이 반드시 군인에게만 해당된다고는 할 수 없다. 이러한 숙명은 몇 대를 이어 가업을 계승하는 사람이나 뜻을 같이 하는 사람들이 의리를 지키는 경우에도 해당될 수 있다. 하지만 군인에게 있어서 이러한 숙명은 유달리 다르다. 바로 그 맡은 바 소임을 다하는 첫 출발선에서부터 '죽을 수 있다' 또는 '죽음으로 행해야 한다'는 극한적인 정신상태가 전제된다. 군인들은 이러한 요청이 자기에게 부여되고 있음을 잘 안다. 얼마나 역설적인가? 자신의 죽음을 전제하면서 자신을 포함한 자신의 공동체가 잘 살 수 있는 길을 생각한다는 점 말이다.

나는 만 23세의 나이로 그 제정신이 아닌 길을 시작했다. 그것도 그러한 군인정신을 연구할 수 있는 정훈(政訓)병과를 운명적으로 부여받게 되었다. 2019년 신년벽두부터는 군인사법 시행령이 개정되어 병과 명칭이 공보정훈(公報精訓)으로 바뀌게 되었다. 현역 복무를 하는 동안 학업을 병행하면서도 줄곧 국가와 군의 가치관 문제를 고집스럽게 이어온 것은 현재 가르치는 과목들에 대한 풍부한 실무적 초석이 되었다. 지금도 잊을 수 없는 많은 추억들이 있다. 최초 부임지였던 육군5사단 GOP부대에서의 갇힌 생활들, GP 현대화 공사(남북 정상의 협의 하에 2018년 연말에 이곳들을 모두 폭파했다)와 이로 인한 골재추진 선탑 그리고 운전병들과 전곡댐 하류에서 라면에 민물새우 넣어서 끓여먹었던 일, 수방사 예하 사단에서 근무하는 동안 민사심리전장교로서 비밀취급업무를 수행한 경험, 장교영어반에서의 군사영어 공부, UN PKO를 통한 국제군사외교 경험, 국방부 대변인실에서의 외신보도업무 등은 이후 사관학교 교수로서 군대윤리 과목을 가르치는 데 풍부한 밑거름이 되었다. 이어 전역을 하고 국방대학교에서 안보의식을 조사하는 임무는 이후 도덕성 측정을 위한 좋은 시발점이 되었다.

군인정신은 응용윤리인 군대윤리의 중요한 주제이자 내용 요소이다. 동서고금을 막론하고 소부대 지휘자이건 대부대 지휘관이건 모두 군인정신을 고양하는 데 지대한 관심을 갖고 있다. 대개 이들은 군인정신의 일부 내용을 슬로건으로 삼고자 하는 경향이 많다. 수많은 덕목 형태의 슬로건들이 명멸해왔다. 새로운 지휘관이 부임하면 자신만의 또 다른 슬로건으로 장병들의 정신교육을 시도하려고 한다. 이러한 노력은 하지 않는 것보다는 낫지만 핵심적인 접근은 아니다. 일찍이 Charles Taylor가 『자아의 원천들』에서 "신은 부사(adverb)를 더 좋아 한다"는 말을 한 적이 있다. 심지어 나는 신이 만약 진리와 동일체로 인식될 수 있다면 도덕적 진리는 그 자체가 부사라고 말하고 싶다. 가르칠 내용으로서의 가치의 실체가 없어도 가치교육은 가능하다. 이 책의 일부는 그러한 노력을 담고 있다. 특히 군인정신 측정을 하는 데 있어서 이러한 생각은 매우 중요하다.

이 책은 그동안 군인정신의 문제로 이리저리 생각한 바를 한 곳에 묶어 정리한 작은 소산이다. 일부는 새로 집필하기도 하고 일부는 이미 오래전 출판된 책자의 내용을 자구 수정을 하여 함께 엮었다. 그 구체적인 출처는 각 장의 첫 페이지 하단에 명기하였다. 책자의 경우 출판사와의 저작권 기한이 만료되어 문제가 없고, 신규 학술지 게재 논문의 경우 해당기관으로부터 양해를 득하였다.

그동안 군 복무를 하면서 또 민간학자로서 군인정신을 주제로 탐구하면서 주변의 많은 도움을 받았다. 일일이 존함을 언급하기조차 힘들 정도로 많은 분들의 가르침에 감사의 말씀을 드린다. 그분들의 애틋한 충고와 가르침을 영원히 잊지 않을 것이다. 또한 연배가 어리지만 많은 영감을 준 후배와 후학들에게도 감사의 말씀을 드린다. 책자 속에서 언급된 군과 관련된 용어 중에 현재 쓰임새와 다른 경우도 있다. 집필 당시의 용례이므로 독자 여러분께서는 감안하여 읽어주시길 당부드린다.

군 정신교육을 위한 이 작은 발걸음이 훗날 다른 분들의 더 큰 연구를 위한 작은 의미가 될 수 있기를 기대한다. 어떤 연구도 초안이 엉성하게라도 있으면 그것을 토대로 가감하는 방식으로 발전적인 대안을 마련할 수 있다. 그럼에도 불구하고, 졸저의 초고를 읽어보고 좋은 논평을 해주신, 인천대학교 윤영돈 학장님, 서울대학교 김형렬 교수님, 성산효대학원대학교 김종두 교수님, 중앙일보 김민석 논설위원님, 국방대학교 조홍제 교수님, 대한민국 해군 최태복 정훈공보실장님, 육군3사관학교 김진만 교수님, 육군사관학교 조은영 교수님께 감사의 말씀을 드린다. 끝으로 좋은 책으로 엮어 준 솔과학 김재광 대표님과 디자인실 멤버들에게 감사드린다.

2019년 2월
진주 가좌골에서
박균열

차 례

책머리에_ 4

제1부 한국군의 군대문화와 군대윤리_ 8

제1장 한국군 군대문화의 형성_ 11

제2장 한국군의 기본가치 정립 방향_ 21

제3장 한국군의 군인정신의 법·제도적 발전을 위한 제언_ 61

제4장 군인과 군대윤리_ 77

제5장 사이버 전쟁과 전쟁윤리_ 93

제2부 한국군의 정신교육 및 관련 활동_ 128

제6장 한국군의 정신교육 진단과 발전방향_ 131

제7장 소부대 정신교육_ 151

제8장 군 통일교육_ 159

제9장 군 공보활동_ 189

제10장 군 상담활동_ 215

제11장 군 인성교육_ 237
제12장 나라사랑 마음 함양을 위한 사관캠프_ 245
제13장 군 정신교육을 위한 사회적 인프라_ 259
제14장 독일군 정신교육_ 313

제3부 안보의식과 군인정신 측정_ 352

제15장 안보판단의식 측정 방법_ 355
제16장 군 장병의 도덕성 측정_ 379
제17장 도덕판단 역량 검사도구를 활용한 통일·안보의식 측정 도구_ 391

부록_ 415
참고문헌_ 453
찾아보기_ 467

제 1 부

MILIT

한국군의
군대문화와
군대윤리

ARY

ETHICS

제 1 장

한국군 군대문화의 형성

MILITARY ETHICS

I 한국군의 군대문화 형성과정

한국의 병영문화의 형성과정은 한국군의 외형적인 변화과정과 밀접한 관련을 맺고 있다. 또한 외형적인 변모는 주요한 사건과 밀접한 관련을 갖고 있다. 한국군의 변천과정에 대해서는 많은 연구가 있다.[1] 이 책자는 딱 그런 의미이기를 바란다.

1. 건군기: 건군~한국전쟁 직전

제2차 세계대전 이후 미·소 양국을 중심으로 재편된 국제질서와 그로 인한 대립구조는 한반도의 분단을 초래하였다. 이에 따라 한국의 해방정국은 좌우익의 대립양상을 보이게 되었다. 1948년 남한 내의 남북협상파에 의한 통일정부 노력도 무산되고 북한도 단독정부 수립을 지향함으로써 남북한에는 두 개의 단독정부가 수립되기에 이른다. 이러한 역사적 환경 하에서 남쪽에서는 1946년 1월 14일 미군정에 의하여 경찰예비대(Police Preserve Force)의 성격을 띠는 '조선 국방경비대'가 창설(1946.1.15.)되었다(국방부, 1967). 이후 이는 미군정법령 제86호에 의거 '조선경비대'로 개칭된다.[2]

그러다가 미소양국의 한반도내 철군 논의가 이루어지고, 1948년 7월 17일 대한민국『헌법』이 공포된 날에 정부조직법(법률 제1호)이 공포됨으로써 국방부가 설치되었고, 1948년 8월 15일 대한민국 정부수립 선포와 더불어 미군정이 종식되자 통위부의 행정은 국방부로 이양되어 명실상부한 '국군의 출범'이 있게 된다.[3] 그리고 '남조선 과도정부의 행정이양절차'에 의거 1948년 9월 1일 조선

* 이 장은 저자의 선행 연구를 보완·발전시킨 것이다. 박균열, "통일 한국의 군 통합과 군대문화," 서울대학교 대학원 박사학위논문, 2000, pp.121-177; 박균열,『통일 한국군의 문화통합과 가치교육』, 한국학술정보(주), 2006, pp.95-116; 박균열, "제2장 한국의 병영문화 전통", 김창주 외,『병영문화와 인권친화리더십』, 한국학술정보(주), 2008, pp.37-51.

1) 시기 구분에 대한 연구로는 국방조직 변천을 중심으로 한 국방군사연구소(1995: 1-7), 국가·사회·군의 획기적인 사건을 중심으로 한 이선호(1996: 9-40), 한·미안보협력관계를 중심으로 한 서주석(1996: 78-91), 국방예산의 흐름을 중심으로 한 권태영 외(1998: 21-36), 군과 일반사회의 관계를 중심으로 한 조영갑(1988), 그리고 김순현(1990: 18-19) 등이 있다. 이들 연구를 토대로 본 연구는 세 단계로 구분한다. 우선 건군기는 1945년 광복에서부터 1950년 한국전쟁이전까지, 성장기는 한국전쟁부터 문민정부출범이전까지, 문민정부 이후기는 문민정부 출범과 PKO 파병 등의 국제적 위상을 갖춘 현재상황까지로 설정한다.

2) 박성수 외(1990: 286)에 의하면, 1946년 2월 7일에 조선경비대 총사령부가 설치되었다고 한다.

3) 현재 남한 군대의 '국군의 날'은 1950년 10월 1일 38선 돌파일을 고려하여 제정된 것이다. 동년 8월 15일이 사실상의 건군기념일인데도 불구하고 1998년의 경우 10월 1일에 건군 50주년 기념행사가 대대적으로 거행되었는데, 이는 사실상의 건군기념행사와는 차이가 있다. 한편 북한 군대에도 이와 유사한 북한 인민군의 건군기념일이 있는데, 1972년까지는 2월 8일로 시행이 되어오다가, 이후부터는 1932년 4월 25일 '조선혁명의용군'을 창건하였다고 하는 날을 인민군 창건일로 삼고 있다. 남북한간에 있어서 날짜 문제로 인해 미묘한 신경전이 벌어지는 경우도 있는데 이는 지양해야 할 것이다. 만약

경비대와 조선해안경비대의 국군편입이 이루어졌고, 그 명칭도 동년 9월 5일 각각 육군과 해군으로 개칭되었다(한용원, 1990: 290).

이렇게 창설된 한국군은 대체로 건군기, 성장기, 그리고 문민정부 이후기의 변천과정으로 구분해 볼 수 있다. 한국군의 변천과정은 다양한 연구물들이 있다. 즉 국방부(1967; 1984), 육군본부(1980; 1992), 한용원(1984; 1989; 1998a; 1998b), 이재전(1967), 박경석(1984), 이한림(1994), 그리고 정토웅(1998) 등이다.

이와 같은 자료를 토대로 본 한국군의 군대문화의 특징은 변천 과정별로 구분해 볼 수 있는데, 우선 건군기에 있어서의 군대문화 특징은 다음과 같다.[4] 첫째, 외형상으로는 이 기간 동안 미군정의 지침에 따라 미국식의 민주주의에 친화력이 있는 세력이 군의 영향력을 행사하는 시기였으므로, 서구화된 군대문화가 외형상 군대문화의 이상으로 표방되었다. 미국식 군대문화는 한국전쟁을 겪으면서 더욱 더 강한 한국군의 군대문화 형성요인으로 작용하게 된다.

둘째, 내부적으로는 건군과정에 있어서 군인들의 항일운동에서의 군사적 항일경력이 높이 평가되었다. 이러한 이유로 독립군·광복군 등의 항일독립운동가 출신들을 중심으로 한 소위 국권회복의 전통이 건군이념으로 자리잡게 된다.

셋째, 또 다른 내부적인 특징으로 일본식 군대문화를 예로 들 수 있다. 일제시대 독립운동을 위한 민족군대 조직이 해방 후 한국군에서는 미군정에 의하여 정통성을 인정받지 못하였으므로 민족군대의 특유한 문화가 군대문화를 좌우할 수 없게 되었다. 미군정이 국가관리를 위해서 필요성에 의해 일제시기의 관료 및 이들과 친화력이 있는 일본군 사관학교 출신의 군장교들을 등용할 수밖에 없었고, 따라서 일본군대식의 군대문화가 표방하는 표본은 아니었지만, 상당한 영향력을 행사하는 군대문화의 사실상의 지위를 확보하게 된다.[5] 결국 이 문제는 신생국 군대가 겪게 되는 군의 직업주의의 문제라기보다는 건국과정에서의 엘리트 충원과정 상에 있어서 정통성이 없는 세력들이 편입됨으로써 발생되었던 문제라고 볼 수 있다.

남한에서 북한의 건군기념의 문제로 군의 정통성을 문제삼고, 비판한다면 남한의 군대도 안고 있는 위의 건군기념일의 문제가 비판받을 수 있다는 점을 간과해서는 안될 것이다.: 남한 군대의 창설 기념행사에 대한 문제는 육군본부(1992: 529–532) 참조.

4) 한용원(1984: 197–207)은 건군이념으로 반공·민주, 자주·독립, 직업주의를 꼽고 있으며, 조승옥(1998a: 38–47; 1998b: 119–120)은 여기에 국민주의를 추가하고 있다.: 여기서 반공주의는 자체적인 군대문화의 성격면에 있어서의 특징이라기보다는 북한이라고 하는 국가의 정통성을 인정하지 않고자 하는 국가·사회적인 염원이 반영되어 있기 때문에 독자적인 건군기의 한국군의 군대문화로 보는 데는 설득력이 부족하다고 본다. 오히려 박정희 대통령 시기의 군대는 국가재건과정에서의 국가 이데올로기의 필요성에 따라 반공주의가 당시의 군대문화의 특징이라고 본다.

5) 이는 건군과정에서 역사에 대한 재평가가 정확히 되지 않아, 일본군 출신의 장교들이 대거 흡수되면서 정통성 면에 있어서 독자적인 군대문화의 형성에 상당한 차질이 초래된다. 이 문제는 미군정 이후 국가재건과정에서 군대뿐만 아니라 국가전체적으로 해당되는 사안이기도 하다. 이러한 시각은 關川夏央·蕙谷治 편(1999: 241–243)에 잘 나타나 있다. 한반도내 '해방공간'에 있어서 남한은 전통사회의 노하우(know–how)에 따라 '양반정치'의 유산을 그대로 재현하였다.

2. 성장기: 한국전쟁~6공화국

이 기간은 한국군의 양적·질적 성장기로서 한국전쟁 이후부터 6공화국까지를 말한다. 즉 이 기간 중 군대는 국가 전반적으로 본격적인 서구화가 진행되면서 국가 발전의 중요한 동력 역할을 수행하게 된다.

이 시기의 군대문화의 특징은 다음과 같다. 첫째, 군대는 민간사회의 발전에 막강한 영향력을 행사하게 되면서, 그 군대문화는 국가·사회의 문화보다도 더 우월한 것으로 인식된다. 이러한 생각은 군 출신의 국가관료 및 사회중추기관으로의 진출률에서도 잘 입증되고 있다.[6] 그러므로 이 기간의 군대문화는 강한 국가엘리트주의가 지배적이었다. 또한 이 기간 동안 월남전 파병이 있게 된다. 월남전 파병에 대한 논란은 많이 제기되고 있으나, 국가·사회적 발전에 미친 긍정적인 영향은 부인할 수가 없다. 이러한 이유로 인해 자연스럽게 군대문화의 엘리트주의는 유지되었다.

둘째, 반공주의이다. 이 기간은 극명한 남북한의 체제 경쟁 시기이다. 그래서 군대문화는 국가 이데올로기를 반영하게 되고, 이러한 이유로 강한 반공주의를 나타내게 된다. 반공주의는 정치적인 문제와 민감하게 결부되면서 그 본래의 의미 이상으로 과장되거나 과소평가되는 경우도 있게 된다. 이러던 것이 6공화국의 북방정책으로 인해 군 내부적으로는 많은 혼란을 겪게 되는데, 이는 군 내부적으로는 주적(主敵)에 대한 개념 정리를 할 수 있는 긍정적인 계기가 되기도 했다. 연평해전[7]의 와중에서도 동해안에서는 금강산 유람선이 항해를 계속하게 되는 문제에 대해서도 군은 큰 동요 없이 적응할 수 있는 것은 바로 이 시기의 과도기적 경험이 있었기 때문으로 분석된다. 국가 이데올로기를 상징하는 군대문화를 표방하게 된다. 그리하여 이 시기의 군대문화는 강한 반공주의를 나타내게 된다.

셋째, 초보단계의 직업주의이다. 본격적인 산업화에 부응하여 군도 예외 없이 전문직업화되어 갔다. 이전 시기의 아무런 대가없이 오직 국가와 민족만을 위해 독립운동을 했던 것과는 달리 군대는 안보전문집단으로서의 필요성을 요청받고 있었다. 남북한 간의 국력비교에 있어서 북한에 비해 남한이 뒤졌던 1960년대에는 북한으로부터의 무력도발이 최대의 관건이 되었고, 이러한 이유로 간첩 잡는 데는 군대가 최고라고 하는 군에 대한 전문직업으로서의 객관적 평가를 하게 된다. 그리하여 이 시기의 군대는 군 내부에서 일어나는 비군사적 부문에 대해서도 군 전문성을 인정받기를 희망하게 되고, 이는 양적인 성장을 이루기는 했지만, 질적인 발전으로 나아가는 데는

---

6) 인물중심의 진출률뿐만 아니라, 군이 국가발전에 미친 영향에 대해서는 김순현(1990: 467-483); 화랑대연구소 편(1992a: 79-238; 1992b); 백종천 외(1994) 등이 있다.

7) 우리의 서해에서 발생한 해전을 말한다. 서해상의 교전에는 1999년 6월 15일(제1연평해전), 2002년 6월 29일(제2연평해전), 2009년 11월 10일(대청해전)이 있다. 2002년의 해전은 2008년 4월 '제2연평해전'으로 격상되어 일컬어졌다. (「한국민족문화대백과사전」, 한국학중앙연구원, 2015.8.19. 검색)

구조적 한계를 안고 있었다. 그러므로 이 시기의 군대문화는 완전한 직업주의가 아니라 초보적인 직업주의의 특성을 보이고 있다고 할 수 있다.

이와 같이 이 시기의 군대문화는 군의 강력한 국가 엘리트주의로 말미암아 일반사회는 군에 대해 직업주의 요구를 갖게 된다. 군 자체적으로도 군대문화 창출을 위해 부단히 노력을 했다. 소위 '언론인 폭행사건'[8]이 발생한 직후인 1988년 8월 8일 대대장급 이상 지휘관에 내린 육군참모총장 지휘서신은 "아무리 민주화 바람이 불어도 군대는 군대다워야 하고, 군인은 군인다워야 한다."라고 말하고 있다(육군본부, 1992.2.1, 조승옥, 1997: 19). 이는 정치적 상황에 연연하지 않고 군은 부여된 고유한 임무를 완수하기 위한 노력을 게을리 하면 안 된다는 의미이다.

사회 전반적인 군에 대한 불신의 확산과 국내 정치 환경 등이 성숙되지 못했던 점 등은 군대문화의 정체성 형성에 제한이 되었다. 하지만 이러한 노력은 이후 시기의 군대문화 발전에 긍정적인 요인으로 작용하게 된다.

3. 문민정부 이후

문민정부의 출현(1993)과 함께 한국군은 많은 변화를 가져오게 되는데, 그 특징은 다음과 같이 요약할 수 있다. 첫째, 군대문화에 대한 질적 평가 절하이다. 이 시기는 문민정부의 등장과 함께 군에 대한 재평가 작업이 이루어졌다. 문민정부는 개혁의 대상에서 군부도 제외시키지 않았다. 문민정부 초기에는 군의 자체적인 개혁 노력에 대해 그렇게 큰 인정을 하지 않았다. 즉 군대문화는 사회문화에 비해 질적으로 낙후된 문화로 인식되는 경향을 나타내게 된다. 그러나 군 내부적으로는 다음 두 가지 이유로 인해 문민정부의 개혁 사정에 대해 지속적인 지지를 보내지 못하게 되었다. 하나는 이전의 일부 정치군인들과 같은 수준에서 대다수의 전문직업군인들에 대한 일방적인 평가절하를 감내할 수 없다는 이유이고, 다른 하나는 이전 시기인 건군기와 성장기에 있어서 군대가 국가·사회 발전에 지대한 공헌을 했다고 생각하고 있었기 때문이다.

둘째, 문민정부의 객관적 문민통제가 정착되지 못했다는 점이다. 군 자체적으로도 주관적 문민통제를 당하지 않기 위해 많은 노력을 했다.[9] 하지만 문민정권과 국민적 정서는 아직도 객관적 문민통제로 나아가지 못하고 있었으며, 이러한 분위기는 군의 자율적 자생문화 형성에 여전히 장애요인으로 작용하고 있다고 하겠다.

---

8) 정보사 요원에 의한 오홍근(1988) 기자에 대한 폭행사건을 말함.

9) 이와 관련한 자료는 화랑대연구소 편(1992a: 386-403), 육군본부(1992.2.11; 1992.5.13; 1992.9.25; 1993.3.9), 『국방일보』(1992.3.27.), 육군 제9군단 사례보고(1992.7.10), 그리고 수방사 제57사단의 사례보고(1992.7.10) 등이 있다.

Ⅱ 한국군의 군대문화의 특징

이상에서 한국군의 군대문화에 대해 시기별로 구분하여 살펴보았다. 한국군의 변화 과정을 구체적으로 살펴보면 다음과 같다. 첫째, 건군기이다. 이 시기는 해방에서 한국전쟁이 있기까지의 시기로 국군의 태동과 창립의 형성기로 특징지을 수 있다. 미군정을 이어받아 미국의 지원 하에 정치적으로는 민주주의를 표방하고, 경제적으로는 자본주의를 표방하는 사회여건 속에서 군의 모태가 형성된 것이다. 이 시기는 정치인들의 국권회복의 전통과 군인들의 항일경력이 서로 팽배하게 작용하여, 정치적으로는 문민우위의 전통이 군인들에게 강요되었고, 군은 항일경력에 대한 반대급부의 요구가 있게 된다.

둘째, 성장기이다. 이 시기는 몇 가지 중요한 과정이 있다. 한국전쟁, 5.16 군사혁명, 월남전 참전 등이다. 이 시기에 국군이 급성장하기는 하였으나, 모진 시련을 겪어야만 하였다. 한국전쟁으로 급격히 팽창된 군사력의 재정비 그리고 5·16 군사혁명으로 인한 한국군의 제도화와 장교의 전문화에 획기적인 전환점을 이룬 월남전 참전 등 제반 상황이 국내외의 정세에 따른 자주국방태세의 확립을 이루게 된다. 이 시기는 군의 성장기 동안 강력한 개발 정책에 따라 군부의 반대급부가 충분히 보상됨으로써 군인들에 의한 독자적인 군대문화의 생성에는 상당히 긍정적인 요인으로 작용했지만, 일반사회의 입장에서는 객관적으로 인정해 줄 수 없는 잠재적 갈등요인이 지속해서 남아있게 된다.

끝으로, 문민정부[10] 이후기이다. 이 시기는 문민정부의 등장과 함께 주변국과의 관계 및 세계평화에 기여할 수 있는 기반을 마련하는 기간이다(국방부, 1998: 95-110). 즉 문민정부의 등장과 사회의 군에 대한 재평가와 함께 군의 위상은 세계화의 추세에 걸맞는 모습으로 나아갈 것을 요구받게 된다. 이제 군 스스로도 직업주의, 객관적 문민통제를 인정하고자 해도 일반사회적인 여건은 주관적인 문민통제 요인이 더욱 강하게 제기되고 있어 독자적인 군의 문화창출은 지체된다. 김대중 정부에서는 군의 사기 및 복지 증진을 병영문화의 핵심으로 꼽았다. 간부에게는 직무만족도를 고양하는 데 주안을 두었고, 병사들에게는 복지 증진을 목표로 했다(국방부, 1997: 170-180). 김대중 정부는 총괄적인 병영문화 대안을 제시하고 있으면서도, 특별히 사회적 물의를 빚었던 병역비리를 근원적으로 차단하기 위해 새로운 징병검사 시스템을 개발·운영하는 등 '병역문화'라는

---

10) 흔히 '문민정부'는 김영삼 대통령의 정권을 말하는데, 이전 시기는 그렇지 못했기 때문에 이 용어 자체가 김영삼 정부의 별칭이 되었다. 이후 시기는 모두 문민정권이기 때문에 '문민정부'와 '문민정권'을 같은 맥락에서 혼용한다. 구분시에는 '김영삼 정권' 또는 '김영삼 정부'로 별도로 구분한다.

새로운 용어를 사용하고 있다(국방부, 2002). 노무현 정부에서는 『참여정부의 국방정책』(국방부, 2003)을 필두로 하여, 다양한 병영문화 개선을 위한 가시적인 노력이 이루어졌다. 이전 시기는 주로 '합리적인 관리'(rational management)에 초점이 두어졌다면, 이 시기는 공동체 구성원들 내부의 합리적 의사소통과 그 제도화가 주로 이루어졌다. 그리하여 다양한 법령이 제정되거나 개정되었다. 그 중 「국방개혁에 관한 법률」에는 병영문화 개선 및 발전의 의무를 국방장관에게 부과하고 있다.

> 제5장 병영문화의 개선·발전
>
> 제31조 (발전방향) 국방부장관은 군에서 복무하는 장병에 대하여 기본권을 보장하고 군복무와 관련된 문화적 갈등요인을 최소화함으로써 군 복무에 대한 자긍심을 높이며, 군인으로서의 임무수행을 충실히 수행할 수 있도록 병영문화를 개선·발전시켜야 한다.
>
> 제32조 (장병 기본권 등의 보장) ① 국방부장관은 장병의 기본권이 보장될 수 있도록 군인의 복무에 관련된 제반 환경을 개선·발전시켜야 한다.
>
> ② 국방부장관은 장병이 민주시민으로서 건전한 가치관을 정립하고, 자기계발의 기회를 향유하며 군 복무에 대한 사회적 명예를 고양시킬 수 있는 제반 정책을 수립·시행하여야 한다.
>
> ③ 국방부장관은 장병이 군인으로서의 임무를 충실히 수행할 수 있도록 부대관리 체계를 발전시키고 복지수준을 향상시키기 위하여 종합적인 계획을 수립·시행하여야 한다.
>
> ④ 장병 기본권의 보장 및 복지수준의 향상을 위하여 필요한 사항은 따로 법률로 정한다. (『국방개혁에 관한 법률』(2006.12.28))

문민정부의 등장에 대해서는, 뿌리 깊게 자리한 조선시대로부터 이어 온 유교적 전통으로의 복귀를 의미한다는 비판이 제기되기도 했다(關川夏央·蕙谷治 편, 1999: 244). 거시적으로 볼 때, 문민정부의 등장은 '자유화'의 확대, 개방성, 그리고 다양성이 제고된다고 하는 측면에서 인류의 보편적 문화의 흐름에 순응하는 과정이라고 볼 수 있다. 그렇기 때문에 문민정부의 등장은 한국군의 가장 최근의 한 단계 도약을 가져올 수 있었던 하나의 시발점이 되었다.

또한 이 시기는 각종 군사교류협력의 다변화와 국제군비통제활동 및 연합국의 훈련참가, 그리고 특히 유엔 회원국으로 참가하고 난 뒤부터는 1993년 소말리아 평화유지활동(UNOSOMⅡ)을 필두로 각종 유엔 평화유지활동(PKO: Peace Keeping Operations)에도 참여하는 적극적인 안보주권국으로서의 지위를 다지게 된다.[11]

---

11) 한국군의 유엔 평화유지활동 참여현황은 국방부(2006: 142) 참조.

이상의 한국군의 변화과정은 외관적인 성장의 모습이다. 그렇다면 이러한 변화·성장의 과정에서 한국군의 문화는 어떻게 변화해 왔고, 그 특징은 어떠한지를 살펴보아야 할 것이다.

이러한 역사적 변천과정을 바탕으로 군대문화에 대한 연구의 경향에 대해 간단히 살펴보면, 대체로 지금까지의 군대문화에 대한 연구는 후진국과 개발도상국에서의 군부가 가지는 정치적 권력과 영향력 등에 초점을 두고 군과 일반사회의 관계에 관한 연구가 주종을 이루었다.[12]

대체로 이러한 연구들은 군대자체의 고유한 문화적 정체성을 객관적으로 정립하는 데는 부족한 점이 있었다. 소위 '군부정치'에 대한 비판적 여론을 인식한 상대적 반향이라고 보인다.[13] 즉 여론화된 주제만이 군대문화의 전부인 것으로 인식되어지는 경향을 말한다.

한국군의 독자적인 군대문화의 정착은 자체적인 노력에 비해 그 성과는 미미했다. 홍두승 교수(1993: 223)는 창군 이래 한국군에 형성된 군대문화의 특징은 반공문화를 제외하면 사병들의 병영문화와 장교들의 기술주의라고 볼 수 있는데, 우선 한국군은 그 동안 강제성과 타율성에 의한 내무생활을 개선하지 못함으로써 참신한 병영문화를 창달할 수가 없었다고 지적하고 있다.

그 이유는 홍두승 교수(1993)가 주장한 바와 같이 군 자체의 개선 노력이 부족한 점도 있지만, 사회적 분위기가 군대문화의 독자적인 지위를 인정해주지 못하는 문화적 환경에서 기인된 것이라고 볼 수 있다.

사실 문민에 의한 군의 통제에 대한 인식은 군부도 인정하고 있다. 군 지도자들은 객관적 문민통제를 원하고 있는 반면, 민간은 주관적 문민통제를 강요하고 있다. 이로 인해 군부 중심의 자생적인 군대 문화창출 노력은 그 노력에 비해 국민적 지지를 얻는 데 제한점이 있다.

헌팅턴이 말한 바와 같이, 군의 정치적 중립과 군 전문직업주의만을 강요하게 되면, 군의 군사화(militarization)가 갖는 폐쇄성으로 말미암아 개방적인 일반사회의 문화를 받아들일 수가 없어 장기적으로 볼 때, 정체될 수밖에 없는 데도 불구하고 군은 철저히 중립성과 군사화를 강요받고 있었다.

이와 같은 점은 군의 전문화라고 하는 일차적인 목표는 달성할 수 있을지라도 경쟁력 있는 전문화가 되지 않아 통일 한국군의 목표문화 설정시에는 강한 부정적 요소로 제기될 가능성이 있다.

한국군의 군대문화에 대한 연구 경향은 대체로 다음과 같이 평가할 수 있다. 첫째, 주로 군과

---

12) 양병기(1998); 김순현(1990); 박재하 외(1991); 육사 화랑대연구소 편(1992), 조승옥(1998a; 1998b); 조승옥 외(1998): 이외의 연구에서도 군과 일반사회의 관계 문제는 대부분 빠지지 않고 등장하고 있다. 특히 정치학적으로 정치발전 과정에서 군이 미치는 영향을 연구하는 소위 권력론에 관한 연구에 집중되고 있다. 그렇기 때문에 군대문화의 형성도 이러한 연구경향으로 인해 군사문화라고 하는 오해를 불러일으키는 요인이 되었다고 본다.

13) 오홍근(1988)의 글이 김영종(1988)의 유사 주제의 글보다 뒤늦게 나온 글임에도 불구하고 – 그 비판의 수위는 차지하고라도 – 오홍근의 글이 군대문화에 대한 담론의 소재로 자주 인용되는 이유는 그가 정보사 요원에 의한 폭력사건으로 인해 대중적 인지도가 높았기 때문으로 본다.

일반사회의 관계의 측면에서 다루어졌다는 점이다. 둘째, 간부 위주의 군대문화에 초점을 맞추었다. 셋째, 접근법에 있어서 외형적·제도적 측면에 집중되었고, 생활문화적인 측면에서의 연구는 소홀히 다루어졌다. 끝으로, 관계의 측면에 비중을 두었고, 독자적인 문화일반으로서의 군대문화에 대한 연구가 부족하였다.

그러나 군대문화 자체를 연구의 대상으로 삼고, 여기에 대한 객관적인 연구를 진척시킨 경우도 다수 있다. 즉 이동희(1972), 박재하 외(1991), 원재홍 외(1993), 이동훈 교수(1995), 그리고 홍두승 교수(1996) 등이다. 특히 홍두승 교수는 민간학자로서 일반시민문화와의 상대적인 비교를 통해 군대문화 중 부정적 요소를 지적하고 독자적인 군대의 문화영역을 도출해내고자 한 점에서 높이 평가할만하다. 이동훈 교수(1995)와 원재홍 외(1993)는 실증적인 조사분석을 통해서 군대문화에 대한 진단과 그 대안을 모색했다는 점에서 눈여겨 볼만하다.

또한 독고순(1994)은 군대문화가 갖는 경성적 요소보다는 연성적 요소에 많은 관심을 갖고 있다. 그는 기존의 군대문화 연구에 있어서 군과 일반사회관계에 국한된 편협된 접근을 지적하고, 군대문화에 대한 구조적 접근을 비판하면서, 소위 생활세계의 기능적 접근을 제기하였다. 또한 그는 군대문화에 대한 연구가 부진했던 중요한 이유로 군의 내적 논리를 피력하기 위한 어떤 움직임도 군사 정권의 이데올로기를 더욱 강화시키는 논리가 되거나 비판에 대한 변명밖에 되지 못했다고 진단하고, 기존의 군대문화가 연예, 오락 그리고 체육활동 등의 극히 제한적인 문화 활동만으로 명맥을 유지할 수밖에 없었던 점을 극복하기 위해서는 하위문화의 연구에 대한 진지한 논의를 주장하고 있다. 대안으로 제시하는 군대문화에 대한 연구방법은 문화에 대한 구성적 관점과 작은 집단에 대한 질적 연구인데, 눈여겨 볼만하다.

이러한 문헌 분석을 토대로 할 때, 한국군 군대문화의 특징은 다음과 같다. 첫째, 군에 대한 주관적 문민통제이다. 한국군은 건국·건군기에서 미국식 민주주의를 도입하는데 많은 문제점이 있었다.[14] 당시의 국제연합(UN)이 권고한 결정 등을 고려해 볼 때, 조기에 한반도의 문제가 한반도 내부의 문제로 해결되어지기를 권고 받고 있었기 때문에 미국의 입장으로서는 빠른 시간 내에 북한지역의 공산주의 세력으로부터 남한이 자생적으로 자립해가기를 희망했다고 볼 수 있다. 이 과정에서 국가재건의 실무 경험이 있던 일제하의 관료 출신들이 대거 등용되고, 마찬가지로 군 내에서도 일본군 출신의 장교들이 최대 파벌로 등장하게 된 것이다. 이는 최초 등용된 일제 관료 출신자들이 군 내부에서의 일본군 출신의 등용을 미군정 측이 일방적으로 권고했다는 추론을 해 볼 수도 있고, "장교의 질적 향상을 위한 조치"였다고 볼 수 있으나(박성수 외, 1990: 291), 소위 정통성이 있었던 독립운동 출신의 정치인들이 군부에 일본군 출신이 많다하여 군대를 '민족반

14) 군대에서 미국식 편향의 이유에 대해서는 한용원(1998a: 12-17) 참조.

역자의 대피호'라고 하는 등 군에 대해서 많은 반감을 갖고 있었던 것도 그 한 원인이었다고 본다.

이와 같은 당시의 상황들은 과거 및 당시의 역사에 대한 비판적 재평가 없이 문민우위의 조선시대의 전통을 그대로 이어받아 군에 대한 주관적 문민통제를 강요하는 전통이 되었다고 볼 수 있다.

둘째, 군 내부적으로 사상적인 문제가 상존해 있었다는 점이다. 군 내부의 문제로 일본군 출신의 문제가 가장 큰 문제였다고 한다면, 북한 정권의 수립으로 인해 국가 이데올로기적인 문제가 등장하게 된다. 전자의 문제가 독립운동에 대한 정통성의 문제였다고 한다면, 후자의 문제는 국가 이데올로기에 대한 정통성의 문제라고 볼 수 있다. 그리하여 상호 밀고하게 되고, 시기질투, 그리고 파벌의식 등이 등장하게 된 원인이 되었다.[15]

셋째, 거시적인 국가·군대의 문제, 즉 군부의 정계진출, 군대의 국가개발정책 참여 등의 문제가 국민적 관심사가 되고 있었던 반면, 정작 군대 성원의 대다수를 차지하고 있는 병영 내부의 문제에 대해서는 관심을 돌릴 수 없었다. 이러한 이유로 군 부재자 투표 등과 같은 대군 이미지에 대한 부정적 견해가 팽배함에 따라 군의 복지문제[16]에 대해 덜 신경 쓰게 되었고, 이로 인해 병영 내 장병들을 위한 건전한 병영문화를 개발하고 이를 지원하는 데는 인색했던 것이다. 그러나 홍두승 교수(1997)와 이동훈 교수(1999)[17] 등은 병영문화에 대한 좋은 연구사례이다. 또한 야전에서의 '진중놀이'의 발굴 및 개선 노력도 눈여겨 볼만하다(『국방일보』, 1999.6.4/1999.7.1; 육군본부, 1999b).

15) 군인으로서의 '박정희'의 경우도 한국전쟁 직전에 이러한 문제로 인하여 군법에 회부되었다가, 군무원 신분으로 한국전쟁을 맞았다. 자세한 내용은 박정희(1971); 조갑제(1998.1.23); 이우영(1991: 110-111) 등에서 찾아볼 수 있다(권장희, 1999: 101-113).

16) 군 출신 대통령의 경우도 자신들의 정통성을 지속적으로 확보하기 위해 군에 대한 복지의 문제는 덜 신경쓰게 되었다. 예컨대 전두환 전대통령 집권기간에 군인들의 보수를 기존의 것보다 상대적으로 낮게 책정토록 조치하기도 하였다.

17) 이동훈(1999: 177-181): 그는 병영문화 센터를 정훈에서 맡아서 주관해야 한다고 주장하고 있다. 그러나 그 센터를 어디에서 주관하는가는 더 논의되어져야 할 것이다. 예컨대 예하 계선조직을 조직적으로 확보하고 있는 일반참모부서인 인사복지국에서 맡는 방안과 통일군대의 상황을 고려하여 군비통제관실에서 주관할 수도 있다.

제 2 장

한국군의 기본가치 정립 방향

MILITARY ETHICS

Ⅰ 머리말

본 연구는 군의 기본가치를 정립하고, 그 구현방안을 모색하는 데 목적을 두고 있다. '기본가치'라 함은 '군대의 존재이유가 되고, 군인이 가져야 할 기본이 되는 가치(덕목)'이라고 정의할 수 있다. 한국군의 기본가치를 찾을 수 있는 가장 높은 권위는 『헌법』의 전문과 국군관련 조항에서 찾을 수 있다. 다음으로 『군인사법』의 하위 시행령(대통령령)인 『군인복무규율』에서 찾을 수 있다.

본 연구는 이와 같은 『헌법』을 비롯한 현행 법령체계 속에서 군의 기본가치를 찾아내고, 각 가치들의 개념 및 상호 간의 관계를 명확히 함으로써, 한국군이 지향해야 할 기본가치를 재설정하고, 이를 토대로 공고한 기반을 다지기 위한 몇 가지의 정책제언을 하고자 하는데 그 목적이 있다.

Ⅱ 군 기본가치의 정의 및 이론적 배경

여기서는 두 가지의 내용을 담고 있다. 첫째는, 일반적인 차원에서 군대에서 왜 군인정신의 덕목을 설정하는지 그 덕목 설정 이유에 대한 이론적 기초를 제공하는 것이다. 둘째는, 한국군의 군인정신에 대해 좀 더 심도 있는 분석을 통해 새롭게 정립될 군 기본가치에 대한 방향성을 제공하는 것이다.

1. 군 기본가치의 정의

군 기본가치란 "국군이 지향해야 할 가장 기본적이면서도 공통적으로 추구해야 할 가치지향(value orientation)이다"라고 정의될 수 있다. 군 기본가치란 군인이 준수하고, 지향해야 할 다양한 윤리·규범이라고도 할 수 있다(〈표 1〉 참조).

* 이 장은 저자의 선행 연구를 보완·발전시킨 것이다. 박균열, "군의 기본가치 정립 및 구현방안", 『정신전력논집』, 제11집, 2009, pp.45-102. 이 장의 내용 중에 이미 폐지된 〈군인복무규율〉에 대한 분석 내용이 있는데, 같이 포함하게 된 것은 대체 입법되어 2016년부터 발효된 〈군인의 지위 및 복무에 관한 기본법〉의 내용을 추후 개정할 때 꼭 필요한 내용이기 때문이다.

〈표 1〉 군인의 윤리·규범

구분	주요내용	관련근거
강령	국군의 이념, 국군의 사명, 군인정신, 군기, 사기, 단결, 교육훈련	『군인복무규율』
복무태도	입영 및 임관선서, 충성, 성실, 정직, 품위유지, 비밀엄수, 청렴 및 검소의 의무, 직무유기 · 근무지 이탈 · 집단행위 · 직권남용 · 사적제재 · 영리행위 및 겸직금지, 대외발표 및 활동과 정치적 행위에 대한 규칙	『군인복무규율』
군인정신	명예, 충성, 용기, 필승의 신념, 임전무퇴의 기상, 책임완수, 애국애족	『군인복무규율』
명령과 복종	명령의 정의, 명령계통, 명령의 하달, 발령자의 책임, 복종 및 실행, 의견의 건의, 고충처리	『군인복무규율』
핵심가치	육군: 충성, 용기, 책임, 존중, 창의 해군: 명예, 충성, 책임, 용기, 창의, 진취, 존중(잠정) 공군: 도전, 헌신, 전문성, 팀워크	각군본부
군대윤리	국가를 위한 가치덕목: 애국애족, 충성, 봉사 부대를 위한 가치덕목: 책임, 청렴과 검소, 전문과 창의 개인의 가치덕목: 사생관, 희생, 용기, 명예	국방부, 『군대윤리』, 2004.

출처: 최병운, "행위이론과 무형전력의 개념체계", 김용삼 외, 『군 가치체계 정립을 통한 정신전력 강화』, 국방대학교 국방리더십개발원, 2007, p.39.

현행 『헌법』과 『군인사법』, 『군인복무규율』 상의 용어로 표현하자면, 국군의 이념, 국군의 사명, 군인정신 등이 여기에 해당된다. 군 조직의 가치와 군인의 가치로 요약된다. 전자에는 국군의 이념과 국군의 사명이 있으며, 후자에는 군인정신이 있다.

2. 고전적 군인정신의 덕목[1)]

가. 고전적 군인정신의 덕목: 용기

고전적으로 군인정신의 덕목으로 용기를 꼽는다. 용기는 공포와 태연(泰然)의 감정 상의 중용이다. 우리가 두려워하는 것은 물론 무서운 것들이요, 또 무서운 것들이란 무조건적으로 말하면 온갖 악이다. 그러기에 사람들은 공포를 악의 기대라고도 정의한다. 그런데 우리는 모든 악, 가령, 불명예·빈곤·질병·친구가 없는 것, 죽음을 두려워하지만, 용기있는 사람은 이 모든 것에 관심을 가진다고는 생각되지는 않는다.

1) 군인정신의 고전적 연원은 고대 그리스의 아리스토텔레스가 말한 '용기'를 중심으로 군인정신을 분석하고 있는 대목에서 차용하였으며, 그 각주 또한 다음 원본을 기준으로 한 것임: 아리스토텔레스, 최명관 역, 『니코마코스 윤리학』, 서광사, 1984, pp.97-104.

왜냐하면 어떤 일을 두려워하는 것은 당연하고 고귀한 일일 수도 있고, 도리어 그런 일을 두려워하지 않는 것이 비루한 일일 수 있기 때문이다. 가령, 불명예 같은 것이 그렇다. 이것을 두려워하는 사람은 선하고 염치있는 사람이지만, 이것을 두려워하지 않는 사람은 파렴치한 사람이다. 그러나 이런 사람에 대해서도 말의 전용(轉用)에 의하여 용감하다고 하는 사람들이 없지 않다.

이런 사람 속에는 용감한 사람과 비슷한 점이 있고, 또 용감한 사람이란 두려움 없는 사람이기 때문이다. 빈곤이나 질병은 우리가 두려워할 것이 아니요, 또 일반적으로 악덕에서 나온 것이 아닌 것은, 그리고 자기 자신으로 말미암는 것이 아닌 것들은 두려워할 것이 아니다. 그러나 이런 것들을 두려워하지 않는 사람이면 용감한 것은 아니다. 하지만 우리가 이런 사람을 용감하다고 하는 것은 유사성 때문이다. 즉 전쟁의 위험에 처하여 겁을 집어먹으면서도 관후하고 금전을 잃고서도 태연한 사람이 더러 있으니 말이다.

또 자기의 아내나 자녀들이 모욕이나 질시나 이 밖에 이와 비슷한 일을 당할 것을 두려워한다고 해서 그 사람이 비겁한 것도 아니요, 또 막 채찍질을 당하게 되었을 때 태연하다고 해서 용기가 있는 것도 아니다. 그러면 용감한 사람이 관계하는 무서운 일이란 어떤 종류의 것인가? 확실히 그것은 가장 큰 일에 관련된 것이다. 왜냐하면 아무도 그만큼 다시없이 무서운 일을 잘 견디어내지는 못하기 때문이다. 그런데 세상에서 가장 무서운 것은 죽음이다. 왜냐하면 죽음은 극한이요, 죽은 자에게는 이제 아무 것도 좋지도 나쁘지도 않다고 생각되기 때문이다. 그러나 용감한 사람은 어떤 처지에서의 죽음에 대해서나, 가령, 바다에서의 죽음에 대해서나 병들어 죽는 데 대해서나 마음을 쓰지는 않는 것 같다. 그러면 어떤 처지에서의 죽음에 그는 마음을 쓰는가? 확실히 그것은 가장 고귀한 처지에 있어서의 죽음이다.

그런데 이러한 죽음은 전쟁터에서의 죽음이다. 왜냐하면 전사(戰死)는 가장 큰 그리고 가장 고귀한 위험에서 생기기 때문이다. 그러기에 전사는 폴리스(즉, 도시 국가)에서, 또 군주국 궁정에서 표창을 받는다. 따라서 고귀한 죽음에 직면하여, 혹은 죽음이 임할지 모르는 모든 위국(危局)에 처하여 두려워하지 않는 사람을 용기 있는 사람이라 부르는 것은 당연한 일이다.

그리고 이러한 일들 가운데 가장 큰 위국은 전쟁에서의 그것이다. 물론 용감한 사람은 바다에서나 질병에 있어서도 두려워하지 않는다. 그러나 그 태도는 뱃사람들의 그것과 같지 않다. 즉 그는 구조될 것을 단념하고 이렇게 죽게 된 것을 언짢게 생각하고 있지만, 뱃사람들은 자기의 경험 때문에 낙관하고 있다. 용감한 사람은 그 무용(武勇)을 보여줄 기회가 있거나 죽음이 고귀한 상황에서 용기를 드러내는 사람인데, 위에 말한 바와 같이 바다에서 죽게 되는 경우에는 이러한 조건이 하나도 충족되지 않는다.

나. 고전적 군인정신(=용기)의 유사 사례

고전적인 군인정신인 용기와 유사하게 평가될 수도 있으나, 그 반열에 올려질 수 없는 것으로 다음 다섯 가지가 있다.

첫째, 국민병사(國民兵士)의 용기이다. 이것은 참된 용기와 가장 흡사하다. 국민 병사들은, 만일 그들이 용감하지 않을 경우에 법률에 의하여 받게 될 처벌이나 또 사람들의 비난 때문에, 그리고 또 용감한 행위를 함으로써 얻게 될 명예 때문에 위험을 무릅쓰는 것 같다. 그러므로 사람들이 가장 용감하게 되는 것은 겁쟁이들이 불명예스러운 대접을 받고 용감한 사람들이 명예스러운 대접을 받는 사람들 가운데서인 것 같다.

둘째, 개개의 사실들에 관한 경험이 용기라고 생각되기도 한다. 소크라테스가 용기를 인식(즉 참된 지식)이라고 본 것은 사실 이 때문이다.[2] 다른 사람들은 이 성질을 여러 가지 다른 위험에서 나타내는데, 직업 군인은 이것을 전쟁의 위험에서 드러낸다. 사실 전쟁에 있어서는 공연한 공포심이 많이 있는 것으로 생각되는데, 이런 방면에서 가장 풍부한 경험을 가지고 있는 이는 직업 군인이다. 그러므로 그들이 용감하게 보이는 것은, 다른 사람들이 사실들의 성질을 모르기 때문이다.

셋째, 격정[3]도 때로는 용기로 생각되고 있다. 즉 자기에게 상처를 입힌 사람에게로 돌진하는 야수처럼 격정에서 행동하는 사람들도 용감한 사람으로 생각되고 있다. 그 까닭은 용감한 사람 역시 격정적이기 때문이다. 사실 격정은 다른 어떤 것보다도 더 힘차게 위험에 뛰어들게 한다. 용감한 사람들은 명예스러운 일을 위하여 행동하며, 격정은 다만 그들에게 힘을 보태어 줄 따름이다. 이에 반하여 사나운 짐승들은 고통 때문에 행동한다. 저들은 상처를 입거나 겁을 집어먹거나 했기 때문에 공격하니 말이다.

넷째, 낙관적인 사람들도 용감하지 않다. 왜냐하면 이들은 다만 여러 차례 이긴 일이 있고 또 많은 적을 물리친 일이 있기 때문에만 위험에 처하여 태연하기 때문이다. 하지만 이들도 용감한 사람들과 매우 닮은 데가 있다. 양자가 모두 태연하니 말이다. 그러나 용감한 사람들은 앞서 말한 이유[4] 때문에 태연하지만, 이에 반하여 낙관적인 사람들이 태연한 것은 자기가 가장 강하고 아무 해도 받지 않으리라 생각하고 있기 때문이다. 술에 취한 사람들도 이와 같이 행동한다. 그들은 낙관적으로 된다.

다섯째, 위험에 관해서 아는 바 없는 사람들도 용감해 보인다. 그들은 낙관적인 사람들과 별로

---

2) Xenophon, Memorabilia, 제3권 제9장 4절 이하와 제4권 제6장 10절 이하; Plato, Protagoras, 350, 360 참조.

3) 여기에 '격정'이라 옮긴 말의 원어는 '튀모스'(θυμός). 본래 '기운'이란 뜻이 있는 말인데, 이 뜻에서 번져서 '분격'이란 뜻도 있다.

4) 『니코마코스 윤리학』, 1115b pp.11–24.

다른 점이 없어 보인다. 그러나 낙관적인 사람들은 자신을 가지고 있는 데 반하여 그들은 자신을 가지고 있지 않으니만큼 낙관적인 사람들만 못하다.

3. 가치교육에서의 덕목의 위상[5]

군의 기본가치의 문제는 가치교육의 측면에서 사료될 수 있다. 특히 '기본가치'라고 하는 말은 가치교육에서 '덕목'에 해당된다. 전통적으로 도덕과교육에 있어서의 덕목은 가르치기 위한 '내용'(contents)이 아니라 '범주'(category)이다. 기존의 가치교육에서는 원리와 형식의 문제로 많은 토론이 이루어졌다. 필자는 덕목 자체가 원리와 형식을 다 포함하는 일종의 범주라고 생각하는 것이다.

대체로 덕목을 하나의 교육내용으로 보기 시작한 것은 교육목표의 분류기준으로 보려고 하지 않고, 일종의 통합된 인격의 하위 구성요소로 인식한 데서 비롯되었다. 그것은 바로 Lickona의 학문적 업적에서부터 시작된다.

원래 Lickona는 오늘날 사회의 도덕성 타락은 바로 개인의 인격 결함에서 비롯되고 있다고 규정하고 있다. 즉 지금 미국사회는 심각한 도덕적 문제들에 직면해 있다고 규정하면서, 그러한 도덕적 문제들의 기원은 개인들의 인격적 결함 또는 윤리적 문맹(ethical illiteracy) 현상에서 비롯되고 있다고 보고 있다. 따라서 미국 사회의 도덕적 재건은 각 구성원들이 훌륭한 인격을 구비하는 것을 통하여 이루어질 수 있으며, 학교는 이 과정에 있어서 윤리적 방관자가 되어서는 안 된다고 주장하고 있다.[6]

Lickona는 아리스토텔레스의 인격에 대한 논의를 바탕으로 인격을 행동에서의 가치들, 즉 활동적 가치(operative values)들로 이루어진 것으로 규정하고 있다. 즉 그는 하나의 가치가 하나의 덕이 될 때 우리의 인격이 발달해 나간다고 보고 있다. 그는 아리스토텔레스를 따라서 덕을 도덕적으로 선한 방식에서 상황에 반응하기 위한 신뢰할 수 있는 내적 성향들이라고 규정하고 있다.[7] 그는 훌륭한 인격은 선을 아는 것, 선을 열망하는 것, 선을 행하는 것을 모두 포함하고 있다는 것이다. 그는 이것을 정신의 습관, 마음의 습관, 행동의 습관이라는 용어로도 바꾸어 표현하고 있다.

이 세 가지 요소들이 도덕적 생활을 해나가는 데 있어서 필수적인 것이며, 성숙한 도덕성을 구

5) 이 내용은 다음에서 가져옴: 박균열, 『국가윤리교육론』, 철학과현실사, 2005, pp.55-56.

6) Thomas Lickona, Educating for Character: How Our Schools Can Teach Respect and Responsibility, New York: Bantam Books, 1991a, p.5, 박병기·추병완, 『윤리학과 도덕교육1』, 인간사랑, 1996, p.338 재인용.

7) Lickona(1991a: 51), 박병기·추병완(1996: 338) 재인용.

성한다는 것이다. 그러므로 그의 인격개념은 인지적·정의적·행동적 차원을 모두 통합하고 있는 하나의 포괄적인 개념이라고 볼 수 있다. 특히 인격의 세 가지 특징인 도덕적으로 아는 것, 믿는 것, 그리고 행동하는 것은 분리된 영역 속에서 기능하는 것이 아니라 모든 방식에서 서로 영향을 주고 받으며 기능하는 것이다. 즉 인격의 세 가지 구성요소들은 우리가 잘 인식하지 못하는 매우 복잡하고도 동시적인 상황 속에서 상호작용을 해나가고 있다.[8)]

이와 같이 원래 덕목 자체가 갖고 있었던 복합적인 상징성과 통합적 형식성은 소위 통합적 인격교육을 주장하는 Lickona와 같은 학자들과 그의 이론을 국내에 도입하게 된 일부 학자들의 곡해에서 비롯된 것으로 본다. 즉 목표설정을 위한 논리적 준거로서의 덕목과 교육내용으로서의 덕목은 구분되어야 한다는 것이다. 그 이유는 덕목 자체가 교육내용이나 교육방법 등 도덕교육이 전반적으로 지향하고자 하는 가치내재적인 제반요소를 결정하는 사실상의 범주이기 때문이다.

이렇듯 덕목은 가치교육의 포함요소라고 말할 수 있겠으나, 그 자체가 가치교육을 위한 확실한 준거가 될 수는 없다.

Ⅲ 한국군의 기본가치의 근거와 구현 실태

1. 한국군의 기본가치의 근거 및 변천

군인들의 행동 근거는 대한민국 법령 수준에서는 두 군데에서 찾을 수 있다. 첫째는 대한민국 『헌법』이다. 현재 한국의 군인들이 그 행동의 근거로 하고 있는 것은 『헌법』의 전문에 "밖으로는 항구적인 세계평화와 인류공영에 이바지함으로써"라고 하는 조문, 제5조 제1항의 "대한민국은 국제평화의 유지에 노력하고 침략적 전쟁을 부인한다"라고 명시하고 있는 국가의 평화애호정신, 그리고 제5조 제2항의 "국군은 국가의 안전보장과 국토방위의 신성한 임무를 수행함을 사명으로 하며, 그 정치적 중립성은 준수된다" 등이 있다.

이러한 『헌법』의 내용도 많은 변화를 거쳐 왔다. 현 시점에서의 한국군의 기본가치를 검토하기

8) Thomas Lickona, What is Good Character? And How Can We Develop It in Our Children, Unpublished Paper presented at Poynter Center Ethics Colloquium, Indian University, May 1991b, pp.3-13, 박병기·추병완, 상게서, p.339 재인용.

위해서는『헌법』전문의 변화와 국군관련 조항의 변화를 살펴보아야 한다(〈표 2〉 참조).

〈표 2〉 대한민국『헌법』전문내 국군관련 내용

	주요내용
1. [시행 1948. 7.17] [『헌법』 제1호, 1948. 7.17, 제정]	유구한 역사와 전통에 빛나는 우리들 대한국민은 기미 삼일운동으로 대한민국을 건립하여 세계에 선포한 위대한 독립정신을 계승하여 이제 민주독립국가를 재건함에 있어서 정의인도와 동포애로써 민족의 단결을 공고히 하며 모든 사회적 폐습을 타파하고 민주주의제제도*를 수립하여 정치, 경제, 사회, 문화의 모든 영역에 있어서 각인의 기회를 균등히 하고 능력을 최고도로 발휘케 하며 각인의 책임과 의무를 완수케 하여 안으로는 국민생활의 균등한 향상을 기하고 밖으로는 항구적인 국제평화의 유지에 노력하여 우리들과 우리들의 자손의 안전과 자유와 행복을 영원히 확보할 것을 결의하고 우리들의 정당 또 자유로히** 선거된 대표로서 구성된 국회에서 단기 4281년 7월 12일 이『헌법』을 제정한다.
2. [시행 1952. 7. 7] [『헌법』 제2호, 1952. 7. 7, 일부개정]	유구한 역사와 전통에 빛나는 우리들 대한국민은 기미 삼일운동으로 대한민국을 건립하여 세계에 선포한 위대한 독립정신을 계승하여 이제 민주독립국가를 재건함에 있어서 정의인도와 동포애로써 민족의 단결을 공고히 하며 모든 사회적 폐습을 타파하고 민주주의제제도를 수립하여 정치, 경제, 사회, 문화의 모든 영역에 있어서 각인의 기회를 균등히 하고 능력을 최고도로 발휘케 하며 각인의 책임과 의무를 완수케 하여 안으로는 국민생활의 균등한 향상을 기하고 밖으로는 항구적인 국제평화의 유지에 노력하여 우리들과 우리들의 자손의 안전과 자유와 행복을 영원히 확보할 것을 결의하고 우리들의 정당 또 자유로히 선거된 대표로서 구성된 국회에서 단기 4281년 7월 12일 이『헌법』을 제정한다.
3. [시행 1954.11.29] [『헌법』 제3호, 1954.11.29, 일부개정]	유구한 역사와 전통에 빛나는 우리들 대한국민은 기미 삼일운동으로 대한민국을 건립하여 세계에 선포한 위대한 독립정신을 계승하여 이제 민주독립국가를 재건함에 있어서 정의인도와 동포애로써 민족의 단결을 공고히 하며 모든 사회적 폐습을 타파하고 민주주의제제도를 수립하여 정치, 경제, 사회, 문화의 모든 영역에 있어서 각인의 기회를 균등히 하고 능력을 최고도로 발휘케 하며 각인의 책임과 의무를 완수케 하여 안으로는 국민생활의 균등한 향상을 기하고 밖으로는 항구적인 국제평화의 유지에 노력하여 우리들과 우리들의 자손의 안전과 자유와 행복을 영원히 확보할 것을 결의하고 우리들의 정당 또 자유로히 선거된 대표로서 구성된 국회에서 단기 4281년 7월 12일 이『헌법』을 제정한다.
4. [시행 1960. 6.15] [『헌법』 제4호, 1960. 6.15, 일부개정]	유구한 역사와 전통에 빛나는 우리들 대한국민은 기미 삼일운동으로 대한민국을 건립하여 세계에 선포한 위대한 독립정신을 계승하여 이제 민주독립국가를 재건함에 있어서 정의인도와 동포애로써 민족의 단결을 공고히 하며 모든 사회적 폐습을 타파하고 민주주의제제도를 수립하여 정치, 경제, 사회, 문화의 모든 영역에 있어서 각인의 기회를 균등히 하고 능력을 최고도로 발휘케 하며 각인의 책임과 의무를 완수케 하여 안으로는 국민생활의 균등한 향상을 기하고 밖으로는 항구적인 국제평화의 유지에 노력하여 우리들과 우리들의 자손의 안전과 자유와 행복을 영원히 확보할 것을 결의하고 우리들의 정당 또 자유로이 선거된 대표로서 구성된 국회에서 단기 4281년 7월 12일 이『헌법』을 제정한다.
5. [시행 1960.11.29] [『헌법』 제5호, 1960.11.29, 일부개정]	유구한 역사와 전통에 빛나는 우리들 대한국민은 기미 삼일운동으로 대한민국을 건립하여 세계에 선포한 위대한 독립정신을 계승하여 이제 민주독립국가를 재건함에 있어서 정의인도와 동포애로써 민족의 단결을 공고히 하며 모든 사회적 폐습을 타파하고 민주주의 제도를 수립하여 정치, 경제, 사회, 문화의 모든 영역에 있어서 각인의 기회를 균등히 하고 능력을 최고도로 발휘케 하며 각인의 책임과 의무를 완수케 하여 안으로는 국민생활의 균등한 향상을 기하고 밖으로는 항구적인 국제평화의 유지에 노력하여 우리들과 우리들의 자손의 안전과 자유와 행복을 영원히 확보할 것을 결의하고 우리들의 정당 또 자유로히 선거된 대표로서 구성된 국회에서 단기 4281년 7월 12일 이『헌법』을 제정한다.

6. [시행 1963.12.17] [『헌법』 제6호, 1962.12.26, 전부개정]	유구한 역사와 전통에 빛나는 우리 대한국민은 3 · 1운동의 숭고한 독립정신을 계승하고 4 · 19의거와 5 · 16혁명의 이념에 입각하여 새로운 민주공화국을 건설함에 있어서, 정의 · 인도와 동포애로써 민족의 단결을 공고히 하며 모든 사회적 폐습을 타파하고 민주주의제제도를 확립하여 정치 · 경제 · 사회 · 문화의 모든 영역에 있어서 각인의 기회를 균등히 하고 의무를 완수하게 하여, 안으로는 국민생활의 균등한 향상을 기하고 밖으로는 항구적인 세계평화에 이바지함으로써 우리들과 우리들의 자손의 안전과 자유와 행복을 영원히 확보할 것을 다짐하여, 1948년 7월 12일에 제정된 『헌법』을 이제 국민투표에 의하여 개정한다.
7. [시행 1969.10.21] [『헌법』 제7호, 1969.10.21, 일부개정]	유구한 역사와 전통에 빛나는 우리 대한국민은 3 · 1운동의 숭고한 독립정신을 계승하고 4 · 19의거와 5 · 16혁명의 이념에 입각하여 새로운 민주공화국을 건설함에 있어서, 정의 · 인도와 동포애로써 민족의 단결을 공고히 하며 모든 사회적 폐습을 타파하고 민주주의제제도를 확립하여 정치 · 경제 · 사회 · 문화의 모든 영역에 있어서 각인의 기회를 균등히 하고 의무를 완수하게 하여, 안으로는 국민생활의 균등한 향상을 기하고 밖으로는 항구적인 세계평화에 이바지함으로써 우리들과 우리들의 자손의 안전과 자유와 행복을 영원히 확보할 것을 다짐하여, 1948년 7월 12일에 제정된 『헌법』을 이제 국민투표에 의하여 개정한다.
8. [시행 1972.12.27] [『헌법』 제8호, 1972.12.27, 전부개정]	유구한 역사와 전통에 빛나는 우리 대한국민은 3 · 1운동의 숭고한 독립정신과 4 · 19의거 및 5 · 16혁명의 이념을 계승하고 조국의 평화적 통일의 역사적 사명에 입각하여 자유민주적 기본질서를 더욱 공고히 하는 새로운 민주공화국을 건설함에 있어서, 정치 · 경제 · 사회 · 문화의 모든 영역에 있어서 각인의 기회를 균등히 하고 능력을 최고도로 발휘하게 하며 책임과 의무를 완수하게 하여, 안으로는 국민생활의 균등한 향상을 기하고 밖으로는 항구적인 세계평화에 이바지함으로써 우리들과 우리들의 자손의 안전과 자유와 행복을 영원히 확보할 것을 다짐하면서, 1948년 7월 12일에 제정되고 1962년 12월 26일에 개정된 『헌법』을 이제 국민투표에 의하여 개정한다.
9. [시행 1980.10.27] [『헌법』 제9호, 1980.10.27, 전부개정]	유구한 민족사, 빛나는 문화, 그리고 평화애호의 전통을 자랑하는 우리 대한국민은 3 · 1운동의 숭고한 독립정신을 계승하고 조국의 평화적 통일과 민족중흥의 역사적 사명에 입각한 제5민주공화국의 출발에 즈음하여 정의 · 인도와 동포애로써 민족의 단결을 공고히 하고, 모든 사회적 폐습과 불의를 타파하며, 자유민주적 기본질서를 더욱 확고히 하여 정치 · 경제 · 사회 · 문화의 모든 영역에 있어서 각인의 기회를 균등히 하고, 능력을 최고도로 발휘하게 하며, 자유와 권리에 따르는 책임과 의무를 완수하게 하여, 안으로는 국민생활의 균등한 향상을 기하고 밖으로는 항구적인 세계평화와 인류공영에 이바지함으로써 우리들과 우리들의 자손의 안전과 자유와 행복을 영원히 확보하는 새로운 역사를 창조할 것을 다짐하면서 1948년 7월 12일에 제정되고 1960년 6월 15일, 1962년 12월 26일과 1972년 12월 27일에 개정된 『헌법』을 이제 국민투표에 의하여 개정한다.
10. [시행 1988.2.25] [『헌법』 제10호, 1987.10.29, 전부개정]	유구한 역사와 전통에 빛나는 우리 대한국민은 3 · 1운동으로 건립된 대한민국임시정부의 법통과 불의에 항거한 4 · 19민주이념을 계승하고, 조국의 민주개혁과 평화적 통일의 사명에 입각하여 정의 · 인도와 동포애로써 민족의 단결을 공고히 하고, 모든 사회적 폐습과 불의를 타파하며, 자율과 조화를 바탕으로 자유민주적 기본질서를 더욱 확고히 하여 정치 · 경제 · 사회 · 문화의 모든 영역에 있어서 각인의 기회를 균등히 하고, 능력을 최고도로 발휘하게 하며, 자유와 권리에 따르는 책임과 의무를 완수하게 하여, 안으로는 국민생활의 균등한 향상을 기하고 밖으로는 항구적인 세계평화와 인류공영에 이바지함으로써 우리들과 우리들의 자손의 안전과 자유와 행복을 영원히 확보할 것을 다짐하면서 1948년 7월 12일에 제정되고 8차에 걸쳐 개정된 『헌법』을 이제 국회의 의결을 거쳐 국민투표에 의하여 개정한다.

주: '*'표시의 '민주주의제제도'는 '민주주의제'(民主主義制)와 '제도'(制度)의 합성어로 보이며, '**'는 당시 맞춤법에 따른 표기로 보임.

대한민국 『헌법』의 전문은 대체로 자구상의 차이는 있지만 '항구적인 세계평화'가 공통적으로 표기되고 있으며, 1980년 제9호 개정 이후부터 '인류공영'이라는 단어가 포함되었다.

한편 구체적인 국군의 정체성을 나타내주는 제1장의 총강의 내용은 다소 간의 변화를 보이고 있다. 대체로 제정『헌법』부터 제5호『헌법』에 이르기까지 소극적인 내용으로 명시되어 있다. 즉 "대한민국은 모든 침략적인 전쟁을 부인한다. 국군은 국토방위의 신성한 의무를 수행함을 사명으로 한다"는 내용을 자구 수정없이 그대로 반영하고 있다. 이는 선제 공격이 전제된 침략전쟁을 부정하면서도 국군의 국토방위의 중요성을 강조하고 있다. 하지만 제6호『헌법』부터는 보다 적극적인 변화를 보이고 있다. 즉 국제평화를 위해 노력하는 적극적인 국군의 역할을 명시하고 있으며, 이전 시기의 침략전쟁 부정은 뒤로 배치한다. 이러한 전통은 제8호에까지 이른다. 이어서 제9호『헌법』에서는 이전 시기의 전통에 국가안전보장과 국토방위의 의무를 부가하게 된다. 그리고 제10호 현행『헌법』에서는 여기에 다시 국군의 정치적 중립을 명시하고 있다(〈표 3〉 참조).

〈표 3〉 대한민국『헌법』 전문내 국군관련 내용

	주요내용
1. [시행 1948. 7.17] [『헌법』 제1호, 1948. 7.17, 제정]	제1장 총강 제6조 대한민국은 모든 침략적인 전쟁을 부인한다. 국군은 국토방위의 신성한 의무를 수행함을 사명으로 한다.
2. [시행 1952. 7. 7] [『헌법』 제2호, 1952. 7. 7, 일부개정]	상동
3. [시행 1954.11.29] [『헌법』 제3호, 1954.11.29, 일부개정]	상동
4. [시행 1960. 6.15] [『헌법』 제4호, 1960. 6.15, 일부개정]	상동
5. [시행 1960.11.29] [『헌법』 제5호, 1960.11.29, 일부개정]	상동
6. [시행 1963.12.17] [『헌법』 제6호, 1962.12.26, 전부개정]	제1장 총강 제4조 대한민국은 국제평화의 유지에 노력하고 침략적 전쟁을 부인한다.
7. [시행 1969.10.21] [『헌법』 제7호, 1969.10.21, 일부개정]	제1장 총강 제4조 대한민국은 국제평화의 유지에 노력하고 침략적 전쟁을 부인한다.
8. [시행 1972.12.27] [『헌법』 제8호, 1972.12.27, 전부개정]	제1장 총강 제4조 대한민국은 국제평화의 유지에 노력하고 침략적 전쟁을 부인한다.
9. [시행 1980.10.27] [『헌법』 제9호, 1980.10.27, 전부개정]	제1장 총강 제4조 ①대한민국은 국제평화의 유지에 노력하고 침략적 전쟁을 부인한다. ②국군은 국가의 안전보장과 국토방위의 신성한 의무를 수행함을 사명으로 한다.

10. [시행 1988.2.25] [『헌법』 제10호, 1987.10.29, 전부개정]	제1장 총강 제5조 ①대한민국은 국제평화의 유지에 노력하고 침략적 전쟁을 부인한다. ②국군은 국가의 안전보장과 국토방위의 신성한 의무를 수행함을 사명으로 하며, 그 정치적 중립성은 준수된다.

두번째는 『군인사법』 제47조2(복무규율)에 의한 대통령령의 『군인복무규율』에서 찾을 수 있다. 『군인복무규율』은 총칙 등 총 6개장으로 구성되어 있는데, 제2장 강령 편의 내용이 군의 기본가치에 관련이 있다. 『군인복무규율』을 1966년 제정 이래 10회의 개정을 거쳐 제11호([시행 2009.9.29] [대통령령 제21750호, 2009.9.29, 일부개정])에 이른다. 그 중에서 강령에 해당되는 내용은 전체적인 윤곽은 그대로 유지되는데, 시류에 따라 표기법이 바뀌거나 강령의 포함요소가 약간 첨삭되는 정도의 변화를 거쳐 왔다([부록 1] 참조).

그 중에서도 특히 '국군의 이념' 관련 내용은 제정 당시의 것이 제3호까지 지속되다 제4호에서 '국가와 민족사의 정통성'이 강조되는 내용으로 수정되었다. 이어서 제5호([시행 1991. 1. 5] [대통령령 제13240호, 1991. 1. 5, 전부개정]에서 현재까지 지속되어오고 있는 "국군은 국민의 군대로서 국가를 방위하고 자유민주주의를 수호하며 조국의 통일에 이바지함을 그 이념으로 한다."는 내용으로 고착되었다. 따라서 현재의 국군의 이념에서 '자유민주주의 수호와 조국 통일'을 핵심으로 하고 있다(〈표 4〉 참조).

〈표 4〉『군인복무규율』 내의 '국군의 이념' 관련 내용 변천

	주요내용
1. [시행 1966. 3.15] [대통령령 제2465호, 1966. 3.15, 제정]	대한민국 국군은 민주주의를 수호하며, 평화를 유지하고 국가를 방위하기 위하여 국민의 자제로써 이루어진 국민의 군대이다.
2. [시행 1970. 4.20] [대통령령 제4923호, 1970. 4.20, 전부개정]	상동
3. [시행 1974. 1. 4] [대통령령 제7040호, 1974. 1. 4, 일부개정]	상동
4. [시행 1976.10.13] [대통령령 제8262호, 1976.10.13, 일부개정]	대한민국 국군은 국가와 민족사의 정통성을 수호하기 위한 국민의 군대이다.
5. [시행 1991. 1. 5] [대통령령 제13240호, 1991. 1. 5, 전부개정]	국군은 국민의 군대로서 국가를 방위하고 자유민주주의를 수호하며 조국의 통일에 이바지함을 그 이념으로 한다.

6. [시행 1994. 9.30] [대통령령 제14393호, 1994. 9.30, 일부개정]	상동
7. [시행 1996. 3.16] [대통령령 제14951호, 1996. 3.16, 일부개정]	상동
8. [시행 1998.12.31] [대통령령 제15954호, 1998.12.31, 일부개정]	상동
9. [시행 2001. 3.27] [대통령령 제17158호, 2001. 3.27, 타법개정]	상동
10. [시행 2007. 9.20] [대통령령 제20282호, 2007. 9.20, 일부개정]	상동
11. [시행 2009.9.29] [대통령령 제21750호, 2009.9.29, 일부개정]	상동

『군인복무규율』에 나타난 '국군의 사명'은 국군의 이념을 바탕으로 실제 무슨 일을 해야 하는지를 명시하는 것이다. 국군의 사명은 제정이래 제4호 개정, 제5호 개정 이래 현재까지 지속되어 오고 있다. 핵심적인 내용은 초기에는 '『헌법』수호', '국가방위', '국민생명과 재산 보호', '국제평화유지 공헌'을 담고 있었으나, 제4호 개정시 '국가와 민족을 위한 충성'이 '『헌법』수호'를 대체했으며, 제5호 개정시 오늘날의 국군의 사명인 "국군은 대한민국의 자유와 독립을 보전하고 국토를 방위하며 국민의 생명과 재산을 보호하고 나아가 국제평화의 유지에 이바지함을 그 사명으로 한다."에 이르렀다(〈표 5〉 참조).

〈표 5〉『군인복무규율』 내의 '국군의 사명' 관련 내용 변천

	주요내용
1. [시행 1966. 3.15] [대통령령 제2465호, 1966. 3.15, 제정]	국군은 대한민국의 『헌법』을 수호하고 자유와 독립을 보전하며, 국가를 방위하고 국민의 생명과 재산을 보호하며 나아가 국제평화유지에 공헌함을 사명으로 한다.
2. [시행 1970. 4.20] [대통령령 제4923호, 1970. 4.20, 전부개정]	상동
3. [시행 1974. 1. 4] [대통령령 제7040호, 1974. 1. 4, 일부개정]	상동

4. [시행 1976.10.13] [대통령령 제8262호, 1976.10.13, 일부개정]	대한민국 국군은 국가와 민족을 위하여 충성을 다하며, 국토를 방위하고 국민의 생명과 재산을 보호함을 그 사명으로 한다.
5. [시행 1991. 1. 5] [대통령령 제13240호, 1991. 1. 5, 전부개정]	국군은 대한민국의 자유와 독립을 보전하고 국토를 방위하며 국민의 생명과 재산을 보호하고 나아가 국제평화의 유지에 이바지함을 그 사명으로 한다.
6. [시행 1994. 9.30] [대통령령 제14393호, 1994. 9.30, 일부개정]	상동
7. [시행 1996. 3.16] [대통령령 제14951호, 1996. 3.16, 일부개정]	상동
8. [시행 1998.12.31] [대통령령 제15954호, 1998.12.31, 일부개정]	상동
9. [시행 2001. 3.27] [대통령령 제17158호, 2001. 3.27, 타법개정]	상동
10. [시행 2007. 9.20] [대통령령 제20282호, 2007. 9.20, 일부개정]	상동
11. [시행 2009.9.29] [대통령령 제21750호, 2009.9.29, 일부개정]	상동

『군인복무규율』에 나타난 '군인정신'은 군의 기본가치 중에서 군인의 기본가치를 가장 잘 명시하고 있는 내용이다. 초기의 군인정신에 대한 기술은 덕목을 제시하고 뒤에 군인의 사명을 제시하고 있는 형태이다. 약간의 자구수정이 있었으나, 1991년 제5호 개정 이후 현재까지 지속되어 오고 있다. 현재의 '군인정신'은 '명예', '충성심', '진정한 용기', '필승의 신념', '임전무퇴의 기상', '책임감' 그리고 '애국애족의 정신'으로 요약된다(〈표 6〉 참조). 자구의 수식관계를 고려해서 군인정신의 덕목이 다섯 개라는 주장도 있고, 여섯 개라고 하는 주장도 있다. 일곱 가지로 보는 것이 타당하다고 본다.

〈표 6〉『군인복무규율』 내의 '군인정신' 관련 내용 변천

	주요내용
1. [시행 1966. 3.15] [대통령령 제2465호, 1966. 3.15, 제정]	군인정신은 전쟁의 승패를 좌우하는 필수적인 요소이므로, 군인은 명예를 존중하고 투철한 충성심 · 진정한 용기 · 필승의 신념 · 림전무퇴의 기상을 견지하며 죽음을 무릅쓰고 책임을 완수하는 숭고한 애국애족의 정신을 그 바탕으로 삼는다. 따라서 군인은 모든 행동에 있어서 군인의 본분을 명심하여 철저한 군인정신을 함양함에 전력을 기울여야 한다.
2. [시행 1970. 4.20] [대통령령 제4923호, 1970. 4.20, 전부개정]	군인정신은 전쟁의 승패를 좌우하는 필수적인 요소이므로 군인은 명예를 존중하고 투철한 충성심, 진정한 용기, 필승의 신념, 임전무퇴의 기상을 견지하며 죽음을 무릅쓰고 책임을 완수하는 숭고한 애국애족의 정신을 그 바탕으로 삼는다. 따라서 군인은 모든 행동에 있어서 군인의 본분을 명심하여 철저한 군인정신을 함양함에 전력을 기울여야 한다.
3. [시행 1974. 1. 4] [대통령령 제7040호, 1974. 1. 4, 일부개정]	군인정신은 전쟁의 승패를 좌우하는 필수적인 요소이므로 군인은 명예를 존중하고 투철한 충성심, 진정한 용기, 필승의 신념, 임전무퇴의 기상을 견지하며 죽음을 무릅쓰고 책임을 완수하는 숭고한 애국애족의 정신을 그 바탕으로 삼는다. 따라서 군인은 모든 행동에 있어서 군인의 본분을 명심하여 철저한 군인정신을 함양함에 전력을 기울여야 한다.
4. [시행 1976.10.13] [대통령령 제8262호, 1976.10.13, 일부개정]	군인정신은 전쟁의 승패를 좌우하는 필수적인 요소이므로 군인은 명예를 존중하고 투철한 충성심, 진정한 용기, 필승의 신념, 임전무퇴의 기상을 견지하며 죽음을 무릅쓰고 책임을 완수하는 숭고한 애국애족의 정신을 그 바탕으로 삼는다. 따라서 군인은 모든 행동에 있어서 군인의 본분을 명심하여 철저한 군인정신을 함양함에 전력을 기울여야 한다.
5. [시행 1991. 1. 5] [대통령령 제13240호, 1991. 1. 5, 전부개정]	군인정신은 전쟁의 승패를 좌우하는 필수적인 요소이다. 그러므로 군인은 명예를 존중하고 투철한 충성심, 진정한 용기, 필승의 신념, 임전무퇴의 기상과 죽음을 무릅쓰고 책임을 완수하는 숭고한 애국애족의 정신을 굳게 지녀야 한다.
6. [시행 1994. 9.30] [대통령령 제14393호, 1994. 9.30, 일부개정]	상동
7. [시행 1996. 3.16] [대통령령 제14951호, 1996. 3.16, 일부개정]	상동
8. [시행 1998.12.31] [대통령령 제15954호, 1998.12.31, 일부개정]	상동
9. [시행 2001. 3.27] [대통령령 제17158호, 2001. 3.27, 타법개정]	상동
10. [시행 2007. 9.20] [대통령령 제20282호, 2007. 9.20, 일부개정]	상동
11. [시행 2009.9.29] [대통령령 제21750호, 2009.9.29, 일부개정]	상동

2. 각군의 군 기본가치 구현 실태

한국군의 기본가치는 앞서 언급한 바와 같이 국방부 수준에서 『헌법』과 『군인사법』에 따라 『군인복무규율』에서 다루어졌다.

각군은 2000년 이후 각기 기본가치를 창출하기 위해 노력했다.[9] 우선 육군의 경우, 2002년에, 충성, 용기, 책임, 존중 그리고 창의 등을 5대 가치로 제정하였다. 이러한 가치를 제정한 목적은 장병들의 생각과 행동의 방향을 올바르게 선도하여 이를 신념화, 행동화시킴으로써 군인으로서 명예를 가지고 복무하며, 군심을 결집시키고 나아가 군의 전투력 향상에 기여하기 위한 것이다.

해군의 가치는 충무공 정신에서 비롯된다. 해군 초창기부터 '해군의 다짐'을 제정하여 장병들의 정신적 지표로 삼아왔는데, '해군의 다짐'의 주요내용에는 충무공 정신과 사상이 포함되어 있다. 2006년 해군은 미래지향적인 가치를 선정했는데, 명예, 충성, 책임, 용기, 창의, 진취 그리고 존중이 그것이다.

또한 공군은, 2006년 도전, 헌신, 전문성, 그리고 팀워크라는 네 가지 핵심가치를 제정 발표했다. 이러한 핵심가치는 공군의 전 구성원이 상호 공유해야 할 명확한 행동원칙이자 철학이며, 공군을 지탱하는 정신적 주춧돌이고, 나아가 변화와 혁신을 주도하는 원동력이 될 것으로 기대하고 있다.

3. 한국군의 기본가치 및 그 구현 실태에 대한 평가

가. 『헌법』 조항의 부적절성

국군은 대한민국 『헌법』의 정신에 따라 그 무력을 행사하기 위해 만들어진 것이다. 『헌법』 전문에는 제헌 『헌법』 이후 일관되게 "독립정신"과 "항구적인 국제평화와 인류공영에 이바지함", 그리고 "안전과 자유와 행복을 영원히 확보한다"는 내용을 명시하고 있으며, 세부조항에서도 "대한민국은 국제평화의 유지에 노력하고 침략적 전쟁을 부인하며, 국가의 안전보장과 국토방위의 신성한 의무를 수행함을 사명으로 하며, 그 정치적 중립성 준수"를 강조하고 있다. 이를 위해 "국방의 의무를 수행하기 위한 국군의 조직과 편성의 대강"을 규정하고 있는 『국군조직법』(법률제5645호) 등이 제정되었다.

---

9) 국방부 수준에서의 군 기본가치를 고민한 사례로는 다음이 있음: 최재덕, "한국군 가치체계의 발전방향", 김용삼 외, 『군 가치체계 정립을 통한 정신전력 강화』, 국방대학교 국방리더십개발원, 2007, pp.53-92.

그런데, 『헌법』의 전문 내용은 자구상의 검토 소지는 있으나 큰 무리가 없다고 본다. 다만 세부 조항에서 특히 "국가의 안전보장과 국토방위의 신성한 의무를 수행함을 사명으로 한다"는 내용은 부적절한 면이 있다. 소위 포괄적 안보(comprehensive security) 차원에서 오늘날 국가의 안전보장은 전통적인 군사안보중심의 국가안보를 말하는 것이 아니며, 또한 『국군조직법』을 『국가안전보장회의법』이나 『국가정보원법』 등과 해석상 상충될 수 있는 개연성을 열어두고 있어 문제의 소지가 있다.

나. 『군인복무규율』 상의 문제점

『군인복무규율』은 『군인사법』을 모법으로 하고 있다. 『군인사법』이 2006년 발의되었던 『군인복무기본법(안)』과 같이 법명에 '복무'가 명시되지 않는 한 그 권위가 부족하며, 『군인사법』 제47조의 2(복무규율)는 제8장 권리 및 의무에 해당되며, 정작 제3장 복무에는 이러한 내용이 명기되지 않고 있다.

『군인복무규율』은 국군의 이념과 사명을 명시하고 있는데, 이는 군인의 복무내용을 명시하고 있는 시행령에는 부적합한 면이 있다. 이 내용은 마땅히 국군의 조직을 명시하고 있는 『국군조직법』에 언급되어야 한다. 이러한 측면에서 『국군조직법』은 기존의 외형적인 직제중심의 조직뿐만 아니라 인적 구성원의 복무 조직을 포함해서 『군인사법』과 내용조정이 이루어져야 한다.

군인정신의 내용 측면에서, 우선 그 정의를 "전쟁의 승패를 좌우하는 필수적인 요소"로 명시하고 있다. 그런데 실제 전선조정차원에서 국면적으로 지역을 허용하는 작전을 할 경우를 고려한다면 군인정신을 승리를 위한 전제조건으로 정의하는 것은 한계가 있다. "임무를 완수하기 위한 정신적인 관건이다"라고 명시하는 편이 훨씬 설득력이 있다.

그리고 군인정신의 세부 덕목에 있어서, 명예, 충성심, 진정한 용기, 필승의 신념, 임전무퇴의 기상, 책임 완수, 애국애족의 정신 등이 제시되고 있는데, 덕목의 가지 수의 측면에서 실셈이 곤란하게 문구를 작성하는 것은 시정되어야 한다. 또한 애국애족의 정신은 2007년 1월 26일 제정되어 동년 7월 27일 발효된 『대한민국국기법』의 기본정신과 궤를 같이 해서 민족중심적 국가관에서 국가중심적 국가관의 전환을 강조하는 덕목으로 수정되어야 한다.[10]

그리고 『군인복무규율』은 군의 기본가치에 해당되는 '강령'부분에 '군기', '사기', '단결', '교육훈련' 등의 내용을 특별한 구분없이 명기하고 있는데 이 부분에 대한 조정이 필요하다.

10) 대한민국 국기법(법률 제8272호)에 따라 대한민국국기법시행령(대통령령 제20204호)에 따른 국기에 대한 맹세문: "나는 자랑스러운 태극기 앞에 자유롭고 정의로운 대한민국의 무궁한 영광을 위하여 충성을 다할 것을 굳게 다짐합니다"(강조: 필자).

다. 각군의 핵심가치 문제

현재 육·해·공 각군은 나름대로의 핵심가치를 설정하여 후속행사, 포상 등의 조치를 통해 별개의 가치화 작업을 하고 있다. 각군이 자생력을 갖고 애대심을 갖는 차원에서 권장할 만한 일이겠으나, 『헌법』에서부터 『군인복무규율』에 이르기까지 군의 기본가치가 제대로 정립되지 않은 상태에서의 추진은 많은 혼란을 초래할 개연성을 안고 있다.

또한 『국군조직법』에도 각군에 대한 별개의 특이성을 부여하지 않고 있는 점도 이러한 주장을 지지해주고 있다. 더욱이 이러한 각군의 독자적 행보의 가속화는 오늘날 국제평화유지군 파병, 외국군(특히 미군)과의 연합작전 수행, 국내의 합동작전 수행 등을 원활히 수행하는데 걸림돌이 될 수도 있다.

라. 지나친 편향성

현행 군의 기본가치는 몇 가지의 편향성을 안고 있다. 우선 직업군인 편향성을 갖고 있다. 그 중에서도 장교중심, 장군중심으로 기본가치를 고려하는 경우가 있다. 기본적으로 군의 기본가치는 그 계급의 고하를 막론하고 의무복무를 전제해야 한다. 직업군인의 경우 군의 직업윤리 차원에서도 고려될 수 있기 때문에 군의 근간이 작동되는 것을 전제하는 것이 마땅하다고 본다. 둘째, 현행 군의 기본가치는 남성편향성을 안고 있다. "강한 전사 육성"이라고 하는 전형적인 군의 슬로건은 바로 이러한 점을 대변해주고 있다. 강하지 않은 것은 훌륭한 군인의 자질이 아님을 반증해준다. 하지만 실제 강하지 않아도 바람직한 리더십이 심심찮게 강조되고 있음은 적어도 이 문제에 대해 남성성의 강조를 다시금 되짚어봐야 한다는 점을 지적해주고 있다.

마. 민족 편향성

『군인복무규율』의 군인정신 부문에서 "애국애족의 정신"이라는 문구에서도 확인할 수 있듯이 국가와 대등한 위치에서의 민족 또는 민족을 중심으로 한 국가의 모습을 쉽게 유추해볼 수 있다. 오늘날 다문화적 상황과 같이 다변화되는 우리 국민들의 인적구성의 변화는 현행 군 기본가치의 고수 입장에 일침을 가하고 있다.[11)]

11) 『국방일보』, 2009.10.6(5면): "1950년 6월 25일 북한의 남침으로 발발한 전쟁에 같은 해 유엔군이 참전하게 된다. 전쟁 후에도 유엔군이 계속 주둔하면서 국제결혼이 늘어나고, 이들 사이에 태어난 혼혈인의 병역문제가 발생하게 된다. 그리고 2000년도에는 우리 사회의 인구구성 및 사회구조의 성

Ⅳ 새로운 한국군의 기본가치 정립 방향

1. 구조적인 측면의 정책제언

가. 법령체계의 재조정

구조적인 측면에서 법체계 상의 재조정 문제는 다음과 같은 방향으로 재조정되어야 한다. 우선『헌법』의 내용과 하위 법령의 연계성을 일관되게 할 수 있도록 해야 한다. 이를 위해『군인사법』을 모법으로 하고 있는『군인복무규율』을『국군조직법』으로 이관해야 한다.『국군조직법』은 물적·인적 조직 전체를 망라하는 방법으로 재편되어야 한다. 이것이 부적합하다면, 한번 논의되었던 군인복무기본법(안)을 재논의해서 상정해야 한다. 둘째, 현행 각군의 핵심가치는 상위법령의 체계를 공고히 하고, 제도화되어 전통화될 때까지 유보해야 한다. 나아가 이를 규정하기 위해서는 관련 법령(『국군조직법』)과의 연계성, 저촉성 등을 면밀히 검토해야 한다.

나. 동일 법령내의 기본가치 위치의 재조정

동일 법령내의 위치 재조정의 문제는『군인복무규율』에서 발견된다. 제2장 제4조(강령) 내에 포함하기에는 부적절한 항목을 제외해야 한다. 특히 군기, 사기, 단결, 교육훈련 중에서 교육훈련은

격에 근본적인 변화가 일어난다. 한국 국적을 취득한 외국이민자가 2%를 넘어서고 베트남 등 출신의 외국인 신부들을 맞이하는 국제결혼이 전국적으로 일상화되기 시작하고 코리아와 아시아를 합성한 '코시안 가족'이라는 단어가 생겼다. 1972년 6월 17일 처음으로 병무청 지침으로 '혼혈아'는 보충역에 편입한다는 규정이 제정돼 시행하면서 보충역으로 편입할 수 있게 됐다. 1984년 9월 22일 병역법시행령 일부 개정에서 '외관상 식별이 명백한 혼혈아'를 소집면제 처분을 받을 수 있도록 법령에 규정했다. 1994년 10월 6일 병역법시행령 전부 개정에서 '외관상 식별이 명백한 혼혈아 및 부의 가정에서 성장하지 아니한 혼혈아'는 제2국민역에 처분하도록 해 범위가 확대됐다. 2005년 7월 1일 병역법시행령 일부개정에서 부의 가정에서 성장하지 아니한 혼혈아는 제외하면서 외관상 명백한 혼혈아들에게도 현역 또는 공익근무요원 복무를 원하는 경우 병역이행을 할 수 있도록 했다. 2009년 1월 1일 시행한 병역법 제65조 제1항 제4호에서 "제3조 제3항에도 불구하고 인종·피부색 등으로 인해 병역을 수행하는데 심각한 영향을 받을 것으로 인정되는 사람으로서 대통령령으로 정하는 사람"으로 보충역 편입 또는 제2국민역에 편입할 수 있다고 규정하고 있다. 이를 시행하기 위한 병역법시행령 개정안은 아래 병역법 일부개정과 관련된 사항이므로 보류된 상태다. 최근 언론에서 "흑백계통혼혈인도 군대가야 ... 법개정 추진" 등으로 회자되는 내용은 국회 국방위원회 소속인 유승민(한나라당) 의원이 여야 23인과 공동으로 지난 8월 25일 병역법 일부개정법률안(의안번호 5762)을 발의한 것으로 주요 제안 이유 및 부칙은 다음과 같다. ▲제안 이유: 현행 '병역법'제3조는 "병역의무 및 지원은 인종·피부 등을 이유로 차별해서는 아니된다"고 규정하고 있고, 같은 법 제65조에는 "인종·피부색 등으로 인해 병역을 수행하는 데 심각한 영향을 받을 것으로 인정되는 사람"에 대하여는 징병검사 없이 제2국민역에 편입할 수 있도록 하고 있어 같은 법에 모순된 조항이 공존하고 있음. (중략) 이에 병역의무 및 지원에 있어 인종·피부색 등을 이유로 한 병역의무의 예외를 두지 않도록 하려는 것임. ▲부칙: 이 법은 공포 후 3개월이 경과한 날로부터 시행한다."

삭제해야 하며, 그 자리에 신념을 포함하며, 그 순서도 개인에서 조직으로 나아가는 신념, 사기, 단결, 군기 순으로 배치해야 한다.

2. 내용적인 측면의 정책제언

가. 『헌법』 내의 군 기본가치 관련 내용 수정안

한국 현대정치사에서 군의 정치적 중립성의 강한 요청을 받고 있는 국방부에서 『헌법』의 내용을 건의한다는 것이 일견 무리로 보일 수 있으나, '정치적 중립'이 '정치적 무지'가 아닐 것이라는 전제 하에 『헌법』 개정 논의가 있을 때, 정부부처 의견으로 제시할 수 있을 것으로 사료된다.

우선 현행 『헌법』([시행 1988.2.25] [『헌법』 제10호, 1987.10.29, 전부개정]) 전문에서 3·1운동으로 건립된 대한민국임시정부의 법통'에서 자구적 수정이 요구된다. 즉 3·1운동은 뒤의 4·19와는 다른 독립운동이라고 하는 역사적 계기성(繼起性)을 상징하고 있기 때문에 그 대표적인 운동 중의 하나라는 점을 명기할 필요가 있다. 또한 임시정부의 법통성 문제도 대한민국의 법통성의 시원을 찾는 작업의 일환으로 강조하기 위해 표기된 느낌이 강하므로 그 노력도 포함해야 한다. 그래야만 누란의 위기에서 국가를 수호해낸 국군의 법통성을 바로 찾을 수 있기 때문이다(〈표 7〉 참조).

〈표 7〉 『헌법』 내 군 기본가치 관련 내용 수정안

현행	개정안
유구한 역사와 전통에 빛나는 우리 대한국민은 3 · 1운동으로 건립된 대한민국임시정부의 법통과 불의에 항거한 4 · 19민주이념을 계승하고, 조국의 민주개혁과 평화적 통일의 사명에 입각하여 정의 · 인도와 동포애로써 민족의 단결을 공고히 하고, 모든 사회적 폐습과 불의를 타파하며, 자율과 조화를 바탕으로 자유민주적 기본질서를 더욱 확고히 하여 정치 · 경제 · 사회 · 문화의 모든 영역에 있어서 각인의 기회를 균등히 하고, 능력을 최고도로 발휘하게 하며, 자유와 권리에 따르는 책임과 의무를 완수하게 하여, 안으로는 국민생활의 균등한 향상을 기하고 밖으로는 항구적인 세계평화와 인류공영에 이바지함으로써 우리들과 우리들의 자손의 안전과 자유와 행복을 영원히 확보할 것을 다짐하면서 1948년 7월 12일에 제정되고 8차에 걸쳐 개정된 『헌법』을 이제 국회의 의결을 거쳐 국민투표에 의하여 개정한다.	유구한 역사와 전통에 빛나는 우리 대한국민은 3 · 1운동 등으로 건립된 대한민국임시정부의 법통성과 활약, 불의에 항거한 4 · 19민주이념을 계승하고, 조국의 민주개혁과 평화적 통일의 사명에 입각하여 정의 · 인도와 동포애로써 민족의 단결을 공고히 하고, 모든 사회적 폐습과 불의를 타파하며, 자율과 조화를 바탕으로 자유민주적 기본질서를 더욱 확고히 하여 정치 · 경제 · 사회 · 문화의 모든 영역에 있어서 각인의 기회를 균등히 하고, 능력을 최고도로 발휘하게 하며, 자유와 권리에 따르는 책임과 의무를 완수하게 하여, 안으로는 국민생활의 균등한 향상을 기하고 밖으로는 항구적인 세계평화와 인류공영에 이바지함으로써 우리들과 우리들의 자손의 안전과 자유와 행복을 영원히 확보할 것을 다짐하면서 (하략)

우리나라『헌법』은 국제평화를 추구하고 침략전쟁을 부인한다. 이러한 점은 보편적 지지를 받을 수 있는 사항이다. 그런데 국가의 안전보장은 다양한 국가조직 및 정부조직이 관련되어 있을 뿐만 아니라 군사안보가 포괄적 안보의 개념으로 확대적용될 개연성도 안고 있어서 삭제됨이 바람직하다. 또한 '신성한 의무'에서 '신성한'(sacred)이라는 말 자체가 갖는 신비주의적 요소를 갖고 있어 법률용어로 부적합하다고 사료되어 삭제했다(〈표 8〉 참조).

〈표 8〉『헌법』 내 군 기본가치 관련 내용 수정안

현행	개정안
제5조 ① 대한민국은 국제평화의 유지에 노력하고 침략적 전쟁을 부인한다. ② 국군은 국가의 안전보장과 국토방위의 신성한 의무를 수행함을 사명으로 하며, 그 정치적 중립성은 준수된다.	제5조 ① 대한민국은 국제평화의 유지에 노력하고 침략적 전쟁을 부인한다. ② 국군은 국가방위를 사명으로 하며, 그 정치적 중립성은 준수된다.

주: 안전보장은 군사안보의 범위를 넘어서고, 국토방위는 협소함. 따라서 국가방위라는 용어로 포괄하는 것이 좋을 듯함.

나.『군인복무규율』 내의 군 기본가치 관련 내용 수정안

기본적으로『군인복무규율』은『국군조직법』으로 이관되어야 마땅하나, 여기서는 내용상의 수정안만을 제시하고자 한다([부록 2] 참조).

우선『군인복무규율』의 국군의 이념은 삭제해야 한다. 국군의 이념은 창군초기 광복군, 독립군, 일본군, 만주군, 외국군 등 다양한 이념적 배경 하에 활동하던 사람들이 국군의 창설요원이 되면서 그 이념적인 갈등을 극복하고 대한민국의『헌법』 가치 하에 하나로 뭉치기 위해 고안된 개념이다. 현상황에서『헌법』의 전통과 국민적 공감대 등을 고려해서 별도의 국군의 이념을 설정하지 않아도『헌법』을 수호하는 군대, 국민의 군대라는 이념적 법통성과 정체성이 형성되었다고 보아져 삭제함이 바람직하다고 본다.

둘째, 국군의 이념에서 '조국의 통일'조문을 삭제하고, 기존의 국군의 이념 부분에서 일부(국제평화)를 차용해서, 다음과 같이 수정할 수 있다. "국군은 국가방위를 사명으로 하며, 국민의 군대로서 국민의 생명과 재산을 보호하고, 나아가 국제평화의 유지에 이바지함을 그 사명으로 한다."

셋째, 군인정신은 정의 자체를 본원적으로 정립하고, 덕목의 가지의 수를 쉽게 식별할 수 있도록 조정하고, 중복되는 덕목과 애족심을 삭제하여, 다음과 같이 수정할 수 있다. "군인정신은 군인이 지향해야 할 기본가치이다. 그러므로 군인은 명예를 존중하고, 투철한 충성심, 진정한 용기,

죽음을 무릅쓴 책임감, 숭고한 애국정신을 굳게 지녀야 한다."

넷째, 군인정신의 형태 속에 기존의 '교육훈련'을 삭제했고, '신념'을 추가하였으며, 개인에서 조직으로 나아가는 덕목형성의 방향성을 고려해서, 신념·사기·단결·군기의 네 가지 군인정신 형태를 상정하였다. 군인정신의 각 형태별로는 정의를 먼저 상정하고, 그 기능을 부연 설명하는 식으로 재구성하였다.

나. 군인정신의 형태

① 신념
신념이란 군인으로서 지향해야 할 기본가치에 대한 지속가능한 의지력이다. 그러므로 군인은 국민의 군대 일원으로서 국군의 사명에 대해 지속가능한 의지력을 길러야 한다.

② 사기
사기는 군복무에 대한 군인의 정신적 자세이다. 사기왕성한 군인은 자진하여 어려움에 임하고 즐거이 그 직책을 수행할 수 있다. 그러므로 군인은 자기 직책에 대한 이해와 자신을 가져야 하며 굳센 정신력과 튼튼한 체력을 길러 죽음에 임하여서도 맡은 바 임무를 완수하겠다는 왕성한 사기를 간직하여야 한다.

③ 단결
단결은 전쟁을 승리로 이끄는 단체의 힘이다. 단결의 요체는 전원이 한 마음 한 뜻으로 뭉쳐 준법정신, 희생정신, 공사의 명확한 구분과 상호이해를 바탕으로 공동의 목표를 달성하기 위하여 모든 역량을 통합 · 집중하는 데 있다. 그러므로 모든 부대는 군기가 상징하는 부대의 전통과 명예를 위하여 지휘관을 중심으로 굳게 단결하여야 한다.

④ 군기
군기는 군대의 기율이다. 군기를 세우는 목적은 지휘체계를 확립하고 질서를 유지하며 일정한 방침에 일률적으로 따르게 하여 전투력을 보존 · 발휘하는 데 있다. 그러므로 군대는 항상 엄정한 군기를 세워야 한다. 군기를 세우는 으뜸은 법규와 명령에 대한 자발적인 준수와 복종이다. 따라서 군인은 정성을 다하여 상관에게 복종하고 법규와 명령을 지키는 습성을 길러야 한다.

V 맺음말

본 연구는 현재 한국군의 군인정신에 대한 연원과 적합성 및 타당성을 검토하여 기본가치의 방향성을 제시하는데 목적을 두었다. 즉 군인정신의 정의를 새롭게 하고, 그 덕목 설정의 기준을 제시하고, 종국에는 핵심 덕목을 도출해내는 데 목적을 두고 검토해온 것이다.

지금까지 논의하고 검토해온 내용을 정리하면 다음과 같다. 한국군의 기본가치는 우선『헌법』의 전문과 군관련 조항에서 찾을 수 있다. 그것은 바로 국군의 사명과 이념이라는 이름으로 연유될 수 있다. 물론 그 명칭과 세부 내용에 대해 새로운 해답이 요구된다. 다음으로『군인사법』에 근거한『군인복무규율』을 꼽을 수 있다. 이러한 기존의 규범을 토대로 한국군의 기본가치에 대한 평가를 해보았고, 그 결과 다음 몇 가지 문제점을 발견하게 되었다. 첫째,『헌법』조항상의 부적절성을 발견하게 되었다. 둘째,『군인복무규율』상의 문제점이 발견되었다. 셋째, 각군의 핵심가치 문제성이 발견되었다. 넷째, 지나친 편향성의 문제점이 발견되었다. 다섯째, 민족 편향성의 문제점도 발견되었다.

이상의 논의와 평가를 토대로, 새로운 한국군의 기본가치 정립 방향을 제시하면 다음과 같다. 첫째, 구조적인 측면에서 법령체계의 재조정을 제안한다. 이를 위해『군인사법』을 모법으로 하고 있는『군인복무규율』을『국군조직법』으로 이관해야 한다.『국군조직법』은 물적·인적 조직 전체를 망라하는 방법으로 재편되어야 한다. 나아가 현행 각군의 핵심가치는 상위법령의 체계를 공고히 하고, 제도화되어 전통화될 때까지 유보해야 한다.

둘째, 동일 법령내의 위치를 재조정해야 한다. 동일 법령내의 위치 재조정의 문제는『군인복무규율』에서 발견된다. 제2장 강령 제4조(강령) 내에 포함하기에는 부적절한 항목을 제외해야 한다. 특히 군기, 사기, 단결, 교육훈련 중에서 교육훈련은 삭제해야 하며, 그 자리에 신념을 포함하며, 그 순서도 개인에서 조직으로 나아가는 신념, 사기, 단결, 군기로 배치해야 한다.

셋째,『헌법』내의 군 기본가치 관련 내용을 수정해야 한다. 현행『헌법』전문에서 3·1운동은 뒤의 4·19와는 다른 독립운동이라고 하는 역사적 계기성을 상징하고 있기 때문에 그 대표적인 운동 중의 하나라는 점을 명기할 필요가 있다. 또한 임시정부의 법통성 문제도 대한민국의 법통성의 시원을 찾는 작업의 일환으로 강조하기 위해 표기된 느낌이 강하므로 그 노력도 포함해야 한다. 또한 '신성한 의무'에서 '신성한(sacred)'이라는 말 자체가 갖는 신비주의적 요소를 갖고 있어 법률용어로 부적합하다고 사료되어 삭제했다.

넷째, 『군인복무규율』 내의 군 기본가치 관련 내용을 수정해야 한다. 세부 내용은 다음과 같다. ① 『군인복무규율』의 국군의 이념은 삭제해야 한다. ② 국군의 이념에서 '조국의 통일' 조문을 삭제하고, 기존의 국군의 이념 부분에서 일부(국제평화)를 차용하여 완성해야 한다. ③ 군인정신은 정의 자체를 본원적으로 정립하고, 덕목의 가지 수를 쉽게 식별할 수 있도록 조정해야 하며, 중복되는 덕목을 삭제하고, 애족심을 삭제하였다. ④ 군인정신의 형태 속에 기존의 '교육훈련'을 삭제하고, '신념'을 추가할 필요가 있다.

결국 한국군의 기본가치 탐색은 새로운 사실의 발견이라기보다는 현재 있는 것을 잘 정리하는 작업이 필요하다는 결론에 이르렀고, 이러한 인식을 토대로 몇 가지의 수정안을 담은 정책제언을 하게 되었다. 한국군의 기본가치를 탐색하는 과정은 군대의 위상을 무엇을 달성하기 위한 수단적 존재로 전제하지 않고 그 자체로 어떤 의미를 갖고 있는지를 탐색할 때 국민의 군대 위상에 걸맞는 진정한 평가가 가능하다.

[부록 1] 『군인복무규율』 제·개정 현황

1. 『군인복무규율』 [시행 1966.3.15] [대통령령 제2465호, 1966.3.15, 제정]

제2장 강령

제4조 (강령) 군인의 복무상의 강령은 다음과 같다.

① 국군이념
대한민국 국군은 민주주의를 수호하며, 평화를 유지하고 국가를 방위하기 위하여 국민의 자제로써 이루어진 국민의 군대이다.

② 국군사명
국군은 대한민국의 『헌법』을 수호하고 자유와 독립을 보전하며, 국가를 방위하고 국민의 생명과 재산을 보호하며 나아가 국제평화유지에 공헌함을 사명으로 한다.

③ 군인정신
군인정신은 전쟁의 승패를 좌우하는 필수적인 요소이므로, 군인은 명예를 존중하고 투철한 충성심 · 진정한 용기 · 필승의 신념 · 임전무퇴의 기상을 견지하며 죽음을 무릅쓰고 책임을 완수하는 숭고한 애국애족의 정신을 그 바탕으로 삼는다. 따라서 군인은 모든 행동에 있어서 군인의 본분을 명심하여 철저한 군인정신을 함양함에 전력을 기울여야 한다.

④ 군기
군기는 군대의 규율과 질서이며 생명과 같다. 지휘계통을 확립하고 상관을 존경하며 부하를 신애하여 상하 스스로 합심동체가 되어 일정한 방침에 따라 일률적인 활동을 하게 되는 것은 실로 군기에 의존하는 것이다. 그러므로 군대는 항상 엄정한 군기를 세워야 한다. 군기를 세우는 으뜸은 명령에 대한 자발적인 복종이다. 따라서 군인은 정성을 다하여 상관에게 복종하고 명령은 절대로 지킴을 습성화하여야 한다.

⑤ 사기
군대의 강약은 사기에 좌우된다. 사기는 군복무에 대한 군인의 정신적 자세이며, 사기왕성한 군인은 자진하여 어려움에 임하고 즐거이 그 직책을 수행할 수 있는 것이다. 그러므로 군인은 자기직책에 대한 이해와 자신을 가져야 하며, 건전한 기력과 강건한 체력을 길러 죽음에 임하여서도 맡은바 임무를 완수하고야 말겠다는 왕성한 사기를 간직하여야 한다.

⑥ 단결
모든 부대는 군기가 상징하는 부대의 전통과 명예를 위하여 지휘관을 중심으로 굳게 단결하여야 한다. 전승은 오직 단결된 힘에 의하여서만 얻을 수 있다. 단결의 요결은 전원이 한마음, 한뜻으로 뭉쳐 준법정신 · 희생정신 · 공사의 명확한 구분 그리고 상호이해를 가지고 주어진 임무달성을 위하여 모든 역량을 통합집중하는데 있다.

⑦ 검소와 근면군인은 검소하고 근면한 생활태도와 청렴결백한 살림을 자랑으로 삼아야 한다. 사치와 허례허식 그리고 태만은 군인정신을 좀먹는 것이니 모름지기 군인은 청백한 품성과 검소한 기풍 · 근면한 습성을 길러야 하며 나아가 국민의 부담을 덜기 위하여 경비와 물자를 절약 선용하여야 한다.

⑧ **복무**
군인은 국군의 이념과 사명을 자각하고 엄정한 정치적 중립을 지키며 각자 맡은바 임무를 완수하여 국가와 국민에게 충성을 다하여야 한다. 군인은 그 복무에 있어서 직책과 계급에 따라 업무의 범위나 내용이 다를지라도 지향하는 목표는 같으므로 서로 도와서 업무를 유기적으로 수행하여야 하며 항상 창의력과 진취성을 발휘하도록 힘써야 한다.

⑨ **책무**
■ 지휘관
지휘관은 부대의 핵심이며 부대의 성패에 대하여 전책임을 진다. 그러므로 지휘관은 항상 그 임무를 확실히 파악하고 지휘권의 행사를 엄정히 하여야 한다. 이를 위하여 지휘관은 부하로부터 신뢰와 존경을 받을 수 있도록 덕성을 닦고 지식과 자질을 갖추어 확고한 신념을 가지고 부대를 지휘하며 부하를 지도하여야 한다.
■ 장교
장교는 군대의 기간이다. 그러므로 장교는 그 책임의 중대함을 자각하여 항상 풍부한 지식과 덕성을 싸고 심신의 단련에 힘쓸 것이며, 처사를 공명정대히 하고, 법규를 준수하여 솔선수범함으로써 부하로부터 신뢰와 존경을 받아 역경에 처하여서도 올바른 판단과 조치를 할 수 있는 기품과 위엄을 갖추어야 한다.

■ 준사관
준사관의 책무는 장교에 준한다.

■ 하사관
하사관은 군의 초급간부로서 병과 생활을 같이하므로 그의 모든 언행은 병사에게 직접영향을 주게 됨을 자각하여야 한다. 그러므로 하사관은 임무수행에 있어서 자신이 항상 명령과 법규를 솔선준수하여 병에게 모범을 보이고 또 그들의 신상을 파악하여 선도에 노력하여야 하며 특히 장교와 병간의 교량적 역할을 하여야 한다.

■ 병
병은 국민의 한사람으로서 신성한 국방의 의무를 수행하고 있다는 자랑과 보람을 가지고 항상 군인의 본분을 다하여야 한다. 특히 명령에 복종하고 법규를 준수하며 심신을 단련하여 조국과 민족을 위하여 즐거이 몸과 마음을 바침을 지상의 명예로 삼아야 한다.

⑩ **내무생활**
내무생활의 의의는 그 생활을 통하여 군인정신을 함양하고 군대규율에 익숙시키며 굳은 단결을 이룩하는데 있다. 내무생활에 있어서는 항상 전장에 임하는 마음가짐과 더불어 명랑하고 화기애애한 가운데 뜨거운 전우애로 뭉쳐 생사고락을 같이하는 기풍을 길러야 한다.
내무생활에 있어서의 수련은 군인의 본분을 완수하는데 긴요한 기초가 될 뿐만 아니라 귀향 후에 있어서도 선량한 국민의 한사람으로서 국가에 이바지 할 수 있는 토대가 되어야 한다.

2. 『군인복무규율』 [시행 1970.4.20] [대통령령 제4923호, 1970.4.20, 전부개정]

제2장 강령

제4조 (강령) 군인의 복무상의 강령은 다음과 같다.

1. 국군이념
대한민국 국군은 민주주의를 수호하며 평화를 유지하고 국가를 방위하기 위하여 국민의 자제로써 이루어진 국민의 군대이다.

2. 국군사명
국군은 대한민국의 『헌법』을 수호하고 자유와 독립을 보전하며 국가를 방위하고 국민의 생명과 재산을 보호하며 나아가 국제평화유지에 공헌함을 사명으로 한다

3. 군인정신
군인정신은 전쟁의 승패를 좌우하는 필수적인 요소이므로 군인은 명예를 존중하고 투철한 충성심, 진정한 용기, 필승의 신념, 임전무퇴의 기상을 견지하며 죽음을 무릅쓰고 책임을 완수하는 숭고한 애국애족의 정신을 그 바탕으로 삼는다. 따라서 군인은 모든 행동에 있어서 군인의 본분을 명심하여 철저한 군인정신을 함양함에 전력을 기울여야 한다.

4. 군기
군기는 군대의 규율과 질서이며 생명과 같다. 지휘계통을 확립하고 상관을 존경하며 부하를 신애하여 상하 스스로 합심동체가 되어 일정한 방침에 따라 일률적인 활동을 하게 되는 것은 실로 군기에 의존하는 것이다. 그러므로 군대는 항상 엄정한 군기를 세워야 한다. 군기를 세우는 으뜸은 명령에 대한 자발적인 복종이다. 따라서 군인은 정성을 다하여 상관에게 복종하고 명령은 절대로 지킴을 습성화하여야 한다.

5. 사기
군대의 강약은 사기에 좌우된다. 사기는 군복무에 대한 군인의 정신적 자세이며, 사기왕성한 군인은 자진하여 어려움에 임하고 즐거이 그 직책을 수행할 수 있는 것이다. 그러므로 군인은 자기직책에 대한 이해와 자신을 가져야 하며 건전한 기력과 강건한 체력을 길러 죽음에 임하여서도 맡은 바 임무를 완수하고야 말겠다는 왕성한 사기를 간직하여야 한다.

6. 단결
모든 부대는 군기가 상징하는 부대의 전통과 명예를 위하여 지휘관을 중심으로 굳게 단결하여야 한다. 전승은 오직 단결된 힘에 의하여서만 얻을 수 있다. 단결의 요결은 전원이 한마음 한뜻으로 뭉쳐 준법정신 · 희생정신 · 공사의 명확한 구분, 그리고 상호이해를 가지고 주어진 임무달성을 위하여 모든 역량을 통합집중하는데 있다.

7. 검소와 근면
군인은 검소하고 근면한 생활태도와 청렴결백한 살림을 자랑으로 삼아야 한다. 사치와 허례허식 그리고 태만은 군인정신을 좀먹는 것이니 모름지기 군인은 청백한 품성과 검소한 기풍, 근면한 습성을 길러야 하며 나아가 국민의 부담을 덜기 위하여 경비와 물자를 절약 선용하여야 한다.

8. 복무
군인은 국군의 이념과 사명을 자각하고 엄정한 정치적 중립을 지키며 각자 맡은 바 임무를 완수하며 국가와 국민에게 충성을 다하여야 한다.
군인은 그 복무에 있어서 직책과 계급에 따라 업무의 범위나 내용이 다를지라도 지향하는 목표는 같으므로 서로 도와서 업무를 유기적으로 수행하여야 하며 항상 창의력과 진취성을 발휘하도록 힘써야 한다.

9. 책무
가. 지휘관
지휘관은 부대의 핵심이며 부대의 성패에 대하여 전책임을 진다. 그러므로 지휘관은 항상 그 임무를 확실히 파악하고 지휘권의 행사를 엄정히 하여야 한다. 이를 위하여 지휘관은 부하로부터 신뢰와 존경을 받을 수 있도록 덕성을 닦고 지식과 자질을 갖추어 확고한 신념을 가지고 부대를 지휘하며 부하를 지도하여야 한다.
나. 장교
장교는 군대의 기간이다. 그러므로 장교는 그 책임의 중대함을 자각하여 항상 풍부한 지식과 덕성을 쌓고 심신의 단련에 힘쓸 것이며, 처사를 공명정대히 하고 법규를 준수하여 솔선수범함으로써 부하로부터 신뢰와 존경을 받아 역경에 처하여서도 올바른 판단과 조치를 할 수 있는 기품과 위엄을 갖추어야 한다.
다. 준사관
준사관의 책무는 장교에 준한다.
라. 하사관
하사관은 군의 초급간부로서 병과 생활을 같이 하므로 그의 모든 언행은 병사에게 직접 영향을 주게 됨을 자각하여야 한다. 그러므로 하사관은 임무수행에 있어서 자신이 항상 명령과 법규를 솔선준수하여 병에게 모범을 보이고 또 그들의 신상을 파악하여 선도에 노력하여야 하며 특히 장교와 병간의 교량적 역할을 하여야 한다.
마. 병
병은 국민의 한사람으로서 신성한 국방의 의무를 수행하고 있다는 자랑과 보람을 가지고 항상 군인의 본분을 다하여야 한다. 특히 명령에 복종하고 법규를 준수하며 심신을 단련하여 조국과 민족을 위하여 즐거이 몸과 마음을 바침을 지상의 명예로 삼아야 한다.

10. 내무생활
내무생활의 의의는 그 생활을 통하여 군인정신을 함양하고 군대규율에 익숙시키며 굳은 단결을 이룩하는데 있다.
내무생활에 있어서는 항상 전장에 임하는 마음가짐과 더불어 명랑하고 화기애애한 가운데 뜨거운 전우애로 뭉쳐 생사고락을 같이하는 기풍을 길러야 한다.
내무생활에 있어서의 수련은 군인의 본분을 완수하는데 긴요한 기초가 될 뿐만 아니라 귀향후에 있어서도 선량한 국민의 한사람으로서 국가에 이바지 할 수 있는 토대가 되어야 한다.

3. 『군인복무규율』 [시행 1974.1.4] [대통령령 제7040호, 1974.1.4, 일부개정]

제2장 강령

제4조 (강령) 군인의 복무상의 강령은 다음과 같다.

1. 국군이념
대한민국 국군은 민주주의를 수호하며 평화를 유지하고 국가를 방위하기 위하여 국민의 자제로써 이루어진 국민의 군대이다.

2. 국군사명
국군은 대한민국의 『헌법』을 수호하고 자유와 독립을 보전하며 국가를 방위하고 국민의 생명과 재산을 보호하며 나아가 국제평화유지에 공헌함을 사명으로 한다.

3. 군인정신
군인정신은 전쟁의 승패를 좌우하는 필수적인 요소이므로 군인은 명예를 존중하고 투철한 충성심, 진정한 용기, 필승의 신념, 임전무퇴의 기상을 견지하며 죽음을 무릅쓰고 책임을 완수하는 숭고한 애국애족의 정신을 그 바탕으로 삼는다. 따라서 군인은 모든 행동에 있어서 군인의 본분을 명심하여 철저한 군인정신을 함양함에 전력을 기울여야 한다.

4. 군기
군기는 군대의 규율과 질서이며 생명과 같다. 지휘계통을 확립하고 상관을 존경하며 부하를 신애하여 상하 스스로 합심동체가 되어 일정한 방침에 따라 일율적인 활동을 하게 되는 것은 실로 군기에 의존하는 것이다. 그러므로 군대는 항상 엄정한 군기를 세워야 한다. 군기를 세우는 으뜸은 명령에 대한 자발적인 복종이다. 따라서 군인은 정성을 다하여 상관에게 복종하고 명령은 절대로 지킴을 습성화하여야 한다.

5. 사기
군대의 강약은 사기에 좌우된다. 사기는 군복무에 대한 군인의 정신적 자세이며, 사기왕성한 군인은 자진하여 어려움에 임하고 즐거이 그 직책을 수행할 수 있는 것이다. 그러므로 군인은 자기직책에 대한 이해와 자신을 가져야 하며 건전한 기력과 강건한 체력을 길러 죽음에 임하여서도 맡은 바 임무를 완수하고야 말겠다는 왕성한 사기를 간직하여야 한다.

6. 단결
모든 부대는 군기가 상징하는 부대의 전통과 명예를 위하여 지휘관을 중심으로 굳게 단결하여야 한다. 전승은 오직 단결된 힘에 의하여서만 얻을 수 있다. 단결의 요결은 전원이 한마음 한뜻으로 뭉쳐 준법정신 · 희생정신 · 공사의 명확한 구분, 그리고 상호이해를 가지고 주어진 임무달성을 위하여 모든 역량을 통합집중하는데 있다.

7. 검소와 근면
군인은 검소하고 근면한 생활태도와 청렴결백한 살림을 자랑으로 삼아야 한다. 사치와 허례허식 그리고 태만은 군인정신을 좀먹는 것이니 모름지기 군인은 청백한 품성과 검소한 기풍, 근면한 습성을 길러야 하며 나아가 국민의 부담을 덜기 위하여 경비와 물자를 절약 선용하여야 한다.

8. 복무

군인은 국군의 이념과 사명을 자각하고 엄정한 정치적 중립을 지키며 각자 맡은 바 임무를 완수하며 국가와 국민에게 충성을 다하여야 한다.

군인은 그 복무에 있어서 직책과 계급에 따라 업무의 범위나 내용이 다를지라도 지향하는 목표는 같으므로 서로 도와서 업무를 유기적으로 수행하여야 하며 항상 창의력과 진취성을 발휘하도록 힘써야 한다.

9. 책무

가. 지휘관

지휘관은 부대의 핵심이며 부대의 성패에 대하여 전책임을 진다. 그러므로 지휘관은 항상 그 임무를 확실히 파악하고 지휘권의 행사를 엄정히 하여야 한다. 이를 위하여 지휘관은 부하로부터 신뢰와 존경을 받을 수 있도록 덕성을 닦고 지식과 자질을 갖추어 확고한 신념을 가지고 부대를 지휘하며 부하를 지도하여야 한다.

나. 장교

장교는 군대의 기간이다. 그러므로 장교는 그 책임의 중대함을 자각하여 항상 풍부한 지식과 덕성을 쌓고 심신의 단련에 힘쓸 것이며, 처사를 공명정대히 하고 법규를 준수하여 솔선수범함으로써 부하로부터 신뢰와 존경을 받아 역경에 처하여서도 올바른 판단과 조치를 할 수 있는 기품과 위엄을 갖추어야 한다.

다. 준사관

준사관의 책무는 장교에 준한다.

라. 하사관

하사관은 군의 초급간부로서 병과 생활을 같이 하므로 그의 모든 언행은 병사에게 직접 영향을 주게 됨을 자각하여야 한다. 그러므로 하사관은 임무수행에 있어서 자신이 항상 명령과 법규를 솔선준수하여 병에게 모범을 보이고 또 그들의 신상을 파악하여 선도에 노력하여야 하며 특히 장교와 병간의 교량적 역할을 하여야 한다.

마. 병

병은 국민의 한사람으로서 신성한 국방의 의무를 수행하고 있다는 자랑과 보람을 가지고 항상 군인의 본분을 다하여야 한다. 특히 명령에 복종하고 법규를 준수하며 심신을 단련하여 조국과 민족을 위하여 즐거이 몸과 마음을 바침을 지상의 명예로 삼아야 한다.

10. 내무생활

내무생활의 의의는 그 생활을 통하여 군인정신을 함양하고 군대규율에 익숙시키며 굳은 단결을 이룩하는데 있다. 내무생활에 있어서는 항상 전장에 임하는 마음가짐과 더불어 명랑하고 화기애애한 가운데 뜨거운 전우애로 뭉쳐 생사고락을 같이하는 기풍을 길러야 한다.

내무생활에 있어서의 수련은 군인의 본분을 완수하는데 긴요한 기초가 될 뿐만 아니라 귀향후에 있어서도 선량한 국민의 한사람으로서 국가에 이바지 할 수 있는 토대가 되어야 한다.

4. 『군인복무규율』 [시행 1976.10.13] [대통령령 제8262호, 1976.10.13, 일부개정]

제2장 강령

제4조 (강령) 군인의 복무상의 강령은 다음과 같다.

1. 국군이념
대한민국 국군은 국가와 민족사의 정통성을 수호하기 위한 국민의 군대이다.

2. 국군사명
대한민국 국군은 국가와 민족을 위하여 충성을 다하며, 국토를 방위하고 국민의 생명과 재산을 보호함을 그 사명으로 한다.

3. 군인정신
군인정신은 전쟁의 승패를 좌우하는 필수적인 요소이므로 군인은 명예를 존중하고 투철한 충성심, 진정한 용기, 필승의 신념, 임전무퇴의 기상을 견지하며 죽음을 무릅쓰고 책임을 완수하는 숭고한 애국애족의 정신을 그 바탕으로 삼는다. 따라서 군인은 모든 행동에 있어서 군인의 본분을 명심하여 철저한 군인정신을 함양함에 전력을 기울여야 한다.

4. 군기
군기는 군대의 규율과 질서이며 생명과 같다. 지휘계통을 확립하고 상관을 존경하며 부하를 신애하여 상하 스스로 합심동체가 되어 일정한 방침에 따라 일률적인 활동을 하게 되는 것은 실로 군기에 의존하는 것이다. 그러므로 군대는 항상 엄정한 군기를 세워야 한다. 군기를 세우는 으뜸은 명령에 대한 자발적인 복종이다. 따라서 군인은 정성을 다하여 상관에게 복종하고 명령은 절대로 지킴을 습성화하여야 한다.

5. 사기
군대의 강약은 사기에 좌우된다. 사기는 군복무에 대한 군인의 정신적 자세이며, 사기왕성한 군인은 자진하여 어려움에 임하고 즐거이 그 직책을 수행할 수 있는 것이다. 그러므로 군인은 자기직책에 대한 이해와 자신을 가져야 하며 건전한 기력과 강건한 체력을 길러 죽음에 임하여서도 맡은 바 임무를 완수하고야 말겠다는 왕성한 사기를 간직하여야 한다.

6. 단결
모든 부대는 군기가 상징하는 부대의 전통과 명예를 위하여 지휘관을 중심으로 굳게 단결하여야 한다. 전승은 오직 단결된 힘에 의하여서만 얻을 수 있다. 단결의 요결은 전원이 한마음 한뜻으로 뭉쳐 준법정신 · 희생정신 · 공사의 명확한 구분, 그리고 상호이해를 가지고 주어진 임무달성을 위하여 모든 역량을 통합 · 집중하는 데 있다.

7. 검소와 근면
군인은 검소하고 근면한 생활태도와 청렴결백한 살림을 자랑으로 삼아야 한다. 사치와 허례허식 그리고 태만은 군인정신을 좀먹는 것이니 모름지기 군인은 청백한 품성과 검소한 기풍, 근면한 습성을 길러야 하며 나아가 국민의 부담을 덜기 위하여 경비와 물자를 절약 선용하여야 한다.

8. 복무
군인은 국군의 이념과 사명을 자각하고 엄정한 정치적 중립을 지키며 각자 맡은 바 임무를 완수하며 국가와 국민에게 충성을 다하여야 한다.
군인은 그 복무에 있어서 직책과 계급에 따라 업무의 범위나 내용이 다를지라도 지향하는 목표는 같으므로 서로 도와서 업무를 유기적으로 수행하여야 하며 항상 창의력과 진취성을 발휘하도록 힘써야 한다.

9. 책무
가. 지휘관
지휘관은 부대의 핵심이며 부대의 성패에 대하여 전책임을 진다. 그러므로 지휘관은 항상 그 임무를 확실히 파악하고 지휘권의 행사를 엄정히 하여야 한다. 이를 위하여 지휘관은 부하로부터 신뢰와 존경을 받을 수 있도록 덕성을 닦고 지식과 자질을 갖추어 확고한 신념을 가지고 부대를 지휘하며 부하를 지도하여야 한다.
나. 장교
장교는 군대의 기간이다. 그러므로 장교는 그 책임의 중대함을 자각하여 항상 풍부한 지식과 덕성을 쌓고 심신의 단련에 힘쓸 것이며, 처사를 공명정대히 하고 법규를 준수하여 솔선수범함으로써 부하로부터 신뢰와 존경을 받아 역경에 처하여서도 올바른 판단과 조치를 할 수 있는 기품과 위엄을 갖추어야 한다.
다. 준사관
준사관의 책무는 장교에 준한다.
라. 하사관
하사관은 군의 초급간부로서 병과 생활을 같이 하므로 그의 모든 언행은 병사에게 직접 영향을 주게 됨을 자각하여야 한다. 그러므로 하사관은 임무수행에 있어서 자신이 항상 명령과 법규를 솔선준수하여 병에게 모범을 보이고 또 그들의 신상을 파악하여 선도에 노력하여야 하며 특히 장교와 병간의 교량적 역할을 하여야 한다.
마. 병
병은 국민의 한사람으로서 신성한 국방의 의무를 수행하고 있다는 자랑과 보람을 가지고 항상 군인의 본분을 다하여야 한다. 특히 명령에 복종하고 법규를 준수하며 심신을 단련하여 조국과 민족을 위하여 즐거이 몸과 마음을 바침을 지상의 명예로 삼아야 한다.

10. 내무생활
내무생활의 의의는 그 생활을 통하여 군인정신을 함양하고 군대규율에 익숙시키며 굳은 단결을 이룩하는데 있다. 내무생활에 있어서는 항상 전장에 임하는 마음가짐과 더불어 명랑하고 화기애애한 가운데 뜨거운 전우애로 뭉쳐 생사고락을 같이하는 기풍을 길러야 한다. 내무생활에 있어서의 수련은 군인의 본분을 완수하는데 긴요한 기초가 될 뿐만 아니라 귀향 후에 있어서도 선량한 국민의 한사람으로서 국가에 이바지할 수 있는 토대가 되어야 한다.

5. 『군인복무규율』 [시행 1991.1.5] [대통령령 제13240호, 1991.1.5, 전부개정]

제2장 강령

제4조 (강령) 군인의 복무상의 강령은 다음과 같다.

1. 국군의 이념

국군은 국민의 군대로서 국가를 방위하고 자유민주주의를 수호하며 조국의 통일에 이바지함을 그 이념으로 한다.

2. 국군의 사명

국군은 대한민국의 자유와 독립을 보전하고 국토를 방위하며 국민의 생명과 재산을 보호하고 나아가 국제평화의 유지에 이바지함을 그 사명으로 한다.

3. 군인정신

군인정신은 전쟁의 승패를 좌우하는 필수적인 요소이다. 그러므로 군인은 명예를 존중하고 투철한 충성심, 진정한 용기, 필승의 신념, 임전무퇴의 기상과 죽음을 무릅쓰고 책임을 완수하는 숭고한 애국애족의 정신을 굳게 지녀야 한다.

4. 군기

군기는 군대의 기율이며 생명과 같다. 군기를 세우는 목적은 지휘체계를 확립하고 질서를 유지하며 일정한 방침에 일률적으로 따르게 하여 전투력을 보존 · 발휘하는 데 있다. 그러므로 군대는 항상 엄정한 군기를 세워야 한다. 군기를 세우는 으뜸은 법규와 명령에 대한 자발적인 준수와 복종이다. 따라서 군인은 정성을 다하여 상관에게 복종하고 법규와 명령을 지키는 습성을 길러야 한다.

5. 사기

군대의 강약은 사기에 좌우된다. 사기는 군복무에 대한 군인의 정신적 자세이며, 사기왕성한 군인은 자진하여 어려움에 임하고 즐거이 그 직책을 수행할 수 있다. 그러므로 군인은 자기 직책에 대한 이해와 자신을 가져야 하며 굳센 정신력과 튼튼한 체력을 길러 죽음에 임하여서도 맡은 바 임무를 완수하겠다는 왕성한 사기를 간직하여야 한다.

6. 단결

모든 부대는 군기가 상징하는 부대의 전통과 명예를 위하여 지휘관을 중심으로 굳게 단결하여야 한다. 전쟁의 승리는 오직 단결된 힘에 의하여 얻을 수 있다. 단결의 요체는 전원이 한 마음 한 뜻으로 뭉쳐 준법정신 · 희생정신 · 공사의 명확한 구분과 상호이해를 바탕으로 공동의 목표를 달성하기 위하여 모든 역량을 통합 · 집중하는 데 있다.

7. 교육훈련

교육훈련은 전투력 배양의 필수요소로서 그 목적은 적과 싸워 이길 수 있는 개인 및 부대를 육성하는 데 있다. 그러므로 군인은 투철한 국가관과 확고한 사상무장을 바탕으로 군인정신을 기르고, 직무수행에 필요한 지식과 기술을 익히며 필승의 전기전술을 연마하고 강인한 체력을 단련하며, 부대훈련에 힘써야 한다.

6. 『군인복무규율』 [시행 1994.9.30] [대통령령 제14393호, 1994.9.30, 일부개정]

제2장 강령

제4조 (강령) 군인의 복무상의 강령은 다음과 같다.

1. 국군의 이념
국군은 국민의 군대로서 국가를 방위하고 자유민주주의를 수호하며 조국의 통일에 이바지함을 그 이념으로 한다.

2. 국군의 사명
국군은 대한민국의 자유와 독립을 보전하고 국토를 방위하며 국민의 생명과 재산을 보호하고 나아가 국제평화의 유지에 이바지함을 그 사명으로 한다.

3. 군인정신
군인정신은 전쟁의 승패를 좌우하는 필수적인 요소이다. 그러므로 군인은 명예를 존중하고 투철한 충성심, 진정한 용기, 필승의 신념, 임전무퇴의 기상과 죽음을 무릅쓰고 책임을 완수하는 숭고한 애국애족의 정신을 굳게 지녀야 한다.

4. 군기
군기는 군대의 기율이며 생명과 같다. 군기를 세우는 목적은 지휘체계를 확립하고 질서를 유지하며 일정한 방침에 일률적으로 따르게 하여 전투력을 보존 · 발휘하는 데 있다. 그러므로 군대는 항상 엄정한 군기를 세워야 한다. 군기를 세우는 으뜸은 법규와 명령에 대한 자발적인 준수와 복종이다. 따라서 군인은 정성을 다하여 상관에게 복종하고 법규와 명령을 지키는 습성을 길러야 한다.

5. 사기
군대의 강약은 사기에 좌우된다. 사기는 군복무에 대한 군인의 정신적 자세이며, 사기왕성한 군인은 자진하여 어려움에 임하고 즐거이 그 직책을 수행할 수 있다. 그러므로 군인은 자기 직책에 대한 이해와 자신을 가져야 하며 굳센 정신력과 튼튼한 체력을 길러 죽음에 임하여서도 맡은 바 임무를 완수하겠다는 왕성한 사기를 간직하여야 한다.

6. 단결
모든 부대는 군기가 상징하는 부대의 전통과 명예를 위하여 지휘관을 중심으로 굳게 단결하여야 한다. 전쟁의 승리는 오직 단결된 힘에 의하여 얻을 수 있다. 단결의 요체는 전원이 한 마음 한 뜻으로 뭉쳐 준법정신 · 희생정신 · 공사의 명확한 구분과 상호이해를 바탕으로 공동의 목표를 달성하기 위하여 모든 역량을 통합 · 집중하는 데 있다.

7. 교육훈련
교육훈련은 전투력 배양의 필수요소로서 그 목적은 적과 싸워 이길 수 있는 개인 및 부대를 육성하는 데 있다. 그러므로 군인은 투철한 국가관과 확고한 사상무장을 바탕으로 군인정신을 기르고, 직무수행에 필요한 지식과 기술을 익히며 필승의 전기전술을 연마하고 강인한 체력을 단련하며, 부대훈련에 힘써야 한다.

7. 『군인복무규율』 [시행 1996.3.16] [대통령령 제14951호, 1996.3.16, 일부개정]

제2장 강령

제4조 (강령) 국인의 복무상의 강령은 다음과 같다.

1. 국군의 이념
국군은 국민의 군대로서 국가를 방위하고 자유민주주의를 수호하며 조국의 통일에 이바지함을 그 이념으로 한다.

2. 국군의 사명
국군은 대한민국의 자유와 독립을 보전하고 국토를 방위하며 국민의 생명과 재산을 보호하고 나아가 국제평화의 유지에 이바지함을 그 사명으로 한다.

3. 군인정신
군인정신은 전쟁의 승패를 좌우하는 필수적인 요소이다. 그러므로 군인은 명예를 존중하고 투철한 충성심, 진정한 용기, 필승의 신념, 임전무퇴의 기상과 죽음을 무릅쓰고 책임을 완수하는 숭고한 애국애족의 정신을 굳게 지녀야 한다.

4. 군기
군기는 군대의 기율이며 생명과 같다. 군기를 세우는 목적은 지휘체계를 확립하고 질서를 유지하며 일정한 방침에 일률적으로 따르게 하여 전투력을 보존 · 발휘하는 데 있다. 그러므로 군대는 항상 엄정한 군기를 세워야 한다. 군기를 세우는 으뜸은 법규와 명령에 대한 자발적인 준수와 복종이다. 따라서 군인은 정성을 다하여 상관에게 복종하고 법규와 명령을 지키는 습성을 길러야 한다.

5. 사기
군대의 강약은 사기에 좌우된다. 사기는 군복무에 대한 군인의 정신적 자세이며, 사기왕성한 군인은 자진하여 어려움에 임하고 즐거이 그 직책을 수행할 수 있다. 그러므로 군인은 자기 직책에 대한 이해와 자신을 가져야 하며 굳센 정신력과 튼튼한 체력을 길러 죽음에 임하여서도 맡은 바 임무를 완수하겠다는 왕성한 사기를 간직하여야 한다.

6. 단결
모든 부대는 군기가 상징하는 부대의 전통과 명예를 위하여 지휘관을 중심으로 굳게 단결하여야 한다. 전쟁의 승리는 오직 단결된 힘에 의하여 얻을 수 있다. 단결의 요체는 전원이 한 마음 한 뜻으로 뭉쳐 준법정신 · 희생정신 · 공사의 명확한 구분과 상호이해를 바탕으로 공동의 목표를 달성하기 위하여 모든 역량을 통합 · 집중하는 데 있다.

7. 교육훈련
교육훈련은 전투력 배양의 필수요소로서 그 목적은 적과 싸워 이길 수 있는 개인 및 부대를 육성하는 데 있다. 그러므로 군인은 투철한 국가관과 확고한 사상무장을 바탕으로 군인정신을 기르고, 직무수행에 필요한 지식과 기술을 익히며 필승의 전기전술을 연마하고 강인한 체력을 단련하며, 부대훈련에 힘써야 한다.

8. 『군인복무규율』 [시행 1998.12.31] [대통령령 제15954호, 1998.12.31, 일부개정]

제2장 강령

제4조 (강령) 군인의 복무상의 강령은 다음과 같다.〈개정 1998.12.31〉

1. 국군의 이념
국군은 국민의 군대로서 국가를 방위하고 자유민주주의를 수호하며 조국의 통일에 이바지함을 그 이념으로 한다.

2. 국군의 사명
국군은 대한민국의 자유와 독립을 보전하고 국토를 방위하며 국민의 생명과 재산을 보호하고 나아가 국제평화의 유지에 이바지함을 그 사명으로 한다.

3. 군인정신
군인정신은 전쟁의 승패를 좌우하는 필수적인 요소이다. 그러므로 군인은 명예를 존중하고 투철한 충성심, 진정한 용기, 필승의 신념, 임전무퇴의 기상과 죽음을 무릅쓰고 책임을 완수하는 숭고한 애국애족의 정신을 굳게 지녀야 한다.

4. 군기
군기는 군대의 기율이며 생명과 같다. 군기를 세우는 목적은 지휘체계를 확립하고 질서를 유지하며 일정한 방침에 일률적으로 따르게 하여 전투력을 보존 · 발휘하는 데 있다. 그러므로 군대는 항상 엄정한 군기를 세워야 한다. 군기를 세우는 으뜸은 법규와 명령에 대한 자발적인 준수와 복종이다. 따라서 군인은 정성을 다하여 상관에게 복종하고 법규와 명령을 지키는 습성을 길러야 한다.

5. 사기
군대의 강약은 사기에 좌우된다. 사기는 군복무에 대한 군인의 정신적 자세이며, 사기왕성한 군인은 자진하여 어려움에 임하고 즐거이 그 직책을 수행할 수 있다. 그러므로 군인은 자기 직책에 대한 이해와 자신을 가져야 하며 굳센 정신력과 튼튼한 체력을 길러 죽음에 임하여서도 맡은 바 임무를 완수하겠다는 왕성한 사기를 간직하여야 한다.

6. 단결
전쟁의 승리는 오직 단결된 힘에 의하여 얻을 수 있다. 단결의 요체는 전원이 한 마음 한 뜻으로 뭉쳐 준법정신, 희생정신, 공사의 명확한 구분과 상호이해를 바탕으로 공동의 목표를 달성하기 위하여 모든 역량을 통합 · 집중하는 데 있다. 그러므로 모든 부대는 군기가 상징하는 부대의 전통과 명예를 위하여 지휘관을 중심으로 굳게 단결하여야 한다.

7. 교육훈련
교육훈련은 전투력 배양의 필수요소로서 그 목적은 적과 싸워 이길 수 있는 개인 및 부대를 육성하는 데 있다. 그러므로 군인은 투철한 국가관과 확고한 사상무장을 바탕으로 군인정신을 기르고, 직무수행에 필요한 지식과 기술을 익히며 필승의 전기전술을 연마하고 강인한 체력을 단련하며, 부대훈련에 힘써야 한다.

9. 『군인복무규율』 [시행 2001.3.27] [대통령령 제17158호, 2001.3.27, 타법개정]

제2장 강령

제4조 (강령) 군인의 복무상의 강령은 다음과 같다.〈개정 1998.12.31〉

1. 국군의 이념
국군은 국민의 군대로서 국가를 방위하고 자유민주주의를 수호하며 조국의 통일에 이바지함을 그 이념으로 한다.

2. 국군의 사명
국군은 대한민국의 자유와 독립을 보전하고 국토를 방위하며 국민의 생명과 재산을 보호하고 나아가 국제평화의 유지에 이바지함을 그 사명으로 한다.

3. 군인정신
군인정신은 전쟁의 승패를 좌우하는 필수적인 요소이다. 그러므로 군인은 명예를 존중하고 투철한 충성심, 진정한 용기, 필승의 신념, 임전무퇴의 기상과 죽음을 무릅쓰고 책임을 완수하는 숭고한 애국애족의 정신을 굳게 지녀야 한다.

4. 군기
군기는 군대의 기율이며 생명과 같다. 군기를 세우는 목적은 지휘체계를 확립하고 질서를 유지하며 일정한 방침에 일률적으로 따르게 하여 전투력을 보존 · 발휘하는 데 있다. 그러므로 군대는 항상 엄정한 군기를 세워야 한다. 군기를 세우는 으뜸은 법규와 명령에 대한 자발적인 준수와 복종이다. 따라서 군인은 정성을 다하여 상관에게 복종하고 법규와 명령을 지키는 습성을 길러야 한다.

5. 사기
군대의 강약은 사기에 좌우된다. 사기는 군복무에 대한 군인의 정신적 자세이며, 사기왕성한 군인은 자진하여 어려움에 임하고 즐거이 그 직책을 수행할 수 있다. 그러므로 군인은 자기 직책에 대한 이해와 자신을 가져야 하며 굳센 정신력과 튼튼한 체력을 길러 죽음에 임하여서도 맡은 바 임무를 완수하겠다는 왕성한 사기를 간직하여야 한다.

6. 단결
전쟁의 승리는 오직 단결된 힘에 의하여 얻을 수 있다. 단결의 요체는 전원이 한 마음 한 뜻으로 뭉쳐 준법정신, 희생정신, 공사의 명확한 구분과 상호이해를 바탕으로 공동의 목표를 달성하기 위하여 모든 역량을 통합 · 집중하는 데 있다. 그러므로 모든 부대는 군기가 상징하는 부대의 전통과 명예를 위하여 지휘관을 중심으로 굳게 단결하여야 한다.

7. 교육훈련
교육훈련은 전투력 배양의 필수요소로서 그 목적은 적과 싸워 이길 수 있는 개인 및 부대를 육성하는 데 있다. 그러므로 군인은 투철한 국가관과 확고한 사상무장을 바탕으로 군인정신을 기르고, 직무수행에 필요한 지식과 기술을 익히며 필승의 전기전술을 연마하고 강인한 체력을 단련하며, 부대훈련에 힘써야 한다.

10. 『군인복무규율』 [시행 2007.9.20] [대통령령 제20282호, 2007.9.20, 일부개정]

제2장 강령

제4조 (강령) 군인의 복무상의 강령은 다음과 같다.〈개정 1998.12.31〉

1. 국군의 이념

국군은 국민의 군대로서 국가를 방위하고 자유민주주의를 수호하며 조국의 통일에 이바지함을 그 이념으로 한다.

2. 국군의 사명

국군은 대한민국의 자유와 독립을 보전하고 국토를 방위하며 국민의 생명과 재산을 보호하고 나아가 국제평화의 유지에 이바지함을 그 사명으로 한다.

3. 군인정신

군인정신은 전쟁의 승패를 좌우하는 필수적인 요소이다. 그러므로 군인은 명예를 존중하고 투철한 충성심, 진정한 용기, 필승의 신념, 임전무퇴의 기상과 죽음을 무릅쓰고 책임을 완수하는 숭고한 애국애족의 정신을 굳게 지녀야 한다.

4. 군기

군기는 군대의 기율이며 생명과 같다. 군기를 세우는 목적은 지휘체계를 확립하고 질서를 유지하며 일정한 방침에 일률적으로 따르게 하여 전투력을 보존 · 발휘하는 데 있다. 그러므로 군대는 항상 엄정한 군기를 세워야 한다. 군기를 세우는 으뜸은 법규와 명령에 대한 자발적인 준수와 복종이다. 따라서 군인은 정성을 다하여 상관에게 복종하고 법규와 명령을 지키는 습성을 길러야 한다.

5. 사기

군대의 강약은 사기에 좌우된다. 사기는 군복무에 대한 군인의 정신적 자세이며, 사기왕성한 군인은 자진하여 어려움에 임하고 즐거이 그 직책을 수행할 수 있다. 그러므로 군인은 자기 직책에 대한 이해와 자신을 가져야 하며 굳센 정신력과 튼튼한 체력을 길러 죽음에 임하여서도 맡은 바 임무를 완수하겠다는 왕성한 사기를 간직하여야 한다.

6. 단결

전쟁의 승리는 오직 단결된 힘에 의하여 얻을 수 있다. 단결의 요체는 전원이 한 마음 한 뜻으로 뭉쳐 준법정신, 희생정신, 공사의 명확한 구분과 상호이해를 바탕으로 공동의 목표를 달성하기 위하여 모든 역량을 통합 · 집중하는 데 있다. 그러므로 모든 부대는 군기가 상징하는 부대의 전통과 명예를 위하여 지휘관을 중심으로 굳게 단결하여야 한다.

7. 교육훈련

교육훈련은 전투력 배양의 필수요소로서 그 목적은 적과 싸워 이길 수 있는 개인 및 부대를 육성하는 데 있다. 그러므로 군인은 투철한 국가관과 확고한 사상무장을 바탕으로 군인정신을 기르고, 직무수행에 필요한 지식과 기술을 익히며 필승의 전기전술을 연마하고 강인한 체력을 단련하며, 부대훈련에 힘써야 한다.

11. 『군인복무규율』 [시행 2009.9.29] [대통령령 제21750호, 2009.9.29, 일부개정]

제2장 강령

제4조 (강령) 군인의 복무상의 강령은 다음과 같다. 〈개정 1998.12.31〉

1. 국군의 이념
국군은 국민의 군대로서 국가를 방위하고 자유민주주의를 수호하며 조국의 통일에 이바지함을 그 이념으로 한다.

2. 국군의 사명
국군은 대한민국의 자유와 독립을 보전하고 국토를 방위하며 국민의 생명과 재산을 보호하고 나아가 국제평화의 유지에 이바지함을 그 사명으로 한다.

3. 군인정신
군인정신은 전쟁의 승패를 좌우하는 필수적인 요소이다. 그러므로 군인은 명예를 존중하고 투철한 충성심, 진정한 용기, 필승의 신념, 임전무퇴의 기상과 죽음을 무릅쓰고 책임을 완수하는 숭고한 애국애족의 정신을 굳게 지녀야 한다.

4. 군기
군기는 군대의 기율이며 생명과 같다. 군기를 세우는 목적은 지휘체계를 확립하고 질서를 유지하며 일정한 방침에 일률적으로 따르게 하여 전투력을 보존 · 발휘하는 데 있다. 그러므로 군대는 항상 엄정한 군기를 세워야 한다. 군기를 세우는 으뜸은 법규와 명령에 대한 자발적인 준수와 복종이다. 따라서 군인은 정성을 다하여 상관에게 복종하고 법규와 명령을 지키는 습성을 길러야 한다.

5. 사기
군대의 강약은 사기에 좌우된다. 사기는 군복무에 대한 군인의 정신적 자세이며, 사기왕성한 군인은 자진하여 어려움에 임하고 즐거이 그 직책을 수행할 수 있다. 그러므로 군인은 자기 직책에 대한 이해와 자신을 가져야 하며 굳센 정신력과 튼튼한 체력을 길러 죽음에 임하여서도 맡은 바 임무를 완수하겠다는 왕성한 사기를 간직하여야 한다.

6. 단결
전쟁의 승리는 오직 단결된 힘에 의하여 얻을 수 있다. 단결의 요체는 전원이 한 마음 한 뜻으로 뭉쳐 준법정신, 희생정신, 공사의 명확한 구분과 상호이해를 바탕으로 공동의 목표를 달성하기 위하여 모든 역량을 통합 · 집중하는 데 있다. 그러므로 모든 부대는 군기가 상징하는 부대의 전통과 명예를 위하여 지휘관을 중심으로 굳게 단결하여야 한다.

7. 교육훈련
교육훈련은 전투력 배양의 필수요소로서 그 목적은 적과 싸워 이길 수 있는 개인 및 부대를 육성하는 데 있다. 그러므로 군인은 투철한 국가관과 확고한 사상무장을 바탕으로 군인정신을 기르고, 직무수행에 필요한 지식과 기술을 익히며 필승의 전기전술을 연마하고 강인한 체력을 단련하며, 부대훈련에 힘써야 한다.

[부록 2] 『군인복무규율』 내 군 기본가치 관련 내용 수정안

1. 『군인복무규율』 [시행 1966.3.15] [대통령령 제2465호, 1966.3.15, 제정]

<table>
<tr><th>현행</th><th>개정안</th></tr>
<tr><td>

제2장 강령

제4조 (강령) 군인의 복무상의 강령은 다음과 같다. 〈개정 1998.12.31〉

1. 국군의 이념
국군은 국민의 군대로서 국가를 방위하고 자유민주주의를 수호하며 조국의 통일에 이바지함을 그 이념으로 한다.

2. 국군의 사명
국군은 대한민국의 자유와 독립을 보전하고 국토를 방위하며 국민의 생명과 재산을 보호하고 나아가 국제평화의 유지에 이바지함을 그 사명으로 한다.

3. 군인정신
군인정신은 전쟁의 승패를 좌우하는 필수적인 요소이다. 그러므로 군인은 명예를 존중하고 투철한 충성심, 진정한 용기, 필승의 신념, 임전무퇴의 기상과 죽음을 무릅쓰고 책임을 완수하는 숭고한 애국애족의 정신을 굳게 지녀야 한다.

4. 군기
군기는 군대의 기율이며 생명과 같다. 군기를 세우는 목적은 지휘체계를 확립하고 질서를 유지하며 일정한 방침에 일률적으로 따르게 하여 전투력을 보존 · 발휘하는 데 있다. 그러므로 군대는 항상 엄정한 군기를 세워야 한다. 군기를 세우는 으뜸은 법규와 명령에 대한 자발적인 준수와 복종이다. 따라서 군인은 정성을 다하여 상관에게 복종하고 법규와 명령을 지키는 습성을 길러야 한다.

5. 사기
군대의 강약은 사기에 좌우된다. 사기는 군복무에 대한 군인의 정신적 자세이며, 사기왕성한 군인은 자진하여 어려움에 임하고 즐거이 그 직책을 수행할 수 있다. 그러므로 군인은 자기 직책에 대한 이해와 자신을 가져야 하며 굳센 정신력과 튼튼한 체력을 길러 죽음에 임하여서도 맡은 바 임무를 완수하겠다는 왕성한 사기를 간직하여야 한다.

</td><td>

제2장 강령

제4조 (강령) 군인의 복무상의 강령은 다음과 같다.

1. 국군의 사명

국군은 국가방위를 사명으로 하며, 국민의 군대로서 국민의 생명과 재산을 보호하고, 나아가 국제평화의 유지에 이바지함을 그 사명으로 한다.

2. 군인의 기본가치

가. 군인정신의 정의

군인정신은 군인이 지향해야 할 기본가치이다. 그러므로 군인은 명예를 존중하고, 투철한 충성심, 진정한 용기, 죽음을 무릅쓴 책임감, 숭고한 애국정신을 굳게 지녀야 한다.

나. 군인정신의 형태

① 신념
신념이란 군인으로서 지향해야 할 기본가치에 대한 지속가능한 의지력이다. 그러므로 군인은 국민의 군대 일원으로서 국군의 사명에 대해 지속가능한 의지력을 길러야 한다.

② 사기
사기는 군복무에 대한 군인의 정신적 자세이다. 사기왕성한 군인은 자진하여 어려움에 임하고 즐거이 그 직책을 수행할 수 있다. 그러므로 군인은 자기 직책에 대한 이해와 자신을 가져야 하며 굳센 정신력과 튼튼한 체력을 길러 죽음에 임하여서도 맡은 바 임무를 완수하겠다는 왕성한 사기를 간직하여야 한다.

</td></tr>
</table>

6. 단결

전쟁의 승리는 오직 단결된 힘에 의하여 얻을 수 있다. 단결의 요체는 전원이 한 마음 한 뜻으로 뭉쳐 준법정신, 희생정신, 공사의 명확한 구분과 상호이해를 바탕으로 공동의 목표를 달성하기 위하여 모든 역량을 통합 · 집중하는 데 있다. 그러므로 모든 부대는 군기가 상징하는 부대의 전통과 명예를 위하여 지휘관을 중심으로 굳게 단결하여야 한다.

7. 교육훈련

교육훈련은 전투력 배양의 필수요소로서 그 목적은 적과 싸워 이길 수 있는 개인 및 부대를 육성하는 데 있다. 그러므로 군인은 투철한 국가관과 확고한 사상무장을 바탕으로 군인정신을 기르고, 직무수행에 필요한 지식과 기술을 익히며 필승의 전기전술을 연마하고 강인한 체력을 단련하며, 부대훈련에 힘써야 한다.

③ 단결

단결은 전쟁을 승리로 이끄는 단체의 힘이다. 단결의 요체는 전원이 한 마음 한 뜻으로 뭉쳐 준법정신, 희생정신, 공사의 명확한 구분과 상호이해를 바탕으로 공동의 목표를 달성하기 위하여 모든 역량을 통합 · 집중하는 데 있다. 그러므로 모든 부대는 군기가 상징하는 부대의 전통과 명예를 위하여 지휘관을 중심으로 굳게 단결하여야 한다.

④ 군기

군기는 군대의 기율이다. 군기를 세우는 목적은 지휘체계를 확립하고 질서를 유지하며 일정한 방침에 일률적으로 따르게 하여 전투력을 보존 · 발휘하는 데 있다. 그러므로 군대는 항상 엄정한 군기를 세워야 한다. 군기를 세우는 으뜸은 법규와 명령에 대한 자발적인 준수와 복종이다. 따라서 군인은 정성을 다하여 상관에게 복종하고 법규와 명령을 지키는 습성을 길러야 한다.

제 3 장

한국군의 군인정신의 법·제도적 발전을 위한 제언

MILITARY ETHICS

I 머리말

군인정신은 "군인이 지향해야 할 바람직한 가치 지향성"이다. 그 '바람직함'의 기준이 무엇이 되어야 하며, 어느 정도여야 하는 것에 대해서는 헌법의 정신에 따라 거의 보편적인 공감대가 형성되고 있다고 본다. 플라톤의 말을 빌려 표현하자면, 군인정신은 군인의 '좋은 (정신)상태', '탁월성'(arete)이며, 적도(適度, to metrion)와 균형(to symmetron)의 성질을 그대로 가졌다. 또한 플라톤이 '좋음'(善, to agathon)의 이데아에 대한 앎을 '가장 중요한 배움'이라 말한 것은 그리고 그것을 장차 자신과 나라를 지혜롭게 다스릴 사람들이 반드시 배워야 할 것이라고 말한 것은, 그것이 자연이 따르고 기술과 인간이 따르지 않을 수 없는 원리(archē)이기 때문이라고 했다.[1]

군인정신은 군 정신교육을 위한 내용요소에 해당된다. 군인정신의 윤리학적인 위상은 응용규범윤리(applied normative ethics), 즉 실천윤리(practical ethics)의 내용요소인 것이다. 그런데 학문적으로 명확한 근거를 가지고 있는 군인정신이지만 군 내부적으로 정치적인 영향을 너무 많이 받아서 그 중요성에 비해 군내부적인 군사학적 토대는 취약한 측면이 있다.

일찍이 1977년 4월 1일 대통령령으로 창설된 국군정신전력학교는 정훈병과의 메카이기도 하면서 지휘관 및 참모장교들에 대한 정신교육 요람 역할을 충실히 수행해 왔다. 그러다가 민주화 열풍 속에 1991년 1월 1일자로 국방정신교육원으로 기관 명칭이 변경되었다가 급기야 1998년 12월 31일자로 문을 닫게 된다. 하지만 그 기능은 여전히 육군종합행정학교와 각 군의 정신교육을 위한 특화 학교에서 명맥을 유지해오고 있다가 2013년 12월 1일 현재의 국방정신전력원이 재창설되기에 이른다. 하지만 과거의 교육인원이나 역할에 비하면 그 위상이 매우 낮아졌다고 할 수 있다.

최근에는 정훈병과 존폐론까지 거론되고 있다고 하니 모르긴 해도 많은 갈등이 내재되어 있는 것으로 보인다. 이 문제가 정훈병과 내부의 공보, 교육, 그리고 문화(군악 포함) 기능의 특성화 미흡에서 온 것인지 순수 외부적인 요인에 의해 제기되는 것인지는 명확히 알 수는 없다. 따라서 이 연구는 정훈병과 내부의 입장이나 군 내부의 역학관계 또는 정치적인 입장 그 어디에도 편들지 않고 헌법과 법령의 입법취지에 맞게 지속가능한 군의 가치정향을 정립하기 위한 법·제도적인 측면을 검토하고, 노력이 닿는 한 소견을 토대로 몇 가지 제언을 하고자 한다.

---

* 이 장에 내용에 대한 좋은 논평을 해주신 육군사관학교 김회동 교수님께 사의를 표한다. 또한 이 논문의 심사 과정에서 좋은 논평을 해주신 세 분의 심사위원님께 감사의 말씀을 드린다. 박균열, "군인정신의 법적·제도적 고찰", 2018 국방정신전력원 발전 세미나 발표자료집, 2018. 7. 12, pp.23-36; 박균열, "한국군의 군인정신 함양을 위한 제언", 55, 『정신전력연구』, 국방정신전력원, 2018. 11, pp.3-35.

1) 플라톤, 박종현 역주, 『국가·政體』, 서광사, 1997, p.35.

Ⅱ 한국군의 군인정신 매개로서의 정훈병과의 역사

한국군의 군인정신의 출발은 저항 이데올로기로기에서부터 비롯되었다. 먼저 광복군 시기의 항일 이데올로기를 꼽을 수 있다. 일제 치하에서 일본에 저항하는 것이 곧 나라를 되찾는 일이기 때문에 우리 고유 것에 대한 정체성의 발견과 고양보다는 우선 항거하는 일에 신경을 더 쓸 수밖에 없었던 점을 고려해본다면 이해할 수 있는 대목이다.

1946년까지 존속했던 국군의 모체가 되었던 광복군의 편제에 의하면, 오늘날 인사, 정보, 작전, 군수의 4대 기능을 3개로 축약해서 운영하던 참장(오늘날 소장)과 같은 계급의 정훈처장이 2개 과(선전과, 조훈과)를 운영했다. 당시의 저항이데올로기의 역할을 정훈이 담당했음을 잘 보여주고 있다(〈그림 1〉 참조).

오늘날 광복군의 전통과 임시정부의 위상을 되찾고자 하는 정치권의 눈에는 정훈처가 이러한 역할을 했다는 사실을 강조하지 않는 듯하다. 이것이 군사정권 시절 잘못된 방향으로 운용되었다는 점과 직접 연계되는 데는 무리가 있다.

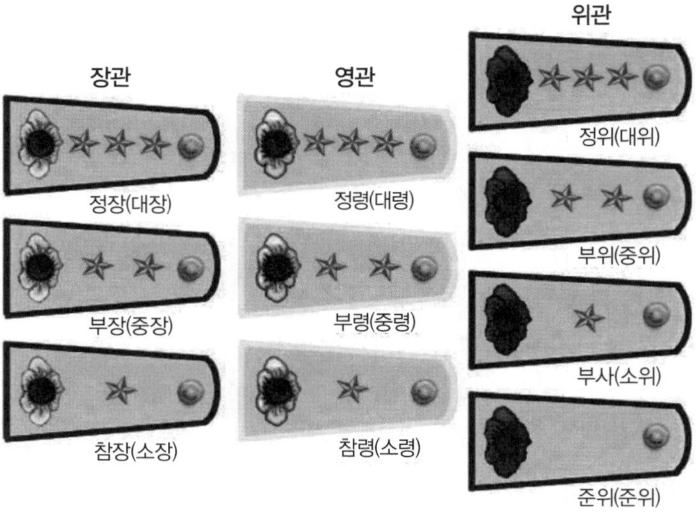

〈그림 1〉 광복군 장교 계급(1948.6.)
출처: http://blog.daum.net/jungmye/107 (2018.6.9. 검색)

1945년 광복과 함께 찾아온 신탁통치의 과도기는 국가사회적으로 민주주의를 받아들이고 연습하는 기간이었다. 1948년 건국과 함께 건군이 되면서부터 우선은 자본주의, 민주주의 방식의 국가 이데올로기가 주축이 되었다. 그러다가 이데올로기 대립에 의해 빚어진 6.25 전쟁으로 인해 1953년 정전협정이 체결되고 난 뒤부터 북한 공산주의 세력으로부터 방어와 기존의 자본주의, 민주주의 체제 고양의 이중성을 갖게 되었다. 점차 자본주의, 민주주의의 자체 장점의 고양 방식보다 체제대결을 통해 공산주의로부터 전자를 수호해야 한다는 다소 협의적 방식으로 이데올로기가 정립되었다.

이러다가 개인의 인권신장과 민주적 다양성 등이 확산되면서, 1988년 이후 현행 헌법의 내용과 정신이 전혀 변화가 없음에도 불구하고 관련 법령의 입법 등으로 이데올로기에 대한 강조점이 일부 변화되기도 했다. 예컨대 〈국기법〉이 제정되면서 그 시행령에서 국기에 대한 맹세문의 내용에 '조국'와 '민족'과 같은 민족주의 요소 대신에 '대한민국'이라고 하는 국가 명칭을 그대로 사용하는 변화가 있었다.

이와 같은 내용은 기존의 〈군인복무규율〉에서 일부 다루어졌으나, 2015년 대체 입법되어 2016년 6월부터 발효된 〈군인의지위및복무에관한기본법〉은 그 입법취지가 정신전력의 강화의 측면보다는 군인의 지위와 권리의 보장에 더 많은 방점이 찍혀있어서 아쉬운 점이 있다.

동법의 제정이유는 다음과 같다.

1. 군 내 기본권 침해가 근절되지 못하고 있어 군의 사기 및 전투력 저하와 군에 대한 국민의 신뢰 상실이 우려되고 있는 상황임.
2. 따라서 주기적인 기본권 교육을 통해 군인의 기본권 의식을 함양하고, 군인에게 다른 군인의 가혹행위에 대한 신고의무를 부과하며, 국방부장관이 가혹행위를 신고한 군인을 보호하도록 함으로써 병영 내에 잔존한 구타·가혹행위 등의 병폐를 근절하려는 것임.
3. 또한, 현재 법률의 구체적인 위임 없이 대통령령에서 규정하고 있는 군인의 기본권 제한, 의무 등에 관한 사항을 법률에서 직접 규율함으로써 군인의 기본권이 보장될 수 있도록 하려는 것임. (http://www.law.go.kr/LSW/lsRvsRsnListP.do?lsId=012438&chrC lsCd=010102, 2018.6.10. 검색)

동법의 주요 내용은 다음과 같다.

가. 국방부장관이 5년마다 군인복무정책심의위원회의 심의를 거쳐 군인복무기본정책을 수립하도록

함(제7조).

나. 군인이 국민으로서 헌법상 보장된 권리를 가지며, 이러한 권리는 법률에서 정한 의무에 따라 군사적 직무의 필요성 범위 내에서 제한될 수 있음을 명시함(제10조).

다. 평등대우의 원칙, 영내대기의 금지, 사생활의 비밀과 자유, 통신의 비밀보장, 종교생활의 보장, 대외발표 및 활동, 의료권의 보장, 휴가의 보장 등 군인의 기본권과 관련된 사항과 그 한계를 규정함(제11조부터 제18조까지).

라. 선서, 충성의 의무, 성실의 의무, 정직의 의무, 청렴의 의무, 명령 발령자의 의무, 명령 복종의 의무, 사적 제재 및 직권남용의 금지, 군기문란 행위 등의 금지, 비밀 엄수의 의무, 직무이탈 금지, 영리행위 및 겸직 금지, 집단행위의 금지, 불온표현물 소지·전파 등의 금지, 정치 운동의 금지, 전쟁법 준수의 의무 등 군인의 의무를 규정함(제19조부터 제34조까지).

마. 의견 건의, 고충처리 등 군인의 권리구제 수단을 마련하고, 이를 이유로 불이익한 처분이나 대우를 받지 아니하도록 함(제39조 및 제40조).

바. 군인의 기본권 침해에 대한 권리구제를 위하여 군인권보호관을 두도록 하되, 그 조직 및 운영 등에 관하여는 따로 법률로 정하도록 함(제42조).

사. 다른 군인이 구타, 폭언, 성희롱 등을 한 사실을 알게 된 경우 상관이나 수사기관 등에 보고 또는 신고하도록 군인에게 의무를 부과함(제43조).

아. 신고자에 대한 비밀을 보장하고, 신고 등을 이유로 신고자에게 징계조치 등의 불이익조치를 하지 못하도록 함(제44조 및 제45조). (http://www.law.go.kr/LSW/lsR vsRsnListP.do?lsId=012438&chrClsCd=010102, 2018.6.10. 검색)

Ⅲ 한국군의 군인정신의 근거 법령 체계

1. 군인정신의 근거 법령 체계 개요

한국군의 군인정신은 위로 헌법에서부터 각 군의 규정에 이르기까지 문서화된 근거와 대통령의 국가비전과 목표, 그리고 국방부장관의 국방목표 및 구두지시에 이르는 비문서 지침을 망라해서 명시되고 있다(〈그림 2〉 참조).

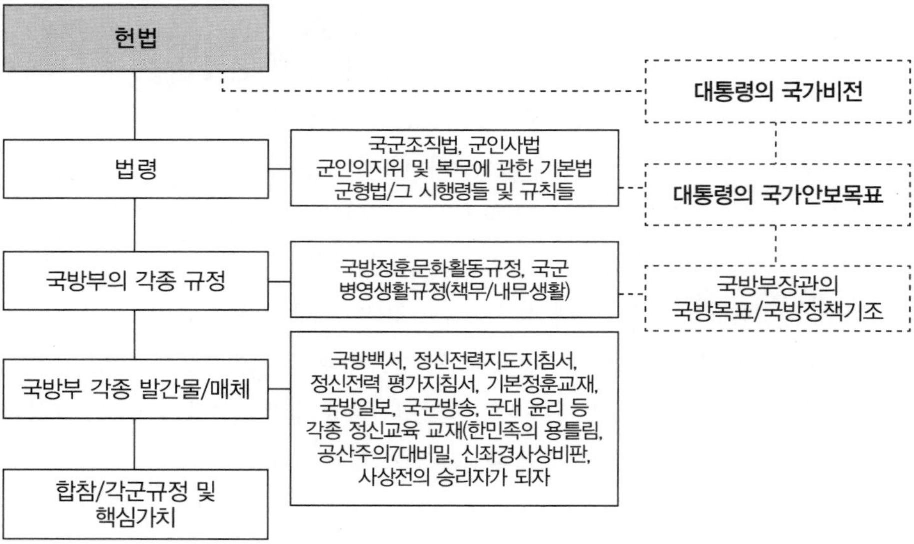

〈그림 2〉 군인정신의 근거 법령 체계

출처: 이 그림은 필자가 현행법령 및 국방관련 기 간행 자료 등을 정리한 다음의 연구를 토대로, 〈군인의지위및복무에관한기본법〉의 시행 내용을 보완·발전시켰음. 박균열, "한국군의 정신교육 진단과 발전 방향", 『윤리연구』 91, 한국윤리학회, 2013, pp.330-331.
주: 실선의 내용은 공식적인 법령과 문건을 의미하며, 점선은 구두지시나 정책적 선언이나 자료를 의미함.

2. 세부 내용

우선 〈헌법〉의 관련 조항이다.

제5조 ① 대한민국은 국제평화의 유지에 노력하고 침략적 전쟁을 부인한다.

② 국군은 국가의 안전보장과 국토방위의 신성한 의무를 수행함을 사명으로 하며, 그 정치적 중립성은 준수된다.

다음으로 〈군인의지위및복무에관한기본법〉에 명시된 군인정신관련 내용이다.

제5조(국군의 강령) ① 국군은 국민의 군대로서 국가를 방위하고 자유 민주주의를 수호하며 조국의 통일에 이바지함을 그 이념으로 한다.

② 국군은 대한민국의 자유와 독립을 보전하고 국토를 방위하며 국민의 생명과 재산을 보호하고 나아가 국제평화의 유지에 이바지함을 그 사명으로 한다.

③ 군인은 명예를 존중하고 투철한 충성심, 진정한 용기, 필승의 신념, 임전무퇴의 기상과 죽음을 무릅쓰고 책임을 완수하는 숭고한 애국애족의 정신을 굳게 지녀야 한다.

이외에도 군인정신관련 근거는 매우 많다. 장병정신교육을 위한 기본교재인 〈기본정훈교재〉의 경우, '국가관', '안보관', '군인정신'의 3대 범주를 준수하고 있다.

Ⅳ 한국군의 군인정신 함양을 위한 법적 · 제도적 개선을 위한 제언

1. 〈헌법〉 조문 내용 개선

현행 국군의 사명의 근거가 되는 제5조 ②항의 '신성(神聖)한'이라고 하는 형용사는 종교적인 느낌을 준다. 종교중립적이면서도 고차적 가치를 수식할 수 있는 '숭고한' 또는 '고귀한' 등의 대체어를 제언한다. 이후 헌법 개정시, 국방부는 부처 의견으로 적극 개진할 필요가 있다.

2. 군인정신의 정의에 대한 정립

군인정신을 제대로 말하고, 논의하고, 업무를 추진하기 위해서는 그것에 대한 명확한 정의(定義)를 해야 한다. 1966년 제정되어 군인정신의 정의와 내용 요소를 포함했던 〈군인복무규율〉에서는 다소 부족한 점이 있기는 했지만 "군인정신은 전쟁의 승패를 좌우하는 필수적인 요소"라고 정의하고 있었다. 하지만 이를 계승한 〈군인의지위및복무에관한기본법〉은 이마저도 언급하지 않고 있다. 또한 현재까지 국방부가 제시하는 많은 책자와 참고자료집에서도 이에 대한 권위있는 정의를 찾기 힘들다. 이에 이 연구는 군인정신의 정의를 "군인이라면 반드시 갖추어야할 바람직한 정신적 요소"라고 제안한다. 이에 대한 많은 논의가 이루어져야 한다. 모든 논의가 일단락되면 그 결과를 관련 법령에 포함시켜야 한다.

3. 정치적 오해의 소지 개선

〈군인의지위및복무에관한기본법〉 제5조 ①항의 국군의 이념에서 '조국의 통일에 이바지함'은 정치적으로 오해의 소지를 안고 있다. 통일을 함에 있어서 군대가 적극적인 역할을 한다는 것은 무력통일을 1차적으로 전제할 때 이해될 수 있는 대목이다. 통일이 잘 되도록 안보를 튼튼히 한다면 이것은 부차적으로 이해될 수 있기 때문에 기본법의 취지에 맞지 않을 수 있다. 삭제하는 것이 바람직하다고 본다.

제5조 ③항의 군인정신의 종류를 명시하고 있는 내용에서, 군인정신의 정의가 누락되어 있다. 또한 '죽음을 무릅쓰고 책임을 완수하는'이라고 하는 말은 뒤의 '애국애족'을 수식하는 문구로 사용되고 있는데, 여기에는 2가지 덕목이 숨겨져 있다. 이를 명시해야 한다. 하나는 "명확한 사생관을 바탕으로 죽음을 무릅쓰고 임무를 완수하는 책임의식"으로 수정해야 한다. 또한 〈국기법시행령〉에서 규정하고 있는 국기에 대한 맹세문의 취지에 맞게 '애국애족'보다는 '애국심'으로 수정해야 한다.

제4장 군인의 의무 등은 제19조(선서), 제20조(충성의 의무), 제21조(성실의 의무)에서 제34조(전쟁법 준수의 의무)에 이르기까지 실제 군인들이 해야 할 일들만 명시하고 있다. 여기에 군인정신 교육과 관련된 내용을 포함해야 한다.

이러한 내용을 포함하는 내용이 제7조(군인복무기본정책) 속에 포함되어야 한다. 그리고 제8조(군인복무정책심의위원회의 설치)가 실질적으로 작동할 수 있도록 국방부장관은 지속적인 관심을 기울여야 하고, 그중에서 군인정신관련 내용은 해당 주무를 정책기획국(정훈문화정책과)/국방정신전력원이 하도록 명시해야 한다.

4. 몇 가지의 추가적인 제언

가. 국방부 기본정훈 교재의 범주 재조정

위에서 제언한 〈헌법〉과 〈군인의지위및복무에관한기본법〉의 개정 취지에 맞게 하위 규정 및 지침을 설정하기 위해서는 우선 정치적인 요소를 배제할 필요가 있다. 그런 차원에서 국방부의 기본정훈교재의 3대 범주인 국가관, 안보관, 군인정신 중에서 '안보관'은 삭제하는 것을 검토해볼 필요가 있다. 존치한다면 정치적으로 오해의 소지가 있는 부분은 삭제해야 한다.

나. 기본서를 제외한 추가 교재 집필 및 배포 제한

현재 국방부는 사안에 따라 다양한 추가 교재를 집필하고 그것을 교육 참고자료로 배포하고 있다. 그런데 이렇게 되면 가장 바쁜 소대장과 중대장에게 혼선을 가져다 주는 부작용을 초래할 수 있다. 일선 학교에서는 주교재를 중심으로 하되 교사가 필요하다고 판단하면 주도적으로 자료를 찾도록 하지, 일방적으로 하달하지는 않는다. 따라서 기본정훈교재와 국방일보를 통한 교육자료 이외의 내용들은 수정 소요를 누적하여 관리하고 있다가 기본정훈교재, 국방백서의 수정 작업시 그 내용을 반영하는 것이 바람직하다고 본다.

다. 정훈병과 및 국방정신전력원의 정체성 확보

정훈병과는 군악의 흡수 통합이라는 양적인 팽창 속에서, 내부적으로 공보, 문화, 교육의 3가지의 정체성의 혼란을 겪고 있다. 언론과의 접촉이 잦아 상대적으로 정보가 많은 공보관련 직위를 선호하는 정훈병과 내부의 진솔한 자기반성이 필요하다. 정훈병과는 교육이 중심이다. 현재 정훈병과에 대한 시대적 비판도 정체성에 대한 지적이라기보다 운용상의 방법에 대한 지적으로 이해해야 한다.

정부부처의 각종 교육훈련 기관들은 모두 법령에 근거하고 있다. 통일부 통일교육원, 인사혁신처 국가공무원인재개발원, 국민권익위원회 청렴연수원, 국가보훈처 보훈교육연구원 등과 교관 및 학생 교류를 체결하여 인적 풀을 형성해서 다양한 교관단을 공유할 수 있으며 피교육생들 간의 상호 위탁교육을 실시함으로써 연대를 통한 생존방안을 검토할 필요가 있다.

최근 국방정신전력원은 제한된 인터넷 홈페이지 구축의 한계점에도 불구하고 다양한 활동을 사이버상으로 하고 있고, 정훈병과의 정체성을 찾기 위해 노력하고 있다. 이점은 높이 평가할 만하다. 하지만 온갖 연성적(soft) 요소들을 포괄함으로써 외연을 확장하려는 노력은 재고할 필요가 있다. 예컨대 '군 인문학(人文學)'의 경우, 병영문학과 같이 전장의 경험을 시, 수필, 소설, 음악, 영화 등으로 풀어내어, 평화수호의지를 고양하고, 군인정신을 함양하는 데 도움이 되는 경우에 중점을 두어야 하는데, '전쟁과 스포츠' 등과 같은 일반적인 군사교양을 쌓는 데 도움을 주는 방식으로 구성된다는 인상을 준다. 오히려 정작 중시되어야 할 민주시민교육과 같은 내용은 누락되어 있다. 또한 국방정신전력원은 정훈의 역사자료들을 적극적으로 찾아서 문서로 존안하는 작업을 착실히 수행하고 있다. 『정신전력연구지』의 논문의 질적 수준의 향상을 통해 한국연구재단의 등재지로 승격되도록 해서 이 분야에 대한 학술적 관심을 체계적으로 장려할 필요가 있다.

라. 정신교육의 효과 측정을 위한 체계 개선

현재 군 정신교육 현장에서는 그 효과를 측정하기 위해 몇 가지 자기보고식 지필평가 도구가 개발되어 운용되고 있다. 사실 우리 군대는 학교교육의 의무적인 상대평가에 의한 인위적인 평가 방식을 벗어나서 진정으로 도덕성을 함양할 수 있는 좋은 무대이다. 제대로 된 평가도구를 개발해서 적용해본다면 전반적인 인성함양과 군인정신 제고에 큰 기여를 할 수 있을 것이다. 다만 이것이 부대 간의 비교를 위한 도구로 악용되어서는 안 된다. 개별 병사들에게 개인적으로 피드백되는 자료로 활용되어져야만 한다. 17세기 영국의 정치철학자이자 의사였던 J. Locke도 개복(開腹)해서 간암수술을 한 적이 있다. 그 수술방법은 지금도 그대로 진행된다. 결국 의학기술의 발달은 진단술에서 비약적으로 이루어졌다. 그래서 초보적인 진맥, 청진기에서부터 X-ray, 뇌파검사, MRI 등의 고급 진단기술이 발전하게 된 것이다. 똑같은 실수를 하지 않기 위해서는 진단을 제대로 하는 군인정신교육이 필요하다.

현재 기획 단계에서 내용요소를 선정할 때, 덕목 중심으로 편성하는 경향이 높다. 사실 덕목 중심 교육과정을 설계하는 일은 가장 손쉬운 방책이다. 가치 교육의 범주는 의식조사결과를 단순 요인분석(factor analysis)한 결과들이 아니다. 이는 엄격한 도덕심리학적인 기반에 근거할 때 권위를 가진다. 현재 군인정신 교육을 기획하고, 평가하기 위해 단순 요인은 각종 덕목 형태의 각 군의 핵심가치, 군인정신 6대 덕목, 군기·신념·사기·단결 등이 활용되고 있다. 그런데 이들은 모두 교육계획을 수립하기 위해서는 다소 효과성이 있을 수 있겠으나 실제 교육현장에서 피교육자들의 도덕심리 현상을 설명하고 그것을 고양하기 위한 평가 준거를 확보하는 데는 상당한 제한점을 가진다.

이러한 한계점을 보완하기 위한 대안으로 도덕심리학자 레스트(J. R. Rest)는 도덕성의 네 가지 구성요소 개념을 제안한 바 있다. 즉 레스트의 4구성요소는 도덕적 감수성(moral sensitivity),[2] 도덕적 판단력(moral judgment), 도덕적 동기화(moral motivation), 도덕적 실행력(moral action)을 말한다.[3] 그런데 이 4구성요소 중에서 비도덕적인 것보다 도덕적인 것을 더 우위에 둔다는 도덕적 동기화의 개념은 도덕적 판단력의 하위 개념으로 포섭될 수 있다는 점과 도덕적 행위자의 스스로에 대한 인식인 도덕적 정체성(moral identity) 개념과 자신의 선의지로 인해 빚어지는 좋지 않은 결과에 대해서까지 책임지는 도덕적 책임성(moral responsibility) 개념이 추가될 필요성이 제기된다. 이러한 요청을 반영하여, 필자는 다음과 같은 5가지의 도덕적 역량(moral competence) 개념을 정립한 바 있다(〈그림 3〉 참조).

2) 'Moral Sensitivity'에 대한 국내 번역은 '도덕적 민감성'으로 소개된 바 있다. 하지만 '민감성'이라는 어감 자체가 '피부 민감성'과 같이 물리적 관계에서 빚어지는 것으로 받아들여지는 경향이 있어서, 도덕심리학적인 의미를 반영할 수 있는 '도덕적 감수성'이라는 용어를 더 바람직함다고 본다. 따라서 이 책에서는 후자의 용어를 사용한다. 인용문헌에서 사용된 용어는 그대로 사용된다.

3) J. R. Rest, "The major components of morality", In W. M. Kurtines & J. L. Gewitz (Eds.,) Morality, moral behavior & moral development (New York: John Wilen & Sons, 1984), pp.24–38; D. Narvaez & Rest, J., "The four components of acting morally", In Kurtines, W. M. (Ed.), Moral behavior and moral development: An introduction (Boston: Allyn & Bacon, 1995)

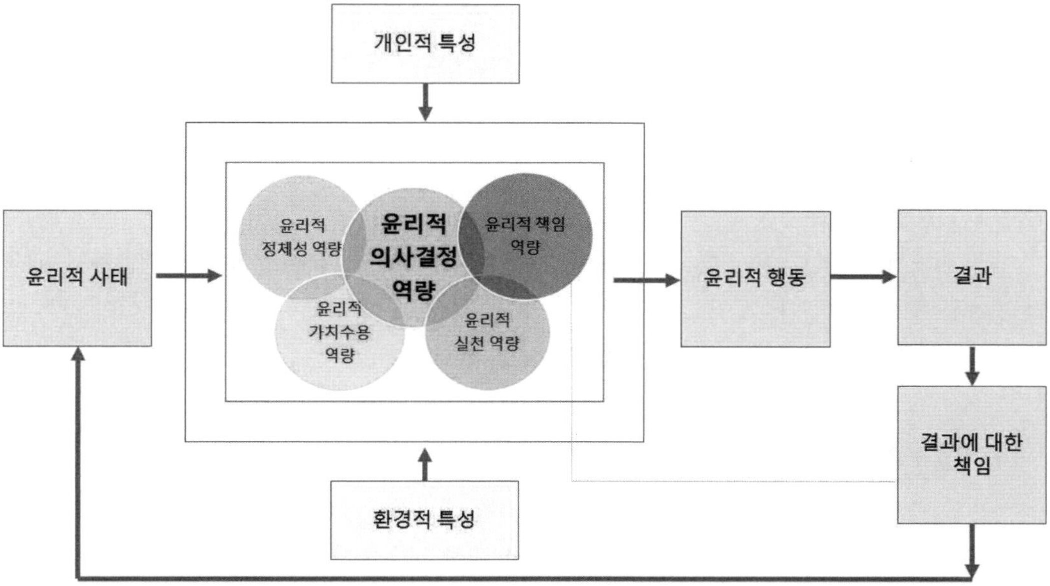

〈그림 3〉 윤리적 역량 체계

출처: 박균열 외, 『공직윤리 모델 연구』(인사혁신처 국가공무원인재개발원, 2017), p.35.

군인정신 교육의 효과성 측정을 위해서는 이와 같은 역량 개념을 도입할 필요가 있다. 그중에서 도덕적 판단력은 매우 중요한 역할을 수행하면서도 가장 많은 부분을 차지한다. 다른 역량들은 자기보고식으로 측정해도 큰 문제가 없을 수 있지만 도덕적 판단력의 경우 신중한 문항 구성이 필요하다. 도덕심리학자들의 측정도구 개발도 거의 대부분이 이 도덕적 판단력 측정에 집중되어 왔다. 특히 콜버그(L. Kohlberg)가 개발한 인터뷰에 의한 도덕판단력 측정도구(MJI: Moral Judgment Interview)와 이를 객관화한 그의 제자인 레스트(J. R. Rest)의 주제정의형 도덕적 판단력 측정도구(DIT: Defining Issues Test)가 초기에 많이 알려졌다. 최근에는 필자가 교육부/한국연구재단의 지원을 받아 한국적 표준화를 완성한 G. Lind의 도덕판단 역량 검사도구(MCT: Moral Competence Theory)[4)]가 있다. 이 도구는 '정의'를 구현할 수 있는 '노동자의 딜레마'와 '배려'를 구현할 수 있는 '의사의 딜레마'로 구성되어 있다. MCT가 선호나 태도가 아닌 역량을 측정하는 것이기 때문에 단계 상향을 가장한다고 해도 높은 점수를 획득할 수 없도록 구성되어 있다

4) 이 도구를 개발한 G. Lind의 Moral Competence Test라고 하는 도구의 용어는 실상 2014년까지는 Moral Judgment Test였음을 감안한다면 '도덕적 판단 역량 측정도구'라고 보는 것이 맞을 듯하다. 도덕적 역량은 도덕적 판단력을 포함한 매우 포괄적인 용어이므로 본 연구에서는 이에 대해 미세한 구분을 할 것이다. 도덕적 역량에 대해, 영어권에서는 moral competence와 moral competency를 혼용한다. 대개 도덕심리학자들은 전자를 선호한다. Lind의 최근 관련 연구는 다음이 있다. G. Lind, 박균열·정창우, 『도덕적 민주적 역량 어떻게 가르칠 것인가』(How to Teach Morality: Promoting Deliberation and Discussion, Reducing Violence and Deceit) (서울: 도서출판 양서각, 2017[2016]).

는 것은 선행연구에서도 알 수 있다.[5)6)] C-점수는 특정 주제에 대한 자신의 선호태도를 도출한 것이 아니라 자신의 도덕적 관심과 원칙에 의해 결정된 정도를 나타낸 것이다([부록 2]의 계산자 공식 참조). C-점수의 만점은 100점이다. 대체로 1-9점은 '낮음', 10-29점은 '중간', 30-49점은 '높음', 50점 이상은 '아주 높음'으로 평가된다.[7)] 이 도구는 이미 한국형 표준화가 완료되어 다양한 분야에서 활용되고 있다.[8)]

이를 위해서는 군인들이 접할 수 있는 다양한 형태의 도덕적 딜레마스토리를 개발해서, 교육과 평가를 동시에 진행할 수 있도록 교관화 교육이 필요하다. 향후 군인정신교육도 이와 같은 측정 방식과 호응할 수 있도록 구체적인 교육기획이 필요하다.

마. 정훈교육 발전을 위해 관련 학회와의 연계성 강화

현재 윤리학/윤리교육 전공자들 중에 정훈장교 출신 교수들이 20여명 된다. 물론 다른 전공 출신의 교수들도 많이 있겠지만, 이렇게 포진한 경우는 드물 것이다. 관련 학회로는 한국윤리교육학회, 한국도덕윤리과교육학회, 한국초등도덕교육학회, 한국윤리학회 등이 있다. 특히 한국윤리학회의 공동체의식분과위원회가 그 멤버들로 구성되어 있다. 1년에 1회 정도 공동학술대회를 개최할 필요가 있다. 특별 세션을 만들어서 군 정신교육 주제를 포함하여 설정하고 예산 및 토론자 등은 국방부(국방정신전력원)에서 지원하는 방식을 제언한다. 이렇게 되면 야전의 정훈장교들이 가치교육과 관련된 다양한 연구방법론을 자연스럽게 습득할 수 있을 것이다.

바. 정훈병과의 역사성 강화를 위한 노력

국방부와 국방정신전력원은 정훈병과의 역사성 강화를 위해 더 노력해야 한다. 특히 정훈장교들에게 중국의 상하이임시정부와 충칭에 존치되어 있는 다양한 광복군의 유산을 견학할 수 있는

5) L. Kohlberg, "The development of modes of moral thinking and choice in years ten to sixteen", Unpublished doctoral dissertation, University of Chicago, 1958; J. R. Rest, Revised Manual for the Defining Issues Test, Minneapolis: University of Minnesota, 1979.

6) 다양한 형태의 도덕적 역량 개념에 대한 소개는 필자의 연구 참조. 도덕적 정체성 역량, 도덕적 가치수용성 역량, 도덕적 판단역량, 도덕적 실천역량, 도덕적 책임역량. 박균열 외, 『공직 윤리 모델 연구』, 국가공무원인재개발원 정책연구보고서, 2017.

7) J. Cohen, Statistical power analysis for the behavioral sciences (2nd ed.). Hillsdale, NJ: Erlbaum, 1988.

8) 박균열, "도덕 판단력 측정도구 MJT의 특징과 활용법", 『도덕윤리과교육』, 23, 2006, pp.136-137; 이원봉·박균열, 『도덕판단력 측정: MJT와 DIT를 중심으로』, 한국학술정보(주), 2012; 박균열, "도덕적 판단력 도구 MJT의 한국적 표준화 연구", 『윤리연구』 94, 한국윤리학회, 2014, pp.249-275; 박균열·이상호, 『공직자 청렴판단력 측정도구 개발』, 국민권익위원회 청렴연수원 연구보고서, 2016; 박균열, "중등 도덕과에서 도덕적 딜레마를 활용한 통일교육 교수학습방법", 『통일정책연구』, 25(2), 2016; 박균열, "도덕적 역량 검사도구(MCT)의 구성원리를 활용한 통일·안보의식측정도구 개발 기초 연구", 『국방연구』, 60(3), 2017; 신은정, "감정평가법인의 윤리적 역량과 감정평가의 신뢰성에 관한 연구", 건국대학교 대학원 박사학위논문, 2017.6.

기회를 제공할 필요가 있다. 국방부는 정훈장교들에게 광복군 초기의 건군 정신을 체득할 수 있도록 예산편성을 위해 적극적인 노력을 해야 한다.

또한 정훈장교 출신 교수들의 홈커밍 제도 시행할 필요가 있다. 정훈장교들은 주로 인문사회 분야에서 다양한 활동을 하고 있다. 교수, 연구원, 교사 등 주로 연구하고 가르치는 일에 종사하고 있다. 다양한 범주를 설정해서 직업별로 국방정신전력원 홈커밍데이 제도를 만들 필요가 있다. 그리고 이러한 경험들을 언론에 홍보하는 일도 병행해야 한다. 정훈병과가 국가사회적으로 어떤 일을 하는지 효과를 방증하는 셈이 된다.

사. 군인정신 표상으로서의 무공훈장 추가 제정

현재 우리나라의 무공훈장은 〈상훈법〉에 따라 다른 훈장과 함께 5단계 체계를 따르고 있다. 즉 제도상으로 5개 이상의 훈장을 지정할 수가 없다. 그중 무공훈장의 경우 고구려시대의 을지문덕(乙支文德)의 무공을 기리는 을지무공훈장, 신라시대의 화랑(花郎)의 무공을 기리는 화랑무공훈장, 고려시대의 강감찬(姜邯贊)의 무공을 기려 그의 시호를 딴 인헌무공훈장, 조선시대 충무공 이순신(李舜臣)의 무공을 기려 그의 시호를 딴 충무무공훈장,[9] 현대 한국의 태극무공훈장이 있다.

그런데 헌법전문에서 고조선의 시대정신인 홍익인간을 명시하고 있는 데서 보듯 고조선을 상징하는 무공훈장을 제정할 필요가 있다. 고조선은 우리 대한민국의 첫 출발이자 처음으로 군을 제도화했을 것으로 추정할 수 있다. 새로운 임무를 부여받고 그 임무를 성공적으로 수행한 경우 수여할 수 있을 것이다. 그 명칭은 예시로 '다물무공훈장'을 제언한다. 삼국 시대 백제의 무공의 상징을 재발굴해야 할 필요가 있다. 특히 계백 장군은 전황의 불리함 속에서도 끝까지 항복하지 않고 자신의 임무를 수행했다. 결사항전의 공을 세운 것이다. 현대적으로 이러한 경우 하나의 예시로 '황산무공훈장' 또는 '계백무공훈장'을 수여할 것을 제언한다.

또한 정규군이 아니었음에도 불구하고 나라의 어려움 속에 의기투합하여 자신의 목숨을 바친 곽재우, 김천일, 고경명, 조헌 등과 같은 의병들의 호국정신도 무공훈장을 제정하여 현양해야 할 필요가 있다. 이들을 위한 명칭으로 '의병무공훈장' 또는 현대적 의미를 살려 '시민무공훈장'을 생각해볼 수 있다.

---

9) 사실 충무공의 경우 이순신(李舜臣) 장군을 직접 지칭하는 것이 아닐 수 있다. 조선시대 최고 무장의 시호였던 이 충무공을 하사받은 무사들은 더 있기 때문이다. 하지만 조선시대를 통시적으로 볼 때 충무공 이순신을 상징한다고 해도 무방하리라 본다. 중국의 경우 전국시대 제갈공명(諸葛孔明)과 남송 초기의 악비(岳飛)의 시호가 충무공이었고, 여말선초의 조영무(趙英茂) 장군을 비롯하여, 李舜臣, 南怡, 具仁垕, 鄭忠信, 李浚, 金時敏, 李守一, 金應河 등이 충무공을 시호로 받았다.

군대에 대한 상훈법의 적용은 군이 개별 장병에 국한할 필요는 없다고 본다. 부대단위로 수여할 수 있을 것이다. 더불어 대통령부대표창의 경우도 상훈법에 명시된 명칭을 준용해서 사용할 수 있을 것이다. 예컨대 '화랑무공부대 대통령표창', '계백(또는 황산)무공부대 대통령표창' 등으로 명명할 것을 제언한다.

아. 국민의 자발적 병역 이행 의지 고양

병역은 헌법(제39조)에 명시된 국민이 행해야 할 마땅한 의무이다. 그런데 최근(2018. 6. 28) 헌법재판소는 소위 양심적 병역거부(conscientious objection to military service)의 문제에 대해 병역거부 처벌조항인 병역법 제88조 제1항에 대해서는 합헌을 선고했음에도 불구하고, "병역 의무도 중대한 공익이지만 개인의 양심적 자유도 중대한 가치"라며 양심적 병역거부자에 대한 대체복무제를 규정하지 않은 병역법 제5조 제1항은 헌법불합치(헌법불합치6:각하3), 양심적 병역거부자에 대한 처벌 근거인 병역법 제88조 등의 규정에 대해서는 합헌(합헌4:일부위헌4:각하1) 결정을 내렸다.[10]

이는 곧 양심적 병역거부로 인해 병역을 이행하지 않는다 해도 처벌할 수 없으며, 대체 입법을 해서 그들로 하여금 대체복무를 할 수 있도록 기회를 제공하라는 얘기다. 이 문제와 관련하여 대법원 공개변론을 실시했는데(2018.8.31.),[11] 사회적 합의를 형성하기보다 갈등을 더 빚는 양상이다. 이 국면에서 군의 정신교육에서는 대체입법의 시도가 국회와 행정부인 국방부 및 병무청을 중심으로 진행될 것이기 때문에 그 용어사용에 대한 의견을 개진할 필요가 있다. 우리나라와 같이 의무병제를 채택하고 있는 경우 그것이 복무회피를 위한 잘못된 핑계의 '양심'으로 오인될 소지가 있고, 더 나아가서 자신의 개인적인 고통과 불이익을 감수하고 정상적으로 병역을 이행하고자 하는 사람들을 '비양심적인 사람'으로 이해할 수도 있는 소지가 있다.

따라서 '양심적 병역거부'가 누구나 공감하는 법령 용어로 수용되기는 어렵기 때문에, '개인의 특정 신념에 의한 병역거부' 정도로 완화해서 사용할 필요가 있다. 이렇게 하는 것이 자발적 병역이행자들의 자존심을 지켜주면서 건전한 병역이행 문화를 유지하는 길이라고 본다.

10) http://gnewiz.tistory.com/4 (2018.9.9. 검색).

11) http://news.kbs.co.kr/news/view.do?ncd=4031962&ref=D (2018.9.9. 검색).

V 맺음말

군인정신은 군인이라면 반드시 갖추어야할 정신적 요소이다. 그러한 생각을 가진 사람은 군인의 신분을 벗어나서라도 훌륭한 기품을 계속해서 유지할 수 있다. 공화국의 구성원으로서 나라에 대한 충성심은 민족주의적인 혈연과 조국 강토에 대한 애착에 천착되어서는 안 된다. 공화국의 구성원은 무엇보다도 최고규범인 헌법에 대한 존중, 다른 공화국에 대한 존중의 의미를 담은 국제법의 준수, 공동체의 문화와 정신, 시민으로서의 덕성 등을 존중해야 한다. 이런 의미에서 한 나라의 올바른 군인정신은 그 나라에서만 통용되어서는 안 된다. 올바른 군인은 올바른 국민이며, 올바른 국제시민이 되어야 한다.

오늘날 한국의 군 정신교육은 총체적인 어려움에 봉착해 있다. 우선 그 내용요소에 대한 국민적 합의를 충분히 끌어내지 못하여, 이로 인해 빚어진 병과 존폐의 위기감이 그 첫 번째이다. 정훈병과는 항일독립시기 광복군의 편제에 중요한 역할을 수행했다. 최근 건국의 기준점을 상해 임시정부로까지 소급해야 한다는 시대정신의 요구는 적어도 광복군의 정신교육을 담당했던 정훈병과에까지 조명되지 못하고 있는 실정이다. 정권의 이념적 색채에 따라 군 정신교육은 많은 부침을 거듭해왔다. 2006년도에는 기존의 군인정신의 내용요소의 근거가 되어온 〈군인복무규율〉이 대통령에서 그 법적 지위가 강화된 〈군인의지위및 복무에 관한 기본법〉으로 변화되기에 이르렀지만, 정작 내용요소에 대해서는 오히려 더 퇴보했다는 평가를 받고 있다.

또 한편 오늘날 정신교육은 내용요소 뿐만 아니라 방법면에서, 특히 정신교육의 효과 측정 면에서 진일보도 못하고 있는 실정이다. 초·중등학교에서 실시되고 있는 지필고사 형식의 시험은 아닐지라도 군인정신의 주기적으로 측정하여 그것이 전투력에 어떤 승수효과를 주고 있는지의 방향을 제시해야 함에도 불구하고 그렇지 못하고 있다. 오늘날 군 정신교육의 최대의 위기는 교육의 결과에 대한 평가를 잘못해온 데서 비롯되었으며, 이러한 위기는 '평가의 위기'라고 명명해도 될 것이다.

이 연구는 한국군의 정신교육을 더욱 발전시키고자 그 내용요소인 군인정신에 대해 고찰하였다. 그 역사적 연원을 찾기 위해 광복군과 동시 정훈병과의 활약 등에 대해 소개했다. 같은 맥락에서 헌법을 비롯한 법령의 문제점에 대한 대안과 제도적 보완책을 제시했다. 또한 정신교육의 항구적인 발전을 위해서는 현재 교육하고 있는 바에 대한 명확한 평가를 해야 한다는 점을 강조했다. 이에 대한 하나의 대안으로 현행 초·중등학교 도덕과교육에서 활용하고 있는 도덕판단 역량 검사도구(MCT)를 소개하였다. 이러한 군인정신의 평가에 대한 보다 구체적인 사항은 〈군인의지위및복무에관한기본법〉의 시행령에 포함하여 개선해 나갈 필요가 있다.

검사도구(MCT)를 소개하였다. 이러한 군인정신의 평가에 대한 보다 구체적인 사항은 〈군인의지위및복무에관한기본법〉의 시행령에 포함하여 개선해 나갈 필요가 있다.

제 4 장

군인과 군대윤리

MILITARY ETHICS

I 군인의 존재

1. 군인의 존재 목적

군인이 존재하는 이유는 군대를 유지해야 하기 때문이다. 즉 군인의 존재 목적은 군대의 목적에서 비롯된다. 군인의 존재 위상을 찾기 위해서 왜 이와 같이 진부하기까지 한 논의에서부터 시작해야 하는가는 우리가 은연중에 머리에 담아두고 있는 '군대란 국가를 수호하고, 국민의 생명과 재산을 지킨다'는 말이 담고 있는 국민군대의 개념이 주는 일종의 언어적 체면상태를 벗어나기 위해서이다. 사실 이 국민군대란 국민국가에 걸맞는 군대로서의 위상을 말하는 것이다.

국민국가 이념은 프랑스의 법률가이자 정치가였던 보댕(J. Bodin)이 1576년 『국가론』에서 처음으로 제안하였다. 그의 주장은 2백년 후 프랑스 대혁명을 기점으로 해서 힘을 얻은 뒤 그 후 지금까지 2백년간을 대내외적으로 유일한 정치권력 기관으로 기능했다. 따라서 국민국가는 현재까지 우리가 이해하는 단 하나의 친밀한 정치구조이며, 또 사전에 준비되고 표준화된 절차를 기준으로 해서 행정기능, 입법기능, 사법기능, 외교기능, 군대기능 등으로 구성된 정치체제로서 파악된다.

동서양의 군사제도를 살펴볼 때, 군대는 그 나라의 안보 위협을 제거하는데 운용되어졌다. 그러나 그렇지 않은 경우도 있었다. 즉 종교와 같은 특정한 목적을 위해서는 나라 간의 군대가 같은 목표를 위해 협조체제를 유지하는 경우도 있었으며, 다른 나라의 장정들을 수입하여 이른바 용병으로 운영했던 경우도 있었다. 이러한 점들은 곧 군대 그 나라만을 위해 존재하지 않을 수도 있다는 점을 시사해주고 있는 것이다. 그런데 이와 같은 군의 운영상의 변화가 국민국가 시대에 접어들면서 군대는 그 나라만을 위한 안보 목표달성을 위해 운영되어졌다는 것이다.

따라서 군인이 왜 존재하는지에 대한 질문에 대해서도 같은 논리로 살펴보아야 할 것이다. 군인은 군대의 존재 목적보다 더 탄력적으로 운영되어질 수가 있다. 앞서 언급한 바와 같이 용병과 같은 경우가 그러한 예이다. 이러한 예들은 군인 및 군대의 존재 목적이 그 나라에 국한해서 다루어지지 않을 수도 있다는 의미가 되는 것이다. 그러므로 군인이 존재하는 이유를 반드시 그 나라의 존망과 직결시키는 것은 그 본원적인 존재 목적을 밝혀내는 데는 상당한 차이가 발생할 개연성이 있다.

* 이 장은 저자의 선행 연구를 보완·발전시킨 것이다. 박균열, "군인과 윤리", 김대군·박균열, 『현대인의 전문직업윤리』, 철학과현실사, 2006, pp.249-272.

결국 군인의 존재 목적은 그 군인이 속해 있는 군대가 지향하고자 하는 목적을 구현하는데 필요하다는 점에서 찾아져야 하는 것이다. 즉 민족단위의 국가일 때에는 애국애족이 군대의 지향점 중의 하나일 수 있으며, 그 속의 군인은 이러한 정신을 구현하는 것이 도덕적으로 바람직하다고 하겠다. 다민족 국가이거나 일민족 다국가의 성격을 가지고 있는 군대일 경우는 애족정신보다는 애국정신이 더 바람직한 지향가치일 수도 있는 것이다. 이러한 논의를 계속해서 확장하다 보면 국가가 다른 경우일지라도 같은 목적을 수행하는 군인들이 생길 수도 있는 것이다. 국제연합의 평화유지군(PKF: Peace Keeping Forces)이 그러한 경우인데, 이때의 군인의 존재 목적은 국가의 범위까지 초월하는 경우가 생길 수도 있는 것이다. 이렇듯 군인의 존재 목적을 국민국가의 군대가 가지는 목적과 일치시키려고 하는 시도는 한계가 있다고 하겠다.

2. 군인의 죽음과 일반 공무원의 죽음

모든 사람은 결국에는 죽음이라고 하는 생물학적 정지상태를 맞이하게 된다. 장례문화에 따라 그 문화권에 따라 묘지의 형태도 각양각색이지만 국가를 위해 순국했을 경우에는 국가가 운영하는 국립묘지에 안장될 수 있다. 그래서 사람들은 그들의 숭고한 죽음을 세세 영원히 기억하면서, 그들의 의로운 죽음을 헛되지 않도록 기념한다.

국민의 생명과 재산을 보호하기 위해 순직하는 경우는 많이 찾아볼 수 있다. 그 중 군인의 경우와 유사한 것으로 생각되어지는 몇 가지의 사례가 있는데, 119 구조대원, 소방대원, 경찰관 등이 여기에 해당된다. 그들의 죽음은 비록 국가를 위한 의로운 죽음이기는 하지만, 그들의 임무가 시작될 때부터 죽음이 전제되지 않는다. 즉 119구조대원에게 있어서 그 구조대상자가 대원을 죽이기 위해 기다리고 있지 않으며, 화재현장의 불이 소방대원을 죽이기 위해 기다리고 있지도 않다. 마찬가지로 죄를 지은 범인이 경찰을 죽이기 위해 기다리고 있지는 않다. 이들의 죽음은 이른바 우발상황에 의한 것이라고 볼 수 있다. 그러나 굳이 여기서 경찰특공대를 예로 들면서 그들도 군인만큼이나 위험하다고 주장한다면, 경찰로서가 아닌 광의의 군인 범주에 포함되어져서 생각할 수 있다. 실제로 전투경찰들이 국방부에서 법무부로 파견을 가서 의무복무를 하게 되고 있는 데서 이해되어질 수 있다.

군인은 입대하는 그 순간부터 죽음과 밀접한 관계를 가지고 출발한다. 왜냐하면 군대가 수행하는 가장 중요한 행위 중의 하나가 전쟁인데, 이 전쟁은 죽임과 삶, 이 둘 중에서 하나만이 허용되어질 뿐이기 때문이다. 그러므로 군인의 죽음은 행위의 종결이라고 말할 수 있고, 일반 공무원들의 죽음은 행위과정에서 발생되는 미완의 우발상황이라고 말할 수 있는 것이다.

3. 군인의 삶의 문화, 죽음의 문화

시인 모윤숙은 『국군은 죽어서 말한다』라는 시를 발표한 적이 있다. 군인의 죽음은 생물학적으로는 종결이지만, 군인정신의 측면에서는 완성을 의미한다. 물론 전쟁에서 생존한 모든 사람들도 다음 전쟁에서는 언제 죽을지도 모르는 예비 사자(死者)들이라고 볼 수 있는 것이다.

그래서 군인에게 있어서의 죽음은 매우 큰 의미로 와 닿는다. 최근 물의를 일으킨 바 있는 각종 병무비리의 근원도 군대에 가면 임무 수행 중에 죽을 수 있다는 심리적 불안이 잘못된 방향으로 표출된 대표적인 예라고 볼 수 있다.

전쟁을 준비하는 군인이나, 전쟁을 끝내고 살아 온 군인들은 모두 삶과 죽음의 문제에 대해 끝임 없는 자기질문과 자기해답을 되뇐다. 그래서 군악대가 연주하는 장엄한 장송곡은 어떤 문화권의 군인들에게나 소름이 돋아나게 만드는 것이다.

이렇게 삶과 죽음이 혼재되어 있는 상황 속에서 생활하는 군인들은 먼저 전사한 선배 및 동료 전우들의 죽음을 자신들의 삶의 공간 속으로 가져와서, 이른바 산 자와 죽은 자가 공존하는 문화적 행태를 보이는 것이다. 그 대표적인 예가 동상이나 기념비를 부대마다 설치하는 것 등이라고 할 수 있다.

Ⅱ 군인정신의 근거와 가치 준거

1. 법·규범상의 군인행동의 근거

국가에서 법을 제정하여 국민들로 하여금 이를 준수하게 하는 것은 국가가 달성하고자 하는 이상과 목적을 순조롭게 달성하기 위해서이다. 같은 논리로 군이 일정한 규범을 만들어 군인들로 하여금 준수하게 하는 것도 군의 이상과 목적을 순조롭게 달성하기 위한 것이다. 그런 점에서 조직과 그 조직의 규범은 밀접한 관계 속에 있으며, 조직의 성격에 따라 규범의 성격도 달라질 수 있다.

이와 같이 조직의 범위를 어떻게 설정하는가에 따라 군인들의 행위 근거는 달라질 수 있다. 군인에게 있어서 해야 될 것과 하지 않아야 될 것은 구분되지만 그 모두는 의무규정이다. 무엇을 하라 또는 무엇을 하지 말라는 당위적 명령이다.

이러한 당위적 행동의 근거는 『헌법』, 『군형법』, 『군인복무규율』, 장병들의 진급평가 요소, 시대적 상황과 부대별 특성 등을 고려한 각종 관습법 그리고 국제법적 요청 등이 있다.

국가내에서 가장 보편적인 사항을 명시하고 있는 근거는 『헌법』이다. 『헌법』의 전문에는 "밖으로는 항구적인 세계평화와 인류공영에 이바지함으로써"라고 하는 문구가 있고, 제5조 제1항에는 "대한민국은 국제평화의 유지에 노력하고 침략적 전쟁을 부인한다"라고 명시되어 있는 것으로 보아서 국가의 평화애호정신을 제5조 제2항은 "국군은 국가의 안전보장과 국토방위의 신성한 임무를 수행함을 사명으로 하며, 그 정치적 중립성은 준수된다"고 규정하고 있다.

또한 『군인복무규율』 제4조 제1항은 "국군은 국민의 군대로서 국가를 방위하고 자유민주주의를 수호하며, 조국의 통일에 이바지함을 그 이념으로 한다"고 명시하고 있다. 국군의 이념이란 대한민국 국군이 지향해야 할 신념체계인 것이다. 국군이 지향해야 할 신념체계로서의 국군의 이념은 국군의 존재목적에 의해 결정되며, 국군의 기본성격을 규정한다.

이와 같은 국군의 이념이 국군의 존재목적과 국군의 기본성격을 제시한 것이라면 국군의 사명은 그 이념을 토대로 국군이 수행해야 할 임무를 밝히는 것인데, 『군인복무규율』 제4조 제2항에 "국군은 대한민국의 자유와 독립을 보전하고 국토를 방위하며 국군의 생명과 재산을 보호하고 나아가 국제평화의 유지에 이바지함을 그 사명으로 한다"고 명시하고 있다.

이와 같이 군인들의 행위 근거는 법·규범에서 찾아진다. 그런데 그러한 법·규범들은 긍정적 가치를 향한 강제성을 가지기도 하지만, 부정적인 것에 대한 제약도 있다. 즉 긍정적인 것을 행해야 하는 것도 의무이고, 부정적인 것을 하지 말아야 할 것도 의무인 것이다.

이러한 긍정과 부정의 의무 사항을 가장 포괄적으로 다루고 있는 규정은 『군인복무규율』과 군진수칙(軍陣守則)이다. 먼저 『군인복무규율』은 다음과 같은 군인 행동을 규정하고 있다.

> 첫째, 충성의 의무이다(『군인복무규율』 제6조). 군인은 국군의 이념과 사명을 자각하여 정치적 중립을 엄정히 지키며, 맡은 바 임무를 완수하여 국가와 국민에게 충성을 다하여야 한다.
>
> 둘째, 성실의 의무이다(『군인복무규율』 제7조). a)군인은 직무에 태만하여서는 아니 되며, 직무 수행에 있어서 어떠한 위험이나 어려움이 따르더라도 이를 회피함이 없이 성실하게 그 직무를 수행하여야 한다. b)군인은 직책과 계급에 따라 업무의 범위나 내용이 다를지라도 지향하는 목표는 같으므로 서로 도와서 업무를 유기적으로 수행하여야 하며, 항상 창의력과 진취성을 발휘하여야 한다.
>
> 셋째, 친절의 의무이다(『군인복무규율』 제7조 제2항). 군인은 대민업무 수행시 친절·공정·신속

하게 처리하여야 하며, 작전 및 훈련간 대민피해를 방지하도록 노력하여야 하고, 피해 발생시에는 법규에 따라 신속히 조치하여야 한다.

넷째, 정직의 의무이다(『군인복무규율』 제8조). 군인은 정직하여야 하며, 명령의 하달이나 전달, 보고 및 통보에는 허위·왜곡·과장 또는 은폐가 있어서는 아니된다.

다섯째, 품위유지의 의무이다(『군인복무규율』 제9조). 군인은 군의 위신과 군인으로서의 명예를 손상시키는 행동을 하여서는 아니 되며 항상 용모와 복장을 단정히 하여 품위를 유지하여야 한다.

여섯째, 비밀엄수의 의무이다(『군인복무규율』 제10조). a)군인은 복무 중뿐만 아니라 전역 후에도 직무상 알게 된 비밀을 엄수하여야 한다. b)군인은 어떠한 경우에도 그가 직무상 알게 된 비밀을 공무외의 목적으로 사용하여서는 안 된다.

일곱째, 청렴 및 검소의 의무이다(『군인복무규율』 제11조). a)군인은 항상 청렴결백하고 검소하게 생활하여야 한다. b)군인은 직무와 관련하여 직접 또는 간접을 불무하고 사례·증여 또는 향응을 주거나 받아서는 아니된다. c)군인은 직무상의 관계 여하를 불문하고 그 소속상관에게 증여하거나 소속 부하로부터 증여를 받아서는 아니된다.

여덟째, 환경보전의 의무이다(『군인복무규율』 제11조 제2항). a)군인은 자연생태계를 보전하고, 환경오염을 방지하도록 제반대책을 강구해야 한다. b)각급 부대 지휘관은 주둔지 시설물의 환경오염물질 배출을 규제·감독하여야 하며, 장병의 환경보전 및 전장정리를 생활화하도록 교육·지도하여야 한다.

아홉째, 국제법 준수의 의무이다. 『헌법』 제6조 제1항은 "『헌법』에 의하여 체결·공포된 조약과 일반적으로 승인된 국제법규는 국내법과 같은 효력을 가진다"라고 규정하고 있다. 제네바 협약과 같은 국제법적 효력을 가진 조항이 여기에 해당된다. 이는 또한 UN 평화유지활동(PKO: Peace Keeping Operation) 등 다변화되는 군대의 위상에 걸맞는 의무사항이라고 볼 수 있다.

이상의 아홉 가지 내용은 긍정적 가치에 대한 의무규정이다. 반면에 행하지 말아야 할 의무규정도 있다.

첫째, 직무유기 및 근무지 이탈금지이다(『군인복무규율』 제12조). 군인은 직무를 유기하거나 소속상관의 허가없이 근무지를 이탈하여서는 아니된다.

둘째, 집단행위 금지이다 (『군인복무규율』 제13조). a)군인은 군무이외의 일을 위한 집단행위를 하여서는 아니된다. b)군인은 국방부장관이 허가하는 경우를 제외하고는 일체의 사회단체에 가입하여서는 아니된다. 그러나 군무에 영향을 주지 아니하는 순수한 친목단체에의 가입이나 친목활동은 예외로 한다.

셋째, 사적제재의 금지이다. a)군인은 어떠한 경우에도 구타·폭언 및 가혹행위 등 사적제재를 행하여서는 아니되며, 사적제재를 야기할 수 있는 행위를 하여서도 아니된다. b)지휘관 및 상관은 병영생활의 지도 또는 군기확립을 구실로 구타·폭언, 기타의 가혹행위가 발생하지 아니하도록 부하를 지도·감독하여야 한다.

넷째, 불온 표현물 소지·전파 등 금지이다 (『군인복무규율』 제16조 제2항). 군인은 불온 문서·도화 및 기타 표현물과 군 비하 내용 등을 제작·복사·소지·운반·전파·취득해서는 아니되며, 취득 시에는 신고하여야 한다.

이러한 『군인복무규율』 상에 나타난 긍정적 가치에 대한 의무조항과 부정적 행위에 대한 금지조항은 모두 일종의 "~을 하라"라고 요약될 수 있는 당위적 명령, 즉 의무사항이라고 할 수 있다.

이러한 포괄적인 의무사항을 명시하고 있는 고전적인 규정으로 국방부훈령 제27호(1956. 12. 20)에 의거 발령된 군진수칙이 있다. 그 내용은 다음과 같다.

첫째, 나는 대한민국 군인이다. 국가와 민족을 위하여 신명을 바치겠다.

둘째, 나는 죽어도 항복하지 않겠다. 나는 전력을 다하여 끝까지 싸우겠다.

셋째, 나는 만약에 포로가 되더라도 계속 항거하고 전력을 다하여 탈출하며, 전우의 탈출을 돕겠다.

넷째, 나는 만약에 포로가 되더라도 아국이나 우방에 불리한 여하한 적의 권고나 우대도 거절하며 추호도 적을 돕지 않겠다.

다섯째, 나는 만약에 포로가 되더라도 기밀을 엄수하고, 전우를 보호하고, 선임자면 후임자를 통솔하고 후임자면 선임자의 명령에 복종하겠다.

여섯째, 나는 만약에 포로가 되어 심문을 받더라도 계급, 성명, 군번, 연령을 제외하고는 진술을 회피하며, 아국과 우방에 불리한 서명, 기타 여하한 요구에도 응하지 않겠다.

일곱째, 나는 조국에 신명을 바친 대한민국 군인임을 명심하고 나의 행동에 대한 책임을 지겠다. 나는 조국을 사랑하며 조국은 나를 보호하고 있음을 확신한다.

이러한 군진수칙은 긍정, 부정적 가치 및 행위에 대한 전·평시, 적과 아군과의 관계에 대해 포괄적인 내용을 다루고 있는 의무규정이라는 점에서 매우 의미 있다.

이외에도 규정상으로 명시된 의무사항은 아니라 하더라도, 각종 진급이나 평가시에 고려되어지는 척도들도 군인들의 행동 근거라고 할 수 있다. 예를 들어 육군의 장교진급을 위한 자질평가 척도로는 다음과 같은 기준들이 있다. 우선 덕목에 있어서는 명예심, 성실성, 충성심, 용기, 헌신, 책임감, 준법정신, 존경과 신뢰, 창의력, 그리고 판단 및 추진력 등이 있다. 그리고 피평정자의 특징적인 성품에 대해서는 원만, 겸손, 솔직, 적극적, 결단성, 협조적, 경솔, 표리부동, 몰인정, 이기적, 독선적, 편파적 등의 항목으로 평가하게 되어 있다.

2. 명령에 대한 복종

군인의 행위 근거는 명령에서 나오는 것이고, 이러한 명령을 수행하고자 하는 마음이 바로 군인정신이라고 보았을 때, 군인정신의 가장 핵심적인 가치 또한 명령에 대한 복종이라고 할 수 있는 것이다.

군인의 행위 근거는 법·규범, 그리고 군인으로서의 각종 생활상에서 그 근거를 찾아볼 수가 있다. 그러나 이렇게 다양하고, 복잡한 행위의 근거는 실제 장병들이 행동하는데 있어서 매우 혼란에 봉착할 수 있게 한다. 이러한 문제점을 효율적으로 해결하기 위해 명령제도가 있는 것이다. 즉 상관에 명령이 가장 간단하면서도 가장 최우선의 근거가 되는 것이다.

국가에서 법을 제정하여 국민들로 하여금 이를 준수하게 하는 것은 국가가 달성하고자 하는 이상과 목적을 순조롭게 달성하기 위해서이다. 같은 논리로 군인 일정한 규범을 만들어 군인들로 하여금 준수하게 하는 것도 군의 이상과 목적을 순조롭게 달성하기 위한 것이다.

이러한 군의 이상과 목적을 순조롭게 달성하기 위해 그 업무들은 이를 수행할 사람들에게 분배된다. 이러한 업무의 수행은 어느 한 사람의 힘에 의해서만 이루어지는 것이 아니다. 업무를 수행하는 사람들 간의 의사전달이 반드시 필요하다. 직무상의 상관이 어떤 과업의 수행에 대해 책임을 갖고 있다면, 그는 자신의 의사가 전달되고 이행될 것이라는 사실과, 하위 직책 사람들에게 복종을 요구할 수 있다는 사실을 전제하지 않고서는 결코 업무 수행에 대하여 책임을 질 수가 없을 것이다. 더구나 전시 상황에서는 지휘관의 명령에 대한 절대적인 이행이라는 확신이 없이는 어떠한 작전이나 계획도 추진될 수가 없을 것이다.

제임스 가너(James W. Garner)는 군인의 명령에 대한 복종을 강조하면서, 상급자의 책임이 매우 중요함을 다음과 같이 언급하고 있다.

> 명령에 대한 복종은 군인의 첫째 의무이며, 군기 유지에 절대적으로 필요하다. 군인은 그에게 주

어진 명령에 대하여 논의를 제기하거나 질문을 할 수 없으며, 명령의 적법성 및 불법성을 판단해서도 안 된다. 전쟁법에 대한 무지로 말미암아 그는 많은 경우에 불충분한 판단을 내릴 수가 있다(Garner, 1920).

이러한 명령은 적법한 절차에 의해서 이루어지게 되는데, 이와 같이 상관에 의해 발령되는 명령이 절대적으로 이행되지 않는다면 군대의 기능 자체는 마비될 수 있다. 그래서『군인복무규율』제23조는 복종의 의무를 "부하는 상관의 명령에 복종하여야 하며, 명령받은 사항을 신속·정확하게 실행하여야 한다"고 명시하고 있다. 또한『군형법』제44조 내지 제47조는 명령에 반항하는 경우 및 위반하는 경우에 대한 처벌 규정을 두고 있는 것이다. 결국 군인의 행위 근거 규정 중에서 가장 즉각적인 실천 준거가 되는 것은 상관의 명령이라고 할 수 있다.

이러한 모든 군인들의 행위 근거의 규정 중에서 가장 선행되어야 할 것은 상관의 명령이다. 왜냐하면 상관의 명령 속에는『헌법』을 포함한 각종 상위법령, 군의 최고통수권자인 대통령의 명령, 그리고 각종 상급자들의 명령을 포괄적으로 담고 있기 때문이다.

그런데 간혹 "상관이 하는 말은 모두가 명령이다"는 말을 듣는다. 흔한 말로 "까라면 까!" 하는 식의 논리도 통용될 수 있는가를 살펴보아야 할 것이다. 권고나 충고, 상의나 부탁은 비록 상관의 말을 통해 전달된 것이긴 하되 결코 명령이라고 할 수는 없다. 그래서 명령은 다음과 같이 네 가지의 요건을 갖추어야 한다.

첫째, 명령이란 상관이나 상급 직위자에 의해 특정한 행위를 행하거나 행하지 못하도록 명시하는 구체적인 의사전달이다. 예를 들면 소대장이 제1분대장에게 "제1분대는 오늘 밤 자정까지 현 위치를 고수하라"라고 말했을 때, 이는 분명한 명령이다. 하급자가 행해야 될 사항을 명확하게 지시하고 있기 때문이다. 그러나 막연히 "당직근무를 충실히 하라"거나 "보초근무를 규정대로 하라"는 식의 지시는 명령이라고 보기 어렵다. 수명자가 분명치 않을 뿐만 아니라 훈시나 훈계와 같이 행해야 할 내용이 무엇인지 구체적으로 명시하고 있지 않기 때문이다.

둘째, 명령은 그 내용이 수명자에게 명백히 전달되어야 하는 의사전달이다. 명령의 내용이 분명하지 못해 수명자가 어떻게 해야 할지 망설이게 하거나 자의적으로 해석하여 이행하게 해서는 안 된다. 복명복창이 군대에서 강조되는 이유가 여기에 있는 것이다.

셋째, 명령은 상관이나 상급 직위자에 의해서 내려진다. 명령을 내릴 권한이 있는 사람에 의해서 그 명령에 복종할 의무가 있는 사람에게만 내릴 수 있는 것이다.

넷째, 명령은 복종을 요구하는 의사전달이다. 하급자의 복종을 통해 시행되지 못할 의사전달이라면 명령이라고 할 수 없다. 단순한 권고나 의견제시, 또는 그것의 실행여부를 하급자의 판단에 맡기는 의사전달 등이 명령이 아닌 까닭이 여기에 있는 것이다(Garner, 1920).

명령이 군을 움직여나가는 가장 핵심적인 근거임은 주지의 사실이다. 그러나 이러한 명령이 군인들의 구속력 있는 행위 근거가 되기 위해서는 적법한 요건을 갖추어야 한다.

그러나 상급자의 명령이 비록 규정에 의한 형식을 갖추었다고 하더라도 다른 실정법을 위배하는 내용을 담고 있는 명령일 경우에 그 수명자는 혼란을 가져올 수가 있다. 예를 들어 쿠데타를 일으키고자 하는 상급자가 하급자에게 지시하는 내용을 담고 있는 명령이 그것이다.

이 경우 그 명령은 형식상 명령으로서 요건을 갖추었으나 불법한 명령이므로 그 명령을 수행하는 하급자의 행동 역시 적법하다고 볼 수 없으나 그렇다고 해서 상관의 불법한 명령에 따라 행동한 하급자를 불법한 명령을 한 상급자와 하급자에게 적법행위의 기대가능성이 있는지 여부를 고려하지 않고 일률적으로 동등하게 처벌할 수는 없다. 왜냐하면 하급자에게 명령이 적법한지 여부를 판단할 수 있는 여지는 제한되어 있는 상황에서 하급자의 군인으로서의 행위 근거는 상관이 지시한 명령에서 비롯되기 때문이다.

명령이 형식상 명령으로서 요건을 갖추고 있다고 하더라도 그 내용이 적법하지 않을 경우에 그 명령에 구속력이 있는지 판단하는 것은 쉽지 않다. 그렇지만 여전히 군인의 행위 근거는 상관의 명령에 있다. 이러한 이유 때문에 군에서의 간부교육이 중요한 것이다. 즉 명령의 보편타당성을 높이기 위해 군 간부의 양성 및 보수교육에서 직무상의 지식과 근거를 명확하게 숙지하고, 실천할 수 있도록 강조하고, 교육해야 하는 것이다.

결국 명령에 대한 복종심은 군인정신의 가장 핵심적인 가치이라고 말할 수 있다. 이는 곧 군대가 존속할 수 있는 가장 중요한 행위 근거가 되기 때문이다.

'군인의 명령에 대한 복종'이라는 핵심가치가 잘 지켜지기 위해서는 소위 군이 강제력을 행사하는 군은 강제력을 행사하는 집단이라는 이유로 통제 일변도가 되어서는 안될 것이다. 즉 군대 공동체에 대한 국민들의 성원이 없이는 그 명령의 체계, 나아가서는 군의 자생적인 정신문화는 꽃을 피울 수가 없다.

헌팅턴(S. P. Huntington)은 정치적 강제력을 행사할 수도 있는 군부에 대해 통제대책으로 주관적·객관적 문민통제의 개념을 설정한 바 있다. 현재의 우리 군은 문민에 의한 군의 객관적 통제를 위한 제도상의 절차가 이미 완료된 것이라고 볼 수 있다.

이제 우리 한국군이 선진군대로 거듭나기 위해서는 '객관적 대군지원'이라는 신개념이 필요할 때이다. 일반 시민에 비해 열악한 복무여건 속에서 고생한다고 해서 계기별로 초코파이, 컵 라면,

TV 등을 지원해주는 것으로 군대에 대한 지원을 다 했다고 해서는 안될 것이다. 이는 이른바 주관적 대군지원에 불과한 것이다. 이제 우리 군에게는 제도상으로 군에 대한 확산지지(diffused support)를 해 줄 수 있는 국민적 공감대가 필요한 때이다. 사회 일각에서는 어떤 집단보다도 군대는 매파가 되어야 한다고 말한다. 사실 군대는 매파도 비둘기파도 동시에 다 되지 않을 수도 있고, 다 될 수도 있다. 오로지 국민의 생명과 재산을 보호해 주는 기본임무에만 충실하면 되는 것이다. 오히려 매파가 되어야 할 집단은 사회 각계각층의 건전한 보수세력들이어야 한다. 군인이 국방예산을 더 달라고 요청하기 전에 국민적인 정서와 제도적인 장치가 군대라고 하는 조직체가 스스로 작동될 수 있도록 기능해야 할 것이다. 이를 다른 말로 국민 및 제도권의 건전한 안보의식 형성이라고 할 수 있을 것이다.

3. 사생관

앞서 언급한 명령에 대한 복종이 군인의 가장 핵심적인 가치라고 한다면, 이에 못지않게 중요한 가치가 사생관이라고 할 수 있다. 즉 군인들은 명령에 대한 복종을 수행하는 과정에서 군인들은 자신의 목숨을 잃을 수 있는 가능성과 개연성이 매우 높다는 뜻이다.

앞선 언급에서 119 구조대원, 소방대원, 경찰관 등의 죽음과 군인의 죽음을 대비시켜서 설명하였다. 여기서 군인은 시작부터 죽음을 전제하고 있다는 점이 특별한 것이다.

우리는 흔히 '육탄 10용사'의 예를 통해서 군인의 진정한 용기를 찾아볼 수 있다고 말한다. 육탄 10용사의 비문에는 다음과 같이 씌어져 있다.

> 해방 이후 38선으로 말미암아 국토가 분단되어 오던 중 단기 4282 (1949)년에 이르러서는 개성 서북방 송악산 고지에 공산 괴뢰군이 불법 침입하여 방위가 불리하고, 개성이 위태로우매, 동년 5월 4일 제1사단 11연대 소속 서부덕 소위 이하 9명의 용사가 화랑정신을 이어받아 조국애와 민족정기로 불타는 정열로 몸에 포탄을 지니고 적의 지하참호에 뛰어들어 육탄혈전, 적진을 분쇄하고 옥으로 부서지니 멸공전사상에 이룬 공과 그 용명이 널리 세계에 퍼지다(국방부, 1998: 154-155).

육탄 10용사의 이러한 성스러운 행위는 뚜렷한 사생관을 바탕으로 한 명령에 대한 복종의 구현이라고 말할 수 있는 것이다. 그런데 국군정신교육 기본교재에서는 이를 진정한 용기의 발현이라고 말하고 있다.

또한 적 전차를 쳐부술 수 있다고 확신한 심일 중위를 필승의 신념이 가득찬 군인표상으로 제시하고 있다. 여기에 대해 국군정신교육 기본교재는 다음과 같이 그의 공적에 대해 기술하고 있다.

> 육사 8기생인 심일은 함경남도에서 태어났다. 그곳에서 어린 시절을 보낸 그는 1945년에 가족과 함께 월남, 서울대학교 사범대학에 진학했지만 결심을 바꿔 1948년 육사에 입학하였고 이듬해 5월 소위로 임관하였다.
>
> 국군 제6사단 7연대 57미리 대전차포중대 2소대장으로서 한국전에 참전한 심중위는 북한군의 SU-76 자주포가 아군의 대전차포에 의해서는 파괴되지 않는다는 사실을 깨닫고 육탄공격을 결심하였다. 수류탄과 화염병으로 무장한 심중위는 중대장의 허락을 구하였다. 육탄공격의 위험성을 알고 있는 중대장은 심중위의 건의를 극구 만류하였으나 심중위의 거듭된 건의에 감동된 중대장은 결국 육탄공격을 승인하였다. 소대원들에게 자신의 결심을 말한 심중위는 자신과 함께 행동할 5명의 자원자를 선발, 특공대를 조직하고 북한군의 자주포 공격에 나섰다. 심중위는 대원들에게 “내가 2번차를 먼저 공격하고 다른 대원이 1번차를 공격한다. 나머지 대원들은 우리를 엄호하라. 우리는 해낼 수 있다”고 말한 후 2번차를 돌진하였다.
>
> 적의 자주포 포탑으로 기어 올라간 심중위는 자주포의 햇치를 열고 화염병과 수류탄을 투척한 후 재빨리 몸을 피했다. 다른 대원도 같은 방법으로 1번차를 공격하였다. … 심중위의 용기와 임무를 완수할 수 있다는 신념이 대전차전의 양상을 바꾸게 한 것이다(국방부, 1998: 165-166).

이러한 심일 중위의 군인정신의 발현은 군인뿐만 아니라 모든 국민들이 듣게 된다고 하더라도 훌륭한 군인정신의 표상이라고 말할 것이다. 이러한 식으로 다른 군인정신의 모범적인 사례에 대해 『군인복무규율』과 군의 정신교육교재들은 그 사례를 제시하고 있다.

그러나 그것이 필승의 신념에서 나온 것이냐라고 묻는다면 즉각적인 답을 구하기는 어려울 것이다. 군인의 핵심적인 가치는 간명해야 한다. 가장 위급한 상황 속에서도 군인 개개인은 가장 간명한 데에서 그들의 행위 근거를 찾을 수밖에 없다.

현재의 『군인복무규율』 제2장 제4조 3항에서 명시하고 있는, 이른바 군인정신은 명예를 존중하고, 투철한 충성심, 진정한 용기, 필승의 신념, 임전무퇴의 기상과 죽음을 무릅쓰고 책임을 완수하는 숭고한 애국애족의 정신은 과거의 전사에서 나타난 사례를 구분하기 위한 하나의 작위적인 설명이라고 보인다.

결국 군인정신에서의 사생관이란 군인정신의 가장 핵심적인 가치 중의 하나라고 말할 수 있다. 이러한 사생관이란 군인의 가장 핵심적인 가치인 명령에 대한 복종을 적극적으로 구현하고자 하는 목적과 죽음이 전제된 군인의 특성을 가장 잘 입증해줄 수 있는 정신으로서 명령에 대한 복종과 함께 가장 핵심적인 가치 반열에 올려놓을 수 있는 덕목이라고 할 수 있다.

4. 군인정신의 주변가치

군인정신의 가장 핵심적인 가치는 명령에 대한 복종과 사생관이라고 앞서 언급하였다. 그렇다면 군인에게 있어서 애국심, 명예심, 충성심, 용기, 필승의 신념, 임전무퇴의 기상, 애국애족의 정신 등은 무의미한 것인가를 검토해야 할 것이다. 이들은 주변가치의 영역에 포함된다.

주변가치는 세 가지 측면에서 찾아질 수 있다.

첫째, 주변가치는 비록 그것이 군인정신은 아니라고 할지라도 보편적으로 군인의 특성에 가장 적합한 경우에 원용되어져 사용되어지는 경우이다. 애국심과 충성심이 그 구체적인 예이다. 이들은 군인정신의 특수성과 본원성을 동시에 충족시키기 못하는 경우이면서 또한 정신의 영역인 군인정신의 본질적인 가치가 대상이나 상황에 직면했을 때 나타나는 것들이다.

예를 들어 상관의 명령에 대한 복종과 사생관이 뚜렷한 정신이 대상으로서의 국가에 투영되었을 때, 이를 애국심 또는 충성심이라고 말할 수 있는 것이다. 기실 주자(朱子)가 말한 대로 충(忠)의 자구적 의미가 진기지위충(盡己之謂忠), 즉 자기 자신에게 거짓됨이 없이 최선을 다함이라고 한다면 산삼을 캐러 가기 위해 목욕재계하는 심마니들의 마음도 일종의 충성심이라고 볼 수 있는 것이다. 그러므로 엄격히 말해서 충성심은 보편적인 정신의 범주에 포함될 수 있는 것이지 군인에게만 통용될 수 있는 군인정신만은 아니라고 볼 수 있는 것이다. 이렇듯 우리는 군인정신의 영역을 본원적인 측면을 궁구(窮究)하지 않고, 민족주의와 국가주의의 입장에서만 강조해 왔던 점을 지적할 수 있다.

둘째, 주변가치는 군인기질(pathos)의 영역에 해당되는 경우이다. 명령에 대한 복종과 사생관이 정신(ethos)의 영역이라면, 군인기질에 해당되는 것들은 명예, 용기, 필승의 신념 등이라고 말할 수 있을 것이다. 이들은 모두 군인정신이라고 하는 핵심가치가 표출된 일종의 주변가치일 수도 있고, 핵심가치가 더 잘 발현될 수 있도록 조건지어주는 역할을 하는 보조가치라고 할 수 있다.

셋째, 주변가치는 군인정신의 핵심가치가 구현될 수 있는 시간과 장소, 대상을 결정지우는 조건을 제공해 주거나 핵심가치가 드러난 결과를 말한다. 전자에는 애국애족의 정신, 충성심과 같은 가치들이 여기에 해당된다. 즉 이러한 주변가치는 복종과 사생관과 같은 핵심적 가치가 국가나 민족을 위해서 발현되어야 한다는 조건을 제공해 주는 역할을 하고 있는 것이다.

후자의 예로 명예심을 들 수 있다. 명예심은 군인이 죽음을 무릅쓴 결과 (또는 가까운 장래에 치르게 될 희생)의 반대급부로 주어지는 (주어지게 될) 자부심의 일종이 아니다. 군인의 명예심은 그들의 복장이나 의전절차가 일반의 것에 비해 특이하다고 해서 돋보이는 것이 아니다. 그것의 숭고함은 공익을 위해서 다른 많은 일반 시민들을 대신하여 명령에 따라 대신 죽을 수 있다는 데서 찾아지는 것이다. 그러므로 국립묘지에 안장된 선배전우들의 죽음은 명예로운 것이라고 말할 수 있는 것이다.

또한 군인들이 가지는 계급과 직책에 있어서의 명예심도 바로 이러한 데에서 찾아질 수가 있는 것이다. 흔히 우리는 계급이 높아지면서 "책임의 막중함을 느낀다"라는 말을 자주 듣게 된다. 여기서 말하는 책임이란 일반 사회의 조직체에서 말하는 책임과는 사뭇 다른 의미를 가지고 있다. 자신의 명령으로 그것을 수행하다가 자신의 부하들이 죽을 수도 있기 때문에 더욱 조심스럽다는 뜻을 함축하고 있다. 즉 여기서의 책임이란 부하들의 죽음을 고려하고 있다는 소극적인 측면과 자신이 그들 부하들을 대표하여 죽을 수도 있다는 적극적인 측면이 동시에 포함되어 있는 것이다.

이와 같이 군인들은 이러한 죽음의 문제와 결부되어서 임무를 완수해야 하고, 또한 그렇게 해왔기 때문에 그들의 계급과 직책은 명예로운 것이라고 할 수 있는 것이다. 일반적인 군인의 행위규범을 근거로 하여 직업군인의 행위준칙도 생각해 볼 수 있겠는데, 국방부의 관련 자료에 의하면 다른 전문 직업군인은 다른 전문직업인에 비해 매우 강한 의무적 요청을 받고 있음을 알 수 있다([부록 1] 참조).

[부록 1] 직업군인의 행동준칙

〈국가를 위하여〉 조국 대한민국을 사랑하는 직업군인

- 나는 대한민국에 태어난 것을 자랑스럽게 여기고, 국민의 일원으로서 투철한 주인정신을 발휘한다.
- 나는 조국 대한민국과 운명을 같이 한다는 확고한 신념과 태도를 견지한다.
- 나는 어떠한 상황에서도 국가를 배반하지 않으며, 결코 국가에 불리한 행위를 하지 않는다.
- 나는 국가의 안전과 국민의 생명을 지킨다는 군의 기본임무에 충실하고 부대의 전투력 향상을 위해 끊임없이 노력한다.
- 나는 전투에 임하여 군인으로서의 명예를 저버리지 않으며, 나라와 겨레를 위해서 소중한 생명까지 기꺼이 바친다.

〈국민을 위하여〉 국민을 섬기는 자세로 임무를 수행하는 직업군인

- 나는 국민이 군의 주인이며, 국민의 생명과 재산을 보호하는 것이 군에게 부여된 지고한 사명임을 명심한다.
- 나는 국민들이 군에 거는 기대와 신뢰를 명심하여 높은 도덕성과 윤리의식을 갖춘 군인이 되기 위해 노력한다.
- 나는 군인으로서 엄정한 정치적 중립을 지키며, 오로지 국민을 위해 봉사하는 것에서 긍지와 보람을 찾는다.
- 나는 각종 재난이나 재해로 국민들이 어려움에 처했을 때 기본임무를 수행한다는 자세로 열정을 다해 지원한다.
- 나는 각종 교육훈련시 국민에게 어떠한 피해도 주지 않으며, 민·군 일체감 조성을 위해 노력한다.

〈상관에 대하여〉 상관의 입장에서 수명(受命)하고 면종복배(面從腹背)하지 않는 직업군인

- 나는 상관에게 충성하는 것이 곧 조국 대한민국에 대한 충성이라는 사실을 명심한다.
- 나는 개인적인 출세나 영예를 위해 상관에게 충성하는 것이 아니라, 진심에서 우러나오는 상명하복의 자세를 견지한다.
- 나는 상관과 개인적인 친분을 쌓으려고 애쓰기보다는, 상관이 나에게 부여한 임무를 훌륭히 완수함으로써 상관을 보좌한다.
- 나는 상관이 쌓아온 경험과 전문성을 적극적으로 배우며, 나의 언행으로 인해 상관의 명예를 손상시키지 않도록 노력한다.
- 나는 전장에서 아무리 위험한 곳이라도 상관과 함께 하며, 그의 명령에 복종함으로써 승리를 쟁취한다.

〈동료에 대하여〉 동료 전우를 신뢰하고 그와 더불어 협력하는 직업군인

- 나는 동료가 선의의 경쟁자이면서 동시에 군과 국가를 위해 같은 길을 걷고 있음을 명심한다.
- 나는 비록 개인적으로 좋아하지 않는 동료일지라도 임무완수를 위해서라면 그와 기꺼이 협력한다.
- 나는 깊은 신의를 바탕으로 동료를 배려함으로써 상호간 굳건한 신뢰관계를 구축하기 위해 노력한다.
- 나는 동료의 훌륭한 행동은 진심으로 칭찬해주며, 그의 장점을 배우는 데 주저하지 않는다.

- 나는 전장에서 혼자서만 위험으로부터 도피하여 전우들을 커다란 위험에 몰아넣는 비겁한 행위를 하지 않는다.

〈부하에 대하여〉 부하를 사랑하고 그와 동고동락하는 직업군인

- 나는 부하의 인격을 존중하고, 그의 계급이 가지는 존엄성을 인정하며, 그에게 사적인 임무를 부여하지 않는다.
- 나는 하급자의 반대 의견이라도 귀담아 듣고 그 말이 옳은 것이라면 흔쾌히 수용하는 포용력을 갖도록 노력한다.
- 나는 강압적이고 권위주의적인 지시만으로 부하를 통솔하지 않고, 솔선수범을 통해 그가 스스로 따라오도록 유도한다.
- 나는 부하들에게 '좋은 사람'이라는 평을 듣기보다는 '엄정하고 공정한 사람'이라는 평을 듣기 위해 노력한다.
- 나는 평시 교육훈련을 통하여 부하들을 강하게 단련시킴으로써 전투에서 부하들이 필승의 자신감을 가지도록 한다.

〈나 자신에 대하여〉

- 나는 "개혁이 나 자신에서부터 출발한다"는 것을 인식하고 개혁에 적극적으로 동참한다.
- 나는 책임을 전가하거나 회피하지 않으며, 어렵고 힘든 일일수록 내가 먼저 솔선수범한다.
- 나는 맡은 바 분야에서 최고의 전문가가 되기 위해 끊임없이 나를 계발하고, 창의적인 임무수행을 위해 노력한다.
- 나는 "오늘 무사히 넘겼다"는 소극적인 생각보다는 "내가 오늘 하루 얼마나 보람된 일을 했는가?"를 생각하며 반성한다.
- 나는 전투에 임하여 몸을 피하지 않고 나에게 주어진 막중한 책임감과 희생을 감내하는 헌신적인 용기를 발휘한다.

출처: 국방부 정훈공보관실, 『군대윤리 (직업군인의 가치관)』, 2004, pp.313-318.

제 5 장

사이버 전쟁과 전쟁윤리

MILITARY ETHICS

I 머리말

사이버 전쟁(Cyberwarfare)이라는 단어는 1994년에 처음으로 사전에 등재되었다.[1] 사이버 전쟁의 장(場)이자 매개체는 컴퓨터이다. 이 컴퓨터는 잠재적인 사이버무기로서,[2] 그 사용에 대한 근원적인 사전대책이 강구되어야 한다는 지적이 있다.[3] 사이버 전쟁은 비사이버 무기(non-cyber weapons)를 사용하는 것에 비해 비교적 저렴하다. 이외에도 사이버 전쟁은 전투영역의 경계가 불분명하고, 사전예방조치의 중요성, 광범위성, 극심한 비대칭성, 고도의 전문성 등이 요구되는 특징을 갖고 있다.[4]

이와 같은 사이버 전쟁은 눈에 보이지 않고, 당장 공격을 받아 쓰러지는 사람이 없기 때문에 특수한 공간내의 특정 인물들 간의 전쟁으로 여겨질 수 있다. 하지만 사이버 전쟁이 초래하는 파장은 엄청나다. 비록 우리 면전에서 피를 흘리며 쓰러지는 사람을 볼 수는 없다고 하더라도 그 공격을 받는 측은 국가 규모 전체가 타격을 받을 수도 있다. 2007년도 에스토니아의 Tallinn이 사이버공격으로 국가기능 전체가 수일간 마비된 적이 있었고, 2008년도에는 러시아와 그루지아 간의 충돌에 수반하여 사이버 공격이 발생한 적도 있다. 최근에는 미국이 이란의 핵개발의심시설물의 컴퓨터를 해킹하여 공격한 일도 있다. 국내적으로는 2009년 이후부터 국가기관은 물론이거니와 언론사, 은행 등 주요 공공기관이 사이버공격을 지속적으로 받아오고 있다. 이에 국내외적으로도 그 대응책을 마련하고 있는데, 군사안보 측면뿐만 아니라 정치, 경제, 사회 전반의 영역에서 대비책이 망라되고 있다. 그동안 말로만 일컬어져왔던 포괄적 안보(comprehensive security)가 실제로 현현되고 있는 것처럼 보인다. 사이버 전쟁의 무기도 매우 다양하다. 가짜 백신, 고출력 마이크로 웨이브 총, 논리폭탄, 도청, 메일 폭탄, Buffer Overflow, BotNet, Sniffer, SMS phising, Spoofing, Covert Channel, Chipping, Coreflood 악성코드, Pharming, Automatic Mobile Cyber Weapon, Data Diddling, DDoS공격, Electronic-Magnetic Pulse Bomb 등 그 종류가 수십 종이 넘는다.[5]

---

* 이 장은 저자의 선행 연구를 보완·발전시킨 것이다. 박균열, "사이버 전쟁 확산과 전쟁윤리의 과제", 『안보학술논집』, 27, 국방대학교 국가안전보장문제연구소, 2016.12, pp.299-345.

1) Oxford Dictionaries, Oxford English Dictionary, Oxford University Press, 2010. 이 논문에서는 '사이버 전쟁'과 '사이버 테러'를 굳이 구분 짓지 않고 사용한다. '사이버'라고 하는 공간이 갖는 검토 대상이 더 중요성을 갖고 있기 때문이다.

2) D. Talbot, "Moore's Outlaws", Technology Review, 2010.

3) M. Libicki, Cyberdeterrence and Cyberwar, CA: RAND Project Air Force, RAND Corporation, 2009.

4) 엄정호 외, 『사이버전 개론』, 홍릉과학출판사, 2012, pp.25-27; 최광복, "사이버전 대비차원의 국방정보보호 관리체계 개념 연구", 『군사논단』, 제70호, 2012, pp.199-200.

5) 박대우, "대한민국 국군의 사이버전 대응", 『군사논단』, 제75호, 2013, pp.44-47.

UN 군축연구소(United Nations Institute for Disarmament Research: UNIDIR)에 따르면, 2012년 말 기준 세계 193개국 가운데 47개국이 사이버전담부대를 운용하고 있는 것으로 나타났다. UN에서는 ITU(International Telecommunication Union)가 이 문제를 위해 설치되었고, OECD에서도 국제 거버넌스 형태로 대응책 마련을 위해 부심하고 있다. 특히 NATO는 사이버 전쟁에 대비하여 전담부서를 설치함은 물론이거니와 사이버전쟁지침서(Tallinn Manual, 이하 TM이라 함)를 발표한 바 있다.[6] 이는 국제 전쟁법인 제네바의정서와 헤이그협약과 같은 위상을 갖게 될 것이다. 국내적으로도 다양한 대응책이 모색되고 있다. 국내적 위협은 대체로 북한의 사이버 공격으로부터 비롯되는 것으로 인식되고 있다. 북한은 박근혜 정부 출범을 앞두고 제3차 핵 실험을 감행한 뒤 대남 도발 수위를 높이면서, 2009년 이래 여러 차례의 DDoS공격, 해킹, 웹사이트 변조 등의 사이버공격을 도발했고, 그 강도가 점점 높아지고 있다.[7] 실제 북한은 조선인민군 총참모부 예하 정찰총국에서 사이버테러를 총괄하여 우수인력양성 및 사이버전을 수행하고 있는데 그 전체요원 수만 해도 3만 명이 넘는 것으로 알려졌다.[8] 이에 국방부에서는 전담 사이버사령부를 2009년도에 국방정보본부 예하부대로 창설한 이후, 2011년 7월에는 국방부 직속으로 변경하여 운용 중에 있으며, 경찰청에서도 사이버테러대응센터를 운용하고 있다.[9]

문제는 국내외적인 사이버공격에 대한 대응이 대체로 기술적이면서도 법률적인 면에 치중되어 이루어지고 있다는 데 있다. 대체로 서양의 경우 법률적인 대응에 초점을 두며, 한국의 경우 기술적인 면에 초점을 둔다. 이에 본 연구는 보다 근본적으로 윤리적인 측면에서 사이버 전쟁에 대한 문제점을 검토하고 그 해법을 마련해야 한다는 점을 강조하고자 한다. 서양의 전쟁법 논의가 우리 한국보다 더 우월한 이유는 종교적, 문화적 배경에 있다. 서양은 고대 그리스와 로마시대부터 중세 십자군 전쟁을 거치면서 수 많은 전쟁을 통해서 신학적으로나 윤리학적으로 충분한 논의를 이루어왔다. 그러한 연유로 서양에서 전쟁윤리문제보다 전쟁법을 더 많이 다루는 점은 이해될 수 있다. 하지만 우리 한국의 경우는 윤리적 시각에서 전쟁을 바라보고 연구하는 사례는 전무하다시피 하다. 이 연구는 이러한 학술적, 현실적 필요성을 충족시키기 위해 시도되는 것이다.

이 연구는 다음 몇 가지 점에서 차별성이 있다. 첫째, 사이버 전쟁을 윤리학의 관점에서 분석하려는 점이다. 윤리는 인간생활의 가치기반이다. 윤리적 사고 없이는 인간생활의 가치토대를 굳건히 할 수 없다. 전쟁도 인간이 만든 생활문화의 한 분야이기 때문에 윤리적 담론의 대상이 될

---

6) 이 보고서는 우리나라에도 번역되어 소개되었다. NATO 사이버방어센터 초청 국제전문가그룹, 마이클 N. 슈미트 편, 한국전자통신연구원 부설연구소 역, 『탈린 매뉴얼: 사이버 전쟁에 적용 가능한 국제법』, 글과생각, 2014.

7) 변상정, "쿨워(Cool War) 시대 사이버 위협과 사이버 안보 강화 방안", 『군사논단』, 제76호, 2013, p.32.

8) 박대우, 앞의 논문, p.52.

9) 위의 논문, p.52. p.40.

수 있다. 그런데 ①전쟁을 윤리적으로 바라보고 평가하는 문제와 ②전쟁을 윤리적으로 정당화하는 문제는 다른 주제이다. 그런데 많은 학자들은 전자에 공감하면서, 후자에 대해서는 여전히 논쟁을 지속하고 있다. 극단적 평화주의자들은 어떠한 전쟁이나 무력의 사용도 윤리적으로 정당화될 수 없다고 주장한다. 왜냐하면 무력사용 그 자체가 도덕적으로 옳지 못하기 때문이다.[10] 반면에 합당한 권위에 의해 선포된 전쟁이나 정당한 명분을 갖고 발발한 전쟁은 도덕적으로 정당화될 수 있다는 주장도 있다.[11] 전쟁의 도덕적 정당화는 그 정당화의 '주체'가 누구인지에 따라 상대적이다. 모택동은 제국주의에 의한 전쟁은 모두 정의롭지 못하고 공산주의를 목표로 하는 모든 전쟁과 혁명전쟁은 정의롭다고 주장했다.[12]

이 연구는 전통적인 전쟁에 대한 윤리적 접근을 토대로 사이버 전쟁에 그 방법론을 적용하려고 한다. 전통적인 전쟁윤리적 탐구는 그리스 철학자들, 로마의 키케로, 중세시대의 성 암브로시우스, 성 아우구스티누스, 성 토마스 아퀴나스, Vitoria, Gentili, Suarez, Machiavelli, Grotius, Pufendorf, Vattel, I. Kant, F. Lieber 등과 같은 전쟁관련 철학자, 신학자, 법학자들에 의해 발전되어 왔다. 이를 통해 사이버 전쟁이 윤리적으로 논의되어질 수 있고, 또 그 도덕적 정당화가 가능한지를 살피게 될 것이다. 이런 점에서 이 연구는 창의적이다.

둘째, 이 연구는 근대 I. Kant에 의해 처음으로 제안되고,[13] 현대 윤리학자 M. Walzer에 의해 확정된 정의전쟁론(just war theory)의 세 영역, 즉 전쟁자체의 정의, 전쟁중의 정의, 전쟁후의 정의의 개념을 토대로 해서 새로운 영역을 개척한다는 점에서 창의적이다.[14] 즉 재래식 전쟁과는 달리 사이버 전쟁의 조류의 도래는 사이버영역 자체만이 추가되는 효과뿐만 아니라 사전 예방조치가 더 절실하기 때문에 전쟁전의 정의(jus ante bellum) 영역을 추가해서 논의하고자 한다.

셋째, 기존의 정의전쟁론이 전쟁의 계기적 순서에 초점을 기본으로 하면서 전쟁의 정당성 유무와 행위자의 정당성 유무에 따른 분석을 시도하고 있음에 비해, 본 연구는 전쟁(재래전쟁과 사이버전, 정의와 부정의)–행위자(민간계약자 변수 포함) 관계의 복합적인 분석을 시도한다는 점에서 창의적이다. 이러한 복합적 조합구도를 도식화하면 다음과 같다. 여기서 'semi–just agent'는 민간계약자를 의미한다.

넷째, 이 연구는 상기의 새로운 제반 창의성을 한국군과 관련하여 다루고 있다는 점에서 창의

10) 이민수, 『전쟁과 윤리: 도덕적 딜레마와 해결방안의 모색』, 철학과현실사, 1998, p.21; Barrie Paskins, Michael Dockrill, The Ethics of War, University of Minnesota Press, 1979, pp.112–113.

11) Malham M. Wakin, ed., War, Morality, and the Military Profession, Westview Press, Inc., 1986, p.220.

12) Yehuda Melzer, Concepts of Just War, A. W. Sujthoff International Publishing Company, 1975, p.13.

13) I. Kant, Perpetual Peace: A Philosophical Essay, trans. M. Campbell Smith, Create Space Independent Publishing Platform, 2016[1796]; B. Orend, War and International Justice: A Kantian Perspective, Waterloo, On: Wilfrid Laurier University Press, 2000, pp.58–59.

14) M. Walzer, 유홍림 외역, 『전쟁과 정의』(Arguing about War), 인간사랑, 2009[2004].

적이다. 서양과 달리 우리 한국인에 있어서의 전쟁은 국운과 함께 하는 문제의 일이었기 때문에, 개인의 윤리적 선택을 묻지 않았다. 바로 이러한 이유 때문에 한국인의 전쟁윤리는 애국심 또는 명령에 대한 복종으로 귀결되는 당위적 논의를 뛰어넘기 힘들었다. 따라서 소위 '양심을 기준으로 하는 병역거부'(기존의 '양심적 병역거부'라는 말은 마치 병역거부 자체가 양심적이라는 오해의 소지가 있기 때문에 여기서는 '양심을 기준으로 하는 병역거부'라는 용어로 사용함)의 문제도 합법적인 시민불복종(civil disobedience)의 문제로 다루어지기보다는 명령불복종의 문제로 국한되어 논의되고 있는 문화를 낳기에 이르렀다. 사이버 전쟁의 문제가 재래식 전쟁과 결부되어 한국군에 적용될 경우 풍부한 논쟁이 이루어질 수 있을 것이다. 어떤 덕목이 더 바람직한지, 누가 진정한 군인인지, 어떤 행동은 도덕적으로 정당화될 수 있는지 등의 문제 그리고 Thomas Aquinas에 의해 제기된 이중효과(double effect)의 문제 등도 심층 분석될 수 있을 것으로 전망된다.

다섯째, 이 연구는 사이버공간에서의 행위자의 익명성과 민간인 동원문제가 복잡하게 연계되어 있기 때문에 민간군사계약자(PMCs: Private Military Contractors or Corporations) 문제에 대한 논의를 윤리학적인 관점에서 체계적으로 제시할 수 있다.

이 연구는 ①(사이버)전쟁, ②윤리학 그리고 ③정의전쟁 등 세 가지의 주제를 한국군에 적용하는 것이다. 따라서 선행연구를 구분하는 기준도 이 세 가지의 조합을 통한 범주에 따라 정리해 볼 수 있다.

첫째, 일반적 전쟁과 윤리학과의 관계에 대한 연구이다. 국내 연구는 국방부의 정신교육교재[15]와 각군 사관학교의 군인교수들에 의해 편집된 군대윤리교재 등이 있다.[16] 외국의 연구는 주로 민간교수들에 의해 이루어졌으며, 설령 각종 군사학교에 인연을 두고 있는 교수라 하더라도 민간교수들이 대부분이다.[17]

둘째, 사이버 전쟁과 윤리학과의 관계에 대한 연구이다. 국내의 선행연구는 찾기 힘들다. 다

15) 국방부, 『정신교육기본교재』, 2013.

16) 공군사관학교, 『현대의 군대윤리』, 청원: 공군교재창, 2000; 박상길·김남준 공편, 『군대윤리』, 진해: 해군사관학교, 1999; 육군사관학교(조승옥외), 『군대윤리』, 지문당, 2013; 이민수, 『전쟁과 윤리: 도덕적 딜레마와 해결방안의 모색』, 철학과현실사, 1998.

17) Paskins & Dockrill, 앞의 책, 1979; Christopher Eberle J., Just War and Cyberwar, Journal of Military Ethics, 2013, pp.54-67; Randall Dipert, Act, Policy, and Mathematical Calculation in the Philosophy of the Morality of War, International Society for Military Ethics Conference (ISME, formerly JSCOPE), University of San Diego, CA, 2008; Randall Dipert, "Other-than-Internet(OTI) Cyberwarfare: Challenges for Ethics, Law, and Policy", Journal of Military Ethics, 12(1), 2013, pp.34-53; Randall Dipert, "Preventive War and the Epistemological Dimension of the Morality of War", Journal of Military Ethics, 5(1), 2006, pp.32-54; Randall Dipert, The Ethics of Cyberwarfare, Journal of Military Ethics, 9(4), 2010, pp.384-410; David Fisher, Morality and War: Can war be just in the twenty-first century?, Oxford and New York: Oxford University Press, 2011; David Fisher, "The Virtue of Justice and War", Philosophia, vol.41, 2013, pp.361-371; Sidney Axinn, A Moral Military, Temple University Press, 1989; Marshall Cohen, ed., War and Moral Responsibility, Princeton University Press, 1974; Robert C. Holmes, On War and Morality, Princeton University Press, 1989; John Courtney Murray, Morality and Modern War, The Council on Religion and International Affairs, 1968; Ralph B. Potter, War and Moral Discourse, John Knox Press, 1969.

만 사이버 전쟁에 대한 다각적인 최근의 연구는 다수 있다.[18] 사이버 전쟁과 전쟁법에 대해서는 NATO사령부의 Tallinn 매뉴얼의 목차를 요약해서 제시한 연구가 있다.[19] 사이버 전쟁과 관련한 외국의 연구는 너무 많다. 윤리학과의 연계성에 국한된 연구도 다수 발표되었다.[20]

셋째, 정의전쟁론에 관한 일반적인 연구이다. 우선 국내연구는 많지는 않으나 철학전공자들에 의해 연구가 있다.[21] 외국의 연구는 너무 많다.[22] 이 중에서 특히 전쟁중의 정의(jus in bello)에서 이중효과론(doctrine of double effect)에 관한 연구[23]와 민간계약자 문제에 관한 연구[24]는 눈여겨 볼 만하다.

넷째, 정의전쟁론과 사이버 전쟁과의 관계에 관한 연구이다. 우선 국내 연구는 찾기 힘들다. 외국의 연구도 쉽게 찾기는 힘들다. Schmitt와 Eberle의 연구에 국한된다.[25]

마지막으로, 사이버 전쟁과 정의전쟁론을 한국군에 적용한 국내의 선행연구는 현재까지 찾을 수 없다.[26] 이 점이 바로 선행연구와의 비교를 통해서 본 연구가 얼마나 필요하지를 잘 증명해주고 있다.

---

18) 김홍광, 『북한의 정보전전략과 그 수행방법』, NK지식연대, 2011; 김홍석, 『사이버 테러와 국가안보』, 저스티스, 2010; 육군사관학교, 앞의 책, 2013; 최광복, 앞의 논문, 2012.

19) 박기갑·신소현, "2013년 사이버전쟁에 적용 가능한 국제법에 관한 Tallinn 지침서", 『국제법평론』, 제37호, 2013.

20) J. Arguilla, "Ethics and Information Warfare", in: Z. Khalizad, J. White, A. Marshall, eds., Strategic Appraisal: The Changing Role of Information in Warfare, CA: RAND Corporation, 1999, pp.379–401; Edward T. Barrett, Market Failure: The Moral Hazards of Private Military Corporations, unpublished, US Naval Academy McCain Conference, Annapolis, MD, 2009; Edward T. Barrett, "Warfare in a New Domain: The Ethics of Military Cyber-Operations", Journal of Military Ethics, 12(1), 2013, pp.4–17; David Danks, Joseph H. Danks, "The Moral Permissibility of Automated Responses During Cyberwarfare", Journal of Military Ethics, 12(1), 2013, pp.18–33; Dipert, 앞의 논문, 2008; 2010; 2013; Neil C. Rowe, "The Ethics of Cyberweapons in Warfare", International Journal of Cyberethics, 1(1), 2010.

21) 황경식, "전쟁과 평화 그리고 정의", 『철학연구』, 제68집, 2005; 박정순, "마이클 왈쩌의 정의전쟁론: 그 이론적 구성체계와 한계에 대한 비판적 고찰", 『철학연구』, 제68집, 2010.

22) James Pattison, "When Is It Right to Fight? Just War Theory and the Individual-Centric Approach", Ethic Theory Moral Prac, vol.16, 2013, pp.35–54; Warren S. Quinn, Actions, "Intentions, and Consequences: The Doctrine of Double Effect", Philosophy and Public Affairs, 18, 1989; D. Philpott, Just and unjust peace: An ethic of political reconciliation, New York: Oxford University Press, 2012; M. Walzer, 유홍림 외역, 앞의 책.

23) Steven Lee, "Double effect, double intention, and asymmetric warfare", Journal of Military Ethics, 3(3), 2004, pp.233–251; A. McIntyre, "Doing Away with Double Effect", Ethics, 111, 2001; A. McIntyre, "Doctrine of Double Effect", The Stanford Encyclopedia of Philosophy, 2009; G. E. M. Anscombe, War and Morality, Nuclear Weapons: A Catholic Response, ed., Walter Stein, New York: Sheed and Ward, 1961; Philippa Foot, "The Problem of Abortion and the Doctrine of the Double Effect", Oxford Review, 5, 1967. reprinted in Foot, Virtues and Vices and Other Essays in Moral Philosophy, Berkeley: University of California Press, 1978; Quinn, 앞의 논문, 1989.

24) Barrett, 앞의 책, 2009.

25) Michael Schmitt, "Cyber Operations and the Jus in Bello: Key Issues", in: Raul A. Pedrozo & Daria P. Wollschlaeger, eds., International Law and the Changing Character of War, vol.87, Newport, RI: US Naval War College, 2011, pp.89–110; Michael Schmitt, "Cyber Operations in International Law: The Use of Force, Collective Security, Self-Defense, and Armed Conflicts", in: Proceedings of a Workshop on Deterring Cyberattacks, Washington, DC: The National Research Council, 2010, pp.151–179; Eberle, 앞의 논문, 2013.

26) 한국의 사이버 전쟁에 대한 외국의 논문은 드물게 한 편 발견된다. 미국의 University of North Carolina의 연구자에 의해 발표되었다. 이 논문은 남북한 간의 비대칭적인 군사력과 전략적 대응에 대한 예로서 핵과 미사일을 사이버 전쟁을 분석하는 대상에 포함해서 다루고 있다. 특히 이 논문은 한국군이 사이버방어능력 뿐만 아니라 공격능력도 보강하고 있다는 점을 언급하고 있다. Nir Kshetri, "Cyberwarfare in the Korean Peninsula: Asymmetries and Strategic Response", East Asia: An International Quarterly, 31(3), 2014, pp.183–201.

이 연구는 기실 사이버 전쟁과 한국적 상황을 고려한 윤리적 접근 가능성을 제대로 제기하는 것만으로도 충분한 가치가 있다. 이 연구는 사이버 전쟁에 대한 윤리학적인 사변 논의를 토대로 향후 국가정책 및 군사정책 수립을 위한 시사점을 도출할 것이다.

Ⅱ 사이버 전쟁의 특징과 유형

일반적으로 군사학에서 전쟁과 전투는 그 규모의 크고 작음과 지속성, 파급범위 등에 따라 구분된다. 전자가 후자에 비해 규모, 지속성, 파급성 등이 더 크다. 사이버 전쟁과 사이버 전투도 같은 측면에서 이해될 수 있다.

1. 사이버 전쟁의 특징

사이버 전쟁은 몇 가지의 특징을 갖고 있다. 우선 전투영역의 경계가 불분명하다는 점이다. 사이버 전쟁은 인간의 오감을 동원해서는 쉽게 체감되지 않는 사이버공간에서의 문제이기는 하지만 종국의 피해는 현실적으로 체감되는 문제이다.[27] 따라서 국가안보를 다룸에 있어서 여전히 중요한 이슈로 제기되는 것이다. 사이버 전쟁을 수행하는 작업공간과 동원되는 장비는 전통적인 군사활동에서 필요로 하는 그것과는 전혀 다르다. 군복을 입지 않아도 되며, 군용차량을 타고 다니지 않아도 된다. 군인들만이 사용하는 군사용어를 사용하지 않아도 된다. 오히려 컴퓨터를 사용하는 민간인들의 행동패턴과 활동공간과 더 유사한 점이 많다(〈그림 1〉 참조).

〈그림 1〉 미 국방부 사이버 범죄 센터(CCC)의 작업 환경

출처: Sanjay Goel, Cyberwarfare: Connecting the Dots in Cyber Intelligence, Communications of the ACM, 54(8), 2011, p.133.

둘째, 사후 대응보다는 사전예방조

27) John B. Sheldon, "Geopolitics and Cyber Power: Why Geography Still Matters", American Foreign Policy Interests, 36, 2014, pp.286-293.

치가 상대적으로 더 중요하다는 점이다. 유형의 적에 의한 도발의 경우, 드러난 적의 실체를 제거하면 아군의 전력은 어느 정도 유지될 수 있는 여건을 확보할 수 있다. 하지만 인터넷을 통해 바이러스에 감염되듯이 아군의 인터넷 작업환경 전체가 공격을 받게 된다면 그것을 완전히 복구하기란 쉽지 않다. 그 기간도 오래 걸린다.

셋째, 광범위성과 속도성이다. 인터넷을 통한 바이러스의 확산은 범위가 매우 넓다. 동시에 그 속도 또한 빠르다. 자그마한 USB에 담긴 바이러스가 한 국가 전체를 일시에 파멸에 이르게 할 수도 있다. 그야말로 군사안보중심의 전통적 안보를 넘어서는 다양한 삶의 주제와 관련된 포괄적 안보(comprehensive security)의 개념이 와 닿게 한다.

넷째, 극심한 비대칭성이다. 비대칭전쟁(asymmetric warfare)이라는 용어가 등장한 것도 벌써 40년이 경과했다. 맥(Andrew Mack)이 언급한 비대칭성이란 전쟁에서 강대국에 대한 약소국의 승리요인으로 함축적으로 설명하기 위해 사용되고 있으며, 그 개념은 대응하는 세력 간 규모나 운용방법 등의 차이점이 큰 전쟁을 말하고 있으며 대체로 외형적으로 약한 세력이 강한 세력에 대처하는 전쟁의 경우에 적용되는 용어로 이해된다.[28] 아무리 약한 존재라고 하더라도 강한 존재의 가장 취약한 부분이나 시점을 공략해서 큰 타격을 가할 수 있다. 이러한 점이 바로 비대칭성의 특징이라고 할 수 있다. 사이버 전쟁이 이와 같은 한 예라고 할 수 있다. 사이버 전쟁의 수단을 제외하고 모든 것들이 부족한 상황에서 사이버 전쟁 수단을 발휘해서 상대를 곤혹에 빠지게 할 수 있다면 그 또한 비대칭성을 잘 활용한 사례라고 할 수 있다. 사이버 전쟁은 그와 같은 기능을 충분히 할 수 있는 수단이다.

다섯째, 고도의 전문성이 동원된다는 점이다. 컴퓨터와 그 전송문제를 다루는 인터넷 기술은 보통 평범한 사람들의 범위를 넘어서는 고도의 전문성이 요구되는 분야이다. 특히 실제 눈으로 볼 수 없는 공간에서 피아를 구분하고, 적에게는 피해를 주고 아측에는 이익을 가져다주는 책략을 구사한다는 점은 대단한 기술이 필요하다. 특히 컴퓨터 바이러스의 경우 특정 시기에 특정 컴퓨터에 특정한 기능만 제한하기도 하기 때문에 고도의 전문성이 요구된다.

여섯째, 사이버 전쟁은 민간과 군사 영역이 구분이 불명확하다. 오늘날 민간군사기업의 활동범위와 관련 대상은 전세계적 규모이다. 영화 〈국제시장〉에서 주인공은 베트남전쟁에서 군무원 신분도 아니면서 민간군사계약자로 활약하는 장면이 나온다. 최근에는 2004년 6월 이라크에서 반군세력에게 피랍 살해된 한국인 김선일씨가 미국의 대표적인 민간군사기업 켈로그 브라운 앤드 루트(Kellogg Brown & Root)의 한국계 하청업체에서 근무했었다. 이런 경우로 볼 때 우리나

28) Andrew Mack, "Why Big Nations Lose Small Wars: The Politics of Asymmetric Conflict", World Politics, 27(2), 1975, pp.175-200, 배달형, "4세대 전쟁 및 비대칭 위협 관점의 사이버전 및 사이버심리전 발전방향", 『전략연구』 65, 2015, pp.147-148 재인용.

라에도 민간군사기업은 직접, 간접으로 연계되어 있다고 볼 수 있다.[29] 사이버상이 아니라 실제전장에서도 최근 추세는 민간군사계약자를 고용하기도 하는데,[30] 사이버 전쟁은 이러한 일들이 더 빈번히 발생한다. 심지어 전투행위시 동료애를 느낄 수 있도록 하기 위한 조치로 입게 되는 군복도 입지 않고 사이버 전투를 수행한다. 행위의 주체, 활동의 방식, 동원되는 기술, 동원되는 물자 등이 모두 민간에 기반한 것이라도 그 활동의 대상이 군사적인 것이라면 사이버 전쟁의 범주에 포함될 수 있다. 이와 같이 사이버 전쟁은 민간과 군사 영역의 경계 자체를 뛰어넘어 발생하고 있다.

일곱째, 사이버 전쟁은 공포의 극대화와 동시에 공포의 무감각성을 보이고 있다. 원래 적을 제압하기 위해서는 적군을 지극한 공포감으로 몰아붙여서 더 이상 저항하지 못하도록 한다. 재래식 전쟁에서는 공포가 예상되었다. 아무리 끔찍한 죽음이라고 할지라도 가격당하는 장면, 최후의 장면을 접할 때 공포스러움이 절실히 드러난다(《그림 2》 참조). 하지만 현대의 사이버 전쟁은 전쟁에 동원되는 인간의 원초적인 이성과 감성이 자연스럽게 연계되지 않는다. 그리고 그 강도가 재래식 전쟁의 고통의 임계치를 훨씬 넘어서는 수준에서 장기간 지속될 수도 있다.

이상에서 살펴본 바와 같이, 사이버 전쟁은 재래식 전쟁이 인간의 오감에 직접적으로 영향을 주지 않는다는 특징으로 요약된다. 재래식 전쟁에서의 군인정신도 바로 이와 같은 인간의 가장 기본적인 오감에 근거하고 있다는 점은 사이버 전쟁이 갖고 있는 특징의 한 단면을 보여준다고 할 수 있다.

2. 사이버 전쟁 유형

사이버 전쟁은 사이버 공간에서 적과 아의 공방을 말한다.[31] 단일한 전쟁 국면을 기준으로 볼 때, 전통적 군사력의 행사에 의한 전쟁은 동시다발적으로 이루어지지만 사이버 전쟁은 한 건이 완료되고 난 뒤에 대응 수단으로 상대측에 의해 또 한 건이 후발해서 일어나게 된다. 이러한 사이

29) 조한승, "민간군사기업의 전쟁 외주가 전쟁 양상 변화에 미치는 영향", 『국방연구』, 55(1), 2012, p.26.

30) PMCs와 유사한 용어로 몇 가지가 더 언급되고 있다. PSCs(Private Security Contractors)과 PMFs(Private Military Firms)가 있으며, 보다 포괄적인 의미의 PMSc(Private Military and/or Security Contractors)이 있다. Kristine A. Huskey, "Accountability for Private Military and Security Contractors in the International Legal Regime", Criminal Justice Ethics, 31(3), 2012, p.194.

31) 사이버 공간(cyber space)은 종래의 육지, 바다, 상공 및 우주에 이르는 일련의 공간적 개념이 아니다. 이와 직접적으로, 간접적으로 관련을 갖고 있지만 그 작동하는 모습은 전혀 다르다. Tallinn Manual은 "컴퓨터네트워크를 사용하는 데이터를 저장하고, 수정하며 교환하기 위하여, 물리적 및 비물리적 구성요소로 구성되고, 컴퓨터와 전자기스펙트럼의 사용으로 특징지워지는 환경"이라고 정의하고 있다. Michael N. Schmitt et al. eds., Tallinn Manual on the International Law Applicable to Cyber Warfare, Cambridge University Press, 2013, p.258, 박노형·정명현, "사이버전의 국제법적 분석을 위한 기본개념의 연구", 『국제법학회논총』 59(2), 2014, p.67 재인용.

버 전쟁은 그것이 전통적 군사력과 결부되어 그 보조적 수단으로 강구될 경우 더욱 복잡한 유형을 낳게 한다. 여기서는 선행연구를 참고하여 다음 몇 가지로 요약한다.

첫째, 복수의 사이버 조직에 의한 사이버 전쟁이다. TM은 국가가 하나의 사이버 조작이 무력공격 수준이 되지 않지만 사이버 조작을 복수로 받을 가능성을 검토한 바 있다. TM은 사건이나 효과가 누적될 수 있다는 소위 '사건의 누적'(accumulation of events) 또는 '바늘 막대기 전술'

〈그림 2〉 13세기 서양의 심리전 작전의 예시

주: 13세기 서양 군인들은 포로들의 머리를 효수하여 성에 매달아두었는데, 이는 심리전 작전의 초기 형태라고 할 수 있음.
출처: Byard Q. Clemmons, Gary D. Brown, "Cyberwarfare: Ways, Warriors and Weapons of Mass Destruction", Military Review, Sep/Oct 1999, p.37.

(Nadelstichtaktik)에 주목하였다. 사이버 조작이 동일한 공격자 또는 제휴하여 행동하는 공격자들에 의하여 수행되고, 목적에 관련성이 있고, 규모와 효과의 기준을 충족하는 경우에 무력공격의 기준을 충족하기 위하여 동 사이버 조작의 효과가 결합될 수 있다는 것이다.[32] 이와 같은 공격 행위는 전형적인 서비스 거부 공격에서 합법적인 사용자가 정보 또는 서비스에 액세스하지 못하게 한다. 컴퓨터와 네트워크 연결, 또는 컴퓨터와 사용하려는 사이트의 네트워크, 이메일, 웹사이트, 온라인 계정(은행 등) 또는 영향을 받는 컴퓨터에 의존하는 다른 서비스에 액세스하지 못하게 할 수도 있다.[33] 즉 사용자의 컴퓨터 최대 부하 임계치까지 계속해서 공격해서 결국 그것을 다운시키게 된다. 이러한 공격은 최초 근원지를 최대한 빠른 시기 내에 찾아낼 수 없는 특징이 있기 때문에 심각한 사이버 위협이라고 할 수 있다.

둘째, 사이버 무력공격에 대한 사전 예방적 자위권(anticipatory self-defense)에 의한 공격이다. TM은 국제법상 예방적 자위권을 인정하고 있다. 즉 사이버 무력공격이 발생하거나 임박하면 자위권으로서 무력을 사용할 권리가 주어진다는 것이다.[34] 이 문제는 재래식 전쟁에서는 그 특징이 극명하게 드러난다. 이른바 전쟁징후라고 하는 목록에 해당될 경우 선전포고를 할 수 있는 객관적 지표로까지 분류될 수도 있다. 그런데 사이버 무력공격의 징후에 대해서는 상당히 조심스럽게 그러한 작업이 이루어져야 한다. 과연 어느 정도까지의 사이버 도발이 있을 경우에 예방적 조치를 할 수 있는지 등의 보다 구체적인 질문에 대답해야 하는 과제가 남아 있다. 또한 사이버 무력공격의 수단으로 그 대상 무력 및 자산이 재래식인지 사이버인지에 대해서도 검토가 이루어져야 한다.

셋째, 비국가 행위자에 의한 사이버 무력공격이다. 일정한 이해관계를 나눈 집단 또는 테러집단과 같은 비국가 행위자가 법적으로 사이버 무력공격을 수행할 수 있는지도 생각해볼 수 있다. 비국가 행위자의 행위는 제한적으로 국가에 귀속될 수 있기 때문에 피해국가는 그 행위자를 지원하는 국가(State sponsor)에 대해 자위권으로 대응할 수 있게 된다. 예컨대 외교적으로 이란-

32) Norman Menachem Feder, "Reading the UN Charter Connotatively: Toward a New Definition of Armed Attack", Journal of International Law & Pol. 415, 1986-1987, 박노형·정명현, 위의 논문, p.85 재인용. '바늘 막대기 전술'의 기원은 소련과 핀란드 간의 2차 세계대전 중 제1차 소련-핀란드 전쟁 즉 겨울전쟁(Winter War)에서부터 비롯되었다. 이때 핀란드 부대가 숲 속에서 그들의 더 나은 기동성을 확보하기 위해 소련의 부대를 공격하고 신속하게 철수하는 일련의 공격 과정을 일컫는다. http://www.gutefrage.net/frage/was- ist-die-nadelstichtaktik, 2016. 10.2. 검색. 이 겨울전쟁은 소련과 핀란드 간의 전쟁 중에서 첫 번째 전쟁을 말한다. 즉 1939년 11월 30일부터 1940년 3월까지 4개월여 걸쳐 일어났던 제1차 소련-핀란드 전쟁 즉 겨울전쟁(Winter War)이 종전되면서 모스크바 평화조약을 통해 핀란드는 소련에게 많은 것을 내어 준다. 핀란드인들은 소련에 대한 분노가 극에 달하고 소련에게 반드시 설욕하려 마음을 먹고 있었다. 그리고 1년 후 핀란드는 소련과 2번째 전쟁을 벌인다. 이를 계속전쟁이라 부른다. http://oldconan.tistory.com /34949, 2016.10.2. 검색.

33) https://www.us-cert.gov/ncas/tips/ST04-015, 2016.10.2. 검색.

34) Tallinn Manual, 규칙 15. 임박성과 즉각성. 예방적 자위권의 인정 필요성에 대해서는 Derek W. Bowett, Self-Defence in International Law, Manchester University Press, 1958, pp.188-189. 반대하는 입장에 대해서는 Ian Brownlie, International Law and the Use of Force between States, 1963, pp.275-278, 박노형·정명현, 위의 논문, p.86 재인용.

콘트라 사건과 니카라과 사건은 레이건 대통령의 대표적인 실책으로 꼽힌다. 이란-콘트라 사건이란 미국이 테러국가 이란에 비밀리에 판매한 무기 수출대금을 니카라과 반정부군에 지원한 사건을 말한다. 이 사건에서, ICJ는 우호관계선언이 국제관습법이라고 판시했다. 또한 국제법상 '무력공격'이란 '가장 중대한 무력사용'을 말하며, 1974년 채택된 '침략의 정의'에 관한 유엔총회 결의 제3조가 이에 속한다고 판시했다. 제3조에는 무력공격 사례로 일곱 가지 유형이 적시되어 있다. 또한 ICJ는 국제분쟁의 평화적 해결의무와 국내문제불간섭원칙은 국제관습법으로서의 지위를 갖는다고 판시하였다. 그러면서도 1986년 6월 27일 국제사법재판소는 니카라과에 대한 미국의 군사적, 준군사적 활동 사건이 국제법상 위법하다고 판시하였다.[35] 재래식 전쟁에서도 일견 개입의 정당성이 있는 것으로 보이지만 그렇지 않은 경우에 해당된다. 그런데 재래식 전쟁의 경우에도 준군사조직이 관여할 경우 그 작전의 광범위성으로 인해 매우 복잡한 평가가 도출되는데, 이러한 문제가 사이버 공간으로 확대될 경우 더욱 복잡해진다.

이상에서 사이버 전쟁의 유형에 대해 간략히 살펴보았다. 사이버 공간에서의 공격과 방어에는 실시간으로 작용하는 상호관계의 복잡성으로 인해 매우 다양한 전쟁 유형이 더 필요함을 절감하게 된다.

3. 사이버 전쟁의 기준

오늘날 컴퓨터는 남녀노소를 불문하고, 직종을 불문하고 상용되고 있다. 이러한 컴퓨터의 어떤 작동으로 인해 그것을 심지어 '전쟁'으로까지 일컬을 수 있을 것인가? 이 질문에 대한 답은 쉽지 않다. 이러한 질문들은 국제법을 전공하는 학자들에 의해 논의되어져 왔는데, 특히 TM을 마련할 때 책임연구자 역할을 수행한 Michael N. Schmitt 교수의 연구가 참고된다.[36] 여기서는 TM의 사이버 전쟁에 대한 8가지 평가 기준을 원용해서 언급한다. 첫째, 사이버 조작으로 야기되는 물리적 결과의 심각성(severity)이다.[37] 둘째, 사이버 조작으로 야기되는 효과가 나타나는 속도의 즉각성(immediacy)이다. 셋째, 사이버 조작과 그 결과의 인과관계인 직접성(directness)이

35) International Court of Justice, CASE CONCERNING MILITARY AND PARAMILITARY ACTIVITIES IN AND AGAINST NICARAGUA (NICARAGUA v. UNITED STATES OF AMERICA) JURISDICTION OF THE COURT AND ADMISSIBILITY OF THE APPLICATION, http://www.icj-cij.org/docket/files/70/648 5.pdf, 2016.10.2. 검색.

36) Michael N. Schmitt, "Cyber Operations and the Jus ad Bellum revised", Villanova Law Review, vol.56, 2011, p.576. 이 논문은 본인의 1999년도 논문을 수정한 것이다. 1999년도 논문에서 6가지 기준이 제시되었는데, 2011년 발간된 논문에서는 '책임'이 추가되었고, TM그룹은 이 7개 기준에 추가로 '군사적 특성'(military character)을 추가했다. 또한 TM은 Schmitt 교수의 '국가책임'을 '국가개입'(State involvement)으로 명칭을 변경하였다. 박노형·정명현, 앞의 논문, p.77 재인용.

37) TM의 규칙 7에서는 "물리적 결과"라고 말했으나, 물리적 결과이외의 제반 상황을 고려할 필요가 있다고 생각되어 '물리적'이라는 말을 생략했다. 심리적 결과도 생각해볼 수 있기 때문이다.

다. 넷째, 사이버 조작이 목표 시스템에 침입하는 정도인 침입성(invasiveness)이다. 다섯째, 사이버 조작으로 야기되는 결과의 측정성(measurability)이다. 여섯째, 사이버 조작의 군사적 특성(military character)이다. 일곱째, 국가 개입이다.[38]

이중에서 몇 가지 기준에 대해서는 좀 더 많은 논의가 필요하다. 우선 심각성의 기준은 그것이 반드시 '물리적 결과'에 국한되는 것인지 의문이다. 심리적인 결과의 심각성도 고려할 수 있기 때문이다. 둘째, 즉각성의 기준은 사이버 전쟁의 기준이라기보다는 컴퓨터와 그 네트워크 자체가 갖는 일반적인 특성이라고 보아야 할 것이다. 반례로 지연폭발유도 사이버 공격의 경우는 여기에 해당되지 않을 수 있다. 셋째, 직접성의 기준도 재검토될 필요가 있다. 사이버 조작자가 조작의 결과 그것이 사이버 전쟁으로 곧장 연계되는 것을 말하는데 간접적인 결과로 빚어질 수도 있다. 당사자들 간의 복잡한 관계망 속에서 나와의 이해관계가 하나도 없더라도 어쩔 수 없이 그렇게 해야 하는 상황이 된다면 직접성의 기준에 부합되지 않을 수도 있다. 넷째, 야기되는 결과의 측정성 기준이다. 너무나 미약해서 측정되지는 않지만 멀지 않은 장래에 발생할 수도 있는 큰 규모의 파괴나 전산마비 등도 그 가능성이라는 명목으로 동시에 고려될 필요가 있다. 하지만 그것이 사이버 전쟁만의 문제인지에 대해서는 여전히 회의적이다. 여섯째, 사이버 조작의 군사적 특성 기준이다. 대체로 사이버 조작은 비군사적인 활동에 의한 것이 많다. 다만 빚어진 결과가 군사적이고 파괴적으로 보일 뿐이다. 따라서 '군사적'이라는 용어보다는 '상대방에 위력을 가하는' 정도로 기술하는 것이 좋을 듯하다. 마지막으로 국가 개입 기준이다. Schmitt 교수가 언급한 바 있는 '국가책임'과 대비해서 다시 생각해볼 필요가 있다. 국가가 개입하지 않았다고 하더라도 행위자가 특정 국적을 가지고 있다면 국가가 책임질 일이 될 수도 있다.

Ⅲ 사이버 전쟁과 정의전쟁론

1. 사이버 공간의 윤리학적 의미

공간은 존재의 집이다. 이 말은 실존철학자 하이데거(Martin Heidegger)가 "언어는 존재의 집이다"라고 한 말을 토대로 만든 것이다.[39] 우리 인간이 생존한다는 것은 곧 살아 숨 쉬는 공간을

38) 박노형·정명현, 위의 논문, pp.77–82 재인용.

39) 독일의 실존철학자 Martin Heidegger는 '언어'에 대해 강조했다. 그는 "언어는 존재의 집이다"(Die Sprache ist Das haus des seins)라고 언명했다.

전제로 하는 것이다. 평면 속에서는 살 수가 없다. 결국 입체의 공간을 전제할 때 그때서야 제대로 된 존재감을 찾을 수 있는 것이다.

그렇다면 사이버 공간도 우리가 살아 숨 쉬는 공간으로 간주될 수 있는가? 실제 숨을 쉴 수는 없겠지만 인간의 문화를 향유하고 교류하고 전승하는 공간은 충분히 될 수 있다. 사이버 공간에서의 의사소통을 강조한 하버마스(J. Habermas)의 다음 언급은 의미있다.

> 전자적으로 만들어진 전지구적 사건의 편재 및 비동시성의 동시화와 함께 우리의 생활세계에 등장하는 탈분화와 탈구조화는 사회적 자각에 확실히 엄청난 결과를 가져왔다. 그러나 이런 제한의 해체는 그와 동시에 특화된 역할의 다양화, 생활형식의 다원화, 삶의 계획의 개성화와 함께 진행된다. 뿌리 뽑힘은 특유의 지역 공동체적 귀속 및 출신지의 구성과 함께 하며, 평등화는 꿰뚫어보지 못하는 체계적 복잡성에 대한 무력감과 함께 진행된다.[40)]

또한 하버마스는 이상적 담화상황의 몇 가지 조건을 제시했는데, 그것은 사이버공간에서도 적용될 수 있다. 첫째, 담론의 모든 잠재적 참여자는 의사소통적 언어행위를 사용할 수 있는 동일한 기회를 가짐으로써 언제든지 담론을 개방하고 또 언급과 반대 언급, 질문과 답변을 통해서 담론을 지속시킬 수 있도록 해야 한다. 둘째, 모든 담론참여자는 해석, 주장, 권고, 설명 및 정당화를 제시하고 그 타당성 요구를 문제 삼고 또 근거지우거나 반박할 수 있는 동일한 기회를 가짐으로써 어떠한 견해도 계속해서 주제화나 비판으로부터 차단된 채 남아 있도록 해서는 안 된다. 셋째, 단지 행위자로서 표시적 언어행위를 사용할 수 있는, 즉 그의 태도, 감정 및 요구를 표현할 수 있는 동일한 기회를 가지고 있는 화자만이 담론을 할 수 있도록 허용된다. 넷째, 단지 행위자로서 규정적 언어행위를 사용할 수 있는, 즉 명령하고 반항할 수 있는, 약속을 하고 이행하도록 할 수 있는 그리고 변명하고 요구할 수 있는 동의 동일한 기회를 가지고 있는 화자만이 담론을 할 수 있도록 허용된다.[41)]

사이버공간은 실제공간만큼이나 윤리적으로 의미가 있으며, 실제공간에서의 윤리적 쟁점이 고려될 수 있다는 점은 사이버공간에서도 유사한 논의가 전개될 수 있음을 시사한다. 그런데 기실

하이데거는 언어를 존재의 양식으로 보았던 것이다. 참으로 말하는 것은 존재이며 세계이고 언어이다. 세계는 언어를 통한 비은폐성의 세계이며 존재의 양식이다. 그리고 재창조된 전체성의 이해이며 의미부여 작용이고 의미의 총체이다. 그는 또 "언어는 존재가 드러나는 장소(Ort)이다"라는 말하기도 했다. 언어에 대한 하이데거의 강조는 다음 두 책에서 다루어지고 있다. Martin Heidegger, 신상희 역, 『숲길』(Holzwege), 나남출판사, 2008; Martin Heidegger, 전양범 역, 『존재와 시간』(Sein und Zeit), 동서문화사, 2015.

40) J. Habermas, 한승완 역, 『공론장의 구조변동』, 나남출판사, 2000, p.55.

41) J. Habermas, 변종필 역, "하버마스의 진리이론", 『안암법학』 3, 안암법학회, 1995, pp.81-82. 하버마스의 담론윤리에 대한 최근의 연구는 다음이 있다. 최은광, "하버마스 담론윤리의 이상화 전략", 『윤리연구』 109, 2016.

사이버공간은 공간의 실재성의 여부와 무관하게 실제 공간과의 모종의 관계를 가지고 있기 때문에 의미가 더 깊은 것이다. 사이버공간에 대해 문제의식을 갖게 된 것은 컴퓨터에 의한 인터넷 이용이 생활 속에 스며들었기 때문이다. 과거 시대 인간의 눈에 보이지 않지만 인간의 생활 속에 작동하고 있는 것으로 생각되어온 '신', '에너지', '전자파', '영혼'등의 개념에 대해서는 그 속에 도덕·윤리를 어떻게 시켜야 한다는 논의를 하지 않았다. 모두 그것이 인간과 어떤 교호작용을 하게 될 때 인간의 실제 생활과의 연계 속에서 도덕·윤리를 논하게 되는 것이다.

2. 사이버 전쟁의 윤리적 의미와 정의전쟁론

우리는 사이버 전쟁이 윤리적으로 어떤 의미를 가지는가를 묻기 위해 일반적인 전쟁과 윤리의 관계를 묻는 전쟁윤리의 문제에 대해 알아볼 필요가 있다. 전쟁윤리는 '전쟁이 도덕적으로 정당화될 수 있는가'의 질문에 대해 '그렇다'는 입장을 전제한다. 아니면 적어도 '전쟁이 도덕적으로 정당화될 수 있는가'의 질문으로 논의될 수 있음을 시사한다.

이와 같은 전쟁의 정당성 문제를 우리는 정의전쟁론이라고도 말한다. Malham Wakin은 전쟁에 대한 논의를 함에 있어서 전쟁 자체의 정당성(jus ad bellum)과 전투행위에 있어서의 정당성(jus in bello)으로 구분하면서 전쟁을 윤리적 논의의 대상으로 인정하고 있다.

> 전쟁의 정당성 문제는 학자들의 입장에 따라 다르다. 극단적 평화주의자들은 무력사용자체가 악한 것이므로 어떠한 전쟁이나 무력의 사용도 도덕적으로 정당화될 수 없다고 주장한다. 도덕적 절대주의자는 전쟁을 절대악으로 규정하였다. 그러나 이와는 달리 정당한 명분이나 합당한 권위에 의해 선포된 전쟁은 도덕적으로 정당화될 수 있다고 주장된다. 대체로 전쟁의 정당성을 인정하는 경우는 먼저 비록 폭력과 살상이 악이지만 더 큰 악을 예방하는 일이라면 이는 폭력이 작은 악으로서 용인될 수 있다는 것이다. 아울러 정당방위론은 전쟁의 정당성을 옹호하는 강력한 논리가 된다. 즉 누군가가 나와 내 가족을 살해하려고 한다면 나는 어떤 수단을 써서라도 이를 방어하려 할 것이다. 그때는 폭력사용은 물론이고 상대방에 대한 살해마저도 정당방위로 인정될 것이다. 따라서 적의 부당한 공격에 대한 전쟁은 방어전쟁으로 정당화된다. 이런 방어전쟁 외에 전쟁이 정당화되는 경우로는 도덕적 악과 불의를 응징하기 위한 전쟁이다. 부당하게 유린당하는 동족의 노예상태를 해방시키기 위한 전쟁이나 부당하게 점령당한 영

토를 회복하기 위한 군사적 행동은 도덕적으로 비난하기 어렵다.[42]

이와 같이 전쟁 자체를 윤리적으로 살펴보는 것은 가능하고, 그 또한 의미있는 일이다. 사이버 공간 또한 인간의 공간이므로 윤리가 인간의 가치문제와 관련되어 있기 때문에 의당 논의의 대상이 될 수 있다.

사이버 전쟁의 윤리적 접근은 대체로 다음 몇 가지 질문에 답하는 형식으로 이루어진다. 첫째, 적의 재래식 공격에 대해 대응함에 있어서 도덕적으로 정당화될 수 있는 사이버 전쟁인가? 둘째, 적의 사이버 공격에 대응함에 있어서 도덕적으로 정당화될 수 있는 사이버 전쟁인가? 셋째, 적의 사이버 공격에 대응하기 위해 도덕적으로 정당화될 수 있는 재래식 공격인가? 넷째, 적이 사이버상으로나 재래식의 공격을 하지 않는 상황에서 도덕적으로 정당화될 수 있는 사이버 공격인가? 이 경우에는 유엔의 제재하에, 예방적 조치로 취하는 경우가 해당된다. 다섯째, 재래식이건 사이버 상으로건 일단 전쟁이 시작되면 어떤 종류의 사이버 공격이 도덕적으로 정당화될 수 있는가?[43] 사이버 전쟁과 윤리적 문제는 복잡한 연계체계보다는 그 행위 자체가 사이버상에서 발생하느냐를 기준으로 보아야 한다. 그런 의미에서 본다면 위의 첫째, 둘째, 넷째, 다섯째가 전형적으로 관련이 있고, 그 중에서도 다섯째가 가장 심각하게 고려되어야 한다.

사이버 전쟁은 정당한가? 사이버 전쟁에서 어떤 행위는 도덕적으로 허용될 수 있는가? 이러한 질문은 곧 사이버 전쟁에 대한 가치 평가 기준이라고 할 수 있다. 이러한 평가기준을 마련하기 위해 우선 정의전쟁론(just war theory)의 논의 내용을 참고할 필요가 있다. 평화주의가 전쟁을 부도덕하다고 보는 한 극단이라면, 현실주의는 전쟁이 도덕과 무관하다는 한 극단이다. 이를 수렴한 이론이 정의전쟁론이다. 정의전쟁론에서는 일부의 전쟁은 도덕적으로 정당하지만, 일부의 전쟁은 부도덕하다고 말한다. 정의전쟁론의 전통은 아주 오래전까지 소급된다. 서구에 있어서 가장 친숙한 전통은 기독교인들과 특히 4세기와 5세기의 아우구스티누스에 이르기까지 거슬러 올라간다. 이후에 기독교화된 로마제국을 유지해야 된다는 현실에 직면하여 아우구스티누스는 전쟁과 타협해야 한다는 입장을 표명하게 되었다. 그는 초기의 힘없는 기독교인들이 그랬던 것처럼 전쟁에 대한 평화주의적인 입장을 쉽게 채택할 수 없었다. 당시 로마제국이 각종 이교도들의 공격을 받고 있었기 때문에 그는 기독교인들로 하여금 전쟁에 참전하도록 재촉하는 방안을 고려할 수밖에 없었다. 그리하여 그는 이러한 현실에 직면하여 우리가 오늘날 알고 있는 정의전쟁론의 원칙 중 일부를 명료하게 표현했던 것이다. 정당한 명분의 원칙, 적절한 권한의 원칙을 제시했다. 이후

42) Malham M. Wakin, War, Morality, and the Military Profession, Westview Press, 1986, p.220.

43) Dipert, p.392.

13세기에 토마스 아퀴나스가 이 이론을 더욱 세속적으로 구체화했다.

대개 오늘날 정의전쟁론은 전쟁자체의 정당성으로 다음 몇 가지의 원칙을 제시하고 있다.[44] 우선 정당한 명분이다. 이 원칙은 전쟁을 하는 이유가 타당해야 함을 의미한다. 전쟁의 타당한 근거로서 타국의 침략에 대해 자국의 방어를 위한 전쟁은 정당하다. 또는 침략당한 동맹국을 위한 전쟁개입은 정당화될 수 있으며, 코소보 사태시 NATO의 개입과 같은 인도주의적 근거에 의한 전쟁개입도 정당화될 수 있다. 더 나아가 예방적 공격도 정당화될 수 있다는 논의도 있다.[45]

둘째, 합법적 권위의 원칙이다. 이는 국가의 통치권을 위임받고 있는 합법적 당사자에 의해 전쟁의 선포가 이루어져야 하고 정규군에 의해 전쟁이 수행되어야 함을 의미한다. 폭력의 사용은 정부에 의해 권한이 부여될 때에만 도덕적으로 허용될 수 있다. 비정부조직이나 개인에 의한 폭력의 사용은 비도덕적이며, 정당한 전쟁이라고 할 수 없다. 사이버 전쟁은 이 원칙에 부합되기 위해서는 상당한 검토가 필요하다.[46] 그만큼 합법성을 입증하기 어렵다는 뜻이다.

셋째, 정당한 의도가 있어야 한다. 침략국의 침략행위를 중단시키거나 침략국을 처벌하기 위한 의도와 같이 정당한 의도가 있어야 한다. 하지만 정당한 명분이 있더라도 상대국의 영토나 지하자원을 차지하기 위한 숨은 의도에 의한 전쟁은 정당하지 않다.[47] 이 원칙은 단기간에 입증되기는 힘들고 역사적인 평가의 대상이 된다. 또한 이 원칙은 최초 공격자에게보다는 방어전쟁을 수행하는 측의 논리로 대변될 수 있다.

넷째, 제한된 목표 혹은 결과적 비례성을 지켜야 한다.[48] 전쟁은 그 목표가 제한되는 경우에만 정당하다. 무조건적, 무제한적 전쟁은 도덕적으로 용인될 수 없다. 또한 전쟁의 목표와 수단이 비례하지 않으면 안 된다. 즉 무력의 사용을 통해 보존되는 가치들은 무력을 통해서 희생되는 가치와 비례해야 함을 의미한다. 전쟁을 통해서 얻는 이득이 전쟁을 통해 입는 손실보다도 더 커야 함을 의미한다. 따라서 비록 전쟁에서 승리할 가능성이 높다 해도 한 민족의 절멸, 국가재원의 탕

44) 오늘날의 정의전쟁론에 대해서는 다음 연구 참조. 김한식·박균열, 『국제정치에 윤리가 적용될 수 있는가』, 철학과현실사, 2004; 윤영돈, "제6장 정의전쟁론의 이론과 실제", 박균열 외, 『국가안보와 군대윤리』, 한국학술정보(주), 2008, pp.253-277; Anthony Lang, "Just War as Political Theory", Political Theory, 44(2), Apr 2016, pp.289-303; A. Walter Dorn, "How Just Were America's Wars? A Survey of Experts Using a Just War Index", International Studies Perspectives, 16(3), Aug 2015, pp.270-285; Scott Fitzsimmons, "Just war theory and private security companies", International Affairs, 91(5), Sep 2015, pp.1069-1084; Kristopher Norris, "Deliberating Just War", Journal of Religious Ethics, 43(1), Mar 2015, pp.178-184; Cian O'Driscoll, "Rewriting the Just War Tradition: Just War in Classical Greek Political Thought and Practice", International Studies Quarterly, 59(1), Mar 2015, pp.1-10. 특히 사이버 전쟁과 정의전쟁의 관련에 대해서는 다음 연구가 있다. Edward Barrett, "Reliable Old Wineskins: The Applicability of the Just War Tradition to Military Cyber Operations", Philosophy & Technology, 28(3), Sep 2015, pp.387-405; Massimo Durante, "Violence, Just Cyber War and Information", Philosophy & Technology, 28(3), Sep 2015, pp.369-385.

45) M. Walzer, Just and Unjust Wars: A Moral Argument with historical Illustrations, NY: Basic Books, 1992, pp.80-85, 윤영돈, 위의 글, p.260 재인용.

46) 위의 글, p.261.

47) 위의 글, p.261.

48) 여기서의 비례성은 전쟁수행 비용이 그 이득과 조화되어야 한다는 것을 의미한다.

진이라는 결과가 초래될 개연성이 있다면 전쟁에 호소하는 것은 올바른 선택이 아니다.

다섯째, 최후의 수단이어야 한다. 전쟁을 선포할 때 정당한 목적을 충족시키는 방법이 전쟁 이외의 다른 대안이 없어야 한다. 만약 무력에 호소하지 않고도 문제를 해결할 수 있는 방안이 발견된다면 그 전쟁은 부당한 전쟁이 된다.[49]

여섯째, 승리할 가능성이 있어야 한다. 침략자에 대한 무력의 사용은 합리적인 승산이 있어야 한다. 전쟁에 있어서 좋은 의도만으로 충분하지 않다. 한정된 어떤 목적을 달성하기 어려운 전쟁은 비도덕적이라고 할 수 있다. 계란으로 바위를 치는 형국이 여기에 해당된다.[50] 결국 무모하게 계란만 축나게 될 것이다.

한편 전쟁수행상의 정당성에도 몇 가지 원칙이 있다. 우선 차별성의 원칙이다. 전쟁 수행과정에서 전쟁에 의한 학살을 줄이기 위한 것으로 군인과 민간인, 군사시설과 민간시설, 전투원과 비전투원을 구별할 필요가 있다. 군인, 군사시설, 전투원은 직접적인 공격의 대상이 될 수 있지만 민간인, 민간시설, 비전투원에 대해서는 직접적인 공격은 삼가야 하며, 불가피한 공식 시에도 그 피해를 가능한 한 최소화해야 한다.[51] 사이버 전쟁은 차별성의 원칙 측면에서 적용의 한계가 많다. 왜냐하면 민간인에 의해 주도되는 사이버 전쟁의 개연성이 높기 때문이다.

둘째, 비례성의 원칙이다.[52] 이 원칙에 의하면 전시에 군의 무력에 의한 파괴가 군의 무력이 성취하고자 하는 목표와 비례해야 한다. 이 원칙은 무력 사용의 방법과 수준에 있어서 달성하고자 했던 정당한 목적에 부합할 정도로만 무력을 사용해야 함을 의미한다.[53] 예컨대 특정한 강을 건너려는 전투 계획이 승리를 보장하기는 하지만, 다른 계획의 비용이 그만큼 들지 않으면서도 승리를 보장할 수 있다면 이 원칙의 기준에 따라 비난받게 된다. 하지만 이 원칙은 또한 전투 중 또는 그 후에 부상당한 적국에 대해, 살려둠으로써 발생하는 비용이 군사적 주요이득보다 적다는 이유로 인해 죽이는 행위를 비판하고 있다. 이는 포로에 대해 가해지는 위해에 대해서도 동일하게 적용된다. 포로들을 학대하거나 심지어 죽이는 것은 무장한 적군을 죽이는 것과 달리, 그렇게 함으로써 전쟁을 종식시키지는 못한다.[54]

셋째, 금지된 수단 사용 금지의 원칙이다. 먼저 본질적 위반으로서 금지된 수단이란 고유의 부정의로서 결코 행해져서는 안 된다는 것이다. 종족학살(genocide)을 통해서 전쟁의 목적을 달성

49) 위의 글, p.261.
50) 위의 글, p.262.
51) 위의 글, p.262.
52) 여기서의 비례성은 전쟁수행시 사용되는 수단이 전쟁의 목적과 비례해야 한다는 것을 의미한다.
53) 위의 글, p.262.
54) 김한식·박균열, 『국제정치에 윤리가 적용될 수 있는가』, 철학과현실사, 2004, pp.76-77.

하려고 하는 범죄를 경계하는 것이다. 한편 실제 전쟁을 수행함에 있어서 금지된 약품이나 기법을 동원하여 상대측에 공격수단으로 활용하는 것을 금지하는 경우도 있다. 역사상 전쟁수행상의 정당성을 확보하기 위한 조치는 많았다. 1907년의 헤이그협약(Hague Convention Respecting the Laws and Customs of War on Land)과 이후 보완규칙, 1925년의 제네바의정서(Geneva Protocol)와 이후 보완규칙, 1968년의 핵확산금지조약(Nuclear Nonproliferation Treaty), 그리고 1972년의 생물학무기협약(Biological Weapons Convention) 등 각종 전쟁관련 규칙 등이 그 예이다.[55)]

결국 전쟁자체의 정당성은 전쟁이 갖는 정당성의 정체성의 문제라고 한다면, 전투행위에서의 정당성은 전쟁의 생활 속 '품위'라고 할 수 있겠다. 전쟁이 '품위'있을 수 있는 일은 아니겠지만, 전쟁의 행위는 인간이 행하는 것이므로 그 자체가 일정한 규칙을 준수한다면 이른바 품위를 갖게 되는 셈이다.

3. 사이버 전쟁에서의 정의전쟁론의 쟁점

정의전쟁론은 전통적인 군사력 기반의 전쟁을 전제한 전쟁의 정당성 문제를 다룬다. 과연 사이버 전쟁이 정당화될 수 있는가와 같은 질문은 여기서 어울리지 않다. 마치 필요악과 같은 것이기 때문이다. 따라서 여기서는 기존의 정의전쟁론이 제시했던 몇 가지 기준에 따라 사이버 전쟁은 어떤 원칙이 더 두드러지게 강조될 것인지, 아니면 사라질 것인지, 또 새롭게 제안될 원칙은 없는지에 대해 살펴볼 것이다.

기존의 정의전쟁론의 전쟁자체의 정당성과 전투행위에서의 정당성이라는 이원 구분 도식을 활용하여 사이버 전쟁에 대해 살펴볼 필요가 있다.

우선 전쟁자체의 정당성 측면에서의 원칙들이다. 먼저 정당한 명분의 원칙은 그대로 유지될 필요가 있다. 어떤 일에서든지 이유가 분명해야 한다. 국가 간의 전쟁을 치루면서 명확한 이유가 없다는 것은 말이 되지 않는다. 그것이 무혈 형태의 사이버 전쟁일지라도 그 원칙은 준수될 필요가 있다.

둘째, 합법적 권위의 원칙은 매우 엄격하게 적용되어야 한다. 왜냐하면 사이버 전쟁의 도발은 이유 불문하고 군인에 의해서만이 아니라 이해당사국과 전혀 무관한 특정 개인에 의해서도 자행될 수 있으며, 설령 이해당사국내라고 하더라도 민간인에 의해 자행될 수도 있다. 이 경우 한 국가 내의 문제는 그 나라가 법령에 따라 명백하게 합법적 권위를 갖고 규제해야 한다. 이 합법적 권위

55) 박균열, "제1장 전쟁과 평화의 윤리", 『평화안보와 가치교육』, 한국학술정보(주), 2006, pp.28-29.

의 문제는 일종의 슬로건에 해당될 수 있기 때문에 덕목 형태로 '책임'(responsibility)의 원칙을 신설하는 방안도 고려해볼 필요가 있다.

셋째, 정당한 의도의 원칙이다. 이 원칙은 맨 앞에 언급한 정당한 명분의 원칙과 관련된다. 정당한 명분이 전쟁 개시의 이유에 해당된다면 정당한 의도는 전쟁 수행의 중간 목표에 해당된다. 이 원칙은 사이버 전쟁에서 유효할 것이며, 계속해서 제기되는 질문이 될 것이다.

넷째, 제한된 목표 혹은 결과적 비례성의 원칙이다. 이 원칙도 사이버 전쟁에 적용될 수 있다. 재래식 전쟁에서보다 현격하게 더 강조될 필요가 있다. 왜냐하면 사이버 공간은 거의 무한대의 공간을 점유하고 있고, 거기다 인공지능의 기능까지 추가된다면 무한대의 행위자도 고려될 수 있기 때문이다.

다섯째, 최후의 수단 원칙이다. 이 원칙도 사이버 전쟁에 적용될 수 있을 것이다. 하지만 다른 원칙보다는 덜 중요하게 적용될 것으로 보인다. 왜냐하면 사이버 전쟁이 전쟁 개시의 최후책으로 활용한다거나 또는 전쟁 종결의 최후책으로 사용될 개연성이 높지 않기 때문이다.

여섯째, 승리할 가능성의 원칙이다. 이 원칙도 사이버 전쟁에 적용될 수 있다. 이 원칙은 전쟁을 수행하는 행위자, 즉 군인의 생명의 소중함을 전제한다. 기왕에 해야 할 전쟁이라면 그 의도가 관철될 수 있도록 해서 추가적인 전쟁 당사자 간의 갈등을 종식시킬 수 있기 때문에 만들어진 것이다. 이에 비해 사이버 전쟁은 그 피해는 막대하지만 적어도 직접적인 인명 피해의 측면에서는 상대적으로 비참한 결과를 덜 가져오는 것으로 여겨질 수 있다. 따라서 이 원칙은 사이버 전쟁에서 덜 중요하게 다루어질 것으로 보인다.

한편 전쟁수행상의 정당성에 있어서의 몇 가지 원칙이 사이버 전쟁에 어떻게 적용될 수 있는지에 대해 살펴보겠다. 우선 차별성의 원칙이다. 이 원칙은 강조될 필요는 있겠지만, 실제 사이버 전쟁에서 이 원칙이 준수될 것으로 기대하는 것은 무리이다. 왜냐하면 사이버 전쟁의 전투의 장이 가시적인 실제 공간이 아니기 때문이다. 행위자와 장소, 그리고 그 대상의 임의성이 무제한적이기 때문에 이 원칙을 강조하는 것은 실현가능성이 없는 얘기와 같다.

둘째, 비례성의 원칙이다. 이 원칙도 사이버 전쟁에 적용될 수 있다. 이 원칙은 기존의 정의전쟁론에서보다 현격하게 강조될 것이다. 왜냐하면 사이버 전쟁에 동원되는 인적·물적인 투자에 비해 얻을 수 있는 효과가 수행되는 작전의 양상에 비해 많은 차이가 나기 때문이다. 특히 이 비례성을 확보하기 위해 고도의 전술전기, 고성능의 컴퓨터 장비, 그리고 이들을 효율적으로 운용하기 위한 정보수집원의 활약 등이 동시에 고려될 것이다.

셋째, 금지된 수단(prohibited means) 사용 금지 원칙이다. 이 원칙도 사이버 전쟁에서 중시될 것이다. 이 원칙은 재래식 전쟁에서는 사살할 경우에도 적군이 인간다운 죽음을 맞이할 수 있도록 배려의 차원에서, 그리고 민간인의 무고한 희생을 최소화하기 위해서 요청되었다. 그런데 사이버 전쟁은 한 측면에서 보면 이와 같은 유혈사태가 당장은 제기되지 않지만, 다른 복합적인 부가 상황이 고려된다면 치명적일 수 있다. 예컨대 원격의료행위를 하고 있는 와중에 그 컴퓨터에 침입하여 해킹을 한다면 이는 재래식 전쟁만큼이나 치명적일 수 있다. 따라서 사이버 전쟁에서도 여전히 금지된 수단 사용 금지의 원칙은 유효하다. 다만 이 원칙은 이해당사자들이 무엇을 금지할 것인지에 대해 사전적으로 약정을 요구한다. 위에서 언급한 원격의료행위와 같은 상황들을 예상해서 금지 목록에 추가하는 노력을 해야 할 것이다.

Ⅳ 사이버 전쟁의 윤리적 문제점과 시사점

1. 재래식 전쟁과의 윤리적 차별성

사이버 전쟁은 눈에 보이지 않는 상황에서 컴퓨터에 기반하여 이루어지는 전쟁이다. 그렇기 때문에 전쟁윤리적인 측면에서 서로의 눈을 맞대고 동료 간의 강한 연대감을 근거로 하는 육체기반의 전투를 수행하는 것이 아니다. 따라서 사이버 전쟁보다 재래식 전쟁이 용기, 헌신, 인내, 희생 등과 같은 육체적 활동에 기반한 덕목을 많이 강조하는 경향이 높다.[56)]

어느 나라에서건 이와 같은 덕을 발휘한 군인들은 그들의 공적에 따라 표창을 받게 된다. 그렇다면 사이버 전쟁의 행위자들도 이와 같은 표창을 받을 수 있을까? 이와 관련된 논의를 살펴볼 필요가 있다.

우선, 외상후스트레스장애(Posttraumatic Stress Disorder: PTSD)를 받은 군인에 대한 표창의 문제이다.[57)] 1932년부터 미국에서는 전투를 벌이다가 적의 군사행동으로 다치거나 사망한 군

56) 우리나라의 경우 2016년 6월 30일부로 시행된 〈군인의 지위 및 복무에 관한 기본법〉 제1장 제4조(국가의 책무)에서도 이러한 내용을 확인할 수 있다. "군인은 명예를 존중하고 투철한 충성심, 진정한 용기, 필승의 신념, 임전무퇴의 기상과 죽음을 무릅쓰고 책임을 완수하는 숭고한 애국애족의 정신을 굳게 지녀야 한다."이 내용은 본 내용을 담고 있었던, 〈군인사법〉에 근거한 대통령령의 형태로 존속되어 왔던 〈군인복무규율〉에도 그대로 반영되어 있었다.

57) 외상후 스트레스장애란 생명을 위협할 정도의 극심한 스트레스(정신적 외상)를 경험하고 나서 발생하는 심리적 반응이다. '정신적 외상'이란 충격적이거나 두려운 사건을 당하거나 목격하는 것을 말한다. 이러한 외상들은 대부분 갑작스럽게 일어나며 경험하는 사람에게 심한 고통을 주고 일반적인 스트레스 대응 능력을 압도한다. 그런 외상이 지나갔음에 불구하고 계속해서 그 당시의 충격적인 기억이 떠오르고 그 외상을 떠오르게 하는 활동이나 장소를 피하게 된다. 또한 신경이 날카로워지거나 집중을 하지 못하고 수면에도 문제가 생긴다. 앞으로 닥칠 일에 대한 통제력을 상실하거나

인에게 훈장을 수여해왔다. 이 훈장을 받은 사람은 영광을 누릴 뿐만 아니라 재향군인병원을 이용할 수 있는 특권도 누린다. 그런데 이라크와 아프카니스탄에서 전쟁을 시작하면서 잦은 악몽이나 심각한 우울증에 시달리고, 심지어 자살에 이르기도 한다. 이들의 권익을 옹호하는 사람들은 이들에게도 상이군인훈장을 수여해야 한다고 주장한다. 정신 손상도 신체 손상만큼이나 사람을 쇠약하게 할 수 있다고 보았기 때문이다.[58)]

그런데 미 국방부는 2009년 상이군인훈장 대상은 신체 손상을 입은 군인으로 한정한다고 발표했다. 이러한 결정은 PTSD가 적이 군사행동을 통해 의도적으로 유발한 것이 아니라는 점과 객관적으로 진단하기 어렵기 때문이라는 이유에서 비롯되었다.[59)] 이후 이 문제에 대한 많은 논의가 있었지만,[60)] PTSD를 겪고 있는 참전용사들이 상이군인훈장을 계속해서 받지 못하게 되었는지에 대해서는 명확히 알 수 없으나, 이 문제에 대한 궁금함을 명확히 해소해 줄 수 있는 사례가 있다. 2013년 미 국방부는 무인기 드론 조종사에게도 무공훈장을 수여할 수 있다고 발표했다. 미 국방부 발표에 따르면 드론 조종사들도 PTSD를 겪게 된다고 한다(〈그림 3〉 참조).[61)] 이 훈장을 Leon Panetta 미 국방부 장관은 우수무공훈장(Distinguished Warfare Medal)이라 명명했고, 그 등급을 우수비행십자훈장(Distinguished Flying Cross)보다는 낮다고 발표했다.[62)]

이와 같은 미 국방부의 결정은 심각한 도전에 직면할 수 있다. 즉 의학적인 문제로서 진단의 어려움 때문에 그것을 입증하지 못해 제대로 인정받지 못하는 문제도 아니고, 누구에게 더 많은 파이를 나누어 줄 것인가의 분배적 정의문제 또는 복지 혜택의 문제도 아니다. 그것은 바로 적법하고 정당하게 특정 군인이 자신의 임무를 수행했는데 그것이 올바른 것인가 그리고 그것은 존경할만한 것인가의 윤리적 문제이다.

이와 같은 맥락에서 한 미 해병대 예비역 대위의 적절한 문제제기는 인상깊다.

상실할 것 같은 공포감을 느낄 수도 있다. 『의학백과』, http://www.kormedi.com/medidic/View.aspx?idx=3119&page=1&keywor d=외상후%20스트레스장애&field =term& word=&didx=0&tcode=&bidx=1#.WCFJSxv_rml, 2016.11.8. 검색.

58) Lizette Alvarez and Erik Eckholm, "Purple Heart Is Ruled Out for Traumatic Stress", New York Times, January 8, 2009, Michael J. Sandel, 이창신 역, 『정의란 무엇인가』, 김영사, 2009, p.22 재인용.

59) Sandel, 위의 책, pp.22-23.

60) 위의 책, p.24.

61) http://gizmodo.com/drone-pilots-will-start-getting-awards-but-don-t-call-t-175 155 6028, 2016.10.11. 검색

62) Military News, 2013.2.15, http://danzview.blogspot.kr/2013/02/combat-medal-for -drone-pilots.html, 2016.10.11. 검색: 다음은 그 원문이다. "There had been no way previously to honor the efforts of the technicians with a military decoration. For that reason, I formally approved establishing the Distinguished Warfare Medal. ... unlike awards for courage in the face of the enemy, the medal will be given for actions ... that do not involve valor or physical risks that combat entails."

강인한 마음가짐을 요구하는 사회는 정신이 무척 건강한 사람도 전쟁의 폭력으로 상처를 입을 수 있다는 생각을 은근히 부정하도록 부추긴다. … 안타까운 일이지만, 우리 군대가 전쟁에서 입은 정신적 상처를 은영 중에 경멸하는 태도를 버리지 않는 한, 정신 고통에 시달리는 재향군인들은 절대 상이군인훈장을 받을 수 없을 것이다.[63)]

〈그림 3〉 드론 조종사의 작전 장면

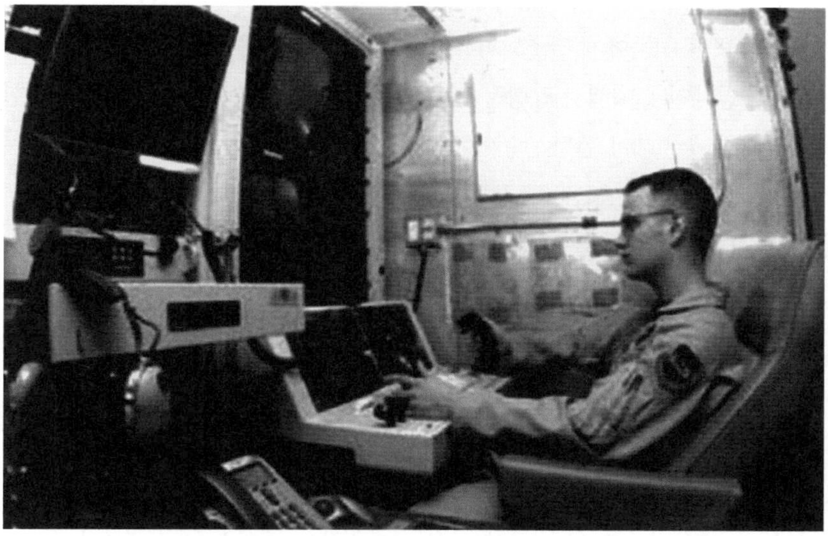

주: 드론 조종사에게 무공훈장을 수여할 수 있는지에 대한 검토자료임. 편안한 안락의자에 앉아서 컴퓨터 게임하듯이 조종하고 있는 모습임.
출처: Military News, 2013.2.15.

미 국방부의 PTSD를 겪는 참전용사에 대한 처리 문제는 비교적 간단하다. 이 문제를 쉽게 이해하기 위해서는 ①PTSD가 상이(傷痍)의 범주에 포함될 수 있는가의 문제, ②훈장을 누구에게 줄 것인가의 문제, ③보훈병원입원 등 얼마만큼의 혜택을 줄 것인가의 문제이다. 이 문제는 각기 관련성은 높지만 전혀 별개의 사안이다. 미국의 경우 ①~③의 문제를 동시에 논의했기 때문에 대안이 쉽게 도출되지 않았던 것이다.

이 연구는 드론 조종사도 ①~③의 문제에서 혜택을 받을 수 있는 대상이 될 수 있음을 상정한다. 만약 이와 같은 전제가 수용되지 않는다면, 자본주의 사회에서의 대기업의 CEO의 역할이나 고급전쟁지휘본부의 전략가들의 고뇌, 그리고 정신노동의 역할과 가치가 폄훼될 개연성이 있

63) Tyler E. Boudreau, "Troubled Minds and Purple Hearts", New York Times, January 26, 2009, A21, Sandel, 위의 책, p.24 재인용.

다. 일찍이 마르크스(K. Marx)에 의해 제기된 조야한 노동가치설이 얼마나 많은 약점을 가지고 있는지에 대해서는 많은 후속 연구에 의해 입증된 바 있다.[64] 우리 한국군에도 이러한 문제가 완전히 극복된 것은 아니다. 육군에서의 보병, 포병, 기갑이 다른 병과에 비해 갖는 위상, 해군에서의 함정병과가 다른 병과에 갖는 위상, 공군에서의 조종특기가 다른 특기에 비해 갖는 위상 등은 그 구체적인 예이다. 인류의 발전은 노동집약형에서, 기술집약형으로 그리고 지혜집약형[65]으로 나아가고 있다.

이와 관련하여 사이버 전투를 수행하는 군인은 육체적 전투에 기반한 군인에 비해 어떤 역량이 뛰어나야 하고 또한 이들에게 강조되어야 할 군인정신의 덕목은 어떤 것인지를 준비해야 한다. 동시에 동원되는 민간인에 대해서도 상응하는 임무를 부여할 수 있고, 그들도 그러한 평가를 받을 수 있는지에 대해 검토해야 한다.

2. 민간군사기업 동원에 있어서의 문제

사이버 전쟁은 컴퓨터에 기반한 전쟁이기 때문에 접근성이 높고 기술최신화 정도가 빠른 민간에 아웃소싱될 개연성이 높다. 이때 군[군인]과 민간사회[동원된 민간인] 간의 명확한 역할 경계가 설정되어 있지 않을 경우, 구시대의 전국민의 전쟁동원화, 전물자의 전쟁동원화가 재연될 개연성이 높다.

민간군사기업은 국가의 군사적 임무가 가지는 공공재적 성격을 이윤추구가 최대 목표인 기업이 그것을 올바르게 대행할 수 있느냐의 문제가 제기된다. 군대와 시민 공동체 사이에는 국가라는 공적 행위자가 매개가 되어 있고, 국가는 시민의 생명과 재산을 보호하고 안전에 대해 1차적인 책임을 지는 존재이다. 군대는 유일한 고객인 국가에만 봉사한다.[66]

민간군사기업의 윤리성 문제를 강조하는 사람들은 민간군사기업의 전쟁 참여가 궁극적으로 국가에 대해 여러 가지 형태의 부담을 가중시키게 될 것이라고 주장한다. 예컨대 신뢰성 문제와 정보 확산 문제에서 심각한 딜레마가 만들어질 수 있다.[67] 즉 군사작전에 참여하는 군인들은 전

64) D. Ellerman은 마르크스의 노동가치설이 노동자뿐만 아니라 자본가를 착취하는 이론으로도 전용 가능하다는 점을 지적하고 있다. D. Ellerman, Modeling Policy Outcomes: Decision Making at Local Transit Agencies, CRC Press, 1990.

65) '지혜집약형'은 이 연구가 새롭게 제기하는 용어이다. 실제 자신은 싸우지 않으면서도 고도의 전략을 구사해서 싸움을 승리로 이끄는 제갈량(諸葛亮)의 리더십은 이러한 유형에 해당될 수 있다.

66) Samuel S. Huntington, The Soldier and the State: The Theory and Politics of Civil-Military Relations, MA: Belknap, 1957, p.15; Anthony Hartle, Moral Issues in Military Decision Making, KS: University Press of Kansas, 1989, p.21, 조한승, 앞의 논문, p.42 재인용.

67) Asa Kasher, "Interface Ethics: Military Forces and Private Military Companies", in Alexandra et al., eds., Private Military and Security Companies: Ethics, Policies and Civil-military Relations, London: Routledge, 2008, pp.239-240, 조한승, 앞의 논문, p.43 재인용.

투 현장에서의 여러 경험을 서로 공개하고 정보를 공유하는 것이 오히려 장려되는데, 민간군사기업이 전쟁에 참여하여 군과 함께 활동하는 경우 민간군사기업 청부업자들이 자신들의 경험과 정보를 군에 그대로 노출하기를 꺼려할 수 있다.[68]

군사적 윤리성의 측면에서 군과 민간군사기업은 인간의 생명에 대한 접근에서도 다소의 차이를 보인다. 군은 시민을 보호하고 국가에 책임을 진다는 점에서 국가 구성원의 인간 존엄성을 존중해야만 한다. 특히 민주주의 사회에서 이러한 인간 존중의 인식은 군과 국가(시민사회) 상호간에 적용되어 나타난다. 다시 말해 군은 시민의 생명을 존중하고 보호해야 하면서, 동시에 국가(시민사회)는 군인을 전쟁터에 보내기 위해 전쟁 개입의 정당성을 밝혀야 하고, 희생자를 최소화하기 위해 노력해야 하며, 병사들의 생명을 지킬 수 있는 적절한 장비를 제공해야 하고, 생명에 위협적일 수 있는 불필요한 무모한 명령을 삼가야 한다. 물론 민간군사기업도 직원과 청부업자들의 생명을 보호하기 위해 여러 가지 조치를 시행하지만, 국가와 군 사이에서와 같은 인간 생명 존중의 의무사항들이 민간군사기업이 따라야 하는 필수조건은 아니다.[69]

이와 같은 문제를 미연에 방지하기 위해서는 이와 관련된 인적·물적 자원에 대해 각국의 국방부가 백서 속에 담아서 대외 공표할 필요가 있다. 불필요한 오해에 의해서 상호간에 불필요한 군비경쟁에 촉발되어서는 안 될 것이다.

3. 기존 정의전쟁론의 영역 확장 문제

사이버 전쟁에 대한 윤리적 문제는 두 가지 점에서 보완될 필요가 있다. 우선 기존의 정의전쟁론은 전투 행위자를 군인으로 전제하고 논의된다. 그런데 전쟁(재래전쟁과 사이버전, 정의와 부정의)-행위자(민간계약자 변수 포함) 관계의 복합적인 관계를 전제한다면 이러한 도식화는 더욱 다변화될 수 있다. 사이버 전쟁은 민간군사기업과의 관계가 상존함을 전제하고 있기 때문에, 행위자 측면에서의 중간 영역(Semi-Just)이 필요하다. 또한 전쟁 자체의 정당성이 갖는 정당성도 사이버와 실제가 동시에 작동하기 때문에 이러한 점도 고려되어야 한다. 더 나아가 사이버 수단과 군인의 연계, 사이버 수단과 무인기와의 연계 등을 복합적으로 고려하면 더 많은 변수가 생길 수 있다(〈표 1〉 참조).

68) 조한승, 위의 논문, p.43.

69) Kasher, 앞의 논문, p.241, 조한승, 위의 논문, p.44 재인용.

〈표 1〉 민간군사기업을 상정한 사이버전쟁의 '전쟁자체[전투행위에서]의 정당성' 관계도

			Agent*					
			Just		Semi-Just		Unjust	
			Cyber	Real	Cyber	Real	Cyber	Real
War [In War]	Just	Cyber						
		Real		**		**		
	Unjust	Cyber						
		Real						

주: 1) '*'의 행위자(Agent)에는 군인, 무인기, 사이버무기 등이 있음.
2) '**'의 전통적인 전쟁과 민간군사기업이 동원된 전쟁에서는 ■영역에서 정당성이 고려되지만, 사이버 전쟁은 이 영역을 포함한 다른 모든 영역과 연계될 수 있음.

둘째, 기존의 정의전쟁론은 전쟁의 시간적 계기에 따라 그 정당성을 논의한다. 즉 전쟁 개시 상황에서는 전쟁자체의 정당성(Jus ad Bellum)을, 전투 행위 중일 경우에는 전투 행위에 있어서의 정당성(Jus in Bello)을, 전쟁이 끝나고 민사심리 작전이 진행될 경우에는 전쟁후의 정당성(Jus post Bellum)을 다루고 있다.[70] 사실 이 중에서 전쟁후의 정당성 개념은 보편적인 것은 아니지만 이라크 전쟁 당시 정규전보다 이후 민사심리작전 기간 동안 전사자 숫자가 더 많았던 점이 이와 같은 영역 확대에 영향을 준 것으로 보인다. 여기에 전쟁전의 정당성(Jus ante Bellum)이라는 영역을 추가할 필요성이 있음을 지적한다.[71] 사이버 전쟁은 재래전쟁에 비해 사전적 조치가 더 빈번하다. 양 당사자 간의 군사적 신뢰감이 전제된다면 오인에 의한 전면전의 가능성은 매우 낮아진다. 이런 점에서 사전적 조치의 필요성은 다른 뒤의 세 영역만큼이나 중요하다고 볼 수 있다.

4. 신 사이버 냉전시대 대비

북한은 한국 안보 문제에 있어서 영원한 공격 상수이다. 북한의 신문에 의하면, "최첨단 과학기술 수단의 하나인 컴퓨터가 자본주의 나라에서 사람들에게 불안과 공포를 주는 파괴무기가 되고 있다"는 점을 인정하고 있다.[72] 또한 북한은 사이버전 부대인 전자정찰국(121국)이 중국의 심양

70) 여기에 대한 종합적인 연구로는 다음 참조. Nigel D. White & Christian Henderson, Research Handbook on International Conflict and Security Law: Jus ad Bellum, Jus in Bello and Jus post Bellum, Edward Elgar Publishing 2013; Gary J. Bass, "Jus Post Bellum", Philosophy & Public Affairs, Philosophy & Public Affairs, 32(4), 2004.

71) 이에 대한 연구는 다음 참조. Edward T. Barrett, "Warfare in a New Domain: The Ethics of Military Cyber-Operations", Journal of Military Ethics, 2013, p.13.

72) 『로동신문』, 2003.4.12.

(瀋陽)에서 대남 사이버공격을 자행하고 있고, 또한 러시아의 도움을 받아서 사이버 전문가 양성 교육을 하고 있다.[73)]

북한은 재래식 공격방식은 여전히 유지되고 있으면서 동시에 사이버 상으로도 비군사적인 분야에 이르기까지 다양한 방식 정부기관은 물론이거니와 은행, 언론사 등을 대상으로 전방위적인 공격을 해오고 있다. 거기다 북한은 핵 및 미사일 개발과 시험발사를 끊임없이 하고 있는 실정이고 주변의 이해당사국들은 이러한 북한의 행태에 대해 우리 한국의 입장에서 쉽게 동조해주고 있지는 않아 보인다.

이와 같이 한반도를 둘러싼 전방위적 전쟁의 문제는 기본적으로 신냉전의 규범적 충돌이 재현되고 있다고 볼 수 있다. 구냉전이 이데올로기적 갈등이라고 한다면 신냉전은 철저한 국익에 바탕을 두면서 친미와 반미 간의 세력균형이 이루어지고 있는 듯한 인상을 풍긴다(〈표 2〉 참조).

〈표 2〉 국제규범을 둘러싼 서방과 중·러의 입장 차

구분	서방 그룹	중 · 러 협력
기본인식	사이버 공간: 국제공역(global commons)	사이버 공간: 국가 영토의 일부
국제규범	기존 전쟁법(jus in bello), 개전법규(jus ad bellum) 적용	여타 군축 조약과 같은 새로운 국제법 창설 필요
사이버 공간에서의 정부 통제	–인터넷상 표현의 자유, 인권 등 보편적 권리 강조 –정보의 자유로운 흐름 강조	국가주권 및 정부의 사이버 공간 통제권 강조
인터넷 거버넌스	정부, 기업, 시민사회 등 다중이해관계자 참여 거버넌스 선호	정부 중심의 새로운 거버넌스 선호

출처: 유준구, "사이버안보 문제와 국제법의 적용", 『국제법학회논총』, 60(3), 2015, p.154.

사이버 전쟁의 확산으로 전쟁윤리적인 대비를 해야 하는 당위성은 언제나 전제된다. 사이버 전쟁에 대한 대비는 국가 전체의 비상대비계획을 전제하고 이루어져야 한다(〈그림 4〉 참조).

우리나라 정치학과 군사학에서도 '4세대 전쟁', '포괄적 안보'(comprehensive security) 등의 개념을 도입한지도 오래되었다. 평상시에 이러한 개념으로 업무를 추진하는 정부부처는 그렇게 많지 않을 듯하다. 부처 이기주의가 지나치게 만연되어 있다. 이러한 개념을 보다 복합적으로 준비하기 위해서는 정부부처가 비상대비계획인 '충무계획'을 사이버 전쟁과 관련해서 보완·정비해야

73) 북한의 사이버전 수행능력에 대해서는 다음 연구 참조. 윤규식, "북한의 사이버전 능력과 위협 전망", 『군사논단』, 68, 2011; 배달형, "국가군사전략급 수준에서 북한 사이버 위협과 한국군의 대응방향", 『전략연구』 52, 2011; 이상호, "북한 사이버 심리전의 실체와 대응방향", 『한국정치외교사논총』 33(1), 2011; 김인수·KMARMA, "북한 사이버전 수행능력의 평가와 전망", 『통일정책연구』 1 24(1), 2015.

〈그림 4〉 새로운 세대의 전쟁에 대비한 전 분쟁 스펙트럼의 효과적 대처 모형

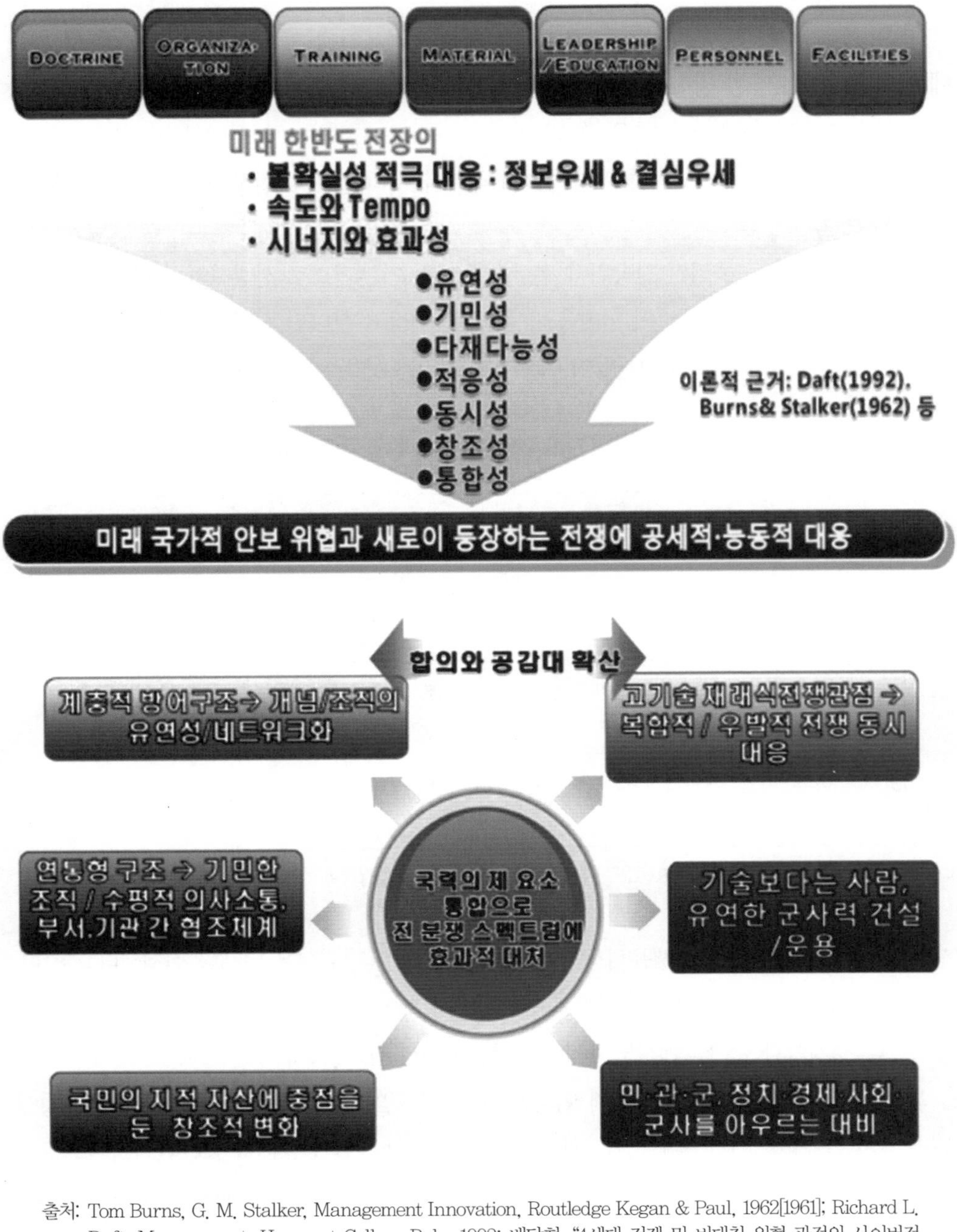

출처: Tom Burns, G. M. Stalker, Management Innovation, Routledge Kegan & Paul, 1962[1961]; Richard L. Daft, Management, Harcourt College Pub., 1992; 배달형, “4세대 전쟁 및 비대칭 위협 관점의 사이버전 및 사이버심리전 발전방향”, 『전략연구』, 제65호, 2015, p.154.

한다. 그리고 해마다 실시하는 을지프리덤가디언(UFG)[74]에서 충무계획과 군사작전계획과의 연계성을 심층적으로 점검해야 할 것이다.

V 맺음말

이 연구는 사이버 전쟁의 확산 추세와 전쟁윤리적 과제를 탐색하여, 정책적 시사점을 도출하는 데 목적으로 두고 진행되었다. 한국군이 안고 있는 사이버 전쟁에 대비한 중압감은 그 어느 때보다 무겁다. 북한의 재래식 군사도발은 계속해서 진행되고 있고, 핵 및 미사일을 비롯한 대량살상무기의 개발, 그리고 사이버 공격의 끊이질 않고 있다. 이러한 북한의 도발은 한국의 군대에만 국한되는 것이 아니라 많은 공공기관을 무차별적으로 공격의 대상으로 삼고 있다는 점에서 더 위험하다.

사이버 전쟁은 속도, 강도, 범위 등의 측면에서 상상을 초월할 정도의 위력을 가지고 있다. 그리고 사이버상에서 무력의 수단으로 동원되는 다양한 기술들이 실제 공간의 다양한 인적, 물적 자원과 결합하게 되면 더 큰 파급을 갖게 된다. 이와 같이 사이버 전쟁은 그 자체로 모든 문제가 시작되고 끝나는 것이 아니다.

사이버 전쟁은 윤리적인 측면에서 많은 학자들에 의해서 그 사태의 심각성이 재검토되고 있다. 대체로 정의전쟁론의 방법론이 동원되는 경우가 많다. 그러나 사이버 전쟁은 기존의 정의전쟁론의 방법론으로도 다 설명되지 않는 부분이 많다. 대개 전쟁의 전개 순서에 따라 윤리적 평가 영역을 별도로 추가하는 방식의 논의가 필요하고, 또한 사이버 공간/행위자와 실제 공간/행위자 간의 관계, 사이버 공간/행위자와 다른 사이버 공간/행위자 간의 관계 등 다양한 형태의 관계 매트릭스 속에서 다층적으로 분석될 필요가 있다.

사이버 전쟁과 윤리적 문제에 대해서는 군 내부적으로 국군사이버사령부에 국한되어서는 안되고, 범정부적 차원의 사이버대응책이 필요하며, 윤리학계와의 교류가 필요하다. 사이버 전쟁과 관련하여 군인정신의 덕목체계를 재정비하는 노력이 필요하다. 또한 정부는 국제적 공조체계를 지

74) 을지프리덤가디언(Ulchi-Freedom Guardian: UFG)은 2008년까지 을지포커스렌즈(Ulchi-Focus Lens)로도 알려져 있는 대한민국과 미국 간의 합동 군사 훈련이다. 이 군사 훈련의 명칭은 고구려의 을지문덕 장군의 이름에서 유래한다. 한국 전쟁의 휴전 이후 북한 조선인민군의 공격을 방어하기 위해 매년마다 시행되고 있다. 2015년에 시행되는 대한민국의 전시작전권 환수를 위해 대한민국 육군과 해군 참모총장에게 작전지휘권을 부여하는 개편안이 2011년도 훈련에 도입되었다. 대한민 국군 56,000여명(+증원군 3,000명)과 미국군 30,000여명이 동원되었으며, 8월 16일부터 26일까지 10일 동안 진행하였다. 『위키 백과』, https://ko.wikipedia.org/wiki/ %EC%9D%84%EC%A7%80_%ED%94%84%EB%A6%AC%EB%8D%A4_%EA%B0%80%EB%94%94%EC%96%B8, 2016.11.8. 검색.

속적으로 탐색하고 연대를 도모해나가는 것이 필수적이라고 본다.

이와 같은 연구결론을 토대로, 이 연구는 다음 몇 가지의 정책적 제안을 하고자 한다. 우선 국방부는 전쟁법과 전쟁윤리 전공학자들과 상의하여 TM과 같은 한국형 사이버전쟁 매뉴얼을 만들어야 한다. 둘째, 국방부는 재래식 전쟁 뿐만 아니라 사이버 전쟁과 관련한 윤리적 문제점에 대해서도 장병정신교육을 위한 지침서에 포함해서 기술해야 한다. 셋째, 국방부는 국민안전처 등을 포함한 범정부적 차원에서 하계 을지프리덤가디언(UFG)에서 적의 사이버 공격에 대응할 수 있는 방안들을 상정하여 훈련을 실시하고, 그와 같은 내용을 충무계획과 작전계획에 반영해야 한다. 그리고 이러한 훈련 내용을 보도자료로 해서 국민들에게 홍보할 필요도 있다. 이는 국민들에게 국가 기능을 적극적으로 알리는 계기도 될 뿐만 아니라 향후 이 분야의 정책을 수립하기 위한 지지를 호소할 수 있는 좋은 소재가 될 수도 있기 때문이다. 넷째, 국방부는 현재로서는 군의 전투원이자 장차 대한민국의 훌륭한 시민이 될 군 장병들에게 다양한 군내의 홍보수단, 즉 국방홍보원의 국방뉴스, 국방일보, 국방저널 등의 매체를 통해서 사이버 전쟁에 대한 장병들의 인식을 개선하기 위한 노력을 꾸준히 해 나가야 한다. 안보 및 국방정책의 기본계획은 포괄적 안보와 4세대 전쟁 등을 개념적으로 전제하면서 실천단계에서는 이러한 개념들이 희석되는 느낌을 준다. 다섯째, 군의 정신전력에 대한 연구와 교육을 전담하는 국방정신전력원은 사이버 전쟁윤리에 대한 기초적인 연구에 착수해야 하며, 기본적인 행동 매뉴얼 등을 조속히 마련해야 한다. 특히 사이버 전쟁과 기존의 군인정신 덕목과의 충돌 문제 등을 집중적으로 보완해서 개발해야 한다. 여섯째, 국방부는 다양한 안보관련 양자회담(SCM, MCM 등)과 다자회담(ARF, APEC 등)에 북한의 핵문제 뿐만 아니라 사이버 도발에 대한 대응책을 의제로 상정하여 국제적인 연대를 강화해 나갈 필요가 있다.

이 연구는 사이버 전쟁의 확산 국면에서 그 문제를 전쟁윤리의 시각에서 분석하고 몇 가지 정책적 대안을 제시했다. 사이버 전쟁윤리를 제대로 분석하고 대응하기 위해서는 윤리학에서의 "사실에서 당위를 도출할 수 없다"고 하는 도덕적 회의주의보다는 "사실 자체에 당위를 포함하고 있다"는 전향적 윤리적 인식이 필요하다. 우리의 말 한 마디, 우리의 키보드 글자 한 자 속에도 적대적, 우호적 의지 자체가 담겨 있는 것이다. 이것이 곧 나라를 사랑하는 건전한 국민안보의식의 출발점이라고 할 수 있다. 결국 사이버상의 가상적 안보 공간도 우리의 현실계의 나라사랑의 연장선상에서 논의될 수 있음을 알 수 있다.

[부록 1] Tallinn Manual의 목차

제1부 국제사이버안보법

1장. 국가와 사이버 공간

1절. 주권, 관할권 및 통제권

규칙 1 – 주권

규칙 2 – 관할권

규칙 3 – 기국 및 등록국의 관할권

규칙 4 – 주권 면제 및 불가침

규칙 5 – 사이버 기반 시설의 통제

2절. 국가 책임

규칙 6 – 국가의 법적 책임

규칙 7 – 정부의 사이버 기반 시설에서 착수된 사이버 작전

규칙 8 – 타국을 경유한 사이버 작전

규칙 9 – 대응 조치

2장. 무력의 사용

1절. 무력 사용의 금지

규칙 10 – 무력의 사용 및 위협의 금지

규칙 11 – 무력 사용의 정의

규칙 12 – 무력에 의한 위협의 정의

2절. 자위

규칙 13 – 무력 공격에 대한 자위

규칙 14 – 필요성과 비례성

규칙 15 – 임박성과 즉각성

규칙 16 – 집단적 자위

규칙 17 – 자위 조치의 보고

3절. 정부 간 국제기구의 행위

규칙 18 – 국제연합 안전보장이사회

규칙 19 – 지역적 기구

제2부 사이버무력충돌법

3장. 무력충돌법 일반

규칙 20 – 무력충돌법의 적용 가능성
규칙 21 – 지리적 제한
규칙 22 – 국제적 무력 충돌로서의 특성
규칙 23 – 비국제적 무력 충돌로서의 특성
규칙 24 – 지휘관과 상급자의 형사 책임

4장. 적대 행위 143

1절. 무력 충돌에의 참가
규칙 25 – 참가 일반
규칙 26 – 군대의 구성원
규칙 27 – 의용군
규칙 28 – 용병
규칙 29 – 민간인
2절. 공격 일반
규칙 30 – 사이버 공격의 정의
규칙 31 – 식별
3절. 대인 공격
규칙 32 – 민간인 공격 금지
규칙 33 – 사람의 지위에 대한 의심
규칙 34 – 공격의 합법적 대상인 사람
규칙 35 – 적대 행위에 직접 참가한 민간인
규칙 36 – 테러 공격 179
4절. 목표에 대한 공격 183
규칙 37 – 민간 물자에 대한 공격 금지
규칙 38 – 민간 물자와 군사 목표
규칙 39 – 민간 및 군사적 목적을 위해 사용된 물자
규칙 40 – 물자의 지위에 대한 의심
5절. 전쟁의 수단과 방법
규칙 41 – 전쟁의 수단과 방법의 정의
규칙 42 – 과도한 상해 또는 불필요한 고통

규칙 43 – 무차별적 수단 또는 방법
규칙 44 – 사이버 부비트랩
규칙 45 – 기아
규칙 46 – 전시 보복
규칙 47 – 제1 추가 의정서에 따른 보복
규칙 48 – 무기 검토
6절. 공격 행위
규칙 49 – 무차별 공격
규칙 50 – 명백히 분리되고 구별되는 군사 목표물
규칙 51 – 비례성
7절. 사전 주의
규칙 52 – 꾸준한 주의
규칙 53 – 표적의 확인
규칙 54 – 수단 또는 방법의 선택
규칙 55 – 비례성에 관한 사전 주의
규칙 56 – 표적의 선택
규칙 57 – 공격의 취소 또는 중지
규칙 58 – 경고
규칙 59 – 사이버 공격의 효과에 대한 사전 주의
8절. 배신, 부적절한 이용 및 간첩 행위
규칙 60 – 배신
규칙 61 – 계략
규칙 62 – 보호 표지의 부적절한 사용
규칙 63 – 국제연합 표장의 부적절한 사용
규칙 64 – 적군 표지의 부적절한 사용
규칙 65 – 중립 표지의 부적절한 사용
규칙 66 – 사이버 간첩 행위
9절. 봉쇄와 구역
규칙 67 – 봉쇄의 유지 및 집행
규칙 68 – 중립 활동에 대한 봉쇄의 효과
규칙 69 – 구역

5장. 특정한 사람, 물자 및 활동

1절. 의무 요원 및 종교 요원, 의무 부대, 수송 수단 및 자재

규칙 70 – 의무 요원 및 종교 요원, 의무 부대 및 수송 수단

규칙 71 – 의무용 컴퓨터, 컴퓨터 네트워크 및 데이터

규칙 72 – 식별

규칙 73 – 보호의 상실 및 경고

2절. 국제연합의 요원, 시설, 자재, 부대 및 차량

규칙 74 – 국제연합의 요원, 시설, 자재, 부대 및 차량

3절. 피구금인

규칙 75 – 피구금인의 보호

규칙 76 – 피구금인의 서신 왕래

규칙 77 – 강요된 군사 활동 참여

4절. 아동

규칙 78 – 아동의 보호

5절. 언론인

규칙 79 – 언론인의 보호

6절. 위험한 물리력을 포함하고 있는 시설물

규칙 80 – 댐, 제방 및 원자력 발전소에 대한 공격 중 주의 의무

7절. 민간 주민의 생존에 불가결한 물건 319

규칙 81 – 생존에 불가결한 사물에 대한 보호

8절. 문화재

규칙 82 – 문화재의 존중 및 보호

9절. 자연환경

규칙 83 – 자연환경의 보호

10절. 외교 문서 및 통신

규칙 84 – 외교 문서 및 통신의 보호

11절. 집단적 처벌

규칙 85 – 집단적 처벌

12절. 인도적 지원

규칙 86 – 인도적 지원

6장. 점령

규칙 87 – 점령 지역에서 보호 받는 자에 대한 존중

규칙 88 – 점령 지역의 공공질서 및 안전
규칙 89 – 점령군의 안보
규칙 90 – 재산의 몰수 및 징발

7장. 중립

규칙 91 – 중립적 사이버 기반 시설의 보호
규칙 92 – 중립 영역 내의 사이버 작전
규칙 93 – 중립 의무
규칙 94 – 위반에 대한 충돌 당사국의 대응
규칙 95 – 중립 및 안전보장이사회의 조치

출처: NATO 사이버방어센터 초청 국제전문가그룹, 마이클 N. 슈미트 편, 한국전자통신연구원 부설연구소 역, 『탈린매뉴얼: 사이버 전쟁에 적용 가능한 국제법』, 글과생각, 2014.

제 2 부

MILIT

한국군의 정신교육 및 관련 활동

ARY

ETHICS

제 6 장

한국군의 정신교육 진단과 발전방향

MILITARY ETHICS

I 머리말

한국군의 정신교육은 국군의 정체성을 제대로 인식하게 하고,[1] 그것을 계승 발전시켜서 하나의 전통을 만들게 하고, 나아가 대한민국의 국민으로서 올바른 판단과 행동을 할 수 있는 제반 교육 조치이다. 따라서 군 정신교육은 『헌법』에 명시되어 있는 "국가의 안전보장과 국토방위의 신성한 임무 수행"의 국군의 사명을 다하는 데 기여해야 한다.

창군 이후 우리 군은 이와 같은 군의 정체성 인식과 그 계승을 위해 많은 노력을 기울여 왔다. 때로는 『헌법』 정신보다는 정권의 통치철학에 더 친화적이라는 비판도 받았었다. 하지만 그 면면에 흐르는 국군의 철학은 국가안전보장과 국토방위라는 국군의 사명으로 수렴된다.

오늘날 세계는 다양한 문화 양태를 맞이하고 있다. 개인의 원자화, 사회의 탈유대성, 초국가적 관계망의 필요성 등 이른바 정체성의 혼란과 격변의 시대를 맞이하고 있는 것이다. 이중국적과 원정출산, 이민과 역이민, 귀화 등으로 인한 다양한 형태의 정체성 변이를 겪고 있다. 이러한 상황은 하나의 민족에 기반을 둔 하나의 국가 구성원을 전제로 한 국군의 정신문제를 다루는 우리나라에 있어서 상당한 어려움을 가져다준다.

이에 이 연구는 이와 같은 역동적인 시대적 상황을 고려하여, 우리 군이 지향해야 할 올바른 정신교육의 발전방향을 모색하고자 한다. 이를 위해 각종 문헌, 논문, 통계 및 법령 등을 참고하고, 인터넷 자료 등도 참고할 것이다.

이 연구는 미래 환경변화에 따른 국군의 정신교육 방향을 모색하는 데 기본적으로 초점을 두지만, 이와는 독립적으로 현재 안고 있는 문제점에 대해서도 그 대안을 제시하고자 한다.

* 이 장은 저자의 선행 연구를 보완·발전시킨 것이다. 박균열, "한국군의 정신교육 진단과 발전 방향", 『윤리연구』, 91(1), 한국윤리학회, 2013, pp.325-352.

1) 한국군의 '정신교육'이라는 용어는 매우 포괄적인데 무형전력을 창출하기 위해, 정훈병과를 비롯하여 인사·정보·작전·군종·법무·헌병 등의 관련 병과와 지휘관(자) 및 부사관 등에 의해 이루어지는 다양한 형태의 교육활동이라고 할 수 있다. 그 중에서 정훈병과에서 실시하는 정신교육을 '정훈교육'이라고 하는데, 여기서는 정훈병과내의 논의이기 때문에 정신교육이 곧 정훈교육이라고 전제한다.

Ⅱ 군 정신교육의 규범적 근거와 변천 그리고 진단

1. 군 정신교육의 규범적 근거

우리나라 군 정신교육의 규범적 근거는 최상위로는『헌법』에서부터 각 군의 규정 및 핵심가치에 이른다. 그런데 실질적인 군 정신교육을 위한 국방부의 각 년도별『정훈문화활동지침』은『정훈·문화활동 훈령』(일명『국방정훈문화활동규정』)에 근거하고 있는데, 이것은 그 상위의『군인사법』및『군인복무규율』에 근거하기보다는 '국가비전'과 '국가안보목표'로부터 더 많은 영향을 받는다.[2] 이러한 해석은 훈령의 하위개념인 '국방목표'와 '국방정책기조'[3] 그리고 이를 기술하고 있는 '국방백서' 등 관련 문건에서도 확인된다.

2. 군 정신교육의 변천

우리 군의 정신교육은 건군초기와 6.25동란기의 사회적 혼란기에서는 군 독자적 정신전력을 강화하기 위한 노력보다는 준법정신과 국방의무와 같은 국민의 기본적 의무에 초점을 맞춘 교육을 실시하였다. 전후정비와 근대화를 위한 기간을 거치면서 남북한 간의 대치가 극심한 상황에서는 이념교육을 바탕으로 국가관과 군인정신을 강조하는 교육으로 점차 정신교육의 기틀을 잡아나갔다. 1990년대 이후 공산체제의 붕괴와 함께 국내 민주화열풍으로 인해 국민안보의식강화 차원에서 군 장병들에 대해서도 대한민국의 정통성과 민족주체사 교육을 강화했다.[4]

그런데 군 정신교육이 본격적으로 제도화되기 시작한 것은 1976년 국방부 수준에서의 통일된 정신교육 교본이 만들어지고, 이듬해 1977년 군 정신교육을 위한 국군정신전력학교가 설치

2) 이명박 정부의 국가비전은 "선진화를 통한 세계 일류국가"이며, 국가안보목표는 "한반도의 안정과 평화유지, 국민안정보장 및 국가번영 기반 구축, 국제적 역량 및 위상 제고"이다.『국방백서』, 국방부, 2012, p.34. 이 논문에서 굳이 이명박 정부의 국방정책에 대해 언급하고, 현재의 박근혜 정부의 국방정책에 대해 언급하지 않은 것은 가장 최신의 국방백서가 2012년도 발행되었기 때문이다. 실제 명문화된 국방정책관련 자료는 큰 변화가 없고 또한 정권별 비교연구에 주안을 두는 것이 아니기 때문에 최신 국방백서를 기준으로 관련 내용을 참고하고자 한다.

3) 이명박 정부시기 국방부의 국방목표는 "외부의 군사적 위협과 침략으로부터 국가를 보위하고, 평화통일을 뒷받침하며, 지역의 안정과 세계평화에 기여한다"이며, 국방비전은 "정예화된 선진강군"이다. 이를 구현하기 위한 다음의 국방정책 8대 기조가 있다. 즉 ① 포괄안보를 구현하는 국방태세 확립, ② 한미 군사동맹의 발전과 국방외교 협력의 외연 확대, ③ 남북관계 발전의 군사적 뒷받침, ④ 선진군사역량 구축, ⑤ 정예 국방인력 양성 및 교육훈련체계 개선, ⑥ 강도 높은 경영 효율화, ⑦ 가고 싶은 군대, 보람찬 군대 육성, ⑧ 국민과 함께 하는 국민의 군대 지향 등이다.

4) 김오현, "리더십과 연계한 정신전력 제고방안",『정신전력논집』, 제11집, 국방대학교, 2009, p.120.

되면서부터였다. 이후 다양한 형태의 교육과 연구가 진행되었다.

우리 군의 정신교육 변천사에서 가장 큰 이슈는 '주적'을 포함하는 대적관교육이다. 이 역시 시대적 상황,[5] 더 엄밀히 말하자면 정치적 상황이 많이 반영된 주제이다. 최초에 '주적'이 군 정신교육에 등장하게 된 것은 1995년 국방백서에 반영되면서부터였다. 1994년 남북특사교환을 위한 실무접촉회의에서 북한의 박영수 단장이 "전쟁이 나면 서울은 불바다가 될 것"이라는 이른바 '서울 불바다' 발언 이후, 이에 대한 반향으로 국민들의 여론이 반영된 것이 1995년의 국방백서 반영이라고 볼 수 있다.[6] 이후 김대중 정부 때도 지속되었다가 노무현 정부때인 2004년에 삭제되었다.[7] 2008년 이명박 정부 출범 후 첫해에는 수정이 없었다가,[8] 2010년도에 '적' 용어가 다시 포함되었다. 이후 〈군인복무규율〉이 폐지되고 〈군인의지위및복무에관한기본법〉이 대체 입법되어 2016년부터 시행되고 있다(〈표 1〉 참조).[9]

〈표 1〉 한국군의 정신교육 변천

시기	내용
1950년 이전	· 국군 3대 선서: 민족과 국가 수호, 반공, 국군사명 완수 · 사병훈 복무신조 · 국군맹서(1949년) · 군인복무령(1950년): 총18개조와 부칙으로 이루어짐.
1950년 이후	· 군인의 길(1957년): 민족 전통 정신계승, 국토 수호 · 군인복무규율(1966년, 대통령령): 명예, 충성, 용기, 신념, 임전무퇴기상, 애국애족정신[1)] · 민족사의 정통성 수호(국군의 이념 개정)
1970~1980년대	· 월남패망 계기, '자주국방'이라는 새로운 구호 사용 · 군인의 길, 전투수칙, 멸공구호, 멸공투쟁 3대 지표 지속 · 국방부 단위의 정훈교육을 위한 최초의 교재 통일: 『국군정훈교정』(1976) · 국방부, 『정신전력지도이론과 실제』(1977): "신념, 사기, 단결"의 정신전력 구성요소 최초 정립 · 국방부, 『정신전력지도지침서』(1983): 정신전력 구성요소에 '군기' 추가 · 군의 정치적 중립 강조(1988) 군인복무규율 '충성의 의무' 신설 '헌법준수'를 내포한 임관선서 조항 신설 정치관여 금지조항 구체화: 정치행위제한 (군인복무규율 제18조) · 민족사 교육 강화: 『한민족의 용틀임』, 『겨레의 역사』 · 공산주의 비판교육 강화: 『공산주의 7대 비밀』, 『신좌경사상 비판』(육군: 1986, 국군정신전력학교: 1989)

5) 국군의 정신교육에 있어서 시대적 상황이 많이 반영되었다는 견해는 다음 참조: 장영주, "한국군 정훈교육 변화에 대한 연구", 경남대학교 대학원 박사학위논문, 2008, p.245.

6) 『국방백서』, 국방부, 1995: "국방목표는 ... ... 등을 멈추지 않고 있는 사실을 감안, 북한을 주적으로 상정하면서 우리의 생존권을 위협하는 외부의 군사적 위협으로부터 국가를 보위하며 현대적 안보 개념이 군사위주의 개념에서 정치, 경제, 외교, 문화 등을 포함하는 포괄적 개념으로 변화함과 동시에 안보 대상의 범주 또한 확대됨에 따라 예상할 수 있는 다양한 형태의 안보 위협에도 동시에 대처하겠다는 의지를 담고 있다."(필자 강조)

7) 『국방백서』, 국방부, 2004: "... ... 우리 군은 어떠한 군사적 위협과 침략에 대해서도 즉각 대응할 수 있는 준비를 갖춤으로써 적의 전쟁도발을 억제하고 도발시에는 전승을 보장할 수 있는 태세를 유지하고 있다."(필자 강조)

8) 『국방백서』, 국방부, 2008: "... ... 특히 북한의 재래식 군사력, 핵·미사일 등 대량살상무기의 개발과 증강, 군사력의 전방배치 등은 우리 안보에 직접적이고 심각한 위협이다."(필자 강조)

9) 『국방백서』, 국방부, 2012: "... ... 등을 통해 우리 안보에 심각한 위협을 가하고 있다. 이러한 위협이 지속되는 한, 그 수행주체인 북한정권과 북한군은 우리의 적이다."(필자 강조)

1990년대	· 복무신조(우리의 결의) 제정(1991년) · 정훈역사자료집발간: 『정훈50년사』(육군: 1991, 해군: 1999) · 군인의 길, 전투수칙, 멸공투쟁3대지표, 멸공구호 폐지: 육군 장병의 정신 및 행동지표 정립 · 국방백서, '주적'용어 삽입(1995) · 국방부, 『정신전력지도지침서』(1998) – 정신전력 구성요소에 '신념'을 '군인정신'으로 대체하고, '사기' 추가 – 군인정신, 사기, 단결, 군기 체계 확립: 군인복무규율 체계와 일치 · 국군병영생활 규정(1998년, 국방부훈령 제600호) ※ 군 전문직업주의 추구 정치개입을 하지 않는다는 소극적 '직업주의'에서 적극적 '전문직업주의'로의 도약 무기의 규모, 조직의 복합성, 시대의 변화, 군 구성원들의 의식 변화를 통해 지속적으로 추진
2000년대 이후	· 국방백서, '주적'용어 조정(2004): "적의 전쟁도발을 억제하고 ... ..." · 〈국기법 시행령〉 맹세문 조정 등: '조국'과 '민족'을 '자유롭고 정의로운 대한민국'으로(2007) · 국방백서, '주적'용어 조정(2008): "... ... 우리 안보에 직접적이고 심각한 위협" · 육군 복무신조 용어 변경(2009.6.1.): "상관의 명령에 절대 복종한다"에서 '절대'용어 삭제 · 입영선서/임관선서(군인복무규율): '민족'을 '국민'으로 대체(2009.9.29) · 국방백서, '주적'용어 조정(2010): "... ... 북한정권과 북한군은 우리의 적이다" · 병역법 시행령 정비를 통한 다문화자녀 군복무 수용(2010.7.26.시행) · 〈군인복무규율〉 폐지, 〈군인의지위및복무에관한기본법〉 시행(2016.6.30.시행)

주1) '군인복무규율'은 대통령령으로 1966년 제정되고 난 이후 10차에 걸쳐 개정되었다가, 2016년 6월 30일 〈군인의지위및복무에관한기본법〉이 시행되면서 폐지되었음. 그 내용은 그대로 반영되어 군인정신 6대 요소인 '명예, 충성, 용기, 신념, 임전무퇴 기상, 애국·애족 정신'은 유지되어오고 있음.

출처: 다음의 선행연구를 토대로 발전시킴. 박균열, 『국가안보와 가치교육』, 철학과현실사, 2004, pp.175–176; 박균열, "한국군의 정신교육 진단과 발전 방향", 『윤리연구』, 91, 한국윤리학회, 2013, pp.330–331.

3. 군 정신교육에 대한 진단

전반적으로 볼 때, 우리 군 정신교육은 창군단계에서부터 사회전반적인 미개발과 정치적 불안 등의 와중에서 군내 문맹퇴치운동, 적극적인 대민활동 등을 통해 군의 정체성을 스스로 찾는 노력 등을 포함해서 다루었다. 한편 5·16 군사혁명의 정당성 교육, 10월 유신의 성과교육 등 정당하지 못한 정치행위에 대해 군이 앞장서서 옹호하였다는 부정적인 평가도 있다([부록 1] 참조).[10]

좀 더 구체적으로 교육활동의 측면에서 살펴보면, 우리 군의 정신교육은 다음 몇 가지로 평가된다. 첫째, 교육내용을 지나치게 지식(information) 위주로 설정하였다. 동서양의 현철들 대부분이 "제대로 알면 제대로 행할 수 있다"는 지행합일의 인식론적인 순서적 연계성을 제시하기는 했지만, 군대의 특수성은 이러한 보편성이 효과를 발휘하지 못하는 경우가 있다. 예컨대 왼손잡이

10) 군에 대한 부정적 평가에 대해서는 다음 참조: 김오현, 앞의 논문, p.122.

가 오른손으로 라켓을 활용해서 하는 운동을 잘 적응할 수 없는 것과 같다. 이성적으로 "알고 있다"고 동의할 수 있지만, 실제 행하는 것은 다를 수 있는 것이다.

둘째, 목표설정과 평가에 있어, 기준을 지나치게 단순화하고 있다. 한때 국방부가 제시한 "강한 군대육성"이라는 슬로건이 그 한 예이다. '강함'(strongness)은 '나약함'의 반대로서, 싸워서 이길 수 있는 열악한 환경을 극복해 줄 수 있는 중요한 정신적 가치 중의 하나이다. 베트남전쟁 때 해군 선임 조종사로 참전했다 피격되어 6년 동안이나 포로생활을 한 미군의 James B. Stockdale은 스토아철학에 입각하여 이성에 의한 극기와 금욕에 의하여 감정과 욕구를 억누른 부동심의 상태인 아파테이아(apatheia)를 가장 높은 선으로 여겼다.[11] 이는 처한 상황과 지위, 임무에 따라 달라져야 함을 시사한다.

셋째, 교과내용의 구성방식에 있어서, 윤리학적 '의무'와 '목적'을 혼용해서 사용하고 있다. '의무'는 마땅히 해야만 한다(ought to)는 당위적 요청이며, 법칙주의, 원칙, 옳음(right) 등이 어울리는 말이다. 한편 '목적'은 공리주의, 효과성, 실용성, 좋음(goodness) 등과 어울리는 말이다. 예컨대 '주적'의 개념은 '실용적 가치'이다. 그렇게 하면 국민안보의식 고양과 군 정신교육에 효과가 클 것이라는 전제에서 알 수 있다. 그것이 "마땅히 가르쳐져야 한다"는 조건에 합당하게 되려면, 거기에 의무의 지위를 부여해야 한다. 비록 그것이 칸트가 말하는 바와 같은 그 자체가 행위의 근거가 되는 선의지(Guter Wille, 善意志)는 아니라고 할지라도, 적어도 행위의 규범인 법과 규칙 속에 포함하여, 행정부의 수장이 발령하는 구두지시보다 더 높은 권위를 확보할 수 있도록 해야 한다.

Ⅲ 한국군의 기본가치의 근거와 구현 실태

1. 미래 전장환경의 특징

가. 정체성의 복잡성

미래환경은 정체성의 복잡성을 겪게 될 것이다. 어떤 공동체의 정체성의 문제는 오늘날 정치적

11) Nancy Sherman, "스토아 철학의 군인교육", William Damon 편, 김태훈 외역, 『새로운 시대의 인격교육』, 인간사랑, 2008, pp.139-140.

인 쟁점이 되고 있는 단일 민족성의 문제와 다문화주의가 여기에 해당된다. 국가를 배반하여 떠난 사람이 있는가 하면, 다른 나라를 더 선호하여 그 나라로 귀화해가는 사람, 동시에 우리나라를 더 선호하여 귀화해오는 사람 등 다양한 인적 교류가 이루어지고 있다. 사람의 이동이 많고 그 횟수가 잦아진다는 말은 그들이 고유하게 갖고 있던 가치관과 문화가 교차하면서, 어떤 때는 상승작용을 불러일으켜서 상호간에 좋은 방향으로 나아가기도 하고, 어떤 때는 상호 충돌하여 좋지 않은 방향으로 나아가기도 한다.

국가 수준에서의 정체성의 문제는 그 구성원인 국민들의 인종적, 문화적 특징이 중요하다. 따라서 국가 정체성은 민족 정체성이라 달리 표현될 수 있다. 우리나라의 경우, 최고 규범인 『헌법』에서 볼 때, 근대 국가들이 갖는 자민족중심주의를 바탕으로 하면서도 세계보편의 가치를 동시에 추구하고 있다.[12] 1987년 개정 이후 한 번도 『헌법』 개정이 없었기 때문에 단일민족의 요소는 향후 개정시 대폭 줄어들 것으로 보인다. 이러한 점은 다른 관련 법률의 사정을 고려해볼 때, 추측이 가능하다. 실제 1972년 이후 사용되어온 국기에 관한 규정이 2007년 1월 26일 국기법(법률 제8272호)의 모법(母法)하에 국기법시행령(대통령령 제20204호)에 따라 새로운 국기에 대한 맹세문으로 바뀌면서 단일민족관련 내용이 조정되었다.[13]

또한 국가 정체성의 문제는 사회전반적인 다문화의 조류에도 많은 부분 영향을 받는다. 2010년 통계청 인구주택총조사결과에 의하면, 우리사회의 다문화 가구원은 939,379명으로서 남한인구 약 4천 6백만 명 중에서 2.04% 수준이다.[14] 다문화 가구를 계상하는 기준에 따라 약간의 차이는 있으나, 국제결혼 등 다문화로 인한 가족 결합의 증가가 계속되고 있으므로, 그 수치는 점차 증가한다고 볼 수 있다.

12) 현행 대한민국 『헌법』 전문: "유구한 역사와 전통에 빛나는 우리 대한국민은 3·1운동으로 건립된 대한민국임시정부의 법통과 불의에 항거한 4·19민주이념을 계승하고, 조국의 민주개혁과 평화적 통일의 사명에 입각하여 정의·인도와 동포애로써 민족의 단결을 공고히 하고, 모든 사회적 폐습과 불의를 타파하며, 자율과 조화를 바탕으로 자유민주적 기본질서를 더욱 확고히 하여 정치·경제·사회·문화의 모든 영역에 있어서 각인의 기회를 균등히 하고, 능력을 최고도로 발휘하게 하며, 자유와 권리에 따르는 책임과 의무를 완수하게 하여, 안으로는 국민생활의 균등한 향상을 기하고 밖으로는 항구적인 세계평화와 인류공영에 이바지함으로써 우리들과 우리들의 자손의 안전과 자유와 행복을 영원히 확보할 것을 다짐하면서 (하략)"(필자 강조).

13) 상세한 내용은 다음 참조: 김진만·박균열, 『군대와 윤리』, 양서각, 2010, pp.414-415 참조: 문교부령(1972)의 국기에 대한 맹세문은 다음과 같다. "나는 자랑스런 태극기 앞에 조국과 민족의 무궁한 영광을 위하여 몸과 마음을 바쳐 충성을 다할 것을 다짐합니다"(필자 강조). 한편 국기법시행령(2007)에 의한 현재의 맹세문은 다음과 같다. "나는 자랑스러운 태극기 앞에 자유롭고 정의로운 대한민국의 무궁한 영광을 위하여 충성을 다할 것을 굳게 다짐합니다"(필자 강조).

14) 국가통계포럼: http://kosis.kr/ (2013.9.24 검색).

나. 생활층위의 다변화

인간의 생활은 단위의 성격을 가진 범위가 필요하다. 근대 계몽사상가들의 가르침 이후로 사회계약을 어떻게 현대사회에 잘 적용할 것인가의 문제는 생활범위를 획정하는 것이었다. 자연상태(state of nature)에서부터 사회, 국가로 이어지는 논의들이 바로 그것이다. 공동체로 나아가기 위한 개인의 출발점을 다루고 있다. 이는 곧 개인과 공동체의 갈등문제라고 할 수 있다.[15]

칸트는 시민적 상태를 다음 세 가지 선험적 원리에 근거하여 규정하였다. 첫째, 인간으로서의 사회의 각 구성원의 자유, 둘째, 신민으로서 각각의 타자와 그 구성원의 평등, 셋째, 시민으로서 한 공동적 존재의 각 구성원의 자립성이다.[16] 이는 자연인으로 인간이 갖는 지위가 구분됨을 말한다. '인간'은 개인주의 차원에서 고려될 수 있고, '신민'과 '시민'은 공동체주의 차원에서 고려될 수 있다.

이와 같은 생활범위의 논의는 지역을 기반으로 하는 칸트의 논의로 다시 돌아갈 수 있다. 그것은 바로 개인, 마을, 지방, 나라, 세계로 이어지는 생활영역확장의 도식으로 나타난다. 인간의 필요에 의해 만들어진 문명의 이기에 의해서건 인간 스스로의 필요성에 의해서건 오늘날 인간들은 이와 같은 생활범위를 매우 중층적으로 살아가고 있다. 이러한 양상은 글로컬(glocal)[17]이라는 단어와 횡단매개(transversality)[18]라고 하는 단어 속에서 찾을 수 있다. 전자는 "지역문제는 세계문제로 다루어질 수 있다"라는 뜻을 담고 있다고 보며, 후자는 "상이한 생활영역의 이동이 자유롭게 이루어져야 한다"는 의미로 볼 수 있다.

다. 의사소통의 극대화

인간은 의사소통의 존재라고 말할 수 있다. 공동체 구성원들과의 끊임없는 대화를 통해서 자신의 정체성을 확인하고, 공동체에 기여할 수 있는 방향을 찾으며, 거기서 보람을 느끼게 된다.

미래에는 모바일 이동통신기술의 급속한 발달로 인해 소위 SNS(Social Network Service) 등으로 인해, 작은 단위의 직접 민주주의를 구현하는 데 필요한 정도의 의사소통을 훨씬 뛰어넘는

15) 이 문제에 대한 충분한 토론은 다음 참조: 스테판 뮬홀·애덤 스위프트, 김해성·조영달 역, 『자유주의와 공동체주의』, 한울아카데미, 2001. 필자는 여기서 자유주의적 공동체주의를 지향하는 J. Rawls의 입장을 따른다.

16) I. Kant, 오진석 역, 『속설에 대하여』, 도서출판b, 2011, p.33.

17) 'glocal'은 '세계적'이라는 뜻의 'global'과 '지역적'이라는 뜻의 'local'이 합쳐져서 만들어진 신조어이다.

18) 'transversality'는 '가로지르다'라는 뜻을 가진 'trans'와 '보편적'또는 '전인류의'라는 뜻을 가진 'universality'를 합친 신조어이다. 이 분야에 대해서는 충북대학교 김용환 교수가 한국학을 기반으로 하여 많은 연구실적을 쌓았다. 대표적인 논문으로는 참조: 김용환, "동학 무극대도에 나타난 공공작용 연구", 『동학학보』 23호, 2011, pp.203-230; 김용환, 『세계윤리교육』, 충북: 개신, 2009.

거대 공동체 내에서의 동시다발적인 의사소통이 더욱 가속화될 것으로 보인다. 이 SNS는 네티즌들이 이메일이나 트위터, 블로그 등을 통해 메시지를 형성하고, 확산시키는 일종의 입소문(viral transmissions)을 더욱 확대재생산할 수 있게 된다. 그리하여 '된장녀', '지하철개똥녀', '악마비스토', '김여사 시리즈' 등과 같은 우리주변의 자그마한 사건이나 이슈가 공동체 전체의 큰 쟁점으로 부각되기도 한다. 이는 사회불의 척결을 위해 상호 동기유발을 한다는 장점도 있지만, 감성에 지나치게 호소하여 무분별한 인신공격으로 흐른다는 단점도 있다. 특정가수의 학위문제를 끈질기게 추궁했던 소위 '타진요'라고 모임도 SNS가 가져온 하나의 예라고 할 수 있다.

라. 전장환경의 다변화

미래 전장환경은 전통적인 안보관점에서 이해될 수 없는 다양한 형태의 전쟁양상을 맞게 된다. 군사이외의 분야인 정치, 경제, 사회, 문화 등 제반 요소들이 안보문제에 중요한 이슈로 떠오르게 되었고, 군사분야내에서도 무인비행체(UAV), 로봇 등의 다양한 형태의 첨단기술이 동원되고 있으며, 전쟁의 이슈에 있어서도 소년병의 문제, 비전투요원의 정규전 참전 등 매우 다양한 양상이 나타나고 있다.[19] 이러한 양상은 장병들의 정신전력과 관련된 가치판단에 있어서 중요한 문제로 제기될 개연성이 높다.

2. 법·제도적 노력

공공조직의 작동은 법·제도적인 기반 없이는 사상누각이 된다. 각종법령으로 기본적인 골격을 잡고, 행정체계 등의 제도적 지원으로 공공성이 확보된다. 이러한 측면에서의 우리 군의 정신교육의 발전 방안은 다음 몇 가지로 요약할 수 있다.

우선 정신교육을 위한 상위법령의 정비가 필요하다. 우리 군의 정신교육은 최상위로는 「헌법」에서부터 그 규범적 근거를 찾을 수 있다. 그 밑에 「국군조직법」, 「군인사법」(그 시행령인 『군인복무규율』)이 있으며, 별도의 채널을 통해 그 하위 개념으로 국가비전과 국가안보목표가 설정되고, 이러한 비전과 목표에 따라 국방목표 및 국방정책기조가 결정되고, 여기서 '주적'과 같은 정신교육의 상징성이 높은 용어들이 결정된다. 즉 국방목표는 대통령의 국가비전과 국가안보목표보다는 하위개념이기는 하지만, 그 직접적인 근거는 『국방정훈문화활동규정』, 더 상위로는 대통령령인 『군인

19) 이와 같은 현상은 비전통적 안보(non-traditional security) 차원에서 논의된다. 이러한 주제에 대한 심도있는 논의는 다음 논문 참조: 이신화, "비전통안보와 동북아지역협력", 『안보학술논총』, 18(1), 국방대학교, 2007, p.209; 조용만·박성범, "비전통적 안보위협의 부상에 따른 다국적 실험의 유용성 고찰", 『국방연구』, 54(3), 2011, pp.1-29.

복무규율』에서 찾아야 한다. 따라서 현 단계에서 가장 적절한 대안은 '주적' 등과 같은 국민적 관심사가 될 만한 용어나 개념을 제시하고자 할 때에는 그 내용이 법령과 규정에 포함되도록 해야 한다. 이것은 법치주의의 작동원리에도 부합되는 일이다.

둘째, 『군인복무규율』의 '군인정신' 관련 부분을 보완할 필요가 있다. 현재의 『군인복무규율』에 따르면, "군인정신은 전쟁의 승패를 좌우하는 필수적인 요소이다. 그러므로 군인은 명예를 존중하고 투철한 충성심, 진정한 용기, 필승의 신념, 임전무퇴의 기상과 죽음을 무릅쓰고 책임을 완수하는 숭고한 애국애족의 정신을 굳게 지녀야 한다"고 명시되어 있다. 이 『군인복무규율』은 제정 이후 10회의 개정을 거쳐 오늘에 이르고 있는데, 군인정신의 정의(定義)와 6대 요소의 체계는 변화 없이 그대로 지속되고 있다.[20] 정의의 경우 상대적 진술이라는 문제점이 있고, 6대 요소의 경우 군인정신의 역동성이나 정체성, 그리고 심리적 기능을 제대로 대변해주는 덕목으로는 부족한 점이 있다.

3. 교육정책적 노력

우리 군의 정신교육을 위해, 국방부 차원에서 관심을 갖고 노력해야 할 교육정책적인 노력은 다음 몇 가지가 있다. 우선 국방부 직할의 군 정신교육을 관장하는 독립된 교육 및 연구기능의 학교를 설치해야 한다. 사실은 재설치해야 한다.[21] 김대중 정부 출범 직후 국방개혁 차원에서 상부구조 슬림화 일환으로 1998년말에 국방정신교육원이 폐지되었다. 국군정신전력학교가 1977년도 군 정신전략 강화를 위한 교육과 연구를 위해 운영되어오다, 한번의 개명을 거쳐 국방정신교육원으로 존속되었다. 그러다가 김대중 정부 출범 직후에 폐지되기 이르렀다. 이후에도 그 기능은 각 군 정훈학교[22]와 국방대학교에 분산되어, 후자의 경우 '정신전력부', '국방정신전력·리더십개발부' 등의 이름으로 그 명맥을 유지해오고 있는 실정이다. 2011년부터 본격적인 재창설 여론이 있었으나, 당해 연도에 발표된 '국방개혁 307계획'에는 이 사안이 빠져있어 재창설의 가능성은 낮아 보인다. 2013년 1월부터는 국방대 안보문제연구소의 실 수준으로 다시 낮아지게 되었다. 하지만 체계적으로 군 정신교육을 연구하고 교육하기 위한 중심기관의 필요성은 아무리 강조해도 지나치지 않다. 독일군의 경우, 독일연방군의 정신교육센터(Zentrum Innere Führung)는 군 내부의 정신교육은 물론이거니와 전후 패전국으로서의 대국민 민주주의 교육과 통일과정에서 인민군에 대

20) 이에 대한 상세한 논의는 다음 참조: 박균열, "군이 기본가치 정립 및 구현방안", 『정신전력논집』, 제11집, 국방대학교, 2009, pp.47-102.

21) 이 연구가 있고 난 뒤에, 2013년 12월 1일부로 합동군사대학내에 '국방정신전력원'(원장 준장)이라는 명칭으로 재발족되었다. 규모는 이전 시기보다 적어보이지만 하는 역할은 훨씬 넓어졌다.

22) 육군의 경우 1999년 1월 2일자로 육군종합행정학교에서 기존의 조직에서 정훈공보학처가 신편되어 명맥을 유지했다.

한 동화교육을 철저히 실시하여 완전한 통합을 이루는 데 큰 역할을 담당했다.[23)]

둘째, 정신교육의 교육과정 및 교육내용을 설계할 때, 범주 설정을 새롭게 할 필요가 있다. 현재는『군인복무규율』– 정신전력지도지침서 – 국방목표에 이르는 연계성을 어느 정도는 고려하고 있기는 하지만, 공통된 범주를 염출해낼 필요가 있다.『군인복무규율』은 대통령령이므로 이 단계에서 기본적인 방향을 설정하는 것도 좋겠다. 그렇게 된다면, 군인정신의 정의, 군인정신의 요소, 군인정신의 범주가 정돈되는 셈이다. 현재는 정신전력지도지침서의 '군인정신', '군기', '사기', '단결'을 기본으로 삼고, 국방목표 등에서 제기되는 시사적인 사안이 추가되는 형식으로 구성되고 있다. 후자의 대표적인 예가 '주적'을 포함한 '대적관'이다. 그런데 일반적인 가치교육의 교육과정 설정은 이러한 범주형도 있지만, 이외에 다른 접근방식도 많이 있다. 우리나라 도덕교과의 경우, 청소년들의 도덕성 발달단계를 고려하여 개인 → 학교 → 이웃 → 국가 → 세계에 이르는 방식의 '생활영역확대형'을 따르고 있다. 사회과의 경우 '주제형'을 따르고, 역사의 경우 편년식의 사건사중심으로 설정한다. 우리 군의 정신교육을 위한 교육과정은 덕목형, 주제형, 인물중심형, 도덕성의 기능중심형 등을 그 대안으로 생각해볼 수 있다.

셋째, 정신교육의 방법 면에서, 이성적인 측면과 정서적인 측면을 균형있게 다루어야 하겠다. 현재까지의 가치교육은 주지주의(intellectualism) 입장을 고수하고 있다. 즉 인간의 마음은 지·정·의로 이루어져 있는데,[24)] 그 가운데서 지성·이성·오성과 같은 지적인 기능을 다른 감정이나 의지의 기능보다도 상위에 두는 사조이다.

그런데 Thompson(1976)의 트롤리 딜레마 실험결과, 공리주의적으로 보면 꼭 같이 한 사람이 죽게 되는 결과이지만, 트롤리 딜레마에서 A와 D의 관계에서는 85%가, B와 D의 관계에서는 12%만이 도덕적으로 허용 가능하다고 대답했다(〈그림 2〉 참조).

원문자 A, B는 왼쪽에서 다가오는 트롤리의 진로를 조정할 수 있는 행위자를 말하며, C, D는 A, B의 조정에 의해 사고를 당하게 될 사람을 말한다. A행위자의 입장에서는, 트롤리는 선로를 따라 달려오고 있고, 선로에는 다섯 사람이 있다. 당신은 선로 밖에 서 있고 다섯 사람을 구하기 위해서는 선로변환기를 당기면 되지만 그렇게 되면 다른 선로에 있는 한 사람(D)이 죽게 된다. 여기서는 선로변환기를 당기는 행위는 도덕적으로 허용 가능한가가 주요 논쟁거리이다.

B행위자의 입장에서는, 트롤리는 선로를 따라 달려오고 있고, 선로에는 다섯 사람이 있다. 당신은 선로를 사이에 둔 인도교 위에 서 있고, 바로 옆에는 상당히 무거운 사람이 한 명 서 있다. 다섯 사람을 구하는 유일한 방법은 옆에 서 있는 사람을 아래로 밀쳐서 그 무게로 트롤리를 멈추

23) 독일 군 정신교육에 대해서는 다음 참조: 박균열, "독일 통일과정과 군 정신교육",『국가윤리교육론』, 철학과현실사, 2005, pp.202-257.

24) Thomas Lickona(1992) 같은 학자는 가치교육에서 지·정·의의 세 요소 간의 통합을 강조하기도 했다.

〈그림 2〉 트롤리 딜레마 도식

출처: 그림은 Frank O'Connell, The New York Times, 2010.10.9 참고. 이야기의 구성은 다음 참조: P. Foot, "The problem of abortion and the doctrine of double effect", Oxford Review, 5. 1967, pp.5-15, reprinted in P. Foot, 1978, Virtues and Vices, Berkeley: University of California Press, pp.19-32; J. J. Thompson, "Killing, Letting Die, and the Trolley Problem", The Monist, 59, 1976, pp.204-217; 김효은, "제4장 신경윤리로 본 도덕 판단", 홍성욱·장대익 편, 신경인문학 연구회 역, 『뇌속의 인간 인간속의 뇌』, 바다출판사, 2010.

〈그림 3〉 P. Gage의 뇌손상 가상도

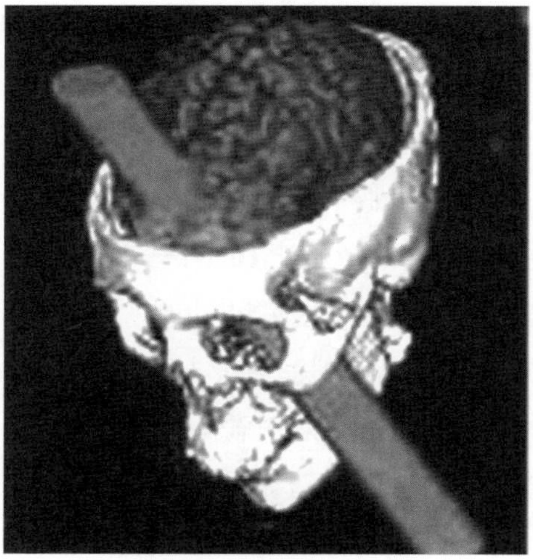

출처: D. L. Schacter et al., Psychology, second edition, New York: Worth Publishers, 2011[2009], p.112.

게 하려는 것이다. 여기서는 한 사람을 밀어서 트롤리를 멈추게 하는 것이 도덕적으로 허용 가능한가가 쟁점이다.

감정이 인지만큼이나 실질적인 주목을 받게 된 것은 신경과학(neuroscience)이 발달하면서 뇌의 기능을 연구하면서부터이다. Damasio(1994)가 게이지(Phineas Gage)라는 인물에 대한 신경과학적 접근을 하면서 비롯되었다. 게이지는 철도노동자로서 1848년 철로확장공사를 하던 중 폭발 사고로 쇠막대기가 그의 왼쪽 뺨으로부터 뇌의 앞부분을 관통하는 상해를 입었다(〈그림 3〉 참조).

그런데 이 사고에도 불구하고 그는 기적적으로 생존했고, 그의 지적능력이나 언어능력은 전혀 손상된 바가 없었다. 사회적 관습이나 윤리적 기준을 준수하는 능력에는 큰 변화가 있었다. Damasio는 이점에 착안하여 도덕적 판단이 인지적 과정에서 의해서라기보다는 감정적 과정에 의해서 더 많이 결정된다고 생각했다. 실제 게이지의 뇌손상부분은 복내측 전전두피질(ventromedial prefrontal cortex, vm-PFC)로 이 부분에 손상을 입은 환자들에서 같은 증상이 나타났음이 보고되었다(Green et al., 2001).[25]

넷째, 군 정신교육의 평가방식의 개선이 필요하다. 국방부는 1976년부터 1988년 사이에 연간 사업으로 정신전력 측정도구 개발을 위해 노력해왔다. 이후 중간 과정을 거쳐 1999년에 종합적인 매뉴얼이 개발되었다.[26] 이 지침서에 따르면, 정신전력 평가방법은 학습평가, 태도조사, 실태진단으로 구성된다(〈표 2〉 참조). 그런데 이 평가방법은 우선은 평가내용의 구성자체가 강의한 내용을 그대로 묻게 되는 지식중심의 평가라는 한계가 있고, 자신의 의식상태를 어떤 알고리즘을 가진 도구를 활용하지 않고 자기가 판단해서 그대로 기입해야 하는 문제점이 있다.

〈표 2〉 국방부의 정신전력 평가방법 유형

	학습평가	태도조사	실태진단
주요 고려요인	인지적 측면 정의적 측면	의지적 측면	정신전력 지도활동 실태
평가 대상	장병	장병	지휘관/정훈공보참모
평가 내용	정신교육 내용에 대한 이해력 · 수용도	의식 성향	정신전력지도활동 제반 실태
평가 담당부대	대대급이상 사단급 제대 *해군: 함대사령부 *공군: 비행단	대대급이상 사단급제대	중대장이상 지휘관 및 여단급 이상 정훈공보참모

출처: 국방부, 『정신전력 평가지침서』, 1999, p.30.

이러한 단점을 보완하기 위해, 국방부는 외부용역사업을 통해 새로운 형태의 정신전력 평가도구를 개발하게 된다. 이 연구보고서는 이미 정신전력지도지침서 상에 '신념'요소를 '군인정신'으로 흡수한 점을 다시 끌어들인 특징을 갖고 있다. 내용구성은 이전 시기의 평가지침서를 벗어나지 않고, 질문지의 표기법을 현대생활에 맞게 수정한 수준이다(〈표 3〉 참조).

25) 국내의 연구로는 신경과학과 관련해서는 다음 참조: 김효은, "제4장 신경윤리로 본 도덕 판단", 홍성욱·장대익 편, 신경인문학 연구회 역, 『뇌속의 인간 인간속의 뇌』, 바다출판사, 2010, pp.103-129. 군 정신전력과 관련해서는 육군3사관학교 김진만 교수의 다음 연구를 눈여겨 볼만하다: 김진만, "정신전력의 윤리학적 정의를 위한 패러다임", 『3사논문집』, 제71집, 육군3사관학교, 2010, pp.175-226.

26) 국방부, 『정신전력 평가지침서』, 1999, 머리말 참조.

〈표 3〉 국방부의 새로운 정신전력 평가도구 구성요소

구성요소	원인요소(하위요소)	구성요소	원인요소(하위요소)
신념	– 정훈교육 수준(안보관, 국가관) – 지휘관의 지도활동(군인관) – 입대전 형성된 사고(안보관, 군인관)	사기	– 직무지식정도(임무수행자신감) – 상하존중정도(직무 만족도) – 복지 수준(병영생활 만족도)
군기	– 솔선수범의 부대 분위기(복종심) – 신상필벌의 정도(법규준수)	단결	– 지휘관의 리더십(응집력) – 부대에 대한 자긍심(애대심) – 지휘관의 역량(상하간 신뢰)

출처: 박성현 외, 『정신전력 평가도구 개발 연구』(2010 국방부 용역연구보고서), 사단법인 21세기군사연구소, 2010, p.32.

현재까지 발표된 다양한 군 정신전력 평가 도구(유관 도구 포함) 중에서, 설정된 교육목표를 가장 잘 측정할 수 있도록 개발된 것은 최광표·김인국(2012)의 연구이다. 이 연구는 군 조직에서 전투임무수행을 위하여 요구되는 정신전력의 3대 구성요소(정신전력, 기술전력, 운용전력), 군인정신의 6대 구성요소, 육군가치관 5대 구성요소(충성, 용기, 책임, 존중, 창의), 전투원 육성요소 교육과제, 외국군의 전투역량 사례 등을 참조하여 9개의 전투기질 구성요소(헌신성, 단체성, 강인성, 숙련성, 감투성, 적응성, 생존성, 민첩성, 반응성)를 도출했다(〈표 4〉 참조).

〈표 4〉 국방부의 새로운 정신전력 평가도구 구성요소

구성요소	주요 내용
헌신성	투철한 군인정신, 강인한 전투체력, 숙련된 전투기술을 구비하고 부여된 임무를 능동적 · 자발적 · 적극적으로 완수하는 것
단체성	단체의 구성원으로 상급자, 하급자 및 동료와 유기적인 관계를 유지하고 전투임무를 수행할 수 있는 자질을 구비하는 것
강인성	육체적 · 정신적 · 심리적으로 거칠고 극도로 피로한 환경에서 인내력과 지구력을 발휘하여 어려움에 굴복하지 않고 잘 견디는 것
숙련성	전투임무수행에 요구되는 지식 · 태도 · 기술을 체득 및 숙달함으로써 고지식 · 고기술 · 고능력을 구비한 전투원이 되는 것
감투성	불확실성 및 우연성의 연속인 극한적 상황에서 공포, 불안, 위험 및 고통을 감수하고 부여된 임무를 완수하는 것
적응성	다양한 전장환경 및 부대환경 변화에 직면하여 임무 · 역할을 통해 항상일정한 수준의 성과를 달성하고 유지하는 것
생존성	위험과 고통이 수반되는 악조건의 전장에서 생존에 필요한 수단을 강구하여 자신을 보호하고 피해를 최소화하여 전투력을 보존하는 것
민첩성	부여된 임무수행에 필요한 대안을 스스로 창출하고 대처할 수 있는 유연한 사고와 신속한 행동능력을 구비하는 것
반응성	전장에서 까다로운 지형과 인공장애물 사이에서 기습적으로 출현하는 불특정 목표를 적시적절하게 제압하는 것

출처: 최광표·김인국, "실전 전투역량 강화를 위한 신병교육 개선방안: 육군 신병교육 교과체계 개선을 중심으로", 『국방정책연구』, 28(1), 한국국방연구원, 2012, p.82.

이 도구는 심리적 역동성, 문화적 특성, 이성적 특성 등이 하나의 준거 속에 있다는 아쉬움 점도 있기는 하지만, 선행자료를 일관된 기준에 따라 잘 선별하였고, 이를 기초로 경험적인 입증을 해내고 있다는 점에서 높은 평가를 받을 수 있다.

군 정신교육의 평가는 전체 교육활동 중에서 중요한 역할을 한다. 향후 우리 군의 정신교육 평가 대강은 우선 정신교육의 정체성을 확인할 수 있는 정신교육구성요소별 역량, 정신교육의 기초체력에 해당되는 정신전력 기초역량, 그리고 이들을 적재적소, 경중완급, 존비친소(尊卑親疎)를 조정할 수 있는 총괄 역량 등을 상정해볼 수 있다.

4. 기타

우리 군의 정신교육의 발전을 위해, 앞서 언급한 법·제도적, 교육정책적 노력이외에도 해야 할 일들이 많다. 우선, 다문화 조류에 적극 대응해야 할 것이다. 최근 국방부는 외관상 명백한 혼혈인을 제2국민역으로 편성하던 종전 제도를 폐지하고 현역으로 복무하도록 병역법 시행령을 개정하여 2011년부터 시행하고 있으며,[27] 만19세가 된 남자 350여 명은 이미 2010년에 처음으로 징병검사를 받았고, 현재는 아시아계 다문화 가정 자녀 100여 명이 현역 복무 중이다. 또한 외국인 출신 배우자를 둔 다문화 가정 직업군인도 140여가구에 달한다. 혹시 이러한 문제가 차별 또는 역차별(counterdiscrimination) 문제로 비화되지 않을지 고민해야 한다. 또한 북한이탈주민(흔히 새터민이라 불림)과의 형평성 문제도 고려해야 한다.

둘째, 국방부 정훈교육관련 부서는 정훈장교들이 일반학계와 교류할 수 있는 기회를 많이 제공해야 한다. 현재 가치교육관련 전문학회로는 한국윤리학회, 한국윤리교육학회, 한국도덕윤리과교육학회, 한국초등도덕교육학회 등이 있다. 정훈교재 제작시에는 교과서 편찬 경험이 많은 한국교육과정평가원과의 교류·협력이 필요하다. 전쟁영웅이나 미담사례 등에 대해서는 기본적인 자료를 만들어 제공해주는 것도 좋은 방안이 될 것이다.

셋째, 정훈장교 선발 및 위탁교육생 선발시, 다양한 분야를 권고할 필요가 있다. 오늘날의 최첨단, 초고도의 잡종성 등이 난무하고 있는 상황이므로, 하나의 전공만으로 어떤 문제를 해결하기는 너무 어렵다. 따라서 다양한 전공경험을 한 자원을 선발하고, 군내 정훈요원의 양성 및 보수교육에서도 이러한 점을 감안하여 교육할 필요가 있다.

넷째, 정신교육 정책입안시 국군이 국민을 위한 존재임을 늘 염두에 두어야 한다. 우리 군의 정

27) 병역법 시행령(2010.7.21. 개정, 2010.7.26 시행): 제136조(수형자 등 병역처분) ①의 2에서 외모관련 '나'항이 삭제되었다.

신교육은 일차적으로는 전투와 전쟁에서 승리할 수 있도록 정신무장을 하는 데 기여해야 해야 할 것이다. 하지만 전역병교육을 거쳐 국민의 자리로 다시 돌아갈 때 별 도움이 되지 않았고, 오히려 사회생활을 하는 데 방해된다는 평가를 받아서는 안 된다. 특수한 것은 일반적인 것을 전제한 뒤에 부가적인 무늬라고 할 수 있다. 특수한 것만을 강조하다가 기본적인 것을 놓칠 수 있다.

Ⅳ 맺음말

이 연구는 미래환경 변화 속에서 우리 군의 정신교육이 나아가야 할 방향을 제시하고자 했다. 우리 군 정신교육의 규범적 근거와 변천과정, 그리고 종합적인 진단을 하였다. 우선 군 정신교육의 규범적 근거는 『헌법』에서부터 각 군의 규정 및 핵심가치에 이르기까지 그 서열성을 살펴보았다. 그런데 군 정신교육의 규범적 근거는 『군인복무규율』 등의 법령적 권위보다는 최고통치자에 의해 제시된 국정철학(국가비전, 국가안보목표)에 바탕을 둔 국방목표와 국방정책기조에 의해 더 많은 영향을 받고 있는 구조로 되어 있었다.

다음으로 군 정신교육의 변천과정에 대해 살펴보았다. 건군초기부터 사회화의 한 장(場)으로서의 역할을 해왔는데, 간혹 너무 적극적으로 사회를 주도하거나 과도하게 이끌어갔던 시기도 있었다. 하지만 국민의식수준의 성숙과 군의 자정노력으로 군전문직업주의가 정착되게 되고 이러한 토대 하에 정신교육의 질적인 성숙도 이루어졌다. 특정 사안, 특히 북한에 대한 '주적'표현과 관련해서는 전국민적 관심사로 인해, 군 정신교육정책을 포함하는 국방정책 전반에 중요한 이념적 판단 기준으로 작용하고 있어 예민한 쟁점으로 남아있다.

이러한 우리 군 정신교육은 창군 이후부터 큰 기여를 했지만, 군 전문직업주의 정착의 진통과정으로 긍정과 부정의 양 측면을 동시에 갖고 있는 것으로 평가된다. 교육활동 측면에서 보면, 교육내용이 지나치게 지식위주로 편성되었다는 점, 목표설정과 평가에 있어서 기준점을 지나치게 단순화하여 정신교육의 창의성과 다양성을 제한하고 있다는 점, 교과내용의 구성방식에 있어서 '좋음'과 '옳음'을 혼용하고 있어서 정신교육 효과의 지속가능성을 제한하고 있다는 점 등의 특징이 있다.

이상의 논의를 토대로, 미래 군 정신교육의 발전을 위한 방향을 제시했다. 우선 법·제도적으로, 정신교육을 위한 상위법령의 내용 및 체계를 재검토해야 한다는 점과 군인정신관련『군인복무규율』내용을 보완해야 한다는 점을 제안했다.

둘째, 교육정책적 노력의 일환으로, 국군의 정신교육을 전담할 국방정신교육원의 재설치를 제안했으며, 정신교육의 교육과정 및 교육내용 설계시 범주 설정을 새롭게 할 것을 제안했다. 정신교육 방법면에서는 이성편향성에 대한 반성과 함께 감성을 동시에 중시해야 함을 제안했다. 그리고 군 정신교육을 위한 평가방식의 근본적인 개혁의 필요성과 개괄적인 평가안을 제시했다.

셋째, 기타 노력으로, 다문화에 대한 적극적인 대응, 정훈장교들의 가치교육관련 학회활동 참여, 정훈장교 선발 및 위탁교육생 선발 시 다양한 전공 중시, 위민군대의 정체성을 강조했다.

지식사회학이 제시하는 바와 같이 환경에 인간의 의식이 결정적 영향을 받기도 하지만, 그 환경도 인간의 의식에 의해 빚어진 것이므로, 미래환경은 오늘날 우리가 어떻게 대비하느냐에 따라 우리의 온기가 살아있는 또 다른 오늘이 될 수 있을 것이다. "미래는 우리 하기 나름이다."

[부록 1] 한국군의 정신교육 내용 변천 과정

구분	교육시기	주교재	주요내용
광복군기 (1940~ 1945)	· 부대활동 전반	· 정훈조직, 광복군 주참모기능 ※특정교재 없음	· 국권상실의 현실인식과 민족 주체성 자각 · 광복군 대원 모집을 위한 선전 공작 · 교포들에 대한 독립투쟁정신 고양 · 중국 국민들에 대한 협조 및 신뢰심 구축 활동
창군기 (1945~ 6.25이전)	· 수시교육	· 정훈활동 최초지침서 『정공전범』(政工典範)('45.9.4)	· 평시 공작활동 · 전시 공작활동
6.25 전쟁기 (1950~ 1953)	· 정과교육 주당 1시간 · 기회교육	· 월간『교육강좌』 1~19집('50.1.4)	· 정훈교육 – 민주주의 해설 – 공산주의 비판 – 독립운동사 – 건국 이념 – 대한민국『헌법』 · 문맹자 교육
휴전후 50년대 ('53~'59)	· 정과교육 주당 1시간 · 기회교육	· 『정훈교정』시리즈('53.4) · 『정훈교본』시리즈('54.5)	· 정훈교육 – 군인정신 함양과 휴전중의 임무 – 사상선도와 적개심 고취 – 애국심 함양과 민주진영의 우위 성 강조 · 공민교육
1960년	· 매일 1시간 지휘관 정신훈화 · 매주 1시간 정과시간 교육	· 『정신훈화집』 · 『정훈교육괘도』	· 시국관 확립 교육(4 · 19의거 관련) · 제2공화국 탄생, 참 · 민의원 선거 참여교육
1961년	· 매주 2시간 정과시간 교육 · 월1회 장교소집교육	· 『승공독본』 · 『정신훈화집』 · 『정훈교본』개정판	· 5 · 16혁명정신 전파 교육
1962년	· 매주 2시간 정과시간 교육 · 월1회 장교소집 교육	· 『정신훈화』개정판	· 5 · 16혁명정신 완수 교육 · 적 심리전 방어교육 · 『헌법』개정안 및 국민투표 계몽교육
1963년	· 매주 2시간 정과시간 교육 · 월1회 장교소집 교육	· 『정신훈화』개정판	· 5 · 16혁명정신 고양 특별 정훈교육 · 국기의 존엄성 교육
1964년	· 매주 2시간 정과시간 교육 · 월1회 장교소집 교육	· 『정훈교재』	· 적 심리전 방어교육 · 정부시책 홍보교육
1965년	· 매주 2시간 정과시간 교육 · 월1회 장교소집 교육	· 『정훈교재』개정판	· 한일회담 관련 교육 · 파월장병 특별교육

1966년	· 매주 2시간 정과시간 교육 · 월1회 장교소집 교육	· 『군인의 길』수첩 · 『월남어 회화』교재	· 월남찬전 의의 교육 · 국토 건설단 교육 · 일일 일선 교육
1967년	· 전투부대: 연간 50시간 · 기행부대: 연간 12시간 · 기회교육	· 『정신훈화 예문집』	· 민주승공 이념의 확립 · 국가시책과 국내외 정세의 주지 · 군인정신 함양 및 장병 교양과 자질 향상
1968년	· 전투부대: 연간 50시간 · 기행부대: 연간 12시간 · 기회교육	· 『만화식 정훈교재』	· 월남전 참전의욕 고취
1969~ 1971년	· 전투부대: 연간 50시간 · 기행부대: 연간 12시간 · 기회교육	· 『정훈독본』('69년)	· 군인정신 함양 · 사상무장 · 국가관 확립
1972~ 1976년	· 전투부대 연간50시간 · 기행부대 연간 12시간 · 기회교육	· 『정훈교재』(1973년) · 『국군정훈교정』(1976)	· 10월유신 관련 특별교육 · 10월유신의 성과
1977~ 1979년	· 정신교육의 날 제정(1977.1.1) –전투부대4시간*52주 –기행부대 2시간*52주	· 『국군정신교육교본』3권 (1979.1.1)	· 제1부: 우리나라(국가관) · 제2부: 우리의 적(사상무장) · 제3부: 우리군대(군인정신)
1980~ 1989년	· 정신교육의 날(52주) · 정신교육의 날(52주) · 정신교육의 날(52주)	· 『국군정신전력교본』(1979.1.1)	· 제1부: 우리나라(국가관: 16과목) · 제2부: 우리의 적(사상무장: 14과목) · 제3부: 우리군대(군인정신: 미확인)
		* 『한민족의 용틀임』(1982)	· 민족사 교육
		*『사상전에서 이겨야 산다』(1986)	· 급진좌경사상 교육
1990~ 1991년	· 정신교육의 날(52주) · 정신교육의 날(52주) · 정신교육의 날(52주)	· (교육지도서)『정신교육기본교재』 (1989.3.20)	· 제1부: 우리나라(국가관: 16과목) · 제2부: 우리의 적(사상무장: 21과목) · 제3부: 우리군대(군인정신: 15과목)
		· 『사병용 정신교육 기본교재』 (1990)	
		*『공산주의 7대 비밀』 *『공산주의 본질』(1990)	· 공산주의 이론 비판 교육
1992~ 1997년	· 정신교육의 날(1992년: 37주, 1993~1997년: 36주) · 정신교육의 날(1992년: 37주, 1993~1997년: 36주)	· (교육지도서)『국군정신교육교본』 (1993.10.1)	· 제1부: 나라사랑(15과목) · 제2부: 통일안보(11과목) · 제3부: 군대윤리(10과목)
		*『거시적 안보관으로 본 민족사』 (1993년)	· 민족 주체사 교육
1998 ~1999년 전반기	· 정신교육의 날(30주)	· 교관교육지도서 『국군정신교육기본교재』('98.8.31)	· 제1부: 군인정신(17과목) · 제2부: 대적관(10과목) · 제3부: 국가관(9과목)

1999.8 ~2000년	· 정신교육의 날(36주) · 12개 과목 연 4회 반복 교육 · 정신교육의 날(36주) · 12개 과목 연 4회 반복 교육	·『위기극복을 위한 우리의 다짐』12개 과목('99.9.15)	· 제1부: 전쟁위협(4과목) · 제2부: 국방태세(4과목) · 제3부: 우리의 다짐(4과목)
			※남북정상회담 이후 13과 "남북정상의 6 · 15남북 공동선언과 우리군의 각오"신설('00.8~'00.12)
2001 ~2002년	· 정신교육의 날(36주) · 12개 과목 연 4회 반복교육 · 정신교육의 날(36주) · 12개 과목 연 4회 반복교육	· 정신교육교재(교관용)『미래를 대비하는 선진국군』('00.12.27)	· 제1부: 국가안보(4과목) · 제2부: 통일대비(4과목) · 제3부: 우리의 다짐(4과목)
		· 정신교육기본교재(신병용)('01.12.29)	· 제1부: 군인정신(6과목) · 제2부: 국가안보(6과목)
2003 ~2008년 전반기	· 정신교육의 날(36주) · 18개 과목 연 3회 반복 교육 · 정신교육의 날(36주) · 18개 과목 연 3회 반복 교육	· 교육지도서『정신교육교재(교관용)』('03.7.1)	· 제1부: 군인정신(6과목) · 제2부: 국가관(6과목) · 제3부: 안보관(6과목)
		· 신병기본정훈교육교재('04.7.30)	· 제1부: 군인정신(6과목) · 제2부: 국가안보(6과목)
2008년 후반기 이후	· 정신교육의 날(36주) · 12개 과목 연 3회 반복 교육 · 정신교육의 날(36주) · 12개 과목 연 3회 반복 교육	· 교육지도서『정신교육교재(교관용)』('08.8)	· 제1부: 국가관(6과목) · 제2부: 안보관(6과목) · 제3부: 군인정신(6과목)
		· 신병 기본정훈교육교재('08.8)	· 제1부: 군인정신(6과목) · 제2부: 국가안보(6과목)

출처: 김오현, "리더십과 연계한 정신전력 제고방안", 『정신전력논집』, 제11집, 국방대학교, 2009, pp.151-154을 토대로 최신내용을 보완함.

제 7 장

소부대 정신교육

MILITARY ETHICS

I 머리말

전 세계에서 가장 수준 높은 병사를 보유하고 있는 나라는 아마도 우리나라일 것이다. 과반수가 대학재학 이상의 학력을 보유하고 있는 점은 바로 이러한 점을 잘 대변해 주고 있다. 이는 실로 괄목할만한 변화이다. 건군 초기에는 고향의 부모님께 편지를 쓸 줄 몰라서 장교들이 대필해 주기도 했다고 하니, 그 변화의 속도와 범위를 우리는 쉽게 짐작할 수 있을 것이다.

이러한 병사들의 과도한 학력의 증대는 비록 대학교육의 질적인 문제는 접어둔다고 하더라도 분명 국가의 백년지대계에 큰 영향을 끼치고 있음에 틀림없다. 이와 같은 병사들의 학력증가와 이에 수반되는 다양한 지적·정의적·행동적인 반경의 증대는 이들을 지휘, 통제하게 될 소부대 간부, 특히 초급장교들에게 매우 큰 지휘부담으로 작용할 것이다. 따라서 필자는 우리나라 군대내에서 소부대를 지휘하는 초급장교들이 임관 후 부대내 정신교육을 어떻게 하면 효율적으로 잘 할 수 있을까하는 데 초점을 두고, 그 방향을 제시하는데 이 글의 초점을 두고자 한다. 이 글은 필자의 경험적 한계로 인하여 대체로 필자가 소속한 육군을 논의의 대상으로 삼고자 한다.

II 소부대 정신교육 담당자에게 요구되는 사항

1. 훌륭한 지휘자가 되어야 한다.

소부대를 지휘하는 소대장은 막중한 임무를 맡고 있다. 전혀 이질적인 환경에서 성장하였고, 연령 차이도 얼마 나지 않는 몇 십 명의 소대원들과 함께 부여된 임무를 계획대로 실행해 옮긴다는 사실은 매우 어려운 일임에 틀림없다. 특히 세계에서 가장 수준 높다고 하는 우리나라의 병사들이 그 지휘의 대상이라고 하는 점은 더 더욱 소부대 지휘자에게 부담으로 작용한다.

기본적으로 소대장은 중대장의 부하이면서, 소대원들의 지휘자이다. 조직의 정체성에 가장 잘

* 이 장은 저자의 선행 연구를 보완·발전시킨 것이다. 저자가 육군3사관학교 교수로 재직시 사관생도들과 함께 미간행 문집(『미래를 꿈꾸는 사관생도』)을 만들었는데, 거기에 포함된 내용을 보완·발전시킨 것이다.

부합하기 위해서는 자신의 존재 목적을 잘 구현해야 할 것이다. 이러한 요청에 의해 소대장은 자신이 맡고 있는 소대원들과 함께 소대에 부여된 임무를 완수할 수 있도록 지휘자의 역할을 잘 수행하는 것이 가장 선행되어야 할 과제일 것이다.

사실 광의의 '훌륭한 지휘자'란 뒤에 언급할 교관, 인격자 등의 품성을 다 포함한 것이라고 볼 수 있다. 그런데 대체로 훌륭한 지휘자란 제한된 시간과 공간 속에서 부여된 임무를 위해 소대원들을 잘 장악하여 소기의 목적을 달성하는 것을 말한다. 따라서 야전에서는 훌륭한 지휘자가 되기 위해 별도의 준비를 할 수 있는 시간적 여유가 없다. 이는 생도과정이나 후보생과정에서 어느 정도 완성되었다고 보아야 할 것이다.

초급장교들 개개인의 입장에서 보면 야전에서 훌륭한 지휘자가 되기 위해서는 매사에 아무리 작은 일이라도 확인하고, 매듭을 확실히 하고, 건제단위의 조직력을 항상 준비해두어야 할 것이다. 이것은 곧 초급장교 자신이 맡고 있는 소부대가 비록 말단 부대에 지나지 않지만, 가장 큰 전투력을 발휘할 수 있는 근거요, 시발점이라는 인식에서 비롯되는 것이다.

요컨대 초급장교에게 요구되는 훌륭한 지휘자는 지식의 문제가 아니라, 의지와 습관의 문제이다. 따라서 알고 있는 바를 실천해 옮길 수 있는 작은 노력이 매우 중요하다고 하겠다.

2. 훌륭한 교관이 되어야 한다.

두 번째로 소부대의 초급장교들은 훌륭한 교관이 되어야 한다. 이전까지의 교육은 비록 교과과정 속에서 교관화 교육을 수행하고 있기는 하지만 실제로 강단에 서서 피교육자들을 대상으로 교관임무를 수행하지 못했다.

그런데 실제 야전부대에서는 이제 전술전기에서부터 정신교육에 이르기까지 교관으로서 임무를 수행해야 한다. 보병을 기준으로 볼 때, 화생방, 수류탄, 개인화기, 박격포, 철조망 설치법 등 매우 많은 분야에서 이를 마냥 따라서 하는 수준이 아니라, 교육을 해야 하는 입장에 놓이게 된다. 실제로 소대부사관 등과의 긴밀한 의논 하에 추진하게 되기는 하지만, 모든 사안에 대해 책임을 갖고 있어야 하기 때문에 여간 어려운 일이 아니다.

이렇게 쉽지 않은 교관으로서의 임무 수행은 지휘자로서 임무를 수행해 나가는데 있어서 매우 중요한 성공의 관건이 된다. 즉 그 사람이 지휘자로서 훌륭한 임무를 수행했다고 하는 것은 각종 지휘통솔과정에서 이루어지게 되는 평가와 측정, 훈련 등을 통해서 나타나게 되는데, 여기서의 좋은 성과는 결국 성공적인 교육훈련을 통해서 얻어지게 되는 것이다. 나아가 이러한 성공적인 교육훈련은 그 부대를 보다 잘 지휘할 수 있는 필요조건이 되는 것이다.

성공적인 교관이 되기 위해서는 양성교육 및 보수교육기관에서 사전 충분한 교관화 교육이 전제되어야 한다. 그리고 야전의 피교육자들의 환경 및 교육 기자재 등의 보조수단 등을 고려하여 실제 교육에 임해야 하기 때문에 새로운 각오가 필요하다.

우리는 흔히 "Follow me"라고 하는 말을 듣게 된다. 이는 지도자의 솔선수범을 말한다. 군대에서의 어렵고, 위험한 상황 속에서 "소대장이 먼저 해 보이겠다"는 각오 없이는 훌륭한 교육이 이루어질 수 없을 것이다. 여기에 일반 교육과 다른 군대교육만의 특징이 있다고 볼 수 있는데, 소부대 교육훈련에 있어서의 교관은 그 어느 덕목보다도 솔선수범이 매우 중요하다고 하겠다. 특히 정신교육에 대해서는 대체로 다음과 같은 요청을 받고 있다.

- 정신교육의 중추적, 핵심적 역할 수행
- 투철한 군인정신과 국가관 함양의 책임자
- 상급부대의 지침에 의거 이념교육 실시
- 진중문화활동, 부대 단결활동 등 기본정신교육활동 이외의 활동에도 참여

3. 훌륭한 인격자가 되어야 한다.

소부대 지휘자는 또한 훌륭한 인격자가 되어야 한다. 소대의 기본적인 지휘통솔, 교육훈련(정신교육 포함) 등의 일련에 과정 속에서 소대장은 소대원들과 항상 전과정을 함께 한다.

실제로 훌륭한 인격자가 되어야 한다고 하는 점은 때때로 필수적인 요구사항이 아닌 것으로 받아들여질 지도 모른다. 왜냐하면 경험적으로 훌륭한 인격을 소유하지 않음에도 불구하고 소대장 임무를 그럭저럭 잘 꾸려나가는 경우를 우리가 간혹 야전 생활에서 어렵지 않게 찾아볼 수 있기 때문이다.

그러나 우리는 항상 제대로 지휘될 경우를 상정해야 한다. 즉 훌륭한 소대장 임무를 수행하면서, 정신교육을 담당하는 사람이라면 자신의 행동에 있어서 적어도 이율배반적인 면이 있어서는 안될 것이다. 그렇다고 고매한 도덕 군자가 되어야 한다는 요청은 아니다.

우리는 여기서 훌륭한 인격자라고 하는 말 대신에 가정에서의 부모가 갖는 인격적 지위를 생각해 볼 수 있을 것이다. 우리의 부모님들은 대체로 근대 교육을 풍부히 받았다고 볼 수 없다. 물론 그렇지 않은 경우도 많이 있다. 교육을 제대로 받지 못한 부모님에게 그 자녀가 그 부모님이 무식하다고 무시한다거나 인격적으로 모독하지는 않는다. 부모님은 그 자녀에게 더 몸소 본을 보

이려고 하고, 어려운 일이 있을 때 집안을 대표하여 모진 풍파를 헤쳐 나가며, 무엇보다도 자녀들의 모든 것들을 당신의 것인 양 사랑으로 감싼다.

바로 이러한 점이 군 정신교육을 담당하는 소대장들에게 좋은 시사점을 제공해 준다. 즉 개개 병사들보다 월등하게 그들의 전문지식보다 앞서지 않다고 하더라도 그 소대를 잘 이끌어 갈 수 있다고 하는 점은 매우 중요한 교훈을 던져주고 있다.

그것은 바로 비록 우리의 부모님이 우리보다 상대적으로 많은 지식을 갖고 있지는 않지만, 부모님이 모든 일상사에서 일관된 인격의 본을 보여줌으로써 긍정적 감화를 불러일으키듯이 여러분들은 장차 소부대 지휘자로서 병사들보다 모든 분야에서 상대적으로 반드시 뛰어나야만 한다는 생각보다는 올바른 인격자로서 다가갈 때 아래로부터의 진정한 권위(authority)가 부여된다는 점을 유념해야 할 것이다.

Ⅲ 효율적인 소부대 정신교육 방향

앞에서 우리는 소부대의 정신교육을 담당하는 사람에게 요구되는 사항을 알아보았다. 그렇다면 효율적인 소부대의 정신교육도 그러한 소부대의 요구사항 중의 하나이기 때문에 앞서 언급한 훌륭한 지휘자, 훌륭한 교관, 훌륭한 인격자가 되면 더 이상의 대안은 없을 것으로 보인다. 이를 보다 구체화하기 위해 교육전략의 측면, 개인자질의 측면으로 구분하여 살펴보고자 한다.

1. 교육전략의 측면

교육전략의 측면에는 몇 가지가 있다. 첫째, 교육준비 면이다. 정신교육을 위해서 가장 우선적으로 해야 할 사항은 교육준비를 잘 하는 것이다. 상급제대에서 나오는 자료, 국방백서, 국방저널, 국방일보, 기타 정신교육 참모계선별로 지원되는 정신교육 참고자료들을 확보해야 한다. 그런데 이들을 직접 실제 수량으로 확보하기란 쉬운 일이 아니다. 복사기도 충분히 갖추어진 것이 아니다.

따라서 중요한 사항이 있을 때마다 거기에 따르는 논평이나 중요 수치 등을 메모하는 습관을 가져야 할 것이다. 교육참고자료는 대대본부의 교범서가에 보관된 책자를 최대한 활용해야 할 것이다. 그리고 부대내 인터넷이 설치되어 있다면 유관 internet site를 book mark해서 추가되는 정보를 지속적으로 확보할 수 있도록 해야 할 것이다. 대체로 국방부 홈페이지에 진입하게 되면 관련 단체와 연구소 등의 주소를 연결하여 활용하면 편리할 것이다.

둘째, 교육실시 면이다. 사실 교육실시는 교육 전반에 있어서 빙산의 일각에 지나지 않는다. 그러나 그렇다 하더라도 이렇게 드러난 교육시간내에 내실 있는 수업이 진행되지 않으면 교육의 효과는 현저히 낮을 수밖에 없을 것이다.

앞서 언급한 교육준비가 충분히 끝이 났다면 이제 교육진행 자체가 성공적으로 이루어질 수 있도록 해야 할 것이다. 교육진행의 방법은 대체로 주입식과 탐구식으로 나뉜다. 주입식은 교수자의 입장에서 특정한 가치를 전달하는 식을 말하며, 탐구식은 기본적인 사실(facts)을 제공하고, 여기에서 발전시킬 수 있는 가치와 원리를 탐구하여 밝혀내는 것을 말한다. 이 중 어느 것이 일방적으로 좋다고는 말할 수 없겠지만, 최근의 일반학교의 추세는 이른바 구성주의 교육철학이라고 하여 탐구식에 가깝다고 하겠다. 또한 우리 군내의 임무형 지휘통솔의 개념도 탐구식 교육방법과 개념상의 유사성이 있다고 하겠다.

정신교육의 궁극적인 목표는 전력으로 승화될 수 있는 정신상태의 무장에 있다. 정신무장은 직접적으로 전투력으로 발휘될 수 있는 직접적인 정신전력화와 보편적인 이성과 감성을 제대로 가지고 행할 수 있게 하는 것을 모두 포괄한다. 군의 정신교육은 이와 같이 보편적인 인간 및 군인으로서의 행동과 사고에 관련된 것으로써 그 중요성은 지대하다고 하겠다.

따라서 군의 정신교육은 일반 학교의 가치교육과 군내부에서의 다른 전술전기를 위한 교육과는 많은 점에 있어서 차이점이 있다. 그 중에서 가장 중요한 점은 군의 정신교육이 갖는 인지적·정의적·행동적인 측면이 그 어떤 교육보다 통합적으로 요구되고, 그 요구사항이 발생되는 대상도 피교육자인 장병 개개인에게만 국한되는 것이 아니라 실제로 교육을 하게 되는 정신교육 담당자도 예외는 아니다.

셋째, 교육을 위한 자료 관리 면이다. 교육을 준비하고, 실시하고 난 뒤에는 그 결과를 잘 보관해 두어야 한다. 특히 야전에서의 정신교육은 일반학교에서의 가치교육과는 달리 그 교육 대상이 주기적으로 새롭게 교체된다. 그리고 고참이 되어 가면 갈수록 들었던 얘기를 계속해서 반복해서 듣게 되는 경우도 발생하게 된다. 그렇다고 해서 교육대상을 구분해서 교육을 할 수도 없다.

실제로 정신교육을 담당하는 교관은 무슨 예화를 어떤 시간에 했는지, 심지어는 어떤 농담을 사용했는지 등에 대해서까지 상세하게 기록으로 남겨야 한다. 이러한 일련의 과정이 차후 교육에 대한 부담을 들어줄 수가 있고, 소대원들에게 신뢰감을 얻을 수 있게 해 준다.

넷째, 피교육자와의 관계 면이다. 소부대의 정신교육을 듣게 되는 소대원들은 정신교육에 참석하고 있는 중에도 비상 발령이 되면, 출동해야 한다. 사실 정신교육이 그 때 잘 행동화할 수 있도록 하는 것이기 때문에 이와 같은 행동화를 염두에 두지 않으면 안 된다. 이렇듯 정신교육은 그 교육내용이 비록 "북한의 실상"(가칭)이라고 하는 주제 하에 이루어진다고 하더라도 소대장으로서 면담했을 때의 자료나 휴가 후 면담했을 때의 내용도 개인비밀이 아닌 한 교육자료로 충분히 활용되어질 수가 있다. 따라서 소부대 정신교육을 담당하게 될 소대장은 자신의 부하들인 소대원들과 생사를 함께 한다고 하는 생각으로 소대원들과의 평상시 관계를 잘 유지하는 것이 중요하다. 그리고 그것으로 끝나지 말고 이러한 과정을 교육현장에서도 적절히 활용할 수 있도록 해야 할 것이다.

2. 자질의 측면: 올바른 시국관 및 시대관

소부대의 정신교육을 담당하게 될 소대장은 올바른 시국관과 시대관을 견지해야 한다. 이른바 정론(正論)을 명확히 가져야 한다. 오늘날 우리 한반도는 격변의 시기를 맞고 있다. 사실 남북한의 교류협력의 분위기와 우리 군의 주적 개념의 문제는 거국적인 논란의 꺼리가 된 적이 있다.

그러나 소부대의 정신교육 담당자들은 사실 방법론적인 회의를 해볼만한 정신적인 여유가 충분히 보장되지 않는다. 작은 공동체이지만 이들과 하루 종일 같이 육체적 행동을 해야 되고, 그 짬짬이 시간을 내어 많은 문제에 대해 올바른 가치관을 견지하는 것은 대단히 힘든 일이다.

대통령님께서도 말씀하신 바 있듯이 남북한의 정상이 만나 한반도내의 항구적인 평화를 보장하기 위한 노력을 할 수 있음은 군이 제 기능을 발휘해 주고 있기 때문이다. 우리 군은 국가사회라고 하는 큰 공동체 속에서 국민의 생명과 재산의 보호를 위해 조건반사적인 의무감을 가지고 있다고 생각하고, 주어진 직책에 따라 임무를 완수할 수 있는 사고, 그것이 중요하다. 군인정신이 위대함은 자신이 죽을 줄 알면서도 명령에 따라 행하는 데서 찾아진다. 이와 같은 인식이 곧 올바른 시국관 또는 시대관이라고 말할 수 있을 것이다.

Ⅳ 맺음말

이제 생도 여러분들은 사관학교를 졸업하고, 소정의 교육을 마치고 난 뒤 초급장교로서의 맡은 바 소임을 다하기 위해 전후방 각지의 임지로 떠나게 된다. 그러나 대부분 자신이 속한 부대 내에서 정신교육의 교관이라고 하는 임무와 자유로울 수 있는 사람은 몇 안 될 것으로 본다.

따라서 초급장교로 야전부대에 부임하게 되는 모든 정신교육 예비교관들은 병과와 직능에 맞는 전술전기와 병행하여 정신교육에 대한 사전 준비를 보다 체계적으로 해야 할 필요성이 있다. 이러한 필요에 의해 이 글은 작성되었으므로 숙독하여, 차후 정신교육 교관 임무를 충실히 수행해 줄 것을 당부한다.

제 8 장

군 통일교육

MILITARY ETHICS

I 머리말

이 장은 현재 우리 군의 통일교육을 위한 발전방향을 모색하는 데 그 목적을 두고 있다. 통일교육이란 역사적 필연성에 의해 실현될 수밖에 없는 국가적 과제 중의 하나이다. 현재의 통일교육지원법 제2조에 의하면, 통일교육은 우리 국민으로 하여금 자유민주주의에 대한 신념과 민족 공동체의식 및 건전한 안보관을 바탕으로 통일을 이룩하는 데 필요한 가치관과 태도의 함양을 목적으로 하고 있다.

이러한 국가 전반적인 통일교육의 필요성은 군대에서도 예외 없이 적용되고 있다. 특히 군대의 통일교육은 현실적으로 군사적 대치 상황에 있는 통일의 대상이기도 한 북한과의 관계를 고려할 때, 일견 그 필요성이 없는 것으로 생각될 수도 있다. 하지만 이는 잘못된 발상이다. 왜냐하면 통일이 국가의 중대사인 한 국가의 정체성을 그대로 이어받은 군대는 당연히 이를 임무수행의 연장선상에 놓아야 하는 당위성을 갖고 있기 때문이다.

그런데 이와 같은 국가적 통일교육의 필요성과 군대 내에서의 통일교육을 위한 정당성에도 불구하고 '통일'과 '안보'에 대한 관계를 제대로 설정하는 데는 그 인식의 토대가 튼튼하지 못한 실정이다. 통일부의 통일교육을 위한 기본지침에서는 통일과 국가안보의 관계에 대해 다음과 같이 기술하고 있다.

> 통일과 국가안보는 불가분의 관계이다. 통일교육은 국제적인 탈냉전과 남북간 교류협력의 진전에도 불구하고 국제적 안보환경의 변화, 한반도의 군사적 대치상황, 북한의 핵문제 등 여러 가지 안보위협 요인이 상존하고 있음을 분명히 인식시켜야 한다. 또한 남북간 교류협력의 심화 및 여러 가지 통일노력은 튼튼한 국가안보를 전제로 이루어져야 함을 가르쳐야 한다(통일부, 2004: 7).

또한 통일부의 자료에 의하면, 통일교육을 위한 각급 교육현장에서 실천해야 할 과제 중에서 안보와 통일에 대한 교육내용을 다음과 같이 제시하고 있다.

* 이 장은 저자의 선행 연구를 보완·발전시킨 것이다. 박균열, 『국가윤리교육론』, 철학과현실사, 2005, pp.162-201; 김진만·박균열, 『군대와 윤리』, 양서각, 2010, pp.567-603.

나. 평화통일의 바탕인 국가안보의 중요성 인식

냉엄한 국제질서와 한반도의 군사적 대치상황을 직시하게 함으로써 국가안보가 반드시 필요하며 중요하다는 점을 인식시킨다. 튼튼한 안보가 뒷받침이 되어야만 한반도에 평화가 정착되고 남북한간에 안정적인 교류협력이 추진되어 평화통일을 이룩할 수 있기 때문이다(통일부, 2004: 8).

이렇듯 현재의 우리 통일교육은 '민족의 통일'과 '국가안보'를 동시에 강조하고 있다. 하지만 우리 국민들의 일반적인 정서는 이 두 가지의 개념은 상충되는 것이라고 느끼는 경우가 많다. 즉 일반 국민들은 동해안에서 금강산 관광선이 운항을 할 때 서해안에서는 북한 함정에 의한 북방한계선(NLL: Northern Limited Line)을 월선하게 되어 우리 측 해군과의 교전이 발생한 사실을 쉽게 이해할 수가 없을 것이다.

더욱이 군인들은 이와 같은 일반 국민들의 통일과 안보에 대한 정신적인 혼란 이상의 어려움을 안고 있다. 즉 실제로 상충적으로 느껴지는 국가안보와 통일의 관계 속에서 전자의 영역 속에서 후자를 교육하려고 하는 것은 일견 군인들에게 모순되게 보이기도 한다.

아울러 군대는 부여된 임무를 수행해야 하는 특수한 상황과 특히 군사적으로 대치하고 있는 북한 측이 통일의 대상이라고 하는 이중적인 특성에도 불구하고, 정부의 방침에 따라 통일교육을 받아야 하는 약자의 입장에 놓이게 된다.

이와 같은 점은 군 통일교육의 당위성을 주장하는 데 있어서 군 내부적인 저항요소이기도 하다. 즉 말 그대로 튼튼한 안보가 바탕이 되어야 통일이 된다고 한다면 군인은 튼튼한 안보에만 집중하면 되는 것이지 통일에까지 신경 쓸 겨를이 없다고 주장할 수도 있다는 것이다. 그런데 사실상의 통일단계에서는 분야별로 통합이 동시에 추진된다는 점과 군 내부에서의 인적 자원이 계속해서 순환된다는 점, 그리고 직업군인의 경우 대민·대관 교류가 지속적으로 이루어지기 때문에 그 당위성은 충분하다고 볼 수 있다.

이에 본 연구는 기존 통일교육에 있어서 통일과 안보의 관계를 상대적 경중 또는 선후의 관계로 설정한 것으로 진단하고, 그에 대한 해결책으로 체용(體用)의 관계로 전제하고자 한다. 즉 근본(=體)에 해당되는 것은 '국가안보'이며, 국가의 전략적 목표(=用)에 해당되는 것은 '통일'이라고 보는 것이다. 이와 같은 관계 속에서는 일반 국민을 대상으로 한 통일교육에서나 군 통일교육에서나 근원적인 문제제기를 받지 않을 수 있다. 이러한 토대하에 군대의 통일교육 방향을 제시하고자 하는 것이 본 연구의 핵심적인 주제이다.

1. 안보의식과 통일의식의 개념 및 관계

1) 안보의식과 통일의식의 개념

"튼튼한 안보가 뒷받침이 되어야만 평화통일을 이룩할 수 있다"(통일부, 2004:8)는 말은 안보와 통일에 대한 관계 설정에 있어서 선안보·후통일의 관계로 인식될 수 있다. 이러한 구도는 그 적용 대상이나 공간, 제한된 시간 등의 문제에 있어서 매번 그렇게 해야 되는 것인지 아니면 최초 기획을 할 단계에서만 고려되는 것인지 분명하지 않은 점이 있다. 또한 안보는 전담부처인 국방부(=군)에서 하고, 통일은 그 전담부처인 통일부에서 한다는 식으로 이해될 수도 있다. 이에 국가적 차원에서 통일부의 입장에서는 앞서 말한 바와 같은 '선안보·후통일'의 주장을 할 수도 있겠으나, 실제 안보를 담당하고 있는 군의 입장에서는 '통일'을 얘기한다는 자체가 현실적으로 상당히 이율배반적인 요소를 내포하고 있다.

우선 이러한 문제점의 해결을 위해서는 안보(의식)와 통일(의식)에 대한 명확한 개념 고찰이 필요하다. 첫째, 안보란 '국가의 안전보장'을 의미한다. 흔히 안보에 대해 말할 때, 두 가지의 오용 사례를 생각해 볼 수 있다. 먼저 과거 권위주의 시대의 정권 연장을 위해 악용되었던 '안보논리'이다. 다음은 수구보수(守舊保守)와 개념상의 친화로 이해하고 있는 점이다. 그러나 객관적으로 볼 때 국가 범주의 불변성이라는 점과 옛것을 고집하는 것이 아니라 정책 결정과 집행의 신속성이 국가의 안위를 보장해 주는 점도 있다는 점에서 이 두 가지의 오용 사례는 국가안보에 대한 바른 이해라고 할 수 없다. 따라서 안보는 국가공동체 속에서 어떠한 세력에 편향된다거나 어떠한 정권에 의해 곡해되어서도 안 되는 그야말로 국가와 정체성을 함께 하는 매우 중요한 개념이라고 할 수 있다. 마찬가지 논리로 안보의 개념이 국가와 일치하듯 안보의식도 국가의식과 일치하는 것으로 이해되어야 한다.

이와 같이 안보의 개념이 절대적 개념이라고 한다면, 두 번째의 통일 개념은 상당히 제한적이며 상대적인 개념이다. 즉 통일이란 국가의 분단으로 인해 국가의 주요한 구성요소 중의 하나인 국민들이 통일을 염원할 때 국가의 중요사업 중의 하나로 대두되는 것이다.

2) 안보의식과 통일의식의 관계

안보의식과 통일의식의 관계에 대해 살펴보겠다. 다음 두 가지의 측면에서 생각해 볼 수 있다. 논리적 우선성의 입장과 포함관계에 의한 시각이다.

첫째, 논리적 우선성의 입장에서 본 안보와 통일의 관계이다. 앞서 언급한 바 있는 "튼튼한 안보가 뒷받침이 되어야만 평화통일을 이룩할 수 있다"(<그림 1>)는 통일부의 입장은 똑같은 내용이 포함되면서도 전혀 다른 뉘앙스를 풍기는 말로 생각해 볼 수 있다. 즉 "튼튼한 안보가 지속될 때 평화통일도 생각할 수 있다."(<그림 2>) 전자는 안보보다는 통일에, 후자는 통일보다는 안보에 더 많은 비중을 두고 있는 견해일 것이다.

<그림 1>은 통일이라고 하는 지상과제를 이룩해 내기 위해서는 국가정책의 주요한 요소 중의 하나인 안보가 전제되어야 한다는 것을 나타내 주고 있다.

<그림 1> 통일을 위한 요건 중의 하나로서의 안보

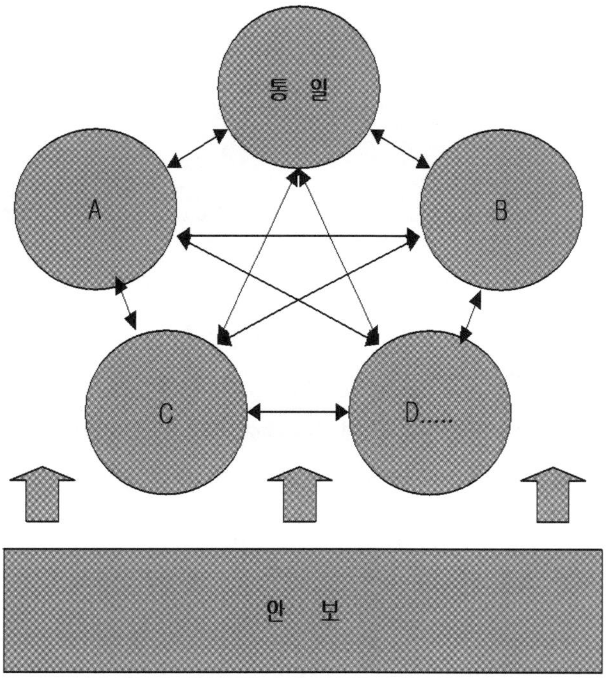

한편 <그림 2>는 국가의 생존을 보장해 주는 안보가 전제되고 난 뒤에 국가의 과업 중의 하나인 통일을 추진해 나갈 수 있다는 것을 나타내 준다.

〈그림 2〉 안보를 토대로 한 통일추구 모형

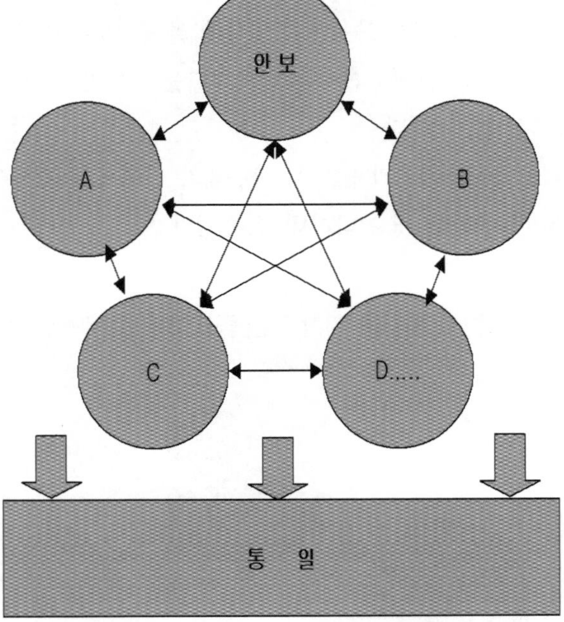

둘째, 포함관계에 의한 입장이다. 즉 통일과 안보 중에서 어느 개념이 다른 것을 포괄하는지의 문제이다. 네 가지의 유형을 상정해 볼 수 있다. 우선 유형 I은 안보∪통일의 관계, 유형 Ⅱ는 안보∩통일, 유형 Ⅲ은 안보⊂통일, 유형 Ⅳ는 안보⊃통일의 관계이다.

유형 I–Ⅳ는 현재 안보와 통일의 논리적 포함관계를 요약한 것이다. 우선 유형 I은 안보와 통일을 상호 독자적인 관계로 인식하는 것이다. 유형 Ⅱ는 안보와 통일은 독자적인 요소이기는 하지만 중요한 부분에서는 공조를 통해 협력해야 할 필요가 있다는 것이다. 유형 Ⅲ은 통일이 안보를 포괄한다는 것이다. 유형 Ⅳ는 안보가 통일을 포괄하는 것이다. 앞의 두 개는 양자 간의 독자성을 강조하는 데 관심이 있고, 후자의 두 개는 양자 간의 포함·불포함을 나타내고 있는 것이면서 약간의 이념성, 즉 국가주의와 민족주의의 대립양상을 보이고 있다.

2. 군 통일교육의 의의와 영향요인

1) 군 통일교육 개념 및 의의

'군 통일교육'에 대한 국방부에서의 공식적인 용어는 현재로서는 없다. 통일부의 한 용역 연구과제에 의하면 군 통일교육에 대해 다음과 같이 정의하고 있다.

> 군 통일교육은 튼튼한 안보를 바탕으로 통일국가 건설에 대비하고 이를 완성시키기 위해, 장병들에게 북한의 실체와 변화하는 남북관계 및 통일환경의 실상을 정확하게 이해시키고 남북관계를 미래지향적인 관점에서 풀어나가는 역량을 배양하는 데 필요한 가치관과 태도를 함양하기 위한 것으로 올바른 국가관, 안보관, 통일관 확립을 위한 교육적 노력을 의미한다(오기성 외, 2003).

통일교육에 대한 통일부의 정의는 향후 연구에 어느 정도 밑바탕이 될 수 있을 것이다. 군의 입장에서 본 새로운 정의를 위해서는 다음과 같은 기준들을 토대로 심도 있는 논의를 해야 할 필요가 있다(〈표 1〉 참조).

〈표 1〉 군 통일교육을 정의하기 위한 기준틀

		통일교육 (B)						
		통일과 관련된 내용과 주제를 통해서 통일의식 형성을 목표로 함 (b-1)				안보를 튼튼히 하는 것으로 통일교육을 대체 (b-2)		
		통일의 당위성 (b-1-1)	통일의 대상 바로 알기 (b-1-2)	통일의 주체 (b-1-3)	통일의 이념 등 (b-1-4)	국가관 (b-2-1)	군대관 (b-2-2)	군인관 등 (b-2-3)
군대 (A)	군 막사(=장소)(a-1)	–	–	–	–	–	–	–
	군 관련 소재(=내용)(a-2)	–	–	–	–	–	–	–
	군 장병(=대상)(a-3)	–	–	–	–	–	–	–

〈표 1〉에서 보는 바와 같이 군 통일교육을 정의하기 위해서는 군대라고 하는 주제에 천착하여 고려해 볼 필요가 있다. 군 통일교육을 포괄하기 위해서는 A(a-1, a-2, a-3)×B(b-1, b-2, b-3)의 구도를 동시에 고려할 때 충분히 논의되었다고 할 수 있다. 우선 '군대'(A)라고 하는 변수에 관심을 두고 생각해 보면, 군대는 군 막사, 군 관련 내용, 군인 등을 포함해야 한다. 즉 군 막사 내에서, 군 관련 내용으로, 군 장병을 대상으로 통일교육을 할 때 이를 군 통일교육이라고 할 수 있을 것이다.

한편 '통일교육'(B) 변수를 생각한다면, 우선 통일과 직접적으로 관련된 내용과 주제를 교육함으로써 통일의식을 고양하는 것을 말한다(b-1). 전형적인 통일교육의 정의가 될 수 있겠지만, 적을 통일의 대상으로 인식해야 하는 군의 특수성을 감안하여, 이 분야에 대한 하위요소(b-1-1, b-1-2, b-1-3, b-1-4)를 많이 개발해야 할 필요가 있을 것이다. 다음으로 통일지상주의자나 민족주의자 또는 반국가주의자들이 간과할 수도 있는 측면인데, 사실 군의 고유한 임무수행은 그 자체로서 통일을 지지하고 보장해 주는 전제가 되는 것이므로 이 분야에 대한 하위요소(b-2-1, b-2-2, b-2-3 등)의 개발에도 관심을 가져야 할 것이다.

이상의 논의를 총합해 볼 때, 군 통일교육이란 "국가·사회적인 통일교육의 보편성과 군 고유의 임무수행을 병행하면서, 군대 내에서, 군 관련 내용으로, 군인들을 대상으로 실시하는 통일교육"이라고 할 수 있을 것이다.

이렇듯 군 통일교육은 일반사회에서의 통일교육과 다소 성격이 다르다. 일반사회에서의 통일교육은 객관적 실체로서의 '북한 바로 알기'와 통일의 동등한 파트너로서 '북한과의 대화와 협력'에 초점이 두어진다. 군 통일교육은 군의 가장 큰 존재이유(raison d'être)인 국가의 안전보장과 밀접한 관련을 가져야 한다. 군 통일교육은 안보의식에 기반을 두면서 일반사회의 통일교육과 연계성을 갖고 통일을 이루어낼 수 있는 판단능력, 행동능력, 가치와 인식, 갈등처리능력 등을 배양할 수 있도록 해야 한다. 그 동안 통일교육은 일관된 지침 없이 반공교육, 안보교육, 통일안보교육 등 정권이나 통일환경 내지는 남북관계 변화에 따라 가변적으로 이루어져 교육현장에 혼란을 주었다. 이러한 실정은 군 통일교육에 있어서도 크게 다름이 없으며, 군 임무의 특수성에 입각한 군 통일교육 지침이 없이 일반 국민 대상의 통일교육의 지침에서 크게 벗어나지 않고 있다.

그런데 최근에는 안보를 중요시한다고 하면서도 소위 포괄적 안보(comprehensive security) 개념을 강조하면서 군사안보의 중요성을 과소평가하려는 경향이 사회 저변에 깔려 있는 듯하다. "국가의 안전보장과 국토방위의 신성한 의무를 수행함을 사명으로 한다"는 『헌법』 제5조의 시원적 정체성과 "국민의 생명과 재산을 보호한다"는 『군인복무규율』은 군대가 갖는 자체 정신에 그 바탕을 두고 있으며, 더욱이 "통일을 지향하고; 민족문화의 창달에 노력해야 한다"는 『헌법』 제4조와 제9조의 정신은 군인들로 하여금 안보의식과 통일의식이 갈등 없이 발현될 수 있음을 나타내주고 있다.

군대는 사회 내의 어느 집단보다도 조직화되고 규율화되어 있어서 특정 목적을 달성하는 데 큰 효율을 발휘할 수 있다. 장병들에 대한 효과적인 통일교육을 통해 통일국가를 대비하고 진정한 의식적·심리적 통합을 완성시키기 위한 노력과 통일 이후 민족공동체의 삶에 관한 자세를 확립할 경우 그 영향은 군 내부에만 머무르는 것이 아니다. 장병들이 군에서 통일에 대한 긍정적인 가치관과 태도를 함양할 경우, 이들이 전역 후 사회 전반에 미치는 영향력은 상당할 것이다.

군대의 입장에서 볼 때 통일교육은 사실 사치와도 같이 느껴진다. 통일교육이라고 하는 특별한 주제의 교육을 하지 않고 맡은 바 임무만을 수행한다고 해도 책망하거나 비난받을 일이 아니다. 하지만 군 통일교육의 충분한 당위성은 아니라고 하더라도 군대사회가 일반사회와의 연계 속에서 끊임없는 구성원들의 교류가 있다고 하는 점을 생각해 보면 그 당위성을 과소평가하여 맡은 바 임무만을 수행하겠다고 말할 수는 없을 것이다. 이 점이 바로 군 통일교육의 의의라고 할 수 있다.

2) 군 통일교육 영향요인

군 통일교육을 위한 사실상의 영향요인은 우선 단일 주체로는 국민으로부터 가장 많은 권위를 위임받은 대통령 요인이다. 둘째, 통일과 관련된 제반 업무를 관장하는 통일부 요인이다. 셋째, 안보·국방분야를 관장하는 국방부 요인이다.

첫째, 청와대에 의한 영향요인이다. 대통령의 통일과 관련된 의지와 입장 표명은 통일문제에 그대로 직결되는 가장 중요한 영향요인 중의 하나이다. 역대 정권에서도 이러한 사실은 여실히 드러났다. 현재의 참여정부에서도 이와 같은 점은 그대로 유지되고 있다. 최근 국가안전보장회의(NSC)에서 발간한 책자에 의하면, 참여정부는 국가안보전략으로 평화번영정책 추진, 균형적 실용외교 추구, 협력적 자주국방 추진, 그리고 포괄안보 지향 등 네 가지를 제시하였다. 그 중에서 군 통일교육을 위한 영향요인이라고 말할 수 있는 것은 첫 번째의 평화번영정책 추진과 관련이 있다. 참여정부는 평화번영정책을 추진하는 과정에서 다음과 같은 원칙을 제시하고 있다. 첫째, 어떠한 형태의 전쟁에도 반대하며, 모든 갈등과 현안은 대화를 통해 평화적으로 해결한다. 둘째, 서로를 인정하는 토대 위에서 상호 신뢰우선 원칙과 호혜주의를 추구한다. 셋째, 모든 한반도 문제는 남북 당사자 원칙에 기초한 국제협력을 통해 해결한다. 넷째, 국민적 합의를 토대로 '국민과 함께 하는 정책'이 되도록 한다(국가안전보장회의, 2004: 24).

국가안전보장회의 발행 책자를 통해서 본 현 청와대의 군 통일교육에 대한 시사는 '평화, 공동번영, 화해, 안정'등의 가치를 강조하고 있는 것으로 요약된다. 이를 교육내용에 구현하는 데 있어서는, 민족주의와 같은 가치주관적인 내용보다는 현재 상태를 그대로 상호 인정하면서 전쟁을 반대하고 모든 문제를 당사자 간의 평화적인 수단을 통해서 공동번영을 더 강조해야 할 것이다.

결국 이 요인에 의한 군 통일교육에 대한 시사는 군대에 대해 장병들에게 적개심을 강조하는 것보다는 평화의지를 더 강화해야 하며, 전쟁은 평화를 위한 수단에 불과하며, 일단 유사시에는 현재 상태의 안전을 보장하기 위해 최선의 노력을 다해야 한다는 것으로 이해할 수 있다.

둘째, 통일부에 의한 영향요인이다. 현행 통일교육의 총론적 지침은 대체로 통일문제의 성격,

북한이해의 관점, 통일 미래상과 통일준비의 3대 영역으로 구분된다. 통일부의 군 통일교육을 위한 기본적인 과제는 다음 몇 가지로 정리된다. 첫째, 군 통일교육은 민주사회 건설을 위한 올바른 국가관에 기초한 민주시민을 육성할 수 있도록 실시되어야 한다. 둘째, '선안보·후통일'논리의 당위성이 명확히 교육되어야 한다. 셋째, 확고한 대적관을 견지하는 가운데 포괄적인 안보교육을 지향한다. 넷째, 군 통일교육은 인간중심의 교육을 지향하면서, 체제 확산적이며 적극적인 방향에서 이루어져야 한다. 다섯째, 통일교육 자체가 민주적이어야 한다. 여섯째, 수요자중심의 통일교육을 실시하여야 한다. 일곱째, 불변요소와 가변요소의 적절한 균형교육을 실시한다.[1)]

이와 같이 통일부의 '통일교육지침'에 의하면(오기성 외, 2003), 군 통일교육은 우리나라의 모든 이념적 스펙트럼을 모두 포괄하려고 하고 있는 듯한 느낌을 준다. 특히 둘째와 셋째는 같은 맥락이기는 하지만 첫 번째와 상충되는 면이 있고, 넷째와 다섯째 등은 군대의 속성과 큰 관련이 없고 오히려 학교 및 사회 통일교육에서 강조되어야 할 것으로 보인다. 그 중에서도 특히 두 번째의 "'선안보·후통일'논리의 당위성이 명확히 교육되어야 한다"는 지침은 앞서 지적한 바와 같이 포함관계(또는 중요도)라기보다는 선후의 문제로 안보와 통일의 관계를 설명하는 논리이다. 이는 상기 일곱 가지 지침 중에서도 가장 애매모호하다. 상세한 내용은 다음과 같다.

> 안보와 통일의 상호 독립성과 우선순위 및 순차성에 대한 분명한 인식이 정립되어야 한다. 통일은 단순한 국가통합의 차원에서 해결될 문제가 아니라, 한민족 사회구성원 모두의 삶의 질을 높이는 데 목표를 두고 민족사회 구성원의 터전을 하나로 만든다는 것을 의미한다. 통일의 당위성은 북한 동포에게도 남쪽 사람들의 사람의 질을 나누어 갖게 하자는 이타적 동포애로부터 출발한다. 이러한 점에서 통일은 자유민주주의 체제 속에 북한 주민을 포용하는 방식의 통일이어야 한다.
>
> 아무리 통일을 원한다 하더라도 한국이 지향하고 있는 '모두가 자유롭고, 고른 복지를 누리며, 동등한 정치참여의 기회를 누리는'자유민주주의 체제를 포기할 수는 없다. 자유민주주의 기본가치는 통일에 선행하는 것이며, 통일의 목표가 되는 것이다. 통일이 포기할 수 없는 민족적 과제라고 해서 어떤 통일이든지 성급하게 받아들일 수 없으며, 그렇기 때문에 통일을 위해서는 우선적으로 공고한 국가의 안전보장이 전제되어야 하는 것이다. 경제력과 군사력 등의 힘이 뒷받침되지 않는 통일논의는 자유민주주의에 기초한 통일국가의 실현을 보장할 수 없다.
>
> 굳건한 안보와 남북의 교류협력은 평화와 통일로 나아가는 두 개의 수레바퀴이며, 굳건한 안보는 통일로 나아가기 위한 선행조건이다. 이러한 점에서 확고한 평화에서 의지와 안보가 뒷받침될 때 통일과업을 달성할 수 있다는 '선안보·후통일'논리의 당위성이 명확히 교육되어야 할 것이

1) 안보를 토대로 한 통일추구 모형.

다(오기성 외, 2003: 151).

이와 같이 현행 통일교육지침은 '안보'와 '통일'의 관계를 선후의 관계로 놓고, 안보를 선행되어야 할 조건으로 전제하고 통일을 달성해야 할 과제로 상정함으로써 가시적으로는 전자의 중요성을 높여주는 듯한 느낌을 주지만 실제로는 통일을 위해서는 안보가 전제되고, 희생되어야 한다는 느낌을 줄 수 있다. 또한 시간적으로 현존하는 두 개의 개념을 선후의 관계로 놓고 보는 것도 사실상 현실성이 낮다. 안보는 국가와 생멸을 같이 하는 것으로서 한순간 달성되었다고 해서 마지막까지 보장되는 것이 아니다. 국가의 안전을 보장받는 일은 순간이 아니라 지속적인 관계 속의 움직이는 시간 속에서 가능하다.

또한 기술방식에 있어서도 교육 내용, 방법, 이념 등이 복합적으로 섞여 있어서 정확한 실태파악에 근거한 통일교육의 추진이 용이하지 않은 듯한 느낌을 준다.

셋째, 국방부에 의한 영향요인이다. 국방부 차원에서 군 통일교육을 다루기 위해서는 연례적인 정신교육지침에 그 내용이 반영되어야 한다. 현재로서는 이 지침에 통일에 대한 구절이 일절 없는 실정이다. 다만 그 중점에서 다음과 같은 점을 강조하고 있을 뿐이다.

> 안보상황에 부응하는 장병 정신무장 강화를 위하여 교육내용 체계를 신병은 '국가관과 군인정신'함양에 중점을 두고, 장병은 '군인정신'과 '국가관'그리고 '안보관'확립을 중점으로 하여 이를 숙지 및 신념화함으로써 대적필승의 군인정신을 함양한다(국방부, 2004: 1).

국방부의 또 다른 자료에 의하면, 장병 정신교육의 방향을 제시하고 있는데, 그 내용은 다음과 같다.

> 장병 정신교육 방향은 먼저, 확고한 대적관을 확립하기 위하여 현재의 안보상황을 장병들에게 올바르게 인식시키고 변함 없는 북한의 위협 및 실체를 교육함과 아울러, 정부의 '평화번영정책'은 강력한 힘이 바탕이 되어야 함을 장병들에게 분명히 인식시키는 것이다. 아울러, 우리 안보의 기본축인 한·미동맹관계에 대해서 한·미동맹과 주한미군의 한반도 안보에 대한 역할을 충분히 이해시키고, 경제적·군사적 이익 등 주한미군 주둔의 필요성에 대한 인식을 제고시켜 확고한 한·미연합대비태세를 유지해 나가는 것이다. 또한 투철한 군인정신을 바탕으로 올바른 가치관 정립과 군인윤리에 기초한 건전한 직업관을 정착시켜 행동화하는 참군인을 육성하는 것이다(국방부, 2003b: 55).

이를 통해 볼 때, 현재 군 정신교육 계획자에게 있어서의 통일교육은 앞서 〈표 2〉에서 언급한 바 있는 '안보를 튼튼히 하는 것으로 통일교육을 대체'(b-2)하려는 입장을 견지하고 있는 느낌을 준다.

이렇듯 군 통일교육에 영향을 미치는 국방부 요인은 현실적으로는 가장 권위 있는 구속력이 있어야 함에도 불구하고, 통일부의 '통일교육지침'개발을 고려해 볼 때 다소 소극적인 것이 아닌가 하는 느낌이 든다.

전반적으로 군 통일교육에 영향을 미칠 수 있는 요인(=법령 등)들이 많이 있을 수 있겠지만, 대체로 청와대, 통일부, 국방부 요인을 관심 있게 살펴보았다. 상대적으로 국방부 자체적인 군 통일교육을 위한 노력이 요구된다. 그 구체적인 방식으로 통일부의 경우처럼, 외부 연구용역 형식도 고려해 볼만하다.

3. 군 통일교육의 변천과 현실태 분석

1) 군 통일교육의 변천

군대 내에서 장병들을 대상으로 하는 정신교육 중에서 특히 이념적인 성격이 강한 교육을 '정훈교육'이라고 말한다.[2] 앞서도 언급한 바와 같이 현재 우리 군내에서는 '통일교육'이라고 하는 독자적인 명칭의 교육과정이 없는 실정이다. 따라서 기존의 정신교육이나 정훈교육 내에서 이 분야와 관련이 있는 부분을 중심으로 연계하여 살펴보고자 한다. 또한 동시대의 이념교육을 담당해 왔던 학교교육에서의 통일교육에 대한 시대적 흐름을 간접적으로 살펴보고자 한다. 이는 군 통일교육에 대한 편린(片鱗)을 체계화하는 데 간접 참고자료가 될 수 있을 것이다.

우선 학교교육에서의 통일교육에 대해 탐색해 보고자 한다. 통상 교육과정에서 교육목표는 해당 교육의 이념을 담고 있기 때문에, 교육과정의 변천에 있어서 교육목표를 참고하고자 한다.

우리나라의 광복 이후 교수요목기부터 현재까지의 교육과정 개정에 있어서 도덕·윤리과에서 취급해 온 교육목표 중 통일관련 교육목표는 주로 멸공, 필승, 반공, 승공, 격멸, 애국애족, 분쇄,

2) 정훈교육이란 군내에서의 '정치훈련'(political training)을 담당하는 교육활동을 말한다. 정치학에서 말하는 정치사회화(political socialization) 또는 정치교육(political education) 등과 유사한 성격을 가진다. 현재 우리 한국군에서는 이 분야에 대한 전문적인 업무를 관장하는 정훈병과가 있다. 하지만 최근에는 정훈병과의 업무 분화로 인해, 정훈교육, 공보활동, 문화활동 등으로 3분화 현상이 매우 심화된 실정이다. 더욱 우려되는 것은 정훈병과의 정체성과 직결되는 교육기능이 탈냉전 이후 급격한 자기개발 노력의 부족으로 인해, 공보활동이나 문화활동 등에 비해 소홀히 다루어지고 있다는 사실이다.

민주주의 우월성 등의 용어에서 알 수 있듯이 전투적·정의적 입장을 고수하고 있다. 하지만 1981년부터 1992년(제4차 교육과정–제5차 교육과정)까지는 민주주의의 우월성을 바탕으로 사상적 역량 기르기, 분단현실에 대한 이해와 북한의 실상과 허구성 파악, 그리고 자유민주주의 체제의 수호를 통한 평화통일 등의 이데올로기 비판교육 내지 정신교육적 목표를 강조하고 있다. 이어서 통일교육기인 1992년(제6차 교육과정)부터는 인류공영, 민족공동체의식, 통일 이후, 세계시민 등을 강조하여 공동체 번영의 관점에서 교육목표가 설정되었다(권순환, 2004: 10). 학교교육에 있어서 시기별, 학교급별 통일교육의 목표체계는 〈표 2〉와 같다.

이와 같은 학교교육에서의 통일교육은 그 시대적 흐름의 분류기준에서 보는 바와 같이, 반공교육 → 통일·안보교육 → 통일교육 순으로 그 강조점이 변화하여 왔다.

한편 군 정훈교육의 역사는 그 시기에 있어서 약간의 전후 차이는 있겠지만, 대체로 정훈교육을 위한 기본교재 개정과 맥락을 같이 한다. 정훈교육의 교재는 많은 굴곡이 있었으나, 1976년 국방부 단위의 최초 교재 통일이 있기 이전까지는 특별정훈교육 교재로서 한시적으로 교육목적에 부합되게 제작, 활용되었다.

군 정훈교육의 기본교재는 1976년 12월 국방부에서 『국군정훈교정』이라는 최초의 국방부 단위의 교재를 발간하고 난 뒤, 1979년 제1차 개정으로 『국군정신교육교본(1·2·3부)』이 발간되었고 제2차 개정으로 1981년 개정본인 『국군정신교육교본』이 발간되었으며, 제3차 개정으로 1989년 개정본인 『정신교육기본교재』가 발간되었고 제4차 개정으로 1993년 『국군정신교육교본』이 발간되었으며, 1998년 『국군정신교육기본교재』가 발간되었으며, 그리고 최근에는 제5차 개정에 의해 1999년 연말에 『(정신교육기본교재) 위기극복을 위한 우리의 다짐』이 발간되었다. 이후의 정신교육 교재는 권위 있는 단권 형태의 교재양식이 아니라 계급별로 구분되어 개발되고, 국방일보를 통해 제공되는 등 일반 학교의 교과서에서 찾을 수 있는 형식미를 잃게 되었다. 이것이 교육의 성과에는 어느 정도 긍정적인 영향을 미치게 되는지에 대해서는 별도의 논의가 필요하겠지만, 가독성의 측면에서는 진일보했다고 볼 수 있다.

〈표 2〉 시기별, 학교급별 학교교육(도덕·윤리과)에서 통일교육의 목표

	교육과정	학교급별		
		초등학교	중학교	고등학교
반공 교육기	교수요목기 (1946–1954)	멸공 · 필승 신념 안전보장	반공사상 함양 정신무장	공산집단과 전쟁에서 승리하기 위한 체계적 반공교육
	제1차 교육과정 (1954–1963)	반공정신 고취 자유우방과 교류	애국애족 사상 고취 반공방일 정신 배양	애국애족 사상 고취 반공방일 정신 배양
	제2차 교육과정 (1963–1973)	민주주의의 우월성과 공산주의의 그릇됨 인식, 멸공통일 애국애족 태도 함양	국가, 민족 사랑과 민주주의에 대한 신념 갖기 공산침략 격멸, 세계평화 기여	공산주의의 모순과 허구성 인식, 침략 분쇄 결의 평화통일의 사명감 갖기
	제3차 교육과정 (1973–1981)	민주주의의 우월성과 공산주의의 그릇됨 인식, 멸공통일 평화통일의 태도	공산주의의 허구성 인식, 민주주의의 우월성 파악 공산침략 분쇄와 평화통일	공산주의의 기만성 분석, 비판 평화적 승공 민주 통일 신념
	제4차 교육과정 (1981–1987)	공산 침략 경계 민주주의 우월성 이해 평화통일의 신념	민주주의의 우월성 인식 공산집단의 도전에 대응 민주 평화통일에 이바지	공산주의의 도전 극복을 위한 사상적 역량 기르기 민주평화통일의 신념
통일 · 안보 교육기	제5차 교육과정 (1987–1992)	분단현실과 북한실상 이해 대한민국의 정통성, 우월성 이해 민주적 평화통일의 인류공영에 이바지	대한민국의 정통성과 우월성 깨닫기 북한의 허구성 비판 자유민주주의 체제 수호 발전의지 갖기	공산체제의 실상 파악 민주평화통일의 신념
통일 교육기	제6차 교육과정 (1992–1997)	민족적 사명감과 긍지 갖기 평화통일에 대비와 인류공영에 이바지	국가와 민족문화 사랑 통일의 과제 인식 민족 공동체 의식과 통일실현 의지 갖기	통일 이후의 바람직한 한국인상 이해 통일과업의 달성과 인류공영에 이바지
	제7차 교육과정 (1997–현재)	애국애족의 자세 분단의 현실과 남북한의 통일정책 및 과제 파악 통일 이후의 세계시민으로 능력 견지	애국애족의 자세 분단의 현실과 남북한의 통일정책 및 과제 파악 통일 이후의 세계시민으로서의 능력 견지	도덕 –애국애족의 자세 –분단의 현실, 통일정책 파악 –통일 이후 세계시민으로서의 능력 견지 시민윤리: 민족공동체 의식과 세계시민의 자세 확립 윤리와 사상: 민족공동체의 발전과 통일 이후의 민족국가 실현 전통윤리: 전통윤리에 나타난 국가 · 사회의 윤리적 규범 이해

출처: 교육인적자원부(2001), 권순환(2004:11) 재인용.

이와 같은 군 정훈교육 교재의 개정 변천사는 초·중등 교과서가 7차 교육과정 개정에 이르기까지의 변천을 보이고 있는 것에 비하면 정훈교육의 총 역사에 비해 상대적으로 적은 회수이기는 하지만 사실상의 교재통일이 되고 난 1976년 이후부터 24년 동안 총 다섯 번의 개정이 단행된 것이므로 교재수명이 평균 5년이 되지 않는다.[3] 특히 최근 1990년대에 들어서만 세 번이 바뀌는 것은 교육환경의 다변화를 반영하고, 장병 개개인들의 자아실현과 발달에 대한 관심보다는 가르쳐야 할 덕(virtue)이 더 중요하다고 판단하는 교육의 사회화 기능에 더 많은 관심을 갖고 진행되었기 때문으로 보인다.

이상의 논의를 토대로 볼 때, 군 통일교육은 학교교육과 거의 같은 교육목표를 지향해 왔지만, 철저한 안보중심의 정훈교육에서 볼 수 있듯이 통일교육에 대해서는 큰 관심과 교육적 열의가 부족한 것으로 평가된다. 그렇다고 해서 국가적 통일과업의 추진에 방해가 된 것은 아니었다. 즉 현재까지의 군 통일교육은 소위 '튼튼한 안보를 바탕으로 한 통일'의 역대 정부가 지향해 왔던 통일과업 추진의 대강을 벗어나지 않고 있으며, 앞의 논의에서 언급한 [그림 2]의 안보를 토대로 한 통일추구 모형과 '안보가 통일을 포함하는 형태'(=유형 Ⅳ)로 추진되어 왔던 것이다.

2) 군 통일교육의 현실태 진단

군 정훈교육은 군인정신, 국가관, 그리고 안보관 확립을 위해 부대 정신전력 극대화 및 대적필승의 자신감을 갖는 데 기여하는 것을 목적으로 한다. 따라서 군 통일교육은 튼튼한 안보를 바탕으로 통일국가 건설에 대비하고 이를 완성시키기 위해, 장병들에게 북한의 실체와 변화하는 남북관계 및 통일환경의 실상을 정확하게 이해시키고 남북관계를 미래지향적인 관점에서 풀어나가는 역량을 배양하는 데 필요한 가치관과 태도를 함양하기 위한 것으로 올바른 국가관, 안보관, 통일관 확립을 그 목표로 하고 있다.

〈표 3〉 대상별 군 정훈교육 목표

대상		교육목표
간부	영관장교	• 정신교육 지도 및 관리능력 구비
	위관장교	• 병 교육 및 지도능력 구비
	부사관	• 국가관, 군인정신, 안보관 확립
병사	신병	• 국가관, 군인정신 함양
	기간병	• 군인정신 함양, 국가관 확립, 안보의식 고취

출처: 국방부(2004: 2).

3) 이 연구 이후에 2013년도에 수정 간행된 바 있고, 이후 2019년도에 수정 간행될 예정이다.

그런데 현재의 군 정훈교육은 통일에 대한 사회의 관심과 열망에 비해, 통일을 공식적인 교육과정으로 흡수하지는 못한 상황이다. 국방부의 정훈교육을 위한 지침에서는 대상별 군 정훈교육 목표를 〈표 4〉와 같이 제시하고 있는데, 여기에서도 통일과 관련된 내용은 찾아볼 수 없다(〈표 3〉 참조).

현재의 군 정훈교육은 연간 시간편성표에 따라(〈표 4〉 참조), 기본정훈교재를 중심으로 하면서, 시대적 요청사항을 간헐적으로 교육하는 식으로 시간이 편성되어 있다. 특히 기본교재의 '군인정신', '국가관', 그리고 '안보관'은 군 정훈교육의 가장 중심적인 목표역할을 수행하고 있는데, 군 통일교육은 이 중에서도 국가관과 안보관과 직접적인 관련이 있다고 볼 수 있다.

〈표 4〉에서 제시된 시간편성 계획을 토대로 실제 교육은 매주 수요일 오전 '정신교육의 날'교육을 통해서 이루어진다. 교육운용은 전투부대 기준으로 주당 3시간을 기본으로 실시하고, 각 과목별 시간은 각급 부대의 실정을 고려하여 운용된다.

〈표 4〉 부대별 연간 정훈교육 시간

		부대별 시간			비고
		전투부대	기행부대	경계부대	
계		108	72	36	
정신교육 기본교재	군인정신	12	12	12	
	국가관	12	12	12	
	안보관	12	12	12	VTR 시청/기본교재 윤독, 발표 · 토의
시사안보 / 충효예		36	36	경계부대의 경우 별도 가용시간 활용	
단결 / 문화활동		36	기행 · 경계부대의 경우 별도의 가용시간 활용		

주: 부대별 구분에 있어서, '전투부대'란 교육·훈련 등의 일반적인 부대활동이 가능한 부대를 말하고, '기행부대'란 '기술'과 '행정'을 주로 하는 부대를 말하며, '경계부대'란 특수한 작전(예: 전방철책선 경계 등) 수행을 담당하는 부대를 말함. '시사안보'란 갑작스럽게 쟁점으로 부각된 안보사안에 대해 국방부 및 군의 입장에서 올바른 방향을 제시해 주는 교육적 활동을 말함. 다분히 이 교육은 군인정신이나 안보의식을 고취하고자 하는 데 초점이 두어져 있기 때문에, 화해와 협력을 위한 교육과는 거리가 멀다고 볼 수 있음.

출처: 국방부(2004: 21).

여기서 기본정훈교육은 반드시 1시간 이상 실시하도록 되어 있다 기본정훈교육은 매주 국방일보에 게재되는 기본교재를 활용, 전군이 동일한 내용을 실시하고, 부대훈련 등 기타 사정으로 해당 주 교육이 불가능할 경우 해당 과목에 대한 교육은 생략할 수 있다. 국방일보에 게재되는 기본교재는 기본정훈교육(50%), 가치관/충효예(25%), 시사안보 교육 및 주요 강조사항(25%) 등으로 구성된다. 기본정훈교육은 기본교재를 활용, 제대별 특성에 맞게 VTR 시청 후 윤독, 발표 및 결론 순의 진행을 원칙으로 하되, 각급 부대 실정을 고려하여 다양한 교육방법을 적용할 수 있도록 되어 있다. 교관용 정신교육 교재는 서론 및 결론을 제시할 때 참고자료로 활용된다(국방부, 2004: 7).

따라서 현재의 가장 권위 있는 정신교육 기본교재는 '국방일보'이다. 그런데 교재가 신문에 게재된 자료를 중심으로 꾸며져 있다는 것은 일반적인 교육현장에서는 장려사항이 아니다. 교과서는 해당 교육을 위한 일종의 상징적 권위를 가지고 있기 때문에 지질이나 형태, 삽화 등에 이르기까지 세심한 관심과 배려가 필요하다. 2004년의 경우, 국방일보를 통해 제공된 교육내용의 목차는 〈표 5〉와 같다.

〈표 5〉 국방일보에 게재된 기본교재 목록

주차	제목	주차	제목	주차	제목
1	나는 왜 군복을 입고 있는가	19	나는 왜 군복을 입고 있는가	37	나는 왜 군복을 입고 있는가
2	나는 왜 군복을 입고 있는가	20	우리가 만들어가는 국군의 역사	38	나는 왜 군복을 입고 있는가
3	군대는 사회와 어떻게 다른가	21	군대는 사회와 어떻게 다른가	39	군대는 사회와 어떻게 다른가
4	군인의 가치관과 행동규범	22	군인의 가치관과 행동규범	40	군인의 가치관과 행동규범
5	호국사상의 전통과 상무정신	23	호국사상의 전통과 상무정신	41	호국사상의 전통과 상무정신
6	참 군인의 길	24	참 군인의 길	42	참 군인의 길
7	자랑스런 우리의 역사	25	자랑스런 우리의 역사	43	자랑스런 우리의 역사
8	대한민국의 탄생과 정통성	26	대한민국의 탄생과 정통성	44	대한민국의 탄생과 정통성
9	나는 왜 자유민주주의를 수호해야 하는가	27	나는 왜 자유민주주의를 수호해야 하는가	45	나는 왜 자유민주주의를 수호해야 하는가
10	군복 입은 민주시민	28	군복 입은 민주시민	46	군복 입은 민주시민
11	통일시대의 전망과 대비	29	통일시대의 전망과 대비	47	통일시대의 전망과 대비
12	우리가 열어가야 할 조국의 미래상	30	우리가 열어가야 할 조국의 미래상	48	우리가 열어가야 할 조국의 미래상
13	인류의 전쟁은 왜 계속되는가	31	인류의 전쟁은 왜 계속되는가	49	인류의 전쟁은 왜 계속되는가
14	안보환경과 한 · 미동맹체제	32	안보환경과 한□미동맹체제	50	안보환경과 한□미동맹체제
15	우리의 적은 누구인가	33	우리의 적은 누구인가	51	우리의 적은 누구인가
16	북한 군사위협의 실체	34	북한 군사위협의 실체	52	북한 군사위협의 실체
17	끊임없는 대남도발	35	끊임없는 대남도발		
18	우리는 싸워 이길 수 있다	36	우리는 싸워 이길 수 있다		

주: 국방일보에 게재된 교육자료는 기본적으로 연 52주 중에서 18개 과목이 3회 반복적으로 편성되어 있으나, '끊임없는 대남 도발'과 '우리는 싸워 이길 수 있다'가 마지막 부분에서 생략되게 편성됨. 20주차의 제목이 '나는'대신에 '우리가'로 대체되어 있는 것을 제외하고는 일치하고 있음. 통일관련 교육은 11주, 29주, 47주에 편성되어 있음.

출처: 국방부 홈페이지(http://www.mnd.go.kr/cms.jsp?p_id=00211000000000) 토대로 『국방일보』(2003.1.1-12.31)를 기준으로 대조하여 보완함.

〈표 6〉 군 정훈교육에 있어서 통일교육내용의 비교

	11주차	29주차	47주차
교육 중점	왜 통일을 해야 하며 통일은 또 어떻게 대비해야 하는가를 이해하고, 통일을 위해서 우리 군이 해야 할 일이 무엇인가를 강조함.	–	분단국의 통일사례를 통해 우리 실정에 맞는 통일방법은 무엇이며 통일 이후 후유증을 최소화하기 위해 어떻게 통일을 준비해야 하고 우리 군은 어떤 자세를 가져야 하는가를 재인식하는 데 있음.
주요 내용 표제어	반세기만의 포옹 왜 통일을 해야 하는가? 통일은 어떻게 해야 할 것인가 아리랑을 합창할 날을 기다리며	통일의 상징 브란덴부르크 문 남북한 통일방안 비교 우리 정부의 통일노력 통일한국의 미래상 어떤 대비가 필요한가 통일시대 군의 역할	분단국 통일의 교훈 독일의 흡수통일 무력에 의한 베트남 통일 성급했던 예멘의 통일 통일의 교훈과 우리 군의 자세
교육 요지	통일의 당위성 – 인도적 차원 – 민족사적 요청 – 국제적 요청 통일한국의 미래상	–	분단국 통일사례 – 독일 / – 베트남 / – 예멘 분단국 통일의 교훈 – 무력에 의한 통일 경계 – 무분별한 협상 경계 – 국민적 통합역량 극대화 우리 군의 자세 – 정부의 '평화번영정책'을 뒷받침 하기 위한 자주적 선진국방 구현
토의 과제	통일의 당위성에 대하여 논의하여 보자. 통일로 인해 후유증을 겪었던 나라의 예를 발표해 보자. 통일시대를 대비하여 우리가 해야 할 일은 무엇인가?	–	분단국의 통일과정에서 우리가 얻을 수 있는 교훈은 무엇인가? 우리 정부의 평화번영정책에 대해 설명해 보자. 통일을 위해 우리 군은 어떠한 자세를 가져야 하는가.
참고 문헌	통일부, 통일교육기본지침서, 2003. 국방대, 통일과 무형전력, 2002. 국방부, 미래를 대비하는 선진 국군, 2001.	–	통일부, 통일교육기본지침서, 2003. 양창식 편, 배반당한 베트남 혁명, 도서출판 알파, 2002. 통일교육원, 통일문제이해, 1998. 통일부, 참여정부의 평화번영정책, 2003.

출처: 국방부 홈페이지(http://www.mnd.go.kr/cms.jsp?p_id=00211000000000).

〈표 5〉에서 보는 바와 같이 현행 군 통일교육은 연간 총 52주 중에서 3주를 할애하고 있으며, 내용은 같은 주제로 다루어지고 있다. 국방부는 이와 같은 교육진행을 국군교육훈련 이념 및 정훈활동 규정(국방부 훈령 제690호, 694호)에 근거하고 있다고 소개하고 있다(국방부, 2003a:활용지침). 그런데 3회 반복하게 되어 있는 교육내용도 약간의 변화가 있다. 통일과 관련된 11, 29, 47주차의 교육내용을 비교해 보면 그러한 변화를 발견할 수 있다(〈표 6〉 참조).

국방일보를 통한 자료 제공에 대해 필자가 공동연구원으로 참여하는 연구에서 이와 관련된 반응을 조사해 보았다. 반응은 국방일보에 대한 '활용도'와 '만족도'를 중심으로 살펴보았다(김병조 외, 2004:160-164). 우선 '귀하는 국방일보에 게재된 정신교육 자료를 어느 정도 효율적으로 사용하고 계십니까?'라는 질문에 대해, 국방일보를 통한 정신교육 자료에 대해 효율적으로 사용하고 있다는 입장(매우 효율적으로 사용 + 효율적으로 사용하는 편)이 44.3%로 그렇지 않다는 입장(효율적으로 사용하지 않는 편+전혀 효율적으로 사용하지 않고 있다)이 18.3%보다 많게 나타나 효율적으로 사용되고 있는 것으로 볼 수 있다(〈표 7〉 참조).

〈표 7〉 국방일보에 게재된 정신교육 자료 활용 효율성

	빈도	백분율(%)
매우 효율적으로 사용하고 있다	185	13.7
효율적으로 사용하는 편이다	415	30.6
보통이다	478	35.3
효율적으로 사용하지 않는 편이다	171	12.6
전혀 효율적으로 사용하고 있지 않다	80	5.9
잘 모르겠다	25	1.9
계	1354	100.0

다음으로 '귀하는 국방일보에 게재된 정신교육 자료에 대해 어느 정도 만족하십니까?'라는 질문을 했는데, 만족한다는 입장(매우 만족 + 만족하는 편)이 46.6%로 우선 그 시도는 긍정적이라고 할 수 있다. 다만 아직도 보통이라고 생각하고 있는 비율이 37.5%로 나타나 개선의 여지는 남아 있다고 보인다(〈표 8〉 참조).

〈표 8〉 국방일보에 게재된 정신교육 자료에 대한 만족도

	빈도	백분율(%)
매우 만족한다	153	11.3
만족하는 편이다	478	35.3
보통이다	508	37.5
만족하지 않는 편이다	92	6.8
전혀 만족하지 않는다	36	2.7
잘 모르겠다	87	6.4
계	1354	100.0

이상의 내용을 종합해 볼 때, 국방일보를 통한 정신교육 자료의 제공에 대해 활용도 측면에서는, 효율적이라는 비율(44.3%)이 비효율적이라는 비율(18.3%)보다 높게 나타나 대체로 효율적이라고 할 수 있다. 한편 만족도 측면에서는 만족한다는 비율(46.6%)이 만족하지 않는다는 비율(37.5%)보다 약간 높게 나타나 대체로 만족은 하지만, 활용도에 비하면 만족도는 약간 낮은 것으로 보인다. 여기에 대한 다양한 인구통계변인별 활용도와 만족도를 높일 수 있는 방안을 강구해야 할 것이다. 무엇보다 핵심적인 관건은 내용의 수준과 흥미의 수준을 동시에 만족시키는 것이다.

국방일보를 통한 자료의 제공과 동시에, 실제 교육을 담당할 교관을 위한 교관용 정신교육 교재도 개발되어 보급되고 있는데, 그 책자에 소개된 통일관련 내용은 다음 〈표 9〉와 같다.

이것은 현재의 군 정훈교육관련 교과편성 중에서는 가장 권위 있는 내용이지만, 내용의 면에서 볼 때 미흡한 점이 많다. 우리 정부의 대북한 통일을 위한 노력에 대한 기본적인 언급이 부재한 실정이며, 현 정부의 대북 통일정책의 정당성을 소개하고 홍보하는 내용으로만 편성되어 있다. 요컨대 현재의 군 통일교육은 이전 시기의 통일·안보교육으로서의 성격을 고수하고 있는 수준으로 평가된다.

〈표 9〉 군 교관용 정훈교재에 나타난 통일교육 개요

	내용요약	유의 및 강조점
교육목표	분단 고통 이해와 통일 필요성 인식	
교육중점	민족의 분단극복과 평화적 남북문제 해결을 위한 필요성 이해 평화번영정책을 추진해야 하는 당위성 인식 우리 민족이 나가야 할 바람직한 통일 방향 이해	역사적이고 시대적인 사명으로서의 통일의 당위성 인식

핵심내용	평화통일의 당위성 – 압제와 기아에서 북한주민 구출 – 민족국가의 전통계승으로 민족정기 회복 – 국제사회의 주역으로 발전 가능 대북정책의 세 가지 대안 – 봉쇄정책: 강경 대응으로 국제적 고립 유도 – 무관심정책: 의도적 외면으로 포기 유도 – 평화번영정책: 분단상황의 슬기로운 극복으로 평화적 남북통일 유도 평화번영정책의 필요성 – 군사적 긴장완화로 평화공존 실현 – 민족의 공동이익 극대화 통일국가의 미래상 – 남북한 이질감 극복과 동질성 회복 – 자유, 복지, 인간존엄성 보장 우리 군의 역할 – 굳건한 한 · 미동맹을 바탕으로 한 강력한 군사대비태세로 평화번영정책 뒷받침	민족분단의 슬기로운 극복을 위해서 평화번영정책의 필요성을 강조

출처: 국방부(2003a: 148).

4. 군 통일교육의 발전방향

군 정신교육의 주제는 국가 정신교육의 주제만큼이나 중요하고 또한 매우 포괄적이다. 군 정신교육은 과거 이념성향이 짙은 교육내용을 다루기보다는 인성교육의 성격이 매우 강하다. 따라서 군 정신교육은 일반 학교 및 사회의 보편성을 갖추고 있는 통일교육을 포용하여 교육될 수 있는 충분한 긍정적 요소를 갖추고 있다. 향후 군 통일교육의 발전방향은 군의 모든 교육에 적용하는 것이라기보다는 주로 병사들을 대상으로 하는 기본정훈교육을 중심으로 언급하고자 한다. 그리하여 그 언급의 방식은 현행 통일부의 통일교육지침에 포함된 군 통일교육지침의 가이드라인을 토대로 이를 발전시키는 방향으로 진행할 것이다. 발전방향은 국가적 수준, 군대적 수준에서 제시하고자 한다.

1) 국가수준의 통일교육 발전방안

군 통일교육은 사실상 군대만이 수행하는 것이 아니라, 국가적 수준에서 공감대가 형성될 때, 그 효과는 배가될 것이다. 이러한 점에서 국가수준의 통일교육을 위한 몇 가지 개선사항을 제시하고자 한다.

첫째, 건전한 민주시민교육을 위한 국가수준의 교육 프로그램을 개발해야 한다. 우리 한민족에게 있어서, 통일은 그 자체로서 목적이 아니라 한민족이 항구적으로 평화와 번영을 누리기 위해 현실적으로 달성해야 할 전술적 목표이다. 단지 그 목표 달성의 시기가 요원한 것으로 생각되기 때문에 원대한 전략적 목표로 오해되고 있다고 본다. 즉 통일은 한민족이 건전한 민주시민으로서 지향해야 할 현실적인 덕목 내지는 가치라고 할 수 있기 때문에 지나친 통일중심의 국민적 공감대 형성은 바람직하지 못하다고 본다.

따라서 국민들을 대상으로 하는 건전한 정신교육 프로그램을 개발하여, 통일준비, 통일과정, 통일 이후 단계에서 영향을 가져올 수 있도록 해야 할 것이다. 독일의 경우 군을 포함하는 국가수준의 정신교육 체계가 잘 구축되어 있었다. 이는 통일을 위한 사전 준비에서부터 실질적인 통일과정, 그리고 통일 이후 사람과 사람 간의 인간적인 통합분야에서 진가를 발휘했다. 또한 독일은 전국적 규모의 정당들이 통일문제를 주요한 정강으로 채택하여 국민들의 통일에 대한 관심도를 계도해 나갔다.

현재 우리나라에는 '자유총연맹', '재향군인회' 그리고 'YMCA' 등과 같은 전국적 규모의 크고 작은 단체들이 있다. 하지만 국가기관에서 주관하는 정신교육 프로그램은 전무한 실정이다. 이전 시기에 '새마을운동본부'가 있기는 했지만 요즈음은 유명무실한 실정이고, 그것조차도 과거시대 권위주의의 산물로 평가되고 있는 실정이다. 이에 대한 국가 차원에서의 대책이 필요하다.

둘째, 국가 통일교육 기본계획 수립시 불변요소와 가변요소를 종합적으로 판단하여 용어순화, 용어상의 통일, 그리고 기본대계가 유지될 수 있도록 하는 조치가 필요하다. 최근 통일부의 공식적인 기본지침서와 통일부 용역연구 보고서를 살펴보면 이러한 점은 여실히 드러나고 있다(〈표 10〉 참조).

사소한 내용이기는 하지만 여기서 '기본지침서'라는 용어는 '기본계획서'라고 하는 것이 좋을 듯하다. 왜냐하면 공식적인 공권력의 대상이 될 수 없는 '언론' 등이 포함될 수 있기 때문이다. 기본적으로 불변요소에는 목표, 지향이념, 기본내용체계 등이 심화토론을 거쳐 확정되어야 할 것이고, 각 분야별 지침과 지도방향에 대해서는 가변적으로 운용해야 할 것이다.

셋째, 국가수준의 통일교육 계획 수립시 가장 우선되어야 하는 요소를 설정할 때 가치(value)보다는 국가(state)에 초점을 맞추어야 할 것이다. 흔히 통일교육 계획을 수립·시행할 경우, 기본철학 내지는 지향이념의 기본적인 틀을 설정할 때 사상성이 강한 용어를 사용하는 경우가 있다. 이는 매우 추상적이라서 많은 논란이 일어날 수도 있다. 특히 현실적으로도 남북한 간에는 '민주주의'나 '평화' 등과 같은 아주 기초적인 용어에서조차 같은 이해를 나누고 있지 못한 실정이다. 따라서 자유주의, 민족주의, 평화주의 등과 같은 추상적 이념보다는 '통일은 대한민국의 항구적 안전과 번영을 도모하는 데 도움이 되기 때문'이라는 '안전과 번영'의 차원에서 상대적으로 평이한 설정이 더욱 현실적이라고 생각한다.

〈표 10〉 최근 통일교육 지침서 관련 체계 비교

	2003년 통일교육기본지침서	2003년 통일부 용역연구 (오기성 외, 2003)	2004년 통일교육기본지침서
장절 편성	Ⅰ. 목표와 과제 1. 통일교육의 목표 2. 통일교육의 과제	Ⅰ. 목표와 과제 Ⅱ. 기본적 가치철학	Ⅰ. 목표와 과제 1. 통일교육의 필요성 2. 통일교육의 목표 3. 통일교육의 실천과제
	Ⅱ. 내용체계 1. 통일의 필요성 2. 북한사회의 모습 4. 북한의 변화이해 5. 통일환경의 변화 6. 대북정책과 남북관계의 변화 7. 통일국가의 실현 8. 통일을 준비하는 우리의 자세	Ⅲ. 통일교육 총론적 지침 1. 통일문제의 성격 2. 북한이해의 관점 3. 통일미래상과 통일준비	Ⅱ. 내용체계 1. 통일문제의 이해 2. 북한의 이해 3. 북한의 변화 4. 통일환경의 변화 5. 남북관계 개선노력 및 국가안보 6. 통일국가의 목표와 방향 7. 통일을 위한 준비 자세
	Ⅲ. 지도원칙 1. 통일교육의 일반적 지도원칙 2. 통일교육의 대상별 지도방안	Ⅳ. 통일교육 영역별 지침 1. 학교 통일교육의 과제 2. 사회 통일교육의 과제 3. 군 통일교육의 과제 4. 언론의 통일교육적 역할	Ⅲ. 지도원칙과 실천방향 1. 통일교육의 지도원칙 2. 통일교육의 실천방향 3. 지도상 유의사항

넷째, 국가안보에서 군사안보에 대한 중요성을 간과해서는 안 된다. 오늘날 포괄적 안보라는 개념의 등장으로 인해 환경안보, 경제안보, 전력안보, 에너지안보, 인간안보 등의 다양한 안보의 개념이 등장하고 있지만, 사실은 군사안보가 가장 중요한 위치를 점하고 있다. 예컨대 환경안보를 실제로 구현하기 위해서는 '환경부' 직원들과 청소부들이 이 문제를 해결할 수는 없다. 그렇다고 TV 어린이 프로그램에서나 나옴직한 '환경전사 젠타포스'가 우리나라의 환경안보를 지켜줄 수도 없는 형국이다. 그런데 군사안보는 군대라는 고유한 공동체와 군인이라는 고유한 구성원이 있다. 또한 군사적 안보를 위해서는 가장 소중한 목숨도 잃을 수도 있다. 이러한 이유 때문에 군사안보는 국가의 안전보장에 있어서 가장 중요한 위치에 있다고 할 수 있는 것이다. 더 나아가 그 나라 군대를 사랑하고 소중히 여기는 것은 국가의 안전보장을 위한 첩경이라고 할 수 있을 것이다.

따라서 국가의 항구적인 평화와 번영을 위해 통일이 필요하다면, 현재와 미래의 국가의 안전을 보장하고자 하는 군사안보가 필수불가결한 것이라고 할 수 있다. 이는 곧 국가안보에 있어서 군사안보의 중요성을 말해 주는 것일 뿐만 아니라 통일이 국가의 안전보장(=안보)보다 더 중요하고, 더 범위가 넓다고 말할 수 없는 근거이기도 하다.

다섯째, 국가의 안전보장을 위해 '고정적인 위협세력'(=적 개념)에 천착하는 사고를 지양해야 한다. 어떤 생명체가 안전을 보장받기 위해서는 상황과 여건에 따라 많은 변화를 도모해야 한다. 예를 들어 깊은 산중을 걸어가는데 독사(毒蛇)를 보게 된다면 재빨리 도망가는 것이 자신의 안전을 보장받는 첩경일 것이다. 한편 폭풍우가 휘몰아칠 때에는 밖에 나가기보다는 집안에서 조용히 기다리는 것이 자신의 안전을 도모하는 일일 것이다. 이와 같은 외부의 실체적 적대세력에 의해서 안전이 위협받는 경우도 있을 수 있지만, 자신의 게으름이나 과도한 사고와 행동에 의해 안전을 보장받지 못하는 경우도 있다. 이와 같이 안전보장은 매우 탄력적이고, 다양한 변화를 요구한다.

따라서 현재 우리나라의 일부 사람들이 특정의 '고정적인 적 개념'을 상정하고 거기에만 대응하면 된다고 하는 안보의식은 지양해야 할 것이다. 물론 여기에는 비용요소가 많이 작용하고 있지만, 사고의 유연성을 더욱 적극적으로 발휘해야 할 것이다.

2) 군대수준의 통일교육 발전방안

군대 내에서의 통일교육의 발전을 위한 방안으로 다음 몇 가지를 제안하고자 한다.

첫째, 통일의식이 군인으로서 갖추어야 할 올바른 의식 중에 어떻게 위치해야 하는지에 대한 당위적 방향을 조속히 설정해야 할 필요가 있다. 필자는 군인정신 재정립을 위한 기본 틀을 다음 세 가지로 설정하고자 한다. 즉 ① 군인이라면 마땅히 갖추어야 할 가치(핵심가치), ② 핵심가치를 보조해 주는 가치, ③ 군인으로서 갖추면 도움이 되는 가치(주변가치)로 구분하였다. 이 중에서 군내에서의 통일교육은 군인으로서 바람직하게 갖추어야 할 가치 중에서 '군인으로서 갖추면 도움이 되는 가치'(=주변가치) 중에서 '시대관'의 영역 속에 포함할 수 있다. 즉 군인은 국군의 가장 중요한 구성원이고, 그 국군은 국가로부터 정체성을 부여받는 것이기 때문에, 군인에게 있어서 '통일'이라는 과업이 자신들의 고유한 임무가 되지 않는 한 핵심가치의 위치를 점할 수는 없는 것이다.

둘째, 연례적으로 수립·시행되고 있는 군 정훈교육계획 속에 통일교육 내용을 포함해야 한다. 이는 국방부 자체적으로도 할 수 있고, 통일부의 협조요청에 의해 국방부에서 추진할 수도 있을 것이다. 이를 위해서는 현재의 통일부에서 연례적으로 발행하고 있는 '통일교육기본지침서' 속에 군 통일교육 분야를 언급해야 한다. 국방부는 이를 토대로 실제 교육계획 수립과 각종 교재 제작 및 참고교재 선정시 참고해야 할 것이다.

셋째, 국방부 차원에서 정훈활동에 대한 연구와 교육을 전담하는 기구를 조속히 복구해야 한다. 우리 한국군의 정신교육 전담기관은 현재로서는 사실상 부재한 실정이다. 1979년 고 박정희 대통령의 지시에 의해 '국군정신전력학교'가 창설되고, 이후 직제 개편에 의거 '국방정신교육원'으로 개명되고, 급기야 1999년에는 조직 자체가 해체되어 2000년에는 국방대학교의 1개 처(=정신교육처) 수준으로 감소 편성되었다.[4] 또한 연구기능은 현재 국방대학교 안보문제연구소의 1개 실(=정신전력연구실)에서 수행하고 있으며, 전문연구지(=정신전력연구)는 창간호의 명맥을 겨우 유지하고 있는 실정이다. 이와 같이 기존 조직 중에서 폐지된 기능 중에서 현재 다른 조직에서 다시 그 기능을 수행하고 있는 국방대학교 내의 '국방정신교육단'[5]과 최근 논의되고 있는 '국방리더십센터', 그리고 육군종합행정학교의 정훈학처 등의 기능은 과거 국방정신교육원의 기능이 오히려 방만해지는 역기능을 초래하고만 실정이다. 사실상 국방정신교육원이라는 기구의 기관장 자리 하나를 폐지하는 결과 이상의 효과를 기대할 수 없다고 보인다. 이러한 상황은 국방 정신교육을 전담하는 기구의 복구를 위한 충분한 필요조건이 된다고 판단된다.

넷째, 통일대비 군 전문요원을 양성해야 한다. 통일은 현재 우리 한국의 입장에서 볼 때, 가장 중요한 국가적 사업 중의 하나이다. 따라서 통일교육이라는 별도의 상징성이 있는 교육의 필요성은 매우 높다. 그렇지 않고 다른 교육과정의 일부 과목군(群) 중의 하나로 생각하게 된다면, 완전한 통일을 이루는 것은 상당히 어려울 것이다. 선행연구를 토대로 통일대비 군 전문요원 양성 교육과정 시안을 마련해 보았다(〈표 11〉 참조).

다섯째, 군인에 대한 정치교육이 필요하다. 우리나라 『헌법』에 명시된 것처럼 군인은 정치적 중립을 지켜야 한다. 하지만 군인이 정치적 무지를 지켜야 한다는 말은 없다. 군인이 정치적인 의식을 갖고 있다는 것은 국가정치의 향방을 잘 이해하고, 중간단계의 지휘관을 통해서 자신에게 부여된 명령을 제대로 이해할 수 있는 안목을 갖게 되는 데 큰 도움이 된다. 독일의 군사통합과정에서도 급변하는 통일상황 속에서 거기에 합당한 정확한 지침이 주어진 것이 아니었다. 고급간부에서부터 초급간부에 이르기까지 모든 군 간부는 군 정신교육센터에서 최초에 공감을 갖고 전수받은 정치적인 의식을 토대로 언론매체 등을 통해 얻게 되는 정치적인 상황에서 스스로 판단할 수 있었다. 정확한 개념을 가진 상태에서 중립성이 보장된 정치적인 인식과 판단은 전반적인 국가통일의 과정과 맥을 같이 할 수 있었고, 또한 그 실패율도 낮출 수 있었던 것이다. 현재 우리 군의 경우 정치적 중립성을 지키는 것이 정치적 무지를 견지하는 것으로 오해되어서는 안 될 것이다. 고도의 정치의식은 오히려 군사분야에 있어서 정치인들을 설득하고 리드할 수 있을 것이다. 하물

4) '정신교육처'는 이후 국방대학교의 '정신교육부'라는 이름으로 잠정 운용되었으나, 최근에 직무연수부 예하 1개 처(=정신교육처)로 하향 조정되어 편제화되었다.

5) 이 국방정신교육단은 야전 장병들을 대상으로 하는 순회정신교육 전문강사와 정신교육용 교재 집필을 위한 집필위원으로 편성되어 있다.

〈표 11〉 통일대비 군 전문요원 양성 교육과정(시안)

영역	교육과정	주요 내용	시행처	협조처
한국군의 규범과 임무	군인복무규범	병역법, 군법 『군인복무규율』	국방대학교 (직무연수부 정훈교육처)	국방부 법무관리관
	병영생활	사기, 복지, 근무 군대예절	〃	국방부 인사복지국
	한반도 안보현실과 군의 임무	군의 사명과 임무 한국군의 편성 한반도 주변상황	〃	국방부 정책기획관
북한군 심리분석	주체사상 내면화 실태분석	주체사상 학습체계 사회분야별 주체사상 내면화 실태 사회집단별 내면화 차이	〃	국방정보본부
	북한군 근무실태	지휘체계 인사관리 군의 근무일반	〃	〃
	귀순용사와의 대화	귀순 후 인식의 변화	〃	〃
민족동질성 형성	민족사의 재인식	남북한의 역사인식 북한의 역사왜곡 실태 남북한 역사의 동질성	〃	국방부 정훈기획관
	민족문화의 재발견	전통문화와 민족정신 남북한의 민속놀이 남북한의 세시풍속	〃	〃
	언어와 민족정신	남북한의 언어정책 남북한 언어변동의 특성 남북한 군사용어 비교	〃	〃
	통일조국의 미래	삶의 조건, 어제와 오늘 민족저력의 활성화 통일조국의 역사적 의의와 과제	〃	〃
체제적응 교육	민주시민교육	민주주의 정치체제의 특성 한국의 정치체제 민주시민의 자세	〃	〃
	자본주의 경제체제	자본주의 시장경제의 원리 경제성장과 복지 한국의 근로정책	〃	〃

출처: 장경모(1996: 151-152)를 참고하여 보완함.

며 국가의 매우 중요한 과업인 통일과정에서 군사통합은 그 승패를 좌우할 만큼 중요한 의미를 가진다. 여기에 군인들의 정치적 의식이 기여해야 된다는 것은 자명한 이치이다. 우리의 군사통합 과정에서는 이러한 점이 간과되어서는 안 될 것이다.

여섯째, 이상의 논의를 토대로 통일교육을 포함하는 군 정훈교육 체계를 구축해야 할 것이다. 교관용 정훈교육교재에 의하면, 군 정훈교육에서 통일교육은 '군인정신'과 '국가관' 그리고 '안보관'의 세 개 영역 중에서 국가관 영역에서 다루어지고 있다. 그런데 안보관은 엄밀히 보면 국가관에 포함될 수도 있으며, 세 요소 중에서 군인정신은 덕목인 반면에 국가관과 안보관은 '가치에 이르는 관점'(=가치관)이라고 할 수 있으므로 같은 범주에 있지 못하다. 차제 군의 정체성과 밀접한 관련 속에서 이 분야 구분을 재설정할 필요가 있다. 즉 국가관, 군대관, 군인관으로 구분해 볼 수 있을 것이다. 본 연구에서 다루고 있는 통일문제는 기존 영역으로 본다면 국가관에 가장 적합할 것으로 보이지만, 군의 고유임무수행과 대비해 볼 때 그 비중이 낮다. 따라서 여러 가지의 다른 관점 등을 다시 묶어서 '시대관'이라는 관점을 새롭게 상정할 필요가 있다. 이렇게 하여 통일교육을 포함하는 전반적인 군 정훈교육의 대강을 제시하면 〈표 12〉와 같다.

〈표 12〉 통일교육을 포함한 군 정훈교육 체계(시안)

			요망수준			주(主) 교관	교육수단/자료	교육내용
			정도	통일 의식	통일정책/ 분단국통합사례			
계급별	병사	신병	초보이해	○		중대장	신병교육교재	국가관 – 애국심 군대관 – 명령과 복종 군인관 – 사생관 시대관 – 한미동맹 – 통일의식 – 분단국 통합사례 등
		기간병	이해, 신념화	○		중대장	국방일보 게재 자료	
		전역병	정리, 사회적응	○		정훈장교	–	
	부사관		신념화 (사례위주)		○	대대장이상, 교관	정신교육 교재 (교관용)	
	장교		신념화, 교관화		○	대대장이상, 교관	정신교육 교재 (교관용)	
부대별 (병사 중심)	전투부대		이해, 신념화	○		중대장	국방일보 게재 자료	
	기행부대		이해, 신념화	○		중대장	국방일보 게재 자료	
	경계부대		이해, 신념화	○		소대장	국방일보 게재 자료	
간부교육 (장교 중심)	양성교육		이해		○	학위교육, 훈육관	학위교육교재, 훈육	
	초등군사반 (소위)		신념화, 교관화		○	교관, 훈육관	정훈교육, 훈육	
	고등군사반 (중–대위)		신념화, 교관화		○	교관, 훈육관	정훈교육, 훈육	
	각군대학 (소령급)		신념화, 교육과정설계		○	교관	정훈교육	
	합참대학		신념화, 교육정책수립		○	교관	교재	
부대교육	기본정훈 교육		이해, 신념화	○		중대장	VTR테이프/ 국방일보 게재 자료	
	시사안보 교육		시사이해, 신념화	○		중대장	국방부 자체 및 획득자료	
	간부교육		신념화, 교관화		○	대대장이상	정신교육 교재 (교관용)	
	정신교육단 순회강사 교육		개념이해, 신념화	○		국방대학교 순회강사	강연	

V 맺음말

본 연구는 군대 내에서의 통일교육을 바르게 추진하기 위한 토대를 마련하기 위한 데 그 목적이 있다. 현재 군 통일교육은 사실상 교육이 되고 있음에도 불구하고 교육과정에 '통일'이라는 주제가 공식적으로 편성되어 있지 못한 실정이다. 또한 통일부는 외부용역 보고서에서 군 통일교육에 대한 부분이 포함되어 있었음에도 불구하고 시간상의 제약이 있었겠지만, 2004년도 통일교육 기본지침서에는 이를 포함하지 않는다.

본 연구에서 군 통일교육을 정초하기 위해 필자가 전제한 것은 국가의 존속을 가장 원초적으로 지지하고 희구하는 '안보의식'은 모든 국가 내의 가치의식을 위한 출발점이라는 점이다. 따라서 통일이 국가적 대과업이기는 하지만 상황에 따라서 평화공존이 더 좋은 국가정책이 될 수도 있다는 점에서 통일에 대한 가치의식(=통일의식)은 안보의식의 범주를 넘어설 수 없다는 점을 강조하였다. 이와 같은 대전제를 기초로 하여, 현실적으로 군 정훈교육 내에서 통일교육을 구현할 수 있는 방향을 제시하였고, 이를 구체화할 수 있는 모델을 시안으로서 제안하였다.

따라서 군의 통일교육은 특정 정권의 통일정책과 그 치적을 홍보하는 데 초점을 두어서는 안되며, 국체(國體)의 차원에서 정권중립적인 방향으로 추진해 나가야 할 것이다. 결국 안보를 튼튼히 하는 그 자체는 통일뿐만 아니라 국가적인 모든 분야의 장·단기적, 전략·전술적인 정책의 수립과 집행에 전제가 되는 것이므로, 군 정훈교육에 있어서 안보의식에 위해가 초래될 정도의 통일의식의 교육은 삼가야 할 것이다.

제 9 장

군 공보활동

MILITARY ETHICS

I 머리말

현대 민주 사회를 일컬어 대의제 사회(Representative Society)라고 한다. 이는 국민 또는 시민의 뜻을 대신하여 그 권력을 위임받은 대리인(정치인)에 의해 조직체가 움직여지는 정치 제도를 말한다. 이때 조직체의 구성원들은 권력을 위임받은 대리인들이 제대로 활동하는지 여부를 알아볼 수 있는 권리가 있다. 이를 '알 권리(right to know)'라고 하는데, 그 과정에서 구성원들의 알 권리를 충족시켜줄 수 있는 주체이기도 하며 도구이기도 한 것이 바로 언론(Media)이다.[1] 우리나라에서도 『헌법』 제21조 제1항에 '모든 국민은 언론, 출판의 자유와 집회, 결사의 자유를 가진다'고 명시함으로써 국민의 알 권리를 보장하고 있다.

그래서 우리는 언론을 사회 구성원들의 알 권리를 충족시켜주는 역할을 해야 하는 고유한 기능을 수행하는 기구로 인식하고 있다. 언론은 이러한 과정 속에서 시민들의 견제와 지지를 전달해주고, 그 시민들의 권리를 대리 행사해주는 기구, 즉 권력 기관들의 공지 사항뿐만 아니라 정책에 대한 비판과 전달 기능도 동시에 수행하고 있다. 요컨대 언론은 의사소통의 창구(the gate of communication) 역할을 수행한다고 볼 수 있다. 나아가 언론은 사회 비리와 인권 유린의 실태를 시민과 국제 사회에 고발함으로써 독자적인 권위를 더해가고 있다.

하지만 이러한 과정에서 언론에 종사하는 사람들, 특히 취재 기자와 편집인들의 개인적 문제와 언론사 자체의 문제로 인하여 이미 인지된 사실에 대해 곡필한다든지, 아니면 일정 기간 보도를 유보한다든지 하여 언론 독자적인 조정 작업이 있게 되는데, 이 과정에서 의사소통의 고유한 창구 역할을 할 것으로 믿고 있던 사회 구성원들로부터 불신이 제기되기도 한다. 심지어는 언론사 자체에서도 문제를 제기하는 사례도 있다.

이러한 언론의 고유한 기능에 대한 비판은 『헌법』이나 법률에 명시된 규정을 위반하지 않더라고 일반 시민들 간의 이익에 편파적인 보도가 될 수도 있으며, 정부 당국과 결탁하여 정치적인 세력으로 전락할 수 있는 가능성을 동시에 내포하고 있다. 그래서 제기된 것이 바로 언론의 윤리 강령이다.

우리나라에서도 신문의 경우 신문편집인협회의 조직과 더불어 신문 윤리 강령이 있으며, 방송

---

* 이 장은 저자의 선행 연구를 보완·발전시킨 것이다. 박균열, 『국가안보와 가치교육』, 철학과현실사, 2004, pp.248-283.

1) 국방부, 『언론 환경 변화에 따른 군 공보 활동』, 1992, p.29: '알 권리'는 1783년 영국 토오리당의 지도자였던 William Windham(1750-1810) 경에 의해서 처음 사용되었는데, 이후 사회과학적 용어로 보편화되고, 이후 정치가에 의해서보다 언론인에 의한 언론 자유의 가장 기본적인 개념으로 사용되고 있다.

또한 방송윤리심의위원회의 규정에 의해 신문과 방송 모두가 윤리적인 실천 요강을 갖고 있다고 하겠다. 그러나 신문과 방송의 윤리 문제는 끊임없이 제기되고 있다. 윤리 강령은 국민의 신뢰를 바탕으로 공익에 충실하게 봉사하는 언론의 사회적 책임을 강조하고 있으나, 언론이 그런 책임에 부응하는 구체적 실천 과제에서 여러 가지 미흡한 평가를 받고 있음은 부인할 수 없을 것이다. 이러한 지탄을 불식하고자 언론사 내외적인 요청에 의해 윤리 강령이 제정되는데, 이는 보도 과정에서 올바른 태도를 견지하고 있는지, 타인의 명예와 자유를 충분히 존중하고 있는지, 품격과 독립성을 유지하는 데 부족함이 없는지를 언론 스스로 반성하기 위한 노력에서 비롯되었다고 해도 과언이 아니다.

이는 곧 보도 과정에서의 객관성을 유지하기 위한 노력이 바로 타인에 대한 배려를 적극적으로 실천하기 위해 사회적인 책임을 완수하려는 언론사 스스로의 윤리적인 노력이라고 할 수 있다.

하지만 언론의 취재 대상이기도 하면서, 국민들의 권한을 위임받은 권력의 집행 기관이기도 한 정부의 공보(Public Affairs) 기능은 지금까지 그 활동에서 기법(Technique)과 효율성(Efficiency)에 더 많은 비중을 두고 있었다. 이러한 논리는 공보 활동도 권력 기관이 행하는 많은 기능, 즉 입법과 사법, 그리고 행정과 같은 포괄적인 권력 행사 중 조그마한 부분에 지나지 않다고 보는 데서 비롯된다. 그래서 공보 활동은 별도의 윤리적 시각으로 바라보아야 할 이유가 없었던 것이다. 굳이 윤리적 문제가 발생된다면 그것은 공무원으로서 행해야 할 일반적인 '공직자 윤리'속에 포함되어 공복으로서 가져야 할 '불편부당하고 공정무사한'행동만 하면 된다고 하는 논리로 이해됐던 것이다.

군대 또한 군대윤리와 군인정신을 바탕으로 업무를 진행하면, 공보 활동도 별도의 윤리적인 사고가 필요하지 않다고 생각했던 것이다. 그리하여 군대에서의 공보 활동은 일반 권력 기관이 하는 공보 활동의 범주에 크게 벗어나지 않으면서 소위 기법과 효율성의 측면에서 그 기능이 수행되어 왔다고 볼 수 있다. 현재의 국방부 훈령의 '국방 공보 활동'이나 '국방 공보 활동 지침'에서도 이러한 범주 속에서 공보 활동의 개념과 공보 활동의 구분을 하고 있으며, 정상 범주의 공보 활동이 아닌 특별한 사안 — 예컨대 지난 1996년 9월의 강릉 무장 공비 침투 사건 등 — 에 대해서는 제기된 문제점들을 보완하여 공보 활동의 기본 내용에 이를 보완하여 그 활동 지침으로 규정하기도 한다.

공보 활동에 대해 윤리적으로 접근한 사례는 학계의 경우 거의 손을 꼽을 정도다.[2] 군과 언론

2) C. C. Fink, 홍수원·이왈수 편역, 『언론 윤리』, 한국언론연구원, 1995, pp.41–42:여기에서 랠프 포터 박사의 하버드대 박사 학위 논문(1965)을 개략적으로 소개하고 있다. 여기서 언론 결정에 영향을 미치는 요인들을 제시하고 있다.

의 관계에 대한 논문[3]도 간혹 접할 수가 있다. 그러나 국내외를 막론하고 정부 또는 군의 공보 활동에 대한 윤리적 접근은 발견할 수가 없다.

본 논문에서는 바로 이러한 점, 즉 군대가 갖고 있는 고유한 기능을 수행하는 데 국가 수호와 국민의 생명과 재산을 보호해야 할 군의 고유한 사명, 그리고 군인으로서 갖추어야 할 군인정신만으로는 해결할 수가 없는 군 공보 활동을 일회성의 기법이 아닌, 원천적이고 윤리적인 문제로 접근해보아야 할 필요성이 있다는 점을 제기하고, 그 타당성을 규명하고자 한다.

그 이유는 첫째, 언론의 취재 대상이기도 한 군대는 정작 언론사에서는 윤리적 강령이라고 하는 윤리적 지침 하에서 윤리적 시각으로 취재 과정을 인식하고 그 책임을 다하고자 하는 노력을 하고 있음에도 불구하고, 유관 정부 기관에서는 이러한 노력을 할 준비도 되어 있지 않고 그러한 노력을 하지 않고 있음에서 비롯된다.

둘째, 군 구조와 기능의 복잡화에서 찾아볼 수 있다. 어떤 행위의 장(場, Gestalt)에서 행위자와 그 대상자 간에는 끊임없는 의사소통이 이루어진다. 국방부는 1994년, 일일 프레스 브리핑 제도를 만들었으며, 지금은 이것이 정례화하고 있다. 좋은 발전이라고 할 수 있다. 물론 시행착오도 많이 겪었다. 대체로 그 문제 사안마다 해결책을 면밀히 분석하여 신속하고도 정확한 대응을 하기 위한 노력을 많이 해왔다. 그야말로 국방 공보 관계자들은 매순간마다 최선의 대안을 마련하고자 지금도 노력하고 있다. 하지만 복잡 다양한 사회 및 안보 상황의 변화는 더욱 근본적인 공보 방안을 필요로 하고 있다. 그것은 하나의 전략인 것이다. 바로 윤리적인 시각에서 그 기준을 찾고, 다양한 변화에 대응해야 하며, 그렇게 될 때 그 효과는 극대화될 것으로 생각한다.

이러한 필요성을 바탕으로 본 논문에서는 군 공보 활동을 윤리적인 시각에서 볼 수 있다는 점을 밝히고자 한다. 이는 공보의 윤리적 접근이 좀 더 전략적이고 근본적인 군 공보 활동의 근간이 될 수 있다는 필요성에서 비롯된 것이다. 본 논문에서 밝히고자 하는 구체적인 내용은 다음과 같다.

첫째, 군 공보 활동에 대한 윤리적인 접근이 왜 필요한지에 대한 전반적인 검토를 할 것이다.

둘째, 이러한 검토 아래 윤리적 접근의 타당성이 입증된다면, 어떠한 윤리적인 틀을 바탕으로 해야 할 것인지에 대해서 알아볼 것이다.

마지막으로 이러한 토대를 바탕으로 공보 활동의 공간을 공동체 윤리(Communitarian Ethics)에 입각해서 그 체계화를 모색해보고자 한다.

---

3) 앨런 후퍼, 차영구 역, 『軍과 미디어』, 국군홍보관리소, 1999:저자 후퍼는 이 책의 서문에서 군과 언론 간의 관계에 대한 연구를 주제로 다룬 것은 최초의 업적이라고 자평하고 있을 정도로, 군과 언론에 대한 권위 있는 국제적인 연구 논문은 미미하다고 볼 수 있다.

Ⅱ 공보 활동과 언론의 변화

1. 공보의 개념과 유사 개념

'허친스(Hutchins)보고서'에서도 제시한 바와 같이 언론은 정부 조직이 어떤 일을 하는지 알릴 사항이 있을 때는 적극적으로 알릴 필요가 있다고 했다.[4] 이때 '무엇인가를 알려준다'는 말은 공보(公報)·홍보(弘報) 그리고 보도(報道)의 세 가지 단어 속에 혼재되어 있기 때문에 우리는 그 정확한 의미를 확인해볼 필요가 있다.

국어사전적인 자의적 의미는 우선 홍보란, '일반에게 널리 알림. 그 보도·소식'이라고 말한다.[5] 공보란 '관청에서 국민 일반에게 널리 알리는 보고'라고 규정하고 있다. 그리고 보도란 '국내외에서 생긴 일을 전하여 알리어줌. 또 그 알림'이라고 정의하고 있다.

사전적인 의미로 보았을 때, 홍보·공보에 비해 보도는 확연히 구분된다. 즉, 보도는 언론 매체에서 행하는 기능으로 받아들여지는 데 비해, 홍보와 공보는 그 주체의 구분에서 관청에서 행하느냐 아니냐에 따라 구분되고 있다.

정부에서 나온 홍보 관련 책자에서는 홍보·공보·보도의 정의를 우리 사회의 통념과 사전적 의미, 그리고 외래어의 개념 등을 종합하여 다음과 같이 정의하고 있다.[6]

첫째, 홍보는 공중 관계를 원활히 하기 위한 모든 커뮤니케이션 활동을 말한다. 홍보는 가장 넓은 의미의 '널리 알리는'활동으로서 정부 홍보·기업 홍보·단체 홍보 그리고 개인 홍보 등이 모두 이에 해당된다.

둘째, 공보는 정부나 지방자치단체 등 공공 기관이 주체가 되어 공공의 목적으로 국민 일반에게 '널리 알리는'활동을 말한다. 공공적인 성격을 띠고 있다는 점에서 기업 홍보나 사보(社報)와는 구별되며 홍보보다는 좁은 의미로 쓰인다.

셋째, 보도는 대중 매체인 신문·잡지·라디오·TV 등을 통해 '널리 알리는'활동을 말한다. 홍보

4) 한국기자협회·한국언론재단, 『기자통신』 3월호, 1999, pp.84-86:이 보고서는 "A general Report on Mass Communication:Newspapers, Radio, Motion Pictures, Magazine, and Books"라는 이름으로 언론자유위원회의에 의해 1943년에 작성되었음.

5) 민중서림 편집국, 『엣센스 국어사전』, 제4판, 1999.

6) 공보처, 『유능한 공보관이 되려면—공보 업무의 이론과 실제』, 정문사문화(주), 1995, pp.29-30:지금은 정부 조직이 바뀌어 총리공보실에서 이러한 업무를 관장하고 있지만, 이 분야를 정리한 책자를 발견할 수가 없다. 대체로 구공보처의 공보 기능이 그대로 지속되고 있다고 보고, 관련 자료를 참고하도록 한다.

나 공보보다는 좁은 의미로서, 한마디로 대언론 관계 활동을 말한다.

한편, 일반적인 개념의 홍보·공보 그리고 보도의 개념에 대해 군 공보의 입장에서 국방부는 『공보 업무 교재』에서 〈표 1〉과 같이 분류하고 있다.[7]

〈표 1〉 공보관련 용어

구분	홍보 (Public Relations)	보도 (Press Relations)	공보 (Public Affairs)
주체	홍보 담당자(개인) · 관련 단체 · 공공 기관	언론 기관	공공 기관
대상	불특정 다수의 국민	불특정 다수의 국민	불특정 다수의 국민
내용	정책 · 서비스 활동 · 일상 업무 등 긍정적인 내용	사회 전 분야에서 발생하는 뉴스로서 가치 있는 것으로 긍정 및 비판적 내용 포함 (개인 행위 · 조직 · 단체 · 정부 활동 및 정책 포함)	공공 정책 · 활동상 · 조직 성원 미담 사례 등 긍정적인 내용
의사소통	쌍방적 · 의도적	일방적 · 비의도적	일방적 · 의도적
방법	개인 간의 접촉 · 집단 행위 (견학 · 대민지원 · 단체 활동 등) · 매스 미디어 활용	매스 미디어 활용	매스 미디어 활용 홍보의 일환으로 활용

주: 영국에서는 'Public Relations'라는 용어를 더 선호하는 경향이 있으며, 미국에서는 'Public Affairs'를 더 선호하는 경향이 있다. 전자는 자구대로 공적인 관계 차원에서 언론을 인식하는 것이며, 후자는 과정보다는 개념적인 정의라고 보는 인식에서 비롯되었다고 볼 수 있다.

출처: 국방부(1992: 28).

이상에서 우리는 사전적인 의미, 언론 관련 정부 부처의 개념 정의 그리고 국방부의 견해를 살펴보았다. 대체로 홍보는 전략적인 사안이고, 공보는 이를 실천하기 위한 전술이라고 한다면, 보도란[8] 다소 범위가 좁은 인사이동이나 미담 사례 등을 자체 발굴하여 언론에 소개하기 위한 활동이라고 볼 수 있다. 이러한 언론에 대한 개념이 확산되어 국방부는 대변인실 내의 직제상에 '공보과'와 '공보기획과'를 두고 있다. 오랫동안 '보도과'라는 이름으로 지속해왔으나 1998년 말에 그 이름이 바뀌었다. 바람직한 변화라고 본다.

7) 국방부의 훈령(제540호, 1996. 7. 26)에 의하면, '보도'라는 용어로 사용되고 있으나, 현재의 국방부 직제상의 '공보'개념으로 이해하면 될 것으로 본다.

8) 언론사의 입장에서 보면, '보도'라고 하는 기능은 주된 업무이기 때문에 정부 부서나 군의 입장에서 해석하는 것보다는 더 많은 비중을 두고 있다.

2. 공보 활동 원칙

우선 정부는 홍보 및 공보의 일반 원칙으로 다음과 같이 정리하고 있다.

첫째, 타고난 홍보·공보 전문가는 없다.

- 효과적인 커뮤니케이션은 말하는 것보다는 듣는 데 있다.
- 치밀한 계획을 수립해야 한다.

둘째, 공중이 알고 싶어 하는 것은 알려야 한다.

- 알리지 않을 경우, 왜곡되거나 부정확한 정보가 공중에게 전달될 가능성이 높다.
- 알리지 않을 경우 유언비어가 발생한다.
- 알릴 경우에는 전모를 파악할 수 있는 종합적인 정보를 제공해야 한다.

셋째, 정확하게 전달해야 한다.

- 정보는 쉽게 이해할 수 있도록 전달되어야 한다.
- 오해의 가능성을 없애야 한다.

넷째, 정부 기관의 공신력을 유지할 수 있도록 해야 한다.

- 말과 행동이 일치해야 한다.
- 일관성이 있어야 한다.
- 일단 말한 것은 지켜야 한다.
- 공보관은 성실성·객관성·전문성을 갖추어야 한다.
- 논지를 입증할 수 있는 객관적인 논거가 제공되어야 한다.

다섯째, 설득적이어야 한다.

- 공중의 입장에서 어떤 이익과 손해가 있는가를 명시해준다.
- 쉽게 실천할 수 있는 행동 방안을 제시해준다.

여섯째, 정보 전달 채널은 많을수록 좋으며, 평소에 유지 및 관리를 철저히 해야 한다.

- 다수의 다양한 채널을 이용하는 것이 좋다.
- 커뮤니케이션 채널은 평소에 유지·관리해두는 것이 좋다(공보처, 1995: 12-13).

대체로 하나의 기법으로서 공보 및 홍보에 대해 언급할 뿐 가장 근본적인 접근은 거의 다루어지고 있지 않다는 것을 발견할 수가 있다. 이는 원초적으로 국민뿐만 아니라 공보 관련 부서에 종사하는 사람들의 인식 전환이 필요한데, 공보 문제에 대해 아직도 윤리적인 판단을 해야 될 필요성을 느끼지 못하고 있는 데서 비롯된 것이라고 본다. 이 시점에서 군 공보에서는 어떻게 정의되어 있는지를 살펴볼 필요가 있다. 우선 국방부의 '보도 규정'[9]에 명시된 '보도의 목적'은 다음과 같다.

> 국방 사안에 관한 보도의 기준과 절차를 통하여 보도의 효율성을 제고시켜 국방에 대한 국민의 지지와 성원을 획득함을 목적으로 한다(국방부, 1996. 7. 26).

이와 같은 목적 달성은 이스튼(D. Easton)의 체계 이론(system theory)의 메커니즘 순환 과정으로 볼 때, '국민의 지지와 성원'은 특수 지지(specific support)를 통한 확산 지지(diffused support)의 확보라고 볼 수 있을 것이다.

하지만 우리는 모든 결과가 정상적인 절차와 과정이 생략된 채로 하늘에서 주어지는 것이 아니라는 사실을 많은 경험을 통해서 잘 알고 있다. 이렇듯 국방 보도의 목표로 요약될 수 있는 국민의 지지와 성원은 윤리적인 인식이 바탕이 된 과정과 절차를 통해서 확산 지지로 나타나게 될 것으로 본다. 이러한 공보의 과정과 절차를 좀 더 명확히 해줄 수 있는 것이 바로 공보 원칙이라고 할 수 있다. 군의 공보 원칙에 대해서 알아보자.

군은 전통적으로 국내외를 막론하고 다른 사회 집단과는 특이한 점을 가지고 있다. 즉, 국민의 알 권리를 충족시킨다는 측면과 국가 안보의 측면에서 언론 보도의 자제도 불가피하다는 측면, 그리고 이 양자를 동시에 충족시키면서 조화롭게 이루어져야 하는 이중성을 갖고 있다고 볼 수 있다. 이를 토대로 반드시 견지해야 할 기본적인 원칙을 다음과 같이 제시하고 있다.

> 첫째, 군에 관한 보도 자료로서 비밀 사항을 제외한 것은 국민에게 직접 또는 각종 '뉴스 기관'을 통하여 공포하거나 그 취재가 가능토록 하여야 한다.
>
> 둘째, 국가 안전을 위한 군사 기밀과 타인의 권리를 침해할 소지가 있는 내용은 보도할 수가 없다.
>
> 셋째, 보도는 신속 정확해야 하며 내용에서도 통일성을 기해야 한다.
>
> 넷째, 보도를 강요하거나 취재에 대해서 시비를 걸어서는 안 된다.
>
> 다섯째, 언론을 기피하지 말고 적극적인 자세로 임하여야 한다.
>
> 여섯째, 군 공보란 어느 특정한 국민에게만 전달되는 것이 아니고 국민 전체에 널리 파급되도록 노력하여야 한다(국방부, 1992: 67-70).

---

9) 여기서의 '보도'는 개칭된 '공보'로 이해해야 됨.

군 공보 원칙은 정부의 일반적인 공보 원칙의 범위를 뛰어넘지 못하고 있다. 개괄적인 특징은 기본적으로 지켜야 할 기법을 제시해주는 공보 원칙에 추가해서 군이라고 하는 고유한 특성 때문에 국가 안보를 고려한 비밀 사항이라고 하는 별도의 고려 요소가 추가되고 있는 정도다.

일반적인 정부의 공보 원칙과 군의 공보 원칙은 국민들의 알 권리를 충족시켜주는 기본적인 자료 제공원으로서의 책임과 고유한 정책의 홍보라고 하는 공보 사안을 두고 언론이라고 하는 의사소통의 매체와 함께 끊임없는 관계를 지속해나가야 한다는 현실적인 전제만은 변함이 없다고 볼 수 있다. 결국 정부와 군의 공보 원칙에서는 공보에 대한 윤리적 접근은 찾아보기 어려운 공통점을 갖고 있다고 볼 수 있다.

3. 언론 환경 변화

오늘날을 일컬어 뉴미디어의 시대(the Age of New Media)라고 한다. 케이블 네트워크(Cable Network)·위성 통신·지상파 TV·유선 전화망·무선 전화망 등 전화와 TV가 고작이었던 초기 미디어에 비해 혁신적인 변화를 가져온 데서 그 명칭의 연원을 찾을 수 있을 것이다.

모든 사회가 그러하듯 모체 사회가 급속도로 발전하게 되면, 하위 사회는 직간접적으로 상호 관계에 의해 영향을 받게 된다. 군대라고 하는 사회도 일반 사회의 한 부분이다. 그러므로 많은 문화적 요소들, 즉 조직 운영의 원리라든지 교육 훈련의 기법 적용 문제 등에서 사회의 새로운 기술적인 영향을 받게 된다. 단지 군대가 가지고 있는 고유한 존재 이유를 지키는 범위에서 상호 작용이 이루어진다고 보아야 할 것이다.

이렇듯 일반 사회의 뉴미디어 시대는 군대 사회에도 서서히 스며들고 있고, 또한 군대 내부에서도 그러한 시대 조류에 부응하려고 많은 노력을 기울이고 있다. 현대전의 총합체라고 말할 수 있는 걸프전을 굳이 예로 들지 않더라고 군 내부에서는 C4I·CBT 등의 전쟁과 전쟁 대비 노력은 군과 미디어를 연결시켜주는 충분한 배경 요인이 된다고 볼 수 있다. 즉, 전통적인 생활 공간이 되어 왔던 시간과 공간의 절대적인 가치가 뉴미디어의 출현으로 인하여 기존의 고정적인 절대 가치의 증폭을 초래하게 된 것이다.

그리하여 이제는 신문 기자·방송 기자 그리고 카메라맨이 직접 재래식 전투 현장에 그 소속 부대원들과 숙식을 같이 하면서 방어 전투에서부터 공격 전투에 이르기까지, 아니면 공격 전투에서 방어 전투에 이르기까지 시간 순서대로 동행 취재를 할 수 없는 환경이 도래했다고 볼 수 있다. 전통적으로 군에 대한 언론의 취재 과정은 국민들에게 전쟁 상황을 소상히 알려준다는 정도의 소재 대상 그 이상도 이하도 아니었는데, 이제는 모든 전투 상황에 같이 동참하지 않더라도 전투 상황에 대한 전반적인 개황을 취득할 수 있는 단계가 되었다고 볼 수 있는 것이다.

그런데 지금까지의 군에 대한 언론의 취재는 바로 사실적 자료원으로서의 하나의 대상에 불과했다고 볼 수 있다. 이제는 독자들의 수준도 사회의 발전과 함께 향상되었고, 언론도 이러한 추세에 부응하려고 한다. 이러한 변화는 언론이 스스로 윤리적 자정 활동을 통해 변화하려는 자체 노력으로 나타나고 있다. 군 또한 언론의 취재 대상으로서 최소한 그들의 변화에 능동적으로 대응해야 할 필요가 있다고 보는 것이다.

전통적으로 언론은 공중(the public)에게 진실을 알려야 할 사회적 책임을 갖고 있다. 이에 대해 미국의 허친스보고서는 다음과 같이 언급하고 있다.

> 첫째, 그 날 그 날의 사건에 관한 기사는 수용자가 그 사건들을 이해할 수 있도록 진실하고, 포괄적이며, 지적으로 보도해야 한다.
>
> 둘째, 언론은 의견과 비판을 교환하는 장이 되어야 한다.
>
> 셋째, 언론은 사회를 구성하는 집단들의 올바른 모습을 제시해야 한다.
>
> 넷째, 사회의 목표와 가치를 제시하고 명확히 해야 한다.
>
> 다섯째, 언론은 수용자가 그 날의 정보를 충분히 접할 수 있도록 해야 한다(한국기자협회·한국언론재단, 1999: 84-86).

이와 같이 언론은 스스로 이러한 원칙 하에서 그 활동을 하고 있다고 자부하고 있고, 문제 사안이 발생했을 때 그 기준으로 삼고자 했다. 나아가 언론의 이러한 사회적 책임 완수의 노력에 정부가 취해야 할 조치도 제시해주고 있다.

> 첫째, 『헌법』이 보장하는 언론 자유를 라디오와 영화에도 적용할 것을 권고한다.
>
> 둘째, 정부가 커뮤니케이션 산업의 새로운 기획이 용이하도록 도와줄 것을 권고한다.
>
> 셋째, 현재의 명예 훼손 해결 방식에 대한 대안으로 훼손당한 쪽이 훼손한 쪽으로 하여금 보도를 철회 또는 정정하도록 하거나 아니면 반박할 기회를 갖는 법의 제정을 권고한다.
>
> 넷째, 폭력을 유발할 것이라는 명백하고 현존하는 위험이 없는데도 우리 사회 제도의 혁명적 변화를 지향하는 표현을 금지하는 법을 폐지할 것을 권고한다.
>
> 다섯째, 정부가 매스 미디어를 통해 공중에게 정책 관련 사실들과 그러한 정책의 목적을 알릴 것을 권고한다(한국기자협회·한국언론재단, 1999: 87-88).

이상에서 언론이 정부에 요구하는 바는 시대의 차이, 문화의 차이로 인해 맞지 않는 부분도 있고, 언론중재위원회나 반론권 행사 등의 제도적 보완으로 인해 발전된 개념도 있지만, 정부가 해야 할 바를 한마디로 요약해보면, 언론이 변화하는 데 최소한의 변화는 같이 해줘야 한다는 점과 매사에 방어적 공보 활동만 할 것이 아니라 좋은 점은 적극 홍보하는 적극적인 구상이 필요하다는 점으로 요약할 수 있을 것이다.

언론의 군에 대한 변화 요구는 다른 한쪽에서 볼 때 군 내부의 강한 자기 발전 노력의 동인으로 작용될 수 있다. 이는 강제적인 요청 사항은 아니라고 하더라도 군의 일반 사회와 끊임없는 상호 작용의 측면에서 당연히 변화·발전의 과정을 밟아야 된다는 당위성으로 제기되는 것이다.

4. 군의 변화 요구

언론의 군에 대한 변화 요구는 강제성이 아니다. 국민들의 알 권리의 표명에 대한 적극적인 의무이자 책임이라고 보아야 할 것이다. 고전적 미디어에서도 군이 변화해야 할 당위성은 충분히 있었고, 실제로 군은 그러한 변화의 노력을 해오지 않은 것은 아니다. 하지만 이제 뉴미디어의 출현으로 인하여 언제, 어디를 불문하고 군을 바라볼 수 있는 상황이 되었다. 사회와 유리된 채 객체와 주체를 분명히 구분하고 어떤 정해진 대상만을 두고 안보 전문 집단이라고 하는 명분만 내세우는 시대는 더 이상 존재하지 않을 것으로 보인다.

이러한 시기에 군에 대한 국민들의 인식은 여러 가지 매체를 통해서 불특정 다수가 군을 대상으로 평가할 수 있고, 그렇게 해서 군은 자연히 무한 담론(boundless discourse)의 대상이 되고 있다. 예를 들면 국방부 건물이나 어떤 부대의 정문 앞에서 시위 행위를 하는 직접적인 행동이 아니라 인터넷이나 PC 통신 등의 뉴미디어를 통해서 불특정 다수끼리 군을 주제로 토론을 벌이는 경우가 빈발하고 있는 상황이 도래된 것이다. 일차적으로는 제도적, 조직적인 차원에서 이러한 상황을 미리 예견하고 대비하는 노력도 게을리 하면 안 되겠지만, 원초적인 여론의 흐름을 읽고 능동적으로 대처할 수 있는 방안을 모색해야 할 것이다.

실제로 아무리 많은 공보 관계자가 있다 하더라도, 좀 더 과장해서 표현하자면 통신을 접속해서 토론을 하는 불특정 다수의 숫자만큼 공보 장교의 숫자가 확보된다고 하더라도 이를 실시간으로 접수하고, 분석하고, 대응하고, 자료를 종합할 수 있는 인적 준비나 제도적 보완은 불가능할 것이다. 그렇기 때문에 더욱더 원초적인 군의 공보 전략의 변화, 그러한 방향으로의 군의 변화가 요구된다고 하겠다. 이러한 측면에서 사회와 언론의 변화 발전에 부응하고 능동적이며 원초적인 군 공보 활동을 할 수 있는 길은 바로 윤리적인 접근을 통해서 가능하리라고 보는 것이다.

Ⅲ 공보 공동체의 변인별 행동 양상

윤리 문제는 도덕 규범의 기본 바탕이 되는 원리와 연관된 문제인 만큼 특정 사회의 역사와 문화·전통 등과 밀접한 관계를 고려하지 않으면 안 된다. 더욱이 언론 윤리의 문제는 그 사회의 역사와 문화 외에도 언론의 발전 과정이나 전통 및 역할과 깊은 연관성이 있다.[10]

그러므로 윤리적 문제를 고찰하기 이전에 우리는 현재 상황에서 공보 활동을 이루는 인적 요소의 행동 양상을 구분해봄으로써 어떠한 윤리적 이론이 적실성이 있는지 도출해낼 수 있을 것으로 생각한다.

1. 기자

대체로 기자들은 공보 활동에서 공자(攻者)의 입장에 있다. 따라서 그들의 행태도 다양하다. 이러한 많은 유형 분류 가능성에도 불구하고 하나의 공통점은 기자 또한 자신들이 속한 언론사의 직원이라고 하는 점이다. 그렇기 때문에 공보 활동에서 기자는 개인적인 가치관과 회사로부터의 압력과 권유 사이에서 많은 갈등을 갖고 있다고 하겠다. 기자들의 유형은 소속사의 인지도와 개인 역량 등에 따라 결정된다(〈표 2〉 참조).

〈표 2〉 기자들의 행태 유형

구분	내용
백과전서형	– 출입 부서의 모든 사안에 대한 해박한 지식을 갖고 있는 유형 – 관계자에게 다그치지 않고 정확한 맥을 짚고 확인 작업에 중점을 둠 – 이상적인 기자형이기는 하지만 대인 관계는 별개의 문제
공갈협박형	– 대체로 처음 출입하게 되는 신입 기자나 사회부 수습을 막 끝낸 기자 유형 – 관계자의 개인적 비리나 약점을 미끼로 기사거리를 확보함
타협형	– 어느 정도 경륜이 있는 기자로서 문제 사안이 있을 경우, 직설적인 화법으로 공략하기보다는 '더 큰 불상사'를 예방한다는 명분으로 협조를 구하고 자신의 기사거리를 확보하는 유형

10) C. C. Fink, op. cit., 편역자 서문.

무단갈취형	– 관계자의 사무실이나 사적 · 공적인 자리에서 상대방 몰래 관련 서류를 훔쳐보거나 아예 가져가버리는 유형 – 대체로 단기간의 기사 확보는 많이 하지만, 신뢰도는 높지 못해 기자단 자체에서 따돌림 받거나 관계자로부터도 장기적인 협조를 받을 수 없음
은밀 접근형	– 주로 공식적인 기자 브리핑은 잘 듣지 않는 편이며, 혼자만의 독자적인 기사거리를 찾아 기사화하는 유형 – 대체로 사건 · 사고 기사보다는 정책형 기사를 많이 다루면서, 취재원 보호를 위해 적극 협조하는 경향을 보임
물먹는 하마형	– 대체로 게으르며, 남의 기사를 주로 참고해서 기사화하여 회사 내 데스크로부터 일정량의 기사 송고만 하는 면책형
옵사이드 트릭형 (offside trick)	– 공식적인 브리핑이나 기자단 간의 사적인 관계에서는 특정 사안에 대해 그렇게 중요한 내용이 아니라고 말함으로써 다른 기자들이 큰 관심을 두고 있지 않을 때, 추가 취재를 통해 확보한 자료를 토대로 갑자기 기사화하는 유형

주: 필자 개인의 공보 장교 경험을 토대로 주관적으로 작성한 것임.

언론 윤리라고 하는 하나의 틀 속에서 한 기자를 지적할 수는 없지만, 의식 있는 기자들 또한 개인적인 외형적 행동 및 언사 이면에는 이러한 기본적인 가치 갈등을 하고 있다는 점을 간과해서는 안 될 것이다.

2. 관계자

관계자란 보도의 취재대상인 정부부처나 기업 등의 해당 업무를 담당하는 사람을 말한다. 국방부의 경우 청사 내부 근무자, 합참 및 각군 근무자, 그리고 국방부 산하 기관 등에서 근무하는 모든 사람들이 여기에 해당된다. 관계자의 유형은 담당업무의 특수성과 개인 역량 등에 따라 결정된다(〈표 3〉 참조).

〈표 3〉 관계자들의 행태 유형

구분	내용
킹카형	– 기자단 및 공보 관계자들로부터 항상 시원한 답을 제시해주고, 모르는 사안이 있을 경우 명확한 자신의 한계를 이야기하고 양해를 구함 – 해당 분야의 업무에 대해서는 막힘이 없는 전문가 – 화술이 뛰어나며, Off the Record와 Embargo 등의 공보 제도를 적절히 활용하는 등 위기 대처 능력이 뛰어남

NCND형	– 글자 뜻대로 '문제 사안에 대해 확언해주지도 않고, 부인도 하지 않는다(Neither Confirm nor Deny)'는 불분명한 태도를 보이는 유형 – 그러나 언론 용어의 뜻과는 달리 이러한 유형은 환영받지는 못하나, 그렇다고 비판의 대상이 되지는 않음. 관행상 NCND는 '질문에 동의한다'는 뜻으로 사용됨
오리발형 (또는 도피형)	– "내가 언제 그랬냐?"는 유형으로, 극한 상황이 되면 자리를 떠버리는 무책임한 행동 유형
침소봉대형	– 소위 "미담거리"가 있을 경우, 자신과 적극적으로 결부시켜서 자랑을 일삼는 유형으로, 말을 많이 하게 되어 실언할 확률이 높음
축소지향형	– 침소봉대형과 정반대의 유형으로 문제 사안이 발생했을 경우, 자신과의 관계를 최대한 멀리하면서 책임 회피하려는 유형
참고거리형	– 핵심적인 사안은 제시해주지 못하고, 기사화할 수 없는 언저리 이야기만 일삼는 유형으로, 기자와의 사적인 관계는 원만하지만 인간성이 좋다는 평 이상의 평가를 받지는 못함
대담무쌍형	– 기자를 회사의 대표로 출입처에 파견되었다고 생각하지 않고 나이나 혈연, 지연, 학연 등의 인맥을 고려하여 자신의 명분과 입장만 내세우는 유형 – 자신의 약점을 쉽게 인정하려들지 않아, 강경 일변도의 분위기로 흐를 가능성이 있으며, 홍보 사안이 있을 경우 기자단으로부터 적극적인 협조를 얻기 힘듦

주: 필자의 공보장교 경험을 토대로 주관적으로 작성한 것임.

이러한 관계자는 뒤에서 언급할 공보 장교에 비하면 상대적 자율성이 있다. 한동안 관심 대상에서 벗어나면 다른 주제가 이슈화되기 때문에 해당 관계자는 최소한 그 기간 동안에는 휴면기를 갖는다고 볼 수 있다.

하지만 개인적·조직적인 면을 고려한다면 관계자 또한 공직자 윤리와 군대윤리에서 장기적인 기간 동안 취재 대상의 범위에서 늘 자유로울 수는 없다.

3. 공보장교

공보장교는 공보업무를 담당하는 정훈장교를 말한다. 공보업무란 정훈장교의 업무 영역 중에서 정훈교육, 문화활동, 그리고 공보활동이 있는데, 그 중에서 한 부분으로써 대언론활동을 주로 포함한다. 군 공보장교의 행태는 개인적인 역량과 개성에 따라 결정된다(〈표 4〉 참조).

〈표 4〉 군 공보장교의 행태 유형

구분	내용
외유내강형	– 공보장교는 업무처리를 잘못하면 관계자와 기자 양측으로부터 소외될 가능성이 있으므로, 이런 상황에서 겉으로 분위기를 잘 읽고 내실 있는 업무 협조를 하는 이상적인 공보 장교 유형
원만히형	– 모든 문제를 원만히 해결하려고 하는 유형으로, 간혹 맺고 끊는 단계에서 우유부단하다는 평을 받을 수 있음
군기충만형	– '군인정신'에 투철한 야전 군인상으로 융통성이 없어, 기자들과의 업무 협조에서 첫 업무 협조가 잘 되지 않는 경향이 있으며, 인간적인 덕성이 구비된 인물이라면 오히려 기자들과의 업무 협조가 점차 개선됨
허허실실형	– 자신의 실속은 고려하지 않고 관계자나 기자 양측의 편의만 생각해주는 유형으로, 때로는 거절할 사안이 있는데도 불구하고 직언하지 못하여 업무가 지연되고 시기를 놓치는 경우가 있음

주: 필자의 공보 장교 경험을 토대로 주관적으로 작성한 것임.

공보 장교는 관계자와 기자단으로부터 '약방 감초'또는 '슈퍼맨'이 되기를 요청받고 있다. 그 정도로 공보 장교의 역할은 중요하다는 뜻이다. 좋은 사안이든 나쁜 사안이든 공보 장교가 빠지지 않는다. 일종의 관계관과 기자단 간의 회랑 지대 또는 여과 기능(function of filtering)을 수행하는 사람이라고 볼 수 있다.

그런데 공보 장교의 직책을 일컬어 '잘해야 본전'이라고 하는 말을 종종 듣게 된다. 그 이유는 관계관과 기자단의 양측 의견이 첨예하게 대립되어 해결되지 않는 사안이 생길 경우, 존재 이유에 대해 좋은 평가를 얻지 못하는 경우가 있기 때문인 듯하다. 대부분의 경우 잘 되었을 때 얻을 수 있는 직접적인 대가보다는 못했을 때 받게 되는 비난의 강도가 그 정도로 대비된다는 뜻이다.

그럼에도 불구하고 공보 활동에서 무엇보다도 중요한 변인은 바로 공보 장교의 역할이라는 점은 누구도 부인할 수가 없는 현실이다. 업무에 대한 해박한 지식, 명확한 기준과 윤리적인 덕성을 겸비하지 못하면 항상 걸림돌로 인식될 가능성이 있다.

위에서 살펴본 공보 변인에서 관계자와 공보 장교는 같은 기관의 소속원들이기 때문에 큰 차이점이 없다고 하더라고 언론 또는 기자와의 관계는 많은 입장 차이가 있다. 하지만 그 속성상에서 언론과 군은 유사한 특성을 갖고 있다. 첫째, 양측 모두가 그 직업에 종사하는 사람들 자체의 동기에 절대적으로 의존하고 있다는 점이다. 둘째, 군과 뉴스 미디어는 시간적 제약에 의해 지배받고 있다는 점이다. 셋째, 전문적인 직업주의에 관련되어 있다는 점이다.[11]

11) 앨런 후퍼, op. cit., pp.107–108.

이러한 특성은 상호 간의 이해가 합치되는 부분이기도 하지만, 상호 간의 가치가 상충될 때는 아주 중요한 걸림돌로 작용할 가능성을 갖고 있다고 하겠다. 군과 언론의 유사성 그리고 그 상충 가능성은 바로 상호 간의 가치 문제로 결부된다. 언론이 윤리적 접근을 하고 있다면, 군 또한 파트너로서 갖추어야 할 윤리적인 인식의 필요성이 대두된다고 볼 수 있는 것이다.

위에서 살펴본 개개인의 속성은 모두 자체에서만 가지고 있는 고유한 행동 성향이라고 보기보다는 다른 공보 요소들과의 관계 속에서 특징지어진다는 점을 간과해서는 안 될 것이다. 바로 그것은 매 요소별 다른 요소에 대한 가치 관계 속에서 평가될 수 있다는 점이다.

Ⅳ 군 공보의 윤리적 접근

1. 군 공보의 윤리적 접근 필요성

군 공보 활동에서의 행동 양상은 대체로 하나의 개연성을 바탕으로 해서 분류한 것에 지나지 않는다. 그럼에도 불구하고 이러한 행동 양상을 좀 더 근본적인 관계의 정립으로, 각 변인들이 긍정적인 방향으로 자리매김하기 위해서는 원초적인 가치 정립이 필요함을 느끼게 한다.

군 직업을 하나의 전문 직업으로 체계화하여 고찰한 고전적인 이론은 헌팅턴(Samuel P. Huntington)에게서 찾아볼 수 있다. 그는 문민 통제의 원리를 공고히 하기 위한 이론적 배경으로서, 한편으로는 군의 정치 개입을 차단시키며 다른 한편으로는 군이 정치 권력에 의해 그 자율성을 침해당하지 않도록 특히 군의 전문 직업적 성격을 부각시키고자 했다. 그리하여 그 직업이 독특한 전문 직업이 될 수 있는 요건으로 전문 지식과 기술(expertise)·책임성(responsibility)·단체성(corporateness) 등을 들고 있다.[12)]

이러한 헌팅턴의 전문 직업으로서의 군에 대한 개념은 하나의 직업에 대한 정치적 중립성을 확보하기 위한 특성을 규명한 내용이라고 볼 수는 있지만, 구체적인 실천 방향이라고는 볼 수 없다.

그러므로 군인으로서 지녀야 할 가치·태도·행동의 규범 체계를 모색하고자 하는 학문적인 필요성이 제기되는데 이를 우리는 군대윤리(military ethics)라고 한다.

12) 조승옥 외, 「군대윤리」, 봉명출판사, 1998, p.91.

이 군대윤리는 크게 두 가지 측면에서 이해할 수 있다. 하나는 군사 전문 직업 수행과 관련하여 군인들의 옳고 그른 행동이 무엇인가 하는 규범적 측면을 다루는 것이고, 또 하나는 군인들의 행위의 선택에 관련하여 도덕적(이성적) 분별 작용을 다루는 것이다.[13]

이와 같이 군대윤리는 일종의 응용 윤리로서 군인들이 실제 상황에서 어떻게 행해야 하는가 하는 도덕적 가치의 문제를 던져주는 상황 윤리의 문제라고 할 수 있다.

군인으로서 갖추어야 할 윤리적인 행동 규범은 사실 군인으로서 갖추어야 하는 덕목(values)이기도 하면서, 한편으로는 행해야 할 의무(obligation)라고 할 수 있다. 군대와 군인에게 적용되는 이러한 덕목과 의무는 특별한 구분이 없는 것이 군대윤리가 갖는 하나의 특징이라고 할 수 있다. 이는 군대가 항상 전쟁을 전제로 하고 생명·전쟁과 평화 그리고 그 상황 속에서 행해야 할 가치관을 생각하기 때문이라고 볼 수 있다.

미군의 경우 요구되는 제도적 가치 덕목, 즉 군대윤리를 살펴보면, 우리의 『군인복무규율』상에 있는 그것들과 크게 다르지 않다. 대체로 용기·공헌(충성)·능력·의무·성실 및 동정심(관용) 등이 강조되고 있다.[14] 문화적 특성상에서 이질적인 요소가 많음에도 불구하고 비슷한 의무와 덕목을 제시하고 있음을 알 수 있다.

그러나 이와 같은 군대윤리는 소위 말하는 전시의 전장 상황의 다변화와 평시의 군사적 상황에 대한 국민들의 관심 폭증 그리고 언론 환경의 복잡 다양화에서 빚어지는 많은 급변 상황 속에서 군의 구성원으로서 올바른 방향을 의무론적으로 매 상황마다 거기에 꼭 맞는 대안을 제시해 주지는 못한다고 볼 수 있다.

그렇기 때문에 군대윤리도 하나의 응용 윤리이기는 하지만, 이것을 더욱 구체화시켜주는 하부 응용 윤리의 필요성이 제기되는 것이다. 이러한 군대윤리가 지향하는 목표를 좀 더 효율적으로 달성할 수도 있고, 현실 상황의 급변 상황에 좀 더 능동적으로 대응할 수 있어야 한다는 측면에서 기존의 전통 군대윤리를 토대로 공보 상황에 적응할 수 있는 공보윤리가 필요한 것이다.

이리하여 군의 공보는 새로운 의무 또는 덕목, 즉 근본적인 윤리적 시각의 접근이 필요하다고 보는 것이다.

2. 군 공보윤리의 원리

그렇다면 우리는 군 공보윤리에 대한 시각을 어떠한 원리에 입각해서 바라보아야 할 것인가?

---

13) ibid., pp.40-41.

14) Army Focus, Force XXI, 1994, pp.38-40, ibid., p.207 재인용.

이는 군 공보윤리의 원리라고 할 수 있다. 이 군 공보윤리를 정초하기 위해서는 임의로 설정한 '가상 공동체(imagined community)'가 필요하다. 군의 공보 활동이 진행되는 국민·언론·군(관계자·공보 장교)의 3대 요소가 '가상의 공보 공동체(imagined public affairs community)'를 이루는 주요한 요소라고 할 수 있다.

미군의 경우 주요 공보 기능으로 정훈(command information)·보도(public information)·섭외(community relations)[15]의 세 가지로 규정하고 있다. 그런데 여기서 우리가 '섭외'활동이라고 번역된 Community Relations의 활동에 대해 눈여겨 볼만하다. 섭외는 "지역 사회의 여론을 분석하고, 지역 사회의 기념행사 및 부대 방문을 지원하고, 우호적인 여론 조성과 비판적인 여론 무마 활동을 한다"[16]고 규정하고 있다.

여기서 말하는 미군의 지역 사회(community)는 부대와 관련이 있는 생활 관계적인 측면에서 보았을 때, 민간 자원의 역할을 할 수 있는 1차원적인 환경 요인으로서 공간적인 포괄성을 가진 집단을 말한다.

우리가 검토하고자 하는 한국군의 공보 활동은 단순한 공간 확대의 의미만을 목표로 하고자 하는 것이 아니다. 즉, 미군의 경우와 같은 '지역 사회'로 풀이되는 커뮤니티의 개념으로 보고자 하는 것이 아니라 '공동체'의 의미를 가진 커뮤니티의 개념으로 보고자 하는 시도라고 할 수 있는 것이다.

니버(R. Niebuhr, 1933)는 『도덕적 인간과 비도덕적 사회』에서 공동체 개념의 진수를 잘 설명하고 있다. 즉, '사회의 모든 구성원들인 각 개인들이 모두 다 도덕적이라고 할지라도, 그들이 살고 있는 사회는 비도덕적일 수 있다'라고 하는 것이다. 여기서 바로 사회 윤리(social ethics)[17]의 필요성이 제기되는데, 니버가 말하는 '사회'는 공동체를 의미하는 것이라고 볼 수 있다.

이를 좀 더 구체화해주는 윤리학적인 접근이 바로 공동체주의(communitarianism)다. 공동체는 역사상 많은 국가적·사회적 특성을 다르게 하면서 변천해왔다. 그리스 공동체·중세 신정적 공동체·근대 자연법적 공동체·보편 추구의 공동체 그리고 사회 선택(social choice)에 의한 공동체 등이 그 예다.[18]

공동체주의는 미국 사회의 재건이라는 커다란 목표를 추구하고 있다. 개인의 권리와 공동체의

15) 이붕우, "주한 미군 공보 업무", 『육군』 216, 1995.3-4, p.159.

16) ibid., p.160.

17) 사회 윤리는 개인 윤리에 반대되는 개념이 아니다. 개인 윤리가 사회 문제를 개인 문제가 확대되는 형식으로 이해한다면, 사회 윤리에서의 개인 윤리는 사회 문제 속에서 이해되어야 한다는 것이다. 그러므로 실재(reality)하는 사회가 갖는 덕목 개념으로서 사회 윤리가 아닌 내용과 방법을 포괄하는 윤리적 시각을 말한다.

18) 박균열, "공동체 의식을 위한 가치 교육 방법 연구", 서울대학교 대학원 석사학위논문, 1994, p.7.

책임을 조화시켜야 한다는 문제 의식은 자유주의 철학을 비판하면서 대안이 될 수 있는 '공공 철학(public philosophy)'을 수립하려는 이론적 뒷받침이 되었다. 나아가 이러한 철학적 작업은 1990년대에 이르러서 본격적으로 실천적 영역과 결합되었다.[19]

그 실천적 영역에 따라 공동체주의자들은 각기 주장하는 바가 상이한 면이 있다.[20] 공동체주의자들의 주장은 대체로 자유주의(liberalism)가 갖는 한계성을 지적하면서 등장하게 되는데, 많은 다양성에도 불구하고 자유주의에 대한 그들의 시각은 다음과 같은 공통점을 갖고 있다. 첫째, 자유주의는 인간의 행복한 삶의 필수적 조건인 공동체를 평가절하하고 나아가 와해시킨다. 둘째, 정치적 공동체와 정치적 삶 자체에 목적이 아닌 단순한 수단으로서의 의미만을 부여한다. 셋째, 자유주의는 비계약적 의무의 형태인 가정과 공동체적 의무의 중요성에 대한 적절한 설명을 제시하지 못한다. 넷째, 자아정체성의 귀속성(embeddedness)과 피조성(constitutedness)을 인식하지 못하고 추상적 자아 개념을 이론적 기초로 하는 결함을 갖고 있다. 마지막으로 자유주의는 정의(justice)를 사회 제도의 최우선적 덕목으로 인식하고 그 중요성을 높게 평가하는 오류를 범하고 있다.[21]

그리하여 공동체주의의 입장에서는 공동체적 삶이라는 더 상위의 가치가 상실되었을 때 요구되는 '치유의 덕(a remedial virtue)'으로서, 규범론의 가장 본질적 문제를 정의가 아닌 행복의 문제라고 파악하고 정의·권리·평등 그리고 자유 등의 개념을 우선시하는 자유주의의 입장을 비판하는 것이다.

이러한 특징을 갖는 공동체주의는 바로 개인 윤리로서의 사회 전략이라고 할 수 있는 자유주의의 한계를 극복하려는 하나의 윤리적 접근이라고 할 수 있다. 군 공보윤리도 바로 이러한 논리로 설명할 수 있다. 개인 윤리로서의 자유주의의 선상에 있는 기존의 군대윤리에서 더 나아가 공동체적 접근의 필요성이 제기된다는 것이다.

우리는 지금까지 대체로 공동체주의 내지 공동체 윤리가 갖는 방법론적인 특징에 대해서 알아보았다. 그렇다면 공동체 윤리에는 개인 윤리를 어떻게 규정하고 있는가를 알아보아야 할 것이다. 즉, 공동체 윤리는 공동체 내에서 갖추어야 할 전체적이고 포괄적인 방향만 제시해주는 것으로

19) 유홍림, "미국의 공동체주의 정치사상", 미국학연구소, 『미국 사회의 지적 흐름』, 서울대 출판부, 1998, p.36.

20) 유홍림(1998:36);황경식(1996:174–90) 참조:공동체의 다원주의적 측면은 Robert A. Nisbet(1953)을 참고, S. Mulhall & A. Swift(1992:40–156)는 주요한 공동체주의자들의 논의를 다음과 같이 정리하고 있다. M. Sandel은 자유주의의 한계점을 의무론(Deontology)으로 극복하려 하였고, A. MacIntyre는 현대 자유주의에 대한 비판적 근원을 현대 정치 이론의 교범에 두지 않고 서구 도덕적 정치적 문화의 기원·발전·쇠퇴에 초점을 두었다. C. Taylor는 샌델과는 다소 다르고 매킨타이어와 흡사함. 개인의 정체성에서 사회적·문화적·언어적 구성 요인을 강조하고 있는 관계적이고 상호 주관적인 자아 개념을 제시하고 있으며, 인간 행위자에 대한 유의적 혹은 자발적인 개념에 반대한다. 또한 M. Walzer는 J. Rawls의 정의론에 대한 비판으로 자유주의를 비판한다.

21) Buchanan, Allen E., "Assessing the Communiatarian Critique of Liberalism", Ethics 99, July 1989, 유홍림(1998:36–37) 재인용.

이해될 수가 있기 때문이다.

'공동체의 구성원으로서 개인이 해야 할 맡은 바 임무를 잘 한다'고 하는 언명은 과연 공동체주의의 입장인가 아니면 자유주의적 입장인가? 그 해답은 간단하지 않다. 분명 공동체 내에서 개인의 임무를 고려하는 사안이므로 공동체주의적 입장으로도 보일 수도 있고, 반면에 개인이 해야 할 바를 의미하는 것이기도 하기 때문에 자유주의적 입장이라고도 할 수 있을 것이다.

이러한 입장에서 자유주의적 공동체주의(libertarian communitarianism)를 주장하는 부류가 있다. 이는 자유주의적 입장에서 공동체주의적 비판을 수용하는 것이라고 하겠다.

황경식은 자유주의에 대한 비판가들이 자유주의를 논파하는 데 성공하지 못했다고 주장하면서, 그럼에도 불구하고 이러한 비판을 통해 우리가 주목하게 된 것은 공동체주의적 가치관이 기본적인 자유주의적 가치관을 대체하는 것이기보다는 보완하는 것으로 보는 것이 합당하다고 지적하고 있다.[22]

그러나 '자유주의적 공동체주의'란 자구적인 의미로 보았을 때, 공동체주의를 그 바탕으로 한다는 점에서 황경식의 자유주의적 공동체주의는 원래 구트만이 자유주의를 바탕으로 공동체주의적 비판과 그 잠재적 가치와 의의를 찾고자 했던 취재에 맞게 '공동체주의적 자유주의'라는 용어로 사용해야 되지 않을까 생각된다.

위에서 제기한 자유주의적 공동체주의든지 아니면 공동체주의적 자유주의든지 각 학문적인 계열을 중요시하고자 하는 것이 아니라, 공동체적 접근의 필요성이 강조되어야 할 것이다. 그래서 우리는 공동체주의라고 할 때, 공동체의 구성 범위를 어디까지 할 것이냐는 본원적인 주제로 돌아가서 논의를 진행해보자.

공동체주의와 자유주의 각각의 순수한 입장만으로는 현대 사회의 윤리적인 문제를 다 해결할 수 없음은 양쪽 다 인정하고 있다. 단지 어느 쪽에서 어느 정도의 입장을 수용하고, 그 주체가 어느 쪽이 되어야 하는가 등의 과제가 남아 있다고 하겠다.

앞에서 우리는 군 공보윤리를 위해서 '가상의 공보 공동체'를 언급했는데, 이때 공동체의 개념에 대해 좀 더 자세히 정의해보기로 하자. 여기서 말하는 공동체는 단위 생활체로서의 공동체를 의미하는 것이 아니다.

이른바 각각의 생활 문화, 각각의 생활 윤리를 가진 전혀 이질적인 요소들이 특정의 주제 중심으로 얽혀 있는 하나의 가상 공동체라고 할 수 있는 것이다. 언론·관계자·공보 장교 그리고 국민이 바로 이 가상 공보 공동체의 구성 요소라고 할 수 있는 것이다.

22) 황경식(1996: 219)은 다음을 참고하여 '자유주의적 공동체주의'라는 용어를 사용하고 있다. A. Gutmann, "Communitarian Critiques of Liberalism", Philosophy and Public Affairs, 14(3), 1985.

언론은 언론 나름대로 해야 할 일과 그 가치관이 있고, 국민·언론·군(관계자·공보 장교)이 각자 맡은 임무와 그 가치관이 다르다. 이러한 이질적인 구성 요소들 간에서 공동의 주제, 즉 공보라고 하는 주제를 중심으로 이루어지는 또 하나의 개념적 공간이 필요한데, 이것을 우리는 '가상의 공보 공동체'라고 말할 수 있는 것이다.

일반적으로 공동체주의에서 말하는 연대 의식이나 집단에 대한 충성심과 같은 논의는 이러한 공동체의 범주에서 다루어지지 않는 내용이라고 말할 수 있다. 그렇기 때문에 군이라고 하는 요소를 볼 때, 군인 개인이 집단 속에서 갖추어야 할 윤리 의식은 군대윤리라고 말할 수 있고, 이러한 논리로 군 공보윤리는 군의 공보를 위해 갖추어야 할 각 구성 요소들의 윤리라고 말할 수 있는 것이다. 하지만 이 군 공보윤리는 엄격히 군대윤리와 구분된다. 즉, 서로 포함되면서도 포함되지 않는 범주를 각기 갖고 있다.

군대윤리는 군인들이 군이라고 하는 집단 속에서 행해야 할 윤리 그리고 그 군 자체가 갖고 있는 가치의 문제를 다룬다고 할 수 있고, 군 공보윤리는 군의 공보 활동을 하는 과정에서 노정될 수 있는 윤리의 문제로서, 그 자체의 윤리성뿐만 아니라 각 요소별 윤리의 문제 그리고 상호 간의 윤리 문제를 다루는 가치의 문제라고 풀이할 수 있는 것이다.

이러한 '가상 공보 공동체'로서의 윤리적 원리를 바탕으로 한국의 군이 갖는 고유한 공보윤리를 체계화해볼 수 있겠다.

3. 군 공보 공동체의 윤리적 체계화

미군의 경우 공보 업무 과정은 〈표 5〉와 같이 5단계로 구분하여 실시된다.

〈표 5〉 미군의 공보 업무 과정

구분	내용
1 단계	• 문제 정의(Identify the Problem)
2 단계	• 현지 조사(Research & Fact Finding)
3 단계	• 계획(Planning)
4 단계	• 실행(Communicating)
5 단계	• 평가(Evaluation)

출처: 이붕우(1995: 160).

한국군의 경우도 단계별로 1단계(전략 수립 단계), 2단계(실행 단계) 그리고 3단계(평가 단계)로 구분하여 시행하고 있다.[23] 현행 국방부 대변인실 직제상의 '공보과'와 '공보기획과'는 그러한 기능을 분담하여 미군과 유사한 사무 분장에 의해 수행하고 있다고 볼 수 있다.

이러한 현행 공보 업무 과정을 참고로 하여 '가상 공보 공동체'의 원리에 입각한 군 공보의 체계를 정리해 볼 수 있다. 크게 공보 목표·공보 원칙·공보 구성원·공보 공동체의 요구 덕목 순으로 알아보겠다(〈표 6〉 참조).[24]

〈표 6〉 공보윤리에 입각한 공보공동체의 체계

구분	내용
공보 공동체의 목표	– 공동체의 구성원들은 공동체적 생활을 통해 이기적이고 도구적인 개별 가치를 초월하여 구성원들이 소속한 원래의 집단 이익들에 위배되지 않으면서 존재 가치가 있는 공동체 문화를 지속하여, 공보 공동체의 고유한 덕을 함양하는 데 있음
공보 공동체의 원칙	– 기법(technique)으로서의 공보를 통해 모든 사안을 해결할 수 있다는 사고에서 윤리적 시각의 접근이 필요하다는 종합적이고 원초적인 사고로의 전환 – 공보 구성원은 기본적으로 각 요소별 그들이 속한 조직의 원칙과 규범을 준수해야 할 의무가 있고, 나아가 공동체의 구성원으로서 갖추어야 할 의무와 덕목이 있음
공보 공동체의 구성원	– 국민 · 언론(기자) · 관계자 · 공보 장교
공보 공동체의 요구 덕목	– 공공을 위한 무한책임성(Endless Responsibility for the Public) – 배려(Caring) – 진실성(Truthfulness) – 절차의 공정성(Fairness of Process) – 상호성(Mutuality) – 민주적 핵심가치의 존중(Respect for Democratic Core Values): 자유 · 평등 · 인간존엄성

공보 공동체의 목표·원칙·구성원에 대해서는 위에서 언급한 내용으로 쉽게 이해할 수 있을 것이다. 공보 공동체에서 요구되는 덕목은 좀 더 설명이 필요하다고 본다.

첫째, 공공을 위한 무한 책임성이다. 소위 뉴미디어의 등장으로 인해 정보의 교환은 실시간으로 진행되고 있으며, 근대적 미디어 체계인 쌍방 통신에서 다자 통신이 동시에 가능한 시대가 되었다. 그렇기 때문에 공보 활동에 참여하는 구성원들 모두는 그 본질적인 일부분만이라도 어긋

23) 국방부, 『군 공보 활동』, op. cit., pp.70–72.

24) 요소별 공보윤리의 염출 단계에서 그 요소가 군 공보에 임하는 가치관에 대한 내용이 되어야 할 것이나, 군 공보의 행위 그리고 활동 공간이 군이라고 하는 배경 속에서 이루어지고, 이를 기획하는 요소가 군이기 때문에 군 공보는 군의 입장에서 본 언론이나 국민들의 공보윤리를 말하는 것이다. 그러므로 국민과 언론 같은 군 외의 요소가 갖는 군 공보에 대한 태도는 군이 군 공보의 이외 요소에 대해 가지는 윤리적 태도나 조치라고 이해할 수 있다고 본다.

나게 되면 엄청난 파장의 결과가 초래될 수 있다는 무한 책임 의식을 가져야 하는 것이다. 우리가 말하는 책임의 덕목은 단순한 현 시대만의 책임이 아니다.

한스 요나스(H. Jonas)는 기술 시대의 생태학적 윤리로 책임의 원칙을 제시하고 있는데, 여기서 그는 현재의 책임 차원을 넘어서 미래로 그 범위가 확장된다고 전제하고, 역시 적극적인 책임의 개념을 강조한 바 있다.[25] 이와 같은 확장된 책임성과 더불어 또한 큉(H. Küng)의 '지구적 책임(global responsibility)'의 개념도 유의해서 살펴보아야 할 것이다.[26] 큉은 요나스가 말한 시간적인 책임의 확장 개념을 바탕으로 공간적인 책임의 확장도 추가해서 새로운 세계를 위한 전체론적 책임(holistic responsibility)을 강조하고 있다.

공보 공동체 내에서도 흔히 있는 일이지만, 언론사(기자)나 시민으로부터 전화 요청을 받은 사항이 있을 경우, 상대방을 개인적으로 알고 있든지 아니든지에 관계없이 아무리 사소한 사항이라고 하더라도 끝까지 확인하는 책임 의식이 중요하다고 본다. 만약의 경우 대변인실과 기자단 간에 협의에 의해 엠바고로 설정된 사안일 경우, 그 내용에 대해 기자를 빙자한 나쁜 의도를 가진 사람이 그 내용에 대해 확인해달라고 했을 경우, 언론 보도 이외의 다른 목적으로 비화되는 불상사가 발생할 수도 있을 것이다. 바로 이러한 상황은 사소한 경우이겠지만, 공보 관계자의 기본적인 자세라고 할 수 있을 것이다. 특히, 군의 입장에서 요구되는 특별한 의미의 책임성은, 헌팅턴도 '군과 국가 발전'에서 근대 군대가 갖는 세 가지의 특성, 즉 전문적 기술·책임성·단체성 속에서 책임성의 중요성을 언급하고 있다. 군은 무력 행사를 위한 전문 안보 집단으로서, 그리고 국민들의 형제자매가 인생의 가장 중요한 시기에 군 복무를 하고 있다는 측면에서 공보 직무에 대한 책임성은 매우 중요하다고 하겠다.

둘째, 배려다. 우리는 앞에서 공보 공동체를 가상 공동체의 개념으로 정의했다. 즉, 공보 공동체는 가족·회사·학교 등과 같은 동일 공동 생활권과 동일 전문 용어 그리고 동일 문화를 동시에 갖고 있는 실질적인 형태의 공동체가 아니라는 뜻이다. 그렇기 때문에 구성원들의 교체도 상대방의 동의나 사전 통보 없이 구성원들이 소속된 방침과 규율에 의해서 독자적으로 이루어지게 된다. 그렇기 때문에 단시간에 이 가상 공동체의 차원으로 동일 문화를 공유할 수 있기 위해서는 각자가 기본적으로 배워야 하는 전문 직업인으로서의 자세가 선행되어야 하겠지만, 이들에 대한 구성원 상호 간의 배려가 필요하다고 볼 수 있다. 실제로도 초임 출입 기자의 경우 '알지 못함'으로 인해서 문제 사안이 오보인 채로 보도되는 경우가 종종 있다. 이는 기자 본인의 책임도 되겠지만, 공보 공동체 모두의 책임이라고도 말할 수 있을 것이다. 그러므로 이러한 배려의 차원에서 최

25) H. Jonas, 이진우 역, 『책임의 원칙:기술 시대의 생태학적 윤리』, 서광사, 1994, pp.43-50.

26) Hans, Küng, Global Responsibility:In search of a new world ethic, SCM Press, 1991, p.21.

단 시일에 동일 문화를 공유할 수 있는 기회가 필요하다고 본다. 예를 들자면 안내 책자나 그동안의 정리된 자료를 제시하여 쉽게 적응할 수 있도록 해야 할 것이다. 한편, 언론사측에서도 신입기자에 대해서는 1주일 내지 2주일 정도 별도로 구출입처의 특성에 맞게 일정한 적응 기간을 배려함이 좋을 것으로 생각한다.

셋째, 진실성이다. 진실에 근거하지 않은 공보는 잘못된 기사화로 이어지고, 이것은 국민들의 오해로 이어지며, 결국에는 공보 메커니즘의 모든 구성원들에게 그 악영향이 돌아가게 될 것이다. 그러므로 보안이라든지 아니면 특수한 목적으로 인해 말하지 못하는 사안이 있다고 하더라고, 거짓된 정보가 공보 활동에서 횡행해서는 안 될 것이다.

넷째, 절차의 공정성이다. 간혹 취재와 보도 과정 그리고 그 안내의 과정에서 정해진 규칙을 위반하면서 공보 과정을 무리하게 치닫게 하는 경우가 있다. 이는 예측할 수 없는 미래에 많은 공보 구성원들로 하여금 다음의 또 다른 예비 상황에 대해 준비할 수 없는 결과를 가져다줌으로써 공인으로서 행해야 할 기본적인 책임을 다하지 못하게 된다. 그러므로 원칙에 해당되는 절차를 공정하게 수행해나가는 자세가 필요하다고 볼 수 있다. 예를 들자면 엠바고가 설정된 내용이나 오프더레코드(off-the-record) 조건으로 설명된 내용에 대해 신사 협정을 위반하는 것은 절차의 공정성을 위배한 것이라고 말할 수 있을 것이다.

다섯째, 상호성이다. 셀즈닉(P. Selznick)은 기존의 자유주의 이론이 지나치게 개인주의적이고 무역사적이며, 자아와 의무의 사회적 근원에 대하여 충분할 정도로 민감하지 못했다고 비판하면서, 공동체주의적 관점에서 자유·평등·합리성과 같은 자유주의의 이상들을 재구성해야만 한다고 주장하였다.[27] 그리고 셀즈닉은 이러한 공동체를 유지해나가는 7가지의 요소(역사성·정체성·상호성·다원성·자율성·참여성·통합성)가 있다고 말하고, 그 중에서 상호성(mutuality)이 상호의존성(interdependence)과 호혜성(reciprocity)의 경험에서 시작하여, 대체로 그것들에 의해 지지된다고 했다. 그는 공동체의 개념상 많은 변화의 추이가 있는데, 처음에는 단순한 집합에서 공동체로 나아가게 된다. 그 과정에서 상호성은 좀 더 참을성 있는 상호 관계·배려·헌신 등과 같은 관계를 더욱 발전시켜주기 위한 상호 작용으로 발전한다고 보았다. 이는 단순한 호혜성에서부터 유대감(solidarity)으로 나아가 동료 의식(fellowship)으로 발전하게 되는 것으로 보았다.[28] 단 여기서 중요한 하나의 전제 조건이 있다. 그것은 각 구성 요소별 정체성의 유지다. 상호 간의 존중만 지향하다보면 업무적인 친근감이 앞서서 자기 본분을 망각할 위험이 있다. 그렇기 때문에 각 구

---

27) P. Selznick, "Foundations of communitarian liberalism", The Responsive Community, 4(4), 1994, pp.26-28, 추병완, "공동체주의적 도덕 교육론", 진교훈 외, 『윤리학과 윤리 교육』, 경문사, 1997, p.383 재인용.

28) P. Selznick, The Moral Commonwealth, University of California Press, 1992, p.362.

성 요소별 자신이 하고 있는 업무를 기본적으로 충실히 해내는 업무 완수의 전제를 필요로 한다.

끝으로 민주적 중핵가치의 존중이다. 공보의 구성 요소들은 하나같이 중요하지 않은 것이 없다. 자유주의 입장에서 보면, 민주적 중핵가치를 최고의 가치로 꼽을 것이다. 그러나 공동체주의라고 해서 자유주의적 가치를 배제하는 것은 아니다. 이러한 민주적 중핵가치는 오히려 전제되어야 하고 그 배경이 된다고 하겠다. 예를 들어, 지난 1996년에 전방 지역에 소위 '게릴라성 집중 폭우'로 인해 군대 막사가 산사태에 휩쓸려 많은 사상자를 낸 사건이 있었다. 그 상황이 한창 진행되고, 이제 상황이 종료될 무렵이었다. 그때 모 방송 매체에서는 "현재 군 당국은 더 이상의 생존자가 없는 것으로 보고 마무리 시신 수거 작업을 벌이고 있습니다"라고 했다. 언론의 자유는 언제든지 보장되어야 한다는 것은 주지의 사실이고, 모든 자유민주주의 국가의 『헌법』에도 명시되어 있는 내용이다. 그러나 이 방송 멘트에서는 중요한 민주적 가치를 하나 빠뜨리고 있다. 즉, 인간 존엄성의 가치를 소홀히 했다고 볼 수 있는 것이다. 사실(facts)의 전파에만 급급한 나머지 중요한 다른 가치를 놓치고 말았던 것이다. 이 방송이 만약 그 피해를 입은 병사의 부모 형제 입장에서 조금이라도 생각해보았다면, 그렇게 보도하지 않았을 것이다. 부모형제 입장에서 보면 대단히 서운한 일이다. 이때 언론 매체는 직접적인 비난의 대상이 되지는 않을지라도 명백한 잘못을 저질렀다. 이런 경우 보도 매체에 군 당국에서 최초 보도 자료 이외에 이러한 언급에 해당되는 자료를 배포하지 않았을 것임은 자명하다고 본다면, 이는 언론이 군이라고 하는 공보 요소와 국민이라고 하는 공보 요소를 망각한 사례라고 볼 수 있다. 만약 이러한 가치를 존중하는 전제로 방송이 되었다면, "현지의 사정을 고려해보았을 때 생존 가능성은 희박하지만, 군 당국은 마지막 한 명의 생존자까지 안전하게 구출하기 위해 철야 작업을 마다하지 않고 있습니다"라고 했을 것이다. 이는 국민의 군대로서 사명을 다하고 있는 모습도 보이면서, 부모형제에게 위안을 줄 수도 있고, 그 직접적인 피해를 입은 당사자의 입장에서 보더라도 그들의 영혼을 달래줄 수 있을 정도로 좋은 효과를 거둘 수 있을 것으로 짐작된다. 그렇다고 해서 사실이 달라진 것도 아니다.

이상의 여섯 가지 덕목은 공보 활동의 각 변인들이 행동 양상의 구분에서 보여주었던 부정적인 양상을 최대한 지양하는 데 기여하지 않을까 하는 일차적인 기대를 해본다.

V 맺음말

우리는 흔히 언론을 '권력의 제4부'라고 한다. 소위 취재권·편집권의 독자적 권위 확보 추세가 권력 기관인 입법·사법·행정의 기능으로도 규제할 수 없는 상황이 종종 발생하기 때문에 생기게 된 것으로 짐작할 수 있다. 이렇게 제4의 권력 기관으로서의 언론은 그 취재·보도 과정에서 물의를 일으키는 경우도 있지만, 언론 내외적인 필요성에 의해 언론 윤리 강령을 토대로 윤리적인 시정 노력을 기울이고 있다. 그러나 후퍼가 말한 바와 같이, 지금까지 군과 언론에 대한 연구 보고서는 거의 찾아볼 수가 없다. 더 나아가서 군과 언론의 관계를 윤리적인 시각에서 보려고 하지 않았다는 것도 부인할 수가 없는 실정이다. 그래서 본 논문에서는 군 공보는 윤리적 접근을 통해서 그 근본적인 출발점을 얻을 수 있다는 것과 또한 그 토대를 공동체주의에서 찾고자 했다. 여기서 다음 세 가지의 결론을 얻을 수 있었다.

첫째, 군과 언론 간의 관계에서 윤리적 시각의 접근이 언론의 변화에 따른 공조 발전의 논리 하에 우선 현실적인 필요성을 느끼고, 학술적으로도 충분한 가능성이 있음에도 불구하고 선행 연구가 부족했다는 점에서 이러한 접근은 가치가 있다는 점을 밝혔다. 그리고 기존의 군대윤리와 관계에서는 전장 상황의 다변화와 군사 상황에 대한 국민들의 관심 폭증 그리고 언론 환경의 복잡 다양화에서 빚어지는 많은 상황 속에서 군의 조직원으로서 올바른 방향을 매 상황에 맞는 의무론적인 규칙의 준수만으로 공보 상황의 문제를 해결하는 데 제한점이 있었다는 결론을 얻을 수 있었다. 그렇지만 근본적으로 하나의 응용 윤리로서의 군대윤리는 군인들에게서는 변함 없는 기본 윤리임에는 틀림없으며, 단지 군의 공보라고 하는 가상의 공동체 하에서는 이를 토대로 한 또 하나의 응용 윤리가 필요하다는 점을 제시했다. 그것이 바로 '군 공보윤리(military ethics of public affairs)'다.

둘째, 윤리적 접근의 타당성을 토대로 '가상 공보 공동체'개념 하에, 자유주의적 의무론에 대한 반성으로 공동체적 덕론(德論)을 중심으로 일련의 공동체주의자들의 논의를 원용하여 군 공보 공동체의 체계화를 모색해보았다.

마지막으로, 이러한 검토를 토대로 한국군의 공보 전략과 그 시행 방안에 입각한 세부적인 방안을 제시해보았다. 결론적으로 군의 공보 활동은 일반적인 기업체의 홍보 활동과는 달리 국가 범주 내에서는 무한의 공공성을 가지고 있음을 알 수 있다. 이와 같은 공보 활동의 장(場)을 공보 공동체라고 명명했는데, 이 공동체의 지속적인 발전을 위해서는 모든 구성원들의 역할에 따른 건전한 윤리 의식이 요구된다.

제 10 장

군 상담활동

MILITARY ETHICS

I 머리말

본 연구는 군내 상담교육을 통해 신세대 장병들의 복무 부적응에 대한 해소방안을 제시하는 데 목적을 둔다. 병무청 통계에 의하면, 한국군은 매년 30만 명 내외의 젊은이들이 입대하고 전역하는 곳임을 알 수 있다.[1] 말하자면 한국에 있어서 군은 거대한 인력교환의 파이프라인이 되는 셈이다. 그리고 군에 입대하는 그 젊은이들은 어디서 갑자기 나타난 것이 아니라, 바로 우리 사회의 생활 공동체와 문화 속에서 같이 호흡해온 사람들이다. 이들이 적정 연령, 예컨대 20세 전후의 나이가 되면 군에 입대한다. 그리고 각급부대에서 소정의 군복무를 하다가 마치고 전역을 하면 다시 사회로 돌아간다.

이런 면에서, 군 입대 전 젊은이가 육체적, 정신적으로 건강하고 패기가 넘친다면, 군에서도 다행한 일일 것이다. 그러나 불행히도 그렇지 못하다. 보건복지가족부 조사에 따르면, 2006년 우리 국민의 정신질환 유병율(有病率)은 30%로서, 매우 높은 수치를 나타내고 있다.[2] 이는 군대에 입대하는 젊은이들 중에도 각종 정신적 질환을 보유하고 있고, 그 영향에 따라 복무 부적응 증상이 나타나게 될 가능성이 크기 때문에 그 대책이 요망된다는 점을 시사하고 있다.

이러한 필요성의 현실적인 근거는 2006년 12월 국가인권위원회에서 940명의 병사를 대상으로 조사한 결과에서도 잘 나타난다.[3] 조사 결과에 의하면 전체 대상자 중 45%가 군 복무에 어려움이 있다고 호소하였으며, 이 중 13.2%는 간이 정신검사에서 부적응을 나타내었다. 이것은 병사 10명 중 1명 이상이 부적응을 호소하고 있다는 것을 의미하기도 한다. 특히 병사들에 나타나고 있는 부적응 증상은 편집증, 적대감, 신체적 증상, 대인민감성 등 주로 대인관계와 관련된 것이며, 부적응 이유로는 선임병과의 갈등, 비합리적인 군대문화, 고된 훈련, 부당한 명령 및 처벌 순으로

* 이 장은 저자의 선행 연구를 보완·발전시킨 것이다. 이원봉·박균열, "신세대 장병 복무부적응 해소를 위한 상담교육방법 연구", 『정신전력연구』, 제39호, 국방대학교 국방리더십개발원, 2008, pp.3-43.

1) 병무청(http://www.mma.go.kr/ 2008.4.15 검색): "2007년도 현역병 입영현황", (병무행정 정보공개-정보공개자료). 통계에 의하면, 2007.1.1. - 12.31일까지 한 해 동안 총 201,773명을 대상으로 병무청에서 입영통지서를 발송했고, 그 중 기일 연기 50,028명, 귀가 조치 5,272명을 제외한 145,476명이 입영했다. 따라서 2007년 제대 인원까지 합하면 1년 동안 군대에 들어오고 나가는 인원이 대략 30만 명이 되는 셈이다.

2) 보건복지가족부 (http://www.mw.go.kr/ 2008.4.15 검색): "2006년 정신질환 실태 역학조사 결과"발표 (2008. 2. 1.): 2006년 한 해 동안 성인 6명 중 1명이 정신건강문제 경험. 보건복지가족부는 정신질환의 유병율, 위험요인 등에 관한 '06년도 정신질환실태 역학조사 결과를 발표하였음. 이번 조사는 '01년에 이어 두번째 실시하였으며, 전국 12,849가구의 18~64세 성인을 대상으로 서울대(책임연구자 조맹제 교수) 등 12개 대학이 합동으로 조사한 결과임. '06년 한 해 동안 한 가지 이상의 정신질환을 경험한 적이 있는 인구의 비율인 일년유병율은 17.1%로 성인 6명중 1명꼴임. 또한 평생 동안 한 가지 이상의 정신질환을 경험하는 인구의 비율인 평생유병율은 30%로 성인 3명중 1명 수준으로 나타남.

3) 안현의 외, 『군복무 부적응자 인권상황 실태조사』(2006년도 인권상황 실태조사 연구용역보고서), 국가인권위원회, 2006. p.32.

나타나고 있다. 아울러 간부는 신체화 증상, 강박증, 대인민감성 등의 순으로 대인관계 측면에서 부적응 증상을 나타내고 있다.

이를 토대로 본 연구는 구체적으로 다음을 제시하고자 한다. 먼저 병사들의 복무 부적응 실태를 고찰하고 그 복무 부적응 유발 요인을 개인성장적 요인과 병영 환경적 요인으로 구분하여 분석한다. 그리고 부대 간부, 특히 초급간부와 병사들 간의 긍정적이고 인격적인 상호작용을 할 수 있는 상담교육방법을 제시하고자 한다.

병사들의 복무 부적응 문제는 간단하지 않다. 개인의 육체적 심리적 요인, 사회 환경적 요인, 부대 환경적 요인이라는 3가지 요소가 복합적으로 작용하여 발생하는 심리적 현상이다. 다시 말해서 병사의 복무 부적응은 위의 세 가지 대상과 환경에 긍정적으로 적응하지 못하는 상태를 뜻한다. 따라서 본 연구는 병사들의 복무 부적응을 유발하는 현실적인 문제들을 중심으로 하여 그 실태와 원인을 체계적으로 규명하고, 이를 해결하는 방법으로서 병사들과 접촉이 빈번한 초급간부가 상담자로 투입되어야 하므로, 그들의 상담능력 육성을 위한 별도의 상담교육 방안을 제시하고자 한다.

이를 위해 먼저 병사들의 복무 부적응 실태를 국가인권위원회에서 2006년도에 연구 조사한 '군복무 부적응자 인권상황 실태'조사 내용을 기초자료로 삼으려 한다. 그리고 복무 부적응 해소를 위한 상담교육 방안에 대해서는 한국상담전문가연합회가 연구 개발하여 실험하고 있는 상담교육 프로그램을 중점적으로 분석하여 제시하려고 한다.[4] 동시에 이 모든 상담교육과 상담의 구체적 시행, 그리고 조직적이고 체계적인 상담 교육시스템 구축을 위해 국방부 차원에서 시행할 수 있는 제도적 방법을 모색하려고 한다. 예컨대 야전부대에서 실시하는 소집 및 집체교육, 학교기관에서 실시하는 정규과목 도입, 상담교육 교재 개발 등이 그것이다.

4) 박균열 외, 『선간부의식전환교육(상담교육)』, 한국상담전문가연합회, 2008.4.8(미간행). pp.11-23: 한국상담전문가연합회란 2005년 12월 20일 '가정을 사랑하는 모임'이라는 작은 공동체에서부터 출발하여 법원이혼상담, 경찰상담, 군상담을 주로 하는 상담봉사단체이다. 특별히 협의이혼 전 사전숙려 및 상담제도를 도입할 것을 골자로 하는 이혼상담 법제화를 주도하여 2007년 11월 23일 이 내용이 포함된 민법(가족법)과 가사소송법 개정을 이끌어 내었다. 이 법은 동년 12월 21일부터 발효되었다.

Ⅱ 복무 부적응과 상담

1. 복무 부적응의 정의 및 개념

일반적으로 부적응이란, 어떤 개인이 사회적, 물리적 환경에 대해 생존하고 적응 유지해 가기 위한 효과적인 과정에 실패하는 현상이라고 할 수 있다. 이와 같은 일반적 부적응의 정의를 바탕으로 군복무 부적응의 정의를 살펴보면, 군 입대자 개인의 심리사회적 요인과 군대 조직의 물리적, 사회문화적 요인 간의 부조화로 인하여 개인의 안녕과 군대와 일반사회의 안녕에 심각한 문제를 일으킬 수 있는 행동을 현재 나타내고 있거나 잠재적으로 지니고 있는 상태라고 할 수 있다.[5] 복무 부적응 장병은 단순하게 개인적인 요인에 의해서만 나타나는 것이 아니라 개인을 둘러싼 주변 환경에 의해서 크게 영향을 받고 있음을 알 수 있다. 특히 군대의 문화와 환경, 인간관계, 임무수행 등의 과정에서 심리적으로 충돌하거나 충격을 받을 때 부적응 증세는 쉽게 유발되거나 악화될 수 있다.

이러한 복무 부적응 병사는 다음과 같은 문제를 안고 있다. 먼저 군 생활에 매우 큰 심리적 부담과 육체적 고달픔을 느끼면서 병영생활을 영위한다는 점이 있다. 또한 복무 부적응 병사들은 군에 대하여 부정적인 심리상태를 가지게 됨으로서 공포증, 불안, 우울, 정신적 강박감, 대인 민감성, 적대감, 편집증과 같은 유형의 증상을 호소하기도 하며, 특히 대인관계성 부적응은 그 대표적인 증상으로 꼽힌다. 또한 복무 부적응이 극도로 악화될 경우 자살이나 부대 이탈, 항명, 자해 등 극단적인 행위를 유발하기도 한다.

이처럼 복무 부적응 문제는 병사들로 하여금 군 복무를 원만하게 하는 데 지장을 줄 뿐만 아니라, 개인적 차원에서는 정신적, 육체적으로 올바르게 성장할 수 없도록 만드는 요인이 되며, 집단적 차원에서는 군의 사기와 전투력 강화에 큰 악영향을 미친다. 뿐만 아니라, 군의 리더십이 국민에게 부정적 이미지로 나타나는 원인이 되기도 한다.

---

5) 육사의 신응섭 교수는 군 복무 부적응자의 범위를 "단체생활에서 적응속도가 늦은 정도의 경미한 부적응자에서부터 범죄를 저지르는 정도의 심각한 부적응자까지"의 다양한 대상을 지적하고 있다. 나아가 소위 '71계획'에 근거한 귀향자를 분석하면서, 군 복무 부적응자의 유형을 크게는 근무부적합자, 사고우려자, 기타의 경우로 분류하고 있다. 근무부적합자의 사유로는 충동적 행동, 불안, 대인불안 및 공포, 우울, 강박증상, 전환장애, 성격장애, 적대감, 환각경험이 있고, 사고우려자의 사유로는 [사고우려]수형자, 자살기도, 규칙위반, 충동적 행동이 있으며, 기타의 사유로는 지능저열, 신체장애, [단순]수형자, 부적합(고아)가 있다([ ] 표시는 필자 보충): 신응섭, "군 복무 부적응자의 심리적 특성 분석", 『육사 논문집』, vol.54, 육군사관학교, 1998, p.3, 11.

2. 복무 부적응 해소를 위한 방법으로서의 군 상담

가. 상담의 정의

복무 부적응을 해소하기 위해서는 여러 가지 방법이 동원될 수 있다. 그 중에서도 상담을 중심으로 알아보면 다음과 같다. 영어의 상담(counseling)은 라틴어의 'counsulere'에서 유래한 말로, '고려한다, 반성한다, 충고와 조언을 청한다'등의 뜻을 내포하고 있다. 이는 한 개인이 주변의 사회적 물리적 환경에 적응하기 어려운 상황에 직면했을 때, 상담을 통해 자신의 위치와 처지를 반성 또는 확인하고, 동시에 주변 환경에 걸맞은 행동을 할 수 있도록 하는 조언을 듣는 과정이라고 할 수 있다. 따라서 복무 부적응자를 상담하여 나름대로 문제를 해결하고 다시 마음을 새롭게 하여 병영생활을 시작하도록 하려면, 상담자는 전문가가 되어야 한다.

그렇다면 상담자는 누구나 될 수 있는 것이 아니라 상당한 전문적 식견과 기법을 지녀야 할 것이다. 이런 측면에서 본 연구에서는 상담을 다음과 같은 개념으로 사용하기로 한다. 상담이란, "전문적 훈련을 받은 상담자가, 전문적인 조력활동을 통하여, 내담자의 사고, 감정 및 행동의 변화를 촉진하고, 그 결과로 문제해결과 인간적 성장을 돕는 과정"을 말한다.[6] 그리고 이러한 전문적 상담가를 양성하기 위해서는 조직적이고 체계적인 전문교육이 필요하다.

나. 군 상담의 정의

이와 관련하여 군상담을 정의해보면, 군상담(military counseling)은 "병영에서 상담교육을 받은 상관이 부하와의 관계에서 전문적인 조력활동을 통해 부하로 하여금 스스로 문제해결을 하도록 돕는 과정"이라고 할 수 있다.[7] 이러한 군상담의 정의를 구체적으로 살펴보면, 도움을 받는 내담자와 도움을 주는 상담자, 그리고 도움을 주는 구체적인 상담방법 등 세 가지가 중요한 요소로 등장한다. 그 중에서도 내담자에게 도움을 주는 상담자가 가장 중요하므로 본 연구에서는 이 상담자가 갖추어야 할 전문적 자질을 고찰하고, 이러한 자질을 갖추도록 하기 위한 상담교육을 어떻게 할 것인가에 초점을 맞추어 보기로 한다.

---

6) 김완일, 『군상담의 이론과 실제』(서울: 학지사, 2006), p.14; 상담에 대한 정의는 이 외에도 "내담자 스스로 문제를 해결할 수 있도록 전문가가 암시와 충고를 하는 것"(Williamson, 1950), "상담자가 치료적인 분위기를 조성하여 내담자 스스로 문제를 해결하도록 돕는 것"(Rogers, 1942) 등이 있다.

7) 위의 책, p.16; 군 상담에 대한 정의는 이 외에도 다양하게 표현되어 있다. 예컨대 "국가방위라는 특수임무를 수행하고, 엄격한 위계질서 속에서 자유로운 사적 생활의 제약을 받는 등의 특수성을 갖는 군대사회에서 야기되는 구성원들의 갈등과 고민을 해결해주기 위하여 각 군의 교육기관 및 각급 부대에서 이루어지는 상담과정"(이장호, 2005) 으로 정의하기도 한다.

3. 복무 부적응자 상담에서 요구되는 전문적 자질

상담자의 전문성은 상담에서 가장 중요한 요소이다. 전문적 자질이 부족한 상담자가 상담을 할 때, 자칫하면 선무당이 사람 잡는 식의 엉터리 상담을 할 수 있다. 이렇게 되면 내담자의 증상을 완화시키는 것이 아니라 오히려 악화시키기 때문에 차라리 상담을 하지 않는 편이 나을 수도 있다. 따라서 전문적 자질을 보유하는 것은 매우 중요하다. 본 연구에서 초급간부를 대상으로 상담교육을 조직적 체계적으로 실시하려고 하는 이유도 여기에 있다. 상담자의 전문적 자질에는 세 가지 필수요소가 있다.

가. 상담이론에 대한 이해

상담이론은 내담자가 호소하는 문제의 원인을 이해하는 틀과 가설들을 제공해주며, 상담이 나아가야 할 방향을 제시해준다. 즉 상담이론을 이해하고 있는 상담자는 내담자의 문제를 정확하게 파악하여 진단하는 것이 가능하며, 그 문제를 해결하는 방법에 대한 적절한 처방을 할 수 있다. 상담이론은 인간의 부적응 행동을 체계적으로 기술하고, 그러한 부적응 행동을 변화시키는 것을 목적으로 하고 있다.

나. 상담방법에 대한 숙달

상담이론을 통해 상담자는 내담자의 문제의 원인을 정확하게 파악할 수 있으며, 문제의 발달과정과 그 해결책을 알 수 있다. 그러나 상담자는 상담의 이론에 대한 지식만으로는 부족하며, 부적응행동을 변화시키는 구체적인 방법을 알고, 이를 적절히 적용하는 것이 필요하다. 상담방법이란 내담자가 호소하는 심리적 증상이나 부적응 행동을 완화 또는 경감시키는 데 필요한 여러 가지 상담기법들과 전반적인 상담 진행 전략, 내담자의 신뢰할 수 있는 상담관계를 맺는 방법, 상담의 단계별 진행요령, 즉 초기와 중기 및 종결단계의 진행방법, 상담에서 부딪치는 여러 가지 어려움들을 극복하는 방법들을 말한다.[8] 상담자는 효율적인 상담방법들을 숙지함으로써 내담자에게 바람직한 변화가 일어나도록 잘 짜인 상담을 진행해 나갈 수 있다. 또한 다양한 상담방법들을 숙지함으로써 내담자가 호소하는 증상에 맞는 상담방법을 적용하는 것이 필요하다.

8) David R. Evans 외, 성숙진 역, 『상담의 필수기술: 효과적인 의사소통을 위한 사례중심 접근법』(서울: 나남출판, 2000), pp.22-27.

다. 상담 경험 및 훈련

상담의 이론과 방법에 대한 지식을 갖추었다 해서 반드시 상담을 잘 할 수 있다는 것은 결코 아니다. 훌륭한 상담자가 되기 위해서는 상담에 대한 지식뿐만 아니라 충분한 상담실습 경험 및 선배 상담전문가(supervisor)에 의한 훈련지도가 필요하다. 상담자들은 선배 상담자들의 상담사례를 다루는 사례회의(case conference)에 참석하는 경험 등을 토대로 직접 다양한 내담자들을 상담하는 경험을 해야 한다. 또한 상담자들은 자신이 실시한 상담사례를 자격을 갖춘 선배 상담자로부터 내담자의 문제 파악, 상담의 목표 설정, 상담의 전략과 기법 적용, 상담의 진행방법 등에 대하여 일일이 점검받는 과정을 통해 무엇이 어떻게 잘못되었는지를 낱낱이 파악하여 잘못된 점들을 고쳐나가야 한다. 상담자들은 이와 같은 풍부한 상담실습과 훈련지도 경험을 통해 진정한 상담전문가로서의 역할을 온전히 수행할 수 있게 된다.[9]

이 외에도 상담자가 갖추어야 할 인간적 자질에는, 자신에 대한 이해와 수용, 타인에 대한 관심과 존중, 원만한 성격과 인내심, 삶에 대한 열정과 부단한 노력 등이 있다.

Ⅲ 복무 부적응 실태 및 원인 분석

1. 복무 부적응 실태

가. 병영생활에 대한 전반적 불편함 표출

신세대 장병들의 병영생활에 대한 복무 부적응 실태를 살펴보면, 두 가지 측면에서 특징을 보이고 있다. 첫째는, 병영생활에 대한 전반적 불편함 표출이다. 모든 병사들에게 있어서 병영생활은 그 자체가 스트레스다. 이는 병사들의 복무 부적응 상황이 특수한 것이 아니라 일반적이라는 사실을 나타내고 있다. 즉 병영생활에 있어서의 복무 부적응은 정도의 차이는 있지만 모든 병사들에게 보편적으로 해당되고 있음을 보여주고 있다.

9) 김소야자 외, 『전문적 정신상담 기술』(서울: 창지사, 2006), p.32.

군대라는 특수한 집단에서 의무복무를 하는 그 자체가 어렵고 힘든 부분이기도 하다. 이 점을 감안하여 국방부에서는 그동안 병영생활 개선을 위해 많은 노력을 해 왔다. 예를 들면 2005년 7월에 국방부를 중심으로 하여 범정부적 차원의 "병영문화 개선 대책위원회"를 발족하였고, 선진 병영문화를 정착시키기 위한 나름대로의 실적도 이루어 냈다.[10] 이 위원회는 각계각층의 저명인사들과 실무 요원들이 공동으로 참여하여 야전부대 방문을 통한 실태조사와 대국민 여론조사 등을 실시하여 다양한 의견을 수렴하기도 하였다.[11] 그러나 이러한 노력에도 불구하고 병사들의 어려움 토로는 지금까지 한국군 병영에서 좀처럼 사라지지 않고 있다. 특히 강압과 경직, 임무 우선주의, 사회문화와의 차이, 수직적인 인간관계[12] 등은 군 복무 적응능력을 저하시키는 큰 요인이 되고 있다.

나. 다양한 심리적 반응 표출

두 번째 특징은 복무 부적응 병사들이 복무 간에 직면하는 상황 및 환경에 따라 다양한 심리적 반응을 보인다는 사실이다. 병영생활에 나타나는 복무 부적응 병사들이 호소하는 증상유형을 보면, 편집증 〉 적대감 〉 신체화 〉 대인민감성 〉 강박관념 〉 정신증 〉 우울증 〉 불안 〉 공포증 순으로 나타났다(〈표 1〉 참조). 여기서 신체화와 정신증 등을 제외하면 대부분이 원만치 못한 인간관계에서 오는 증상들이다. 이는 군대에서의 인간관계가 사회에 비해 많은 차이가 있기 때문이다. 즉 군대 내에서는 수평적 인간관계나 자유로운 분위기를 기대할 수 없다. 그리고 임무 수행을 위한 명령 복종만을 강요하는 수직적 인간관계와 자유롭지 못한 분위기가 팽배하는 곳이기도 하다.

또한 군 복무 부적응 증세는 병사 전 계층에서 발생하지만 특히 이등병과 일등병 등 주로 군 복무 기간이 짧은 낮은 계급의 계층에서 집중적으로 발생하고 있다. 국가인권위원회에서 조사한 바에 의하면 군내 복무 부적응 증세를 보이고 있는 중심 계층이 주로 이등병과 일등병이며 그 비율도 60.1%에 달하고 있음을 잘 보여 주고 있다. 이는 군 복무 기간이 짧을수록 군대 환경이나

---

10) 국방부는 병영문화 발전을 위해 총63명 규모의 '병영문화 개선 대책위원회'를 발족하였다(2005.7.22). 세부적으로 공동위원장 2명(국방부 장관, MBC논설위원 정상모), 민간위원 8명(학계, 언론계, 법조계, 시민단체, 예비역 등), 정부위원 8명(교육인적자원부, 국방부, 국무조정실, 기획예산처, 병무청, 청소년위원회 등), 실무지원단 45명(현역, 민간전문가, 예비역 장병 및 부모 등)으로 구성되어 있다. 국방부, 『21세기 강군육성을 위한 선진 병영문화』(국방부, 2005), p.7 참조.

11) 범정부 차원의 "병영문화 개선 대책위원회"발족 후 그 구성요원들은, 부대방문 및 실태확인 35회, 인터넷 국민 여론 수렴 1,124건, 정책 간담회, 세미나, 전문가 및 관련자 초빙 토론회 34회, 공청회 및 당정 협의 등으로 사회 각계각층의 다양한 의견을 수렴했다.

12) 가인권위원회에서 병사를 대상으로 조사한 결과(2005년), 40.9%가 "보복이 두려워 그냥 참았다"고 응답하였다. 이는 군의 수직적이고 제한된 커뮤니케이션에 기인한 것으로 보인다. 안현의 외, 앞의 보고서, p.87.

업무절차, 인간관계 측면에서 어려움을 겪고 있기 때문으로 보인다. 따라서 이등병과 일등병에 대한 복무 부적응 증세 유발을 예방하기 위한 다양한 대비책이 필요하다.

〈표 1〉 군 복무 부적응자의 증상유형

순위	증상	주요내용
1	편집증	피해망상, 과대망상, 의심, 타인 말 불신, 열등감, 불안감
2	적대감	비 친근성, 미움, 불신, 회피
3	신체화	두통, 소화불량, 각종 통증 등 신체적 반응
4	대인민감성	민감한 반응, 부정적인 감정, 상급자에 대한 과도한 눈치
5	강박	완벽주의, 감정 표현 억제, 타인에게 불편함/불안함 느낌
6	정신증	분열성 정신증, 망상 장애증 등
7	우울	우울하고 슬픈 감정, 좌절감, 죄책감, 고독감, 허무감, 절망감
8	불안	긴장, 초조, 주의산만, 피곤, 수면장애, 과도한 걱정
9	공포증	대인공포, 교육훈련에 대한 공포 등

출처: 안현의 외, 앞의 보고서, p.41.

2. 복무 부적응 원인 분석

병사들이 병영생활에서 복무 부적응을 유발하는 요인은 다양한데, 이를 입대전 개인의 성장배경적 측면과 입대후 병영 환경적 측면 등으로 구분해서 분석해보면 다음과 같다.

가. 입대전 개인의 성장배경적 측면

먼저 입대전 개인의 성장배경적 측면에서 살펴보면, 우리 사회에 있어서의 청소년의 부적응 문제를 들 수 있다. 초등학생의 25.8%가 정신적, 정서적인 장애증세를 보이고 있으며, 초등학생 80%이상이 폭행이나 따돌림 등의 인격침해를 경험하여 가정과 학교에서 제대로 적응하지 못하고 있다.[13] 이들이 얼마 후 군에 입대하게 된다. 그리고 장병 개인의 심리적 측면에서 보면, 장병들은 입대 전에 사회에서 겪은 다양한 성장환경과 경험이 부정적으로 전개될 경우, 이는 군복무 간

13) 2006년 통계청 조사자료 (http://www.nso.go.kr/, 2008.4.15 검색): 우리나라 자살율 OECD 중 최고. 통계청의 '2006년 사망 및 사망원인 통계'(인구동향과)에 따르면, 우리나라의 자살건수가 10년 전보다 2.5배 가까이 뛰었고 인구 10만 명 당 자살자 25.2명으로 OECD 국가 중 최고 수준을 기록했다고 보도됨. 20-30대 사망원인 1위도 자살로 나타났다고 지적됨.

에 위기로 발전할 수 있는 가능성이 매우 크다. 군 복무 간에 부적응으로 갈 수 있는 개인적 요인을 살펴보면 군 입대에 대한 스트레스, 이성문제, 가정문제, 개인의 심신상태, 병영문화의 수용능력 정도 등 다양하게 나타난다.

첫째, 군 입대에 대한 위기의식이다. 병사들은 생소하고 낯선 신체검사 통지서를 받았을 때 위기를 느낀다.[14] 그동안 남의 일로만 여겨지던 군대라는 이미지가 강렬하게 부딪치면서 신체검사를 받던 날의 긴장은 잊을 수 없는 기억으로 남는다. 신체검사에 이어 젊은이들의 위기의식은 입영통지서가 전달될 때 절정에 달한다. 입영통지서가 주는 위기의식은 대단하다. 여기에서 첫 번째 느끼는 위기는 자신을 사랑하고 지원해주는 삶의 중요한 부분을 차지하고 있는 사람들과 이별을 해야 한다는 상실감의 위기이다. 앞서 언급한 사례를 통해 보더라도 상실감은 가장 높은 위기를 유발시킨다. 부모와 형제, 친구, 특히 사랑하는 애인과 떨어져야만 한다는 이별의 상실감은 이들에게는 극복하기 힘든 고통이며 위기 중의 위기인 것이다.

둘째, 이성 문제에 대한 고민이다. 이는 장병들이 군 복무 간에 매우 불안하고 심각하게 생각하는 문제다. 장병들은 입대 전에 애인관계의 이성이 뜻하지 않은 임신을 했거나 결혼문제 등으로 인해 심리적으로 불안한 상태에서 입대할 수 있다. 그리고 경우에 따라서는 변심한 이성을 대상으로 증오와 분노를 표출할 수도 있다. 이런 심리상태는 매우 위험하여 곧잘 사고로 연결되기 쉽기 때문에 군에서도 큰 관심을 가지게 된다. 육군의 경우 전체 자살자중 23.8%가 가정환경 및 이성문제로서 높은 비율을 차지하고 있다.[15] 이런 면에서 이성문제는 복무 부적응으로 유인할 수 있는 큰 장애가 되기도 한다.

셋째, 가정문제이다. 신세대장병들의 경우, 가정은 입대 전에는 자유분방하게 생활하면서 부모의 통제나 간섭에서 벗어나려고 하는 곳이지만, 막상 입대 후에는 가장 그리워하는 것이 바로 가정이다. 그러나 입대 전에 가족관계가 악화되었거나 부모가 이혼한 상태, 또는 경제적으로 파산되었거나 형사 처벌의 대상이었을 때, 그 병사는 정서적으로 안정감을 갖지 못하고 전우들과 어울리지도 못하는 부적응 증세를 보일 수 있다. 그리고 지나치게 통제적이고 권위적인 부모의 양육을 받은 장병들도 원활한 의사소통이나 협조적인 인간관계를 유지하는 데에 어려움을 겪게 될 것이다.

---

14) 병무청 (http://www.mma.go.kr/, '병무상담실', 2008.4.15 검색), "징병검사 과정과 준비물이 궁금합니다 "이 코너에는 많은 입대 예정 장정들의 질문이 게재되어 있다. 이는 징병검사 및 군입대에 대한 스트레스의 좋은 사례가 된다. 다음과 같은 질문은 좋은 사례이다. 〈궁금합니다〉 "오는 2월에 징병검사를 받게 될 사람입니다. 금년도 병역처분기준과 징병검사는 어떤 과정을 거쳐 실시되는지, 준비물은 무엇인지 알고 싶습니다."

15) 육군본부, 『군 기강 확립 및 사고 예방 활동』(2005년 전반기 순회교육용 자료), p.23. 이 외에도 자살사고 유발요인으로 부대관계 측면의 복무염증(41.7%), 처벌우려(4.8%), 사적제재(9.5%)와 개인관계 측면의 가정환경 비관(15.5%), 여자관계(8.3%), 신병비관(4.8%), 염세비관(14.3%) 등으로 나타났다. 이강석, "자살 위험요소에 관한 연구: 육군 자살사례를 중심으로", 국방대학교 국방관리대학원 석사학위논문, 2003, p.43.

넷째, 개인의 심신상태 문제이다. 군은 임무수행과 질서유지를 위해 강한 정신력과 체력을 요구하며 엄격한 규율을 생명으로 한다. 그러나 입대 전 신세대 병사들은 군이 요구하는 수준의 정신력과 체력을 갖추지 못하고 있으며, 특히 체력문제와 관련하여 많은 병사들이 어려움을 겪고 있다. 이와 함께 인터넷 중독, 알콜 중독, 니코틴 중독 등의 증세를 보이거나 심한 대인기피증과 언어장애 등은 정상적인 병영생활을 영위하는 데 많은 장애요인이 된다.

다섯째, 군대에 대한 부정적인 이미지 보유이다. 군 의무복무는 입대하는 젊은이들에게 있어 최대의 고민거리로서 가능한 피할 수 있다면 피하고 싶어 한다. 이들은 2년 이상의 군복무기간이 자신에게 가혹한 것이며 잃어버리는 시간으로 간주하기도 한다. 전체 병사의 72.1%가 입대 전에 가졌던 군 이미지는 부정적이었다고 응답하였으며, 특히 매우 나빴다고 반응한 병사도 16.4%였고, 그중 부적응 집단 병사들은 거의 절대적인 인원이 극도로 부정적인 생각을 가졌다고 응답하였다.[16]

이처럼 입대 전에 가진 군의 부정적인 이미지는 병사들의 생각을 부정적으로 확대시키고, 군에 대한 불안감이나 경계심, 그리고 심리적인 위축을 초래 할 수 있으며 이는 곧 위기의식을 유발하고 복무 부적응을 유발하고 악화시키는 원인이 될 수 있다.

나. 입대 후 병영 환경적 측면

다음은 입대 후 병영 환경적 측면이다. 앞에서 언급한 입대전 개인의 성장배경면에서 본 개인적 차원의 부적응 유발요인은 입대 후에 병영 환경이 주는 여러 가지 요인과 결합되어 부정적인 상승효과를 일으킨다. 이때 직면한 위기는 커다란 스트레스로 다가오게 된다. 또한 과도한 스트레스는 복무의욕을 저하시키고 자신감과 적극성을 약화시킨다. 그리고 어떤 위기상황에 처했을 때 올바른 판단이나 대처할 수 있는 능력을 현저하게 감소시킨다. 신세대 장병들에게 스트레스를 주어 복무 부적응을 악화시키는 요인들을 보면 다음과 같다.

첫째, 병영에서의 불합리한 제도이다. 신세대 장병들의 복무 부적응 정도는 각종 제도에 의해서 크게 영향을 받는다. 군에는 다양한 제도적 장치가 존재하며, 특히 각종 법규는 장병들의 사고와 행동을 규범화하고 제약함으로써 이로 인해 장병 개개인의 삶 역시 직·간접적으로 영향을 받게 된다. 우리 군의 각종 제도는 개인의 복지나 인권보다는 임무를 어떻게 완수할 수 있는가에 더 큰 비중을 두고 있다. 따라서 구성원을 용이하게 통제하고 관리하는데 중점을 둔다. 이는 임

16) 안현의 외, 앞의 보고서, pp.57-58.

무수행의 효율성에는 기여하지만, 자칫 개개인의 권익이 무시되고 집단적 이익만이 최선이라는 생각을 갖도록 하는 오류를 범하기 쉽다. 즉 부대 운영이나 임무수행 과정에서 발생할 수밖에 없는 인권침해가 묵인되는 취약점을 가지고 있다. 이러한 현상은 잘못된 제도에 의해 인권침해가 이루어지고 나아가 복무 부적응자가 증가할 수 있는 가능성을 가지고 있다.

둘째는 원만하지 못한 인간관계이다. 병영은 다양한 계층과 성향을 가진 인력의 집합체라고 할 수 있다. 특히 군은 철저한 계급의식과 상의하달식의 명령체계를 추구하는 집단이며, 강제성이 요구되고 개인의 의사표현이 제한될 수밖에 없는 특성을 지니고 있다. 이러한 군의 특성은 자연히 인간관계에 있어 의사소통의 제한을 가져오며, 이로 인해 갈등과 위기감이 유발되기 마련이다.[17] 이는 여러 가지 조사결과에서도 잘 나타나고 있다. 병사집단의 커뮤니케이션을 보면 1일 대화시간은 30분 정도라는 응답이 무려 71%를 차지하고 있고, 10분에서 5분 정도가 29%를 차지하고 있다. 또한 54%가 동료전우하고만 대화한다고 응답하여 의사소통의 편향성이 심하게 노출되고 있다. 이와 함께 병사의 50% 이상이 병영에서 의사소통이 잘 이루어지지 않는다고 응답하고 있다.[18]

이러한 커뮤니케이션의 부족은 결국 동료간 또는 상하간에 원만하지 못한 인간관계를 가져오며, 병영생활에 있어서 부적응 증상을 유발 시키는 결과를 초래하게 된다. 그리하여 병사 10명중 1명이 부적응 증상을 호소하고, 그중에서도 가장 큰 원인은 선임병과의 갈등적 대인관계임을 보이고 있으며, 군무이탈자 중 90% 이상이 인간관계 악화로 나타나고 있다. 이와 같은 조사결과들은 병영에서의 원활한 의사소통과 건전하고 합리적인 인간관계가 얼마나 중요한가를 보여준다.

17) Juan-David Nasio, Hysteria: the Splendid Child (Northdale: J. Aronson, 1977). p.57: 여기서 저자는 의사소통의 제한으로 오는 갈등과 위기감을 '긴장 에너지의 방출'로 해소하려 하고 있다. 이 '긴장 에너지의 방출이 바로 마음의 정화 기능을 가지고 있고, 개인으로 하여금 질병이라고 하는 신체화 증상을 예방할 수 있다고 보았던 것이다.

18) 유명덕, "커뮤니케이션지수",『국방리더십저널』 7월호, 국방대학교 국방리더십개발원, 2006, p.19.

Ⅳ 복무 부적응 해소를 위한 상담교육

1. 복무 부적응 해소의 기본방향

가. 병영생활의 두려움 해소와 심리적 안정상태 유지

병사들에게 있어서 군복무 부적응 해소의 기본은, 병영생활 자체에 대한 막연한 두려움을 해소시켜 주고 심리적 안정 상태를 유지시켜 주는 것이다. 신세대 장병들이 군에 갓 입대하게 되면 모든 것이 낯설고 불안하다. 특히 상하 간의 의사소통이 제대로 되지 않는다. 상관이나 선임자가 임무를 부여하면 자기가 무엇을 어떻게 해야 하는지, 그 임무의 핵심이 무엇인지 정확하게 알지 못한다. 그러면서도 다시 물어보기를 두려워한다. 결국은 부여받은 임무를 잘못된 방향으로 처리하여 질책을 받게 된다. 그 결과 대화는 더욱 단절된다. 이러한 악순환은 끊임없이 계속된다. 그 고리를 끊어야 한다. 병사들로 하여금 아무런 두려움 없이 상관이나 선임병과 대화할 수 있어야 한다. 그러나 군의 임무수행 특성상 각 개인에게 요구하는 육체적 심리적 강도와 긴장은, 장병들로 하여금 안정된 상태에서 임무를 수행하게 하는데 많은 제한을 주고 있다. 이러한 현상은 병영에서 가장 말단 제대인 대대급 이하 부대에서 많이 일어나게 된다.

나. 대대급 이하 부대의 초급간부 중심 상담교육

이에 본 연구는 초급간부의 상담능력 향상에 초점을 두었다. 즉 병사들과 가장 빈번하게 접촉하고 있는 대대급 이하 제대의 초급간부의 역할과 임무가 막중함을 감안하여, 이들을 대상으로 상담교육을 실시하는 것이 효과적임을 착안한 것이다. 그리하여 초급간부들을 대상으로 한 상담교육 방안을 제시하고자 한다. 초급간부에 대한 군 상담교육은 다음과 같은 두 가지 면에 중점을 두고 그 방법을 모색할 수 있다. 첫째는 상담에 임하는 간부 자신이 먼저 상담에 적합한 품성을 지녀야 한다. 즉 초급간부는 무엇보다도 존중과 배려의 따뜻한 마음을 가지고 있어야 하며, 항상 이를 솔선하여 실천해야 한다. 두 번째는 초급간부들이 부하의 심리상태를 잘 파악하여 문제를 명확하게 식별하고, 나아가 상황에 따라 부하에 대한 상담을 효과적으로 해줄 수 있는 기초적인 상담이론과 상담요령을 습득할 수 있도록 해야 한다. 즉 자신을 알고 부하를 이해한 상태에서 전문적인 상담기술을 가지고 문제를 해결할 수 있도록 해야 한다.

2. 복무 부적응 해소를 위한 ORS상담교육 모델

가. ORS상담교육 모델 연구 배경

국방부는 2006년부터 병영문화개선 정책을 적극 추진하여 나름대로의 성과를 거두고 있으며, 이는 국군을 선진화하는 출발점으로서 앞으로도 강력하고 지속적으로 추진할 필요가 있다.[19] 국방부가 추진하고 있는 병영문화 개선 정책의 키워드는 '존중과 배려'를 바탕으로 하는 '인간중심의 병영문화 정착'이며, 그 지향 목표는 민주적이고 합리성을 수반한 선진 군대를 조형하는 것이다.

그러나 국방부의 병영문화 개선 노력에도 불구하고 사회문화와 군대문화의 충돌로 인해 최근 복무 부적응 장병이 꾸준히 증가하고 있는 추세이다. 2007년도 국가인권위원회 조사결과에 의하면 병사 10명중 1명이 복무 부적응 증세를 호소하고 있다. 자살자 역시 2005년 51명, 2006년 66명, 2007년 80명 등 꾸준하게 증가하고 있는 추세이며, 일병과 이병의 자살사고 중 82%가 병영의 환경적 요인에 의해 발생한 것으로 분석되어 존중과 배려를 바탕으로 한 인간관계 개선과, 활발한 의사소통을 위한 상담환경을 조성해 주는 것이 매우 절실한 것으로 파악되고 있다.[20]

따라서 장병의 복무 부적응 증세를 조기에 식별하고 상담활동을 통해 이를 완화 또는 치료하여 안정적인 심리상태에서 복무하도록 하는 것이 매우 중요하며, 이를 위해서는 대대급 간부로 하여금 부하의 내면을 이해하고 도와주려는 품성적 자질과, 부하의 어려움을 적극 해결할 수 있는 상담역량을 구비하게 하는 것이 선행되어야 함을 인식하게 되었다. 그것이 바로 ORS상담교육 모델을 연구하게 된 배경이다. 본 ORS상담교육프로그램은 특히 초급간부의 상담역량과 품성을 함양하는 데 크게 기여 할 것이다. 이는 대대급 간부(중령-하사)에게 군의 특성과 가치에 상담기법을 접목한 상담교육을 실시함으로써, 사고 예방은 물론 활기찬 병영을 조성하는 데 기여하는 데 있으며, 그 최종 목표는 '대대급 간부의 상담역량 강화'이다.

---

19) 국방부(http://www.mnd.go.kr/, 2008.4.15 검색): 정책포커스, 국방개혁 2020의 제8항 '병영문화개선'편에 보면, 병영생활/복무환경, 복무제도 개선/사고예방 체계 정립, 자기계발 활성화 등 3가지에 중점을 두고 있는데, 그 중에서도 병영생활/복무환경 개선을 위해서 합리적 지휘통솔 방법 발전, 자율적 내무생활 여건 보장 등을 위해 역량을 집중하고 있다.

20) 박균열 외, 앞의 책, p.2.

나. ORS상담교육의 체계 및 내용

1) ORS상담교육 체계

ORS상담교육이란, 마음 문 열기(Opening Mind), 다가가기(Respect & Care), 함께 해결하기(Solving Together)의 첫 글자를 따서 만든 상담을 위한 프로그램 명칭이다. ORS상담교육 모델은 인간심리의 변화과정을 자연스럽게 적용한 것이다(〈표 2〉 참조).

〈표 2〉 ORS상담교육 모델

	① 마음 문 열기 (Opening Mind)	② 다가가기 (Respect & Care)	③ 함께 해결하기 (Solving Together)
핵심 개념	판단정지(epoche)	존중 & 배려	연대성
상담 대상	나를 알기	부하 알기	함께 해결하기

2) ORS상담교육의 단계

ORS상담교육은 다음 세 단계로 이루어진다. 첫째, 마음 문 열기(Opening Mind)이다. 이것은 제1단계로서 나를 아는 단계라고도 한다. 교육 참여자인 간부들, 특히 대대급 이하 제대의 초급 간부들이 자기 스스로를 진단하는 단계로서, 인간중심의 병영문화 환경조성의 중요성을 인식하고, 간부 자신부터 '존중과 배려'하는 상담적 품성을 갖추기 위해, 인식과 자세의 변화가 필요하다는 열린 마음의 공감대를 형성해 주는 단계이다.

둘째, 다가가기(Respect & Care)이다. 이것은 부하 알기의 단계이다. 간부들이 부하를 상담하기 위해서 준비하는 전제조건으로 먼저 자신의 심리적 상태의 수준과 강·약점을 진단해 보고, 부하들이 직면하는 심리적위기와 갈등, 원인, 증세 등을 실증사례를 통해 그 실태를 정확하게 이해하도록 하는 단계이다. 이 때 가장 중요한 것은 존중과 배려의 태도이다.[21] 다시 말해서 부하들의 마음은 매우 여리고 상처입기 쉬우므로 친동생처럼 배려해주고 부하들의 입장과 처지를 최대한 존중해주는 것이다.

셋째, 함께 해결하기(Solving Together)이다. 이것은 상담교육의 제3단계로서, 상담 대상자인 관심병사를 효과적으로 상담하기 위한 기법을 숙달시키는 과정이다. 이는 병사들의 병영생활에 대한 스트레스와 위기문제, 부적응 문제 등을 해소하기 위한 원활한 의사소통과 인간관계 친화

21) R. Fairbairn, Psychoanalytic Studies of Personality (London: Tavistock, 1952): 저자는 여기서 인간의 행복이 이상적인 대상을 만나는 순간부터 시작된다고 보면서, 존중과 배려를 강조했다. 존중과 배려는 상담에 있어서 핵심적인 단어로서, 다른 용어로 바꾸면 '사랑'이라고 할 수 있다.

분야에 중점을 두어 이론과 실습을 통해 상담능력을 체득케 하는 단계이다.

3) ORS상담교육의 핵심 개념

ORS상담교육의 핵심 개념은 다음과 같다. 첫째 본 프로그램의 기본적인 철학적 이념과 출발점은 현상학에서 나오는 'epoche'이다.[22] 이는 '마음 문 열기'에서 출발하여 '인식의 변화'를 거쳐 '함께 해결하기'로 이어지는 모든 명제에 대하여 확실한 진위 판단을 미리 내려서는 안 된다는 것이다. 에포케는 판단하는 사람이나 그 대상의 입장과 상태·조건 등이 다양하기 때문에 무엇이든 일률적으로 좋다, 나쁘다, 또는 있다, 없다로 판단할 수 없다. 일체의 즉흥 판단을 보류하고, 일체의 선입견을 배제한 간주관적 판단의 토대를 이루게 된다.

이와 같은 태도는 근세에 들어와 데카르트(RenéDescartes, 1596–1650)의 '방법적 회의'에서 철학의 방법론으로서 그 적극적인 의의가 발견되었다.[23] 이에 후설(Edmund Husserl, 1859–1938)은 데카르트의 정신을 취하면서, 이 에포케를 자신의 현상학적 환원(Phenomenological Reduction)의 방법을 표현하는 말로 사용하였다.[24] 이 경우에는 자연스런 판단을 그대로 진실이라 하지 않고, 그 판단을 일단 보류해 보는 것을 의미한다. 이러한 판단중지의 사유는 모든 내담자에서 적용할 수 있는 철학적 배경이라고 할 수 있다. 왜냐하면 내담자의 상담에 있어서 불필요한 선입견은 매우 위험하기 때문이다.

둘째, 관심병사의 유형은 개인에 대한 심층적 분석과 정서적 갈등에 대한 무의식의 탐구를 중심으로 분류했으며, 이를 통해 복무 부적응의 중심인 왕따와 폭력, 성 군기 문란, 자살, 중독 등의 심리를 분석하여 분류하였다. 그리고 인간이 홀로 있을 때 정서적 긴장감을 처리하는 9가지 갈등처리 유형을 본 프로그램에 접목시켰다. 이는 프로이트가 제시한 인간의 내면적 심리적 성격의 3가지 구성 요소인 '자아(Ego)'와 '원자아 또는 본능(Id)'과 '초자아(Superego)'의 충돌과 갈등의 양상에 따라 분류한 것이다.[25] 즉 현장도피형, 신경마취형, 신체질병형, 생각과다형, 반사행동형, 감정신경형, 암호해독형, 현장직면형, 여유결단형 등이 그것이며, 이러한 분류법을 본 상담교육에 적용토록 했다. 동시에 인간관계 12가지 유형도 정신분석의 이론적 틀에 접목시켜 정서적 관계를

22) 에포케(epoche)란 '판단 정지'라는 뜻이다. 고대 그리스의 회의론자(懷疑論者)들이 쓰던 용어. 원래는 '멈춤'또는 '무엇인가를 하지 않고 그대로 둠'을 의미하는 말이었으나, 피론을 중심으로 한 고대 회의론자들이 '판단 중지'라는 뜻으로 쓰게 되었다.

23) 프랑스의 철학자·수학자·물리학자인 데카르트는 근대철학의 아버지로 불리는 데카르트의 형이상학적 사색은 방법적 회의(懷疑)에서 출발한다. '나는 생각한다, 고로 나는 존재한다(cogito, ergo sum)'라는 근본원리가 《방법서설》에서 확립되어, 이 확실성에서 세계에 관한 모든 인식이 유도된다.

24) 독일의 철학자인 후설은 의식의 분석과 기술을 통해 엄격한 학문으로서 철학을 얻기 위한 방법인 현상학을 창시했다. 이 방법은 체험생활의 구조와 관심 속에서 모든 철학 체계와 과학 체계가 생겨나고 이론이 발달한다는 점을 지적함으로써, 관찰을 강조하는 경험론과 이성·이론을 강조하는 합리론 사이의 대립을 해소하려는 노력을 보여준다.

25) 김완일, 앞의 책, p.51: 저자는 프로이드의 성격의 3가지 구조에 대해 설명하면서 이드, 자아, 초자아를 구체적 구조가 아닌 '가설적' 구조로 이해해야 한다고 강조했다.

중심으로 구분하여 제시했다. 즉 자폐단절형, 무정기계 관계, 오해망상 관계, 도덕절제 관계, 애증긴장 관계, 냉혈증오 관계, 절대헌신 관계, 현안기피 관계, 일방의존 관계, 공동창조 관계, 상호존중 관계, 긴장행동 관계 등으로 구성되어 있음을 파악하여 교육에 적용토록 한 것이다.

셋째, 상담기법에서 다루는 '속을 털어 놓는 고백'과 '명료한 통찰의 해석', '정서적 주파수 맞추기'부분은 코헛(Heinz Kohut)의 대상관계 이론을 적용하였다.[26] 코헛은 건강한 자아를 형성하는 것이야말로 인간의 삶에서 가장 중요한 과제라고 강조하면서, 이 건강한 자아를 응집적(cohesive) 자아라고 했다. 이는 스스로의 정서 상태를 안정된 상태로 유지할 수 있으며, 응집적 자아를 구성하는 '반영적 자아'와 '이상적 자아', '분신자아'의 형성을 위해 필요한 것이 총애 경험과 존경 경험, 일체감 경험 등이다.

마지막으로 부하의 위기 분석은 임상적 접근을 위해 정신건강 이론을 바탕으로 전개하였고, 분노와 상실감은 위니캇(Donald Winnicutt, 1896-1971)의 이론에서 나오는 '참 자아'와 '거짓 자아'의 형성이론을 근거로 하였으며,[27] 스트레스 대처 기법은 인지행동이론을 적용하여 ORS상담교육프로그램을 개발하였다.

3. ORS상담교육 모델을 통한 군 상담교육 적용

가. 군 상담교육 적용 고려사항

ORS상담교육프로그램은 군의 경우 가장 적합한 교육대상은 대대급 이하 제대의 초급간부이다. 군에서 상담자 역할을 하는 사람은 군종장교와 군의관 등의 전문상담관이다. 그러나 병사들이 실질적으로 접촉을 빈번하게 하는 대상은 군의 초급간부 즉 하사, 중사, 소위, 중위, 대위 등으로 구성되어 있는 분대장, 소대장, 중대장 등이다. 문제는 이러한 상담자 역할을 하는 초급간부의 경우는 대부분 상담에 대해 교육을 받은 적이 거의 없거나, 고작 몇 시간 정도의 상담교육을 받은 것이 전부다. 따라서 이들은 상담자로서의 전문적 자질을 갖추지 못했기 때문에 전문적 상담을 하기 보다는 일반적 상담을 하고 있다.

예를 들어 단순히 부하의 고민을 들어주거나, 정보를 제공하거나, 자신의 경험담을 들려주거

---

26) Heinz Kohut, How Does Analysis Cure? (Chicago: University of Chicago Press, 1984), p.47; Kohut은 'Self-object'를 심리적 산소(psychological oxygen)라고 명명하였다: Heinz Kohut, the Self psychology and the humanities: reflection on a new psychoanalytic approach (New York & London: W.W.Norton & Company, 1985), p.257.

27) 위니캇은 대상관계이론가이다. 이 대상관계이론이란 심리학의 여러 분파 중 하나인 정신역동 분야에선 최신의 이론으로 대체로 가족주의에 한정된다. 위니캇은 말하길, 엄마와 아기가 있는 게 아니라 언제나 엄마와 아기와의 관계가 있을 뿐이라고 말한다.

나, 자신의 경험에 입각하여 조언이나 충고를 해주는 것 등이 그것이다. 다시 말해서 이들이 하고 있는 상담은 전문성이 없으며, 면담 수준이라고 할 수 있을 것이다. 실제로 그들은 상담이라는 말을 사용하지 않고 면담이라고 말한다.

따라서 초급간부에 대한 기본적인 상담교육이 반드시 선행되어야 한다. 군 간부에게 상담이론 및 방법에 대한 교육과 적절한 훈련을 실시하여 가벼운 문제해결의 수준에서 부하들을 도울 수 있도록 하는 것이 무엇보다 중요하기 때문이다. 그런 가운데 초급간부의 상담자가 상담과정에서 문제 해결이 자신의 상담능력을 넘어서는 부하인 경우에는 전문상담관에게 의뢰하는 것이 바람직하다. 이런 전문상담관 의뢰 조치 역시 상담하는 간부가 상담에 대한 기본적인 지식과 기법을 알고 있을 때 의뢰하는 것도 가능하다.

나. 국방부 차원의 상담교육관련 훈령 제정

초급간부를 대상으로 전문적인 상담교육을 하려면 야전에서 뜻있는 지휘관이 단독으로 수행하기에는 역부족이다. 따라서 이는 국방부 차원에서 육·해·공군 전군에 걸쳐 공통적으로 실시해야 한다. 인간의 부적응 현상은 어느 조직에나 존재하기 마련이지만, 군 조직에 있어서의 복무 부적응은 타 조직에 비해 더 많이 발생할 수 있고, 전투력에 심각한 영향을 미칠 수 있다. 이런 측면에서 군 상담교육은 국방교육정책으로 중요하게 다루어져야 할 사안이다. 특히 초급간부 상담교육은 육·해·공군 장병에게 의무적이고 통일되게 시행되어야 한다. 그리고 군 상담교육은『헌법』과 군인복무기본법을 준수하고 그 정신을 신념화하여 행동으로 실천하도록 하는 데 목적을 두어야 한다.

이를 구현하기 위해서는 상담교육을 국방부장관의 훈령으로 제정하여 이를 각 군이 의무적으로 교육하도록 하는 제도적 장치를 마련하는 것이 바람직 할 것이다. 예를 들면 국군 정신교육은 국방부장관 훈령으로 제정되었고, 국방부는 이를 근거로 매년마다 정신교육지침을 작성하여 전군에 하달하고 있고, 효과적인 교육을 위해 기본교재와 영상교재 등을 다양하게 제공하고 있다. 따라서 훈령은 장관의 고유 권한이므로 조기에 국방부가 주관이 되어 제정할 필요가 있고, 이를 근거로 국방부에서 구체적인 교육지침을 만들어 각 군에 하달하는 형식으로 제도화 되어야 할 것이다.

다. 양성 및 보수교육에 상담교육 확대

위와 같은 국방부 차원의 상담교육 훈령에 근거하여 각군 교육기관에서는 상담교육에 대한 과목과 시간 등을 확대 배정하도록 제도화하는 일도 시급하게 이루어져야 한다. 현재의 상담교육은 군종교육, 인성교육, 리더십 등 다양한 영역에서 산발적으로 시행되고 있다. 이런 점에서 볼 때 현 상담교육은 그 내용면이나 교육체계로 보아 종합적인 성격을 띠지 못하고 산만하게 추진되고 있는 실정이다. 이는 상담교육의 중요성을 크게 인식하지 못한 상태이기 때문에 차후에 이를 어떻게 구체적으로 실천할 것인가 하는 점에 대해깊이 고민하고 연구해야 할 것이다.

따라서 국방부 차원에서 각군 사관학교와 부사관학교 등 양성기관에 상담교육과목을 정규과목화하여 체계적으로 교육하는 정책이 반드시 필요하다. 아울러 각 군의 병과학교 등 보수교육기관에도 상담과목을 신설하는 것은 물론 실무부대 장병들에게도 정기적으로 교육할 수 있도록 각 군의 부대훈련지시에 반영하는 조치도 필요할 것이다.

라. 상담교육 교재 및 프로그램 개발

국방부 차원에서의 상담교육관련 훈령 제정과 양성 및 보수교육기관에서의 상담교육 과목 신설은 매우 중요하며 반드시 시행되어야 한다. 동시에 국방부가 추진해야 할 또 하나의 중요한 임무는 상담교육 교재와 프로그램을 개발해 주는 일이다.[28] 상담교육 교재나 프로그램 개발은 가능한 국방부에서 주관함이 타당할 것이다. 그 이유는 국방부만이 할 수 있는 권한 때문이다. 즉 국방부는 장병들의 심리적 안정과 보호 및 인권신장에 대한 법적 해석과 시행에 대한 구체적인 내용을 명확히 함으로써 각급 부대에서 자의적으로 또는 편의적으로 해석하는 것을 예방할 수 있다. 동시에 각 군의 부담을 경감시켜 주는 역할도 할 수 있다.

상담교육 교재와 프로그램 개발은 기존의 상담관련 교육 자료와 프로그램을 발전적으로 활용할 수 있다. 예를 들어 인성교육 프로그램, 사고예방 프로그램 등과의 연계성이나 통합의 필요성 여부를 판단하고 이를 통합적으로 망라하는 차원의 교재를 개발해야 한다.

마. 기타 후속 조치

부적응을 조장하는 사회적 요인과 더불어 군 입대에 따른 급격한 환경변화는 병사들의 복무부적응을 더욱 증폭시키는 결과를 초래하게 된다. 따라서 군 상담의 필요성은 더욱 커지고 있으며, 군도 그 필요성을 인정하여 전문상담사를 충분히 확보하기 위한 방법을 모색하고 추진하며,

---

28) 예를 들어 장병 인권과 관련하여 국가인권위원회는 2007년 8월에 장병인권기본교재를 제작하기 위해 관련 전문가를 집필위원으로 추천하여 9월부터 공동 집필을 시작하였으며, 2008년부터는 이 교재를 사용할 수 있도록 준비하고 있다.

동시에 민간기관과 제휴하여 간부의 상담능력을 제고하기 위한 지원방안 등을 적극 추진함으로서 소기의 성과를 거두고 있다.

그러나 우리 군의 상담 역량은 전문 인력, 조직, 예산, 상담효과 등을 고려할 때 아직은 면담수준의 초보적인 단계라고 할 수 있다. 따라서 선진형 상담정책을 구현하기 위해서는 다음과 같은 몇 가지 제도적인 장치가 도입되어야 할 것이다.

첫째, 초급간부 양성교육에 상담과목을 신설해야 한다. 앞에서 언급한 전문상담사가 대대급 부대에 충원되더라도 약 500여 명의 인원을 한사람이 담당하기에는 어려울 것이다. 따라서 가장 바람직한 군 상담은 분대장, 소대장이나 중대장 등 초급간부에 의해서 직접적이고 실시간대로 상담이 이루어지는 것이라고 할 수 있을 것이다.

이를 구현하기 위해서 사관학교 및 부사관학교 교육과정에 상담과목을 필수과목으로 채택하고 전문적 지식을 갖추는 데 필요한 적정 교육시간 확보와 이에 부응할 수 있는 프로그램을 개발해야 할 것이다. 그리하여 소정의 과정을 수료하고 임관하는 초급간부에게 군 상담사 자격증을 부여하는 제도를 강구하는 방안도 고려되어야 할 것이다.

둘째, 대대급 부대에 상담실을 설치해야 한다. 상담은 적절한 공간과 분위기 조성을 위한 환경이 잘 갖추어져야 한다. 그러나 실무부대의 상담은 대부분 지휘관 사무실에서 면담형식으로 이루어지기 때문에 상담분위기를 잘 조성하지 못하고 있다. 따라서 대대급 단위에 적정 규모의 상담실이 반드시 설치되어야 하며, 상담실에는 상담에 필요한 환경을 갖추어 주는 것이 매우 중요하다. 이를 위해 상담실을 병영시설 표준화 규격에 포함시켜 중장기적으로 병영현대화 시설공사에 반영하고, 기존 병영시설은 가능한 10평 정도의 상담실을 설치해야 한다.

셋째, '가정 – 군'을 연계한 상담 협력체제를 구축해야 한다. 앞에서 논의된 바와 같이 복무 부적응 병사의 상당수는 개인문제와 가정문제와도 연관되어 있다. 이는 개인 및 가정 문제가 병사들의 부적응을 증폭시키는 주요 원인이 된다는 점을 말해 준다. 통상 우리 국민은 자식들이 군에 입대하게 되면 그 순간부터 모든 책임을 군에 부과하고 자식이 어떤 고민을 하게 되는지 관심을 두지 않으려고 하는 성향이 크며, 군 역시 입대한 병사에 대해서 자체적으로 해결하는 방안을 모색하려고 한다. 그러나 이와 같은 성향은 바람직하지 않다. 병사의 복무 부적응 문제는 단순히 군에만 영향을 미치는 것이 아니라, 병사 개인과 부모, 가정 전체에 영향을 미치게 된다.

이런 측면에서 복무 부적응자의 상담을 위해서 '부모 – 지휘관 – 병사'를 연계한 상담지원체계를 구축하는 것이 매우 중요하다. 부모를 복무 부적응 병사의 상담 파트너로 삼는 것은 부적응 병사들의 심리적 안정과 치료에도 커다란 도움이 될 것이다. 이를 위해서는 부모들이 상담 현장을 방문하여 직접 참여하는 방법도 있고, 이메일과 화상 상담을 이용하는 방법도 있다.

V 맺음말

본 연구는 신세대 장병들의 군 복무 부적응을 상담교육을 통해 해소하기 위해 그 방안을 제안하였다. 병사들의 복무 부적응 유발의 가장 큰 원인이 원활한 의사소통의 부재에 있기 때문이다. 병사들 특히 신병의 경우는 병영 환경에 대한 막연한 두려움과 불안 때문에, 임무 수행의 과정에서 궁금하거나 모르는 점이 있어도 감히 간부나 선임병에게 질문하기를 꺼려한다. 따라서 내용이나 방법을 모르는 가운데 부여된 임무를 수행하다보니 엉뚱한 방향으로 일을 처리하게 마련이고, 그러다 보면 상관이나 선임병으로부터 더 큰 질책을 받기가 일쑤이다. 이런 악순환은 계속된다. 그리하여 그 병사는 점점 더 병영에서 적응하기 어려운 상황으로 몰려가게 된다. 따라서 군 간부들은 병사들로 하여금 심리상태가 안정된 가운데 편안한 마음으로 상하 간 또는 동료 간의 대화가 이루어질 수 있도록 적절히 조치해야 한다. 초급간부의 중요성이 강조되는 점도 바로 여기에 있다.

이런 면에서 본 연구는 병사들의 군 복무 부적응 해소를 위한 여러 가지 방법 중 상담을 통한 의사소통이 매우 효과적임을 논의했고, 그 병사들에 대한 상담자는 그들과 접촉이 가장 많은 초급간부들이 적절함도 지적했다. 그 결과 초급간부의 상담능력을 육성하는 것이 시급한 과제로 등장했고, 초급간부의 상담능력 육성을 위한 상담교육 프로그램이 필요한 이유도 바로 여기에 있다고 강조했다. 또한 상담교육의 핵심내용으로는 ORS상담교육이 제시되었고, 이를 보다 효율적으로 운용하기 위한 여러 가지 정책 개발과 제도적 장치가 제시되었다.

지금까지 논의되고 제시된 사항은 실천이 관건이다. 아무리 좋은 프로그램도 실제 적용하지 않으면 의미가 없다. 따라서 본 연구의 핵심내용은 국방부 차원에서 검토하여 시행하면 효율적이라 사료된다. 즉 국방부에서 이를 통일적으로 실천할 수 있는 제도적 장치를 마련하고, 동시에 강력한 실천을 위해서 각급부대에 지침을 내려주면, 이를 토대로 각 군의 학교기관에서는 정규과목에 본 상담교육 연구내용을 충분히 수렴하여 가르치고, 야전부대에서는 초급간부를 대상으로 소집교육 등을 통한 상담교육을 실시하고 운용토록 한다면 효과를 얻을 수 있으리라 예상된다.

제 11 장

군 인성교육

MILITARY ETHICS

I 머리말

사랑은 사랑을 낳고, 분노는 또 다른 분노를 낳는다. 현재 우리 군에서는 인간이라면 마땅히 견지해야 할 "사랑 나누기와 분노 조절"을 위한 세심한 배려가 부족한 실정이다. 즉 인성교육이 정착되지 않았기 때문이다.

훈련소에서 교육 중인 훈련병에게 인분을 입에 갖다 대는 지휘관의 몰지각한 일이 발생한 지 얼마 되지 않아, 최근에는 동료의 가슴에 총부리를 겨누는 상상조차 힘든 일이 발생하기도 했다. 이 사건들에 대한 원인분석과정에서, 문제를 일으킨 당사자들의 개인적인 사정뿐만 아니라 군대 내에서 인성교육을 제대로, 체계적으로 실시하지 않았다는 지적도 제기되었다.

그런데 인성교육은 기존의 정신교육, 정훈교육, 사고예방교육, 군법교육, 군종교육 등과 같은 유사·관련 교육이 지향하는 구체적인 목표와는 달리 매우 일반적인 특성을 갖고 있다. 이와 같은 인성교육의 보편성은 군대 조직 및 그 구성원에게 적용되는 특수성과 항상 좋은 관계를 유지해 왔던 것은 아니었다. 예컨대 "군대(軍隊)는 군대(軍大)이다" 또는 "군대 다녀오면 사람된다"는 입장을 취하는 사람들은 군대가 국민교육의 도장 역할을 수행하고 있으므로, 군대에서의 보편적 인성교육은 그 정당성을 충분히 확보할 수 있으며 이러한 이유로 군 인성교육은 군대 자체가 갖는 특수성만큼이나 보편적인 인성을 구비하는 것도 중요한 임무로 간주되어야 한다고 주장한다. 반면에 군대를 특수한 집단으로 인식하고 그 특수성에 부합되는 협의의 인성교육만을 수행해야 하며 더 이상의 필요성이 제기된다면 그것은 일반사회의 영역으로 이관해서 시행해야 한다는 주장도 있다. 후자의 극단적 주창자들은 군대에서의 인성교육의 필요성이 제기되는 것만큼 그에 해당되는 장병들의 복무기간을 단축해야 한다고 주장한다.

군 인성교육을 발전시키기 위해서는 이 양자의 입장을 면밀히 검토하는 작업이 선행되어야 할 것이다. 이러한 과정이 없이 국가·사회적인 당위적 명분만을 전제한다든지 선진국가의 군대 경험을 강요하는 식의 군 인성교육은 우리 스스로 경계해야 할 것이다.

이에 필자는 국군의 정체성과 전투력이 유지되어야 한다는 전제 하에, 군 인성교육을 발전적으로 정착해 나가기 위해 그 변천과정을 간략히 살펴보고, 현재의 군 인성교육 실태를 진단하고, 나아가 향후 군 인성교육을 정착시키기 위한 몇 가지의 제안을 하고자 한다.

* 이 장은 저자의 선행 연구를 보완·발전시킨 것이다. 박균열, "군 인성교육의 변천: 진단과 과제, 『평화안보와 가치교육』, 한국학술정보(주), 2006, pp.132–141.

Ⅱ 군 인성교육의 역사적 변천

우리나라 군대에서 '인성'이라는 명칭이 부여된 교육이 실제로 시작된 것은 1990년대 이후부터이다.[1] 그렇다고 해서 그 이전 시기에는 인성교육이 전혀 없었던 것은 아니다. 단지 이름을 달리 하여 진행되었던 점이 다를 뿐이다. 필자는 우리 군의 인성교육시기 구분을 국가·사회적 필요성을 중시했던 시기와 개인중시의 시기로 구분하고자 한다. 첫째, 국가·사회적 필요성에 의한 군 인성교육시기이다. 이 시기에는 '인성'이라는 말을 사용하지 않고, '자유민주주의형 시민(또는 국민)', '반공시민(또는 국민)', '애국시민(또는 국민)' 등과 같은 용어가 사용되었다. 군 교육에 있어서도 반공교육, 공산주의 체제비판교육, 애국심함양교육, 국민정신교육 등과 같은 개인의 범주를 초월한 거시적인 교육이 이루어졌다. 당시의 체제유지를 위한 위정자들의 입장을 충분히 감안한다면 효율성 측면에서 큰 성과를 얻었다고 볼 수 있다. 하지만 이후 점차 문민화의 과정을 거치면서 국가 및 군대의 소위 '과거사' 문제와 관련하여 개인의 인권을 소홀히 했다는 지적도 동시에 받고 있다.

둘째, 개인중시의 군 인성교육시기이다. 이와 같은 시기의 도래는 국·내외적인 요인이 동시에 작용된 것으로 평가되고 있다. 우선 국제적으로는 구소련의 붕괴와 독일 통일로 인해 공산주의와 자유자본주의 체제 간의 대결적 냉전구도가 해체되었고, 국내적으로는 문민정부의 등장과 문민통제(civil-military control) 개념에 의한 개혁이 추진되었다. 이와 같은 복합적인 상황 속에서 국민들의 권리가 신장되면서 일종의 일탈적 경향이 나타나게 되었다. 이러한 국민적 정서는 입대장정들의 의식구조에도 영향을 미쳐 군 내부에서도 장병들의 다양한 개성이 분출되고 이로 인해 '인성'이라는 특정 단어가 포함된 실질적인 '인성교육'이 이루어지게 된다. 그리하여 『분노 조절할 수 있다』, 『군 인성교육자료집』 등과 같은 인성교육 참고자료가 발간되기도 했고, '감수성훈련', '신세대 장병' 등과 같은 단어들이 등장하기도 했다. 이와 더불어 기존 인성교육과 병행하여 '충·효·예 교육'이 강조되기도 했고, 지휘관(자)의 자질 부족으로 인해 사건·사고가 발생하면 '리더십 교육' 또는 '간부 직업윤리' 등이 강조되기도 했다.

---

1) 국방대학교 김병조 교수(2002: 51–64)는 군 인성교육에 대해 '근대화 인간 양성기'(1950–60년대), '정신교육 집중기'(1970–80년대), '명시적 인성교육 도입기'(1990년대 이후)로 구분하고 있다.

Ⅲ 군 인성교육의 실태

군 인성교육에 대해, 국방부는 가정교육 → 학교교육 → 사회교육으로 이어지는 과정 속에서 "자기중심적 개인주의를 극복하고 공동체의식을 체득케 하여 군 조직 활성화에 필요하다"는 입장을 취하고 있다(국방부, 2005: 8).

군 인성교육의 성격에 대해, 국방부 인성교육 교재에서는 다음과 같이 정의하고 있다.

> 인성교육이란 인간의 감성과 이성에 자극을 주어 긍정적인 의식성향은 고양시키고, 부정적인 의식성향은 변화시켜 새로운 가치관, 태도, 행동양식을 가진 인간의 성품을 계발, 향상시키는 것이다(국방부, 2005: 7).

실제 인성교육 진행에 대해, 국방부는 병사들의 복무기간을 고려하여 반기 단위 순회교육이 가능하도록 4종의 교육내용을 선정하고(〈표 1〉 참조), 기존 정훈계통에서 실시하고 있는 집중정신교육 시간을 이용할 것을 권고하고 있다(국방부, 2005: 9).

〈표 1〉 국방부의 인성교육내용

		세부 교육내용
1일차	프로그램 1(나와 너)	별칭짓기, 자기와의 대화, 아름다운 나, 자기발견
	프로그램2(활기찬 병영생활)	전우와의 만남(자기소개), 나는 누구인가, 듣기 좋아하는 말/싫어하는 말, 나는 이런 군인이 되련다
	프로그램 3 (행복한 나, 사랑스런 전우)	그림으로 말해요(자기소개), 부모님 생각, 건전한 언어문화, 친구만들기
	프로그램 4 (건전한 민주시민으로 가는 길)	함께 떠나는 여행(자기소개), 주는 것과 받는 것, 군인답지 않는 말, 역지사지
2일차	프로그램 1(나와 너)	청개구리와 앵무새(의사소통), 인간관계를 열어주는 대화, 봉사활동
	프로그램 2(활기찬 병영생활)	말귀알아듣기(의사소통), 터놓고 이야기 합시다, 봉사활동
	프로그램 3 (행복한 나, 사랑스런 전우)	공감대화(의사소통), 고맙다 전우야, 봉사활동
	프로그램 4 (건전한 민주시민으로 가는 길)	카드피드백(의사소통), 나를 아껴주는 사람들, 봉사활동

3일차	프로그램 1(나와 너)	감사한 마음 전하기, 요술상점, 자신의 장점 찾기
	프로그램 2(활기찬 병영생활)	부정적 요소 찾아내기, 긍정적 요소로 전환하기, 실천하기, 사랑의 거울
	프로그램 3 (행복한 나, 사랑스런 전우)	집단목표 설정, 자랑스런 우리소대, 부모님께 드리고 싶은 선물, 전우장점 찾기
	프로그램 4 (건전한 민주시민으로 가는 길)	가상전역식, 생애설계, 침묵속의 협동, 마음 정리하기

출처: 국방부(2005: 10).

국방부의 인성교육 계획의 기본성격과 목적을 구현하기 위해, 각급 부대에서는 다양한 형태의 인성교육을 실시하고 있는 경우도 알려지고 있다. 공식적으로는 부대 고유한 특성을 살린 인성교육과 부대집중정신교육 프로그램 속의 일부 교육내용을 진행되는 인성교육 등을 생각해 볼 수 있다. 다음으로 각 부대별로 특별히 '인성교육'이라는 용어를 사용하지는 않았지만 그 범주에 포함될 수 있는 계도성 '운동'도 인성교육 범주에서 의미가 있다고 본다. 그 예로 1992년 수방사 예하 보병57사단이 주관이 되어 전군에 확산된 바 있는 '언어순화운동', 금년 초에 본격적으로 시작된 육군26사단의 'Green Zone'프로그램 등이 있다. 이들은 각기 언어순화를 통해 병영문화를 개선하는 데 중요한 계기를 제공해 주었다는 점과, '임무 중심의 강한 군대' 개념 속에 자칫 병사 개개인의 자율성에 제한을 줄 수 있는 점을 고려하여 병영 내 육체적·정신적인 쉼터를 만들어 주고 있다는 점에서 인성교육에 시사하는 바가 있다.

Ⅳ 군 인성교육의 진단

이상에서 살펴본 바와 같이, 우리 군은 장병들의 건전한 인성에 많은 관심을 갖고 관련 노력을 해 오고 있다. 그런데 이와 같은 군의 인성교육이 제대로 추진되어 왔는지에 대해서는 내실 있는 진단이 부족했다고 본다.

특히 군대 조직 자체가 갖는 특성이 장병들 개개인의 인성에 항상 긍정적인 영향을 미치게 되는 것만은 아니라는 연구를 참고해 볼 때(《표 2》 참조), 군 인성교육의 필요성과 정당성 자체에 대해서도 발상 자체가 좋기 때문에 거의 무비판적으로 지속해야 할 것인가 하는 의문이 제기된다.

〈표 2〉 군대 조직의 특성과 인성과의 관계

군대 조직의 특성	긍정적 인성	부정적 인성
국가 수호의 목적	건전한 국가관, 애국심	개인 가치에 대한 경시
목숨을 바쳐 전쟁에서 승리 추구	최선의 노력, 희생정신, 명예주의	업적지상주의, 흑백논리, 보신주의, 요령주의
집단생활	책임감, 솔선수범, 이해심, 협동심, 공동체 의식	무책임, 무임승차, 패거리주의
엄격한 상하관계	리더십, 자발적 복종, 예의범절	권위주의, 부하사병화, 타율성, 아부, 인격무시
극한 상황에서 과업달성	성취감, 적극성, 인내심	무모성, 공격성
과실의 치명성	완벽성(완전무결주의), 안정성	경직성, 구태의연
업무처리의 신속성, 시간엄수 강조	효율성 추구, 준비성, 적시성 추구	획일주의, 평균주의, 적당주의
규칙, 절차, 반복훈련 중시	준법주의, 숙련도 제고	외형중시, 형식주의, 나태함

출처: 김병조(2002: 50).

이에 필자는 군 인성교육을 '병사 중심의 사고'(=兵主主義)에 바탕을 두고 진단하고자 한다. 특히 이 개념을 '국가·사회 중심의 사고'(=共同體主義)와 대립되는 개념으로 가정하고자 한다. 전자는 민주주의라고 하는 보편적인 가치에 바탕을 두고, 군대가 갖는 기본적인 성격이 국민의 생명과 재산을 보호한다는『헌법』에 명시된 국군의 이념을 근거로 병사 또한 국민의 일부이므로 그들을 배려하고 또한 중시하는 사고를 말한다. 반면에 후자는 개인의 자유와 인권이 고려되기는 하지만 국가(군대 포함) 공동체가 지향하는 가치가 우선시되는 것을 말한다.

'병사 중심'과 '국가·사회 중심'의 사고를 비교해 보면, 우선 전자를 고려한 군 교육을 '인성교육'이라고 할 수 있으며, 후자를 고려한 것을 '군기교육'이라고 할 수 있다(〈그림 1〉 참조). 즉 군대가 강조하는 규범(=외적 규범)이 강조되는 군기교육은 군인으로서 필수적으로 준수해야 할 일에서 일탈하게 될 때, 예컨대 탈영, 각종 항명사건(소위 '소대장 길들이기' 등) 등이 발생할 경우 국민적 여론의 요청에 의해 강조된다. 한편 보편적인 한 인간으로서 지켜야 할 가치, 즉 생명에 대한 존중, 타인에 대한 배려 등을 준수하지 않는 자살, 구타 등의 사건이 발생할 경우 강조된다.

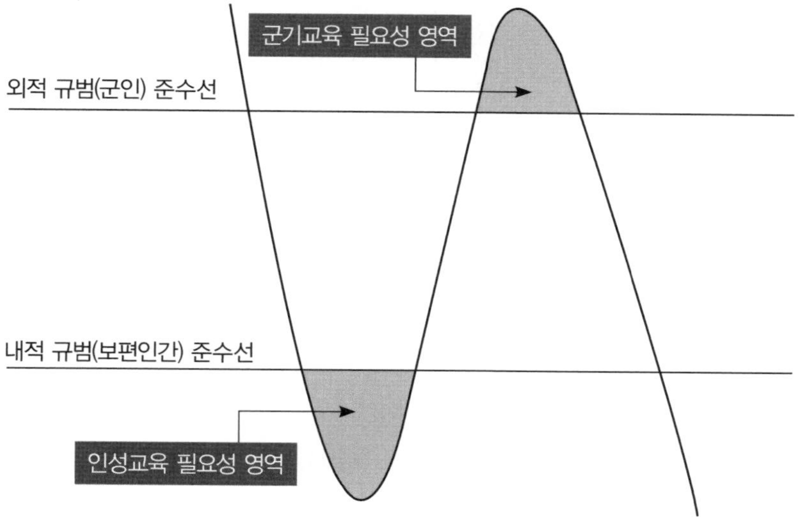

〈그림 1〉 군인으로서의 의무 vs 보편 인간으로서의 의무 요청 비교

결국 군에서의 인성교육은 각급 부대별로 다양한 개념이 동원되어 시행되고 있기는 하지만 기대했던 것만큼이나 내실 있게 추진되었다고는 단정할 수 없다고 본다. 이러한 문제는 근본적인 국방부 차원의 교육·훈련에 단일한 지침이 마련되지 않은 데서 그 원인을 찾을 수 있다고 본다.

V 맺음말: 군 인성교육 발전을 위한 제언

우리나라 군대의 인성교육의 발전을 위해 다음의 제안을 하고자 한다. 첫째, 군 당국은 인성교육의 목표 설정에 있어서 장병들의 인성 자체를 함양하는 데 초점을 두기보다는 장병 개개인들이 성실히 군 생활을 한 결과 자연스럽게 인성이 체득되었다고 스스로 평가할 수 있도록 하는 데 주안을 두어야 할 것이다. 즉 군이 '인성'이라는 단어가 들어가지 않은 군 내에서의 교육이라 할지라도 바르게 기획되고, 바르게 추진되면 곧 인성 형성에 유익한 기여를 할 수 있는 것이다. 이런 점에서 군대가 요구하는 가치를 배제하고 장병들의 요구에 충족되는 것만을 인성교육의 고려요소를 삼는 행태는 경계해야 할 것이다.

둘째, 인성교육을 포함하는 군 전체의 교육·훈련에 관한 단일 법령을 만들어야 한다. 현재 군

내에서 이루어지는 각종 교육은 '양성교육', '보수교육', '전문특기교육', '해외연수', '국외군사교육', '군외실무위탁교육'등이 있다. 그런데 이러한 제 교육을 위한 근거로 『교육기본법』, 『고등교육법』, 『사관학교설치법』, 『국군간호사관학교설치법』, 『단기사관학교설치법』 등과 그 시행령을 꼽을 수 있다. 이와 동시에 국방부는 현재 군 내부의 교육·훈련을 위해 대통령령인 『국방교육훈련규정』(국방부훈령 제465호)을 별도로 두고 있다. 그런데 일반 법령은 초 – 중등 – 대학 – 대학원 – 평생교육기관에 이르는 일련의 교육을 위해, 앞서 언급한 『교육기본법』 이외에도 『초·중등교육법』, 『고등교육법』, 심지어 그 이후까지도 규정하고 있는 『평생교육법』까지도 구비하고 있는 실정이다. 이에 비해 군 내부의 교육 관련 규정은 제반 교육을 총괄하는 별도의 '법'이 아닌 '대통령령'을 두고 있어 조정·통제의 기능을 수행하는 상위법령의 성격을 가진 별도의 법을 제정할 필요가 있다. 시안으로 『국방교육훈련법』으로 제언한다. 여기에는 인성교육을 포함하여 각종 군 정신교육, 보안교육, 사고예방교육, 군기교육 등이 포괄되어야 하며, 그 시행령은 이러한 모든 교육이 각급 부대의 생활주기에 적합하게 구현될 수 있도록 하는 구체적인 방안을 기존 규정을 통·폐합하여 포함해야 할 것이다.

셋째, 군 인성교육을 위한 기구를 재정비해야 할 것이다. 군 내부에서 인성교육에 관한 기획·연구·교육을 부분적으로나마 수행할 수 있는 단일기구로는 국방대학교 리더십개발원 및 직무연수부(정신교육처), 육군종합행정학교, 해군 충무공수련원, 공군 보라매수련원, 각 군 교육사령부 등을 생각해 볼 수 있다. 그런데 이들 대부분의 기구들의 구심점이 없기 때문에 중복성 연구가 이루어질 수도 있고 이로 인해 장기적으로는 효율성이 급격히 떨어지게 될 것이다. 이런 차원에서 보면 구국방정신교육원의 폐지는 매우 신중하게 추진되었어야 한다는 아쉬움을 남게 한다. 따라서 이와 같은 기능을 수행할 수 있도록 국방부 차원에서 명확한 임무분담과 기획·연구·교육에 대한 전반적인 프로그램을 구축해야 할 것이다.

결국 군 인성교육은 무엇보다도 교관의 인격 구비가 전제되어야 하고, 이와 동시에 피교육자인 병사들의 군대 가치에 대한 자발적인 의무감이 잘 조화를 이룰 때 그 성과를 달성할 수 있다고 본다. 그래야 사랑이 넘치는 병영, 가고 싶은 군대, 보람있는 군대가 될 수 있을 것이다.

제 12 장

나라사랑 마음 함양을 위한 사관캠프

MILITARY ETHICS

I 머리말

육군3사관학교(이하 3사교라 함)는 1968년 10월 5일 단기사관학교설치법에 의거 창설되어, 변화와 발전 과정을 거쳐 2004년 12월 31일부로 육군3사관학교설치법으로 근거법이 바뀌어 오늘에 이르렀다. 창설 당시 북한은 우리의 발전을 방해하기 위해 1968년 '1.21청와대 기습'과 '美 푸에블로호 납치', '울진·삼척 무장공비 침투'등의 무력도발을 자행하는 등, 심각한 국가안보 위기사항을 조성하여, 우리나라는 조국 근대화에 매진하여 비약적인 발전을 일궈나가면서 적과 싸우면 반드시 이길 수 있는 정예장교 육성의 필요성을 느끼게 되었다. 이에 육군의 중견 간부 양성을 목적으로 1968년 창설된 후 1969년 1월 제1기 사관생도 771명을 배출하기 시작하여 2011년도까지는 사관생도 과정을 포함한 10개 과정 24개 기수의 장교를 양성함으로써 육군 장교의 50%이상을 배출하였고, 이후 2012년부터는 사관생도 과정만을 전담하는 세계유일의 편입학 사관학교로 발전해왔다.[1]

3사교는 2012년에 큰 변화를 겪게 된다. 즉 1월 1일부터 기존의 3사교에서 실시되어오던 학사 및 여군사관 등 8개 사관후보생 과정이, 육군학생군사학교로 이관되었다.[2] 이러한 조치에 대해 일각에서는 3사교의 위상이 저하되는 것이 아닌가 하는 우려의 목소리도 있다. 하지만 3사관학교의 정체성에 맞는 교육을 더 잘 할 수 있는 좋은 계기이기도 하다. 더불어 시설물 및 교장 등은 이전 시기보다 상대적으로 유휴시간이 확보되어, 대외개방을 통한 국가안보 대국민 교육의 기회를 더 많이 할 수 있는 기회가 되었다.

그 시발점이 위기의식에서 비롯되었건 혹은 새로운 기회라는 인식에서 비롯되었건 간에 이와는 무관하게, 2011년부터 3사교는 대국민 안보의식 고취를 위한 다양한 활동을 추진하고 있는 점은 내부적으로는 학교가 소유한 유휴 시설물의 활용이라는 부가적인 이유도 작용한 것으로 보인다. 이러한 점을 감안하여 이 연구는 현재 진행되고 있는 3사교의 대국민 안보의식 고취를 위한 제반 활동에 대해 진단하고, 그 발전방안을 제시하고자 한다.

---

* 이 논문은 육군3사관학교 주최 다음의 발표문에서 비롯된다. 박균열, "나라사랑 마음 함양을 위한 사관캠프 발전 방안", 제17회 충성대 학술세미나(군과 사회변화에 대비한 사관학교 발전전략), 육군3사관학교 충성대연구소, 2012.10.12, pp.117-127. 이후 육군3사관학교 자체 논문집에 실렸다. 박균열·김진만, "나라사랑 마음 함양을 위한 사관캠프 발전 방향", 『3사 논문집』, 79집, 육군3사관학교, 2013, pp.17-30.

1) 육군3사관학교 인터넷 홈페이지 참조: http://www.kaay.ac.kr/ktma/index.html(2012.9.17 검색).

2) 육군학생군사학교 인터넷 홈페이지 참조: http://www.armyofficer.mil.kr/internet/menu_01_02.html(2012. 9.17 검색).

Ⅱ 민군관계 이론과 군의 대외활동의 의미

1. 민군관계 이론

사회의 분화가 이루어지기 이전 시기부터 우리에게 친숙한 소위 "법보다 주먹이 먼저다"라고 하는 경구는 '법'으로 상징되는 시민사회가 '주먹'으로 상징되는 군대에 비해 강제력이 크지 않음을 시사한다. 사회의 분화와 발달과정에서 군부세력이 통치를 하거나 강력한 영향력을 행사하는 양상은 공동체의 안녕을 위해 학술적 탐구의 대상이 되기에 충분했다. 이와 같은 주제를 민군관계(Civil Military Relations)라고 하는데, 이는 국제정치학, 군대사회학 등에서 주로 다루어진다.

Mosca는 원시사회에서 근대사회에 이르기까지 군과 지배계급과의 관계를 서술하면서 정치에 미치는 군의 영향력을 논의하면서, "인류의 역사를 통해 볼 때 창과 총을 가진 계급이 삽을 들거나 베를 짜는 계급에 대해 정기적으로 지배권을 강제로 행사해 왔다"고 서술했다.[3] 그런데 근대유럽에서 예외적으로 거대한 상비군이 문민의 권위에 복종했는데 그 이유를 장교단을 귀족들 중에서 충원했기 때문이라고 분석했다.[4] 이는 현대 장교 선발요건에도 어느 정도 그 전통이 남아있다.

민군관계에 대한 대표적인 학자로 Huntington과 Janowitz가 있다. 헌팅턴은 군대의 힘이 문민통제를 위해 어떻게 최소화될 수 있는가에 대해 두 가지 해결책을 제시했는데, 우선 주관적 문민통제(subjective civilian control)인데, 이것은 특정 민간집단의 힘을 극대화시키는 것이다. 두 번째 해결책은 객관적 문민통제(objective civilian control)인데, 이것은 군 직업주의(military professionalism)를 극대화시키는 것이다.[5]

반면에 자노윗츠는 군직업이 자신의 독자성을 유지하면서 외부상황에 대응하도록 하는 데에 관심을 가졌다. 그는 군부를 다른 사회체제 및 외부 상황과 끊임없이 상호작용하는 사회체계로 간주했다. 군이 민간의 다른 집단으로부터 분리되고 고립되어 있다고 느낄 때 군의 정치개입을 포함한 위험성이 크다고 지적했다. 또한 그는 군조직을 재정의하면서 경비군(the constabulary

---

3) Gaetano Mosca, "Standing Armies", pp.222-243, in The Ruling Class, edited by Arthur Livingston and translated by Hannah D. Kahn, New York: McGraw-Hill, 1939, p.228, 홍두승, 『한국군대의 사회학』, 나남출판, 1996, p.18 재인용.

4) 홍두승, 위의 책, p.18.

5) Samuel P. Huntington, The Soldier and the State: The Theory and Politics of Civil Military Relations, New York: Vintage Books, 1957, 홍두승, 위의 책, p.26 재인용.

force)의 개념을 제시했는데, 경비군이란 힘의 사용을 최소화하고 승리보다는 생존 가능한 국제 관계를 추구하는 전략이다. 이것은 군의 특성을 전쟁에서의 승리로부터 전쟁억제로 전환시키는 것을 시사한다. 군내의 제도적 장치에 관한 그의 주장은 장기적으로는 대중군(the mass army)이 감소할 것이라는 가정에 근거하고 있다.[6)]

우리나라에서의 민군관계에 대한 연구는 이동희(1990a; 1990b)의 노력에서 처음 발견된다. 대체로 초기의 연구는 민간 정치권과 군부의 관계에 초점을 맞추고 있다. 조성대(1990)는 군의 국가 발전 기여 측면과 정치개입으로 인한 민군간의 위화감을 지적하기도 했고, 김호진(1992)은 군부지배 체제의 결과를 부정적 시각에서 평가하고 있다.

이와 같은 국가의 중요한 정치세력으로서의 군부에 대한 연구는 군의 정치적 중립화 전통이 지켜지고, 전문직업군으로 거듭나면서 일반 사회내에서의 다양한 형태의 활용이 이어지면서 차츰 논의되지 않는 경향을 보이고 있다. 일반대학에서는 군사학과과 부사관학과가 설치되고 있으며, 국방부 등록 비영리단체(2011년 기준 52개)가 급등하고 있고, 여기에 최근 창립대회를 가진(2012.9.14) 한국안보통일연구단체연합회 등의 등장과 활성화는 그러한 예들이다.[7)] 이와 같은 현상과 여기에 참여하게 되는 장교들의 활동이 바람직한 것인지에 대해서는 별도의 논의가 필요하겠지만 군의 정치적 중립, 그리고 시민사회의 대립항으로서가 아니라 그 일부로서 기능하려고 하는 군의 헌법적 지위의 정체성은 긍정적으로 평가된다.

이와 같은 시민사회와의 관계 속에서 군의 위상을 제대로 평가하기 위해서는 도모하게 되는데, 공공조직주의와 직업주의의 대립이다. 미국의 사회학자 Moskos는 군은 점진적으로 공공조직적(institutional) 유형에서 직업적(occupational) 유형으로 전환되어 간다는 가설을 제시한 바 있다. 공공조직이란 가치와 규범에 의해 정당화되며 보다 상위의 선(善)이 개인의 이해를 우선한다는 것이다. 책무, 명예, 국가 등과 같은 가치를 중시한다. 노동시장에서 기대될 수 있는 경제적 보상이 아닌 다른 형식으로 보상되는 것을 말한다. 반면 직업적 형식하에서는 모든 것이 공급과 수요에 따라 시장에서 결정된다(〈표 1〉 참조).[8)]

---

6) Morris Janowitz, The Professional Soldier: A Social and Political Portrait, New York: Free Press, 1960, 홍두승, 위의 책, pp.27-28 재인용.

7) 한국안보통일연구단체연합회 홈페이지 참조: http://cafe.naver.com/krusga/58 (2012.10.21 검색).

8) Charles C. Moskos Jr., "From Institution to Occupation: Trends in Military Organization", Armed Forces and Society, 4(Fall), 1978, pp.41-50, 홍두승, 위의 책, pp.97-98 재인용.

〈표 1〉 공공조직주의 군대와 직업주의 군대의 특성

기준	공공조직주의 군대	직업주의 군대
합법성	규범적 가치	시장경제
역할수행	광범성(자신의 전문 분야외의 업무도 수행하도록 기대됨)	특정성(특정화된 업무만 수행)
보상근거	계급 및 서열 중시	기술수준 및 인적 자원 중시
보상양식	대부분 비금전적(부식, 관사, 피복, 의료혜택 등) 형태나 전역 후 보상	봉급 및 보너스
보상수준	입대자 봉급이 (민간 임금수준보다) 낮다	입대자 봉급이 높다
거주지	근무처와 거주지 인접	근무처와 거주지 분리
배우자	군대사회의 한 부분(군과 관련된 사회활동 참여)	군대사회로부터 격리(부대내 사회활동 참여 회피)
사회적 존경	봉사의 개념에 따른 존경심	보상수준에 따른 위신
준거집단	수직적으로 조직화(군조직 내에 존재)	수평적으로 조직화(군조직 밖에 존재)
수행평가	총체적/질적(전인적 평가)	부분적/양적(특정 업무 수행 관련 평가)
법률제도	군법 적용	민간법 적용
전역후 지위	(정부 내 취업 및 자격취득 등에 있어) 예비역으로서의 혜택	민간인과 동일

출처: Charles C. Moskos Jr., "Institutional/Occupational Trends in Armed Forces: An Up-date", Armed Forces and Society, 12(Spring), 1986, 홍두승, 앞의 책, p.98 재인용.

2. 군대의 나라사랑마음 함양을 위한 노력의 의미

군대의 나라사랑마음 함양은 대외활동과 기본임무의 연장의 의미를 갖는다. 우리나라 헌법 제5조 2항은 "국군은 국가의 안전보장과 국토방위의 신성한 임무를 수행함을 사명으로 한다"고 명시하고 있고, 군인복무규율 제4조 1항은 "국군은 국민의 군대로서 국가를 방위하고 자유민주주의를 수호하며, 조국의 통일에 이바지함을 그 이념으로 한다"고 명시하고 있다. 이 두 조항이 곧 국군의 사명과 이념의 근거가 된다. 따라서 군대의 나라사랑마음 함양을 위한 노력은 당위적으로 마땅한 일이며, 그 실증법적인 근거도 명확하다.

하지만 이러한 당위적, 실증법적인 명확한 근거에 의한 군대의 노력이라고 할지라도 주어진 기본적인 임무의 범위를 넘어설 경우에는 문제가 발생할 수도 있다. 크게는 헌법 제5조 2항의 끝부분에 명시된 '국군의 정치적 중립' 위배에서부터 다른 일로 인한 기본임무 준수를 소홀히 하는 문제 등을 생각해볼 수 있다.

군의 대외적인 나라사랑 함양 노력은 부여된 기본임무를 수행했다는 전제로 볼 때, 국가안보를 위한 대의명분에 근거하고 있을 경우, 혹시 그 결과가 공리주의적 해악을 가져왔다고 할지라도 정상참작은 될 수 있을 것이다. 다만 군이 국토방위의 기본임무를 수행하면서 동시에 광의의 국가안보 활동을 할 경우 그 범위와 수위를 면밀히 검토할 필요가 있음을 알 수 있다.

Ⅲ 육군3사관학교의 사관캠프 운용에 대한 분석 및 평가

1. 계획측면

3사교는 2011년 이후부터 대국민 안보의식 고취를 위해 병영개방과 교육프로그램을 실시해오고 있다. 이 프로그램의 계획측면에 대한 고찰은 그 목적과 중점을 살펴보는 것이 중요하다. 우선 3사교가 추진하고 있는 '사관캠프'와 '병영체험'이라고 명명되는 대외 안보의식 프로그램의 목적은 다음과 같다.

> 국민들에게 사관생도 및 병영 생활을 몸으로 체험하게 함으로써 리더십과 인성 및 극기력배양, 국가관과 안보의식 고취를 통해『강한 친구 대한민국 육군』의 이미지 제고[9]

이러한 프로그램의 목적을 구현하기 위해, 3사교는 다음 몇 가지의 중점을 설정하였다.

> 첫째, 사관캠프를 통한 리더십과 인성을 배양한다.
> 둘째, 사관학교의 다양한 훈련체험으로 극기력과 자신감을 배양한다.
> 셋째, 안보견학 및 교육을 통한 국가관 및 안보관을 고취시킨다.
> 넷째, 학교홍보 및 국민과 함께 하는 육군의 참모습을 부각시킨다.[10]

9) 육군3사관학교, "2012『사관캠프』및 『병영체험』계획", 2012.3., p.1.
10) 위의 자료.

2. 실시측면

3사교의 대외 안보프로그램은 사관캠프와 병영체험 두 가지의 형태로 추진되는데, 전자는 체험중심이고 후자는 견학중심이다. 사관캠프는 주로 고등학교 이상을 대상으로 사관학교 체험을 주 교육내용으로 하고, 병영체험은 초등학생 이상을 대상으로 병영생활을 체험하는 교육내용으로 구성되어 있다(〈표 2〉 참조).

〈표 2〉 3사교의 '사관캠프' 및 '병영체험' 운용 개요

구분	사관캠프(2박3일~3박4일)	병영체험(당일~1박2일)
교육 내용	• 사관학교 체험 • 인성 · 안보교육, 안보견학 • 병영생활/훈련체험 * 훈련량/시간 증가, 유격(3박4일)	• 사관학교 소개/홍보 • 인성 · 안보교육 • 병영생활/훈련체험 * 일정 고려 소개식 훈련
비고	고등학생 이상~성인	초등생 이상~성인

출처: 육군3사관학교, 앞의 자료, 2012.3, p. 1.

3사교는 이러한 행사를 위해 경북도청의 지원금과 입소학교의 예산으로 충당하여 자체 예산을 별도로 투여하지 않으면서 소기의 목적을 달성할 수 있었다. 최초 4월 5일부터 10월 12일까지 총 17개 기수를 대상으로 교육되었다. 사관캠프의 경우 10개 기수 2970명(〈표 3〉 참조), 병영체험의 경우 7개 기수 432명을 대상으로 실시되었다(〈표 4〉 참조).

〈표 3〉 2012년도 3사교의 '사관캠프' 운용 실적

전반기	1기(대학) (240명)	2기(고교) (405명)	3기(고교) (420명)	4기(고교) (320명)	5기(고교) (320명)
	5.2~4	5.9~11	5.16~18	5.23~25	5.30~6.1
	구미1, 위덕, 영진, 서라벌	마산, 대구전자	영천, 경주정보	경포	인하대부속
후반기	6기(대학) (420명)	7기(고교) (430명)	8기(고교) (415명)	9기 (미정)	10기 (미정)
	9.11~14	9.19~21	9.26~28	10.3~5	10.10~12
	대경, 대구과학, 문경, 선린	문창, 신라	성희여자, 구미여상	예비	예비

출처: 육군3사관학교, 앞의 자료, 2012.3, p.2.

〈표 4〉 2012년도 3사교의 '병영체험' 운용 실적

	1기(중 · 고교) (40명)	2기(고교) (82명)	3기(직장인) (40명)	4기(직장인) (40명)	5기(초 · 중등) (150명)
전반기	4.5~6	4.12	4.26~27	6.21~22	6.29~30
	영천	청구	수원보훈지청	수원보훈지청	수원 지역
후반기	6기(교사) (40명)	7기(교감) (40명)	※ 기타 학술교류대학, 다문화가정, 경북도청/영천시청 공원 등 가능		
	8.9~10	9.6~7			
	수원 지역	수원 지역			

출처: 육군3사관학교, 앞의 자료, 2012.3, p.2.

3사교는 '사관캠프'와 '병영체험'을 위해 다양한 형태의 전투근무지원을 구비하고 있으며, 이 교육을 실시하기 위해 새로운 형태의 교육대를 임시 편성하여 운용했다.

3. 후속조치측면

3사교는 대국민 안보의식고취를 위한 사관캠프와 병영체험을 통해 이와 관련된 활동상으로 학교 인터넷 홈페이지에 '학교소식' 코너에서 '사관캠프'라는 이름으로 사진 16장을 탑재해놓고 있다.[11] 이후 학교 측과 행사에 참여한 개인 및 단체 간의 교류현황은 인터넷 홈페이지에서 찾을 수 없다.

4. 종합평가

3사교의 대국민 안보의식고취를 위한 사관캠프와 병영체험 프로그램은 그 실적으로 볼 때 주어진 여건 속에서 최선을 다했다는 느낌을 받는다. 우선 3사교가 그동안 지속적으로 실시해왔던 다양한 형태의 학사과정 등 장교양성교육과정(생도교육 제외)이 육군학생군사학교로 이관되면서, 상대적으로 여유가 있는 시설을 대외 개방함으로써 안보교육기관으로서의 소명을 다하는 데도 큰 기여를 했다고 본다.

하지만 다음 몇 가지는 검토해볼 필요가 있다. 우선 행사 계획을 수립하면서 '사관캠프'와 '병영체험'을 나누는 것이 행사의 브랜드 가치를 높이는데 제한점으로 작용할 소지를 안고 있다. 전

11) 3사교 홈페이지의 '사관캠프'블로그 다음 참조: http://www.kaay.ac.kr/ktma/index.html(2012.9.19 검색).

자의 경우 3사교의 정체성이 드러나지 않는다. 여타의 다른 사관학교와 차이가 없어 보인다. 후자의 경우 일반 야전부대에서 실시하는 병영체험과 차이가 없어 보인다. 그런데 이 양자를 동시에 운용하고 있으므로 브랜드 가치는 높지 못하다. 교육내용 선정은 안보교육의 정체성에 부합되게 잘 되었다고 보여지지만 교육방법 측면에서 보면 피교육자인 학생들의 자기주도적 학습(self-directed learning)을 제한하고 있다. 예산 염출과정에서 자체 대응예산(matching fund)없이 인력 및 기존시설 지원에 국한되는 느낌이 든다. 입소하는 학교와 학생들의 지역적인 편중이 심하다. 생도대 및 교육대대의 교관요원(필요시 행정부, 교수부 등의 인원도 선발 가능)의 업무 가중 개연성도 안고 있다.

Ⅳ 나라사랑마음 함양을 위한 육군3사관학교의 사관캠프 발전방안

1. 기본원칙

군대가 일반국민을 대상으로 나라사랑마음 함양을 위한 노력을 할 경우 그 기본원칙을 설정할 필요가 있다. 다음 몇 가지는 헌법, 법령 등에서부터 철학적인 측면, 현실적인 측면 등을 기준으로 설정하고자 한다.

첫째, 적법성이다. 군은 헌법에 명시된 국군의 사명과 국군조직법, 군인사법, 군형법 등의 법적 근거에 의해 비롯되고 작동된다. 따라서 군이 하는 모든 활동, 기본임무에서부터 대외 봉사활동에 이르기까지의 제반활동은 반드시 법적인 근거를 찾을 수 있어야 한다. 이것은 곧 국군이 법치주의의 대한민국을 존중하고 그 태생적 근거를 찾고자 하는 것과 일맥상통한다.

둘째, 정체성이다. 모든 군은 그 설치 근거에 따라 수행해야 할 임무도 각기 달리 부여받고 있다. 비슷한 기능을 수행한다고 하더라도 작전지역이 다른 상이성이 있다.

셋째, 임무달성 무해성이다. 군이 대국민 안보의식고양 활동을 하는 것은 광의로 보면 맞지만, 그렇다고 해서 기본임무수행을 하는 데 있어서 추호의 제한이 있어서는 안 된다. 만약 대외 활동을 하는 와중에 군에 부여된 기본임무를 수행하지 못하는 상황이 빚어지게 된다면 큰 문제가 될 것이다.

넷째, 지역성과 탈지역성의 균형성이다. 현재 군은 지역방어의 임무도 수행하고 있지만, 주어진 임무의 특성에 따라서 지역을 넘어서는 경우도 있다. 특히 국직부대나 학교기관인 경우 지역성과 탈지역성을 동시에 갖추어야 하는 특성을 갖고 있다.

다섯째, 정부부처 및 지방자치단체, 관변단체 등과의 연계성이다. 외교통상부, 기획재정부 등과 같은 특수한 분야를 제외하고는 대부분의 정부부처(국가정보원, 국가보훈처, 통일부, 민주평화통일자문회의 등)가 지역단위의 하위조직을 갖추고 있으며, 다양한 형태의 관변단체(재향군인회, 자유총연맹, 지역통일교육협의회 등)도 거시적으로 보면 국가안보관련 일을 수행하고 있다. 이들과의 다각적인 업무협조가 필요하다.

여섯째, 시민사회와의 소통성이다. 시민사회는 일종의 생명체와 같다. 생존해야 하기 때문에 다양한 이해관계와 정보의 흐름 속에서 상호 유대를 통해서 실시간으로 정보를 공유하고 그 진보의 속도도 특수집단에 비하면 엄청나게 빠르다. 그런데 특수집단이라고 할 수 있는 군대가 그 모집단이라고 할 수 있는 시민사회의 흐름을 쫓아가지 못한다면 결국에는 시민사회와 소통하지 못하고 도태되고 말 것이다. 그것은 진정한 의미에서 특수성을 유지하는 것이 아니라 부정적 특수성, 즉 퇴보의 나락으로 떨어지게 될 것이다. 그렇지 않기 위해서는 끊임없이 시민사회와 소통해서 시민사회에서 발생하는 군과 관련되는 다양한 형태의 요구사항을 수렴해서 군이 실시간으로 제도를 구비하고, 수정해 나가야 한다.

일곱째, 지속가능성이다. 어떤 조직이든지 대의명분이 뚜렷하고, 그것에 대한 실용적 효과가 보장된다면 도모하고자 하는 과업은 지속되어야 한다. 그런데 단기간의 전시효과를 위해 시행되는 과업은 그 일을 하게 되는 책임자와 담당자들의 단기간의 고과에는 긍정적인 효과를 얻을 수 있겠으나, 멀리 보면 그 조직의 발전에 부정적인 결과를 초래하게 된다. 한 번 시작한 일은 그 조직이 끝날 때까지 지속되어야 한다는 생각으로 시행되어야 한다.

2. 구체적인 발전방안

이상에서 언급한 몇 가지 기본원칙을 토대로, 향후 지속가능한 3사교의 대국민 안보의식고취를 위한 발전방안을 제시하고자 한다.

첫째, 행사 프로그램의 브랜드 가치를 높여야 한다. 기존의 '사관캠프'와 '병영체험'은 '3사교 안보캠프'로 통합하는 것이 바람직하다고 본다. 단순한 군대 병영체험이 아닌 국민 안보의식 교육의 장이 되도록 다른 병영체험 캠프와 차별화한다면 행사 프로그램의 브랜드 가치를 높일 뿐만 아니라 학교의 이미지 제고에도 도움이 될 것이다. 세부 행사프로그램은 대상에 맞게 내부적으로 조정하면 될 것이다. 세부 프로그램은 초등반, 중학교반, 고등학교반, 대학반, 일반인반 등으로 구체화할 수 있을 것이다.

둘째, 행사의 정체성을 '3사교에서 실시하는 행사'로 할 것인지, '3사교가 주관하는 행사'로 할 것인지도 명확히 할 필요가 있다. 만약 후자로도 가능하다면 다양한 단체와의 제휴를 통해서, 학교 관할 지역 및 시설물을 벗어나는 관계 지역에서도 가능하게 될 것이다. 점차 이 프로그램의 실효성이 담보된다면, 기존의 학생연대 부지를 기준으로 가칭 '3사교 안보캠프장'을 별도로 운용할 수도 있을 것이다. 해당 부지는 이미 사관캠프 장소로 지정되었지만 권역 내에 보다 다양한 시설을 복합적으로 운용할 수 있도록 해주는 것도 괜찮을 것이다. 그 운용은 아웃소싱하는 방안도 생각해볼 수 있다. 그 방법은 기존의 군 골프장 운영방식도 도움이 될 것이다. 그렇게 된다면 기본 임무를 벗어나는 과도한 추가적인 인력지원의 강도와 범위를 낮출 수 있을 것이다.

셋째, 지역적인 여건을 고려하되, 그 혜택은 전국적인 관계를 고려해서 진행해야 한다. 현재의 프로그램은 주로 대구, 경북지역의 학교기관과 그 학생들이 참여하고 있다. 지역단위의 안보관련 기관 및 단체(민주평통, 자유총연맹, 지역통일교육협의회 등)와의 협력을 통해서 효과를 확대할 수 있다. 지역단위에서 실시하고 있는 '낙동강 호국안보벨트사업'과의 연계하여 자체 예산 확충을 위한 노력을 해야 하며, 참여학생들에게 봉사활동 등의 실적을 인증해주는 제도가 가능하다면 전국단위로 확대할 수 있다. '낙동강 호국안보벨트사업'과의 연계는 이미 논의 중에 있는 부분도 있지만 앞으로도 경북도 및 영천시와의 협의 하에 보다 구체적으로 발전시킬 수 있을 것이다. 봉사활동시에는 지역의 보훈대상자 등 국가유공자들 위문활동, 지역 호국보훈시설 견학 등도 포함할 수 있다.

넷째, 표준화된 프로그램이 확정된다면, 참여학생들에게 3사관학교 입교시 사전 인정 학점으로 상쇄시켜주는 혜택을 주는 방안도 고려해 볼 수 있다. 현재 고등교육법(시행령)은 학점이수 등에 관한 일체의 사항을 해당 대학에 위임하고 있다. 현행 3사교의 교육과정상 교양과목 중에서 해당과목을 지정하여 인정범위를 산정할 수 있다. 만약 없다면 새롭게 만들 것을 건의한다. 그리고 그 해당내용을 학칙에 반드시 반영해야 한다. 그래야 법적인 효력을 갖게 된다.

다섯째, 교육내용을 만들 때, 흥미를 유발할 수 있는 다양한 에듀테이먼트 요소를 개발할 필요가 있다. 예컨대 '무과급제'재현행사를 생각해볼 수 있다. 현재 학교에서 운영하는 서바이벌 게임을 보다 흥미롭게 구성하는 방안도 모색해볼 만하다. 구체적인 내용은 현 시기에 맞게끔 조정할 필요도 있다.

여섯째, 교육내용 이수 방식에 있어서, 대상에 따라 그들의 선호를 고려해주는 방향으로 개선해야 한다. 아무리 좋은 식단의 음식도 먹는 순서를 달리해서 하면 새로운 맛이 느껴질 때도 있다. 사과와 배를 먹는 방법도 다양하다. 가장 간단하게는 사과먼저 먹고 배를 나중에 먹거나 배를 먼저 먹고 사과를 나중에 먹는 방법이 있다. 그런데 이것을 각기 10조각씩 낸다면 적어도 100가지의 먹는 방법이 나온다. 어떤 경우에는 학생 한 명에게 하루 종일 멘토 한 명을 붙여주면서 자유롭게 탐구하게 하는 방식도 생각해볼 수 있다.

마지막으로, 행사의 취지를 극대화하기 위해, 참여학생들의 소감을 수렴할 수 있도록 학교 홈페이지를 잘 운영할 필요가 있다. 현재는 '사관캠프'만 제작되어 있는데, 거기에서도 상호 의사소통의 흔적은 찾을 수가 없다. 사관캠프 운영의 성과를 가시적으로 인지할 수 있게 해주는 것이 아마도 소감 후기와 같은 프로그램 운영이 될 것이다. 해당 부서는 학교에서 사관캠프를 체험한 사람들이 군과 학교에 더욱 친근감을 느끼고 기억을 간직할 수 있도록 적극적으로 소감 후기를 관리해주는 것이 필요하다.

V 맺음말

자신을 돌아볼 줄 알고, 또 그 결과를 반영할 줄 아는 사람과 조직은 생명력이 높다. 외견상 3사교는 다양한 형태의 장교양성 교육과정을 잃게 되는 상황에 놓이게 되었지만, 더욱 정체성 있는 교육을 할 수 있는 기회를 맞기도 했다. 이와 같은 과도기 상황 속에서 3사교는 유휴시설물을 최대한 활용해서 예산을 최소화하면서 대국민 안보의식 고취를 위한 다양한 형태의 프로그램을 운용하고 있다.

야전의 여느 부대에서나 여느 사관학교에서나 실시하는 평이한 방식도 아니면서, 주어진 기본임무 수행에 방해를 받지 않으면서 3사교가 실시하고 있는 안보프로그램은 존중받아 마땅하다. 실제 군대와 군인은 기본임무만 잘 수행해도 초과의무(supererogatory duty)를 다하고 있는 것이다. 현행 우리 군인복무규율의 군인정신 조항에는 '죽음을 무릅쓰고'라는 내용이 있다. 어떤 공무원 규범 중에도 죽음을 마땅하게 전제하는 것은 없다.

따라서 3사교가 분명한 정체성을 전제하면서, 기본임무에 방해받지 않으면서, 지휘관이 바뀌어도 지속가능한 대국민안보교육 프로그램을 운영해나간다면, 국민으로부터 사랑과 신뢰를 받게 될 것이다.

[부록 1] 육군3사관학교의 '사관캠프' 및 '병영체험' 일정표

<table>
<tr><th rowspan="3" colspan="2">구분</th><th colspan="2">사관캠프</th><th colspan="2">병영체험</th></tr>
<tr><th>3박 4일(360명)</th><th>2박 3일(300~450명)</th><th>1박 2일(40명/150명)</th><th>당일(84명)</th></tr>
<tr><td>1개 기수</td><td>7개 기수</td><td>6개 기수(150명/1개 기수)</td><td>1개 기수</td></tr>
<tr><td rowspan="3">1
일
차</td><td>오
전</td><td>• 인도인접(2H)
• 생활관 편성(1H)
• 학교견학(1H)</td><td>• 인도인접(2H)
• 생활관 편성(1H)
• 학교견학(1H)</td><td>• 인도인접(2H)
• 생활관 편성(1H)
• 학교견학(1H)</td><td>• 인도인접(1H)
• 입소식/제식훈련(1H)
• 학교견학(1H)
• 국가 · 안보교육(1H)</td></tr>
<tr><td>오
후</td><td>• 입소식(1H)
• 병영훈련(3H/2개조)
– 행군/화생방(효동)
– 행군/각개전투(효동)</td><td>• 입소식(1H)
• 병영훈련(3H/2개조)
– 행군/화생방(효동)
– 행군/각개전투(효동)</td><td>• 입소식(1H)
• 병영훈련(3H/2개조)
– 행군/화생방(효동)
– 행군/각개전투(효동)</td><td>• 병영훈련(3H/2개조)
– 유격체조/기초장애물
– 서바이블훈련
• 퇴소식(1H)</td></tr>
<tr><td>야
간</td><td>• 생도생활체험
– 자유시간 1~2H
• 목표지향적 자기계발 계획 작성/발표식</td><td>• 생도생활체험
– 자유시간 1~2H
• 목표지향적 자기계발 계획 작성/발표식</td><td>• 세심/애국의식
• 목표지향적 자기계발 계획 작성/발표식</td><td></td></tr>
<tr><td rowspan="3">2
일
차</td><td>오
전</td><td>• 유격장 이동준비/차량이동(2H)
• 유격행군(2H)
– 8Km</td><td rowspan="2">• 병영훈련(8H/2개조)
– 유격체조/기초장애물
– 서바이블훈련</td><td>• 병영훈련(4H/2개조)
– 유격체조/기초장애물
– 서바이블훈련</td><td></td></tr>
<tr><td>오
후</td><td>• 유격훈련(4H/3개조)
– 기초유격–헬기레펠
– 서바이블</td><td>• 국가 · 안보교육/학교홍보(1H)
• 충성의식 관람(1H)
• 퇴소식(1H)</td><td></td></tr>
<tr><td>야
간</td><td>• 야전숙영/취사
• 야간 담력</td><td>• 군악연주회
• 세심/애국의식
• 편지쓰기/소감문</td><td></td><td></td></tr>
<tr><td rowspan="3">3
일
차</td><td>오
전</td><td>• 유격훈련(5H/3개조)
– 기초유격–헬기레펠
– 서바이블</td><td>• 안보견학(4H)</td><td></td><td></td></tr>
<tr><td>오
후</td><td>• 복귀행군(2H)
– 8Km
• 복귀차량이동(1H)</td><td>• 국가 · 안보교육/학교홍보(1H)
• 충성의식 관람(1H)
• 퇴소식(1H)</td><td></td><td></td></tr>
<tr><td>야
간</td><td>• 군악연주회
• 세심/애국의식
• 편지쓰기/소감문</td><td rowspan="3" colspan="3">※추가 검토
① Camp fire 실시
② 순환체력단련장에 암벽등반 등 복합장애물 설치 추진('13년)
③ 유격장 담력코스(現막타워) 보수/활용 추진('13년)</td></tr>
<tr><td rowspan="2">4
일
차</td><td>오
전</td><td>• 안보견학(4H)
– 호국원, 다부동/포항전적지 등</td></tr>
<tr><td>오
후</td><td>• 사관학교홍보(1H)
• 국가 · 안보교육(1H)
• 충성의식 관람(1H)
• 퇴소식(1H)</td></tr>
<tr><td colspan="2">공통</td><td>• 생도동석식사(1끼)</td><td colspan="3">• 아침/저녁점호, 병영식사, 내무생활, 불침번/경계근무</td></tr>
</table>

출처: 육군3사관학교, "2012『사관캠프』및『병영체험』계획", 2012.3, p.3.

제 13 장

군 정신교육을 위한 사회적 인프라

MILITARY ETHICS

I 머리말

국가안보는 국가의 안전보장을 말한다. 따라서 안보는 곧 생존을 위한 필요충분조건이다. 그런데 20세기 후반에 접어들면서 국가안보의 범위가 넓어지기 시작했다. 이것은 수평적인 측면에서 군사와 대등하거나 군사보다 더 중요한 국가의 다른 분야들 즉, 정치, 경제, 환경, 사회 분야와 국가안보 간의 상호관련성이 중요함을 인식하게 된 결과이다. 이를 '안보 개념의 광역화' 또는 '포괄적 안보'(comprehensive security)라고 한다. 특히 2차 세계대전 이후 강대국 간 또는 유럽 대륙의 국가 간에 전쟁이 사라지고 제법 긴 평화의 시기를 맞게 되자, 국가들은 군사력 건설 이외에 경제력 경쟁을 통해 국가의 우위와 안보를 확보하려는 노력을 하게 되었다(〈표 1〉 참조).[1] 국가안보의 이러한 상황과 맞물려서, 오늘날 문명은 군 장병들의 입대 이전의 모습이기도 한, 이른바 X세대, N세대, W세대, P세대 등과 같은 신조어와 함께 복잡하면서도 다양한 조류를 맞이하고 있다.[2]

〈표 1〉 안보개념의 수평적 구분

	안보 위협 요인	내용
정치안보	– 국내정치의 불안	– 국가안보의 보장을 위해 민주주의 추구
경제안보	– 오일 쇼크, 금융위기 등	– 국가의 경제적 이익을 지키거나 촉진
환경(생태)안보	– 인구폭발, 환경오염, 지구온난화 등	– 인류 공동의 위협에 국제사회 공동 대응
사회안보	– 마약, 조직적 범죄 등	– 사회불안 요소에 국제적 공동 대응
인간안보	– 인신매매, 비인도적 무기 등	– 개인의 안보를 확보하기 위한 국제적 협력

출처: 한용섭, 『국방정책론』, 박영사, 2012, p.61.

이와 같은 국가안보의 광범위성과 장병들의 문명 환경 등을 고려해 볼 때, 전투의 승리를 보장한다는 하나의 목표아래 한 지휘관(자)을 중심으로 하나로 뭉친다고 하는 것은 여간 어려운 일이 아니다. 입대 이전의 국가전반의 분위기가 장병들 스스로 안보문제에 대해 올바른 판단을 할 수

* 이 장은 저자의 선행 연구를 보완·발전시킨 것이다. 박균열, 『장병 정신전력 강화를 위한 사회적 인프라 구축 방안 연구』(정신전력 연구보고서), 국방대학교 국가안전보장문제연구소, 2012.

1) 한용섭, 『국방정책론』, 박영사, 2012, p.60.

2) 『두산백과사전』; 박정이, "디지털시대의 군 리더십 패러다임 전환", 『군사논단』, 제44호, 2005, pp.210–211; 윤영돈, "군대윤리의 관점에서 본 정신전력 제고 방안", 『국방연구』, 55(3), 국방대학교 안보문제연구소, 2012, p.76.

없도록 한 측면도 있지만, 일단 입대하게 된 뒤 건전한 가치관을 지향하고 관련되는 지식과 덕성을 쌓는 데도 많은 제한점이 있다. 더욱 곤란을 느끼는 사람은 정신교육 교관이다. 이들은 장병들의 정신전력 강화를 위해 국방일보 등과 같은 상급기관의 교육참고자료를 활용하게 되지만, 지속가능하면서도 질적으로 보장받을 수 있는 자료 등을 입수하는 데 많은 어려움을 겪게 된다.

이 연구는 다양한 경력과 복잡한 환경 속에서 성장한 입대 장병들의 정신전력 강화를 위해 군 내부만의 노력으로는 불충분하다는 점을 전제하고, 일반사회와의 연계에 초점을 맞추어서, 그 인프라를 구축하여, 종국에는 군의 정신전력 강화를 도모하고자 하는 방향을 제시하는 데 그 목적을 둔다.

군 장병들의 정신전력을 강화하기 위해서는 우선적으로 군 내부의 정신교육 시스템과 입대 이전의 다양한 형태의 학교교육과 사회교육의 상황을 점검하는 것이 필요하다. 하지만 이 문제에 대해서는 각기 군 정신교육, 학교 안보교육 등 체계적인 노력이 이루어지고 있는 상황이므로, 본 연구는 다만 군 정신교육에 도움을 줄 수 있는 체계적인 사회적인 인프라를 탐구하고 더 나아가 그 인프라 구축 방안을 제시하고자 한다.

Ⅱ 정신전력: 정의, 구성요소, 특성

1. 정신전력의 정의

국방부의 『정신전력 지도지침서』(1997)에 따르면, “정신전력이란 모든 장병이 지휘관을 중심으로 투철한 군인정신, 엄정한 군기, 충천된 사기, 공고화된 단결로 부여된 임무를 능동적으로 완수할 수 있는 조직화된 전투의지력”이다. 일찍이 독일의 군사전략가 클라우제빗츠(Karl Von Clausewitz)는 그의 저서 『전쟁론』에서 인간의 정신적 힘이 물질적 힘에 비해 우월하다고 하면서 이는 마치 “물질력이 목제의 칼집이라면 정신력은 시퍼런 칼날과 같다”고 말했다.[3] 나폴레옹(Napoleon Bonaparte)도 “전쟁에서의 전력은 무형의 정신력이 75%를 차지하고 병력의 수효나 장비의 규모 등 유형전력은 그 비율이 단지 25%에 불과하다”고 간파했던 것이다. 이는 정신전력의 중요성을 정확히 파악해 강조한 말이다. 패튼(George Smith Patton) 장군도 “전투에서 이기기

3) 이종학 역, 『전쟁론』, 일조각, 1997, p.pxii.

위해서는 적의 무기보다도 먼저 적의 정신력을 분쇄하라"고 말하고 있다. 패튼 장군의 이 말 역시 군이 과학화·정보화된 오늘날에 와서도 정신전력의 중요성은 더욱 부각되고 있다. 그것은 결국 전쟁의 주체는 인간이며 전쟁을 수행하는 인간의 의지와 정신자세가 전쟁의 승패를 결정하기 때문이다.

군의 유형전력을 뒷받침하는 것이 무형전력이며, 무형전력은 전기숙달 등의 기술전력과 조직 및 제도 등을 포함한 관리수준, 리더십, 전략전술 등의 운용전력 그리고 장병들의 의지력을 그 본질로 하는 정신전력으로 구분한다.[4] 이 중 무형전력의 핵심이며 전쟁의 승패를 좌우하는 것이 정신전력이며, 군 정신교육 활동은 그 요체라고 할 수 있다. 따라서 세계 각국은 모두 정신교육의 비중을 강화하고 있으며 효과적인 정신교육의 방법 연구에 부단히 노력하고 있다.

정신전력은 모든 장병이 지휘관을 중심으로 투철한 군인정신, 엄정한 군기, 충천된 사기, 공고화된 단결로 부여된 임무를 능동적으로 완수할 수 있도록 조직화된 의지력이다.[5]

여기서 "지휘관을 중심으로"라고 하는 것은 휘하 장병들이 지휘관의 의도와 공적 요구에 가장 가깝게 사고하여 내면으로부터의 일심동체가 되는 것을 말한다. "부여된 임무를 능동적으로 완수한다"는 것은 전승목표를 달성하려는 지휘관의 의도를 수행함에 있어서 이를 끝까지 관철시켜 나갈 수 있는 동력(動力)을 말한다. 그리고 "조직화된 전투의지력"이라고 하는 것은 정신전력의 제 요소를 지휘관의 리더십에 의해서 유기적으로 결합하여 극대화된 상태를 의미하는 것이다.

정신전력은 개인적 요소와 집단적 요소가 결합되어 나타나며 같은 조건 하에서도 지휘관의 역량에 따라 그 효과는 다르게 나타난다. 뿐만 아니라 정신전력 요소들은 각각 독립된 영역으로 존재하는 것이 아니라 상호보완적이고 교호작용에 의해서, 그리고 부하, 상황, 커뮤니케이션 등 복합적 요인들에 의해서 효과적으로 발휘된다.

2. 정신전력의 구성요소

정신전력은 정신교육, 생활교육, 각종 훈련 등을 통하여 개별성을 지니고 있는 각개 장병의 군인정신을 부대 전체의 집단정신으로 조직화함으로써 달성되는 것이다. 정신전력의 구성요소에는 1977년 국방부 발행 『정신전력지도 이론과 실제』에서는 신념, 사기, 단결을 정신전력 3대 요소로 제시하고 있고 1983년 국군정신전력학교에서 발행된 『정신전력지도지침서』에는 신념, 사기, 단결, 군기 등 4가지 요소를 제시하였다. 여기에서는 정신전력 구성요소에는 1997년 국방부에서 발행된

4) 국방부, 『정신전력지도지침서』, 국방정신교육원, 1983, p.25.

5) 국방부, 『정신전력지도지침서』, 국방정신교육원, 1997, p.31.

『정신전력지도지침서』에서 군인정신, 사기, 군기, 단결을 정신전력 4대 요소로 제시하고 있다.[6]

가. 군인정신

정신전력 4대 구성요소 중 군인정신은 군인들이 갖추어야 할 올바른 가치관 내지 규범이다. 군인은 명예를 존중하고 투철한 충성심, 진정한 용기, 필승의 신념, 임전무퇴의 기상을 견지하며 죽음을 무릅쓰고 책임을 완수하는 숭고한 애국애족의 정신을 그 바탕으로 삼는다.

이와 같은 군인정신은 자신이 속한 군대와 부여된 임무에 대한 가치관과 이를 바탕으로 표출되는 행동양식이며 군대를 유지하고 계승·발전시켜 나가는 정신적 요소이다. 군인정신을 구성하는 핵심요소는 명예, 충성심, 진정한 용기, 필승의 신념, 임전무퇴의 기상, 애국애족의 정신이다.

군인정신을 함양하기 위해서는 『군인복무규율』 제4조 3항에 명시한 군인정신 6개 요소를 신념화하고 이를 행동으로 승화할 때 함양된다. 군인다운 성품과 정신은 태어 날 때부터 타고나는 것이 아니라 부단한 훈련과 수련을 통해서 계발되는 것이다.

나. 군기

군기는 명령에 대한 신속한 복종과 적절한 조치를 취하는 개인 또는 집단의 태도이며, 부대에서 통용되는 각종 법규를 준수하고 신속정확하게 수행하는 심리적 태도이다.

군기를 세우는 목적은 지휘계통을 확립하고 질서를 유지하며 일정한 방침에 일률적으로 따르게 하여 전투력을 보존하고 발휘하는데 있다. 군기는 군의 명령과 임무를 수행하기 위해 요구되는 기율(紀律)과 질서로서 군기를 세우는 핵심요소는 복종심과 법규 준수이다.

군기를 효과적으로 세우기 위해서는 합법적이고 정당한 명령과 상급자의 솔선수범이 중요하다. 장병 개개인의 군기침해는 부대와 군 전체 나아가 국가에 영향을 미치게 되고 결국 정신전력을 약화시켜 전투력을 와해시킨다.

따라서 군인은 정성을 다하여 상관에게 복종하고 법규를 지키고 명령을 자발적으로 따르는 습성을 길러야 한다.

6) 국방부, 『정신전력지도지침서』, 국방정신교육원, 1997, p.40.

다. 사기

사기는 장병들의 개인적 행복감, 희망감, 안정감 등의 정신적·정서적 총체를 말한다. 좀 더 구체적으로 말하면 자발적이고 적극적인 임무수행의 태도이며, 임무수행능력에 대한 확신이고 군생활을 불평불만 없이 보람을 느끼는 상태이다.

사기의 구성요소는 임무수행 자신감, 직무 만족도, 병영생활 만족도이며 이는 고정불변의 것이 아니라 주변 환경과 상황, 장병 개개인의 심리상태에 따라 민감하게 영향을 받게 된다. 따라서 사기는 부대 구성원의 만족도를 최대한 충족시키는 동시에 부대의 목표를 효과적으로 달성할 때 높아지게 된다. 사기함양은 직무수행에 대한 자신감과 굳센 체력이 기본바탕이 되며, 상호 존중과 배려를 바탕으로 한 인간관계는 군 복무를 보다 즐겁고 자발적으로 하게 하는 원동력이 된다.

라. 단결

단결은 부대원 간의 정신적·정서적 결속상태로 상호 존중과 신뢰, 보살핌, 의사소통 등이 주요 요인으로 작용한다. 구체적으로 동료 간의 수평적 결속, 상하급 간의 수직적 결속 그리고 부대원 간의 조직적 결속을 망라한 개념으로서 부대에 소속함으로써 느끼는 만족감과 전우애에 대한 신뢰감에 따라 결정된다.

단결은 동료 간의 수평적 결속, 상하급자 간의 수직적 결속, 그리고 부대원과 부대 간의 조직적 결속을 망라한 개념으로 애대심, 전우애, 상하 간의 신뢰에 따라 단결력이 결정된다.

단결은 단순히 그 부대 구성원의 산술적인 사기의 합이 아니라 그 부대 구성원 간의 상호작용과 그 부대가 처하고 있는 환경에 따라 변화되어 발생하는 힘이다. 사기는 개인적 차원의 속성으로부터 출발하는 성격이 있지만 단결은 개인적 속성이 조직의 속성에 결합될 때 효과적으로 나타나기 때문이다.

3. 정신전력의 특성

부대 장병이 투철한 군인정신을 견지한 가운데 확고한 신념으로 무장하고 지휘관을 중심으로 한 방향 한 목소리로 굳게 뭉쳐 부대 목표달성을 위해 자발적이고 의욕적으로 행동을 하게 되는 것은 부대의 정신전력이 강하기 때문이며 이러한 정신전력은 다음과 같은 특성을 갖는다.[7]

---

7) 국방부, 『정신전력지도지침서』, 국방정신교육원, 1997, p.33.

가. 유동가변성

무형전력은 인간의지를 바탕으로 하는 전력이기 때문에 주변의 환경과 심리적 요인에 따라 언제든지 변할 수 있는 유동가변적인 성질을 가지고 있다. 따라서 정신전력의 지도는 순간적인 만족에 머무름이 없는 지속적인 관심과 관리가 수반되어야 한다.

나. 상호 작용성

정신전력은 다양한 구성요소들을 전체 체계의 기능으로 작용하며 정신전력의 개별요소도 중요하지만 여러 요소 간의 상호작용에 초점을 둔 체계이론의 성격을 갖고 있다. 정신전력은 개별요소에 의해 발휘되기 보다는 다른 요소와의 상호작용에 의해서 전투력으로 형성되고 유지된다. 그러므로 정신전력은 개인적 요소와 집단적 요소를 동시에 고려하여 종합적으로 관리하고 유지해야 한다.

다. 가치지향성

정신전력은 올바르고 필요한 행위를 지속할 수 있도록 가치에 대한 당위성을 부단하게 부여하는 가치지향성의 성격을 지닌다.

따라서 지휘관은 부하 장병들의 정신력이 최고 수준에 이르거나 유지되도록 군의 존재목적과 사명에 맞는 가치관을 설정하여 제시하고 이를 신념화시키고 행동화하도록 전문적인 리더십의 발휘가 필요하다.

라. 개발의 상대적 용이성

일반적으로 전력을 개발하는 데는 병력, 장비, 물자 등의 외적 요인에 의해서 많은 제약을 받는다. 그 뿐만 아니라 유형전력은 국가의 경제력 정도, 국민의 지지와 신뢰정도, 주변국의 견제 등 다양한 요인 때문에 한 국가에서 아무리 개발능력을 보유하고 있다고 하더라도 제한을 받지 않을 수 없다.

그러나 정신전력을 육성하는 데는 유형전력보다 지도자의 의지와 노력 여하에 따라 개발의 용이성이 결정된다. 물론 간접적인 제약요인으로서 정치적 불안정, 국민적 가치관의 혼란, 그 밖의 유형전력에 기인하는 제 요인 등이 영향을 미친다고 하겠으나 이러한 것들은 지도자의 의지와 노력 여하에 따라 얼마든지 해소가 가능하므로 지휘관의 관심과 의지가 무엇보다 중요하다.

이러한 특성 때문에 잘 육성된 정신전력은 군 내외부로부터 제한을 받을 수밖에 없는 유형전력의 부족한 부분까지도 보완하여 전투력을 극대화시킬 수 있도록 해 준다.

Ⅲ 사회적 인프라의 정의 및 범위

1. 사회적 인프라의 정의

사회적 인프라(social infrastructure)는 개인이나 특정 집단이 원하는 바의 과업을 추진하고자 할 때, 도움이 되는 다양한 인적, 물적 네트워킹을 말한다. 이러한 사회적 인프라는 국가기관에도 적용될 수 있다. 즉 안보기능을 수행하는 국방부가 그 고유기능을 수행하기 위해 통일업무가 필요하다면 그와 관련되는 다양한 자산을 갖고 있는 통일부도 인프라에 포함될 수 있다. 따라서 본 연구는 사회적 인프라를 장병들의 정신전력을 강화하는 데 도움이 되는 제반 인적, 물적 정보자산의 네트워킹으로 정의하고자 한다.

2. 사회적 인프라의 범위

사회적 인프라는 포괄적인 개념이다. '사회적'이라는 단어와 '인프라'라는 단어 모두 관계와 토대를 상징한다. 이 두 단어의 합성어인 사회적 인프라는 학술적으로 정립된 용어는 아니지만 대체로 자체적으로 고유한 임무를 수행하는 것은 아니지만 다른 것의 자신이 되는 가치가 있는 것을 말한다.

사회적 인프라는 정부조직, 정부조직 간의 관계, 민간조직, 민간조직의 관계, 정부와 민간조직의 관계, 개인 및 그 관계망, 개인과 정부의 관계, 개인과 민간조직의 관계 등 다양한 형태의 연결 형태를 갖고 있다.

3. 교육분야의 사회적 인프라: 사회교육, 평생교육

사회적 인프라는 다양한 형태로 구축될 수 있는데, 그 교육적 노력은 사회교육(social education)과 평생교육(life long education)으로 요약된다. 우선 사회교육이란 일반 사회인 또는 국민 대중을 대상으로 하는 교육을 말한다.[8] 협의로는 학교기관에서 '사회'교과목에 주안을 두는 사회과교육(social studies edcuation)의 의미로도 사용된다. 교육이 실시되는 장소를 준거로 교육을 분류할 때 사회교육은 가정이나 학교시설 이외에서 실시하는 교육을 지칭하기도 한다. 또한 시간을 준거로 분류할 때 사회교육은 학교교육의 여건이나 다음에 오는 교육을 의미하기도 한다. 이와 같이 사회교육의 의미가 분명하게 규정하지 못하는 이유는 사회교육이 가정교육 및 학교교육과 상호 밀접한 연관 속에 실시되고 있으며, 사회에 효과적으로 참여할 수 있는 인간을 육성하는 데 목적을 두고 있기 때문이다.

사회교육은 민중교육(Volksbildung, 독일), 공중교육(éducation publique, 프랑스), 성인교육(adult education, 영국)[9] 등 다양한 용어로 사용되고 있으나 우리나라의 사회교육은 교과부에서 관장하고 있는 학교교육 이외의 교육으로 한정할 수는 없으며, 각급 정부기관 및 공공단체와 각 산업체 및 사회단체에서 실시하는 각종 교육사업을 통틀어서 사회교육 범주에 포함시킬 수 있다. 따라서 사회교육은 학교교육 다음으로 이어지는 평생교육을 지칭할 수도 있을 것이다. 물론 학교교육 이전의 유아교육도 사회교육의 범주에 들어간다.[10] 교육적 관점에서 우리나라의 사회교육은 다원주의적 체제 속에서 국가기관, 지방자치단체기관과 민간기관(시민사회단체)에 의해서 산발적으로 이루어지고 있는 실정이다.

다음으로 평생교육(life long edcuation)이 있다. 평생교육법 제2조 정의에 따르면, 평생교육이란 학교의 정규교육과정을 제외한 학력보완교육, 성인 기초·문자해득교육, 직업능력 향상교육, 인문교양교육, 문화예술교육, 시민참여교육 등을 포함하는 모든 형태의 조직적인 교육활동을 말한다. 현재 평생교육을 위해서는 국가평생교육진흥원이 설립되어 운영되고 있다. 국가독학사 자격증 부여와 평생교육사의 자격부여 등의 일을 하며, 다문화에 대해서도 관장하고 있다.

---

8) 『네이버 지식백과사전』.

9) 『네이버 지식백과사전』.

10) 『네이버 지식백과사전』.

Ⅳ 일반사회의 안보관련 사회적 인프라 현황

1. 일반사회의 안보관련 인프라 현실 진단 개요

1986년 국군정신전력학교에서 연구한 『군 정신전력 개념 연구』에서는 정신전력의 개념을 국가 국민차원의 광의적 시각과 군사차원의 협의의 시각에서 파악하여, 광의의 개념으로는 “정신전력이란 국민정신을 바탕으로 발휘되는 국민투쟁의지의 총화이다.”라고 정의하였고, 협의의 개념으로 “정신전력이란 전투의지를 지속적으로 유지하면서 승리를 쟁취하고자 하는 장병들의 단합된 무형적 힘이다.”라고 정의하고 있다.[11]

정신전력은 광의적 개념이든 협의적 개념이든 국가 목표를 달성을 위해서 국가적 제반 가용 자원(정치, 군사, 사회, 문화, 교육, 외교 등)과 수단 그리고 역량을 통합하고 제 요소를 결집한 무형의 힘이란 점에서 정신전력 강화의 시너지 효과를 거두기 위해서는 정신전력 관련 기관과의 유기적인 협조체제와 관계를 증진하는 사회적 인프라 구축이 요구되고 있다.

이를 위하여 정신전력 강화차원에서 가정교육, 학교교육, 사회교육체계에 대한 종합적인 연구는 필요하다. 왜냐하면 입대하는 장병 개개인의 가정교육, 학교교육, 사회교육의 선행학습은 정신전력 형성에 직·간접적인 바탕이 되기 때문이다. 현실적으로 정신전력을 강화하기 위해서는 군 교육제도 및 환경개선, 콘텐츠 개발이 요구되고 이를 지속적으로 추진하기 위한 인원과 예산, 정책적 지원이 수반되어야 한다.

그러나 현재 우리 군은 정신전력 강화를 위한 많은 창의적인 노력에도 불구하고 정신전력 업무를 수행하는 조정해주는 구심점의 부재, 제한된 인원과 예산, 신세대 장병 취향에 맞는 콘텐츠 개발 부족 등으로 정신전력 육성 활동에 제한을 받고 있는 것이 실정이다. SWOT(Strength, Weakness, Opportunity, Threat) 분석에 의하면, 매트릭스 속의 여러 유형의 접근전략이 동시에 요구된다. 본 연구는 가장 강력하고 적극적인 SO형의 장기전략과 내적 약점과 외부의 도전을 상정한 WT형의 단기전략을 토대로 한 발전안을 제시하고자 한다(〈표 2〉 참조).

---

11) 국군정신전력학교, 『군 정신전력 개념 연구』, 국군정신전력학교, 1986, p.102.

〈표 2〉 군인의 윤리·규범

		O	T
		- 국민여론 근거한 정책적 소요 - 사회의 연구/교육 인력 확충	- 일부 반체제 인사의 편재 - 북한 등 적대세력 상존
S	- 정신교육에 대한 높은 관심 - 풍부한 자료	SO	ST
W	- 군내 전담교육기관 부재 - 자료의 비조직화	WO	WT

이러한 교육환경을 극복하고 정신전력을 강화하기 위해서는 정신전력 육성에 관련이 있는 정부 부처, 정부산하단체, 연구기관, 국방부 관련 비영리법인 단체 및 연구기관 등 사회적 인프라 구축이 요구된다.

따라서 정신전력 육성을 위한 사회적 인프라 구축에 직·간접적인 영향을 미치는 주변 환경에 대해 한국군사문제연구원에서 분류하는 기준을 참고하여,[12] 정부부처, 사회교육, 연구기관, 관련단체를 중심으로 그 실태와 문제점을 진단해 보기로 한다.

2. 장병정신전력 강화를 위한 기초 인프라 현황

가. 국방부 정신전력 관련기관

정신전력 강화차원에서 사회적 인프라 구축하기 위한 방안의 하나로, 국방부와 직접 관련되어 있는 기관, 단체, 연구기관 등을 생각해볼 수 있다. 현재 국방부와 직·간접적으로 관계를 맺고 있는 기관(37개 기관), 국방부 산하 비영리법인 관련기관(52개 기관, [부록 1] 참조) 군 관련 단체(72개 단체), 군 관련 연구기관 관련기관(24개 기관) 등 185개 기관(단체)이 활동하고 있다.

그러나 우리 군은 185개라는 많은 정신전력 유관 기관, 단체 중에서 소수의 단체 및 기관만을 활용할 뿐이다.[13] 이들 기관 및 단체의 성격, 역할, 정체성, 기여도 등에 대한 심층적인 검토 및 활용방안 연구가 필요하다.

12) 한국군사문제연구원 홈페이지 정보링크 참조, http://www.kima.re.kr.

13) 2012년 국방부 교육정훈관실은 장병 및 예비군 안보교육을 강화하기 위해 관련기관 및 단체, 즉 재향군인회, 성우회, 국가발전미래교육협의회, 한국군사문제연구원(나라사랑운동본부) 등을 활용하고 있다.

1) 국방부 관련기관

정신전력 구성요소 및 육성면에서 볼 때 국방부의 37개 관련 기관 중 17개 기관은 그 성격과 임무를 고려할 때 정신전력 구성요소와 관련성이 많으며 관련부서에서 협조가 가능한 기관이다. 국방대학교(정신전력 정책, 교리, 평가, 콘텐츠 연구), 고등군사법원(군기분야), 국군기무사령부(군기분야), 국군복지단(사기분야), 국군의무사령부(사기분야), 국방부 검찰단(군기분야), 국방부 군사편찬연구소(군인정신분야), 국방부 유해발굴감식단(군인정신 분야), 국방홍보원(사기, 단결 분야), 군수사령부(사기분야), 군인공제회(사기분야), 방위산업청(군인정신 분야), 병무청(군인정신 분야), 성우회(군인정신, 교육), 재향군인회(군인정신 분야, 교육), 전쟁기념사업회(군인정신 분야, 홍보), 한국국방연구원(정신전력 연구) 등이 있다.

계룡대 근무지원단, 고등군사법원, 국군간호사관학교, 국군 기무사령부, 국군 복지단, 국군 수송사령부, 국군심리전단, 국군의무사령부, 국군인쇄창, 국군지휘통신사령부, 국군체육부대, 국군화생방방호사, 국방과학연구소, 국방기술연구소, 국방기술품질원, 국방대학교, 국방부 검찰단, 국방부 군비검증단, 국방부 군사편찬연구소, 국방부 근무지원단, 국방부 유해발굴감식단, 국방부 조사본부, 국방시설본부, 국방정보본부, 국방홍보원, 군수사령부, 군인공제회, 민군겸용기술센터, 방위산업청, 병무청, 성우회, 재향군인회, 전쟁기념사업회, 한국국방연구원, 한국군사과학학회, 한국방위산업진흥회, 호국장학재단(총 37개 기관)

2012년 국방부 정신전력 육성 사업에 참여하거나 임무를 수행하고 있는 관련기관은 재향군인회(장병안보교육 강사지원), 성우회(예비군 안보교육 강사지원), 전쟁기념사업회(현역장병 견학 교육), 국방홍보원(TV, 라디오, 국방일보, 국방저널, 화보, 위문열차), 병무청(입영 프로그램 운영) 등 5개 기관이다.

정신전력 사회적 인프라 구축 측면에서 국방부 관련기관은 중요한 분석대상이다. 각 관련기관과 유기적인 협조와 교류를 통해 시너지 효과를 거둘 수 있기 때문이다. 따라서 각 기관 및 단체를 대상으로 정신전력과의 관련성을 검토하고 실질적으로 기여할 수 있도록 제도적인 정비가 요망된다.

2) 국방부 산하 비영리 법인 관련기관

정신전력 구성요소 및 육성면에서 볼 때 국방부 산하 비영리 법인의 52개 관련 기관 중 17개 기관은 정신전력 구성요소(군인정신, 사기, 군기, 단결)과 관련성이 있으며, 세부기관은 다음과 같다. 국가발전미래교육협의회(군인정신 분야, 교육), 대한군 상담학회(사기 분야), 대한민국 육군발전협회(군인정신 분야), 대한민국 해군발전협회(군인정신 분야), 대한민국 공군발전협회(군인정신

분야), 마루음악연구원(사기 분야), 국군문화 진흥원(사기분야), 한국국방안보포럼(군인정신 분야), 한국군 사회복지학회(사기 분야). 한국군사문제연구원(군인정신 분야, 교육), 한국군 군사학회(군인정신 분야), 한국군 상담학회(사기 분야), 한국리더십학회(군기, 사기, 단결 분야), 한국군사학회(군인정신 문야), 해병대 전략연구소(군인정신 분야)호국문화예술진흥위원회(사기, 단결분야) 등 52개 비영리법인이 있다.

2012년 국방부에서 활용하고 있는 기관은 국가발전미래교육협의회(예비군안보교육 강사지원), 한국군사문제연구원(현역 안보교육 강사지원), 한국군상담학회(군 심리상담사 양성교육), 해병대 전략연구소(종북세력 실체 세미나, 콘텐츠 개발) 등이 있다.

21C안보실천연합, 21세기 군사연구소, 6 · 25국군포로가족회, 국가발전미래교육협의회, 국민생활안보협회, 국방NCW포럼, 국방경비대창군학회, 국방보건연구소, 국방소프트웨어산학연협회, 국방시설연구협회, 국제전략교류협회, 국제전략연구원, 군사정보발전연구소, 군수기술연구소, 글로벌 전략개발원, 나라사랑포병연합, 대륙전략연구소, 대한군상담학회, 대한민국 공군발전협회, 대한민국 육군발전협회, 대한민국 특전동지회, 대한민국해군발전협회, 동북아전략연구소, 마루음악연구원, 방위산업학회, 사)국군문화진흥원, 사) 국방정보기술진흥원, 사) 국방정보통신협회, 육군부사관학교 발전기금, 을지안보전략연구소, 자유대한지키기 국민운동본부, 자주국방네트워크, 전쟁과 평화연구소, 충호안보연합, 파월전사연구소, 한국국방경영분석학회, 한국국방발전연구원, 한국국방안보포럼, 한국국방정책학회, 한국군 사회복지학회, 한국군사과학기술학회, 한국군사문제연구원, 한국군사사회연구소, 한국군사학회, 한국군상담학회, 한국리더십학회, 한국사이버테러정보전학회, 한국전략문제연구소, 한국항공우주전략연구원, 한미안보연구원, 해병대전략연구소, 호국문화예술진흥위원회 (총 52개 기관)

3) 군 관련 기관 관련 단체

정신전력 구성요소 및 육성면에서 볼 때 군 관련 기관·관련 단체는 총 72개나 된다. 하지만 이들 단체 및 기관은 친목단체의 성격이 강하며 회원 간의 유대관계 및 결속력이 강한 반면, 군 정신전력 육성활동에 직·간접적으로 참여하는 기관 및 단체 수나 실적은 거의 없는 실정이다. 그들은 기관·단체 설립 목적에 우선을 두고 활동하고 있기 때문이다.

그러나 육사총동문회, 공사총동문회, 해사통동문회, 성우회, ROTC 중앙회, 해병대 전우회, 예비역대령연합회 등 몇몇 단체 및 기관은 정신전력 연구 및 교육면에서 정책자문 내지는 강사지원, 연구활동 등을 수행할 수 있는 전문성과 신뢰성, 지원능력 등을 갖고 있다.

3사총동문회, 50동우회, 53동우회, 6.25참전80동우연합회, 6.25참전전우기념사업회, ROTC중앙회, UDU동우회, 갑종장교중앙회, 강릉공군전우회, 경우회, 공군사관후보장교회, 공군인사회, 공군전우회, 공군참전군인회, 공군학사장교회, 공사총동창회, 공우회, 그린베레, 기갑친목회, 다부동전투구국용사회, 단기사관총동문회, 대한민국무공수훈자회, 대한민국예비역영관장교연합회, 대한민국특전동지회, 대한민국포병전우회, 대한민국해군동지회중앙회, 대한민국헤군부사관정우회중앙회, 대한학도의용군회, 로카피스, 백골병단참전전우회, 백골전우회, 베트남참전전우중앙회, 병기동우회, 병참동우회, 보라매회, 성우회, 송백회, 수송동우회, 영도유격부대전우회, 영천대첩기념회, 예비역대령연합회, 목포회, 월남참전전우회연합회, 육군예비사관총동문회, 육군항공협회, 육사총동창회, 육종전우회, 의무회, 의정동우회, 이글윙, 재향여성군인협의회, 정보동우회, 정훈동우회, 창군동우회, 청룡회, 충호회, 통신병과동우회, 하늘사랑 공군사랑, 학사장교총동문회, 한국유격군전우회총연합회, 해가연, 해군전우연합회, 해마회(UDT), 해병닷컴, 해병대인터넷전우회, 해병대전우회, 해병전우회 중앙회, 해사총동창회, 향군합주단친목회, 현우중앙회, 호림유격전우회(총 72개 관련 기관, 관련 단체)

4) 군 관련 연구기관·관련기관

정신전력 구성요소 및 육성 면에서 볼 때 군 관련 연구기관과 관련기관은 대단히 중요하다. 현재 24개 군 관련 연구기관·관련단체가 활동하고 있다. 이들 연구기관 및 관련기관은 정신전력 연구 및 자문, 콘텐츠 자료를 공유를 할 수 있는 전문연구기관이다.

일부 국방대 안보문제연구소, 육사화랑대연구소, 북한연구소, 해병대 전략연구소 등은 정신전력·안보교육·정신교육 분야에 대한 연구, 자문, 정책개발, 콘텐츠 등을 지원을 하고 있는 전문성이 있는 기관이기 때문에 나머지 20개 군 관련 연구기관 및 관련 기관의 교류협력 방안이 요망된다.

여의도연구소, 21세기 군사연구소, 경남대 극동문제연구소, 안보문제연구소(국방대학교), 국제평화전략연구원, 대륙전략연구소, 동북아전략연구소, 북한연구소, 북한자료센터, 세종연구소, 아세아태평양문제연구소, 아태전략연구소, 안보연구소(재향군인회), 육사화랑대연구소, 통일정책연구소, 평화문제연구소, 한국군사학회, 한국독도연구원, 한국발전연구원, 한국안보문제연구소, 한국외교협회, 한국전략문제연구소, 한국정치학회, 한국학중앙연구원, 해병대전략연구소 (총 24개 기관)

나. 정부부처 관련기관 현황[14)]

정부부처 관련기관은 강력한 조직력, 영향력, 예산을 보유하고 있다는 점에서 그 성격, 역할, 중점 추진 정책 등을 예의 주시하고 확인할 필요가 있다. 정신전력 육성 측면에서 협조해야 할 사

14) 국방부를 제외한 정부부처의 현황임.

항, 공유해야 할 부분, 서로 윈윈할 부분, 지원받을 수 있는 부분에 대한 정보 교류 및 협력이 요구된다. 대통령 직속관련기관 16개, 정부부처 관련기관 33개, 위원회 관련기관 27개, 입법부, 사법부, 헌법기관 11개, 정부투자기관 40개, 정부투자 위탁 보조기관 192개 등이다.

1) 대통령 직속관련 기관

정신전력 구성요소 및 육성면에서 볼 때 대통령 직속관련 기관은 16개 기관으로 현재 정신전력 강화 측면에서 국가보훈처(정훈장교 교육지원), 국가정보원(콘텐츠 지원), 국민권익위원회(인권교육지원)는 군을 적극 협조하고 교육, 콘텐츠를 지원하고 있는 기관이다. 현재 군 관련 연구기관 관련기관은 24개가 활동하고 있다. 이들 연구기관 및 관련기관은 정신전력 연구 및 자문, 콘텐츠 자료를 공유를 할 수 있는 전문연구기관이다. 특히 국가보훈처는 국방부와 함께 나라사랑교육을 실시하는 양대 축이다.

감사원, 공정거래위원회, 국가과학기술위원회, 국가교육과학기술자문회의, 국가보훈처, 국가안전보장회의, 국가정보원, 국무총리실, 국민경제자문회의, 국민권익위원회, 금융위원회, 민주평화통일자문회의, 방송통신위원회, 법제처, 청와대, 특임장관실(총 16개 기관)

2) 정부부처 관련기관

정신전력 구성요소 및 육성면에서 볼 때 정부부처 관련기관은 33개 기관이다. 정신전력 육성과 관련이 있는 기관은 검찰청, 교육과학기술부, 기획재정부, 문화재청, 문화체육관광부, 방위산업청, 법무부, 병무청, 여성가족부, 통일부, 행정안전부, 환경부 등 12개 기관이다.

검찰청, 경찰청, 고용노동부, 관세청, 교육과학기술부, 국방부, 국세청, 국토해양부, 기상청, 기획재정부, 농림수산식품부, 농촌진흥청, 문화재청, 문화체육관광부, 방위사업청, 법무부, 병무청, 보건복지부, 삼림청, 소방방재청, 식품의학안전청, 여성가족부, 외교통상부, 조달청, 중소기업청, 지식경제부, 통계청, 통일부, 특허청, 해양경찰청, 행정안전부, 행정중심복합도시건설청, 환경부(총 33개 기관)

현재 국방부에서 협조 및 지원을 받고 있는 기관은 통일부 통일교육원 정훈장교 교육지원), 교육과학기술부(군부대 초중고 나라사랑 교육 교류협력) 문화체육관광부(한국문화예술교육진흥 병영문화예술체험 교육지원), 병무청(전역간부 취업알선, 교육지원) 등 4개 기관이다.

정부기관 중 정신전력 사회적 인프라 구축을 위하여 관심을 갖고 적극적으로 추진해야 할 기관은 고용노동부, 교육과학기술부, 문화재청, 문화체육관광부, 여성가족부, 통일부, 행정안전부, 환경부 등 8개 기관이다.

3) 위원회 관련기관

정신전력 구성요소 및 육성면에서 볼 때 정부부처 산하 위원회 관련기관은 27개 기관이다. 정신전력 육성과 관련이 있는 기관은 국사편찬위원회, 사회통합위원회, 여성가족위원회, 영화진흥위원회, 한국문화예술위원회 등 5개 기관이다.

FTA국내대책위원회, 개성공업지구관리위원회, 게임물등급위원회, 고용보험심사위원회, 교원소청심사우원회, 국사편찬위원회, 동학농민혁명참여자 명예회복심의위원회, 무역위원회, 사행사업통합감독위원회, 사회통합위원회, 승강기사고판전조사위원회, 신문발전위원회, 여성가족위원회, 영상물등급위원회, 영화진흥위원회, 이북5도위원회, 저작권위원회, 전기위원회, 중앙노동위원회, 중앙노동수용위원회, 중앙환경분쟁조정위원회, 최저임금위원회, 캄퓨터프로그램보호위원회, 한국간행물윤리위원회, 한국문화예술위원회, 항공철도사고조사위원회(총 27개 기관)

4) 입법부, 사법부, 『헌법』기관 관련기관

정신전력 구성요소 및 육성면에서 볼 때 입법부, 사법부, 『헌법』기관 관련기관은 13개이다. 이 관련기관은 정신전력 관련 법률제정 및 개정 그리고 국회전자도서관의 자료공유시스템 구축에 필요한 기관이다.

국회, 국회도서관, 국회사무처, 국회예산정책처, 국회입법조사처, 대법원, 민주통합당, 사법연구원, 새누리당, 자유선진당, 중앙선거관리위원회, 통합진보당, 『헌법』재판소(총 13개 기관)

5) 정부투자기관 관련기관

정신전력 구성요소 및 육성면에서 볼 때 정부투자 기관 관련기관은 40개 기관이다. 정신전력 육성활동을 위해 필요한 주요 기관은 국민체육진흥공단, 대한체육회, 한국산업인력공단, 한국방송공사, 한국환경공단 등 5개 단체이다.

공무원연금관리공단, 교통안전공단, 국립공원관리공단, 국민건강관리공단, 국민연금공단, 국민체육진흥공단, 근로복지공단, 농수산업유통공단, 대한광물자원공사, 대한무역투자진흥공사, 대한법률구조공단, 대한석탄공사, 대한공유관공사, 대한주택보증(주), 대한체육회, 도로교통공단, 서울신문사, 선박안전기술공단, 인천국제공항공사, 한국가스공사, 한국감정원, 한국공항공사, 한공관광공사, 한국농어촌공사, 한국도로공사, 한국방송공사, 한국법무부보호복지공단, 한국산업안전보건공단, 한국산업인력공단, 한국석유공사, 한국수자원공사, 한국시설안전공단, 한국장애인고용공단, 한국전력공사, 한국조폐공사, 한국지역난방공사, 한국철도공사, 한국철도시설공단, 한국컨테이너부두공단, 한국환경공단(총 40개 기관)

6) 정부출연 연구기관

정신전력 구성요소 및 육성면에서 볼 때 연구기관 관련기관은 96개 기관이다. 정신전력 육성측면에서 사회적 인프라 구축시 협조 및 활용 가능한 기관은 국방과학연구소, 국방부 군사편찬연구소, 삼성경제연구소, 세종연구소, 통일연구원, 한국경제연구원, 한국교육개발원, 한국국방연구원, 한국여성정책연구원, 한국직업능력개발원, 한국청소년정책연구원 등 12개 기관이다.

LG경제연구원, 경기개발연구원, 경남발전연구원, 과학기술정책연구원, 광주전남발전연구원, 교통개발연구원, 국가경영전략연구원, 국가수리과학연구소, 국가핵융합연구소, 국립과학수사연구원, 국립기상연구소, 국립외교원, 국방과학연구소, 국방기술품질원, 국방부 군사편찬연구소, 국토연구소, 극지연구소, 기초기술연구회, 대구경북과학기술연구원, 대구경북연구원, 대전경제연구소, 대외경제정책연구원, 부산발전연구원, 산업기술연구원, 산업연구원, 선업정책연구원, 심성경제연구소, 서울시정개발연구원, 세계경제연구원, 세종연구소, 안정성평가연구소, 에너지경제연구원, 인천발전연구원, 자동차부품연구원, 전역연구원, 원, 전북발전연구원, 정보통신정책연구원, 제주발전연구원, 중소기업연구원, 체육과학연구원, 충청발전연구원, 충북개발연구원, 통일연구원, 포스코 경연연구소, 한국개발연구원, 한국건설기술연구원, 한국건설산업연구원, 한국경제연구원, 한국과학기술평가원, 한국과학기술연구원, 한국과학기술정보연구원, 한국교육개발원, 한국교육과정평가원, 한국교통연구원, 한국국방연구원, 한국금융연구원, 한국기계연구원, 한국기초과학지원연구원, 한국농촌경제연구원, 한국노동연구원, 한국문화관광연구원, 한국법제연구원, 한국보건사회연구원, 한국산업기술시험원, 한국생명공학연구원, 한국생산기술연구원, 한국식품연구원, 한국에너지기술연구원, 한국여성정책연구원, 한국연구재단, 한국원자력안전기술원, 한국원자력연구원, 한국전기연구원, 한국전기통신연구원, 한국조세연구원, 한국지방행전연구원, 한국직업능력개발원, 한국지질자원연구원, 한국천문연구원, 한국철도기술연구원, 한국청소년정책연구원, 한국표준과학연구원, 한국한일학연구원, 한국항공우주연구원, 한국해양수산개발원, 한국해양연구원, 한국해양전략연구소, 한국행정연구원, 한국형사정책연구원, 한국화학연구원, 한국환경정책평가연구원, 항공우주정책연구원, 현대경제연구원(총 96개 기관)

7) 정부출연 위탁 보조기관 관련기관

정신전력 구성요소 및 육성면에서 볼 때 정부출연 위탁 보조기관·관련기관은 192개이다. 정신전력 육성을 위해 직·간접적으로 활용하거나 지원받을 수 있는 정부출연 위탁 보조기관 또는 관련기관은 다음과 같다.

국민생활체육협의회, 국민체육진흥공단, 국방과학연구소, 국방군사연구소, 국방연구원, 국방품질관리공단, 대한체육회, 독립기념관, 민족문화추진협의회, 서울예술단, 영화진흥위원회, 예술의 전당, 전쟁기념사업회, 평화문제연구소, 한국건강관리협회, 한국교육학술정보원, 한국문화예술교육진흥원, 한국문화정책개발원, 한국문화진흥(주), 한국방송광고공사, 한국방송진흥원, 한국보훈복지공단, 한국사학진흥재단, 한국전략문제연구소, 환경관리공담, 환경시설관리공단 등 23개 기관이다.

88관광개발(주), 건설공제조합, 경기공업대학, 고등과학원, 고속철도건설공단, 공무원연금관리공단, 과학기술단체총연합회, 과학기술평가원, 광주과학기술원, 교통안전공단, 국립공원관리공단, 국민건강보험공단, 국민생활체육협의회, 국민연금관리공단, 국민체육진흥공단, 국방과학연구소, 국방군사연구소, 국방연구원, 국방품질관리소, 국제교류단지관리소, 국제방송교류재단, 근로복지공단, 금융감독원, 금융독위원회, 금융결재원, 기술진흥보증기금, 농림기술관리센터, 농협중앙회, 대덕연구단지관리본부, 대한법구조공단, 대한상공회의소 대한상사중재원, 대한지적공사, 대한체육회, 대한측량협회, 도로교통안전관리공단, 독립기념관, 민족문화추진협의회, 별정우체국연합회, 보험감독원, 보험연수원, 부산교통공단, 부산항 부두관리협회, 사립학교교직원안전관리공단, 산업기술시험원, 산업기술평가원, 산업의료관리원, 상호신용금융연합회, 새마을금고연합회, 생명보험협회, 서울예술단, 서울평화성문화재단, 석탄산업합리화사업단, 실버공사공제조합, 소프트웨어공제조합, 손해보험협회, 수협중앙회, 시설안전기술공단, 신용관리기금, 신용보증기금, 신협중앙회, 언론중재위원회, 에너지관리공단, 여신금융협회, 염색기술연구소, 영상물등급위원회, 영화진흥위원회, 예금보험공사, 예술의 전당, 우정사업진흥회, 우표문화누리, 원자력병원, 은행감독원, 인천항 부두관리공사, 자동차부품연구원, 재외동포공단, 저작권심의조정위원회, 전국은행연합회, 전문건설공제조합, 전자부품연구원, 전쟁기념사업회, 정보통신공사협회, 정보통신기술협회, 정보통신연구진흥원, 종합금융협회, 종합전시장, 중소기업유통센터, 중소기업인증센터, 중소기업진흥공단, 증권감독원, 증권거래소, 증권연합회, 증권예탁원, 증권전산, 지방자치단체국화재단, 청소원상담원, 체신금융진흥회, 총포안전기술협회, 축산물유통사업단, 축협중앙회, 코스탁증원(주), 투자신탁협회, 평화문제연구소, 학교법인 기능대학, 한국가스안전공사, 한국간행물윤리위원회, 한국경쟁보호공단, 한국건강관리협회, 한국건자재시험연구원, 한국견적연구원, 한국공항공단, 한국과학공단, 한국과학기술원, 한국과학문화재단, 한국과학재단, 한국관광연구원, 한국교육학술정보원, 한국국제교류재단, 한국국제협력단, 한국기기유화시험연구원, 한국기술교육대학교, 한국노동교육원, 한국마사회, 한국무선국관리사업단, 한국무역정보통신, 한국무역협회, 한국문화예술교육진흥원, 한국문화정책개발원, 한국문화진흥(주), 한국방송광고공사, 한국방송진흥원, 한국방송프로듀서연합회, 한국방송프로듀서연합회, 한국보건산업징흥원, 한국보훈복지공단, 한국사학진흥재단, 한국산업단지공단, 한국산업디자인진흥원, 한국산업공단, 한국생산성본부, 한국생활용품시험연구원, 한국석유품질검사소, 산업선급, 한국섬유개발연구원, 한국소방검정공사, 한국소방안전협회, 한국소비자보호원, 한국소프트웨어진흥원, 한국수출보험공사, 한국승강기안전관리원, 한국신발피혁연구소, 한국언론재단.

한국원사직물시험연구원, 한국원자력기술안전원, 한국원자력 연구소, 한국은행, 한국의류시험연구원, 한국인터넷정보센터, 한국자원재생공사, 한국장애인 고용촉진공단, 한국전기안전공사, 한국전기전자시험연구원, 한국전략문제연구소, 한국전산원, 한국정보기술연구원, 한국정보보호진흥원, 한국정보통신산업협회, 한국증권연구원, 한국지방재정공제회, 한국지방행정연구원, 한국체육산업개발(주), 한국컨테이너부두공단, 한국표준협회, 한국학술진흥재단, 한국학중앙연구원, 한국항만연구원, 한국해양오염방제조합, 한국화학시험연구원, 한일산업기술협력재단, 해외건설협회, 화재보험협회, 환경관리공담, 환경시설관리공단(총 192개 단체)

다. 언론 및 시민단체

1) 언론 관련기관

정신전력 구성요소 및 육성면에서 볼 때 언론 방송사 관련기관은 총 109개 기관이며 이중 군에서 운영하고 있는 언론 방송사 관련기관은 국군교육방송, 국군TV방송, 국방일보, 국방저널 등 4개 기관이 있고 육·해·공군본부에서 발행하는 홍보 책자(육군지, 해군지, 공군지)와 화보집이 있다.

JTBS(중앙일보종합편성TV), MBN(매일경제 종합편성TV), TV조선(조선일보 종합편성TV), military review, YTN, 경기방송, 경인TV, 경향신문, 관훈클럽, 교육방송(EBS), 국군교육방송, 국방TV, 국민일보, 국방일보, 군사논단, 국방저널, 군사세계, 극동방송, 기독교방송, 내일신문, 뉴스메이커, 뉴시스, 대한언론인회, 대한출판문화협회, 동아일보, 디지털타임스, 매일이코노미, 매일경제, 매일경제TV, 머니투데이, 문화방송, 문화일보, 미디어오늘, 민주언론시민연합, 바른지역언론연대, 방송문화진흥회, 방송통신심의위원회, 방일문화재단, 불교TV, 삼성언론재단, 서울경제, 서울방송, 서울신문, 서울언론인클럽, 서울외신기자클럽, 서울타임스, 성곡언론문화재단, 세계신문협회, 세계일보, 신동아, 아리랑국제방송, 아시아경제신문, 언론개혁시민연대, 언론광장, 언론중재위원회, 연합뉴스, 영상물등급위원회, 오마이 뉴스, 원음방송, 월간조선, 월간중앙, 이코노미스트, 이투데이, 일요신문, 저작권위원회, 전국지역신문협회, 조선일보, 주간동아, 주간조선, 중앙일보, 지역신문발전위원회, 코리아타임스, 코리아헤럴드, 파이낸셜뉴스, 평화방송, 채널A(동아일보 종합편성 TV) 프레시안, 한겨레, 한겨레21, 한경비지니스, 한국간행물윤리위원회, 한국경제, 한국경제TV, 한국광고인협회, 한국광고자율심의기구, 한국기자협회, 한국논단, 한국드라마제작협회, 한국디지털방송, 한국방송(KBS), 한국방송광고공사, 한국방송기자협회, 한국방송작가협회, 한국방송학회, 한국방송협회, 한국사진기자협회, 한국신문방송인클럽, 한국신문윤리위원회, 한국신문협회, 한국아나운서연합회, 한국언론인연합회, 한국언론인협회, 한국여기자협회, 한국온라인신문협회, 한국인터넷신문협회, 한국일보, 한국잡지협회, 한국 케이블 TV방송협회, 한국콘텐츠 진흥원, 한국편집기자협회, 해사프레스, 헤럴드 경제(총 109개 기관)

2) 시민단체 관련기관

정신전력 구성요소 및 육성면에서 볼 때 시민단체·관련기관은 29개이다. 그 성격 면에서 라이온스클럽, 로타리클럽, 북한인권센타, 북한인권시민연합, 비전한국포럼, 자유시민연대, 자유총연맹, 한국청년회의소(JC) 등 8개 시민단체·관련기관은 정신전력 육성활동과 관련하여 인프라 구축 시 긍정적으로 고려해야 할 대상으로 판단된다. 특히 자유총연맹은 그 성격이나 역할 면에서 우리 군의 안보교육 콘텐츠 개발, 민주시민교육강사 양성, 공동 연구 등을 할 수 있는 기관이다.

YMCA, YWCA, 경제정의실천시민연합(경실연), 녹색교통운동, 녹색소비자연대, 녹색연합, 라이온스클럽, 로타리클럽, 민주사회를 위한 변호사모임, 북한인권센타, 북한인권시민연합, 비전한국포럼, 사랑의 장기기증운동본부, 시민사회단체연대회의, 언론개혁시민연대, 열린문화운동시민연합, 인간성회복추진협의회, 자유시민연구회, 자유시민연대, 정치개혁시민연대, 참여연대, 한국반핵운동연대, 한국소비자생활연구원, 한국여성정치연맹, 한국이웃사랑회, 한국자유총연맹, 한국청년회의소(JC), 환경운동연합, 환경정의시민연대(총 29개 기관)

3. 정신전력관련 주요기관의 주요 활동

정신전력 강화를 위한 사회적 인프라 구축 측면에서 우선 군에서 직·간접적으로 각종 자원(교육, 강사, 콘텐츠 등) 지원을 받거나 활용할 있는 정부 부처, 산하 연구 및 교육기관, 사회 민간기관(사회단체, NGO 등)의 주요활동사례를 정리하면 다음과 같다.

가. 민주평화통일자문회의[15)]

『헌법』 기관으로서 민주평화통일자문회의는 국민의 통일의지와 역량을 결집하여 민족의 염원인 평화통일을 구체적으로 실천하고자 하는 시대적 상황과 국민적 여망으로 인해 1980년대 초반에 범국민적 통일기구로 설립되었다. 특히 다변화하는 주변국의 정세에 탄력적으로 대응하며 통일시대에 대비하기 위해서 초당적·범국민적 차원에서 통일정책을 수립하고 추진해 나가는데 그 의미가 있다.

그 의의는 다음 몇 가지로 요약된다. 먼저 대통령의 통일정책 전반에 대한 자문·건의 기능을 적극 수행한다는 점이다. 남북간 교류협력 사업 강화, 인도적 지원증가, 금강산 육로관광 착수, 철

15) 민주평화통일자문회의 홈페이지 참조, http://www.nuac.go.kr.

도·도로 연결사업 등 급격한 남북한 간의 상황변화에 발 빠르게 대처하는 탄력적이고 내실있는 자문·건의에 힘쓰고 있다.

다음으로, 통일에 관한 범국민적 합의조성과 범민족적 역량 결집을 위해 '통일시대를 열어가는 국민운동의 중심체'로서의『헌법』이 부여한 책무를 감당해 나간다. 오프라인을 통해 전 국민의 참여를 유도하고 통일의지를 확산해 나가는 범국민적 통일인식 확산 운동에 힘쓰고 있다.

마지막으로 국내외에 대표성을 지닌 2만여 명의 지도급 인사들을 자문위원으로 참여토록 함으로써 지역과 계층, 정파와 세대를 초월한 다양한 계층을 통일실현에 참여토록 하는 기반과 역량을 갖추고 있으며, 더불어 자문위원들 중심의 평화통일을 국민으로 확산하는데 있어 선구적 역할을 할 수 있도록 자문위원들의 통일운동을 적극 지원하고 있다.

나. 국가보훈처[16]

국가보훈처는 국가유공자에 대한 보훈 업무를 관장하는 국무총리 산하 중앙행정기구이다. 1961년 8월 5일 국가원호청 설치령에 의해 군사원호청이 설치되었으며, 1962년 원호처로 승격되었고 1985년 국가보훈처로 개칭되었다.

1) 임 무

보훈은 국민통합에 기여하는 정신적, 사회적 인프라이다. 국가보훈처는 국가를 위해 희생하고 공헌하신 분을 보상 및 예우하고 국민의 애국심을 함양하며, 국가보훈을 통해 국민통합을 선도하는 데 있다.

국가 유공자와 보훈가족의 명예로운 삶의 유지, 보장되도록 보상금 지급, 교육, 취업, 의료, 대부 등의 보훈정책을 수립하여, 지원하는 사무를 담당한다. 뿐만 아니라 독립, 호국, 민주화 관련 기념 추모행사를 통해 민족정기 선양과 국민의 나라사랑 정신을 계승, 발전시키고 있으며, 장기복무제대군인의 사회정책지원으로 현역장병의 사기를 진작시켜 국가안보의 버팀목 역할을 수행할 수 있도록 지원하는 부서로서 기능을 확대하고 있다.

2) 주요 업무

오늘의 대한민국은 국가유공자의 희생과 공헌 위에서 이루어졌다. 국가보훈의 진정한 의미는 나라를 지킨 국가유공자의 희생과 공헌이 헛되지 않도록 대한민국을 지켜 나가는 것, 즉 호국에

16) 국가보훈처 홈페이지 참조, http://www.mpva.go.kr.

있다. 호국의 관점에서 국민통합에 기여하는 국가보훈처의 역할은 매우 중요하다.

국가보훈처가 수행하는 업무는 다음과 같다.

① 독립유공자, 국가유공자 및 그 유족에 대한 예우, 보상

② 참전유공자, 5·18 민주유공자에 대한 예우

③ 제대군인에 대한 지원

④ 고엽제 피해자에 대한 지원, 조사, 연구

⑤ 국민의 나라사랑 정신 확산

⑥ 기타 법령이 정하는 보훈에 관한 사무

3) 정신전력 관련 부서/교육기관

가) 보훈교육연구원[17)]

① 설립 목적

보훈교육연구원은 국가보훈처의 산하 국가보훈정책 연구는 물론 나라사랑 정신 선양을 위한 보훈교육의 산실이다. 국가보훈이란 '국가의 끝까지 책임'에 따라 국가를 위하여 희생하거나 공헌한 국가유공자와 보훈가족의 영예로운 삶이 유지되고 보장되도록 하는데 있다. 그러나 국가보훈의 의미는 여기서 끝나지 않는다. 국가우지에 필수적인 나라사랑정신을 확산하는데 궁극적 목적이 있기 때문이다.

② 발전과정

보훈교육연구원은 1963년 2월 직업보도, 농사 보도교육, 양로 양육보호를 시키는 종합원호원으로 개원한 이래 1969년 8월 국립원호원으로 명칭을 변경하여 국가유공자 및 그 가족의 정신교육, 보훈공무원 직무교육과정을 신설하였고, 1993년 2월 보훈 연수원으로 명칭을 변경하여 국가유공자 민족정기선양교육과정을 신설하였다.

2000년 4월에는 초중고등교원과정 민족정기선양 특수분야 직무연수교육과정을 신설하였고, 2001년 2월에는 보훈교육연구원으로 명칭을 변경하여 지금에 이르고 있으며, 2004년 1월에는 초중고등교원과정 국외독립운동 사적지 탐방 신설, 2010년 1월에는 급속도로 진행되고 있는 세계화·정보화·다문화사회화는 국가정체성 확립을 저해하고 국민통합을 약화시키는 현상을 초래하여 나라사랑교육이 더없이 필요하기 때문에 국가정체성 교육과정을 신설하였다.

17) 보훈교육연구원 홈페이지 참조, http://www.bohunedu.or.kr/.

③ 조 직

보훈교육연구원은 올바른 국가관과 나라사랑 정신을 심어 주기 위한 다양한 교육을 실시함으로써 나라사랑 선양전문 교육 및 연구기관으로서의 위상을 구축하고 있다(〈그림 1〉 참조).

〈그림 1〉 보훈교육원 조직도

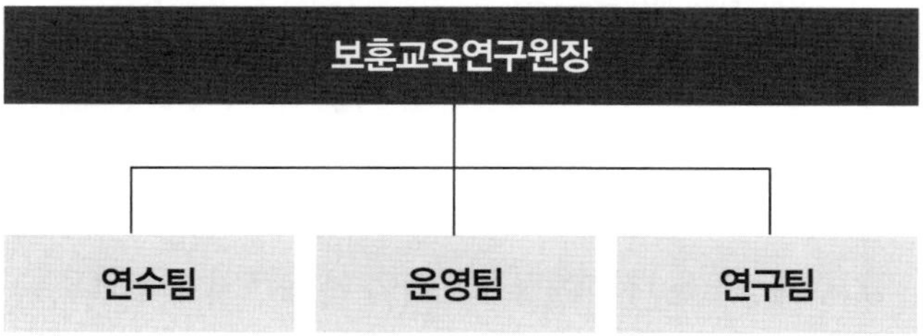

④ 주요업무

■ 연수팀

- 국가유공자 등 연수교육에 관한 시행
- 국가유공자 등 직업재활 교육 및 훈련
- 제대군인에 대한 사회복귀지원 관련 업무
- 외부기관 등으로부터 위탁받은 교육
- 교육평가분석 및 수료자의 사후관리
- 나라사랑 정신 함양을 위한 보훈영상물 제작 및 보급

■ 운영팀

- 교육·연구사업 기본운영계획 수립
- 소관사업의 경영관리 및 평가업무
- 교육생의 급식, 보건 및 후생
- 서무·구매 및 자산관리업무(위탁자산 포함)
- 시설의 유지·관리 업무
- 윤리경영 및 사회공헌 업무
- 고객만족(CS) 업무

■ 연구팀

– 나라사랑 국민정신체계 연구 및 선양 프로그램 개발

– 복지제도 및 보훈의료 전달체계 연구

– 보훈정책관련 등 수탁업무 및 연구·조사 업무

– 제대군인 지원정책의 연구·개발

– 외부용역 과제 및 외부기관과의 공동연구

⑤ 주요 교육과정

보훈교육연구원에서 운영하고 있는 교육과정은 크게 나라사랑 선양교육, 초·중등교원 직무연수, 보훈문화교실, 국가정체성교육, 전역예정자교육, 보훈공무원 직무교육, 공단 및 자체교육으로 구분된다.

다. 통일부[18)]

1) 성격

통일부는 4·19 이후 사회 각계에서 본격적으로 제기되었던 다양한 통일논의를 정부차원에서 수렴하여 체계적이고 제도화된 통일정책을 수립·추진하기 위해 범국민 합의를 거쳐 출범되었으며, 분단국 특성을 반영하여 통일업무를 전담하는 중앙행정기관이다.

2) 발전과정

1968년 7월 24일 국토통일원 신설 등에 관한 정부 조직법 중 개정법률안(법률 제 2041호) 공포 이후 1969년 3월 1일 국토통일원이 개원되고 1972년 5월 1일 통일연수원(후에 통일연구원 개칭)이 개소되었다. 1999년 2월 5일 국민들의 통일교육 강화를 위해 통일교육지원법(법률 제5752호)이 제정 공포(1999.8.6. 시행)되었다.

3) 임무

통일부는 통일 및 남북대화, 교류, 협력에 관한 정책의 수립, 통일교육 기타 통일에 관한 사무를 관장한다.

18) 통일부 홈페이지 참조, www.unikorea.go.kr.

4) 주요 업무

가) 통일정책

통일부는 대북정책을 총괄 조정하고 중장기 통일정책을 수립하여 집행한다. 또한 정책을 수립 수행하는 과정에서 국민의 참여를 활성화한다.

나) 남북회담

남북장관급회담을 중심으로 경제, 군사, 인도적 지원 등 다양한 분야의 남북회담을 총괄한다.

다) 남북교류협력

체육, 문화, 학술 등 사회문화분야 교류협력사업을 적극 추진하고 인도적 대북지원, 이산가족 문제, 북한이탈주민 조기정착 등 남북간 인도적 문제 해결을 지원한다.

라) 북한정보 수집, 분석

북한의 정치군사, 경제과학 분야 등에 관한 정보를 분석하여 통일정책 수립 추진의 기초자료로 활용한다.

마) 통일교육

전 국민을 대상으로 통일정책 및 북한실상에 대해 체계적으로 교육을 실시하고 이를 위해 다양한 형태의 교육프로그램을 운영한다.

바) 남북간 출입관리

한반도 서쪽의 경의선과 동쪽의 동해선 철도, 도로 연결에 따라 육로로 이동하는 인원 물자의 남북간 출입을 관리한다.

5) 통일부 산하 교육기관

가) 통일교육원[19)]

통일부 통일교육원은 1972년 창설된 이래 우리 국민들에게 남북관계 및 통일에 대한 관심과 올바른 인식을 확산시키기 위해 노력해 왔다. 급박하게 변화하는 대내외 통일환경과 현재 우리에게 닥친 남북관계의 현실은 그 어느 때보다 통일교육의 필요성과 중요성을 일깨우고 있다.

---

19) 통일부 통일교육원 홈페이지 참조, http://www.uniedu.go.kr/.

따라서 통일교육원은 변화하는 통일환경에 부응하여 바른 통일의 가치와 방향, 통일의 비전에 대한 국민적 공감대를 확산시키기 위해 노력하고 있다.

① 교육목표

통일교육원은 국민으로 하여금 자유민주주의에 대한 신념과 민족공동체 의식 및 건전한 안보관을 바탕으로 통일을 이룩하는데 필요한 가치관과 태도의 함양을 교육목표로 한다. 이를 위해 먼저 한반도 통일의 중요성을 알고 통일 미래가 더 큰 대한민국으로 가는 길임을 인식한다(미래지향적 통일관). 둘째, 한반도 통일의 중요성을 알고 통일 미래가 더 큰 대한민국으로 가는 길임을 인식한다(균형있는 대북관), 셋째, 한반도 통일의 중요성을 알고 통일 미래가 더 큰 대한민국으로 가는 길임을 인식한다(건전한 안보관).

② 조직

통일교육원은 통일부의 산하 교육기관으로서 통일미래를 준비하는 종합교육센터이다. 통일교육원의 조직은 통일교육원장 밑에 교수부장과 개발협력부장을 두고, 교수부는 전문교수와 교육총괄과, 교육운영과를, 개발협력부는 지원관리과, 교육협력과, 교육개발과를 두고 있다(<그림 2> 참조).

〈그림 2〉 통일교육원 조직도

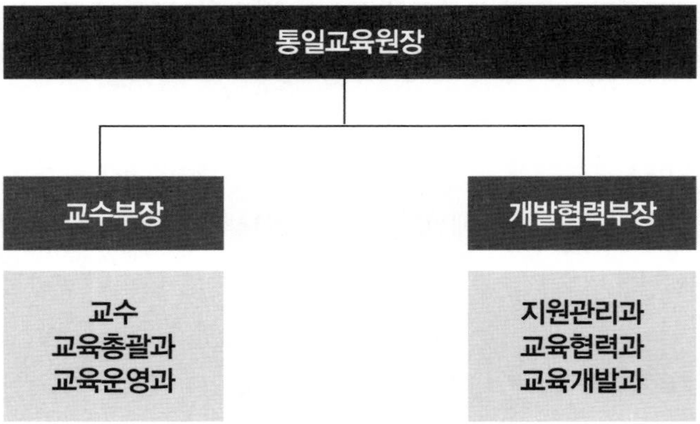

③ 주요업무

■ 교수부

– 주요업무계획의 수립, 조정, 평가

– 연간 통일교육 운영계획의 수립, 운영

– 교육효과의 측정 및 평가
– 교수회의의 운영 및 지원
■ 개발협력부
– 인사, 조직, 예산 및 시설운영 관리
– 각급 학교의 통일교육지원
– 사회교육기관 및 지역사회의 통일교육 지원
– 국내외 통일교육 실시 기관과의 연계망 구성, 지원
– 통일교육프로그램의 개발, 보급

④ 주요 교육과정

■ 사회통일교육

사회통일교육과정은 전 국민들을 대상으로 통일미래를 준비하는 통일교육과정이다. 각 분야의 특성과 활동에 맞게 과정(반)을 개설하여 운영하고 있으며, 통일교육원에 집합하여 교육한다.

■ 학교통일교육

학교통일교육과정은 교원들을 대상으로 하는 통일교육과정이다. 이 교육은 교사들의 올바른 통일관을 정립하고 전문지식을 함양하여 교육지도자로서 자질향상을 목표로 한다. 통일교육원 집합교육을 우선으로 하고 있으나 학습자의 편의를 위해 혼합교육도 제공한다.

■ 공직자통일교육

공직자통일교육과정은 공직자를 대상으로 하는 통일교육과정이다. 이 교육과정은 공직자에게 올바른 통일관을 정립하고 전문지식을 함양하는 한편, 소명의식을 고취하기 위한 교육과정이다. 이 공직자 통일교육과정에 각군 정훈장교들도 위탁교육을 받고 있다.

■ 사이버 교육

사이버 교육은 교원·공무원·방문예정자들을 대상으로 하는 통일교육과정으로 학습자의 편의를 위해 온라인으로 제공하는 교육과정이다. 이 교육은 올바른 통일관을 정립하고 통일문제에 대한 전문지식을 함양하여 교육지도자로서 자질향상을 목표로 한다. 방문예정자 교육은 방북시 발생할 수 있는 여러 가지 상황에 대한 사전 대응 등 무사귀환을 도모하기 위해 개설한 과정이다.

나) 통일교육위원 중앙협의회

통일교육위원 중앙협의회는 통일교육 활동을 통하여 대국민 통일의지와 역량을 강화함으로써 평화통일 기반조성에 기여하고자 설립되었다. 통일교육지원법 제10조 2, 동법시행령 제8조에 의해 설립되었으며, 통일부 훈령에 근거하여 세부 활동 수행이 이루어지고 있다. 1987년 1월 통일교육 전문위원 관리규정이 훈령으로 출범한 뒤에 동년 제1기 통일교육 전문위원이 위촉되었고, 1988년 9월에는 중앙협의회 및 16개 시도협의회가 구성되었으며, 2005년 4월에는 명칭이 통일교육전문위원에서 통일교육위원으로 변경되었다.

국내 16개 시도지역 중에 대학에 지역센터를 두고 있는 데는 6곳이며, 나머지는 독자적인 공간을 확보하고 있는 상황이다. 그리고 대부분의 지역센터에는 탈북자강사가 한 명 상주하고 있어서 실시간 통일교육소요를 현실성있게 제공해주고 있는 실정이다.

다) 통일교육협의회[20]

통일교육협의회는 통일교육지원법(1999년 제정) 제10조에 의거하여 설립된 민간통일교육단체 간의 협의체이다. 설립목적은 통일교육을 실시하는 단체들 간의 협의와 조정 등 기타 상호 간의 협력증진을 통해 보다 광범위하고 효율적인 통일교육을 실시하기 위해서이다. 그 성격은 통일교육을 실시하는 비영리민간단체 간의 협의기구이다. 통일교육협의회 정관 제22조(수익금)에 의하면, "본회의 수익금은 회원의 회비 및 출연금, 기타 사업수익으로 한다"고 하여 단체 재정의 주요 구성이 회원단체의 회비임을 명시하고 있다. 한편 통일교육협의회는 통일교육지원법상에 그 활동이 보장되어 있어 단체운영과 관련하여 국가의 재정지원이 있을 수 있다. 여기서 국가의 재정지원이란 국민 세금을 사용할 수 있는 공공의 영역으로 통일교육이 인정된다는 의미이다(《부록 3》 참조).

통일교육협의회의 주요사업은 통일교육지원법시행령과 협의회의 정관에 잘 나타나있다. 통일교육에 관한 조사 및 연구, 자료수집 등 다양한 형태의 통일교육활동을 할 수 있다.

라. 특별법에 근거한 기구

1) 한국자유총연맹[21]

한국자유총연맹은 1954년 6월 15일 아시아민족 반공연맹으로 출발하여 우리나라의 자유민주주의 수호와 선진 한국 건설을 위해 출범했으며, 1989년에 사단법인으로 설립허가를 받았으며 갈

---

20) 통일교육협의회 홈페이지 참조, http://www.tongiledu.org/. 이 협의회는 사단법인이지만 그 근거가 법령에서 비롯되었기 때문에 여기에 포함한다.

21) 한국자유총연맹 홈페이지 참조, http://www.koreaff.or.kr/.

은 해 법률적 근거(한국자유총연맹 육성에 관한 법률)를 갖게 되었으며, 1999년에는 민주시민교육센터를 개설하여 운용해오고 있다. 2000년에는 통일교육협의회에 가입하였다.

2) 국가평생교육진흥원(중앙다문화교육센터)[22)]

국가평생교육진흥원은 『헌법』 제31조 제5항 "국가는 평생교육을 진흥하여야 한다"와 교육기본법 제3조 "모든 국민은 평생에 걸쳐 학습하고, 능력과 적성에 따라 교육받을 권리를 가진다", 평생교육법 제19조 제1항 "국가는 평생교육진흥 관련 업무를 지원하기 위하여 평생교육진흥원을 설립한다"등의 법적 근거에 의해 출범하였다. 국가평생교육진흥원은 기존의 한국교육개발원에서 운영한 평생교육센터, 학점은행센터 그리고 한국방송통신대학에서 운영하던 독학 학위검정원을 통합하여 설립되었다.

이 기관은 평생교육법 제19조에 따른 평생교육진흥과 관련된 업무를 효율적으로 수행함으로써 국민의 평생교육 활성화에 기여함을 목적으로 하고 있다. 조직은 6본부, 2센터, 1사업단, 1감사실, 15개의 실과 팀으로 구성되어 있다.

중앙다문화교육센터는 2012년 5월 교육과학기술부로부터 국가평생교육진흥원이 중앙다문화교육센터 운영을 지정받으면서 출범했다. "모두가 함께하는, 다문화교육을 통한 공존의 다문화사회 구현"을 비전으로 하며, 동년 8월에는 다문화가정 인재 육성 및 다문화이해교육을 위한 '국가평생교육진흥원 – 하나금융재단 – 한국연구재단' 업무협약을 체결하였다.

마. 대한민국 재향군인회[23)]

1) 설립목적

대한민국 재향군인회는 친목, 애국, 명예단체이다. 재향군인회는 지난날 신명을 바쳐 조국을 지킨 역전의 용사들이 모여 회원 상호간에 상부상조를 통한 친목을 도모하고 회원의 복지증진과 권익을 신장하고 향토방위의 협조 및 지원, 호국정신의 함양 및 고취 등으로 국가발전과 사회공익의 증진에 이바지함을 목표로 하는 친목, 애국, 명예단체이다.

재향군인회는 6·25 전쟁이 한참 진쟁 중인 1952년 2월 1일 임시 수도인 부산에서 창립되었으며, 1963년 7월 19일 재향군인회법이 공포(법률 제 1367호)되고 1992년 12월 2일 주무관청인 국가

22) 국가평생교육진흥원 산하 중앙다문화교육센터 홈페이지 참조, http://www.nime.or.kr.

23) 대한민국 재향군인회 홈페이지 참조, http://www.korva.or.kr.

보훈처로 이관되어 오늘에 이르고 있다.

2) 향군조직

향군 조직은 중앙에는 본부를 비롯해 시, 도회(13개), 시,군, 구회(222개), 그리고 읍, 면, 동회(3,225개)가 있고 주요 기업체에는 직장지회(7개), 직장연분(7개), 직장분회(48개)와 미국과 캐나다, 호주 등에는 해외지회(19개)를 두고 있다. 회원 구성은 850만명으로 육군 795만명, 해군 65만명, 공군 50만명이다.

3) 회원자격

회원자격은 육, 해, 공군, 해병대 출신의 예비역 퇴역 또는 면역된 장교 및 사병, 보충역, 국민역으로서 소집되어 군복무를 마친 자 등 군번이 있는 모든 자는 회원의 자격이 있으며, 소정의 회비를 납부하면 정회원이 될 수 있다.

4) 주요활동

향군의 주요활동은 크게 조직활동, 복지활동, 안보활동, 국제활동으로 구분된다. 이중 정신전력 사회적 인프라 구축과 관련된 안보활동은 안보위해세력에 대한 감시활동, 안보역량비축 및 강화활동, 안보정책 연구 및 축적활동, 인터넷 안보대응체제의 공고화 등에 중점을 두고 사업을 추진하고 있다.

안보교육은 전국 시군회, 분회에 이르기까지 율곡포럼, 강좌를 열어 회원은 물론 국민 각계 각층 국민에 대상으로 안보 공감대를 확산해 나가고 있다. 그리고 매년 6·25 기념행사와 참전용사 위로행사를 시행하고 있으며, 특히 전후세대인 대학생을 선발해 전적지 답사, 국토대장정 등을 매년 정례화하고 있다.

안보문제연구소는 안보관련 문제에 대한 심층적인 연구와 국내외 안보관련 기관과 긴밀한 공조체제를 강화하며 대국민 안보공감대 활동을 활성화 시켜 안보전문기관으로 발전시켜 나가고 있다.

5) 안보교육 내용

① 안보현안 문제에 대한 올바른 이해

② 통일교육 및 북한 바로알기

③ 호국사 중심의 역사교육

④ 국제관계와 한반도 문제

⑤ 기타 향군의 권익, 명예와 관련한 문제

6) 군부대 장병 안보교육 지원

재향군인회 소속 전문강사들이 군 장병들을 대상으로 안보교육을 지원한다.

자. 법인기구

■ 사단법인 나라사랑운동본부[24)]

1) 설립 목적

사단법인 나라사랑운동본부는 군인공제회 예하 재단법인형태의 한국군사문제연구원 산하 안보교육기관으로서 국민들이 안보 불감증이나 촛불집회 등 왜곡된 국가관·안보관을 치유하고 한미관계 등에 대해 올바로 인식하고 나라사랑의 마음을 가질 수 있도록 하자는 취지에서 뜻있는 지지자들이 자발적으로 창립한 비영리 사단법인이다. 한국군사문제연구원 조직표에는 '나라사랑 아카데미'로 표기되어 있다.

나라사랑운동본부는 나라사랑 운동의 3축, 즉 교육『연구개발』캠페인을 전개하고 있으며, 사계 최고의 전문강사를 양성, 군 장병, 예비군, 공무원, 학생 등을 대상으로 교육시키고 있다.

2) 사업범위

– 자아실현교육(인성, 리더십, 비전)

– 나라사랑교육

– 최고의 강사양성(전문 분야별)

– 나라사랑 캠페인

– 나라사랑 이론 연구 및 실천전략 개발지

3) 나라사랑 교육

① 인성개발과 자아실현

– 자기경영을 통한 성공적인 삶의 준비

24) 한국군사문제연구원 홈페이지 참조, www.kima.re.kr

– 꿈과 비전의 실현을 통한 인생역전 방법

② 리더십

– 병법과 영웅/위인들로부터 배울 리더십

– 변화와 혁신을 주도하는 창조적인 리더십

③ 미래의 준비

– 10년 후를 어떻게 준비할 것인가?

– 내 자녀는 어떻게 교육 및 준비시킬 것인가?

④ 국가안보

– 북한 왜 위협적인 집단이 되었는가?

– 국가안보 중요성, 국가이익과 한미동맹 관계

⑤ 대한민국 정통성

– 자유민주주의와 국가정통성 그리고 나라경제의 함수관계

– 자유민주주의 우월성 신념화

⑥ 올바른 역사의식

– 올바른 역사인식과 통일한국의 비전(글로벌 통일한국, 문화강국)

– 근현대사의 올바른 인식과 나라사랑 실천하기

4) 교육대상

– 범국민교육: 군/예비군, 기업체, 지역주민, 공무원/교원, 민방위, 학생

5) 세부 교육과제[25)]

① 인성개발과 자아실현

– 전통적인 윤리관과 민주시민이 갖추어야 할 윤리

– 건전한 가치관 확립과 가치있는 삶의 목적 추구

– 자기관리를 통한 인격적인 결함의 자유와 자존감 회복

– 비전과 자기실현

– 지식, 건강, 시간관리를 통한 비전의 실현

25) 나라사랑운동본부, 『우리 모두 하나되는 나라사랑』(성남: 나라사랑운동본부, 2010), 팜플렛, 교육교재.

② 리더십 개발

- 손자병법/ 고대 병법에서 배우는 리더십
- 맥아더 장군과 아이젠하워 장군의 리더십의 비교
- 이승만 대통령과 박정희 대통령의 리더십 비교
- 위대한 전쟁영웅을 통하여 배우는 리더십
- 세기적인 영웅들을 통하여 배우는 리더십
- 히딩크의 리더십
- 오마바 대통령의 리더십
- 혁신과 변화를 주도하는 리더십
- 시간, 인맥, 네트워크 관리

③ 미래의 준비

- 10년 후의 세상의 변혁 예측
- 10년 후를 대비하여 내가 준비할 일
- 미래에 대비하여 자녀를 어떻게 준비시킬 것인가?
- 미래의 전문 지식노동자가 되기 위해 준비할 일
- 미리 준비하여 성공한 사람들
- 글로벌 인재가 되는 조건

④ 국가안보

- 역사적으로 본 국가 안보의 위기와 대응
- 6·25 전쟁의 실상과 위기극복
- 북한의 참상과 그 원인
- 선군사상과 군사적 위협
- 소극적 적극적 안보개념과 한국의 안보정책
- 자유민주주의 체제와 북한의 일인 독재체제 양립 불가
- 한미동맹의 과거와 미래

⑤ 대한민국 정통성

- 해방과 건국과정의 정통성

– 건국이념과 『헌법』정신
– 자유민주주의와 국가의 정통성
– 자유주의 경제체제와 국가발전
– 세계적인 인정과 역할

⑥ 올바른 역사의식
– 민족역사의 올바른 인식과 민족의 혼
– 현대사의 사실적 조명
– 동북아 역사전쟁–주변국의 역사왜곡의도의 대응
– 글로벌 코리아와 국가위상 지키기
– 통일한국의 비전(IT강국, 문화강국)

■ 재단법인 국가발전미래교육협의회[26)]

1) 성격

국가발전미래교육협의회는 2010년 1월 '안보의식이 바로 서야 나라가 바로 선다'는 신념에서 대한민국의 정체성을 회복하고 국민안보의식을 굳건히 하기 위해 비영리 재단법인으로 설립되었다.

2) 설립 목적

선진시민의식과 안보관의 연구, 교육, 홍보를 통하여 국민들의 국가관과 안보관을 정립하고 대한민국의 정체성을 지키며, 국가발전에 기여함을 목적으로 한다.

3) 주요 사업

① 범국민 안보의식 제고를 위한 교육사업
② 안보교육 전문강사 양성, 운영
③ 안보의식 교육에 필요한 콘텐츠 개발
③ 안보의식에 관한 학술, 실천이론 연구
⑤ 정기, 부정기 간행물 발간
⑥ 기타 이 법인이 목적달성을 위한 사업

26) 국가발전미래교육협의회 홈페이지 참조, http://www.cfend.or.kr.

4) 전문강사 현황

① 서울, 인천, 경기, 강원지역: 58명

② 부산, 울산, 대구, 경북, 광주, 전남, 대전, 충남, 충북, 전북, 경남: 52명

5) 교육대상

① 일반 국민(직장, 학생, 민방위 등)

② 군부대(동원 예비군)

■ 사단법인 한국해양전략연구소[27)]

1) 설립목적

한국해양전략연구소는 비영리 법인으로서 해양전략, 안보, 해양법, 해양사 및 해양경제에 관한 조사, 정보교류, 이해증진 및 홍보를 통해 국가와 사회에 해양의 중요성을 고취하고 해양정책 및 해양전략의 발전방향을 제시하며 국가발전, 안보, 역내의 국제평화 및 우호협력관계에 기여하기 위해 설립되었다. 서울특별시 마포구 서교동 460-1에 위치하고 있다.

2) 특별강사진 편성

한국해양전략연구소의 특별강사진 편성은 각 주제별로 우리나라에서 명망 있고 동시에 최고의 전문성 있는 강사로 편성되어 있다.

① 국가관, 역사의식, 이념문제

② 안보, 한미동맹

③ 북한의 군사위협

3) 학군 후보생 및 대학생 대상 안보특강활동

가) 실시배경

미래 대한민국의 주역인 대학생들에게 올바른 국가관, 역사관, 국가안보 의식 및 해양사상을 함양하기 위해 2004년부터 분야별 전문가, 예비역 장군, 전 대학교수(명예교수), 탈북 박사 등 특별강사로 초빙하여 교육활동을 강화하고 있다.

27) 한국해양전략연구소 홈페이지 참조, http://www.kims.or.kr/inc.php?id=a07.

나) 강사운영

특별강사는 육·해·공군의 학군단(ROTC)이 설치된 110개 대학을 중심으로 학군후보생과 대학생들에게 특강을 실시하여 올바른 국가관과 안보의식을 고취하고 있다.

다) 강의주제

대학생 강의 주제는 국가관, 안보의식, 이념, 안보, 한미동맹, 북한의 군사위협 및 해양사상을 고취하고 있으며, 주제는 매년 시사성 있는 주제를 선정 보강하고 있다.

■ 자유시민연대[28]

1) 설립배경

자유시민연대는 1990년대 경실련과 참여연대 등 진보좌파 단체가 설립되어 사회분위기를 한쪽으로 경도시키는데 대해 깊은 우려를 갖고 자유민주민족회의, 대한민국 건국회 등 45개 단체들과 5,000명의 일반회원들이 참여한 가운데 2000년 11월 27일에 출범했다. 보수우익을 표방한 단체로는 처음으로 류기남 대표와 정기승 전 대법관, 안응모 전 내무부 장관 등이 중심이 되어 설립되었다.

자유시민연대는 나라지키기 운동, 기업하기 좋은 나라운동, 교육살리기 운동, 밝고 힘찬 사회운동 등 4대 운동을 벌이고 있다. 나라지키기 운동이 국가보안법 폐지반대, 금강산관광 반대, 주한미군 지지 등 전통적 의미에서의 보수 우익운동이라면 나머지 분야는 자유시민연대의 관심이 경제, 교육, 사회 분야에까지 미치고 있음을 보여주는 것이다.

2) 설립취지

자유주의는 대한민국의 정체성이자 『헌법』 가치이며 우리 사회의 운영원리임에도 좌파의 거센 도전을 받고 있다. 자유주의는 번영으로 가는 길이며, 따라서 우리가 반드시 지켜내야 할 가치이다.

3) 주요 활동

안보는 자유와 번영을 지키는 가장 중요한 요소이다. 자유시민연대는 지난 5년 동안 다음과 같은 안보활동을 전개해 왔다.

---

28) 자유시민연대 홈페이지 참조, http://www.freectzn.or.kr. 이 단체의 홈페이지에도 사단법인인지 재단법인인지 그 법인격이 드러나 있지 않다. 다만 활동하고 있는 성격이나 규모 등으로 미루어볼 때, 사단법인일 개연성이 높아 여기에 둔다.

① 한미동맹 강화를 각종 집회와 시위, 청원운동
② 정부의 대북정책 비판과 대안제시
③ 북핵 반대투쟁
④ 친북좌파세력에 대한 대항
⑤ 국가보안법 지키기 운동
⑥ 자유언론 지키기 운동
⑦ 친북 어용방송 규탄
⑧ 납북자 및 국군포로 송환촉구 운동
⑨ 북한 인권을 위한 활동 등을 전개해 왔다.

■ (사)코리아DMZ협의회[29)]

(사)코리아DMZ협의회는 사단법인으로 비무장지대(DMZ: De-Militarized Zone) 주제 하나를 중심으로 협의체가 구성된 특이한 형태의 협의회이다. DMZ은 좁은 의미에서 남북의 군사력을 격리 배치하기 위해 군사분계선에서 남북으로 각각 2㎞씩 후퇴하여 설정한 완충지역을 말하고, 넓은 의미에서는 이 완충지역과 함께 군사적 목적에 의해 출입과 생활의 제한을 받고 있는 인접지역을 포함하며, 넓은 의미의 비무장지대를 지칭할 때 '비무장지대일원(DMZ일원)'이라고 한다. 인접지역은, 접경지역지원법상 접경지역이 포함된다. DMZ 일원은 정전협정에 의해 설정된 DMZ, 『군사기지및군사시설보호법』에 의한 민간인통제지역(CCZ: Civilian Control Zone 또는 CCA: Civilian Control Area), 『접경지역지원법』에 의한 접경지역을 포함한다. 현재 비무장지대는 남방한계선과 북방한계선이 모두 군사분계선 쪽으로 안으로 이동하여 약 907㎢의 면적으로 축소되어 있는 상태이며 민통선의 경우 실질적인 경계가 명확하지 않다.

이 협의회는 정상적인 사단법인으로서 정상적인 활동을 위해 다양한 노력을 해 왔는데, 대체로 그 여정을 요약하면 다음과 같다.

– 『DMZ 평화생태 포럼 협의회』창립준비위원회 구성·발족 (2010.4.12)
– 통일부·행정안전부·환경부·경기도·강원도 등 11개 기관의 추천으로 창립준비위원 위촉: 13명
– 창립준비위원회 2차 회의에서 『코리아 DMZ 협의회』로 명칭 변경 (2010.5.11)
– 『코리아 DMZ 협의회』 창립총회 개최 (2010.8.17)

29) (사)코리아DMZ협의회 홈페이지 참조, http://www.kdmz.org/.

- 『코리아 DMZ 협의회』 창립대회 개최 (2010.8.26)
- 『코리아 DMZ 협의회』 제1차 국제학술회의 개최 (2010.11.30)
- 『코리아 DMZ 협의회』 한일 워크숍 'DMZ의 평화·생태적 이용'개최 (2010.12.26-29)
- 『코리아 DMZ 협의회』 독일 워크숍 '구 동서독 국경지역 이용현황과 DMZ 평화적 이용에의 시사점'개최 (2011.5.13-19)
- 제6회 제주평화포럼 참가 및 'DMZ 평화·생태적 이용·보전을 위한 국제협력'세션개최 (2011.5.27-29)
- '남북한 청년들이 함께 바라보는 DMZ평화적 이용 워크숍'개최 (2011.7.21)
- 주한독일대사 인터뷰 (2011.7.27)
- 김문수 경기도지사 인터뷰 (2011.9.18)
- 휴전선 평화진료소 방문 (2011.8.3)
- DMZ국제학술회의 'DMZ 평화정착과 환경보호를 위한 이니셔티브'개최 (2011.10.17)
- 스위스 제네바 유엔본부 주최 "국경하천협력 회의"한국대표로 참가 (2011.12.13-16)
- 『코리아 DMZ 협의회』 저널 『the DMZ』 발간 (2011.12.29)
- 『DMZ총람: 환경·생태 현황』 발간 (2011.12.29)
- 『DMZ총람: 문화·관광 현황』 발간 (2011.12.29)

협의회에 참여하고 있는 개인 및 단체는 총45개로 구체적인 현황은 다음과 같다. 이 협의회는 다양한 국제적 연대를 갖고 있으며, 자문위원으로 국제자문위원은 물론 평양과기대의 김필주라는 인물도 포함되어 있다.

DMZ 미래연합, DMZ 생태연구소, DMZ 평화병원재단, DMZ 평화생명동산, DMZ 학술원, 강원대 DMZ-Help센터, 강원발전연구원, 경기개발연구원, 경기관광공사, 경동대 DMZ 통일연구원, 국가안보전략연구소, 국방연구원, 국토연구원, 나눔인터내셔널, 대진대 DMZ연구원, 독일 프리드리히 나우만재단 한국사무소, 독일 프리드리히 에버트재단 한국사무소, 독일 콘라드 아데나워재단 한국사무소, 독일 한스 자이델재단 한국사무소, 동국대 북한학연구소, 북한자원연구소, 아태안보협력이사회 한국위원회(CSCAP Korea), 영남대 통일문제연구소, 이화여대 통일학연구원, 제주평화연구원, 충남대 평화안보연구소, 코리아접경포럼, 통일문화연구원, 통일연구원, 평화문제연구소, 하늘나무생태연구소, 한국공법학회, 한국관광개발연구원, 한국국제정치학회, 한국문화관광연구원, 한국수달연구소, 한국옹기보전연구회, 한국지뢰제거연구소, 한국해양수산개발원, 한국호랑이보호협회, 한국환경정책 · 평가연구원, 한국DMZ연구소, 한반도미래재단, 한반도발전연구원, 환경과 문명(45개)

■ 한국안보통일연구연합체[30]

이 연합회는 2012년 9월 14일, 전쟁기념관에서 창립총회를 갖게 되었다. 같은 날 오후에는 한국국제정치학회와 공동학술대회도 가졌다. 이 연합회는 사실상 장군 출신의 대표가 있는 (재)한국통일진흥원[31]과 (재)한국군사문제연구원을 중심으로 출발되어, 군사안보의 성격이 강하다. 통일문제는 안보를 전제할 때 의미가 있음을 강조하고 있다.

이 연합회의 분석에 따르면 우리나라에서 운영되고 있는 안보관련 단체 및 연구소는 700여개에 이르고 있고, 이번에 함께 규합한 단체는 60개라고 밝히고 있다. 다음은 이 단체 창립총회를 위해 준비한 초청장의 인사말이다.

> 한국안보통일연구단체발족을 위해 적극적인 참여와 성원을 보내 주신데 대하여 안보단체 및 연구소 여러분께 깊은 감사를 드립니다. 현재 국내에서 활동하고 있는 민·관·군 출신이 운영하고 있는 안보관련 단체·연구소가 700여개에 이르고 있습니다. 국내에서 운영되고 있는 연구단체의 대다수가 재정기반이 열악하고 각 단체별 각개활동으로 행사일정 중복, 연구소간 상호인적·정보교류부족으로 인한 각 안보단체 및 연구소가 제 역량발휘가 미약하였습니다. 따라서 이를 극복하기 위해 각 연구소가 상호협력이 필요하다는데 높은 공감대가 형성되어 금번에 민·관·군이 운영하는 60개 연구소가 주체가 되어 한국안보통일연구단체연합회를 발족하여 국가안보와 통일안보 활동을 활기차게 할 수 있게 되었습니다. 바쁘시더라도 참석하시어 고견과 지혜를 주시고 자리를 빛내주시면 감사하겠습니다.

이 연합회는 일견 다양한 안보관련 의견을 집결하는 데 그 목적을 두고 있다. 하지만 군사안보 중심의 경험자들이 지나치게 많이 참여하고 있어서, 다양한 안보요소를 반영해야하는 과제를 안고 있다.

30) 한국안보통일연구단체연합회 홈페이지 참조: http://cafe.naver.com/krusga/58.

31) (재)한국통일진흥원의 홈페이지(http://www.hmw.or.kr/)에 따르면, 이 단체의 소속 연구소라고 소개하고 있기도 하고, 연구소의 공식 홈페이지(http://www.landminekorea.org/)에서는 '녹색평화연합 한국지뢰연구소'로 표기되어 있다.

4. 기존 정신교육관련 사회적 인프라에 대한 평가

가. 정부부처의 정책개발 및 지원 기관 세분화

정부부처의 정책을 개발하고 연구하는 정부출연 위탁 보조기관·관련기관 현황을 연구자가 직접 조사한 바에 의하면 192개 기관으로 집계된다. 정부부처 관련기관이 33개인데 192개 정부출연 위탁 보조기관·관련기관이면 평균 1개 부처에 5개의 위탁보조기관·관련기관을 두고 있다는 계산이다. 더욱이 국방부를 제외한 일반 부처에는 정책개발 연구 기관이 다양화·세분화·전문화되어 있다는 점이다.

예를 들어 교육과학기술부의 경우 정부출연 위탁 보조기관·관련기관이 무려 18개 기관(과학기술단체총연합회, 과학기술평가원, 광주과학기술원, 기술진흥보증기금, 산업기술시험원, 산업기술평가원, 산업의료관리원, 한일산업기술협력재단, 청소원상담원, 한국과학공단, 한국과학기술원, 한국과학문화재단, 한국과학재단, 한국사학진흥재단, 한국정보기술연구원, 한국학술진흥재단, 한국학중앙연구원, 한국교육학술정보원)이 있다. 이는 우리 군이 향후 정신전력 발전을 위한 제도, 조직 연구에 좋은 시사점을 제공해 주고 있다.

나. 국방부 정신전력 사회적 인프라 구축 미약

현재 국방부와 관련하여 직·간접적인 기관 및 단체는 총 185개이다. 즉 군 관련기관(37개), 국방부 산하 비영리 법인 관련기관(52개), 군 관련 단체(72개), 군관련 연구기관 관련기관(27개)이다.

국방부에서 정훈장교의 자질향상을 위해 관련기관, 즉 통일교육원(정훈장교반), 국가보훈교육원(정훈장교 국가정체성교육반), 정경련(틀별정훈장교반) 등의 교육과정을 개설하여 비예산 사업으로 많은 교육효과를 거둔 사례는 정신전력 사회적 인프라를 최대한 활용한 사례라 할 수 있다.

예산사업과 관련하여 군관련 기관 및 단체가 국방부와 연계한 활동은 4개 사업을 들 수 있다. 첫째, 안보교육으로 장병교육은 재향군인회와 나라사랑운동본부 두 단체의 전문강사에 의한 현역장병 순회교육을 실시하고 있다. 둘째, 예비군안보교육으로 국가발전미래교육협의회 소속의 전문안보강사에 의한 예비군안보교육을 실시하고 있으며, 셋째, 한국문화예술교육진흥원에서 지원하는 병영문화예술체험교육을 육·해(해병대포함)·공군, 국방부직할부대 등 91개 부대를 대상으로 실시하고 있다. 넷째, 한국상담학회에서 지원하는 현역간부를 대상으로 하는 상담사 양성교육이다. 국방부 동원국 및 정훈관련국[32]에서 전문가 집단을 적절히 활용하여 기대 이상의 성과를 올리고 있는 것으로 평가되고 있다. 그러나 정신전력 정책개발 및 연구활동(교리, 평가, 콘텐츠개발)과 관련하여 국방부 출연 위탁 보조기관·관련 독립기관은 없는 실정이다. 1999년 국방정신교육원 폐지 이후 연구기능 일부(정신전력연구지 발간, 정신교육단 운영)가 국방대학교 안보문제연구소에 이전되었다가, 2013년 국방정신전력원이 재창설되는 변화를 겪었다. 유사한 관련기관으로 국방홍보원, 한국국방연구원 등이 있다.

또한 군 정신교육을 위한 강사들의 인적 구성면에서 볼 때, 거의 대부분이 장교중심으로 되어 있어서, 의무복무를 위한 장병들의 군 복무 의욕과 사기 증진을 위한 배려가 부족한 것으로 평가된다.

다. 군 관련 기관, 단체/정부부처 산하교육기관의 교육자산 효율적 활용 미흡

군 관련 기관 및 단체의 전문강사는 나라사랑운동본부 전문강사단, 국가발전미래교육협의회 전문강사단, 재향군인회 전문강사단, 한국해양전략연구소 등의 200명 미만이 있다. 이들을 통한 질 높은 장병 정신교육 활용방안 및 정부부처 산하 교육기관의 교육 콘텐츠 및 교육기법 등 전문성을 공유할 수 있는 시스템 개발이 요구된다. 포괄적 안보의 수요를 충족시킬 수 있는 다양한 안보 요소별 인적 자산을 확충할 필요가 있다.

보훈교육원(나라사랑교육), 통일교육원(통일안보교육), 자유총연맹(민주시민교육), 정경연(경제교육, 국가관교육), 국가인권위원회(인권감수성교육), 청소년상담원(상담사교육), 국방홍보원(콘텐츠개발), 국정원(북한실상교육), 행정안전부(국민정신교육), 문화예술교육진흥원(문화예술 콘텐츠개발), 교육과학기술부(인성교육), 자유시민연대(종북세력실체) 등은 정신전력강화를 위한 사회적 인프라가 될 수 있는 분야이나 이러한 전문기관을 군의 목적에 맞게 활용할 수 있는 구체적인 전략수립, 콘트롤 타워 부재, 효율적인 예산운영 등 정책적인 대안이 미흡한 것으로 여겨진다.

이러한 사회적 인프라를 구축하고 이를 효과적으로 시행하기 위해서는 무엇보다도 재원확보가 뒷받침되어야 한다. 현실적으로 예산이 절대 부족하다. 우선 군 차원에서 중장기 예산을 편성하고 정부차원에서 사회적 기업이 참여할 수 있는 방안과, 자발적인 국민적 참여를 위한 각종단체를 활성화 시키는 것도 병행되어야 할 것이다.

---

32) 국방부에서 정훈관련 국의 명칭은 많은 변화를 거듭해왔다. 초기 '정훈국'으로 불리우다 공보기능이 추가되면서 '정훈공보관'으로 되었다가 '교육정훈관'으로, 다시 '교육정책관'으로 변경되었다가, 2018년 초에 국방부 직제 조정으로 국 단위의 정훈 조직은 폐지되고, 과 단위로 축소 유지되고 있다.

Ⅳ 장병 정신전력 강화를 위한 사회적 인프라 구축 방안

1. 기본원칙

장병 정신전력 강화를 위한 사회적 인프라를 구축하기 위해서는 다음 몇 가지의 기본원칙을 상정할 필요가 있다. 이는 방안을 도출하기 위한 실용적인 원칙이라고 할 수 있다. 우선, 적법성이다. 군 장병들의 정신전력을 강화하는 것은『헌법』에 규정된 '국군의 사명'을 완수하기 위해 국군조직법과『군인사법』(『군인복무규율』)을 통해 그 적법성이 전제되기 때문이다. 따라서 이와 관련되는 다양한 형태의 교육활동도 적법한 근거와 절차에 의해 이루어져야 한다.

둘째, 범국가성이다. 현재 장병들의 정신전력을 강화하기 위한 다양한 형태의 기관, 조직, 활동들이 있다. 그 기능을 강화하고 하나의 조직화된 인프라로 거듭나기 위해서는 입법, 사법, 행정의 협력, 행정부내의 다양한 부처 간의 협력이 필요하다. 또한 국가기관에 등록된 비영리단체들과의 협력도 필요하다.

셋째, 효율성이다. 장병 정신전력강화를 위해서는 구 국방정신교육원과 같은 독자적인 기구를 만들면 가장 좋을 것이다. 하지만 현실적으로 국방부 내적으로도 극복해야 할 과제가 많이 남아있기 때문에 현실적으로 최대한 효율성이 높은 대안을 찾아내고 그것을 단기, 장기적인 접근을 취하는 것이 좋을 것이다.

다섯째, 성공가능성이다. 군 장병들의 정신전력 강화를 위한 사회적 인프라를 구축해놓고도 성공하지 못하는 대안을 제시하면 안 될 것이다. 설계상으로만 가능한 1층 없는 2층 집을 짓는다면 실현불가능한 대안이 되고 말 것이다.

셋째, 지속가능성이다. 사회적 인프라는 지속가능해야 한다. 일회성으로 존속된다면, 한 정권을 위해 지속되는 부수적인 존재가 되고 말 것이다. 이 원칙은 적법성의 원칙과 함께 고려되어야 한다. 법령화되면 정치적으로 공방이 있다 할지라도 쉽게 고칠 수 없는 장점이 있다.

2. 인프라 구축시 검토사항

장병들의 정신전력을 강화하기 위해 사회적 인프라를 구축하기 위해서는 새로운 조직을 생각하게 되는데, 그 때 몇 가지 점이 쟁점화될 개연성이 있다. 그 중 중요한 두 가지 문제에 대해 검토하고자 한다.

가. 기구의 주제 명칭사용의 문제

기구의 주제를 규정하는 명칭 사용의 문제이다. '나라사랑'(=애국), '국방', '안보'가 그 한 예들이다. 나라사랑의 경우, 애국(愛國)이라는 다른 말로 표현될 수 있는데, 나라에 대한 사랑의 표현이외의 인지, 정서, 행동적인 것들이 제한될 수도 있다. 즉 국가자부심, 호국, 보국 등의 비슷하면서도 또 다른 측면을 수용하는 제한점이 있다.

국방의 경우, 국가에 대한 방어적인 측면의 소극적 애국활동으로 인식될 개연성을 안고 있다. 더욱이 군사안보에 국한된 듯한 인상을 줄 수 있다. 반면 국방대학교와 같은 현실적인 교육기관에서 안보문제 전반에 대해 교육하고, 연구하고 있으므로 현실적으로 큰 문제가 되지 않을 수도 있다.

끝으로 안보의 경우, 나라사랑이나 국방의 한계점을 벗어나고 국가전반의 안전보장에 대해 다룰 수 있고, 또한 교육할 수 있다. 하지만 소위 '안보부'가 정부부처 형태로 존속하지 않고 다양한 관련부처가 연계되어 있기 때문에 특정 쟁점에 대한 합의가 잘 이루어지지 않을 개연성이 있다.

이와 같은 저간의 사정을 고려해 볼 때, '안보'라는 용어가 가장 적합할 것으로 사료된다.

나. 기구의 지위 명칭에 대한 문제

다음으로 기구의 지위 명칭에 대한 문제이다. 앞의 논의에서 '안보'라는 주제를 제안했으므로, 그에 앞서서 꾸미는 지위 명칭을 무엇으로 할 것인가의 문제이다. 세 가지 대안이 있는데, '국립', '국가', '한국'이 그것이다. 우선 '국립'을 사용한 경우는 정부부처 직할기관으로서 '국립국어원', '국립국악원', '국립외교원' 등이 선례이다. '국가'를 사용한 경우는 '국가인권위원회', '국가평생교육진흥원', '국가경쟁력위원회' 등이 선례이다. '한국'을 사용한 경우는 대부분의 정부출연기관의 명칭에서 확인할 수 있는데, '한국교육과정평가원', '한국국방연구원', '한국교육개발원', '한국학중앙연구원' 등이 그에 해당된다. 대체로 정부부처의 직할기관으로 본다면, '국립'을 붙이는 것이 적절하고, 독립기관으로 본다면 '국가'가 붙는 게 적절할 것이며, 정부출연교육기관으로 본다면 '한국'이 맞다고 본다. 그런데 '국가'가 수식하게 될 경우, '국가안보'라고 하는 단어가 독자적으로 있기 때문에 '사회안보'나 '인간안보' 등은 연구하지 않는다는 인상을 줄 우려가 있다. 그러면서도 국가정보원 산하

사단법인인 '국가안보전략문제연구소'의 명칭을 고려해본다면, 큰 우려를 하지 않아도 좋을 것이다. 하지만 학술적인 측면에서 보면 전자의 우려를 고려하지 않을 수 없다. 따라서 '국립'또는 '한국'둘 중에서 선택하는 것이 적절하다. 이것은 이후 건의안에서 정부부처 직할기관이 된다면 '국립'을 사용하면 되고, 정부출연교육기관이 된다면 '한국'을 사용하는 것이 좋을 것이다. 다만, 국가평생교육진흥원 산하의 '중앙다문화교육센터'와 같이 특별법에 의해 설치된 정부출연기관의 산하에 포함될 경우는 이상의 세 가지 중에서 '국립'을 제외한 '국가'또는 '한국'중에서 사용하는 것이 더 바람직하다고 본다.

다. 기구의 지위에 대한 문제

앞의 두 가지 선행 문제점에 비해, 이 기구의 지위에 대한 문제는 가장 어려운 문제로서 기본원칙을 모두 수용해야 하는 의무조건이 달려있다. 기구의 지위는 대체로 독립된 국가기관으로 할 것인지, 정부부처의 산하기관으로 할 것인지, 정부출연연구기관으로 할 것인지의 세 가지 방안으로 축약된다.

우선 국가기관 중에서 정규부처보다는 특수한 형태의 국가기관으로 할 경우이다. 여기에는 국민권익위원회, 국가공무원인재개발원 등이 거론될 수 있다. 그런데 이들 기관들은 하나의 정책적 주제들을 별도로 가지고 있기 때문에 대단히 중요한 '안보' 주제를 다룬다는 점에서 역부족이다. 이로 인해 국민적 공감대를 형성하는 데는 약간의 한계가 있어 보인다.

둘째, 정부부처의 산하기관으로 하는 경우이다. 이 경우, 국가안전보장회의 또는 총리실, 국가정보원, 국방부, 행정안전부, 국가보훈처 등을 생각해볼 수 있다. 우선 국가안전보장회의는 중대한 국가안전보장에 대한 문제에 대해 대통령을 중심으로 긴급하게 의논하고 최종심급의 판단을 위한 기구로서 중장기적인 안보교육의 문제를 기본임무에 명시하기에는 주제상으로는 적합할 수 있으나 중요도 측면에서 부적절한 면이 있다. 총리실의 경우, 대통령의 위임에 의해 국가안전보장회의 의장권한 대행자로서 운용할 수도 있겠고, 독자적으로 총리실 직할에 둘 수도 있으나, 기존의 '국가보훈위원'제도 등이 총리실에서 운용되다가 부처소관이 없는 관계로 다시 국가보훈처로 이관된 경우를 본다면 부적절해 보인다. 국가정보원의 경우 임무의 정체성면에서 볼 때 가장 적절하다 보안 등 대외적으로 제한된 특수성으로 인해 부적절해 보인다. 국방부의 경우, 기존의 국방대학교설치법에 명시된 '기본과정'이 현재 고위 공무원 및 국영기업체의 고위간부들을 대상으로 전반적인 국가안보교육을 위해 '안보과정'으로 명명되어 운용되고 있으므로 가능성이 높아 보인다. 행정안전부의 경우, '안전'이 포함되어 있고, 소방방재청과 경찰청 등 '사회안보'의 전반적인 분야를 담당하고 있고, 기존의 국방부 중심의 군사안보중심에서 벗어날 수도 있어서 검토해 볼만하다고 본다. 국가보훈처의 경우, 최근 내부 직제를 조정하여 '나라사랑'을 담당하는 국실의 명칭에 포함하는가 하면, 직할기구로 보훈교육연구원이 다양한 형태의 교육을 실시하고 있는 점을 고려해 볼 때 긍정적인 측면이 있다. 하지만 '나라사랑'이 '국가보훈처'의 고유임무가 되기 위해서는 부처의 명칭에서 드러나는 정체성과 잘 부합되지 않은 측면이 있고, 부처의 지위문제로 인해 다른 부처와의 대등한 업무협조를 하는 데 한계점이 있을 수 있다.

따라서 정부부처의 산하기관으로 할 경우, 국방부와 행정안전부 소관이 가장 적절할 것으로 보인다. 그중에서도 '안보과정' 교육이 이루어지고 있는 국방대학교를 산하기관으로 둔 국방대학교가 가장 적합할 것으로 보인다. 그런데 이 경우, 국방대학교설치법의 일부내용을 수정하여, 독자적인 '안보교육원'을 설치할 수 있도록 해야 한다. 다만 그 명칭사용에 대해서는 별도로 논의되어야 한다.

셋째, 정부출연기관으로 할 경우이다. 국방부 산하에는 한국국방연구원이 있다. 국방대학교의 경우 국방부 직할기관이기 때문에 군사보안 등 상당한 제약이 따르나, 한국국방연구원의 경우, 상대적으로 자유롭다. 다른 부처의 산하 기구들도 조직 및 그 운용상에 있어서 상당히 융통성있게 작동되고 있다. 교육과학기술부 산하의 한국교육과정평가원의 경우, 자유롭고 융통성있으면서도 국가가 주도하는 대학수학능력시험을 관장하고 있고, 국외장학생선발시험 등 교육과학기술부의 중요한 시험기능을 수행하고 있다. 정부출연기관으로 할 경우, 처음부터 독자적인 기구로 출발하지 않고 임시적 조치로 위탁관리할 수도 있다. 예컨대 관련 법제를 정비하고 난 뒤에는 안보관련 기관에 위탁하여 그 고유임무를 수행할 수 있도록 하면 된다. 국방부관련 직할기관 중에서는 국방대학교가 가장 적합하고, 산하기관 중에서는 한국국방연구원이 유력하다.

3. 사회적 인프라 구축 방안

가. 인프라 구축을 위한 장기적인 비전: 기구 창설 방안

이 연구는 장병정신전력 강화를 위해서는 현행 국방부 등록된 52개의 비영리단체(사단법인, 재단법인) 등과 국내의 수 많은 안보관련 연구 및 교육기관들의 상호 연계되지 않은 상태에서의 자료생성, 정보교류 등으로 인해, 어떤 기준에 따라 판단하고, 행동해야 될지에 대한 문제점에 대한 해답을 제시하고자 안보교육관련 기구를 새롭게 창설해야 한다는 결론에 이르렀다. 이에 이 연구는 그 구체적인 방안을 몇 가지 기준에 의해 만들어 보았는데, 대체로 4가지 방안으로 요약된다(《표 3》 참조).

〈표 3〉 안보관련 전문교육기관 신설 방안

	1안	2안	3안	4안
명칭	1. 국가안보교육위원회 2. 국립안보교육위원회	1. 한국안보교육센터 2. 중앙안보교육센터	1. 국가안보교육원 2. 국립안보교육원	1. 한국안보교육원 2. 국가안보교육원
성격	독립적인 국가기관	독자적인 법령 등에 의해서 안정되게 운영되고 있는 비영리단체의 하위기구 또는 그러한 단체의 신설	소관부처 산하기관으로서의 독립적인 안보전문교육기관	소관부처 관련기관으로서 독립적인 안보전문교육기관
특징	– '안보'라는 주제로 정부부처들을 관장할 수 있는 위상 – 『헌법』기구인 NSC와의 관련성 측면에서 약간의 제약	– 새로운 기구창설에 따른 행정적 비용절감 – 안보주제의 중요성에 비해 조직 미약	– 소관부처를 확보함으로써 예산확보 등 조직의 안정적관리 가능 – 인적구조개선 등 조직유연성은 낮음 – 기존 유사기능 흡수하여 별도의 기구 신설 * '안보교육지원법'제정이외에도 관련 법령 일부개정 소요	– 소관부처를 확보함으로써 예산확보 등 조직의 안정적 관리 가능 – 인적구조개선 등 조직유연성은 높음 – 개방적 조직특성으로 인해 안보관련 전정부부처 및 시민단체 등과 원활한 업무협조 가능 * '안보교육지원법'제정만으로도 조건 충족
유사 사례	국가인권위원회, 방송통신위원회, 국가경쟁력위원회 등	– 국가평생교육진흥원 산하 중앙다문화교육센터 등 – 한국자유총연맹산하 민주시민교육센터 – (재)한국군사문제연구원산하 (사)나라사랑운동본부	국방대학교, 중앙공무원연수원, 보훈교육연구원	한국교육과정평가원, 한국교육개발원, 한국국방연구원 등 정부출연기관
소관	독립기관	국가평생교육진흥원, 자유총연맹, 신설(비영리단체)	국방부(국방대 안보과정), 행정안전부(중앙공무원교육원), 국가보훈처(보훈교육연구원 명칭변경)	국방부(국방대 안보과정), 행정안전부(중앙공무원교육원), 국가보훈처(보훈교육연구원 명칭변경)
건의	▽	△	△	○

주: ○는 높은 정도, △는 중간 정도, ▽는 낮은 정도.

1안은 독립적인 국가기관으로서 많은 장점에도 불구하고 부처 간의 이해관계 등을 극복해야 하는 난점이 있다. 2안은 새로운 기구창설에 대한 부담이 상대적으로 낮지만 안보주제를 다루기에는 전 정부부처에 대한 구속력이 부족한 단점이 있다. 3안은 독립적인 기구 창설방안인데, 이 일을 떠안게 될 부처내에서 부담을 많이 느낄 것으로 보인다. 4안은 가장 실현가능성이 높은 본 연구의 건의안인데, 소관부처가 있으면서도 전정부처와의 관계를 원만히 하면서도, 무엇보다도 국민들과 자유롭게 소통할 수 있는 장점이 있다.

나. 인프라 구축 체계

우선 안보교육을 담당한 정부부처와의 관계도를 구축해보면 다음의 두 가지 그림과 같이 표시할 수 있다(〈그림 3〉, 〈그림 4〉 참조).

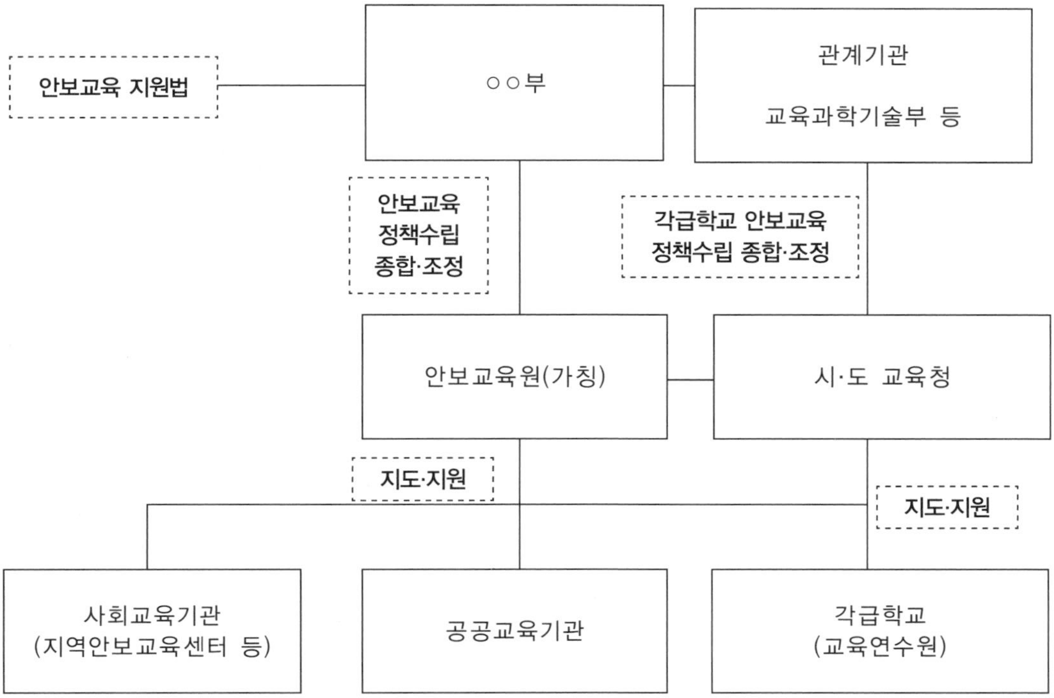

〈그림 3〉 안보교육을 위한 중앙정부 및 관련 기구관계도

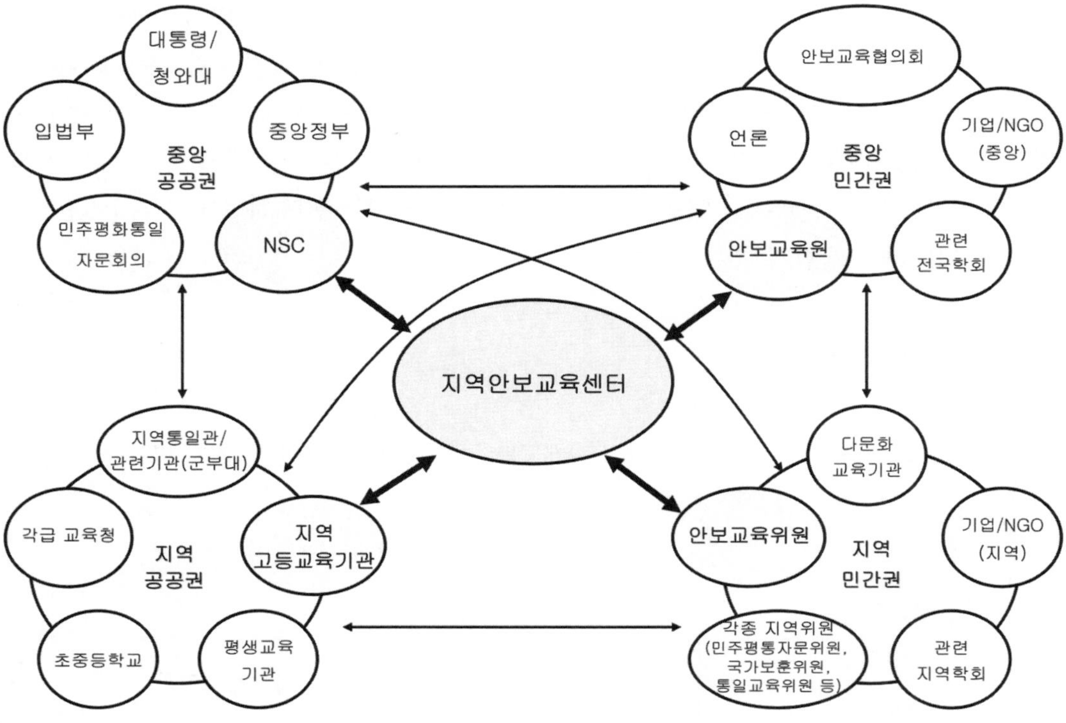

〈그림 4〉 지역안보교육센터를 기준으로 본 전국 안보교육연결망

4. 사회적 인프라 구축 완료 이전의 잠정 조치

가. 정신전력 인프라 강화를 위한 사회적 공감대 형성

정신전력 인프라 강화를 위해서는 먼저 장병들과 군이 포함되는 사회에 공감대를 형성해야 할 것이다. 따라서 사회적으로 국가와 체제에 대한 정체성을 가지고 자긍심을 보유하는 사회적 분위기가 형성되어야 할 것이다. 이를 위해서는 국민의 자긍심과 역사의식을 제고하는 방향으로 교육과 활동이 이루어져야 할 것이다.

따라서 국격과 국가의식을 제고하는 프로그램을 개발하고 확산시켜야 한다. 아울러 국가안보와 국방의 중요성에 대한 국민적 인식을 강화하기 위한 행사와 콘텐츠를 적극 개발해야할 것이다. 그리고 국가유공자 예우 및 명예를 존중하는 기풍을 조성하고 각종 제도와 체계를 강화시켜 나가야 할 것이다.

자라나는 세대들에게 나라의 소중함과 안보의 중요성을 일깨워주기 위해 호국관련 행사와 프로그램에 적극적인 참여를 유도할 수 있는 방안을 마련하고 적극적으로 시행해 나가야 할 것이다. 또한 안보와 국방관련 글로벌 안보 거버넌스를 형성, 연대를 강화함으로써 자유민주주의 체제 수호의지와 안보의식을 강화해 나가야 할 것이다. 예를 들면 청소년과 UN의 연계, 6.25참전국과의 청소년 안보교류, 청소년 국제안보캠프, 국제안보관련 자료집적, 전파를 통한 세계적 차원의 연대 노력도 필요할 것이다.

나. 국가정체성 및 안보관 정립을 위한 포괄적 네트워크 구축

국가의 정체성 및 안보문제에 대한 전문 연구자들을 연결하는 네트워크를 구축하여 활용하는 방안을 강구한다. 즉, 국방/안보전문가, 국방/안보 NGO, 언론, 예비역 단체로 구성된 포럼 구상하고 추진한다. 국방/안보전문가, 관련 NGO, 그리고 예비역 단체들이 중심이 되어 국민 속에서 국가와 안보의 소중함을 강조하는 건전한 시민단체들과 네트워크를 구축한다. 또한 사이버상 상호 연결적 네트워크를 구축하고 홈페이지를 방문하도록 유도한다. 예컨대 국민생활 안보협의회, 선진통일교육센터, 국가위기관리연구소, 반인도 범죄조사위원회, NK지식인연대, 뉴라이트 학부모연대, 안보교육 국민연합 등이 그것이다.

다. 민–군간 정신교육 협력체제 구축

1) 민–군 정신교육협력체제 구축의 중요성과 현상

군 정신교육은 1차적으로 장병들의 정신무장을 공고하게 하여 전투력으로 승화되도록 하는 목적이 있으며, 2차적으로는 국민에게 군의 존재가치와 강군 육성을 위한 노력을 홍보하여 지지와 신뢰를 획득하는 목적으로 시행된다. 특히 정신교육은 젊은이들을 건전하고 올바른 가치관 및 사고를 가지게 함으로써 제복 입은 민주시민을 만들어 가는 과정이라는 점에서 그 의미가 크다.

이러한 정신교육은 군 고유의 임무이다. 그러나 군은 국가의 한 조직에 불과하며 국민의 자녀로 구성된다. 그러므로 군 정신교육은 군만의 문제가 아니며 국가의 문제, 사회의 문제, 국민적 문제이며 이러한 각 분야에 심각하게 영향을 미친다. 즉 정신교육이 잘 되어 장병 개개인이 군인으로서 바른 가치관과 태도를 가졌다면 그 군인은 군은 물론 국가사회와 가정에 이르기까지 긍정적이고 순기능적인 역할을 하게 된다.

그러나 한 군인이 바른 가치관이나 태도를 가지지 못한다면 그 군인으로 인해 사고나 문제를 유발하게 되고, 이는 결국 부모와 국민에게 걱정거리가 되는 것이다. 그러므로 정신교육은 군과 사회가 공동으로 책임져야 할 문제이다.

오늘날 한국군의 정신교육은 사회와의 협력과 지지를 충분하게 받지 못하고 있다. 국민은 막연하게 군 정신교육이 군인을 강제로 만들어가는 교육수단 정도로 생각하고 있으며, 군은 사회 제요소와의 교류와 협력을 주저하고 있다. 이러한 원인은 간단하다. 사회는 군 정신교육에 대한 올바른 이해를 하지 못하고, 군대는 군내 문제를 사회에 노출하기를 꺼려하는 일종의 폐쇄성 때문이기도 하다.

2) 민-군간 정신교육 교류 및 협력체계 구축

한국 교육에 있어서 가치, 인성, 윤리, 도덕, 안보의식, 역사의식 등의 영역에 대한 교육은 비교적 소홀하게 다루어지는 경향이 있으며, 더구나 이 분야들에 대한 교육은 군과 사회가 일체성이나 조화성, 그리고 연계성을 적절하게 유지하지 못하고 있다는 평가를 받고 있다.

현재 민-군 간의 교육협력 체계는 학·군 제휴라는 군의 정책이 매우 체계적이고 효과적으로 작동되고 있지만 이는 어디까지나 간부들의 자질함양을 위한 것이며, 장병들의 정신적 자질을 함양하기 위한 것은 아니다. 따라서 군 정신교육의 질적 향상을 위해서는 민·군 간의 교류협력이 필수적이며 이를 위해 다음과 같은 방안이 강구되는 것이 효과적일 것이다.

첫째, 국방부-지식경제부 간의 협력 강화 방안이다. 국민과 군의 정신교육을 효과적으로 연계하기 위해서 가장 협력이 필요한 부서는 바로 지식경제부이다. 정신교육이 국민에서 군으로, 그리고 다시 국민으로 환류 되려면 이를 국가 교육차원에서 다루어야 한다.

이를 위해서는 지식경제부와 정신교육협약서를 맺고 군 정신교육과 사회정신교육의 통합성을 모색해야 하며 그 구체적인 실천수단으로서는 지식경제부와 국방부에 장병 정신교육 협력관을 지정하고, 이들로 하여금 학교와 군의 정신교육의 연계성 유지하는 방안을 강구하고 상호 반영하며, 군 정신교육 이수 장병들에 대한 학점을 인정하는 제도를 추가적으로 발전시켜야 한다. 아울러 매년 한국교육평가원에서 개최하는 교과서심의회의에 국방부 책임자가 당연직으로 참여하는 제도를 강구해야 한다.

둘째, 군-장병 부모 간의 정신교육 협력체계 구축 방안이다. 다음은 부모와 정신교육 영역에 대한 협력체계를 유지해야 한다. 부모의 최대 관심사는 자식의 안녕과 건강이며, 다음으로는 다방면으로 성장하는 올바른 군인이 되는 것이다. 장병의 부모는 군이 어떤 교육과정과 노력을 통해 심신으로 건강한 군인을 만드는지를 잘 모른다. 이러한 결과는 군이 국민에 대한 소극적인 커뮤니케이션에 기인한다.

군 지휘관이 병사의 부모들에게 자식의 성장을 돕기 위한 제반교육 프로그램과 내용을 적시에 제공한다면 부모들은 안심하고 군의 정신교육활동에 신뢰를 보낼 것이다. 이를 구현하기 위해서는 On-Off라인을 통해 유기적인 관계를 구축하고, 특히 인터넷이나 휴대폰 문자를 활용하여 뉴스를 알려주는 형식으로 홍보할 뿐 아니라 부모의 아이디어를 적극적으로 수렴하는 것도 좋은 협력관계를 유지하는 방법이 될 것이다.

셋째, 연구단체, 대학교, 민간단체, 지자체, 국회, 법원 등과 교류 강화 방안이다. 군 정신교육은 군의 독점물이 될 수 없으며 군인은 '제복 입은 민주시민'이라는 큰 틀에서 다양한 단체와도 정신교육을 효과적으로 수행하기 위한 교류와 협력을 강화해야 한다. 각종 연구단체와의 교류 협력은 정신교육의 이론이나 프로그램을 개발, 그리고 정신전력 평가 등 부대 전투력 진단시 전문가 그룹으로부터 도움을 받을 수 있다. 또한 대학교는 재학하고 있는 학생들이 대부분 군에 입대하게 된다는 점에서 이들에게 군의 이미지를 긍정적으로 인식하게 하는 홍보와 군복무 적응을 잘하기 위한 오리엔테이션을 해 줄 수 있다. 아울러 지자체와의 협조는 군인도 지역발전의 주체라는 인식을 갖게 하여 민군관계를 원만하게 하고, 지역사회와 군의 다양한 문화행사에도 상호 참여함으로써 민-군 총화의식과 유대감을 서로 갖게 해 줄 수 있다.

라. 안보교육 DB구축 및 콘텐츠 개발/보급

안보관련 교육자료 및 외국의 자료를 종합, DB화하여 국민과 군에 제공함으로써 올바른 안보공감대 확산에 기여할 수 있을 것이다. 이를 위해 국방부와 국방대학교 안보문제연구소, KIDA의 전문인력을 투입하여 DB구축작업을 지속적으로 추진해나가는 방안을 강구한다.

1) 운영주체

안보교육을 위한 DB구축은 운영주체는 장병정신전력을 총괄하고 있는 국방부 교육정책관실이 해야 할 것이다. 다만 그 실질적인 운용은 일정한 주기를 주고 외부 위탁하는 방식으로 할 수 있을 것이다.

2) 사이버공간

안보교육을 위한 DB구축은 오프라인으로는 사실상 중장기적인 시간이 필요하므로, 사이버공간을 활용해서 하는 것이 용이하다. 현재로서는 국방일보를 통해서는 정신교육자료가 제공되고 있으므로, 국방홍보원내에 블로그를 별도로 제작하여 탑재하는 방법이 제일 용이할 것으로 사료된다.

3) DB를 위한 규격

장병들의 정신전력 강화를 위해 필요한 자료는 산재해 있기 때문에 일정한 규격을 설정하지 않으면 안 된다(<표 4> 참조). 물론 이 규격은 정신교육을 위한 추후 자료 접촉을 용이하게 하기 위해 별도의 블로그에도 그대로 사용하는 것이 바람직하다. 이러한 내부자료들은 모두 통계프로그램 속의 변수로 입력되어야 한다.

〈표 4〉 안보교육 DB를 위한 규격

구분	주요내용	통계적 번호(예)
1. 정책적 특징	정책입안, 입법활동(제 · 개정), 국방부 주요 정책	1–1. 정책입안 1–2. 입법활동(제 · 개정) 1–3. 국방부 주요 정책
2. 교육활동	교육목표, 교육내용, 교육방법, 교육평가 등	2–1. 교육목표 2–2. 교육내용 2–3. 교육방법 2–4. 교육평가
3. 정신교육	군인정신, 사기, 군기, 단결	3–1. 군인정신 3–2. 사기 3–3. 군기 3–4. 단결
4. 국방부 소관 부서	정책실(교육정훈관), 인사복지, 정보본부 등	4–1. 정책실(교육정훈관) 4–2. 인사복지 4–3. 정보본부 등

4) DB에 필요한 자료수집 방법

국방부의 직접적인 지침과 그 외부용역을 받은 사람(집단)은 주어진 DB에 필요한 자료를 적극적으로 수집해야 할 것이다. 또한 국방부에 등록된 52개의 비영리단체로부터 일정기간내에 제출을 의무화할 수 있도록 해야 한다. 더불어 국방부가 발주하는 각종 정신교육관련 연구 및 교육사업에 참여하는 모든 업체들은 DB양식에 부합되는 항목의 자료에 대한 제출을 의무화하도록 계약서에 명기하는 방안도 있다.

V 맺음말

본 연구는 군 장병들의 정신전력 강화를 위한 사회적 인프라 구축방안을 모색하는 것을 목적으로 한다. 장병들의 입대이전 가치관은 과거 농경사회를 기반으로 하는 순수성보다는 현대사회의 다양하고 다층적인 특징을 반영하고 있다. 더욱이 이들을 교육해야 하는 정신교육 교관들도 비슷한 가치관을 지향하고 있기는 하지만 제대로 지도하기 위한 정보의 원천이 주어지는 정신교육을 위한 교관용 지도서에 국한되는 실정이다.

이러한 저간의 상황 속에서 군 장병들의 정신전력 강화를 위한 사회적 인프라를 구축한다는 것은 쉽지 않은 작업이었다. 본 연구는 장병들의 입대이전 정규 교육과정 및 군 내부의 교육과정에 대해서는 분석하지 않았다. 많은 쟁점과 문제점이 노정되고 있기는 하나 그 내부적으로 자정활동에 의해 어느 정도 안정국면에 접어들고 있기 때문이기도 하고 오히려 일반사회의 인프라 구축에 더 집중하고자 하는 의도에서였다.

특히 군내부 기관은 아니지만 안보관련해서 군 장병들의 정신교육에까지 직접적인 영향을 미치고 있는 기관은 현재 국방부에 등록된 52개의 비영리단체들도 일정한 기준없이 고급장교 출신의 저마다의 경험적 소산에 의해 안보교육을 진행하고 있는 실정이었다. 이러한 점은 소위 포괄적 안보를 지향하는 국가전반적인 국정취지에도 부합되지 못하는 것이고, 그로인해 군사안보 일변도로 천착되는 결과를 낳을 우려를 안고 있었다. 이러한 작금의 상황은 일반대학에서의 군사학과 열풍과 함께 고급장교 출신의 전역후 복지활동의 일환으로 안보교육이 이루어지고 있다는 비판을 초래하고 있다.

공교롭게도 사회의 민주화 열풍과 군 출신의 복지 욕구가 동시에 맞아떨어지면서, 52개에 이르는 국방부 등록 비영리단체는 비효율적이라는 오명을 벗어나기 어렵다. 그나마 저예산으로 군 내부의 정신교육을 총괄하고, 일반사회와의 교류를 할 수 있었던 구 국방정신교육원에 대한 예산투자보다 더 많은 예산과 정책부담을 안고 있다. 이러한 처지라면, 소극적이고 좁은 의미로서의 '국방'보다 더 큰 '안보'를 타이틀로 해서 범국가적인 안보교육을 위한 시스템을 구축하는 것이 군 장병들의 장기적인 정신전력을 고양하는 데 도움이 될 것이라는 결론에 이르렀다.

그리하여 안보문제에 대한 교육을 법령으로 지원하기 위한 '안보교육지원법'을 상정하고, 그 초안을 제시했다([부록 4] 참조). 이 법안에 따라 '안보교육원'을 설립할 것을 제안했으며, '안보교육위원'을 위촉하는 방안도 제안했다. 다만 그것을 어떤 정부부처에서 관장할 것이며, 그 운용은 어떻게 할 것인가에 대해서는 여러 가지 고려할 요소가 많이 있기 때문에 잠정적인 장단점을 전제로 연구자의 가설적 대안을 제시하는 수준에서 멈춘다. 이와 더불어 단기적으로 해야 할 사전조치로서 현실적인 몇 가지 제언을 했다.

제 14 장

독일군 정신교육

MILITARY ETHICS

I 머리말

분단국의 군사통합과정에서 가장 어려운 과제 중의 하나는 기존에 유지되어 왔던 군의 정신전력을 계속적으로 유지·증대시켜 나가는 작업이다. 진정한 군사통합은 단순한 군사장비와 물자의 통합이 아니라, 통일국가를 구성하는 모든 장병들이 그들의 출신지역(또는 국가)에 무관하게 통합된 전투력을 발휘할 수 있을 때 이루어진다. 즉 군대의 정신전력이 제대로 유지될 때 군사통합은 가능할 것으로 본다.

독일의 대(對)국민교육, 즉 정치교육은 대내외적인 요인에 있어서 국가공동체를 개인보다 강조하는 전통에 근거하고 있다. 우선 내부적으로는 독일의 정치교육은 영국, 프랑스 등 다른 유럽의 선진국에 비하여 국가의 통일과 민주주의 발전이 늦었기 때문에 다소 늦게 발동되었다. 민주주의의 발전 이전뿐만 아니라 현재에도 정치교육은 국가 안의 모든 구성원들을 힘으로 통제하고 지도하는 입장을 취하였다. 이러한 원칙은 오늘날까지 정치교육의 이론적 기초가 되어 왔다(신정현 외, 1997: 215).

한편 외부적으로는 1945년 세계대전이 종결된 후부터 연합군은 나치시대와 같은 불행을 없애기 위해 민주주의의 이념교육에 중점을 두게 되었다. 민주주의를 실현하고 정착시키기 위해서는 지금까지 크게 제한되어 온 개인의 존중과 그에 따른 비판적 사고가 불가결한 요소가 되었다. 따라서 이들의 정치교육을 위해서 서독은 심리학, 사회학, 역사학, 정치학 등 폭넓게 보조적인 지원을 받으면서 독자적인 의사형성에 주력하게 된다. 과거의 정치교육이 주입식의 반복을 통한 습관이나 적응이었다면 적어도 1945년 이후의 교육은 '행동할 수 있는 능력'을 기르는 것이었다. 또한 이러한 능력은 객관적인 사실인식의 기초 위에서 정치나 사회의 현실을 올바로 파악할 수 있게 해주어야 하는 것이었다. 이러한 교육은 민주주의의 체제와 사회적 현실에서 잘 보존해야 할 것과 배격해야 할 것 등을 비판의식을 갖고 판단할 수 있도록 계몽적인 태도를 취하고 있다(신정현 외, 1997: 219-220).

따라서 본 연구는 독일 군사통합에서 군 정신교육이 어떠한 역할을 수행했는지를 밝히고, 이를 토대로 우리 한국의 통일상황에 시사하는 바가 무엇인지를 제시하는 데 그 목적을 둔다.

---

* 이 장은 저자의 선행 연구를 보완·발전시킨 것이다. 박균열, "독일 통일과정과 군 정신교육", 『국가윤리교육론』, 철학과현실사, 2005, pp.223-257.

Ⅱ 독일 군사통합과정의 개요

1989년 말에 들어서면서 서독 연방군에서는 군사통합의 문제가 토론되기 시작했다. 이 군사통합에서 가장 중요한 주제는 동독 병력의 해체 문제와 이들의 연방군 내의 인수 문제였다. 대부분의 서독군 장교들은 공산정권의 전위조직인 공산당원으로 구성된 동독군은 재교육이 불가능하다고 생각했으며, 동독군은 연방군에 인수시 서독 장병들에게 부정적인 영향을 줄 우려가 있기 때문에 동독군은 해체되어야 한다고 주장했다.

이러한 분위기 속에서 1990년 4월과 5월에 걸쳐 동·서독 국방장관의 회동이 이루어졌다. 동독군의 인수가 토의되는 과정에서 서독 장교들은 동독군들 중에서 영관장교 이상을 전부 전역조치시키는 것이 현명하다고 판단하였다. 그 주된 이유는 고급장교의 경우 공산당원으로서 공산당 이론으로 철저히 무장되어 있었고, 이미 장기간 동독군에서 주요 참모, 지휘관을 경험하였으므로 그들을 서독 병역의무자들의 인사 상벌 권한을 갖는 상급자로 활용한다는 것이 불가능하다고 판단되었기 때문이다.

1990년 9월 초 동독군 병력의 처리에 관한 계획이 발표되었다. 통일 후 독일군의 규모는 37만 명으로, 동독지역에 주둔할 동부지역군의 규모를 5만 명으로 정하였다. 이에 따라 서독 연방군에 의한 동독군의 인수과정은 3단계로 구분되어 실시되었다.

최초 서독 국방성은 인수병력 8만 9천 명 중 연방군에 계속 근무를 희망하는 6만여 명을 대상으로 선발심사를 실시하였다. 이 선발과정에서 55세 이상 장군 및 제독들은 모두 군문을 떠났으며, 모든 정치장교와 군검찰부서, 선전부서, 군사소식관련 부서에 속해 있었던 사람들이 제외되었다.

연방군에 인수된 동독군 장병들은 연방군의 평균 진급연한에 맞추어 계급이 조정되었다. 대부분의 동독군 장교들은 1, 2단계 하향된 새로운 계급을 부여받았으며, 일부 기술장교의 경우는 대령에서 대위로 3단계 하향조정되기도 했다. 이러한 조치는 대다수의 장교들에게 필요한 조치로 인정되었지만, 계급 하향조정에 따른 신분의 저하를 인정하지 않으려는 경향이 있었다.

보수에 있어서도 차등화되었다. 통일 당시 동독 장병의 보수는 일반 동독인들과 비교시 50-100% 높은 수준이었던 반면에 서독 연방군 장병들이 받았던 보수의 30-50% 수준이었다. 통일과 더불어 차등화된 보수지급은 10여 년이 지나서야 동일한 수준을 유지할 수 있게 되었다. 1991년에 동독군 출신 장병의 보수는 연방군의 60% 수준이었으나 매년 5-10%가 인상되었다. 통일 후 동독군의 보수는 구 동독지역의 일반 근로자 봉급수준을 감안할 때 낮은 수준은 아니었지만 서독 연방군의 보수에 비해 상대적으로 낮은 수준이었다. 이러한 점들은 동독군 출신 장병들로 하여금 연방군 내에서의 이등군인이라는 의식을 갖게 하여 내적 통합의 장애요인이 되기도 했다.

서독은 프랑스가 유럽방위공동체에 가입하지 않기로 결정하고 서독의 NATO 가입이 결정된 후, 즉 제2차 세계대전이 끝난 10년 후에 군을 갖게 되었다. 서독 연방군은 '도덕적 지휘통솔'(Innere Fhrung)[1]이라는 개념을 발전시켜 이데올로기적인 근본전제로 삼았다. 이 '도덕적 지휘통솔'은 나치즘과 바이마르 공화국의 경험을 바탕으로 성립된 세 가지 교훈을 말한다. 첫째, 어떠한 나라도 다시는 독일로부터 침략받지 않을 것이다. 둘째, 서독 연방군은 문민우위의 명령체제를 갖는다. 셋째, 군인은 민간사회와 군을 연결하는 필수적 고리로서 '군복 입은 시민'(Staatsburger in Uniform)이다. 징병제도는 젊은이들이 사회를 위하여 희생하는 하나의 봉사로 보고 있다.[2]

1990년에는 동독군의 상황이 오늘날처럼 확연히 드러나지는 않았다. 동·서독 부대는 서로 상대방에 대하여 왜곡되고 잘못된 인상을 가지고 있었다. 1989년 11월 장벽의 붕괴 이후 동·서독군의 접촉은 쉬워졌으나, 내적인 장벽은 아직도 높았다. 그럼에도 불구하고 1989년에서 1990년으로 해가 바뀐 후에 서로 적대시하던 군대 간의 만남이 시작되었다. 동독인들은 동독의 군사개혁이 연방군의 정보와 자문에 따라 진행되기를 원했다. 그들의 요청이나 행동은 매우 진지했고, 동독군 내에서 그들의 지위를 확보하는 문제에 있어서는 더욱 그랬다.

서독 국방장관이었던 슈톨텐베르그와 동독 국방장관이었던 에펠만 사이의 협정을 통하여 1990년 5월부터 공식적인 접촉이 이루어졌다. 그들 접촉의 주요 내용은 도덕적 지휘통솔 원칙, 이 원칙과 일상생활의 연계, 특히 인간교육, 보호와 지도, 정치교육, 방위권, 군인규범 등이다. 이 가운데에서 특히 중요한 것은 군복 입은 시민의 상을 전달하는 것이었다. 이것은 자유민주주의 국가와 자유로운 사회에서는 당연한 것이었으나 동독 군인들에게는 생소한 것이었다.

1990년 여름 독일연방군은 계속해서 흡수한 동독군을 근무하게 할 것이냐에 대한 논란이 있었지만 동·서독 정부는 합의를 보았다. 이에 따라 동독군(NVA)은 조직으로서는 해체되었고, 그 부대들은 연방군의 기준에 따라 재편되었으며, 병력과 군수지원은 군사적 필요에 따라 잠정적으로 연방군이 인수했다.

이 인수작업을 하기 위하여 1990년 6월 동부군이 창설되었다. 정치적 협정에 따르면 장기적으

1) '도덕적 지휘통솔'의 개념은 원래는 '내면적 지휘통솔'의 의미이지만, '민주적 시민교육에 의한 지휘통솔'의 의미로도 사용되고 있다. 우리나라에서는 이를 '정신전력'또는 '정신교육'이라는 용어로 번역, 사용하고 있다. 다행히 현재 우리나라의 정신교육은 지휘관중심으로 운용되고 있으므로 교육적 의미로 사용할 때는 원어의 뜻에 가깝게 '도덕적 지휘통솔'또는 '지휘관중심의 정신교육'이라는 용어로 사용하는 것이 바람직하고, 기구의 명칭으로 사용할 때는 현재 한국적 상황에 맞춰 '정신교육센터'또는 '리더십(연구)센터'로 해도 무방할 것으로 생각한다. 본 연구에서는 '도덕적 지휘통솔'과 '정신교육센터'라는 용어의 사용을 선호한다. '내적 지도'를 국방대학교 이상목 교수는 '정신교육'이라고 번역하기도 하고, 임봉춘 교수는 '정신전력'이라고 번역하였다. '지도'라는 말 자체가 가르친다는 행위를 말하기 때문에 전자를 따르는 것도 앞의 논의에 부합된다. 이상목 역(1994); 임봉춘(1992).

2) Lohse(1994: 12), 이승희(1999: 22) 재인용.

로 5만 병력이 연방군에 편입되도록 했다. 이러한 기본틀이 선언되고 실제로 동독군을 독일연방공화국(서독) 국방부가 인수할 때까지의 시기는 새로 편입된 연방군인의 인간적인 문제점을 배려하기에는 짧았다. 독일연방군 합참의장(Generalinspekteur)은 방침을 제시하였는데, 그것은 관용, 인내와 이해를 베푸는 것이 독일연방군의 의무이고 가치관이라는 것이다. 승리감과 자만심을 가져서는 안 되며, 연방군인들은 인간적인 도전을 올바르게 극복해야 한다고 역설하였다. 경우에 따라서 마음에 상처를 줄 수 있는 언행을 삼가도록 주의해야 한다는 것이었다.[3)]

구 동독 군인들의 연방군 흡수과정은 통일조약에 규정되어 있다. 연방 국방부장관은 자세한 규정을 만들어 기본조약 내 미비한 군사관련 조항을 보완하였다(〈표 1〉 참조).

요컨대 독일의 군사통합이 갖는 주요 과제는, 첫째, 병력감축이다. 둘째, 장비감축이다. 셋째, 구 동독군을 독일연방군 체제에 적응·동화시키는 것이다. 앞선 논의에서 강조한 바와 같이 인적 요소, 특히 정신적인 요소가 중요하기 때문에 내적인 일치감을 형성하는 것이 강조되었다.

〈표 1〉 통일조약에 나타난 동독 군인의 연방군 편입 내용

단계	주요 내용
대전제	제1조 동독 군인=연방군인
제1단계 (1990.10.3 이후)	제2조 동독 직업군인/시한부 근무군인 직무관계 정지 대기 봉급: 6개월간 동독봉급의 70%(50세 이상 9개월) 제3조 직무관계의 지속 제3조(3) 직무관계 종료 제4조(3) 임시복무직위/연방군 군복착용 제5조(3) 동독군 출신자 봉급 제6조(1) 복지 제7조 퇴출 제7조(1) 6개월 퇴역지원금
제2단계 (1990.10.4–1991)	제8조 2년 시한부 군인의 의무 제8조(2) 복무직위 결정 제8조(3) 봉급 감소
제3단계 (1992–1993)	제8조(4) 시한부 군인의 의무. 직업군인으로 수용(50세까지). 장교: 인사위원회 제8조(5) 연장조치 종결. 복지

출처: 이승희(1999: 28).

3) Zentrum Innere Fhrung(1990), 이승희(1999: 26) 재인용.

Ⅲ 독일 군사통합과정의 군 정신교육

1. 정신교육기관

가. 연방정치교육본부

서독에서의 대국민 정신교육은 비단 군에서만 이루어진 것이 아니었다. 이는 범국민적인 정신교육 풍토에서 비롯된 것이다. 국가 전반적인 정치교육은 1963년 이름이 개칭된 '정치교육연방본부'(Bundeszen–trale fr politsche Bildung)에서 이루어졌다. 이 기구는 바이마르공화국과 그 운명을 같이한 '향토봉사제국본부'(Reichszentrale fr Heimatdienst)를 본떠 1952년 다시 설립된 '향토봉사연방본부'(Bundeszentrale fr Heimat–dienst)가 그 전신이다. 그러나 향토봉사라는 단어

〈그림 1〉 서독의 정치교육기구 현황

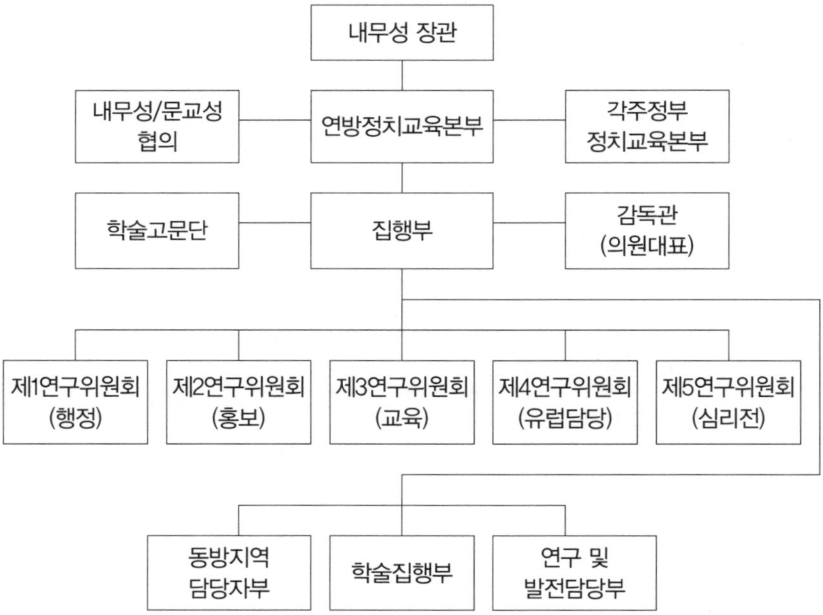

주: 주독대사관 및 신세호 등의 자료와 연구에 따르면, 편제가 다소 다르게 나타나 있다. 즉 산하분과위원회가 집행부 직속으로 있으며, 구체적으로는 기조실, 행정실, 제1실, 제2실, 제3실, 제4실, 동방학부의 7개 하위조직이 같은 지위로 소속되어 있음.
출처: 주독대사관(1991: 1); 신세호 외(1993: 36); 신정현 외(1997: 227).

가 실향민 문제를 다루는 기관으로 오해받을 소지가 있다고 판단하여 1963년 연방정치교육본부로 개명한 것이다. 수도인 본(Bonn)에 설치된 이 기구(통일 이후 연방정부와 함께 베를린으로 이전함)는 단순한 적응의 교육으로부터 사고된 행동의 능력을 위한 시민형성을 목표로 하여 '내무부장관의 사무분장에 법률상의 권능을 가지지 않는 부속기구'로서의 성격을 갖고 있었다(〈그림 1〉 참조)(주독대사관, 1991: 1; 신정현 외, 1997: 227).

〈그림 1〉에서 보는 바와 같이, 연방정치교육본부는 유관 정부부처와의 긴밀한 협의체제를 갖추고 있다. 예컨대 독일문제와 관련하여 내무성, 문부성, 각주의 문부성, 주 문부성협의회와 협조관계를 유지한다. 물론 그밖에도 국방부, 여성청소년부, 경제협력부와도 필요시 협의를 거친다.

통일 직후 연방정치교육본부는 베를린에 지부를 설치하였고, 1991년에는 신설 5개 주에 주정치교육본부를 설치하였다. 연방정치교육본부는 1990년 이후 동독 주민들을 대상으로 하는 정치교육에 최우선의 목표를 설정하였다. 정치교육기관을 설치하는 데에는 어려움이 없었으나, 그 시행과정에는 어려움이 많았다. 정치교육에 대한 수요는 많았으나, 그 기반이 갖추어져 있지 않았다. 구 동독지역에는 정치교육을 담당할 수 있는 사설 정치교육기관이 전무한 상태였다. 정치교육을 담당할 수 있는 사람도 없었다. 그리고 국가가 관장하는 정치교육에 대한 불신 역시 큰 장애요인이 되었다. 동독에서는 수십 년 동안 정치교육이라는 이름 아래서 이념교육을 실시하였기 때문에 주민들은 그것을 불신하였고, 이로 인해 연방정치교육본부의 활동에 대해서도 또 다른 형태의 정치교화 활동으로 오해할 소지가 컸다. 기반자원의 부족과 국민들의 편견 등이 정치교육을 방해하는 중요 요인이 되었다. 연방정치교육본부는 이러한 배경 요인을 극복하기 위해서 한편으로는 구 동독지역 주민들에게 간행물 등을 통하여 자유민주주의 체제와 자본주의 시장경제체제에 대한 정보를 제공하는 것에 중점을 두었다. 다른 한편으로는 장기적인 노력이 필요하다고 보고 장기적인 계획을 세우고 점차적으로 정치교육 사업을 추진하였다.

연방정치교육본부의 주요 사업으로는 간행물 발간, 정치교육 연수프로그램 운영, 시청각 매체 개발 및 대여, 대중매체의 활용, 사설 정치교육기관의 연수프로그램 지원, 정치교육경연대회, 정치교육 전시회, 서비스 사업 등을 꼽을 수 있다.

나. 전독연구소(Gesamtdeutsches Institut)

분단시기 분단 및 통일문제를 다루는 '독일 및 동방정책'에 대한 교육은 정치교육의 특별한 과제영역이었다. 기본법에 명시된 바와 같이 독일인의 공동체의식을 유지 강화하고 이를 바탕으로 통일을 위한 정신적 전제조건을 마련하는 교육은 매우 중요하게 여겨졌기 때문이다. 이를 위한 주무기관은 내독성 산하의 전독연구소였다. 통일로 인해 1991년 해체되기까지 이 연구소가 담당했던 정치교육은 〈그림 2〉에서 보는 바와 같이 하위조직의 주요 기능을 보면 알 수 있다.

〈그림 2〉 전독연구소의 조직 및 임무

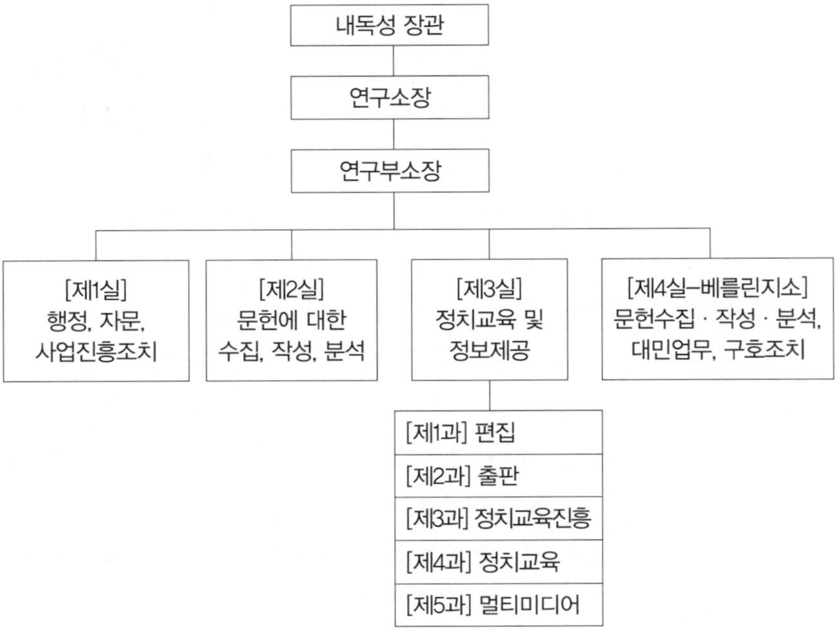

출처: Gesamtdeutsches Institut(1991: 9), 한만길 외(2003: 181) 재인용.

다. 주정치교육본부

각 주는 자체의 정치교육본부를 두고 있다. 독일은 연방국가인만큼 주의 자치권이 강하다. 따라서 '주정치교육본부'(Landeszentrale fr politische Bildung)는 각 주의 특정한 설립조건과 주의 문화주권 탓에 과제설정이 조금씩 차이를 보인다. 그럼에도 불구하고 큰 목표는 동일하다. 주정치교육본부의 교육목표는 다음과 같다.

① 자유민주주의 기본질서의 사상과 이념을 전파하고 공고히 한다.
② 시민의 정치참여를 장려한다.
③ 정치교육 및 담당단체에 대한 재정적·물질적 지원을 한다.

④ 정치교육 담당단체들 사이의 협력관계를 조정한다.
⑤ 출판물과 멀티미디어 매체 등 교육자료를 제작·보급한다.
⑥ 정치교육 담당자들에 대한 기초교육 및 추가교육을 실시한다.
⑦ 자체적 또는 타기관과의 협력 아래 주의 특성에 부합하는 교육프로그램을 제공한다 (Mickel & Zitzlaff, 1988: 510).

이 주정치교육본부는 운영상에 있어서, 주문부성 산하에 소속되어 있기는 하지만 연방정치교육본부와 마찬가지로 초당적인 업무수행이 보장된다. 또한 실제 업무수행 과정에서는 연방정치교육본부와의 긴밀한 협조관계가 유지된다. 특히 연방정치교육본부가 발간한 책자들은 대개 주정치교육본부를 통해 배포된다(한만길 외, 2003: 185).

라. 정당 및 각종 사회단체에서의 정치교육

학교 밖에서의 정치교육은 매우 다양하게 진행된다. 그러나 정치교육은 대체로 청소년교육과 성인교육의 장에서 시행되고 있다. 청소년 대상의 정치교육은 대체로 연방청소년협회에 소속된 전국 규모의 단체들에 의해 이루어진다. 성인교육은 앞에서 언급한 시민대학을 포함하여 노동조합, 교회, 정당의 정치적 재단, 민간단체 등에서 이루어진다. 이러한 사회 및 정치 단체들의 청소년 및 성인 정치교육은 여러 기준에 따라 국가의 지원을 받을 수 있다. 독일정부는 다원주의적 정치교육을 추구해 왔기 때문에 사회단체의 자율적인 교육을 장려하고, 다양한 지원을 해왔다. 단 국가의 지원은 교육담당기관이 기본법을 충실히 지킬 때만 가능한 것이다.

제도화된 사회 및 정치 단체들의 주요 정치교육 담당기관들은 단체의 성격에 따라 '정치교육위원회'(Ausschuβ fr Bildung)를 각각 조직하여 공동의 이해를 표출하고 상호 간의 조언과 경험을 교환한다. 무엇보다 종교, 세계관, 정치정향, 이해관계 등에서 상호갈등이 발생할 수 있기 때문에 위원회를 통해 대화와 공동의 문제를 다루는 것은 반드시 필요하다. 물론 이외에도 제도화되지는 못했지만, 다양한 이슈(환경, 평화, 여성)를 중심으로 사회운동을 전개하는 다양한 사회단체들도 실천적 의미의 정치교육을 담당하고 있다.

마. 학교에서의 정치교육

독일의 학교는 기본법에 따라 국가의 감독을 받는다. 교육기회의 평등주의에 따라 대부분의 학교는 공립이며, 드물게 종교단체에서 운영하는 기숙학교 형태의 사립학교가 있지만, 이 역시 국가의 감독 아래 있다. 하지만 연방정부는 교육에 대한 직접적인 관할권을 갖지 않는다. 연방정부에는 문부성이 존재하지 않으며, 각 주정부의 문부성이 학교체계에 대한 책임을 맡고 있다. 즉, 각 주정부가 자신의 주에 소재한 학교의 교육 및 교육과정을 결정하고, 또한 교과서도 승인한다. 다만 주별로 교육의 질적 차이를 최소화하기 위해 각 주문부성 장관회의(KMK: Kulturministerkonferenz)가 상설화되어 있다. 주문부성 장관회의가 교육의 큰 틀을 조정하지만, 주마다 교육체계 및 교과과정에 적지 않은 차이가 엄연히 존재한다(한만길 외, 2003: 186).

1978년 11월 '독일문제에 대한 서독 문부성의 지침'은 중요한 기준이 된다. 이 지침서의 주요 골자는 '권고사항'과 '보충사항'으로 나뉘는데 앞의 부분만 요약하면 다음과 같다.

① 독일문제는 동시에 유럽문제이다.
② 동서독관계의 발전은 평화지향적인 정책을 통하여 달성될 수 있다.
③ 독일의 분단은 여러 가지 원인을 가지고 있다.
④ 민족적 통일을 위한 우리의 노력은 정당하다.
⑤ 역사적 유산에 대한 책임은 독일인 모두에게 공통적으로 관계된다.
⑥ 국경선 양편에 살고 있는 독일인들은 공통의 역사, 언어, 문화를 통해 결속되어 있다.
⑦ 독일의 국민들은 공동 국가를 갖고 있지는 않지만, 하나의 공동 국적을 가지고 있다.
⑧ 동독의 체제와 우리 고유의 사회체제와의 비교는 기본법에 제시되어 있는 가치척도에 따라 이루어진다.
⑨ 동독에 있는 독일인들의 인권이 보장되어야 한다고 주장하는 것은 우리의 당연한 권리이며 인도주의적 의무이다.
⑩ 인권에 대한 요구는 결코 내정간섭이 아니다.
동독은 서방의 영향력에 폐쇄정책으로 대응하려고 한다.
⑫ 몇 가지 중요한 사건들은 동독 주민들도 독일 통일에 대한 의지가 있다는 것을 말해 준다.
동독의 독일인들도 동독의 발전에 대한 자부심이 커지고 있다.
⑭ 독일의 통일은 우리의 목표이다.
⑮ 서독이 독일 전체를 대변하지는 않는다.[4)]

---

4) 김창환 외(2002: 16-17). 인용 부분의 고딕 표시를 한 서독의 대동독 인권문제에 대한 내용은 우리의 대북한 인권문제에 대한 인식과는 상당히 다르다. 서독의 경우 관심도 가지면서 '인도주의적 간섭'(humanitarina intervention)도 하고, 우리의 경우 관심은 가지되 우리의 간섭은 당연히 하지 않으며 외국의 관심도 차단하고자 하는 성격이 강하다(『연합뉴스』, 2004. 9. 1). 하지만, 적어도 인류 보편적인 기준에 있어서 그 하한선에 대한 준수는 국적과 민족을 초월해서 관심 표명이 가능하다고 본다. 다만 이러한 관심 표명과정에서 불필요한 오해를 불러일으키지 않도록 하는 배려는 필요하다

이와 같은 학교교육에서의 정치교육 기본방침은 각 주문부성이 책임을 진다. 학생들은 학교에서 정치교육의 기초를 배운다. 일차적으로 학교생활을 통해 민주적 행동을 연습함으로써 정치참여를 위한 능력과 태도를 익힌다. 나아가 정치교육은 특정 교과목으로 학년수준에 따라 개설된다. 이를 위한 교과서나 교보재는 각 주마다 자체 제작되기도 하지만, 대개의 경우에는 연방 및 주정치교육본부, 전독연구소의 도움을 받는다. 이 과정에서 주문부성 장관회의가 중요한 역할을 한다.

바. 군대에서의 정치교육

군대에서도 통일 이후에 당장 해결하여야 할 통일 이후 군사통합의 문제점에 대한 대비책을 준비해 나갔다. 서독군 내부에서의 통일준비 노력은 '정신교육센터'(Zentrum Innere Fhrung)에서 이루어졌다.

독일은 통일 이전부터 모든 군인을 포함하는 전 국민적인 정신교육 및 정치교육의 전통이 강했다. 이는 앞서 언급한 바 있는 나치 이전 시기로의 회귀를 하지 않겠다는 독일 국민들의 강한 자유주의 의지도 반영되어 있지만, 패전국에 대한 선진 자유민주주의 국가들의 강제적 권고사항이기도 했다. 이와 같은 배경으로 인해 통일 이전의 서독은 부사관을 포함하는 모든 간부들의 재교육을 위해 독일연방국방성 예하에 '독일연방군 정신교육센터'를 설치, 운용했다. 이 센터는 1957년 독일군을 독일기본법에 기초하여 새로운 군대로 쇄신하고 그에 맞는 정신교육과 지휘통솔을 위한 연구기관 겸 군사학교의 성격으로 설치되었다. 1989년 현재의 정신교육센터로 되기까지 4차례의 개편이 이루어졌으며, 지휘통솔, 정치교육, 정신교육에 목표를 두고 군사연구소와 학교기관, 사설안보단체 등과 협력중심체로서 군 및 민간단체를 대상으로 한 교육 및 연구 업무를 수행하고 있다(〈그림 3〉 참조).

이 센터의 교육과정은 지휘관 과정, 종합과정, 정치교육과정 등 군사교육과 민간인 교육과정이 광범위하게 편성되어 운용되고 있다. 특징적인 것은 이 센터의 교육과정이 통일 이전에는 2~3주 과정이었던 것이 통일 이후에는 1주일 단위로 축소 운용되고 있다는 것이다(〈표 2〉 참조). 이는 그 중요성의 약화라기보다는 분단요인으로 필요했던 적개심 교육과 같은 과목이 삭제되었기 때문으로 보인다.

고 본다. 예컨대 미국의 북한인권법안 통과는 우선 당장은 북한으로부터 '물리적 압살책동'이라는 반박에 부딪치기도 하면서(『조선중앙통신』, 2004. 7. 30. http://www.kcna.co.jp/index-k.htm), 한국 정부로부터도 큰 호응을 받지 못하고 있는 상황이다. 따라서 미국의 경우는 국제기구(UN 등)에 자국의 의견을 제출하여 채택이 될 때 공식적으로 그 채널을 통해서 지원과 때에 따라서는 인도적 간섭이 이루어지도록 해야 할 것이다. 북한 인권법안 통과에 대한 객관적 자료조사는 제성호 교수의 연구가 돋보인다(제성호, 2004: 34-44).

〈그림 3〉 서독의 군 정신교육센터 편제

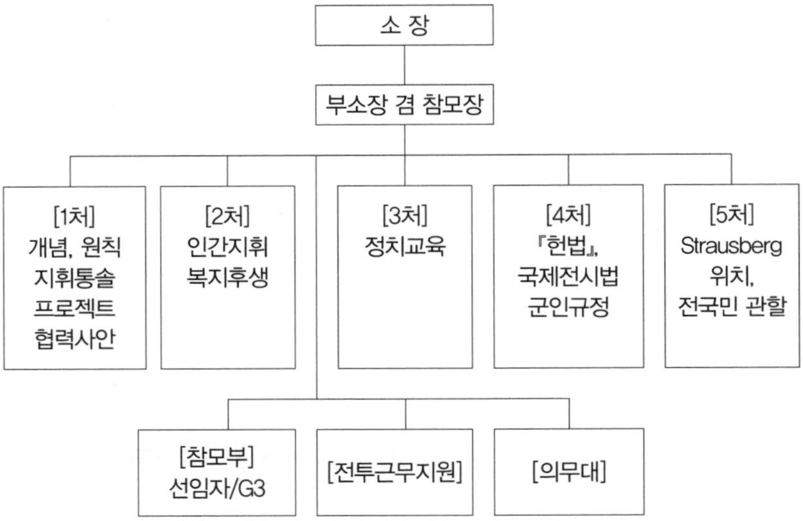

주: 용어는 현대 한국상황에 맞게 약간 수정함.
출처: 이한홍(1995: 51).

〈표 2〉 독일연방군 정신교육센터의 편성 및 주요 임무

부서	주요 임무	세부내용
1처 (정신 전력)	독일 기본법	독일 『헌법』 조항 중 군에 관련된 조항을 어떻게 적용하고 이해할 것인가를 교육 (군의 존재의미, 자유, 권리, 의무, 민주주의)
	대민업무	독일 국민의 일원으로서 군인의 복무자세 및 군의 존립 당위성을 이해시킴
	우호관계	유럽사회에서 독일의 위치와 NATO군과 독일군의 역할을 이해하고, 독일군이 유럽의 자유, 평화, 안보에 기여함을 이해시킴
2처 (지휘 통솔)	정신지도	상하간 신뢰와 이해 증진 상호간 이해 여건 조성 사고를 위한 가치관 정립
	사기 · 복지	병영 내 취미 · 오락 활동을 할 수 있는 시설과 여건 조성 의료시설, 상담실 등을 운영하여 개인의 고민 해소
3처 (정치 교육)	정치교육	독일의 현안문제(시사문제) 등을 이해하고 그 해결방안 모색 독일의 사회 제반문제 이해 독일의 정치상황 및 정치과정 이해 유럽의 정세, 정치, 안보문제 이해 지역 자치단체의 문제 이해 동서독 통합 후 사회문제 이해

4처 (군사학)	군대질서	군 복무 규정에 의한 의무, 권리, 책임 등 이해
	병역법	독일『헌법』에 입각하여 국토방위의 당위성 인식
	전시국제법	전시 시설물 보호법, 전쟁포로 취급법, 전시구호에 관한 관계 법령 이해와 이를 준수해야 할 의무 인지
5처 (교수법)	교수기법	심리학, 교육학에 입각하여 교수기법 개발 –갈등해소방안 –대화법과 사례 분석
	교육자료 개발	시청각 매체를 개발하여 교육 효과를 높이는 방안 모색 – 영상 · 그래픽 – TV/ VTR 자료 – 레이저 디스크

주: 1–5처의 명칭은 육사의 이한홍 교수가 제시한 것과 약간의 차이가 있는데, 여기서의 명칭은 번역과정에서 명명된 것으로 보임. 여기서는 자료로서의 중요성을 고려하여 원자료 대로 표기함(이한홍, 1995: 91).

출처: Zentrum Innere Fhrung(1991), 임봉춘(1992: 241) 재인용.

또 다른 자료에 의하면, 독일연방군의 정신교육센터의 기본임무는 약간 다르게 도식화되어 있다(〈그림 4〉 참조).

〈그림 4〉 독일연방군 정신교육센터의 5개 업무영역

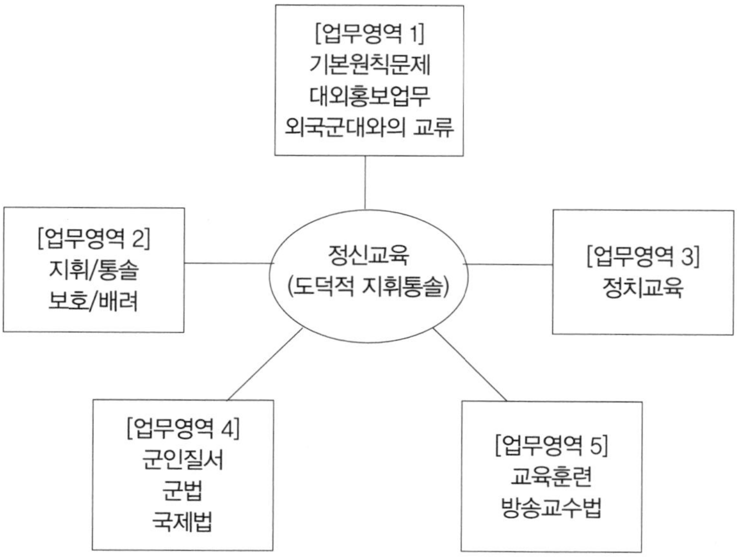

출처: 이상목 역(1994: 39).

2. 정신교육 내용

독일의 정신교육은 대체로 통일 전후를 나누어서 살펴볼 필요가 있다. 국가 전반적인 통일교육에 대한 내용은 대체로 일반적인 민주시민으로서의 올바른 정치행위를 할 수 있도록 조력하는 데 가장 큰 목적이 있었다.

우선 통일 전 서독인들의 정치교육에 대해 알아보겠다. 서독인들의 정치교육은 독일문화교육성 협의회에 의하여 발표된 독일문제 교육지침(Die deutsche Frage im Unterricht)에 잘 나타나 있다. 독일문제 교육지침은 기본적으로 독일통일이 가까운 장래에 달성될 전망이 없다고 판단하고 당장 해결할 수 없는 통일문제로 인간의 존엄성과 내면생활이 희생되어서는 안 된다는 인식하에 이데올로기에 의한 대립은 삼가야 한다는 점을 강조한다. 또한 평화공존을 바탕으로 한 동방정책에 따라 동독정부의 실체만을 인정한다는 합리론에 기초하여 독일 내 두 개의 국가가 존재함을 인정하고 있다. 또한 독일문제를 독일 위주로만 생각하던 사고방식은 독일분단이 유럽평화와 안보가 지속되는 차원에서 인식해야 한다는 사고로 전환되었다. 독일문제 관련 교육지침은 과거 국가사회주의처럼 종족의 우월성을 토대로 통일을 주창하는 것이 아니라 자유와 평화 속에서 민족통일을 추진한다는 점을 강조하였다. 이 지침은 동독인들도 독일민족으로 공통의 역사, 언어, 문화 등을 통해 서독인들과 결합되어 있다는 점도 주지시키고 있다. 이를 위해 동독의 정치, 경제, 사회체제에 대한 정보를 제공하는 한편, 동서독 체제 비교를 서독 기본법에 제시되어 있는 가치기준으로 수행할 것을 명시하고 있다. 따라서 서독정치 체제에서는 자유, 인권, 정의 등에 입각한 법치국가적 질서가 보장되고 민주적 정치문화의 기반 위에서 정치·사회세력 간의 정치적 갈등이 성공적으로 관리되었던 반면, 동독 정치체제에서는 동독의 지배층이 당에 의한 관료주의적 권력독점을 고수하여 사회발전은 불가능하다는 면을 학생들에게 인지시켰다. 독일문제에 관한 교육지침은 동독인들도 동독의 발전에 대해 나름대로 긍지를 갖고 있으며, 서독이 독일문제를 대표하는 것으로 파악하지 않았다. 이러한 교육지침은 동독인에 대한 서독인들의 심리적 우월성을 억제하는 데 기여했으며, 서독인과 동독인과의 유대감을 강화시키는 데에도 이바지하였다.[5]

독일의 정치교육을 포괄하는 대체적인 내용은 첫째, 민주주의 국가질서 및 사회발전에의 이해, 둘째, 역사상이나 현실에서 자유민주주의의 적대자인 나치와 같은 극우파와 공산주의의 극좌파의 경계, 셋째, 독일연방공화국의 합법성과 현실인식, 넷째, 서독과 관계 있는 주변 및 세계 주요 국가들에 관한 이해, 다섯째, 유럽공동체 및 평화와 안전을 위한 현실과 주제의 이해, 여섯째, 현재와 미래에 관한 비판적 의식의 고양과 설계 등이다(신정현 외, 1997: 223–227).

5) KMK, Die deutsche Frage im Unterricht, 연도미상, 이민수 외(2000: 100–101) 재인용.

이러한 조직을 바탕으로 연방정치교육본부가 수행한 사업의 주요 내용 및 운영실태를 요약정리하면 다음과 같다.

첫째, 정치교육 자료로서 각종 시사지와 책자의 발행이다. 연방정치교육본부가 발간하는 주요 시사지는 다섯 가지이다. (1) Das Parlament: 연방의회에서 논의되는 주요 정치쟁점 사항들을 정리한 것으로 매주 12만 5천 부씩 발행된다. (2) Aus Politik und Zeitgeschichte: Das Parlament 지의 부록으로 시사적인 주제에 관한 권위 있는 학자들의 학술논문들을 수록한다. (3) Imformation zur politische Bildung: 정치적인 주제 또는 각 국가의 정치·사회적 상황에 관해 알기 쉽게 설명한 얇은 책자 형태의 시리즈물로서 일반적으로 매주 한 권씩 발간된다. 이 책자는 각급 학교에 무상 배포되어 학생들이 기본지식을 습득하는 교재로 활용되기도 한다. 권당 140만 부가 발행된다. (4) PZ: 독일통일을 전후하여 새롭게 발간된 것으로 구 동독지역 주민들에게 서독의 정치·경제·사회 제도를 알기 쉽게 소개한 소책자 시리즈로 권당 62만 부씩 발행된다. (5) Zeitlupe: 학생들의 정치·사회 과목의 교보재로 사용되는 시사지로서 권당 50만 부씩 발행된다.

시사지 이외에도 정치교육에 도움이 되는 다양한 책자들이 발간되었다. 대표적인 것으로서 일반적인 정치교육 교사를 위해 각 분야의 문제를 심도 있게 다룬 전문서적 시리즈인 Die Schirftenreihe der Bundeszentrale와 학교의 정치교육 담당교사를 위한 교재들인 Arbeitshilfe fr die politische Bildung, 그리고 중등학교의 정치교육 시간에 사용되는 교재인 Kontrovers를 들 수 있다. 이외에도 연방정치교육본부가 직접 발간하는 것은 아니지만, 정치교육과 연관된다고 판단될 경우, 출판된 지 일정한 시간이 지난 일반 전문서적의 판권을 확보하여 연방정치교육본부의 이름으로 새로 발간하고, 시민들에게 1년에 일정한 한도 내에서 무상으로 보급한다.

둘째, 정치교육과 관련된 각종 학술회의 및 연수를 기획한다. 예를 들면, 학교 및 학교 밖의 정치교육 전문가 학술회의를 정기적으로 개최하여 정치교육 방법론에 대한 전문가들의 의견교환을 통해 방법론의 지속적인 개발을 추진했다. 또한 언론인들의 재교육 과정을 개설하여 각 지역 언론이 정치교육에 기여할 수 있는 기회를 제공한다. 뿐만 아니라 연방정치교육본부의 교육관인 동방학부에서는 분단문제, 동구체제에 관한 지식제공, 유럽 국제정치 상황 등에 관한 연수 프로그램이 운영된다. 여기에는 교사, 학생, 기업인, 사회 및 정치 단체 간부, 언론인, 법조인, 공무원 등이 참가한다.

셋째, 각종 시청각 자료를 제작하여 학교 및 학교 밖의 정치교육 현장에 배포함으로써 교육의 효과를 제고한다.

넷째, 정치교육을 실시하는 사회 및 정치 단체들에 대한 학술회의 및 연수기회 제공과 재정지원 사업이다. 연방정치교육본부는 기본법(『헌법』)의 테두리 내에서 자유민주적 기본질서를 준수

〈표 3〉 독일 연방정치교육본부 홈페이지 내용

주요 메뉴	세부내용	
새소식	• 최신 소식 소개	
연방정치 교육본부 소개	• 주소 법적 규정 • 이상(방향)과 주요 과제 • 자문위원회(학술고문단, 감독관) • 조직과 임무 목표그룹 • 파트너	• 16개 주 정치교육본부(주소) • 동서문제담당지부 • 유관기관 지원지침 • 승인된 사설정치교육기관 소개 • 개방 및 방문 시간
주요 현안	• 2002년 연방정치교육본부 사업 • 쟁점: 대중매체 안에서의 폭력 • 쟁점: 9 · 11테러와 그 영향 • 쟁점: 선거 정치와 테러 • 전문가연수프로그램	• 문명사회에서의 e-민주주의 • 국제회의: 성평등 • 학술대회: 예술과 민주주의 • 이민논쟁 정치교육 전시회 • 극우주의 폴란드 견학 안내 • 언론방송인 연수 프로그램
출판물	• 출판물 신청 안내 • 간추린 정치 현대 독일상 • CD-Rom 시리즈 간행물 • 일반도서 법관련 서적 • 국회 정치와 현대 • 정치교육 정보	• 쟁점 확대경 • 수업주제 정치잡지 • 정치교육 보조자료 • 매체교육학 자료 • 언론방송인을 위한 도서 • 정치교육 달력
온라인 출판물	• 정치교육 정보 • 정치와 현대 • 국회 간추린 정치 • 법 및 조약 뉴스레터	• 정치교육 컴퓨터 게임 • 지방정책 • 독일 정당의 국고보조금 현황 • 영화 수업주제 • 언론방송인 연수프로그램 문서
정치교육 행사	• 행사 프로그램 안내 • 동서문제담당지부 • 과거와 미래 • 여성이 보는 이스라엘 문제 • e-민주주의 세계의 빈곤국가 • 신 테러주의 성 평등	• 이스라엘 견학 안내 • 폴란드 견학 안내 • 정치클럽 • 21세기의 중국 • 세계화 정치참여 • NATO 확대와 그 영향 • 새로운 세계질서형성에서 미국과 유럽의 대립
정치교육 경연대회	• 학생 정치교육 경연대회 • 제5회 '연극에서의 정치'페스티벌	• 대학생 경연대회 • 민주주의 이미지 아이디어 공모
관련 정보	• 문의 및 응답 • 연방정부 및 주요 관공서 소개 • 학문 연구 관련 기관	• 청소년 경연대회 관련 기관 • 온라인 정치교육 정보
찾기	• 온라인 정보 찾기	
도움말	• 홈페이지 설명서 • 정간물 '정치와 현대' 찾는 방법 소개	
홈페이지 관리인	• 홈페이지 관리인 소개	

출처: 김창환 외(2002: 128-130).

하는 사회 및 정치 단체들이 요청할 경우에는 정치교육에 필요한 재정을 제공한다.

다섯째, 학생들을 대상으로 하는 정치교육 경시대회를 정기적으로 개최함으로써 정치교육에 대한 학생들의 관심을 유도한다. 즉 학년 그룹별로 일정한 시사적인 주제에 대해 학생들이 상호 토론하고 보고서를 작성케 하고, 그것의 결과에 대한 평가를 통해 포상함으로써 학생들의 관심은 물론이고 정치교육에 대한 인식을 제고한다.[6]

독일은 통일 이후에도 통일 이전과 같은 수단과 방법에 의해서 정치교육을 추진하였고, 통일교육은 이 정치교육의 큰 맥락 속에서 추진되었다. 이 내용을 연방정치교육본부 인터넷 홈페이지 내에서 확인할 수 있다. 연방정치교육본부는 정치교육에 관한 많은 정보를 제공하고 있는데, 주요 메뉴를 소개하면 〈표 3〉과 같다.

이와 같은 국가 전반적인 정신교육의 전통을 토대로 하여 군 정신교육은 군대 내에서 기본법과 가치질서를 현실적으로 확립하는 데 목표를 두었으며, 정신교육의 귀감은 '제복 입은 시민'이었다. 군 정신교육의 세부적인 목표는 〈표 4〉와 같다.

〈표 4〉 독일연방군의 정신교육 목표

교육목표	세부내용
의미전달	군복무에 대한 정치적 · 법적 근거 전달과 군사임무의 명확한 이해 촉구
융화	군대와 군인의 국가 및 사회 속으로의 융화
공동책임	의무수행, 책임감, 위계질서 확립, 협동 및 단결을 위한 준비자세의 강화
가치관	기본법에 명시된 사항, 즉 인간의 존엄성과 법치국가주의, 그리고 임무수행에 입각한 가치관 형성

출처: 이상목 역(1994: 38).

통일 후 연방군에 편입된 동독 인민군 출신 장교에 대한 보수교육(Ergnzungslehrgang)으로서 첫 병과 참모교육은 1993년 1월 25일 함부르크 소재 지휘참모대학에서 실시되었다(〈표 5〉 참조).

6) Bundeszentrale fr politische Bildung, "Bericht der Bundesregierung zu Stand und Perspektiven der politische Bildung in der BRD", 연도미상, p.20.

〈표 5〉 통일 후 독일 지휘참모대학 정규과정 교육내용 및 시간

코드번호	교육내용	교육시간		
		육군	해군	공군
A	세계안보관계, PKO	55	55	55
B	독일연방 안보정책	66	66	66
C	전략이론	43	43	43
D	전쟁사	86	86	86
E	사회과학	179	179	179
F	도덕적 지휘통솔(Innere Führung)	53	53	53
G	법	30	32	41
H	군사기술	67	133	64
I	군사지리	32	14	5
J	일반지휘론	136	136	136
K	연방군 의무현황	11	11	15
L	연방군 행정	15	15	15
M	외국어	78	78	78
N	지휘기본영역 1	58	112	105
O	지휘기본영역 2	24	103	68
P	지휘기본영역 3	185	205	86
Q	지휘기본영역 4/나토병참	90	130	72
R	지휘기본영역 5	92	97	28
S	연합작전	232	232	232
T	각군별 지휘 및 작전	783	543	866

출처: 이한홍(1999: 208).

전반적으로, 통일 후 독일연방군의 정신교육센터에서 진행한 교육과정은 〈표 6〉과 같이 요약된다.

〈표 6〉 통일 후 독일연방군 정신교육센터 교육과정

교육과정	대상	교육내용/특징	학급
지휘관 연계과정	전투병과 대령–장군	군사전략, 통솔, 의사소통기법, 조직관리 등 군사전반에 관한 토의와 대화, 세미나를 통하여 부대관리와 지휘통솔에 관한 상급지휘관과의 의견교환의 장 마련	2
지휘관 (대대장) 과정	전투병과 소령–중령 (대령 일부)	지휘관 연계과정과 유사하며, 대대장 부임 전 교육의 성격으로 의사소통기법, 통솔, 정신교육방법, 부대관리 등의 내용으로 진행됨	10
중대장 과정	대위–소령	지휘관 과정과 일치된 교육내용으로 정신지도와 정치교육, 군대의 역할에 중점을 두고 실질적인 부대관리와 정신교육을 실시할 수 있는 자료제공과 기법 습득	18
부사관 과정	중사–상사	의사소통과 부대관리, 정치교육	18
종합과정	소위–대위, 대위–중령	독일연방군의 교육을 담당하는 장교를 대상으로 정신지도, 정치교육, 교수기법중심의 교육	5
정치교육 과정	전 장교	연방군 전체 장교 중에서 중령 이하를 대상으로 독일의 현안문제, 독일 연방의회, 각 정당의 정책 등 시사적인 내용을 중심으로 한 정치교육으로 군인이 독일사회를 이해하는 데 중점	12
민간인 종합과정	교사, 목사, 신부, 고용주, 노동단체, 부녀회, 예비군	–	11
구 동독군 과정	구 동독 장교	연방군에 편입된 구 동독군 장교를 대상으로 독일군의 일반정보, 독일군의 현안문제, UN과 NATO의 역할, 연방정부와 주정부의 역할 등 구 동독군의 연방군 체제 적응을 돕는 데 중점	12
학교 군사교육 담당장교 과정	중위–대위	독일의 중 · 고등학교 교육과정 중에 독일연방군을 이해시키고 군을 홍보하기 위한 기동홍보반 격이며, 교련교육과 유사한 임무를 수행하는 장교들을 위한 양성 교육임. 연방군에서는 각 주별로 중위 · 대위 등 위관장교를 배치하여 학교의 요청이 있을 때 초빙되어 독일의 청소년에게 군대를 이해시키고 군인의 이미지를 쇄신시키는 일을 함	필요시
예비군 과정	예비역 부사관–장교	–	1
안보과정 (정보공개과정)	종교단체(남여), 부녀회, 노동단체, 교사단	–	6
범무 세미나	법관, 법률담당교사, 교관, 군의관	–	2
외국군과 연합 세미나	소위–소령, 외국군 장교	독일연방군 장교와 미국, 프랑스, 네덜란드, 벨기에 등 유럽 인접국가 군인과 세미나를 통하여 상호 의견을 교환하고 유럽과 세계의 평화, 안보를 위한 방안 등을 토의	10
외국군 세미나	외국군 영관장교	–	5
기타	구 동서독군, 민간단체, 군대	–	30

출처: Zentrum Innere Fhrung(1991), 임봉춘(1992: 239) 재인용.

3. 단계별 교육

서독 연방군에 의하여 주도되었던 군대의 내적 통합은 동서독 주민들을 대상으로 한 사회적 내적 통합과 동일한 맥락에서 이루어졌다. 내적인 동화교육은 서독 연방군에 흡수될 동독군을 서독 연방군의 체제에 순응시키는 재교육과 서독 연방군의 자체 인원에 대한 교육에 집중되었다. 국방부 교육국에 의해 주도되었던 군의 내적 통합 노력은 통합 이전 준비교육단계, 통합단계에서의 시행교육, 그리고 통합 이후 교육 등 3단계로 구분하여 진행되었다.[7]

우선 통일준비교육은 1990년 통일이 가까워지면서, 그 동안의 정신교육을 강화하여 서독 전 장병을 대상으로 현 정치와 군사적 상황에 대한 올바른 인식 정립을 목표로 시행되었다. 교육의 중점은 올바른 대 동독관, 역사관 및 정치관 정립에 두고 동독군의 교육과정, 사상과 사고경향, 1·2차 세계대전과 동서독 분할과정 및 배경, 역사에 대한 책임과 역할 인식, 통일 독일의 위상과 세계 속에서의 바람직한 역할, 통일을 위한 정부 및 군의 조치 내용과 목적 등을 이해시키는 데 주력하였다.

둘째, 통일에 대비한 정신교육은 통일에 대한 희망과 우려가 교차되는 가운데 전 국민과 군의 관심이 집중됨으로써 교관이나 피교육생 모두 그 어느 때보다 진지하고 적극적으로 교육에 참여한 가운데 시행되었다. 그러나 실제 통일과정에서 많은 서독 연방군 장병들이 동독지역 배치를 거부하고 구 동독지역 재건을 위한 서독 측의 적극적인 노력에 대하여 불만 여론이 형성된 점으로 보아 충분한 성과가 있었는지는 의문의 여지가 있다.

셋째, 통합단계교육은 동독 인민군 장병의 최단시간 내 통일 연방군으로의 편입 및 일체감 조성과 공산주의 사상의 역침투 등 일체의 역교육 현상 제거를 목표로 하여 실시되었다. 동독지역에 배치될 연방군의 핵심장교 240명에게는 동부지역 적응능력을 부여하기 위하여 1990년 9월 10일과 11일 양일간 사관학교에서 집체교육을 실시하고 이때 동독군 편제와 동독지역 근무시 주의사항 등을 중점 교육하였다. 서독 연방군은 1990년 9월 10일 동독 인민군 인수에 대비한 동화교육계획을 발표하였다. 우선 동화교육이 불가능하다고 판단되는 대령급 이상의 장교 및 장성과 정치적 도구로 운영된 부대, 즉 보안 및 방첩부대, 국경수비대, 첩보부대의 전 장병을 조기 퇴역시켰다. 동화교육은 우선 1천 명 이상의 동독 장교를 대상으로 2–3주간의 재교육을 실시토록 계획되었다. 교육은 부대교육과 소집 및 집체교육으로 구분하여 실시하였다. 부대통합 직후 서독 연방군 파견장교 2천 명에 의해서 실시된 부대교육은 통일의 역사적 필연성과 당위성, 향후 군사통합

7) 이하 단계별 교육절차에 대해서는 하정열(1996: 189–192)을 주로 참고함.

절차 및 동독 인민군의 처리 및 대우 등에 관하여 인수부대의 상황과 여건에 따라 각 팀의 재량으로 파상적으로 반복적인 교육을 실시하여, 부대 동요 방지, 심리적 안정감 부여와 미래 희망의 주입에 중점을 두고 실시되었다.

요컨대, 바르샤바조약기구의 엘리트 군대로서 공산주의 이념에 투철한 동독군 장병을 아주 단기간 내에 자유민주체제하의 시민군대로 전환시키는 데는 역부족이었으나, 구 동독 인민군 인수팀의 조기 선발 및 투입으로 정상적인 인수작업과 조기교육이 가능하였으며, 처음부터 동화교육이 불가능한 요원을 사전에 제거하고 추가적인 재교육을 실시함으로서 통일 초기의 교육목표를 어느 정도 달성할 수 있었다(〈표 7〉 참조).

〈표 7〉 동독 인민군 장병 교육이수 현황

교육기관	대상인원
육군 각 병과학교	장교 1,300명, 부사관 1,600명 * 교반 150개
육군 부사관학교	중사 이상 부사관: 1,916명 하사 재교육: 1,016명
현장 재교육(실무부대)	장교 2,800명, 부사관 3,900명
서독 연방군 부대	동독 병역의무자 27,100명 교육

출처: 하정열(1996: 193).

통일단계별 교육에 있어서 가장 중요한 단계는 통일로 접어들기 시작하면서부터이다. 따라서 이에 대한 심층적인 논의를 집중적으로 더 진행할 필요가 있다. 일반적으로 독일의 민주시민교육이나 정치교육은 통일 후에 재정적으로 통일 전처럼 뒷받침되지 않았다. 그 결과 관련 교육프로그램이 줄어들게 되었고, 참석자 역시 감소하게 되었다. 또 다른 특색은 동독인은 정치교육보다는 비정치교육적인 프로그램에 더 많은 관심을 가졌다는 사실이다. 통일 직후 그들이 선호하는 교육프로그램은 건강교육, 컴퓨터교육, 영어교육 등이었다. 통일이 된 직후의 독일의 통일교육의 특징에 대해 국내의 연구진은 다음과 같이 현장분석 결과를 정리하여 제시한 바 있다.

① 서독의 통일교육은 동독인에게 이질적이다.
② 동서독인의 내적 통합을 위한 교육내용이 필요하다.
③ 동서독인을 통합하기 위한 교육방법이 필요하다.
④ 동서독인을 위한 토론문화의 활성화

⑤ 과거극복을 위한 특별한 교육프로그램이 필요하다.

⑥ 동독인의 상이한 점이 교육프로그램에 반영되어야 한다.

⑦ 다양한 교육적 대안과 대책이 필요하다(김해순, 2002: 201-206).

독일의 통일교육은 국가 전체적이고도 전군(全軍)적인 민주시민 교육의 총체적인 프로그램 속에서 단계별로도 상황에 맞도록 통일교육을 진척시켜 나갔다. 그럼에도 불구하고 오늘날 여전히 동독 출신, 서독 출신이라는 출생지의 차이로 인해 생기게 되는 문화적 차이와 차별은 통일독일의 정착과 발전을 위한 적지 않은 걸림돌로 작용되고 있는 실정이다.

4. 대상별 교육

독일은 통일의 과정 속에서 대상별로 정신교육을 효율적으로 잘 관리하였다. 대상별 구분은 내부 구성원, 잔존 동독군과의 내적 통합, 대국민통합의 노력을 말한다.

첫째, 서독 내부의 군인들에 대한 교육이다. 통일과정에서 군 정신교육의 실행에 관해서는 12개의 기본원칙이 중요한 기본지침이 되었다([부록 1] 참조). 독일의 군사통합과정에서, 특히 서독 군인 또는 군인 출신자들에 대한 정신교육은 매우 중요한 의미를 가진다. 왜냐하면 사실상 독일 통일은 동독의 통일에 대한 자발적 혁명과 서독의 외교력의 조화가 잘 이루어진, 사실상 서독에 의한 동독의 일방적 흡수통일이기 때문이다. 즉 흡수통일의 주체인 서독의 내부 구성원들이 소외감을 느낀다거나 주인의 대우를 받지 못한다는 인식을 갖게 하는 것은 전반적인 국가통합의 성공을 그르치게 할 수 있다. 그런데 독일의 경우 이러한 점에 대한 강한 제도적 뒷받침이 부족한 것으로 보인다. 이는 평상시의 전문직업군인에 대한 복지 차원의 직업보도교육과 연계하여 새롭게 고려되어야 할 것이다.

둘째, 통일 이후 동독 인민군에 대한 교육은 어떻게 진행되었는지를 살펴볼 필요가 있다. 구 인민군의 장비와 병력의 해체는 구 동독의 유산을 청산하는 데 중요한 과정이었지만 그것으로 독일 군사력의 구조전환이 완결된 것은 아니었다. 더욱 중요하고 복잡한 과제는 동독의 과거를 정리하는 일과 독일연방군에 계속 근무하게 된 구 인민군 병력을 정신적으로 통합시키는 일이었다. 이들에 대해서는 정치적·이념적·군사적 측면에서 재교육이 실시되어야 했다. 또한 이들이 개별적으로 겪고 있는 심리적 압박감과 편견 등이 해소되어야 했다. 독일연방군 지휘부는 계속근무를 희망하는 구 인민군 신청자의 서류를 면밀히 조사하여 최종적으로 1만 1천 명의 병력만 독일연방군에 받아들이기로 하였다. 그리고 1992년 10월 2일 국방장관은 최초로 구 인민군 출신 장병을 독일연방군의 직업군인으로 임명하였다. 계속근무를 희망하는 자들을 군사기술적 측면에서 받아들일 것인가의 여부를 판단하는 일은 그리 어렵지 않았다. 하지만 정치적 측면에서 이들의 임용 여부를 판단하는 기준은 때로 모호하였다. 여기에 대해 독일연방군의 감찰관이었던 키르흐바흐(Hans Peter von Kirchbach)는 신속히 추진되었던 인민군의 해체과정에서 많은 실수가 있었음을 인정하였다. 자질이 있고 유능한 장병들이 때로 간과되어 강제 예편되기도 하였다.[8]

서독은 이미 법적 통일 이전에 서독의 국방장관이 1990년 9월 10일 발표한 인민군 장교 교육 실시계획에 따라 1천여 명의 동독 장교를 대상으로 3주간 교육을 실시한 바 있다. 통일 이후에는 사단 및 연대급 부대단위에 정규과정을 설정하여 교육을 실시하였다. 정치교육 및 각종 군사훈련이 포함된 교육이 진행되었다(〈표 8〉 참조).

〈표 8〉 독일연방군 편입 인민군 간부 대상 교육내역

구분	대상	교육중점	기간	교육장소	비고
1차 예비교육	중대장	군법, 교범, 기타 예규에 입각한 부대관리	2주	연방군	
	중대 선임하사	교육훈련 계획실시	"	장교학교	
	위병근무 간부	지휘통솔	"	서독 실무부대	
	대대장급 이상 지휘관	정신교육	"	정신교육센터, 참모대	
기타 보수교육	장기복무자 (복무 예정자)	개인자습			
		부대실습	4주	서독군 실무부대	
		정신교육	2주	지참대	예비교육
		보수교육	12주		2년 이상 근무예정자
		근무지 안내교육		각부대	

출처: 주독대사관 무관부(1992).

셋째, 독일연방군과 구 동독 주민 간의 통합을 위한 노력이다.[9] 독일에서 통일 전후 사회통일교육은 서독지역에서는 큰 변화가 없었다. 서독의 통일교육은 본래 정치교육이라는 큰 틀 안에서 이루어졌기 때문이다. 그리고 통일 전후 서독지역은 정치·경제·사회적으로 큰 변화를 겪지 않

8) Wulf Splittgerber, Ungläugiges Staunen, http://www.ifdt.de/artikel/splittgerber. htm, 손기웅(2003: 42–43) 재인용.
9) 손기웅(2003: 46–47)의 내용을 토대로 기술.

았기 때문이다. 단지 통일 전에는 동독 실상에 대한 이해, 동서독 비교 등이 정치교육에서 중요한 부분을 차지하였으나, 통일 이후에는 동서독 국민통합, 폭력과 극우주의 등 통일관련 내용이 주류를 이루었다. 반면 동독지역의 통일교육에서는 체제 유지를 위한 이데올로기 교육이 중요한 부분을 차지하였으나, 통일 후에는 새로운 체제에 적응하는 것이 중요한 교육의 과제로 제기되었다. 즉 동독 식의 사회주의 이념 교육에서 서독 식의 다원화된 민주주의 체제를 익히는 교육이 강조되었다. 이러한 교육의 변화는 학생들뿐만 아니라 일반 성인들에게도 큰 문화적 충격을 주었고 많은 문제를 수반하고 있었다. 하지만 통일 직후 통일정부는 구 동독지역에서도 단지 서독 식의 정치교육을 시키면 서독 주민들처럼 민주적인 의식을 함양하고 민주적인 시민이 될 것이라고 예상하였다. 이러한 예상은 빗나갔고, 통일 후 구 동독지역의 정치교육은 많은 문제점을 안고 있었다(김창환 외, 2002: 157).

통일 이후 동독인은 특히 포용의 대상으로 매우 중요한 의미를 가지는데, 이들의 심리적 어려움은 다음과 같이 정리되고 있다.

첫째, 동서독 간의 이질화를 확인했다. 동독 사람들과 서독 사람들이 동시에 느낀 첫 번째 심리적 어려움이 있다면, 그것은 '이질감'이었다고 하였다. 서로가 같은 언어를 사용하고 있고, 같은 역사를 가지고 있으며, 서신왕래가 있었고 가족들끼리 상호방문하며 서독 TV 프로그램을 다 같이 보고 살았음에도 불구하고, 막상 서로가 같이 만나 통일 이후의 삶에 대하여 이야기를 나누게 되었을 때 그들은 서로 양쪽 출신 사람들이 가지고 있는 문화나 생각하는 방식이 너무도 다르다는 사실에 몹시 놀랐다는 말을 하였고, 그것이 심리적으로 큰 어려움이었다는 말을 하였다.

둘째, 동독 사람들은 권위, 순종, 지도를 받는 것에 대한 태도의 차이에 대해 어려움을 호소하였다. 동독 사람들과 서독 사람들이 가지고 있는 차이는 여러 가지가 있으나, 여기서는 그 중 가장 눈에 띄는 것 중의 하나는 그들의 권위에 대한 태도, 지배와 복종의 관계, 생각하는 방법에서의 차이였다. 서독은 제2차 세계대전 이후에 미국, 영국의 영향으로 독일의 전통적인 권위와 지도자에게 순종하는 태도, 나치시대 때 더욱 강화되었던 그러한 태도와는 반대되는 '권위에 반대할 줄 아는 사람들이 되는 교육'을 받아왔다. 즉 위의 권위에 복종하기보다는 개인 스스로가 판단하고 행동하고 그에 대한 책임을 스스로 지는 것이 강조되는 교육을 받아온 것이다. 그러나 동독은 분단 이후에도 여전히 권위에 절대순종하는 것이 강조되는 교육을 받으며 살아왔다. 그것이 동독 사람들에게는 공산독재체제하에서 살아남을 수 있는 유일한 생존전략이었고, 그것에 충실하게 사는 것이 그들의 삶을 보장해 주는 것이었다. 그런데 급격히 통일이 되면서 동독 사람들도 이제부터는 권위에 반대할 수 있는 사람이 되어야 한다는 서독 사람들의 요구를 받으면서 큰 혼란 속에 들어갔고 그것이 갈등을 일으키게 되었다.

셋째, 동독 사람들은 미래에 대한 불안감을 느끼고 있다. 현실적으로 주변에서 많은 사람들이 직장을 잃고, 살고 있던 집에서 쫓겨 나오는 일들을 보게 되면서 이들은 근본적인 불안, 즉 직장과 살 집에 대한 걱정을 하고, 불안해하는 사람들로 바뀐 것이었다. 그리고 설사 그런 문제가 어느 정도 해결된 사람들이라 할지라도, 여전히 이런 변화가 많은 자본주의 사회 속에서 자신이 앞으로 언제 어떻게 될지 모른다는 그런 미래에 대한 불확실성이 계속 그들을 불안하게 만들고 있었다. 그러나 이런 불안감은 시간이 지남에 따라, 그리고 그 변화의 속성을 점차 이해함에 따라 없어져가고 있다는 말을 하였다.

넷째, 동독 사람들은 개인적으로 자신이 쓸모없는 인간이 되었다고 느끼고 있다. 통일 이후 동독 사람들의 스스로에 대한 대표적인 느낌은 자신이 쓸모없는 사람이 되었다는 것이다. 통일 이전에 동독 사람들은 자신들과 서독 사람들과의 차이를, 사회를 운영하는 '사상적 측면'에서 '좀 더 옳고 그른 문제'로 보았지 '우수하고 열등한 문제'로는 전혀 보지 않았다.

다섯째, 동독 사람들은 자신들이 사는 사회의 제도와 특성을 강요당하고 있다고 느낀다. 통일이 되면서 구 동독의 모든 시스템은 가치 없고 잘못된 것으로 평가되어 다 없어지게 되었다. 예를 들어 아이들이 학교에 가서 공부하는 내용이나 교육제도도 서독의 교육내용, 교과서 그리고 교육제도 등으로 한꺼번에 대체되었다. 모든 기관의 장은 대부분 서독 출신의 사람들이 차지하였다. 서독 사람들은 동독 사람들에게 이제부터 어떻게 살고 어떻게 행동하는 것이 더 우수하고 자본주의 체제에 맞는 것인지를 가르쳤다. 동독 사람들은 그것을 따라야만 했던 것이다.

여섯째, 동독 사람들은 실직에 대한 불안감을 느끼고 있었다. 동독 시절에는 직장이 그들의 모든 생활 근거지였다. 직장이 한번 정해지면 대부분의 사람들이 그 직장을 평생 다녔다. 전직이나 전업이란 동독에서는 아주 낯선 말이었다. 그리고 직장은 일을 하고 돈을 버는 일터의 기능 이외에도 사상교육을 받는 단위가 되었고, 사회에 참여하는 단위가 되었으며, 모든 인간관계를 그곳을 통하여 평생 지속하며 가졌다. 즉 그들에게 있어서 직장은 곧 삶 그 자체였다. 그런데 통일이 되면서 수많은 동독 사람들이 그런 직장에서 나오게 된 것이었다. 그들에게 있어 직장을 잃는다는 것은 단순히 일하여 돈을 벌 수 있는 곳을 잃게 되는 것 이상의 의미를 가졌다.

일곱째, 동독 사람들은 타인과의 비교의식에 따른 불안감을 가지고 있었다. 통일이 되면서 서독 사람들과의 부의 차이를 눈으로 직접 보게 되었고, 같은 동독 출신 사람들이라도 빈부의 격차가 생기고 그것이 점점 더 커짐에 따라 그에 따른 불만과 불안이 커지게 된 것이다.

여덟째, 동독 사람들은 구 동독사회의 모든 자랑스러운 것이 다 쓸모없는 것으로 간주된다는 것에 대해 슬프게 생각하고 있었다.

아홉째, 동독 사람들은 자신이 살았던 사회와 가치관에 대해 실망감과 죄책감을 가지고 있었다. 과거 구 동독 사람들은 자신이 믿고 살았던 이데올로기, 즉 사회주의가 가지고 있는 장점에 대한 나름대로의 자부심이 없었던 것은 아니었다. 하지만 막상 통일이 되고, 구 동독의 정부, 당의 지도자들과 비밀경찰이 얼마나 나쁜 일을 많이 하였는가가 적나라하게 드러나게 되면서, 그 동안 자신들이 믿으며 살아왔던 그 가치관, 그 사회에 대한 실망과 회의를 하게 되었다.

열번째, 동독 사람들은 서독 사람들에게 점령당하고 이용당했다고 느끼고 있었다. 많은 동독 사람들이 통일에 있어 가장 분노하고 있는 것은 분단 전 재산권을 서독 사람들에게 인정해 준 것이었다. 이에 따라 자신들이 수십 년간을 살고 있었던, 그것도 동독에서 완전히 합법적으로 살고 있었던, 그러한 집에서 쫓겨 나와야 하였던 것이 이들에게는 가장 힘든 일 중 하나였다.

열한번째, 동독 사람들은 자신을 대변해 주는 집단이 없다는 소외감을 느끼고 있었다. 동독 출신 사람들의 말에 의하면 통일과정에서 그들이 모든 협상과정에서 2등 취급, 보조자 취급을 받았다고 하였다. 정치·경제 모든 것에서 동독 사람은 결코 지도자급 자리를 차지한 적이 없다는 것이었다. 통일 후에 정당에 들어가더라도 주로 서독 사람들로 요직이 구성되어 있어서 동독 사람들은 정당에서도 소수에 지나지 않았다.

열두번째, 동독 사람들은 보복당할 것에 두려움을 가지고 있었다. 통일이 되자 바로 동독지역에서 가장 큰 이슈가 된 것은 서독 정부와 언론에 의하여 진행된 '과거의 폭로'였다. 즉 동독정부와 비밀경찰이 행했던 비행사실이 무엇이었으며, 비밀경찰의 정보요원이나 정보제공자로 일한 사람들이 누구였다는 것을 다 발표하는 것이었다. 그리고 그에 대한 신고를 하도록 한 것이었다. 이에 따라 동독 사람들은 극도로 긴장하게 되었다.[10]

군 내부에서도 이러한 문제는 여전히 큰 문제점으로 작용했다. 사실 독일연방군에 있어서 군 통합은 구 동독지역에서의 연방군에 대한 사회적인 포용과 인정도 의미하였다. 연방군지휘부는 이를 위해 상징적인 조치를 취했다. 즉 중요한 참모기구들, 예를 들어 해군사령부, 동부지역 육군사령부, 육군장교학교, 독일연방군 사회과학연구소 등을 구 동독지역에 이동 배치하였다. 그럼에도 불구하고 구 동독지역으로부터 연방군에 대한 인식의 제고는 무엇보다 연방군의 광범위한 홍보와 공개적인 활동을 통해 이루어졌다. 1990년 초부터 군의 공보장교는 언론·방송과의 관계를 강화시켰다. 초급장교들은 구 동독 주민들과 접촉을 강화하여 대화를 통해 그들로부터 이해심을 이끌어내려고 노력했다. 그러나 이러한 노력은 초기에 그다지 성공적이지 못했는데 그 이유는 이들의 활동을 구 동독 주민들이 과거 동독 인민군 정치장교들의 대민선전활동과 유사하다고 느꼈

10) 전우택(2002: 188-206). 이 자료는 한 정신과 의사가 동독지역의 주요 정보제공자들과의 면담(Key Informants Interview, 1997. 2. 22-3. 1)을 통해 확보한 것이다. 면담 대상자는 민간 또는 공립연구소의 연구원들과 민간 지원기구 책임자, 독일 공무원, 사회정신의학자 등으로 구성되었다. 각 면담은 평균 2시간 30분 정도 이루어졌다. 이 자료는 면담으로 채집된 것이므로 문어체로 약간의 수정을 가했다.

기 때문이다. 그럼에도 불구하고 독일연방군은 홍보·정보활동을 지속적으로 추진하였고『독일연방군을 소개한다!』(Die Bundeswehr stellt sich vor!)는 제목의 홍보책자를 25만 부 만들어 돌리는 등의 노력을 통해 어느 정도 구 동독 주민들에게 다가갈 수 있었다.

반면 각급 학교에서의 공개적인 활동을 통한 대주민 접근은 더욱 어려운 작업이었다. 많은 구 동독 출신의 교사들은 수업시간 중에 실시하는 연방군의 홍보활동을 과거 인민군이 행하였던 것과 유사하다는 점에서 거부했던 것이다. 그럼에도 불구하고 1991년 중순부터 연방군은 주 정신교육센터와 같은 다양한 교육시설물과 연계하여 홍보활동을 지속적으로 추진하였다. 그러나 구 동독 주민들로부터 연방군이 사회적으로 가장 많은 호응을 얻을 수 있었던 것은 군의 대민협력활동(ZMZ: Zivil Militrische Zusammenarbeit)을 통해서였다. 군은 구 동독지역의 사회기반 건설사업에 적극적으로 참여하였다. 특히 구 동독지역의 측량사업을 지원하여 토지대장과 부동산현황을 재파악하는 데 큰 역할을 담당하였다. 그외에도 연방군은 초기부터 구 동독지역에서 요청되는 행정업무의 지원에도 힘을 기울였다. 예를 들어 장거리통신망의 원활한 운용을 지원하였고, 공군을 활용하여 우편물의 운송도 지원하였다. 공군은 나아가 많은 지역에서 위급상황 발생시 민간인에 대한 구조활동도 전개하였다.

군의 대민협력활동이 상징적으로 가장 두드러지게 돋보이게 된 것은 1997년 오더강(Oder)이 범람했을 때 행한 대민지원활동이었다. 이 사건은 구 동독과 구 서독이 함께라는 인식을 주민들의 가슴에 새기는 중요한 계기가 되었고, 독일연방군이 양주민들간에 동일한 정체성을 형성하는 밑거름이 되었다. 즉 그것은 독일연방군 내부적으로는 하나라는 감정을 형성하고 외부적으로는 사회에 의해 독일연방군이 포용되는 데 기여했다.

Ⅳ 한국군 정신교육에 주는 시사점

독일의 군사통합 모델을 한국적 상황에 그대로 적용하는 데는 한계가 있다. 하지만 이상적인 모습으로 성공한 모델을 찾기가 쉽지 않은 상황에서 비교를 위한 계기를 제공해 준다는 점에서 독일 모델은 중요성을 가진다. 독일 군사통합이 우리 한국에 주는 정신교육적 시사를 국가적 수준으로부터 실질적인 수준에 이르기까지 단계별로 구분하여 기술하고자 한다.

1. 국가수준의 정신교육 체계 구축

독일의 경우 군을 포함하는 국가수준의 정신교육 체계가 잘 구축되어 있었다. 이는 통일을 위한 사전준비에서부터 실질적인 통일과정, 그리고 통일 이후 사람과 사람 간의 인간적인 통합분야에서 진가를 발휘했다. 또한 독일은 전국적 규모의 정당들이 통일문제를 주요한 정강으로 채택하여 국민들의 통일에 대한 관심도를 계도해 나갔다.

이와 같은 점은 우리 한국의 경우에도 시사하는 바가 크다. 현재 우리나라는 '자유총연맹', '재향군인회', 그리고 'YMCA'등과 같은 전국적 규모의 크고 작은 단체들이 있다. 하지만 국가기관에서 주관하는 정신교육 프로그램은 전무한 실정이다. 이전 시기에 '새마을운동본부'가 있기는 했지만 요즈음은 유명무실한 실정이고, 그마저도 과거시대의 권위주의 산물로 치부되고 있다. 그 정체성이나 내용에 걸맞는 개혁이 있을지언정 국가수준의 대국민계도의 정신교육 프로그램이 필요하다고 본다.

독일의 경우 패전국으로서 승전 선진 강대국의 자유민주주의 이념을 체계적으로 보급하기 위한 필요성에서 비롯되기는 했지만 실질적인 운용은 어떤 선진 자유민주주의 국가보다도 내실 있게 진행되었다.

다만 여기서 중요한 것은 '통일'을 '국가수준의 정신교육' 내용 중에서 주요한 요소로 생각해야 한다는 점이다. 최근 우리 사회에서는 '통일'에 대한 국민적 열망만을 제안하기만 해도 전향적이고 개혁적이고 진보적이고 긍정적이라는 평가를 받는 듯한 인상을 준다. 통일은 우리 국가가 지향해야 할 중요한 국가적 사업 중의 하나이다. 따라서 국가가 지향해야 할 국가목표 이상의 자격으로서의 통일을 제안하는 데는 경계해야 할 것이다.

2. 군 정신교육 전담기관 복구

군대는 국가의 보위를 위해 필요불가결한 요소이다. 따라서 군대의 정신교육은 국가 정신교육의 골간이라고 할 수 있다. 군대는 그 특성상 최초에 편성을 제대로 하면 다른 조직에 비해 시행상의 어려운 점은 상대적으로 많지 않다.

우리 한국군의 정신교육 전담기관은 현재로서는 사실상 부재한 실정이다. 1979년 고 박정희 대통령의 지시에 의해 '국군정신전력학교'가 창설되고, 이후 직제 개편에 의거 '국방정신교육원'으로 개명되고, 급기야 1999년에는 조직 자체가 해체되어 2000년에는 국방대학교의 일개 처(정신교육처) 수준으로 감소 편성되었다.[11] 또한 연구기능은 현재 국방대학교 안보문제연구소의 1개 실(정신전력연구실)에서 수행하고 있으며, 전문연구지(정신전력연구)는 창간호의 명맥을 겨우 유지하고 있는 실정이다. 이와 같이 기존 조직 중 폐지된 기능 중에서 현재 다른 조직에서 다시 그 기능을 수행하고 있는 국방대학교 내의 '국방정신교육단'[12]과 최근 논의되고 있는 '국방리더십센터', 그리고 육군종합행정학교의 정훈학처 등의 기능은 과거 국방정신교육원의 기능이 오히려 방만해지는 역기능을 초래하고 만 실정이다. 사실상 국방정신교육원이라고 하는 기구의 기관장의 자리 하나를 폐지하는 결과 이상의 효과를 기대할 수 없다고 보인다. 요컨대 국방정신교육의 필요성은 상존하고, 투여되는 예산은 최소한 기존 수준에 밑돌지 않는다는 것이다. 이러한 상황은 국방정신교육을 전담하는 기구의 복구를 위한 충분한 필요조건이 된다고 판단된다.

현재 국방대학교 내에서는 '국방리더십센터'의 창설이 가시화되고 있는데, 교육–연구 기능이 패키지화되어 있어서 그 성공이 매우 고무적이라고 본다. 여기에 기존에 계획된 주요 임무에 '정신전력 강화를 위한 지휘통솔개념'의 기능을 두어 이 분야에 대한 교육과 연구를 위한 기초적인 가능성을 지속적으로 열어두는 것도 필요할 것으로 본다(〈표 9〉 참조). 이 기구를 토대로 통일관련 교육도 포함하는 국가 필요의 군 정신교육을 추진해 나갈 수 있을 것이다.

〈표 9〉 국방리더십센터의 임무

분야	주요 임무
기획분야	국방리더십센터 임무 및 기능 정립/시행 국방부 차원의 리더십 분야 중 · 장기 발전기획 수립 민 · 관 · 군 및 상 · 하 · 인접부서간 협조/조정/통제
연구분야	리더십이론/개념 정립, 사례 개발 연구 한국군 고유 리더십 발전/고급 리더십 프로그램 개발 군대문화의 정확한 진단과 각 군 특성에 맞는 리더십 발전 정신전력 강화를 위한 지휘통솔개념/연구모형 개발 *
교육분야	육 · 해 · 공군 균형된 발전 노력 안보 · 석사과정 리더십 교육체계 정립 일반대학 군사학 학문체계와 연계, 리더십 교수 육성 교육 교관/훈육관 워크숍, 장군 진급반, 무궁화회의 리더십 교육

주: 원자료에는 "*"표시의 내용이 없었으나, 상대적으로 '정신전력'에 대한 중요도를 강조하기 위해 필자 임의로 삽입함.
출처: 국방대학교 리더십센터(2004).

11) 이후 국방대학교의 '정신교육부'라는 이름으로 상대적으로 높은 부서로 잠정운용되었으나, 결국에는 직무연수부 예하 1개 처인 정신교육처로 정착되었다.

12) 이 국방정신교육단 내에는 야전 장병들을 대상으로 하는 순회정신교육 전문강사와 정신교육용 교재 집필을 위한 집필위원으로 편성되어 있다.

3. 대상별 통합적 통일교육 프로그램 개발

현재 우리의 통일부에서는 국가수준의 통일교육 지침체계 재정립을 위한 노력을 하고 있다. 군 통일교육을 위해서도 통일교육 지침총론과 일관성을 유지하는 가운데, 몇 가지 유념해야 할 사항을 제시하고 있다.

첫째, 군 통일교육은 민주사회 건설을 위한 올바른 국가관에 기초한 민주시민을 육성할 수 있도록 실시되어야 한다. 둘째, '선안보·후통일' 논리의 당위성이 명확히 교육되어야 한다. 셋째, 확고한 대적관을 견지하는 가운데 포괄적인 안보교육을 지향한다. 넷째, 인간 중심의 교육을 지향하면서, 체제 확산적이며 적극적인 방향에서 이루어져야 한다. 다섯째, 통일교육 자체가 민주적이어야 한다. 여섯째, 수요자 중심의 통일교육을 실시하여야 한다. 일곱째, 불변요소와 가변요소의 적절한 균형교육을 실시한다(오기성 외, 2003: 149-158).

그런데 대상의 영역을 거시적으로 구분해야 할 필요가 있다. 그 예시로 통일 이전의 남한 군인들에 대한 교육, 흡수된 북한 인민군에 대한 교육, 통일한국군을 위한 총체적 교육, 통일한국민의 적극적 지지를 확보하기 위한 홍보와 교육 등을 생각해 볼 수 있다. 이러한 논의를 토대로 학교-일반사회-군대사회 등과의 관련을 고려한 국가수준에서의 통일교육을 위한 계열과 범위(sequence & scope)를 설정할 필요가 있다.

4. 통일대비 군 자체 교육과정 개발

현재 군 내부에서의 통일교육은 별도의 과목 명칭이 없이, 전반적인 정신교육의 틀 속에서 이루어지고 있는 실정이다. 그 기본적인 틀은 현재 일반학교와의 연계성을 위해 학교급별 통일교육의 목표선상에서 고려될 필요가 있다.

학교교육에서의 통일교육은 반공교육 → 통일·안보교육 → 통일교육 순으로 그 강조점이 변화하여 왔다.[13] 한편 군 정훈교육의 역사는 그 시기에 있어서 약간의 전후 차이는 있겠지만, 대체로 정훈교육을 위한 기본교재 개정과 맥락을 같이 한다. 정훈교육의 교재는 많은 굴곡이 있었으나, 1976년 국방부 단위의 최초 교재 통일이 있기 이전까지는 특별정훈교육 교재로서 한시적으로 교육목적에 부합되게 제작·활용되었다.

군 정훈교육의 기본교재는 1976년 12월 국방부에서 『국군정훈교정』이라는 최초의 국방부 단위의 교재를 발간하고 난 뒤부터 1979년 제1 차 교재개정으로 『국군정신교육 교본(1·2·3부)』이 발간

13) 교육인적자원부(2001), 권순환(2004: 11) 재인용.

되었으며, 제2차 개정으로 1981년 개정본인 『국군정신교육 교본』이 발간되었고, 제3차 개정으로 1989년 개정본인 『정신교육 기본교재』가 발간되었고, 제4차 개정으로 1993년 『국군정신교육 교본』이 발간되었고, 1998년 『국군정신교육 기본교재』가 발간되었으며, 그리고 최근에는 제5차 개정에 의해 1999년 연말에 『(정신교육 기본교재) 위기극복을 위한 우리의 다짐』이 발간되었다.

우리 군의 정신교육 내에서 통일교육이라고 하는 단일주제의 변천과정을 염출해 내기는 상당히 어렵다. 다만 정신교육에서 시대별로 강조되는 교육내용의 흐름 속에서 짐작해 낼 수 있을 것 같다.

현재의 군 정훈교육은 국가 전반적인 통일에 대한 관심과 열망에 비해, 군 자체의 공식적인 교육과정으로 흡수하지는 못한 상황이다. 현재의 군 정훈교육의 연간 시간 편성표를 보면, 기본교재를 중심으로 하면서 시대적 요청사항을 간헐적으로 교육하는 식으로 시간이 편성되어 있다(국방부, 2004: 21).

특히 기본교재의 '군인정신', '국가관' 그리고 '안보관'은 군 정훈교육의 가장 중심적인 목표 역할을 수행하고 있는데, 군 통일교육은 이 중에서도 국가관과 안보관과 직접적인 관련이 있다고 볼 수 있다. 한편 교관용 정신교육 교재에서는 미비하나마 군 통일교육에 대한 교육내용을 담고 있다(국방부, 2003: 148).

5. 통일대비 군 자체 전문요원 양성

통일은 현재 우리 한국의 입장에서 볼 때, 가장 중요한 국가적 사업 중의 하나이다. 따라서 통일교육이라는 별도 상징적 교육의 필요성은 매우 높다. 그렇지 않고 다른 교육과정의 일부 과목군(群) 중의 하나로 생각하게 된다면, 통일을 준비하고 통일과정을 이끌어나가고 완전한 통일을 일구어낼 수 없을 것이다.

통일부 차원에서는 사회 통일교육의 일환으로 군 통일교육을 인식하고 있다. 이는 군 정훈장교를 대상으로 한 통일교육 일정을 살펴보면 쉽게 이해할 수 있다(〈표 10〉 참조).

〈표 10〉 통일부의 사회통일 교육과정 개요

교육과정	교과편성(전문과목 위주)	기간/기수	비고
통일교육 전문위원(연찬)	북한이탈주민과의 대화, 남북관계 주요 현안과 대책, 남북교류협력과 경제공동체 건설 방안, 사회통일교육 표준 강의안 연구 및 발표 등	각3일/3기	합숙
통일교육 전문위원(명예)	북한주민의 생활과 가치관, 북한이탈주민과의 대화, 남북경제협력과 경제공동체 형성방안, 남북관계 주요 현안과 대책 등	각3일/3기	합숙
민주평통 자문위원	북한이탈주민과의 대화, 남북관계 주요 현안과 대책, 남북교류협력과 경제공동체 구축방안, 통일문제 관련 홍보활동의 방향과 과제, 북한 · 통일관련 정보자료 활용 방안, 북한 · 통일문제 쟁점토론 등	각2일/3기	합숙
향군안보강사	남북관계와 국가안보, 북한의 군사력과 남북한 군사력 비교, 남북간 신뢰구축과 평화문제, 북한이탈주민과의 대화, 남북관계 주요 현안과 대책, 통일안보교육현장에서의 통일교육 지도요령과 교수기법 등	각3일/2기	합숙
민방위소양강사	북한의 군사력과 예비전력, 남북관계와 국가안보, 외국의 민방위교육 사례, 북한이탈주민과의 대화, 남북관계 주요현안과 대책, 민방위교육에서의 통일교육의 지도원칙과 교수기법, 민방위교육 사례 발표 및 토론 등	3일	비합숙
군 정훈장교	한반도 냉전구조 해체와 평화정착 방안, 북한이탈주민과의 대화, 남북관계 주요 현안과 대책, 신세대 장병들을 위한 통일교육 과제와 방향, 북한의 군사력과 남북한 군사력 비교, 정훈교육 사례 발표 및 토의 등	각3일/2기	합숙
통일단체 지도자	북한주민의 가치관과 생활, 남북관계 주요 현안과 대책, 남북교류협력과 경제공동체 건설방향, 북한 사회단체의 역할과 활동 현황(외곽단체 중심), 민간 통일운동의 방향과 과제, 북한이탈주민과의 대화 등	각3일/4기	합숙
통일교육단체 지도자	북한이탈주민과의 대화, 남북관계 주요 현안과 대책, 남북한 사회문화 교류협력 실태, 북한 사회단체의 역할과 활동 현황(외곽단체 중심), 민간 통일교육의 방향과 과제 등	3일	합숙
종교단체 지도자	북한이탈주민과의 대화, 남북관계 주요 현안과 대책, 북한 주민의 가치관과 생활, 북한의 종교정책과 주민들의 종교생활, 탈북자 현황과 적응 실태, 남북화해협력시대 종교교류의 방향과 과제 등	각3일/2기	합숙
여성단체 지도자	북한이탈주민과의 대화, 남북관계 주요 현안과 대책, 북한의 여성정책과 여성들의 생활상, 북한영화를 통해서 본 여성들의 지위와 역할, 남북 여성교류의 현황과 활성화 방안, 북한 가계부 쓰기 등	각3일/2기	합숙
북한이탈주민 자원봉사자	북한이탈주민과의 대화, 남북관계 주요 현안과 대책, 북한주민의 가치관과 생활, 북한이탈주민 정착지원 정책방향과 법·제도, 북한이탈주민의 법적 지위 및 심리적 특성, 북한이탈주민 사회적응 실태, 북한이탈주민 자원봉사자의 역할과 활동방향 등	각3일/2기	합숙

주: 진하게 표시한 부분은 군 정훈장교를 대상으로 한 교육내용인데, 다른 교육대상과 비교해 볼 때 큰 차이가 없어 보임. 다만 안보분야에 대한 강조점이 일부 제시되었을 뿐임.

출처: 한만길 외(2003: 52-53).

이렇듯 국가 전반적으로도 군 통일교육에 대해 그 필요성을 인지하고 있지만, 군 특성으로 인해 별도의 프로그램을 만들 수도 없는 상황이고, 그렇다고 군 내부에서도 이러한 의식을 갖고 계획을 수립·시행할 만한 여건이 조성된 것도 아닌 것으로 보인다.[14)]

6. 군인을 대상으로 한 정치교육의 필요성

우리나라 『헌법』에 명시된 것처럼 군인은 정치적 중립을 지켜야 한다. 그렇다고 해서 군인이 정치적 무지를 지켜야 한다는 것은 아니다. 군인이 정치적인 의식을 갖고 있다는 것은 국가정치의 향방을 잘 이해하고, 중간단계의 지휘관을 통해서 자신에게 부여된 명령을 제대로 이해할 수 있는 안목을 갖게 되는 데 큰 도움이 된다. 독일의 군사통합과정에서도 매 상황에 맞는 정확한 지침이 주어진 것이 아니었다. 고급간부에서부터 초급간부에 이르기까지 모든 군 간부는 군 정신교육센터에서 최초에 공감을 갖고 전수받은 정치적인 의식을 토대로 언론매체 등을 통해 얻게 되는 정치적인 상황에서 스스로 판단할 수 있었다. 정확한 개념을 가진 상태에서 중립성이 보장된 정치적인 인식과 판단은 전반적인 국가통일의 과정과 맥을 같이 할 수 있었고, 또한 그 실패율도 낮출 수 있었던 것이다. 현재 우리 군의 경우 정치적 중립성을 지키는 것이 정치적 무지를 견지하는 것으로 오해되어서는 안 될 것이다. 고도의 정치의식은 오히려 군사분야에 있어서 정치인들을 설득하고 리드할 수 있을 것이다. 하물며 국가의 매우 중요한 과업인 통일과정에서 군사통합은 그 승패를 좌우할 만큼 중요한 의미를 가진다. 여기에 군인들의 정치적 의식이 기여해야 된다는 것은 자명한 이치이다. 우리의 군사통합과정에서는 이러한 점이 간과되어서는 안 될 것이다.

7. 'Innere Fhrung' 개념에 대해 지나친 의존 지양

어떤 진술을 함에 있어서, 특정한 단어 하나가 들어가거나 생략되었을 때 전반적인 분위기가 매우 다르게 인식되는 경우를 종종 발견할 수 있다. 독일의 군사통합에 있어서 'Innere Fhrung'이라는 단어가 바로 여기에 해당된다. 앞선 논의에서는 이 말을 '도덕적 지휘통솔' 또는 '지휘관 중심의 정신교육'이라고 사용했다. 그런데 흔한 독일어 번역의 경우처럼 '내적 지휘통솔' 등과 같이 생소한 용어 사용은 그 본질과 무관하게 과대 인식되고 있다. 사실 이 단어는 우리나라에서 흔히 사용되고 있는 '도덕적 지휘통솔'등과 같은 평범한 용어로 치환될 수 있다. 그렇다고 해서 이 말 자체가 엄청난 상징성을 갖고 있는 것이라고는 말할 수 없다. 이것을 근거로 하여 실천에 옮길 때

14) 통일대비 군 전문요원 양성관련 시론적 연구는 장경모(1996: 151-152) 참조.

그 의미가 살아나는 것이다. 2002년 월드컵 경기에서 '대~한민국! 짝짝 짝 짝짝'이라고 하는 아주 평범한 구호가 전 국민을 대동단결할 수 있게 했듯이, 특정 자구 자체에 대한 지나친 의미부여는 지양해야 할 것이다.

V 맺음말

본 연구는 독일 군사통합에서 군 정신교육이 어떠한 역할을 했는지를 밝히고, 이를 토대로 우리 한국의 군사통합 방향에 시사하는 바가 무엇인지를 제시하는 데 그 목적을 두고 이루어졌다. 연구결과 총체적으로 국가 전반적인 통일을 포함하는 정신교육 시스템 개발의 필요성을 느낄 수 있었다. 전후 독일사회를 빠른 시간 내에 복구할 수 있었던 것은 이와 같은 국가 전반적인 국민정신교육 시스템이었다. 무엇보다도 우리 한국에 시사하는 확실한 사항은, 이와 같은 정신교육의 전통을 슬기롭게 극복하고 무엇보다도 자발적이고 적극적인 노력을 기울인 독일의 위정자와 국민의 노력은 칭찬받아 마땅하다는 것이다.

좀 더 구체적인 연구결과는 다음과 같다. 우선 독일 군사통합과정에서 정신교육의 역할을 살펴보았다. 여기서는 전반적인 군사통합의 개요를 살피고, 국가 전반적인 정신교육기관이 어떻게 되어 있는지를 살펴보았다. 그리고 난 뒤에는 군 정신교육센터의 기구를 살펴보았다. 군 정신교육의 핵심 개념이라고 하는 '도덕적 지휘통솔'의 개념이 자생적인 요인에 의해 비롯되지는 않았지만, 이를 자발적으로 자기화하려고 한 독일 국민과 군인들의 노력에 의해 이루어졌음을 알 수 있었다. 독일군의 정신교육센터는 교육과정의 편성 면에 있어서도 통일대비 및 통일과정에 있어서의 교육을 국가수준에서의 건전한 민주시민교육이라고 하는 큰 맥락 속에서 추진하고 있었다. 통일에 천착하는 폐쇄적 교육과정을 운영했던 것이 아니었다. 이와 같은 평시의 국가적 민주시민교육의 전통은 통일단계에서도 위력을 발휘했다. 군의 고급간부들을 중심으로 국가 최우선 사업으로서의 통일과업에 대한 교육을 집중적으로 함으로서 동독군 흡수 후 구 인민군을 대상으로 한 교육 및 실제 흡수주체였던 서독군에 대한 군사통합에서의 내적 통일의 중요성과 그 실질적인 교육을 수행할 수 있었다.

독일의 군사통합에 있어서 내적 통합은 단계별로 추진되었다. 세 단계로 나누어서, 첫째, 통일준비교육의 일환으로, 서독군 전 장병을 대상으로 현 정치와 군사적 상황에 대한 올바른 인식 정립을 목표로 진행되었다. 둘째, 통일과정에서의 정신교육은 통일에 대한 희망과 우려가 교차되는 가운데 교관과 피교육생의 적극적인 참여의식 속에 이루어졌다. 셋째, 통합단계에서의 교육은 동독 인민군 장병의 최단시간 내 통일연방군으로의 편입 및 일체감 조성과 공산주의 사상의 역침투 방지에 초점을 두고 진행되었다. 이때 군 정신교육센터의 위력이 발휘되었다. 또한 민간 정신교육기구와의 협력도 중요한 역할을 수행했다. 이를 통해 국민적 지지와 협력을 얻어낼 수 있었다.

다음으로 독일의 군사통합은 대상별로 나뉘어서 추진되었다. 첫째, 서독 내부의 군인들에 대한 교육이다. 여기에 대해서는 통일과정에서 군 정신교육의 실행에 관한 기본원칙 속에 잘 나타나 있다. 주요 내용은 둘째, 통일 이후 동독 인민군에 대한 교육이다. 주로 정치적·이념적·군사적 측면에서의 재교육이 실시되었다. 또한 이들이 개별적으로 겪고 있는 심리적 압박감과 편견 등을 해소하는 데 초점을 두었다. 셋째, 독일연방군과 구 동독 주민 간의 통합을 위한 노력이다. 독일연방군의 완전한 군사통합은 동독 주민들의 지지와 협조 속에서 이루어질 수 있다고 보았기 때문이다.

이상의 논의를 토대로 우리 한국에 주는 정신교육적 시사점을 몇 가지 도출해 냈다. 즉 ① 국가수준의 정신교육의 체계를 정비하여 구축해야 해야 될 필요성, ② 군 정신교육 전담기관의 복구, ③ 대상별 통합적 통일교육 프로그램 개발, ④ 통일대비 군 자체적인 통일교육과정 개발, ⑤ 통일대비 군 전문요원 양성을 위한 방향 제시, ⑥ 군인을 대상으로 한 정치교육의 필요성, 그리고 ⑦ 향후 독일 군사통합과정의 정신교육에 대한 연구시 Innere Fhrung 개념에 대해 지나친 의존은 지양해야 한다는 점 등을 제안하였다.

군 통일교육은 통일부만의 전유물이라는 안일한 태도를 지양하고 더욱 적극적으로 추진해야 한다. 그 진행과정은 평화 개념을 항상 전제로 해야 될 것이며, 더불어 국가적인 큰 틀 속에서 추진되어야 함은 재론의 여지가 없다. 군 통일교육에 있어서 또 한 가지 간과해서는 안 될 일은 통일 준비와 과정, 그리고 통일 이후에 대해서도 대비해야 한다는 것인데, 특히 인적 구조조정에 있어서 무기나 장비 처분과 같이 인적 청산을 해서는 안 될 것이다.

결론적으로 본 연구는 통일독일의 군사통합에서 선행연구가 외형적이고 물질적인 통합에 초점을 두고 이루어졌음에 비해, 군 공동체 구성원과 대민협력에 의한 내적인 통합을 어떻게 이루어냈는지에 초점을 두고, 이를 어떻게 성공적으로 이루어내었는지를 탐색했다. 여기서 몇 가지의 특징을 얻을 수 있었고, 여기서 통일한국의 군사통합을 준비하고, 실제 통합을 하는 단계에서 군 정신교육을 어떻게 효율적으로 잘 할 수 있는지에 대한 몇 가지의 정책적인 제언을 정리하여 제시하였다.

[부록 1] 독일군의 정신교육 실행에 관한 기본원칙

원칙 1 군인직업에 대한 이해

군인은 우리『헌법』의 기본가치를 인정하고 명령과 지시, 그리고 정신교육의 기본원칙에 의거하여 행동한다. 그와 더불어 군인은 '군인직업'에 대해 스스로 충분히 검토해야 한다. 다른 군인들과의 접촉과 직업 검토를 토대로 군인직업관을 발전, 형성해 나가야 한다.

상급자는 하급자가 군인임무의 이념과 의의를 자발적으로 정립해 나가도록 촉구하고 군 업무의 특이성을 이해하도록 일깨워 준다. 그리고 나아가서는 하급자 스스로 임무수행 준비태세를 갖추고, 특히 적과의 대치상황이나 위험에도 불구하고 임전태세를 확립하고 군인다운 행동을 하도록 한다.

원칙 2 군인의 기본의무

모든 군인은 조국에 충성하고 국민의 자유와 권리를 수호해야 할 기본의무가 있다. 비상시 생명을 바치는 것도 이 기본의무에 속한다. 자유와 권리는 자유민주주의 기본질서에 의해 보장된다. 그러므로 군인은 이 기본질서를 깊이 인식하고 또한 유지하기 위하여 헌신해야 한다. 상급자는 자기 책임영역에서 모든 의무를 양심적으로 이행하고, 적절한 수단과 법에 의거하여 임무수행을 관철해야 할 책임이 있다.

원칙 3 위계질서와 상급자의 권위

군인은 군 공동체와 군사임무수행을 우선으로 하고, 업무 중 개인적 욕구를 삼간다. 군인은 자제력을 키워 나간다. 상급자는 행동과 의무이행에 모범이 되고, 하급자의 고난과 역경을 이해하고 공동으로 이겨내므로 상급자로서의 권위를 유지한다.

원칙 4 법과 정당성

군인은 법에 의해 행동이 제한되고 임무수행에 어려움을 겪더라도 규정된 법을 지켜야 한다. 상급자는 법을 수호해야 하나, 명령권과 징계권을 행사할 경우 휘하 군인의 기본권을 침해해서는 안 되며 개인사정을 고려해야 한다.

원칙 5 명령과 복종

군인은 상급자에게 복종해야 한다. 군인은 상급자의 명령을 전력을 다하여 완벽하고 양심적이며 지체 없이 수행해야 하나 명령 복종 의무의 한계를 알아야 한다. 군인은 동료가 잘못된 행동을 하지 않게 하고 임무수행에 적절한 행동을 하도록 조언한다. 상급자는 단지 공적 업무수행을 위하여 법에 의거 명령을 하달한다. 상급자는 명령의 의미와 필요성을 이해시키고 주어진 환경을 고려, 적절한 명령을 하달한다. 상대방의 기분을 상하게 하는 독선이나 거리감을 유발시키는 매정스러운 행위는 삼간다. 하급자의 불성실한 태도를 발견할 경우, 당사자의 말을 청취하고, 불성실한 태도의 결과로서 야기되는 개인적 불이익과 물적 손실을 설명한다. 그리고 차후 성실한 태도를 촉구한다.

원칙 6 단결

상급자와 하급자는 군대 단결에 공동으로 책임을 진다. 군대 단결은 상호신뢰의 기반 위에 이루어지므로, 신뢰구축과 유지에 힘쓰고, 타인의 자유와 존엄성을 인식하며 관용과 더불어 상대방의 사정을 충분히 고려해야 한다. 단결은 또한 전우애와 위계질서 속에서 도모된다. 책임의식 및 전문지식과 더불어 군인은 능력의 한도 내에서 동료를 돕는 용기와 진솔성을 가지고 자발적인 임무수행을 함에 따라 상호단결을 촉구한다. 군인은 자기 실수를 인정하고 타인의 비평을 회피해서는 안 된다. 상급자는 업무기획과 분담에 하급자를 참여시킨다. 하급자의 참여수단과 협조가 상급자의 시각에서 방해요소로 인식되어서는 안 되며, 오히려 의사결정과정에서 절대적으로 필요한 하급자의 기여로 받아들여져야 한다. 이것은 또한 상호인정을 촉구시킨다. 그러므로 상급자는 하급자를 개인적으로 파악하기 위해 힘쓰고, 대화의 기회와 관심을 가져야 한다. 또한 하급자가 즐거운 마음으로 업무를 수행하도록 온화하고 생동감 있는 분위기를 조성한다. 상급자는 적정시기에 포괄적으로 장기계획과 기본훈령에 대해 교육하고, 하급자가 의견을 발표할 기회를 만든다. 임무와 권한을 하달하고 각 개인의 행동영역을 확장하며 용기를 북돋아 줌으로써 하급자의 자립심과 자율성을 강화시킨다. 끝으로 상급자는 업무수행 초기에 일어날 하급자의 실수를 관대히 받아들임으로써 하급자 스스로 자신감과 책임감을 갖게 하고 난관을 극복할 수 있도록 한다.

원칙 7 업무기획과 훈련

군인은 개인의 직업경험과 인생경험을 토대로 안전을 제시하고 임무와 책임을 인수하므로 업무기획에 동참한다. 상급자는 하급자와 긴밀한 협조하에 다양하고 실전에 가까우며, 도전적이고도 체험적인 훈련을 기획하되, 비효율적인 훈련은 삼간다. 상급자는 각 개인의 임무에 대한 중요성을 부대 전체임무에 연계하여, 명확히 설명한다. 특정부담이나 비선호 임무에 대해서는 맡은 바 임무의 필요성을 설득한다. 상급자는 업무감독에 충분한 시간을 할애하여야 하며, 모든 업무영역에 걸쳐 대화를 통해 설명, 지시, 그리고 후원한다. 칭찬과 고무적 발언이 효과적인 지휘수단임을 인식하고 '제복 입은 시민'으로서 행동할 수 있는 자격과 능력을 갖출 수 있도록 그에 부합된 자아발전을 촉구한다.

원칙 8 정치교육

군인은 정치적 사건과 그 배경에 대한 정보를 입수하고, 그것을 토대로 군인과 동시에 국민으로서 자기 입장을 결정한다. 정치적 논쟁에서 군인은 동료의 입장을 고려하여 전우애에 손상이 가지 않게 한다. 상급자는 하급자를 대상으로 정신교육을 직접 실시해야 할 의무가 있다. 상급자는 하급자의 경험, 생각, 이해관계 등을 파악하고 자신의 입장을 표명하되, 타인의 생각을 관대히 허용한다. 하급자의 상급자에 대한 신뢰와 공명정대 여부는 특히 논란의 대상이 되는 주제를 다루는 과정에서 하급자의 상급자에 대한 언행에 비추어 알 수 있다.

원칙 9 인력관리와 배려

군인은 본인이나 동료, 혹은 가족이 특정배려의 필요성을 느낄 경우 적정시기에 통보하고, 또한 스스로 돕는다. 그리고 군인은 자율적으로 뜻 깊은 자유시간을 기획·실시한다. 상급자는 하급자에 대한 책임이 있으며, 하급자가 불이익이나 신체의 손상을 당하지 않도록 직접 보살핀다. 하지만 상급자 자신의 욕구는 자제한다. 그 이외에 하급자에 대한 추가적 후원이 필요한 경우, 해당군인의 동료들이 베푸는 선행과는 별도의 필요조치를 즉각 취한다. 상급자는 후원조치에 필요한 모든 군대수단을 동원하고, 포괄적인 조언을 받는다. 즉 상급자는 부대 및 국방부 해당 행정기관, 특히 복지기관, 군의관, 정신상담관과 긴밀히 협조한다. 하급자의 여가선용을 위해 상급자는 하급자의 자율성을 촉구하고, 필요물자를 지원한다.

원칙 10 정신상담

군인은 정신상담을 요구할 권리와 자유스러운 종교생활을 영위할 권리를 가진다. 상급자는 하급자의 종교적 사고를 존중해야 한다. 종교행위의 자유와 자율성은 보장되어야 한다. 상급자는 자체관할권을 가지고 상담에 응하는 군정신상담소와 긴밀히 협조한다. 군정신상담소는 해당 군인에게 교회상담소를 알선한다.

원칙 11 대외홍보업무

군인은 자신의 모든 행위, 특히 외형적인 인상과 강한 책임의식, 그리고 맡은 임무에 대한 객관적·논리적 표현은 긍정적인 군대의 이미지를 갖게 한다. 상급자는 대외홍보업무의 책임이 있다. 그러므로 자신의 업무영역과 권한 안에서 홍보활동을 하고, 토론에 참여한다. 그리고 군대에 대한 민간사회의 이해를 촉구하고 군대의 필요성을 전달한다.

원칙 12 인사관리

군인은 직업경로에 관한 문제에 대해 조언을 요청할 수 있고, 직업목표, 개인 요망사항, 직업관 등을 조기에 표현하여 정당한 인사관리가 이루어지게 한다. 군인은 인력소요와 타동료의 의사 및 희망사항이 공정히 고려되어 인사결정이 내려진다는 것을 유념해야 한다. 상급자는 휘하 하급자의 직업경로에 대해 정보를 제공하고 조언한다. 일반 인사정보뿐만 아니라, 특히 개인인사에 관한 문제는 인사 담당부서와 협조하여 결정한다. 상급자는 하급자에 대한 특정 선입견 없이 객관적 입장에서 하급자의 능력을 평가하려고 해야 한다. 왜냐하면 한 개인에 대한 능력평가는 당사자의 경력에 결정적인 영향을 미침과 동시에 전 군대의 능률 및 능력향상에 커다란 역할을 하기 때문이다. 상급자는 특히 지휘·통솔능력을 면밀히 평가한다. 상급자는 실질적인 정신교육의 질과 수준을 고취시키며, 지휘관 임용에 결정적으로 영향을 미친다.

출처: 이상목 역, 『독일군 정신교육 지침서』([ZDv 10/1] Innere Fhrung, Februar 1993, DSK FF140100255), 국방대학원 안보문제연구소, 1994, pp.26-32.

제 3 부

MILIT

안보의식과
군인정신 측정

제 15 장

안보판단의식 측정 방법

MILITARY ETHICS

I 머리말

본 연구는 국가안보에 대한 의식지수 개발 일환으로, 안보문제에 대한 올바른 판단 지수를 개발하는데 그 목적을 둔다. 의식지수관련 선행연구를 통해 볼 때, 안보의식의 하위 지표(지수)로, 안보지식지수(또는 안보교양지수), 안보감수성지수, 안보판단지수, 안보실천지수 등을 상정할 수 있다. 본 연구는 그 중에서도 안보문제에 대한 판단력을 지칭하는 '안보판단지수'를 만들기 위한 절차를 수행하는 것이다.

본 연구의 결실은 향후 국가안보와 관련된 교육을 수행함에 있어서 평가 영역에 기여하는 바가 있을 것으로 사료된다. 대학교의 정치학·국제정치학·안보관련 교육, 군의 정신교육, 사회 안보교육, 초·중등학교 안보교육에 있어서뿐만 아니라 정책적인 면에 있어서도 국내정세의 안정화와 세계화시대 해외자본의 투자유치와 관련하여 안보상황에 대한 객관적 자료로서의 역할을 할 것으로 기대된다.

많은 사람들이 국가안보를 공기와 비유한다. 유기체의 생명을 유지하는데 공기(산소)가 매우 중요함에도 평상시에는 관심이 없다가 문제가 발생하면 공기의 중요성을 새삼스럽게 인식하는 것이 평상시 국가안보의 중요성을 간과하고 있는 것과 유사하다는 데 착안한 것이다. 그러나 공기와 국가안보의 비유는 평소 그 중요성을 인식하지 못한다는 점을 넘어선다. 한번 대기오염이 발생하면 그 문제에 대처하거나 해소하는 방법을 찾는데 많은 비용이 드는 것처럼 국가안보에 위기가 발생하는 경우에도 정상상태로 회복하기 위해서는 많은 비용과 노력이 필요하다는 점이다.

오늘날 국가안보의 개념은 과거 군사중심의 안보 개념을 탈피해가고 있다. 이른바 다양한 주제를 포함하는 '포괄적 안보'(comprehensive security)의 개념이라고 할 수 있다. 그런데 지금껏 내포하는 내용물의 양적 확대만을 도모했지 그 구성에 대한 면밀한 평가는 부족했다고 본다. 정부기관에서 국가안보와 관련된 여론을 살펴보고 정책수립과 집행과정에 참고자료로 활용한 노력은 없지는 않았다(국방대학교 안보문제연구소, 1989- 2006). 하지만 이러한 국방대학교의 노력도 시의성은 있으나 학문적 시사점을 확보하는 데는 아쉬움을 노정하고 있다.

일반학계에서의 연구에서도 안보문제에 대한 주관적 심층 분석은 다양하게 이루어져 왔으나

* 이 장은 저자의 선행 연구를 보완·발전시킨 것이다. 박균열, "제5장 국가안보 판단력 측정 도구", 도재숙 외, 『동북아 전략환경과 한국 안보』, 한국학술정보(주), 2007, pp.257- 308.

이를 계량화하기 위한 시도는 큰 인기를 얻지 못하고 있는 실정이다. 여기에는 다양한 원인이 있을 수 있는데, 우선 매우 포괄적 개념인 '국가안보'라고 하는 주제와 전혀 별개의 주제인 '의식'이 복합적으로 고려되어져야 하기 때문에 다양한 학문 간의 공조가 절실히 필요하기 때문이다. 그런데 이와 같은 매우 공공성이 강한 안보주제에 대해 학술단체나 학술기금을 지원하는 기관 등에서 큰 관심을 갖지도 않았을 뿐만 아니라 과거 권위주의 시대 부정적 이미지까지 동시에 작용함으로 인해 매력없는 뜨거운 감자로 남아있게 된 것이다.

국가 공동체를 유지·발전시켜 나가는 데 있어서, 국가안보의 문제는 전제되어야 할 사안이다. 국제적으로 통용되는 국가 단위의 각종 지표들 중에는 투명성지수, 부패지수, 정부혁신지수, 환경지속가능성지수, 정부조직진단지표, 정부신뢰지표, 국가위험도예고지표, 인간개발지수, 인간빈곤지수 등이 있다. 이들은 모두 국가수준의 주요정책의 집행과정과 결과에 대한 평가도구로서 역할을 수행하고 있다. 매우 거시적인 진단 성격을 가진 것도 있지만 매우 미시적인 주제나 기능을 수행하는 지표도 있다.

국가안보의 문제의 성격이나 포함범위 등을 종합적으로 고려할 때, 본 연구가 제안하고 있는 국가안보의식지수는 한국내에서뿐만 아니라 전세계적으로도 찾아보기 힘들 정도로 독창성을 갖고 있다. 이 분야에 대한 유사한 선행지수로는 인간안보지수(Human Security Index)가 있다. 이 지수는 자체적으로 안보라고 하는 주제를 포함하고 있을 뿐 사실상 인간 자체를 중심으로 한 개체적, 국가적, 국제적 공동생활양식 모두를 포함하고 있다. 따라서 공동체의 안전 문제를 보장하고자 하는 의미를 담고 있는 국가안보문제와는 상당한 거리를 두고 있다.

안보개념을 포함하는 관련연구로는 세계평화지수(세계평화포럼, 2000- 2005)가 있다. 이 지수는 ① 정치영역, ② 군사·외교영역, 그리고 ③ 사회·경제영역의 범주하에 하위 주제를 세분화하여 각기 정치적 평화지수, 군사·외교적 평화지수 그리고 사회·경제적 평화지수를 제시한다. 그리고 국가별- 지수 간의 상관관계에 대해서도 분석하여 결과를 제시해주고 있다(〈표 1〉 참조). 하지만 이 지수도 기존의 여론조사가 갖고 있는 여론조사식의 지수개발과정을 거치지 않고 있다는 점에서 지수의 타당도가 높다고 할 수 있겠으나, 의식에 대한 객관화노력, 지표의 범주 설정방식, 그리고 가중치 부여 방식 등에 있어서 한계점을 드러내고 있다.

〈표 1〉 세계평화지수의 세 가지 하위개념과 그 측정 지표

	주요내용
정치	1. 역사적 국내정치적 갈등 1- 1. 내전　1- 2. 쿠데타, 정치적 폭동, 정치적 갈등
	2. 민주화 및 정치적 능력 2- 1. 민주화 정도　2- 2. 인권보장 수준　2- 3. 정치적 투명성(부패)
	3. 국내정치적 갈등 3- 1. 내전　3- 2. 쿠데타, 정치적 폭동, 정치적 갈등 3- 3. 민주주의를 증진하기 위한 조치 (무력분쟁의 종식, 비군사적 갈등의 해소를 위한 합의 및 조치)
군사 · 외교	1. 역사적 국가간 갈등 1- 1. 전쟁경험　1- 2. 식민지경험　1- 3. 지정학적 조건
	2. 군사화 정도 2- 1. 군사비 2- 2. 병력수　2- 3. 대량살상무기의 소유 · 실험관련 국제협약
	3. 국제정치적 갈등 3- 1. 전면 전쟁　3- 2. 전투　3- 3. 폭력 행위 3- 4. 정치외교적(비군사적) 사건 3- 5. 국제적 평화와 안보를 증진하기 위한 조치 (새로운 외교관계 수립 및 단절, 평화증진 사건 및 조치)
사회 · 경제	1. 안전 및 안정 1- 1. 생태적 · 사회적 안전　1- 2. 개인적 안전　1- 3. 사회적 안전
	2. 불평등과 배제 2- 1. 빈곤과 결핍　2- 2. 차이와 불평등
	3. 삶의 질과 사회적 보장 3- 1. 삶의 질 수준　3- 2. 사회보장 수준

출처: 세계평화포럼, 『세계평화지수2004』, 2004, p.192.

이 와중에서도 국가정보원(1999)의 노력은 상당히 시사하는 바가 있는데, 우선 안보의식을 '의식성향'과 '행동성향'으로 구분하고 각기 '근저'와 '현실'로 대별하여 네 가지의 조합 형태를 구성하고 있다. 그리하여 각기 네 가지의 지표를 구성하고, 전체 지표 하나로 문항을 구성하게 된다. 총 17개 문항으로 안보의식지수화를 도모했던 것이다(〈표 2〉 참조). 하지만 이 연구 또한 그 세부내용을 살펴보면 여전히 정부기관의 업무평가 및 안보요소별 구분평가라는 한계성을 벗어나지 못하고 있다. 즉 정권이 교체되면 효력이 상실되는 한시적인 평가요소들이 다수를 차지하고 있어 시계열적인 타당성을 확보하지 못하고 있다.

〈표 2〉 국가정보원의 국민안보의식 지수 체계화 현황

			항목
안보의식	의식 성향	근저의식 성향	· 공동체 의식 정도 평가 · 사회체제에 대한 만족도 · 과격 · 폭력시위 대응에 대한 입장 · 애국심 정도
		현실의식 성향	· 국가안보 문제에 대한 관심 정도 · 북한의 남침위협에 대한 평가 · 안보교육 강화 필요성에 대한 견해 · 국내 좌익세력의 입장에 대한 동조 정도 및 이유
	행동 성향	근저행동 성향	· 주민 자치단체 참여 의향 · 선거/유세/투표 등 참여 정도 · 국가 상징물에 대한 태도(태극기 게양 정도 등) · 부당한 처우에 대한 개선 노력 정도
		현실행동 성향	· 대공신고의식 · 국방의 의무에 대한 태도 · 전쟁발발시 동원령에 대한 행동 방식 · 전지 통행제한시 협조 정도
	전반적 안보의식		· 전반적인 안보의식 수준에 대한 평가
북한관	북한에 대한 이미지		· 북한에 대한 연상이미지
			· 북한에 대한 측면(동포, 도와주어야 할 대상, 경계대상)별 인식 정도
	균형성	경계대상	· 북한의 군비증강에 대한 입장 · 북한 장거리 미사일/생화학무기 개발에 대한 입장 · 향후 잠수함 재침투 등 북한 도발시 대처방식
		화해협력 대상	· 대북비료 및 식량 지원에 대한 견해 · 북한 지원을 위한 성금모금활동에 대한 견해 및 이유 · 금강산 관광사업에 대한 입장
	북한에 대한 이해		· 북한의 실상 이해 정도에 대한 평가 · 북한에 관한 자료 접근성에 대한 평가 · 북한에 관한 정보입수 경로
	변화 가능성		· 포용정책실시 후 북한의 변화를 보는 국내의 각 시각에 대한 동의 정도 · 남북간 접촉/교류가 북한 사회개방에 도움을 주는 정도에 대한 견해/이유 · 향후 북한의 변화가능성에 대한 견해 및 이유
포용정책에 대한 견해	포용정책에 대한 지지도		· 포용정책에 대한 지지도 및 이유 · 상호주의의 탄력적 운용(비동시성, 비등가성)에 대한 견해 · 포용정책의 성과에 대한 의견 · 포용정책에 대한 보완점 및 개선 요구사항
	포용정책에 대한 이해 정도		· 포용정책과 과거 대북정책과의 차이점에 대한 의견 · 포용정책의 대북 3원칙에 대한 이해 정도 · 포용정책의 궁극적 성공여부에 대한 견해
기타 안보관련 사항에 대한 입장			· 현 안보상황에 대한 인식 · 포용정책이 추진되어서 안보의식이 낮아졌다는 평가에 대한 동의 정도 · 향후 북한의 도발시 진행 중인 금강산 관광 등 남북교류사업의 진행 여부에 대한 견해 · 가장 효과적인 국민안보의식 제고 방안

출처: 국가정보원/한국갤럽, 『국민안보의식조사』, 1999(미간행).

한편 국가를 범주로 하는 정신문화에 대한 지표개발의 노력도 눈여겨 볼만한데, 조동기(1999)는 정신문화지표를 체계화하기 위해 개인, 가족, 사회, 국가 4대 부문별 각기 3개씩의 영역과 9개씩의 하위영역으로 구분하고 있다. 또한 그는 정신문화지표를 체계화하기 위해 제시한 4대 부문 중에서 '국가' 부문에서의 영역별 구성개념을 다음 〈표 3〉과 같이 제시한 바 있다. 하지만 이 연구에서도 정작 '국가관' 영역에서의 지표는 기존 여론조사식의 의식지표화 작업과 차이점을 나타내지 못하는 아쉬움을 남기고 있다.

〈표 3〉 '정신문화지표'의 '국가'부문 내에서의 영역별 구성 개념

영역	구성개념
국가구조	· 국가형태, 국민의 참여 형태 및 정치이념 등에 대한 의식과 행태
정치체제	– 국가의 기본적인 구조와 지도사상에 대한 의식
정치참여	– 국민들의 정치참여에 대한 의식과 행태
정치이념	– 국민들이 가지고 있는 민주이념, 대공관 및 복지관
국제관계	· 외국과의 협조관계를 중심으로 국민들의 외국을 보는 개념과 행태
국제현황	– 우리나라의 국제적인 지위와 정세에 대한 국민의 인식도
국제협력	– 우리나라와 외국과의 협력 및 교류에 대한 의식과 행태
대외관	– 외국에 대한 국민들의 인지도와 태도
국가관	· 국민들이 지니고 있는 국가의식 및 정치문화 등 포괄적인 개념
국민의식	– 국민들이 국가에 대해서 가지는 의식과 태도
통일의식	– 국민들이 통일에 대해서 가지는 태도유형과 그 강도
정치문화	– 국민들의 정치에 대해서 가지는 방향 및 인식의 유형

출처: 조동기, "한국의 사회·문화지표 조사,"이재열 외, 『사회의식에 관한 사회조사 연구』, 한국정신문화연구원, 1999, p.91.

Ⅱ 안보판단지수 구성을 위한 이론적 배경

1. J. Rest의 4구성요소 모형

본 연구의 기본적인 테마는 국가안보의식 또한 가치관이므로 기존의 윤리학 및 윤리교육학 분야에서 개발된 인지발달이론(cognitive developmental theory)을 이론적 바탕에 둔다. 본 연구는 국가안보의식을 객관적으로 측정하기 위한 도구를 개발하고 그에 대한 타당성을 검토하는 것

을 목표로 한다. 이를 위해 본 연구는 콜버그(L. Kohlberg)에 의해 주창되고 이후 심리학과 가치교육의 영역에서 가치관 측정을 위해 많은 발전을 이룬 미국의 도덕심리학자인 레스트(J. R. Rest)의 4구성요소 모형을 원용하고자 한다.

레스트는 인지발달론적 접근의 이론적 확장과 정교화의 과정에서 중추적인 역할을 하게 되는데, 서로의 행동에 대한 상호기대가 어떻게 조정되고 알려져서 공유되는지와, 동료들 간의 손익 균형, 평형화를 어떻게 획득하는지에 대한 개념화 수준을 바탕으로 도덕성의 발달 단계를 재 정의했고, 콜버그(L. Kohlberg)의 인터뷰에 의한 도덕판단력 측정도구(MJI)가 검사 시행과 채점상에서 많은 문제점이 노출되자, 이것을 객관식 표준화 검사로 전환시켜 도덕판단력검사를 개발하여 보급하였다.[1] 또한 도덕적 사고(판단)와 행동 간의 관계에 대한 재해석의 논리, 경험적인 근거를 바탕으로 콜버그의 단순단계 모형과는 다른 복합발달 모형과 도덕적 인지와 정서, 행동적 측면을 통한 '네 가지 구성요소 모형'을 제시하였다. 콜버그의 단순단계 모형에 의하면, 피험자는 어느 한 단계에만 속하지 동시에 둘 이상의 단계에 속하지 않는다는 점과 상위 단계로의 상승은 점진적인 양적 변화가 아닌 급격한 질적 변화라는 점을 상정하고 있는데, 레스트는 이를 수정하고 있다. 즉, 각 인지 구조는 질적으로 상호 구분되는 것이지만 그러한 사고의 출현 빈도는 양적으로 추정될 수 있어 도덕성 발달은 점진적이고 여러 단계에 중복되어 나타난다고 보았으며, 사람들은 몇 가지의 도덕적 사고·구조들을 동시에 사용할 수 있다고 보았다. 레스트에 의하면, 도덕성 평정에서 중요한 것은 '피험자가 현재 어느 단계에 속해 있는가'가 아니라 '특정 조건 아래서 피험자는 어느 정도까지 다양한 사고 구조를 활용하는가'이다.

레스트가 제안하는 이와 같은 발상은 도덕성에 대한 심리학적 연구를 하는데 유용한 것으로서 인지, 정의, 행동의 관계와 같은 이론적인 문제들을 다루는데 필요한 분석 도구를 제공하며, 도덕교육 프로그램의 목표를 설정하고 실행하는데 필요한 기본적인 틀을 제공해 준다. 레스트의 모델은 도덕행위가 이루어지기 위해서는 네 가지 내적인 심리 과정을 전제한다. 첫째, 제1요소인 도덕민감성은 어떤 행위들이 가능하고, 각각의 가능한 행동들에 의해서 누가 그리고 무엇이 영향을 받으며, 그 행동에 참여한 일행들이 가능한 결과들에 대해서 어떻게 반응을 하는지와 관련하여, 사회적 상황에 관한 감각적 인식 체계의 수용성(receptivity)과 상황에 대한 설명을 포함한다.

둘째, 제2요소인 도덕판단은 가능한 행동들 중에서 무엇이 가장 도덕적인지를 결정하는 것을 포함한다. 개인은 선택 사항들을 저울질해 보고 사람들이 그러한 상황에서 무엇을 해야만 하는지 결정한다.

---

1) 본 연구에서 필자는 '도덕판단'이라는 용어를 안보문제의 일반적 특성을 고려하여 '가치판단'과 호환하여 병용할 것이다.

셋째, 제3요소인 도덕동기는 그 사람이 다른 모든 가치와 의도들보다도 도덕적 가치에 우선권을 부여하고 그 가치를 실행하고자 하는 것을 의미한다.

넷째, 제4요소인 실행력은 자아 강도와 선택된 행동을 수행시키는 데 필요한 사회적·심리적 기술을 결합시키는 것이다.

이와 같은 도덕행동을 위한 심리적 과정은 보다 세밀한 내적 과정을 거치게 된다(〈표 4〉 참조).

〈표 4〉 Rest의 4구성요소모델에서 행동을 유발하는 내적 과정들

영역	과정의 주된 기능	인지– 정의적 상호작용
도덕 민감성	개인의 행위가 다른 사람의 안녕에 어떻게 영향을 미치는지의 관점에서 상황을 설명하고자 한다.	사람이 다른 사람으로부터 어떻게 영향을 받고 그들에게 공감, 혐오감 등을 느끼는지에 대한 추론을 한다.
도덕 판단	행위에 대한 도덕적인 과정이 무엇인지 명확히 하는 것으로 특별한 상황에서 도덕적인 이상을 확인한다.	추상적이고 논리적인 그리고 개인적인 의견에 바탕을 둔 가치의 측면들 모두가 도덕적인 의미 체계를 구성하는 데 포함되며 도덕적 이상은 인지와 정의적 요소 모두로 구성된다.
도덕 동기	이상에 관한 경쟁하는 가치 결과 중에서 영향을 미칠 한 가지를 선택하며, 개인의 도덕적인 이상을 충족시키려고 노력할지의 여부를 결정한다.	다양한 목표들의 상대적인 유용성에 대한 계산, 감정은 전망(outlook)에 영향을 미치며 인식에 대한 방어적인 왜곡이 일어나고, 공감은 결정을 강요하고, 사회적인 이해는 목표에 대한 선택을 동기화한다.
실행력	사람이 하고자 하는 바를 실행하고 충족시킨다.	목표에 대한 인지적 변형(transformation)에 의해서 영향을 받은 과제에 대한 지속성이다.

출처: William M. Kurtines & Jacob L. Gevirtz 편, 문용린 역, 『도덕성의 발달과 심리』, 학지사, 2004, p.489.

2. G. Lind의 도덕판단 역량 검사도구(MCT)[2)]

MCT는 도덕적 판단력을 "도덕적 또는 내적 원칙에 따라 결정하고 판단하며 그 판단에 따라

2) 이 부분의 상세내용은 박균열(2006)의 연구에 제시되어 있는데, 대체로 다음의 선행연구(Lind, 1998; 2004; 2006)를 근간으로 하고 있음: G. Lind(1998.11.29.), "An Introduction to the Moral Judgment Test", http://www.uni- konstanz.de/ag- moral; G. Lind(2004.11.23.), "The Meaning and Measurement of Moral Judgment Competence: A Dual- Aspect Model", http://www.uni- konstanz.de/ag- moral; G. Lind, (2006. 7), "The Konstanz Method of Moral Dilemma Discussion(KMDD)", revised edition, http://www.uni- konstanz.de/ag- moral/moral/dildisk- e.htm.(2006. 10. 30 검색). 특히 2006년 버전은 'KMDD'라고 하는 이름으로 강조되고 있다. KMDD의 이론적 배경으로 Habermas(1983), Oser 등(1992; 2001), Lind(1992; 1996; 2000a/b)의 인지- 정의 이중특성이론(dual aspect theory)등을 예시하고 있다. MCT의 명칭은 2014년 이후부터 이전의 MJT(Moral Judgment Test)를 대체하여 사용되고 있다. 이 용어를 사용한 가장 최근의 연구로는 다음이 있다. G. Lind, 박균열·정창우, 『도덕적 민주적 역량 어떻게 기를 것인가』, 서울: 양서각, 2017.

행동하는 능력"이라고 정의한 Kohlberg(1964)의 이론에 근거하여 G. Lind가 사람들의 도덕판단력을 측정하기 위해 만들어졌다.

현대 민주주의의 핵심적 도덕원칙 중의 하나는 행동적 문제나 딜레마를 해결할 때 권력, 힘, 또는 폭력을 사용하기보다는 협상이나 토론을 사용한다는 것이다. 평화적 협상을 위한 가장 중요한 필수조건은 관계자들이 상대방 또는 반대자 심지어 적의 견해도 경청할 수 있는 능력을 가져야 한다는 것이다. 갈등 해결을 위한 도덕적 근거만을 찾는다면 찬성하는 사람들의 주장뿐만 아니라 반대하는 사람들의 주장도 경청할 수 있어야 한다. 이런 능력이 민주적, 다원적인 사회에 참여할 때 가장 중요한 것이다(Habermas, 1985; 1990; Kohlberg, 1984; Power et al., 1989).

본질적으로 MCT는 어떤 어려운 문제에 대해 피험자들이 자신의 입장과는 반대되는 주장을 어떻게 다루는가를 기록함으로써 도덕판단력을 측정한다. 이 반대 의견이 MCT에서는 주 관심이며 피험자들이 극복해야 할 도덕적 과제이다. 특히 MCT의 표준 버전에서는 피험자들이 두 가지의 도덕적 딜레마에 직면해서 각 딜레마 해결에 대한 자신의 의견을 찬성 또는 반대하는 주장을 다룬다.

MCT의 C- 지수는 의견 일치와 같은 비 도덕적 생각 보다는 도덕적 견해에 따라 결정되는 찬성 또는 반대 주장에 대한 피험자들의 판단 정도를 측정한다. Jean Piaget(1965)의 용어를 사용하여 설명하면, 이 지수는 도덕적 원칙에 대한 응답자의 "필수적 지식"정도를 나타낸다(Lourenço & Machado, 1996: 154).

이 인지적 변수 외에, MCT를 사용하여 피험자들의 도덕적 생각이나 태도, 즉 Kohlberg(1958)가 정의한 도덕 추리력의 첫 단계에 대한 피험자들의 태도를 측정할 수 있다. 또한 MCT는 도덕적 판단의 상황적 적합성, 극단성(Heidbrink, 1985: 259- 271), 도덕적 편협성, 추리력에서 가장 선호되는 단계(Lind, 1978: 171- 201; Lind & Wakenhut, 1985) 등과 같은 피험자들의 도덕판단의 여러 면을 측정하는데 사용될 수 있다.

MCT의 표준 버전에는 두 이야기가 포함되어 있다. 각 이야기는 행동적 딜레마에 처한 사람을 다루고 있다. 그 사람이 어떤 선택을 하던 행동 규범과 대립된다. 그래서 결정 자체 보다 결정의 '질'이 더 중요하다. 결정이 좋고 나쁨은 그 배후에 있는 이유에 따라 결정된다. 많은 사람들에게는 있어서는 어떤 사람이 올바르게 행동하는 이유가 그냥 그렇게 행동하고 싶어서 인지, 보상을 받을 수 있다는 기대 때문인지, 외부의 압력을 받아 그렇게 행동하도록 강요를 받은 것인지, 아니면 자신의 도덕적 양심에 따라 그렇게 행동하는 것인 지에 따라 그 의미가 크게 다르다.

피험자들에게 이 이유들에 대한 자신들의 수용정도에 대해 의견을 물었다. 이 의견에서 여러 수준의 도덕적 추리력을 찾아 볼 수 있었다. 여섯 개의 주장은 이야기 속의 주인공이 결정한 것을 지지하였으며 다른 여섯 주장은 그 결정을 비판하였다. 각 딜레마에 대해 응답자들은 12개의 주장을 판단하도록 하였다. 표준 버전에서는 24개의 주장을 평가해야 한다.

MJT에 제시된 주장에 대한 수용성을 판단하기 전에, 피험자들은 주인공의 결정의 옳고 그름을 "완전히 틀림"에서부터 "완전히 옳음"으로 된 척도를 사용하여 평가하게 하였다. 이 평가는 도덕판단력을 측정하는 것이 아니지만, 타당도 높은 도덕판단력 측정을 설계하는데 중요한 정보를 제공해 준다.

MCT의 C- 지수는 측정에 대한 피험자의 단편적 행동보다는 전반적 양상을 보여 준다. 참가자의 다른 판단들을 살펴보면 그 사람이 내린 단편적 판단의 의미를 이해할 수 있다. 예를 들면, 어떤 사람이 도덕적 양심을 이유로 안락사를 할 경우, 이 판단이 그 사람의 높은 도덕적 양심을 반영하는 것인지 안락사 찬성을 반영하는 것인지 확실히 알 수 없다. 다시 말하면, 어떤 사람의 한 가지 도덕적 판단으로부터 어떤 추론을 하는 것은 아주 모호하다. 그 사람의 판단력을 종합적으로 고려할 때만이 그 사람의 도덕성을 더 확실하게 추론할 수 있다.

둘째, MCT는 단순히 도덕적 태도나 가치를 구현하는 것이 아니라 도덕적 과제를 구현한다. 도덕성이 강한 인지 또는 능력을 나타낸다면 이 측정에 사용될 수 있도록 과제를 정의해야 한다(Lourenço & Machado, 1996). 도덕판단을 측정할 수 있는 여러 다양한 과제를 생각해 낼 수 있지만, 몇 가지 과제만 실행 가능하거나 타당하다. 어떤 과제는 측정에 사용하기 적합하지만 도덕 유혹 테스트 같이 측정하기에는 비윤리적인 과제도 있다. 예를 들면, 유혹에 대한 저항을 측정하기 위해 피험자를 유혹해서 도둑질을 하게 해서는 안 된다. 어려움에 처한 사람을 도와주는 과제 같이 실행은 가능하지만 타당하지 않은 과제가 있다. 도와주는 행동이 도덕적 책임이 동기가 되어 도와줄 수도 있지만 그렇지 않을 수도 있다. 도움을 주는 행동 중에는 다른 사람을 지배하기 위한 욕망이 동기가 될 수도 있고, 사회적 압력 때문에 또는 큰 보상을 받고 싶은 기대감으로 도와줄 수도 있다.

실험 연구자들(Keasey, 1974; Kohlberg, 1958; Walker, 1983; 1986: 109- 145)이나 도덕철학자들(Habermas, 1985; 1990)이 주장하듯이 도덕판단력을 측정하기에 적절한 과제는 사람들에게 반대 주장을 제시하는 것이다. 자신의 의견을 찬성하는 주장에 대한 피험자들의 반응은 딜레마 해결에 있어 선호되는 도덕적 추리 수준을 나타내며, 반대 주장에 대한 반응은 다른 사람의 행동을 판단할 때 특정한 도덕 수준을 일관성 있게 사용할 수 있다는 것을 의미한다. C- 지수는 이 개념을 따른다. 테스트를 받는 사람이 찬성 또는 반대 주장에 대해 도덕적 일관성을 보이면 높은 능력의 점수를 받게 된다. 피험자가 도덕의 질은 상관없이 딜레마의 '올바른'해결점에 대한 의견으로 반대 주장을 평가하면, MCT에서 낮은 도덕판단력 점수를 얻는다.

도덕판단력의 두 요소, 즉 인지적 요소와 정적 요소를 동시에 평가할 수 있다는 것이 MCT의 가장 독특한 특징이다. Michael L. Gross(1994; 1995; 1996)는 이것이 두 요소를 융합하는 상당히 향상된 단일 인터뷰 기술을 제공한다고 했다.

이러한 특성은 Piaget, Kohlberg, 그리고 Lind(1985a/b/c, 1995; 2000) 등이 설명한 도덕판단 및 도덕발달에 대한 이중특성이론에 근거하고 있다. Piaget(1976: 71)에 따르면, 감정적 메커니즘과 인지적 메커니즘은 서로 다르지만 서로 분리될 수도 없다. 전자는 에너지에 의존하고, 후자는 구조에 의존한다. 따라서 Kohlberg(1958)는 자신의 도덕 발단 단계 모델을 도덕 행동의 감정적 그리고 인지적 측면으로 설명하였다.

이중특성이론은 도덕 행동을 감정적 속성과 인지적 속성을 고려하여 종합적으로 설명한다. 도덕 행동을 충분히 설명하기 위해서는, 첫째, 도덕 행동을 설명하는 도덕적 이상과 원칙, 둘째, 결정 과정에서 이러한 이상과 원칙을 적용할 때 사람들이 가지고 있는 인지적 능력 등을 포함해야 한다.

한편 다른 이론에 따르면 감정과 인지는 인간 마음의 독립된 요소로서 도덕 행동과도 분리된다고 한다. 이러한 이론들은 도덕 행동에는 감정적 영역과 별도의 인지적 영역이 있다고 주장한다. 또한 감정적, 인지적, 행동적 반응들을 분리해서 측정할 수 있다고 주장한다. 예를 들면, 서로 다른 종류의 행동을 일으키는 두 요소를 다른 테스트를 사용해서 측정할 수 있다고 주장하는 것이다.

C- 지수는 자신의 판단 행동이 도덕적 관심이나 원칙에 의해 결정되는 정도를 측정한다. 다시 말하면, C- 지수는 어떤 주장을 의견 일치나 다른 요소에 따라 판단하는 것이 아니라 도덕적 질에 따라 판단하는 능력을 나타낸다.

Ⅲ 국가안보의식지수와 안보판단지수의 구성 체계

1. 국가안보의식지수의 구성 체계

본 연구는 레스트의 이러한 선행연구를 토대로 하되, 부분적으로는 다른 연구들의 장점을 원용하고자 한다. 레스트의 4구성 요소는 상호간에 결정적 상관성을 갖고 있지 않기 때문에 어떤

한 요소를 필요에 따라 제외한다고 하더라도 개별적 독자성을 확보하는데 큰 어려움이 없기 때문에 이론적으로도 무리는 없을 것이다. 안보의식의 문제와 관련, 민감성, 판단력, 실행력은 밀접한 관련성을 갖고 있지만 동기의 문제는 민감성과 일부 중복되는 것으로 이해될 수 있기 때문에 이 부분은 삭제한다. 여기에 총괄적인 교양 수준에서의 안보문제에 대한 지각 정도를 알아보는 노력이 필요한데, 그것을 안보교양지수라고 할 수 있을 것이다(〈그림 1〉 참조).

〈그림 1〉 국가안보의식지수 구성 체계

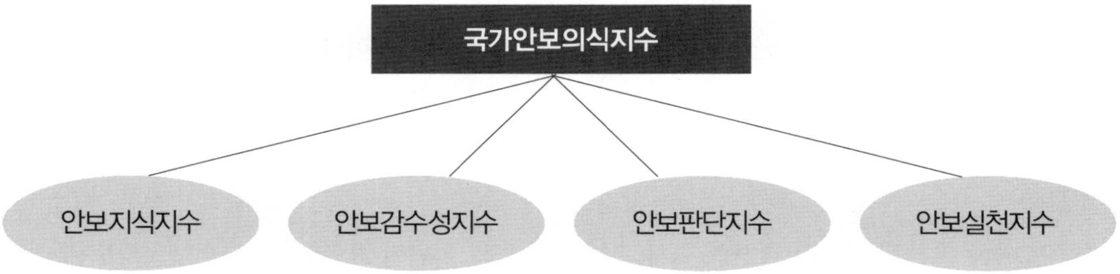

본 연구가 상정하는 국가안보의식지수의 하위 개념에 대한 세부적인 한계를 설정하는 작업이 필요하다. 첫째, 안보지식지수(또는 안보교양지수) 개념이다. 이 개념은 국가안보의 문제에 대한 특정 사실(들)에 대한 인지상태를 측정하는 것이다. 즉 국가안보와 관련한 역사적 사실이나 인물 등의 정보에 대해 어느 정도 알고 있는지에 대한 가치중립적인 질문에 대한 응답 정도를 지수화하는 것이다. 선행연구로는 국민문화 전반에 관련하여 교양지수를 도출한 사례를 드물게 찾을 수 있다(한국어문학연구소·이화여자대학교, 1991). 하지만 이 교양지수는 시계열적인 측정을 하는데 제한이 있어 타당성면에서 다소 문제를 발견할 수 있다. 더구나 안보교양지수에 대한 제목 이외의 시사점을 발견할 수 없다. 본 연구에서 상정한 안보지식지수는 시계열적 타당성 확보를 위해 국내외 전문가들을 대상으로 델파이 기법을 통한 수차례의 의견수렴을 하고자 한다. 그리하여 한국적 보편타당성뿐만 아니라 국제적 보편타당성도 확보할 수 있도록 노력한다.

둘째, 안보감수성지수이다. 감수성에 대한 선행연구는 상당히 축적되어 있다. 도덕적 감수성을 측정하기 위한 검사는 치과의료 분야에서 처음으로 개발되었으며(Bebeau et al., 1985), 이 연구를 토대로 하여 다른 분야에서도 도덕감수성을 측정하기 위한 시도가 있어왔다. 비보와 동료들은 치과의료 상황에서 일어나는 윤리적 딜레마에 대한 치과대학생들의 도덕감구성을 측정하기 위한 도구인 치과의료윤리감구성측정도구(DEST: Dental Ethical Sensitivity Test)를 개발했다. 도덕감수성의 하위요인으로는 1)환자의 특수한 특성에 대한 감수성, 2)전문가의 책임에 대한 인식을 측정했다. 채점은 3점 척도로 이루어졌으며, 특성(범주 1)이나 책임(범주 2)을 감지하지 못할 경우에는 1점, 특성이나 책임을 약간 감지할 경우에는 2점, 특성이나 책임을 완벽하게 감지할 경우에는 3점을 부여했다.

어니스트(Ernest, 1990)는 DEST를 토대로 하여, 노인전문 치과의사들이 의료현장에서 겪는 윤리적 딜레마 사례를 중심으로 노인치의학 도덕감수성 검사(GDEST: Geriatric Dental Ethical Sensitivity Test)를 개발했다. 도덕감수성의 하위요인으로는 1) 노인환자의 특성, 2) 전문가의 책임을 측정하였고, DEST와 마찬가지로 3점 척도로 채점하였다.

홍성훈(2000)은 의사들의 도덕감수성을 측정하기 위하여 의료윤리감수성(MEST: Medical Ethical Sensitivity Test)을 개발하였다. MEST의 하위요인으로는 1) 타인복지 감수성(타인의 필요나 복지에 대해 감수성을 느끼는 있는 능력), 2) 결과예측 감수성(자신의 행동이 어떤 결과를 야기할 것인가에 감수성을 느끼는 있는 능력), 3) 사태지각 감수성(특정 사태가 도덕적 사태임을 지각하고 그 속에 내포된 도덕적 이슈들을 가려낼 수 있는 능력)을 측정하였다. DEST가 주관식 검사로서 실시 및 채점 과정에서 많은 시간과 노력이 필요하다는 단점을 극복하고자, MEST는 각 감수성 하위요인을 측정하는 진술문에 대하여 5점 척도로 반응하게 되어 있는 객관식 검사로 개발되었다.

브라벡과 동료들(Brabeck et al., 2000)은 학교 교직원들을 위한 인종윤리감수성검사(REST: Racial Ethical Sensitivity Test)를 개발했다. 그들은 각전문분야별 전문가 윤리강령을 검토하여 6개의 윤리적 원리(전문적 능력, 통합성, 전문적이고 과학적인 책임, 사람의 권리와 존엄에 대한 존중, 다른 사람의 복지에 대한 관심, 사회적 책임성)를 도출하여 인종윤리감수성의 하위요인으로 측정하였다. 채점은 비보와 동료들이 개발한 DEST의 표준채점 절차를 따랐다.

보커(Volker, 1984)는 카운슬러들의 도덕감수성을 측정하기 위해 비보와 동료들(Bebeau et al., 1985)의 연구를 토대로 도덕감수성 검사(Moral Sensitivity Rating Scale)를 개발했다. Volker는 도덕감수성을 서로 위계적으로 구성되어 있는 세 가지 일반적인 구성요소 과정으로 이루어져 있다고 정의한다. 즉 1) 중요한 사실에 대한 지각, 2) 다른 사람에게 미치는 결과에 대한 지각, 3) 윤리적 딜레마를 해결하기 위한 자신의 책임에 대한 지각을 포함한다. 첫째, 중요한 사실에 대한 지각은 사람이 개인들, 집단들, 기관들, 사회 간의 상호관계를 알고, 원인과 결과 관계를 정확하게 추론할 수 있는 능력을 가지며, 행동이 미칠 가능한 결과를 상상하고, 전문적 실천행위를 안내하는 윤리강령과 법령을 알 것을 요구한다. 둘째, 다른 사람에게 미칠 결과에 대한 지각은 도덕감수성은 행위자 자신뿐만 아니라 다른 사람에게 미칠 행동의 결과를 상상하고 이해할 수 있는 능력을 필요로 한다는 것이다. 보커에 의하면 이러한 개념들은 서로 위계적으로 구성된다. 예를 들면 사람은 가능한 해로운 결과를 상상할 수 있으려면 사례와 관련된 중요한 사실들을 정확하게 지각해야 하고, 가능한 행동 방침의 효과를 추정하려면 관련된 모든 사람들을 포함시켜야 한다. 셋째, 윤리적 딜레마를 해결할 자신의 책임에 대한 지각은 사람이 딜레마를 해결하기 위한 행동에 대한 책임을 자신에게 돌려야 한다는 것이다. 보커는 행동할 개인적 책임에 대한 지각없이는, 사람은 단지 관련된 사람들 간의 상호관계를 확인하고 그 결과들을 고려할 뿐이지, 상황을 해결할 행동이 필요한 딜레마로 적극적으로 간주하지 않는다고 제안했다. 또한 그는 도덕적으로 가장 감수성을 가진 사람은 사례의 중요한 사실들을 지각할 수 있고, 그것이 다른 사람에게 미치는 결과를 지각할 수 있으며, 딜레마를 해결하는 행동을 취할 책임이 자신에게 있는 것으로 보았다.

이러한 선행연구를 토대로 안보감수성 검사의 모형과 구성요소를 설정할 수 있다(〈그림 2〉 참조). 안보문제에 대해 어느 정도 감수성을 갖고 반응하는가의 문제는 그 자체로는 종합적으로 속단하기는 이르다. 따라서 다각적인 지수 간의 관계해석이 필요하다.

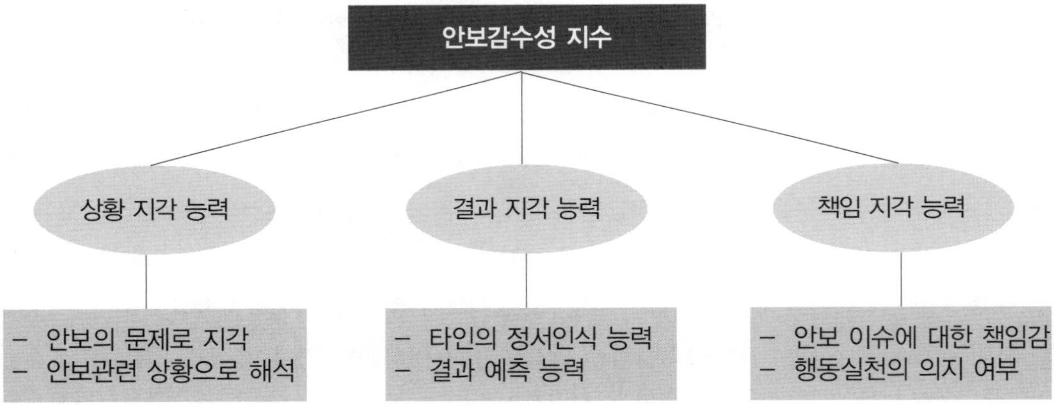

〈그림 2〉 안보감수성 검사의 모형과 구성요소

셋째, 안보판단지수이다. 안보판단력의 문제도 도덕판단력의 범주 속에서 이해될 수 있다. 이 주제는 본 연구의 핵심내용이므로 뒤에서 별도로 언급할 것이다.

넷째, 안보실천지수이다. 여기서 말하는 실천은 레스트의 4구성요소 중에서 네 번째인 실행력과 유사한 개념이다. 최종 목적을 마음속에 그리고 계획하는 것은 매우 중요한 일이다. 이러한 인내, 굳건함 그리고 능력의 특성들은 우리가 '인격' 혹은 '자아강도'라고 부르는 것들이다. 이와 같은 자기규제적 행동에서 실패하는 것은 육신의 연약함, 의지가 약함 그리고 겁이 많음 등으로 명명된다. 자아강도는 모든 장기적인 과정에 필수불가결한 것이다. 이것은 마라톤을 준비하고, 연주회를 갖고, 산에 오르고, 학위를 받고, 은행을 털고, 대량학살을 자행하는 데 없어서는 안 되는 것이다. 과제에 대한 자신감 그리고 지각된 효능감은 대처 행동, 노력, 지구력에 영향을 미친다. 법과 질서의 단계인 4단계에 대한 연구는 높은 정도의 자아강도를 가진 사람들은 낮은 자아강도를 가진 사람들보다 덜 속인다는 점을 보여준다. 또 다른 연구들은 타인을 돕는 과정 속에서 사람들이 생각하는 바가 과제에 대한 지속성을 결정할 것이라는 점도 보여주고 있다.

Rest & Thoma(1984)는 기존의 Rest(1983)의 4구성요소 모형을 바탕으로 갈등 상황별로 피험자가 선택하고 있는 행동방안을 고안해 냈다. 이러한 행동선택은 그가 어떠한 특정상황에서 어떤 이상적 도덕행동을 행해야 하는지를 규명해 주는 의사결정의 산물 또는 결과로 간주하여 각 갈등 상황별로 피험자가 선택하고 있는 행동선택과 그 갈등상황에서의 도덕판단과의 관계를 나타낸다. 그리하여 Thoma(1985)는 각 개인의 행동선택 시 그가 지니고 있는 도덕판단의 일반도식을 얼마나 활용하는지를 나타내 주는 활용도 지수(U score: Utillizer score)를 더욱 체계적인 절차를 통해 고안하였다. 본 연구에서 제안한 안보판단력지수는 이와 같은 레스트와 토마의 선행연구를 토대로 한 개념이다.

2. 안보의식지수 제작을 위한 접근방법

국가안보의식지수는 학제간적 접근(interdisciplinary approach)이 요구된다. 왜냐하면 '국가안보'의 주제적 특성은 정치학과 국제관계학에서 찾고, '의식'에 대해서는 심리학, 윤리학, 교육학, 사회학 등의 학문분과에서 찾으며, 이들에 대한 '지수화'를 위해서는 기언급한 학문과 밀접한 연계 하에 그 연장선상의 응용학문과 통계적 접근이 요구되기 때문이다.

이러한 복합주제로서의 국가안보의식지수를 제작하기 위해서는 대체로 다음 세 가지의 접근법 중의 하나 또는 2개 이상의 접근법 중에서 그 장단점을 취사선택하여 이루어지게 된다. 첫째, 국가안보 판단력만을 측정하기 위한 도구를 별도로 개발하는 방식이다. 현재까지 국가안보에 대한 판단력 측정을 위한 별도의 도구가 개발되지는 않았다.

둘째, 도덕발달이론을 원용하여 만들어진 주제별 별도의 도구를 개발하는 사례이다.[3] 이 경우 이론 자체와 개별주제 간의 성관성을 높이기 위한 통계적 노력이 필요하다.

3) 구체적인 사례로는 다음이 있음: James R. Rest, Darcial Narváez, 문용린 외역, 『윤리경영시대의 전문직업인의 윤리발달과 교육』, 학지사, 2006; 강윤정, "법의식발달에 관한 연구," 서울대학교 대학원 석사학위논문, 2003; 최지영, "정치의식발달에 관한 연구," 서울대학교 대학원 석사학위논문, 2003.

셋째, 두 번째의 구성원리와 비슷한 경우인데, 도덕발달이론을 토대로 기존에 개발된 간편하면서도 분석이 용이한 측정도구를 기본적으로 활용하면서, 기존의 각 주제별 조사결과의 빈도 등의 통계치를 적용하여 적절한 점수 조정을 통해 지수화하는 방식이다. 이는 두 번째보다 더 복잡한 통계적 타당화 노력이 필요하지만, 무엇보다도 단순한 주제별 빈도를 제시하는 수준보다는 나은 장점을 가지고 있다.

3. 안보판단지수 구성 방식

본 연구는 안보판단지수 구성을 위한 방식으로 앞서 언급한 것 중에서 마지막의 기존 도구와 자료를 최대한 활용하고자 한다(〈그림 3〉 참조).

〈그림 3〉 안보판단지수 도출 모형

도덕발달이론을 토대로 한 도구에는 국내에 잘 알려진 주제정의형 도덕판단력진단검사(DIT)와 도덕판단 역량 검사도구(MCT) 도구가 있다.[4] 이 중에서 피설문자의 심층적이면서도 지속적인 의지 표명 정도를 측정할 수 있는 후자를 활용하고자 한다.

4) 본 논문에서는 DIT에 대해서는 상세히 소개하지 않는다. 이미 문용린 등(1994)은 DIT의 한국적 타당화 작업을 완료하여 간편형의 KDI 모형을 만들어 도덕교육 측정으로 상용되고 있기 때문이다. 다만 그 계산 방식은 다음과 같다. DIT에서 피검자들이 하는 일은 제시된 딜레마에 대한 결정을 내리는 데 있어서 12항목들의 중요성을 평가하고 순서를 매기는 일이다. 피검자들은 도덕적 결정을 내리는 중요성에 따라 각 항목의 진술들을 5가지 척도에 따라 평가한다. 이렇게 12개 항목을 모두 평가한 후에 피검자들은 위의 12항목을 동시에 고려하여 중요도에 따라 순위를 매기게 된다. 항목들의 평가 점수와 순위들을 통해 각 피검자의 점수를 산출하게 된다. DIT에서 가장 많이 사용되는 지수는 P(principled) 지수로서 이는 콜버그의 5단계와 6단계에 해당하는 인습후기 수준의 항목들이 전체 점수에서 차지하는 가중치를 나타낸다. 이러한 P점수를 '최초 P점수'라고 한다. 최초 P점수는 다시 퍼센트로 환산된다. 그러므로 P점수는 0에서 95까지 분포된다. 이러한 P지수는 피검자가 인습후기수준의 고려를 얼마만큼 중요하게 여기는가를 나타내준다. 최근에는 DIT를 점수화하는 다른 방법으로 N2지수가 개발되기도 했다(문미희, 2006: 703- 724).

Ⅳ 안보판단지수 도출 과정 탐색 및 응용

1. 분석 주제 선정

국가안보란 포괄적인 개념이기 때문에 다양한 하위 안보요소를 포함한다. 2006년도 안보문제연구소에서 행한 국민안보의식조사에 사용된 주요 지표(indicators)는 '국가안보상황 및 국민안보의식', '한미동맹 및 협력적 자주국방', '북한관련 인식', '병역제도 및 병영생활', '국방정책 및 국방현안'등 다섯 가지이다(〈표 5〉 참조). 이들 상위 지표 중에서 상호비교가 용이한 서열척도인 점, 척도의 수, 생존성 등을 고려하여 하위 지표를 지정하였다.

본 연구는 안보판단지수를 선행 도덕발달이론을 토대로 한 도구와 국방대학교의 설문조사 결과를 종합하는 형식으로 도출하고자 한다. 왜냐하면 필자 스스로의 자료접근 용이성으로 인해, 국방대학교 안보문제연구소에서 1989년 이후 지속해서 조사해 오고 있는 '범국민안보의식조사 자료'를 활용할 수 있기 때문이다(〈표 5〉, 〈표 6〉 참조).[5)]

5) 이 '범국민안보의식조사'는 국내 유일의 안보 관련 단일주제의 10년 이상 지속된 전문 조사연구로서, 일반 국민과 군인으로 대별되어 이루어지고 있다. 조사대상은 대체로 만 18세 이상의 전 국민으로 하고, 조사방법은 면접조사를 원칙으로 하며, 조사도구는 구조화된 조사표(structured questionnaire)였으며, 표본 추출방법은 다단계무선층화추출법(multistage stratified random sampling)으로 이루어졌다. 군인에 대한 조사 및 연구는 국방대학교 내 자체 연구진에 의해 진행되었는데, 필자는 2003- 2006년도 조사연구에 공동연구원으로 참여하였다.

〈표 5〉 안보의식 지표 구성

상위 지표	하위 지표		
	개수	세부내용	
국가안보상황 및 국민안보의식	16	– 안보상황에 관한 인식* – 국민안보의식 수준 – 본인의 안보의식 수준 – 안보관련 소식 입수 경로 – 안보교육 분야 – 역사와 전통에 대한 자부심 – 대한민국 국민이라는 자부심 – 전쟁 발발시 행동	– 안보적 · 경제적 측면 중요국가 – 한반도 위기 상황시, 주변국의 태도 – 국가안보에 위협되는 국외상황 – 국가안보에 위협되는 국내상황 – 안보위협을 줄이는 방안 – 러시아 군사력 증강의 영향 – 일본 군사력 증강의 영향 – 중국 군사력 증강의 영향
한미동맹 및 협력적 자주국방	11	– 현재의 한미동맹 관계* – 미래의 한미동맹 유대관계 전망 – 한미동맹 저해요인 – 주한미군의 중요성 – 남북한 군사력 비교 – 주한미군 철수	– 한미연합훈련 – 주한미군 감축시, 대북전쟁 억제력 – 협력적 자주국방의 인지형태 – 협력적 자주국방의 지지도 – 다자안보협력 강화의 필요성
북한관련 인식	8	– 남북한의 교류협력과 북한 체제 변화* – 바람직한 대북지원 정책 – 김정일 신뢰여부 – 북한의 핵무기 보유 이유	– 북한의 핵무기 보유에 따른 안보위협 – 6자회담 전망 – 북한의 도발 가능성 – 미국의 대북 군사행동 가능성
병역제도 및 병영생활	7	– 병역제도 – 병역 거부자 – 대체복무제도 시행 – 군복무 경험과 사회생활*	– 가족/친지의 직업군인 지원 – 군 가산점 – 병무 부조리 수준
국방정책 및 국방현안	15	– 국방부 발표의 신뢰도* – 군 관련 보도의 공정성 – 군 인사제도 – 군 전력증강 사업결정의 공정성 – 국방비 운용상태 – 국방비 수준 – 자주국방 조기구축을 위한 세금인상 – 향후 국방비 투자 영역	– 한국군의 병력수 – 군의 신뢰회복을 위한 방안 – 비군사적 안보문제 대비 필요성 – 평화유지활동 – 향후 평화유지활동 추진 방향 – 자이툰 부대 파병기간 연장 찬반여부 – 국방일보 구독장소

주: '*'표시의 하위지표들은 분석을 위한 실제 지표임.
출처: 국방대학교 안보문제연구소(2006).

〈표 6〉 연도별 국방대학교 주관 안보의식조사 개요

연도	조사기간	표본연령	실제 분석대상	조사기관
1989	2. 24- 26(3일)	15- 59세	1,185명	서강대 언론사회문제연구소
1990	-	18- 59세	1,190명	서강대 언론사회문제연구소
1991	-	18- 59세	1,178명	서강대 언론사회문제연구소
1992	11. 7- 9(3일)	18- 59세	1,200명	서강대 언론문화연구소
1993	5. 22- 24(3일)	18- 59세	1,601명(일반 국민 1,200명+여론선도층 401)	국방대 안보문제연구소
1994	5. 7- 9(3일)	18- 59세	1,485명(일반 국민 1,206명+사회지도층 279)	서강대 언론문화연구소
1995	7. 7- 9(3일)	18세 이상	1,211명(일반 국민 1,211+여론선도층 401)	서강대 언론문화연구소
1996	6. 28- 30(3일)	18세 이상	1,357명(일반 국민 1,207+여론선도층 150)	서강대 언론문화연구소
1997	6. 16- 29(14일)	20세 이상	1,243명(일반 국민 1,198+전문가 50)	연세대 사회과학연구소
1998	5. 23- 6. 7(2주)	18- 59세	1,158명(일반 국민)	연세대 사회과학연구소
1999	5. 21- 23(3일)	18세 이상	1,171명(일반 국민)	서강대 언론문화연구소
2000	7. 15- 17(3일)	18세 이상	1,171명(일반 국민)	서강대 언론문화연구소
2001	7. 2- 9(1주)	20세 이상	1,416명(일반 국민 1,182+여론선도층 234)	연세대 사회과학연구소
2002	6. 22- 7. 6(2주)	18세 이상	1,525명(일반 국민 1,223+여론선도층 302) *네티즌 21,626 별도	(주)NHN
2003	6. 13- 7. 4(3주)	18- 59세	1,187명	(주)현대리서치연구소
2004	5. 17- 6. 25(5주)	20세 이상	1,263명(일반 국민 1,200+전문가 63)	(주)현대리서치연구소
2005	7. 4- 8. 5(4주)	18세 이상	1,260명(일반 국민 1,200+전문가 60)	(주)현대리서치연구소
2006	7.24- 8.25(4주)	18세 이상	1,250명(일반 국민 1,200+전문가 50)	(주)현대리서치연구소

주: 조사기간은 일반 국민을 기준으로 한 것이며, 전문가 대상 조사는 동일기간에 실시하되 대면조사와 병행하여, 우편, 팩스 등의 방법을 혼용하여 이루어졌음.

2. 각 부문별 기초값, 가치판단지수, 안보판단지수

본 연구는 안보판단지수 도출을 위해 앞의 설문지를 사용하여 가상 피실험자(5명) 응답을 토대로, 안보판단지수 등을 염출해 보았다(〈표 7〉 참조).

〈표 7〉 대상자별 지표값 및 지수

대상자	하위지표[a]	지표 변환값[b]	가치판단지수 (C- 지수)[c]	안보판단지수	
				지표별 지수	종합지수[d]
1	안보상황에 관한 인식	4	0.38	1.48	7.46
	현재의 한미동맹 관계	5		1.80	
	남북한의 교류협력과 북한 체제 변화	3		1.14	
	군복무 경험과 사회생활	4		1.52	
	국방부 발표의 신뢰도	4		1.52	
2	안보상황에 관한 인식	2	0.57	1.14	10.26
	현재의 한미동맹 관계	3		1.71	
	남북한의 교류협력과 북한 체제 변화	4		2.28	
	군복무 경험과 사회생활	5		2.85	
	국방부 발표의 신뢰도	4		2.28	
3	안보상황에 관한 인식	4	0.62	2.48	13.02
	현재의 한미동맹 관계	5		3.10	
	남북한의 교류협력과 북한 체제 변화	3		1.86	
	군복무 경험과 사회생활	4		2.48	
	국방부 발표의 신뢰도	5		3.10	
4	안보상황에 관한 인식	4	0.45	1.80	6.75
	현재의 한미동맹 관계	3		1.35	
	남북한의 교류협력과 북한 체제 변화	2		0.90	
	군복무 경험과 사회생활	5		2.25	
	국방부 발표의 신뢰도	1		0.45	
5	안보상황에 관한 인식	3	0.54	1.62	9.18
	현재의 한미동맹 관계	5		2.70	
	남북한의 교류협력과 북한 체제 변화	3		1.62	
	군복무 경험과 사회생활	2		1.08	
	국방부 발표의 신뢰도	4		2.16	
계			0.51[e]		46.67[f]

주 a) 국방대학교 안보문제연구소의 2006년도 설문영역별(지표) 세부문항(하위지표) 중에서 선별한 것임.

b) [부록 6]의 각 문항에서 '잘 모르겠다'는 답을 버리고, 긍정적 답에서부터 부정적 답에 이르기까지 5, 4, 3, 2, 1점을 각각 부여한 것임. 원래는 명목척도, 즉 "아주 좋다 – 보통 – 아주 좋지 않다"는 식의 척도로 구성되어 있다. 이는 서열척도로 해석 될 수 있다고 보고 수치를 부여한 것임.

c) C – 지수는 가상의 결과임.

d) 각 지표 간의 가중치 조정을 하지 않고 계산한 것임.

e) 당해 연도 피설문자들의 평균적인 가치판단지수인데, 군 장병의 경우 효용성이 높을 것으로 사료됨.

f) 당해 연도 피설문자들의 종합적인 안보판단지수임.

3. 안보의식 정도에 대한 해석상의 응용

가치판단지수 개념을 활용한 안보판단지수 도출 과정은 현재까지 국가안보에 대한 의식을 객관화하여 지표화한 학문적 성과가 미미한 한국적 상황에 많은 시사를 줄 것으로 본다. 본 연구에서 제안하는 안보판단지수 모형은 향후 다음과 같은 다양한 해석상의 응용형태로 발전할 수 있다. 첫째, 개별 항목에 대한 방향성내지 강도를 유추해낼 수 있어서, 안보의식의 미래전개방향을 예측하는데 도움을 수 있을 것이다.

둘째, 장병들의 가치판단지수를 도출해 내는데 많은 도움을 줄 것이다. 현재 장병 정신전력을 평가하는데 많은 노력을 기울이고 있으나, 학교교육에 비해 질적으로나 양적으로 연구가 상대적으로 미약한 실정이다. 국방대의 안보의식조사사업은 전군적으로 실시되므로 이 기회를 활용한다면 장병정신교육에 대한 진단과 동시에 안보의식을 측정할 수 있는 장점을 갖는다.

셋째, C- 지수와 종합적인 안보판단지수 간의 상관성을 탐구할 수 있을 것이다. 이 상관관계를 결정하는 매개변인으로 무엇이 있는지를 발견해 낼 수도 있을 것이다.

넷째, 같은 지표군내에 있는 지수 간의 차이분석을 할 수 있을 것이다. 앞의 〈표 7〉의 가정치를 기준으로 볼 때, C- 지수와의 변환을 거치기 전과 후를 비교할 수도 있을 것이다(〈그림 4〉 참조).

〈그림 4〉 C – 지수 적용전후의 안보 하위지표별 인식 비교

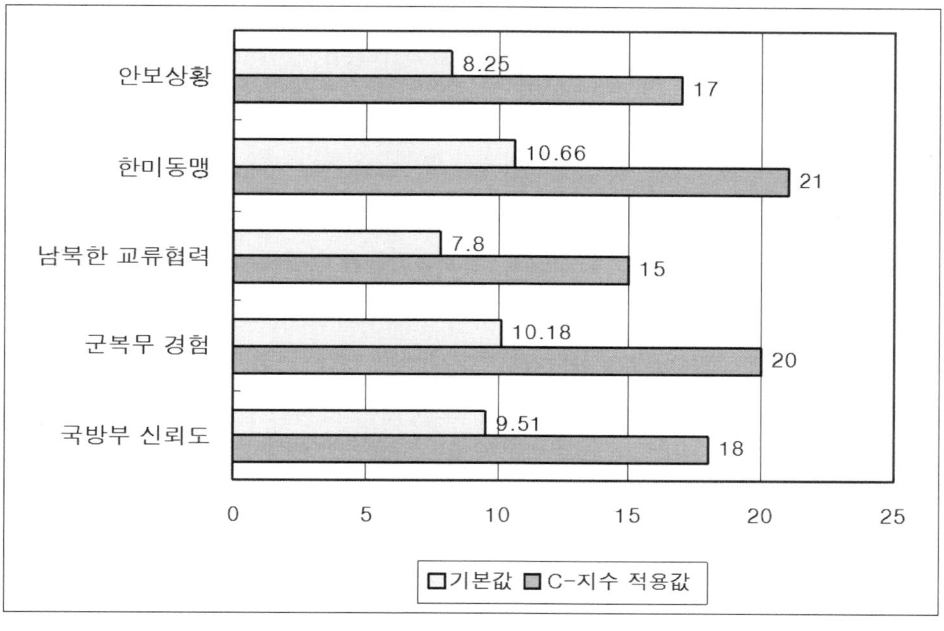

V 향후 과제

본 연구는 안보판단지수를 개발하는데 목적을 두고 진행되었다. 지금까지 우리나라에서는 '안보'가 중요하다는 말은 많이 하고 있지만, 정작 어느 정도 중요하며 어떤 부분이 중요한지 등 실제 평가 도구에 대한 문제에 대해서는 상대적으로 관심을 덜 가졌다.

본 연구는 우선 먼저 국가안보의식지수의 종합적인 구성 체계를 상정하였다. 여기에는 안보지식지수(또는 안보교양지수), 안보감수성지수, 안보판단지수, 안보실천지수가 포함된다. 특히 여기서 안보판단지수가 본 논문의 주된 관심분야이다.

안보판단지수를 도출하기 위해서, 기존의 국방대학교에서 진행해 오고 있는 안보여론조사형식의 조사항목을 주요 지표로 삼고, 도덕교육학회에서 개발되어 운용되고 있는 MJT를 매개지표로 삼았다. 이렇게 하여 개발된 종합안보판단지수는 안보의식의 미래전개 방향을 예측하고, 군 장병들의 가치판단지수를 토대로 한 안보의식전반에 대한 계량화된 결과로 활용되어 질 수 있을 것이다.

하지만 이 안보판단지수 모형을 효과성있는 안보의식을 위한 측정도구로 개발해 나가기 위해서는 다음 몇 가지의 과제가 남아 있다. 첫째, 무엇보다도 지수 타당화 작업을 해야 할 것이다. 이를 위해서는 국가안보를 구성하는 필수적인 내용에 무엇이 포함되어야 하며, 그 범주별 하위 내용은 무엇이 있는지를 탐색하여 한다. 이렇게 대표성있는 지표를 발굴하고 난 뒤에는 인구통계학적인 요소 등을 고려하여 보편성이 보장될 수 있도록 발전시켜야 할 것이다.

둘째, 안보판단을 위한 각 지표간(상위지표간 & 하위지표간) 가중치 부여 작업을 해야 할 것이다. 그 절차는 회기분석을 통해서 가능할 것이다. 매우 주관적인 부분이기는 하나 국가안보의 요소별로는 분명한 차이가 있을 것으로 보인다. 그 차이만큼은 가중치를 통해 보전되어야 할 것이다.

셋째, 중·장기적으로는 가치판단지수와 같은 보조적 변환지수없이 안보판단지수를 도출할 수 있는 독립적인 작업이 필요하다고 본다. 즉 안보의식 자체가 도덕발달상에 있어서 어떻게 정의되고, 어떤 단계에 포함되는지를 규명해야 한다. 또한 다른 유사한 측정도구와의 비교검증을 해야 할 것이다.

[부록 1] 국가안보의식 분석을 위한 관련 설문 문항

1. 국가안보상황 및 국민안보의식

문제〉 최근 국내외 상황을 고려할 때 한국의 전반적인 안보상황은 어떻다고 생각하십니까?
- 1) 매우 안정적이다
- 2) 안정적인 편이다
- 3) 보통이다
- 4) 불안정한 편이다
- 5) 매우 불안정하다
- 6) 잘 모르겠다

2. 한미동맹 및 협력적 자주국방

문제〉 귀하는 현재의 한미동맹 관계에 대해 어떻게 생각하십니까?
- 1) 매우 돈독하다
- 2) 돈독한 편이다
- 3) 보통이다
- 4) 불편하다
- 5) 매우 불편하다
- 6) 잘 모르겠다

3. 북한관련 인식

문제〉 귀하는 향후(5년 이내) 북한의 남한에 대한 군사적 도발 가능성이 어느 정도 있을 것으로 생각하십니까?
- 1) 매우 가능성이 높다
- 2) 가능성이 높은 편이다
- 3) 가능성이 낮은 편이다
- 4) 전혀 가능성이 없다
- 5) 잘 모르겠다

4. 병역제도 및 병영생활

문제〉 귀하는 군 복무 경험이 전역 후 사회생활에 어떤 영향을 미친다고 생각하십니까?
- 1) 매우 도움이 된다
- 2) 도움이 되는 편이다
- 3) 별 영향 없다
- 4) 도움이 되지 않는 편이다
- 5) 전혀 도움이 되지 않는다
- 6) 잘 모르겠다

5. 국방정책 및 국방현안

문제〉 귀하는 국방부의 각종 발표(국방백서, 대변인 성명 등)에 대하여 신뢰하십니까?
- 1) 매우 신뢰한다
- 2) 신뢰하는 편이다
- 3) 보통이다
- 4) 신뢰하지 않는 편이다
- 5) 전혀 신뢰하지 않는다
- 6) 잘 모르겠다

출처: 국방대학교 국가안전보장문제연구소, 『범국민 안보의식조사』, 각년도

제 16 장

군 장병의 도덕성 측정

MILITARY ETHICS

I 머리말

1. 연구목적

군 장병의 도덕판단력을 측정하는 일은 매우 어려운 일이다.[1] 하지만 그 과업의 어려움만큼이나 시도 자체도 많이 부족했다. 이를 체계적으로 해 나갈 경우, 대형 사고가 발생했을 때 그에 대한 한시적 대안을 도출하기 위한 미봉책을 넘어 장병들의 근본적인 도덕성의 특성을 진단하고 그 대안을 제시하는데 많은 도움을 얻을 수 있을 것이다.

이에 본 연구는 주제정의형 도덕적 판단력 측정도구(DIT)를 적용하여 한국군 장병들의 도덕판단력을 실증적으로 검증하고자 한다. 이 도구의 한국적 적용에 대해서 보완 또는 대안적 연구가 이루어져왔는데,[2] 근본적인 도덕판단력 측정이 발상에는 변화가 없는 것으로 보아 본 도구를 그대로 사용하고자 한다.

본 연구는 범죄경험이 있는 병사와 일반 병사 간의 도덕판단력간에 차이가 있는지를 검증하고, 영향요인이 무엇인지를 살펴보고자 한다.

2. 연구가설

본 연구는 다음 두 가지의 대가설을 설정하고 이를 검증하고자 한다. 가설1에서 2로의 진행은 전자의 검증 결과에 따라 차이가 나면 일반 장병과 범죄유경험 장병을 구분하고 차이가 없으면 통합하여 검증한다.

---

* 이 장은 저자의 선행 연구를 보완·발전시킨 것이다. 박균열, "도덕 판단력 측정도구 MJT의 특징과 활용법", 『도덕윤리과교육』, 23호, 한국도덕윤리과교육학회, 2006, pp.125-162; 박균열, "한국군 장병의 도덕판단력 실증 연구", 『도덕윤리과교육』, 24호, 한국도덕윤리과교육학회, 2007, pp.141-154.

1) 본 연구에서 사용되는 '도덕판단력'이라는 용어는 '순수한(pure) 도덕판단력'과 '도덕적 실천의지'를 포괄한다.

2) 서울대학교 사범대학 정창우 교수는 필자와의 개별 인터뷰(2006. 12)에서 "DIT는 아동의 많은 독서량이 전제될 때 효과가 있다"고 지적했다. 이외 많은 학자들이 이와 관련하여 대안적 연구를 수행했다.: 손충기·김영태, "한국판 중학생용 도덕성 발달 측정 도구(KDIT) 개발의 가능성 탐색 연구,"『교육평가연구』, 제19권 제2호, 한국교육평가학회, 2006, pp.41-65; 문미희, "예비교사를 위한 인권의식 함양 프로그램의 개발과 효과 검증: Rest의 도덕성의 4구성요소 모형을 중심으로,"『교육평가연구』, 제20권 제2호, 한국교육평가학회, 2006, pp.341-362; 문미희, "학교급에 따른 도덕판단력 발달 경향 분석: N2, 도덕적 도식 및 도식 발달 유형을 중심으로,"『교육평가연구』, 제20권 제3호, 한국교육평가학회, 2006, pp.703-724.

가설1: 범죄경험이 있는 장병과 일반 장병의 도덕판단력(P점수; U점수)은 차이가 있을 것이다.

가설2: 인구문화적 변인별 장병의 도덕판단력(P점수; U점수)은 차이가 있을 것이다.

가설2-1: 연령별 장병의 도덕판단력(P점수; U점수)은 차이가 있을 것이다.

가설2-2: 종교유무별 장병의 도덕판단력(P점수; U점수)은 차이가 있을 것이다.

가설2-3: 입대종류별 장병의 도덕판단력(P점수; U점수)은 차이가 있을 것이다.

가설2-4: 계급별 장병의 도덕판단력(P점수; U점수)은 차이가 있을 것이다.

가설2-5: 형제자매수별 장병 도덕판단력(P점수; U점수)은 차이가 있을 것이다.

가설2-6: 부모생존여부별 장병의 도덕판단력(P점수; U점수)은 차이가 있을 것이다.

가설2-7: 애인유무별 장병의 도덕판단력(P점수; U점수)은 차이가 있을 것이다.

가설2-8: 본인학력별 도덕판단력(P점수; U점수)은 차이가 있을 것이다.

3. 제한사항

본 연구는 한국군 장병을 분석 대상으로 하면서도 병사들에 국한하고 있다. 병사들이 군의 전투력을 결정하는 주요한 요소이기는 하나 군 간부(장교 및 부사관)의 리더십도 동시에 중요하다. 군 간부 중에서도 범죄로 인해 군 및 일반 사법기관의 처분을 받은 사람도 있겠으나 고른 표집이 제한되어, 본 연구는 병사들만을 대상으로 분석한다. 또한 본 연구는 집단 분포의 밀도가 높은 해군과 공군의 경우 집단동질성이 높아 표집을 다량 확보하는데 제한이 있어 육군만을 대상으로 하였다. 지역과 임무의 특수성 등을 고려하여 균형있는 표집 구성으로 그 제한사항을 보완하려고 했다.

척도에 대한 신뢰도와 타당도 검증은 이미 그 개발과정이나 후속연구에서 검증되었기 때문에 본 연구에서는 실시하지 않았다.

Ⅱ 연구대상 및 방법

1. 연구대상

본 연구는 한국 육군 장병을 대상으로 2006년 7월 15일부터 8월 15일(1개월) 동안 국방부의 협조를 얻어 진행되었다.[3] 표본추출은 비확률표본추출법 중에서 편의포본추출법(convenience sampling)을 활용해 이루어졌다. 본 연구는 총 178명의 표집을 확보했는데, 그 중에서 인구문화적 변인을 기입하지 않은 10개의 표집을 삭제하고, 허구문항점수(M점수)가 "8"을 초과하는 14개의 표집을 추가로 삭제하여 총 154개를 분석 대상으로 확보했다(〈표 1〉 참조). 그리고 U점수관련 검증과정에서는 부실표기가 71개가 있어 실제 83개 표집만을 대상으로 분석할 것이다.

2. 측정도구

본 연구에서 사용한 측정도구는 J. Rest가 고안한 6가지 도덕적 갈등상황을 토대로,[4] 문용린이 한국어 간편용으로 번안한 3가지 갈등상황('Heinz', 'Prisonor', 'Doctor')을 사용한 '생활문제설문지'이다([부록 1] 참조).[5]

이 설문지는 도덕적 의지와 행동적 의지를 포함한다. 전자는 흔히 도덕판단(moral judgement)으로 알려져 있는데, 이를 위한 측정도구는 P(%) 점수이다. 이는 J. Rest가 제시하고 있는 도덕성에 관한 4구성요소모형(four component model)에서 제2구성요소에 해당된다.[6] 즉 도덕판단은 도덕적 갈등상황에서 나타나는 갈등해소를 위한 추론(reasoning) 방식을 의미하며, 이 추론은 정당성을 제시하는 준거의 논의형식에 따라 그 적절성을 부여하게 되는데, 이것이 바로 도덕적

3) 본 연구의 설문조사는 필자가 포함된 다음의 연구수행과정에서 비교검증을 위한 자료로도 활용되었다. 본 연구의 설문조사에 관한 국방부의 승인도 이 공동연구에 포함되었다. 신용도 외, 『군 사고예방을 위한 문진기법개발』, 국방대학교 안보문제연구소, 2007. 2.

4) J. R. Rest, "Longitudinal of the Defining Issues Test of Moral Judgement", Developmental Psychology 11, 1975.

5) 문용린, "생활문제설문지"(한국어판 DIT 설문지), 한국교육개발원 도덕교육연구실, 1986.

6) J. R. Rest, "Morality", in J. H. Fravell & E. M. Markman, eds., Handbook of Child Psychology, Cognitive Development, vol.3, NY: John Wiley & Sons, 1983, pp.559–570: 제1구성요소는 도덕상황의 인지와 해석을 의미하며 도덕적 감수성(moral sensitivity)과 관련되며, 제2구성요소는 이상적인 도덕행동의 추리 또는 판단을 의미하며 도덕판단(moral judgement)과 관련된다. 제3구성요소는 개인이 실제로 행하려고 추구하는 행동을 결정하는 과정이며 도덕적 의사결정(moral decision-making)에 관련된다. 제4구성요소는 이미 의사결정의 과정을 거친 도덕행동 구상을 실천하는 과정이며, 이 과정에는 자아강도(ego-strength)나 자기통제(self-regulation) 과정 등이 포함된다.

판단 수준으로 이해되고 있다. P(%) 점수의 채점원리는 순위매김에 있어서 인습 이후 도식 문항을 가장 중요하다고 하면 4점, 둘째로 중요하다고 하면 3점, 셋째로 중요하다고 하면 2점, 넷째로 중요하다고 하면 1점을 부여하는 방식으로 각 이야기당 최대 점수는 10점(4+3+2+1)이고, 6이야기에 대한 순위매김 점수를 더하면 P점수가 된다. 본 연구에서와 같이 3이야기에서는 인습 이후 문항의 개수가 3개만 있으므로, 실제로 P점수의 최대값은 57점이다. P점수를 백분율로 다시 조정한 것이 P(%) 점수이다.

〈표 1〉 인구문화적 변인별 표집수

		빈도	백분율(%)			빈도	백분율(%)
연령	19–20세	34	22.0	형제자매수	1명	37	24.0
	21세	75	48.7		2명	117	76.0
	22세	23	14.9	부모 생존여부	양친	137	89.0
	23세	12	7.8		편부모	17	11.0
	24세	4	2.6	애인유무	있음	37	24.0
	25세이상	6	3.8		없음	117	76.0
종교	있음	106	68.8				
	없음	48	31.2	본인학력	고등학교 이하	45	29.2
입대종류	자원	96	62.3		전문대	46	29.9
	비자원	58	37.7		4년제대	63	40.9
계급	이병	31	20.1				
	일병	55	35.7	범죄 경험	있음	98	63.6
	상병	42	27.3				
	병장	26	16.9		없음	56	36.4

주: 실제 설문에서 '형제자매수'에 '3명이상'과 '부모생존여부'에 '양친사망'항목이 있었으나, 조사대상에 해당사항이 없었음.

다음으로 도덕판단과 행동선택의 관계를 보여주는 지수로 U점수가 있다. Rest와 Thoma는 가설적인 도덕적 갈등상황에서 피험자가 선택한 행동선택이 곧바로 그가 어떠한 특정 상황에서

도덕적 행동을 행해야 하는지를 결정해 줄 것으로 보았다.[7] 이후 이 연구를 토대로 각 개인의 행동선택시 그가 지니고 있는 도덕판단의 일반적인 도식을 얼마나 활용하고 있는지를 나타내는 활용도 지수로서 U점수(utilizer score)가 고안되었다. 이 점수는 −1에서부터 +1까지의 분포를 보인다.[8]

3. 자료처리

본 연구에 실제 사용된 표집수는 154개이고, 그 통계적 분석은 SPSS 프로그램에 의해 이루어졌다. 최초 설문지에 기입된 기초자료를 토대로 P(%)점수와 U점수 등의 도출과정은 서울대학교 교육학과 도덕심리연구실(지도: 문용린 교수)의 FORTRAN 프로그램의 지원을 받았다.

가설1, 즉 범죄경험 유무에 따라 병사들의 도덕판단력의 차이를 검증하기 위해 T-test를 실시했다. 또한 가설2, 즉 다양한 인구문화적 변인이 병사들의 P(%)점수와 U점수에 어떤 영향을 미치는지를 검증하기 위해 분산분석(ANOVA)을 실시했다.

본 연구에서의 P(%)점수와 U점수는 상관관계가 낮은 것으로 나타났기 때문에(r =−.189, p〈.05), P(%)점수와 U점수의 적률 변인에 의해 행동성향 예측력이 증가되고 있는지를 살피는 다변인회귀분석(multiple regression analysis)은 실시하지 않았다.

Ⅲ 주요 연구결과

1. 범죄경험이 도덕판단에 미치는 영향 분석

우선 범죄경험유무가 P(%)점수에 미치는 영향이다. 평균은 유경험자: 무경험자가 33.211: 36.766이고, 표준편차는 17.8967: 13.5293이며, 평균의 표준오차는 2.3915: 1.3668이다. Levene의

7) J. R. Rest & S. J. Thoma, "The Relation of Moral Judgement Structures to Decision-Making in Specific Situations: The Utilizer and NonUtilizer Dimension", Unpublished Manuscript, Minneapolis, MN: University of Minnesota, 1984.

8) S. J. Thoma, J. R. Rest & M. L. Davison, "Describing and Testing a Moderator of the Moral Judgement and Action Relationship", Paper presented to the American Educational Research Association, Washington, 1987, pp.38-40.

등분산 검정 결과 F값이 6.060이고 P값이 .015로서 귀무가설이 기각되어 등분산을 가정하지 않은 t값은 -1.291이며, 자유도는 91.269이고, P값(양쪽)은 .200로 나타났다. 따라서 장병들의 범죄경험유무는 P(%)점수에 유의미한 영향을 미치지 않은 것으로 볼 수 있다.

다음으로 범죄경험유무가 U점수에 미치는 영향이다. 평균은 유경험자: 무경험자가 .12158: .14068이고, 표준편차는 .141914: .151150이며, 평균의 표준오차는 .027832: .020020이다. Levene의 등분산 검정 결과 F값이 .104이고 P값이 .748로서 귀무가설이 채택되어 등분산을 가정한 t값은 -.544이며, 자유도는 81이고, p값(양쪽)은 .588로 나타났다. 따라서 장병들의 범죄경험유무는 U점수에 유의미한 영향을 미치지 않은 것으로 볼 수 있다.

2. 인구문화적 변인이 도덕판단에 미치는 영향 분석

가. P(%)점수에 미치는 영향

여러 인구문화적 변인 중에서는 자원입대여부(F=3.810, p=.0530)와 교육정도(F=2.596, p=.078)에 따라 P(%)점수가 약간의 차이를 보일뿐 여타의 요인에 대해서는 큰 영향을 받지 않고 있다.

나. U점수에 미치는 영향

계급별로 U점수의 유의미한 차이를 보이고 있는데(F=3.234, p=.027), 이등병은 .14767, 일병은 .15015, 상병은 .07146, 병장은 .21750으로 상대적으로 상병이 낮은 점수를 나타냈다. 애인유무별로도 유의한 차이를 보이고 있는데(F=5.870, p=.018), 애인이 없는 병사(.15478)가 있는 병사(.06217)보다 높은 U점수를 보여주고 있다. 하지만 흔히 예상할 수 있는 자원입대여부에 따라서는 의미있는 차이를 보이고 있지 않다(F=.079, p=.779).

Ⅳ 맺음말

본 연구는 한국군 장병의 도덕판단력을 살펴보는데 주된 목적으로 두고 진행되었다. 사실 그 표집의 특수성만큼이나 결과 또한 특별한 의미를 가질 수 있다. 자칫 과도한 확대해석을 지양한다는 전제 하에, 한국군 장병들은 범죄경험에 따라 도덕판단력의 차이를 보이고 있지 않다. 이는 중요한 시사인데, 범죄자들을 부도덕한 인물로 낙인하여 매도해서는 안 되며, 근무환경을 잘 배려해 준다면 범죄율도 낮출 수 있다는 가능성을 보여주고 있다.

본 연구는 우리 한국군의 장병들의 도덕판단력을 객관적으로 측정할 수 있음을 보여주고 있다. 결과적으로 도덕적 판단지수인 p(%)점수에는 1) 자원입대여부, 2) 교육정도가 다소간의 영향을 미치면, 도덕적 실천지수인 u점수에는 1) 계급별, 2) 애인유무 정도가 통계적으로 유의한 차이를 보였다. 또한 향후 장병들의 도덕판단력을 측정하는데 있어서 부대별 비교를 위한 도구로 단순활용하기보다는 그 평가의 결과가 해당 부대의 정신교육에 얼마나 효율적으로 재반영되고 있는가에 더 많은 관심을 가져야 할 것이다.

[부록 1] DIT 문항

여러분의 일상생활에 대항 질문 [DIT]	ID	ㅤ — ㅤ

이 질문지는 여러분의 일상생활에 대한 생각을 알아보는 것입니다. 여기에는 맞는 답이나 틀린 답이 없습니다. 이 질문지의 결과는 컴퓨터로 처리되어 집단 점수로만 활용될 것이므로, 여러분의 이름이나 질문에 대한 생각은 결코 다른 사람에게 알려지지 않을 것입니다. 이 질문지는 3개의 짧은 이야기와 그 이야기에 대한 여러분의 생각을 알아보려는 12개의 질문들이 있습니다. 다음 〈보기〉를 잘 읽고, 이와 같은 방법으로 여러분의 생각을 표시해주시기 바랍니다.

다음은 본 검사를 실시하기 전에 이를 설명하는 A 학생이 작성한 〈연습보기〉입니다. 잘 읽은 후, 본 검사를 시작해 주세요.

"자전거 사기"

철수의 아버지는 차로 30분가량 걸리는 회사에서 일하고 있다. 그러나 교통이 막히면 한 시간도 넘게 걸린다. 그래서 철수 아버지는 오래전부터 자전거를 하나 사서 회사도 다니고, 시장을 보거나 운동을 하는 데에도 사용해야겠다고 마음먹고 있었다. 그러나 막상 사려고 하니 생각해 보아야 할 일이 많이 있음을 알게 되었다.

⑴ 만약 당신이 철수 아버지의 입장에 놓인다면 어떻게 하겠습니까?

① 자전거를 산다(∨)　　② 잘 모르겠다( )　　③ 사지 않는다( )

⑵ 자전거를 사는가 안 사는가 하는 결정에 다음의 질문들은 어느 정도로 중요한가? (해당란에 ∨표 하세요.)

번호	질문	매우 중요 하다	대체로 중요 하다	약간 중요 하다	별로 중요 하지 않다	전혀 중요 하지 않다
1	동네에 있는 가게에서 살 것인가, 시내의 백화점에서 살 것인가? (이 질문은 '약간 중요하다'고 생각함)			☐		
2	오래 두고 볼 때, 새 것과 쓰던 것을 사는 것 중 어느 것이 더 이득인가? (이 질문은 '매우 중요하게'생각됨.)	☐				
3	가격은 비싸지만 품질이 좋은 것을 살 것인가, 품질은 좀 떨어지더라도 값이 싼 것을 살 것인가? (이질문은 '매우 중요하게'생각됨.)	☐				
4	엔진의 크기가 어느 정도 되어야 하는가? (이 질문은 '전혀 중요하지 않게'생각됨)					☐
5	짐 틀의 크기가 어느 정도로 커야 하는가? (이 질문은 '대체로 중요하게'생각됨)		☐			

⑶ 위의 질문 중에서 중요하다고 생각되는 4개의 질문을 고른 후, 중요한 순서대로 그 질문의 번호를 쓰시오.

1순위	2순위	3순위	4순위

☞ 지시에 따라 다음 페이지로 넘어가시오.

"남편의 고민"

한 부인이 이상한 병으로 죽어가고 있었다. 그래서 남편은 아내를 데리고 병원에 갔다. 의사는 암이라고 말하면서, 집에서 가까운 약국에 그 암을 치료할 수 있는 약이 있다고 했다. 그런데 약국 주인은 그 약을 만드는 데 돈과 시간을 많이 쓰고, 고생을 했기 때문에 그 약값을 아주 비싸게 요구했다. 그래서 남편은 약값 마련을 위해 열심히 일을 했지만, 약 값의 반밖에 벌지 못했다. 남편은 그 약국에 가서 주인에게 "아내가 죽어가고 있어요. 그 약을 반값에 주세요. 나머지 반값은 다음에 드리겠습니다."라고 애원했다. 그러나 약국 주인은 "미안하지만 안 되겠습니다"라고 말하면서 거절했다. 그래서 남편은 아내를 살리기 위해 많은 고민과 걱정을 하다가, 약을 몰래 훔치는 수밖에 다른 방법이 없다고 생각하기 시작했다.

(1) 만약 당신이 이 남편의 입장에 놓인다면, 당신은 어떻게 하겠는가?

①훔친다　　②잘 모르겠다　　③훔치지 않는다

(2) 남편의 훔칠까 말까 하는 결정에 다음의 질문들은 어느 정도로 중요한가?

(3) 위의 질문 중에서 중요하다고 생각되는 4개의 질문을 고른 후, 중요한 순서대로 그 질문의 번호를 쓰시오.

1순위	2순위	3순위	4순위

번호	질문	매우 중요 하다	대체로 중요 하다	약간 중요 하다	별로 중요 하지 않다	전혀 중요 하지 않다
1	이유가 무엇이든 법이 정한 일은 지켜야 하지 않을까?	⑤	④	③	②	①
2	정말로 아내를 사랑한다면, 약을 훔쳐서라도 아내를 살려야 하지 않을까?	⑤	④	③	②	①
3	그 약을 먹어도 아내가 살지 죽을지 모르는데, 감옥에 갈 일을 할 필요가 있을까?	⑤	④	③	②	①
4	부모님이 도둑질은 나쁜 짓이라고 하셨으므로, 약을 훔치지 말아야 하지 않을까?	⑤	④	③	②	①
5	아내를 위해서 약을 훔칠까? 아니면 남편인 자신을 위해서 약을 훔칠까?	⑤	④	③	②	①
6	그 약을 만든 약국 주인의 노력과 고생도 중요하지 않을까?	⑤	④	③	②	①
7	약을 훔치다 잡히면 감옥에서 오랫동안 벌을 받아야 하지 않을까?	⑤	④	③	②	①
8	아내와 남편은 각자 서로 무엇이 더 중요하다고 생각할까?	⑤	④	③	②	①
9	남편이 약을 훔친 것을 초등학교 때 선생님이 알게 되면 화를 많이 내시지 않을까?	⑤	④	③	②	①
10	이럴 때, 법을 지키는 것은 사람의 목숨을 살리는데 오히려 방해가 되는 것이 아닐까?	⑤	④	③	②	①
11	약국 주인은 너무 욕심이 많고 마음씨가 나쁘니까, 도둑을 좀 맞아도 되지 않을까?	⑤	④	③	②	①
12	약을 훔쳐서라도 아내의 목숨을 살리려고 하는 것이, 그냥 가만히 있는 것보다 더 나은 일이 아닐까?	⑤	④	③	②	①

"탈옥수"

어떤 사람이 10년을 감옥살이를 해야 하는데 1년만 살다가 감옥에서 도망을 쳤다. 그리고 다른 지방으로 가서 자기 이름을 바꾸고 8년간 열심히 일해서 큰 부자가 되었다. 부자가 된 그는 양심적으로 회사를 운영하고, 월급도 잘 주고, 가난한 사람을 많이 도와주어 훌륭한 부자로 유명해졌다. 그러던 어느 날 옆집 부인이 이 부자가 감옥에서 도망친 범인이라는 것을 우연히 발견하게 되었다. 그리고 경찰에서는 아직도 그를 체포하려고 열심히 찾고 있다는 사실을 알게 되었다. 부인이 이 부자를 경찰에 신고하면, 경찰은 범인을 잡아서 다시 감옥에 보내게 될 것이다. 그 대신 그 부자의 회사는 망할 것이고, 더 이상 좋은 일을 못하게 될 것이다. 부인은 이 사람을 경찰에 신고해야할지 하지 말아야 할지 망설이고 있다.

⑴ 만약 당신이 이 부인의 입장에 놓인다면, 당신은 어떻게 하겠는가?

①신고해야 한다　　②잘 모르겠다　　③신고하면 안 된다

⑵ 부인이 부자를 신고할까 말까 하는 결정에 다음의 질문들은 어느 정도로 중요한가?

⑶ 위의 질문 중에서 중요하다고 생각되는 4개의 질문을 고른 후, 중요한 순서대로 그 질문의 번호를 쓰시오.

1순위	2순위	3순위	4순위

번호	질문	매우 중요하다	대체로 중요하다	약간 중요하다	별로 중요하지 않다	전혀 중요하지 않다
1	환자의 가족들은 어떤 생각을 하고 있을까?	⑤	④	③	②	①
2	의사가 아닌 사람이 진통제를 주어서 사람이 죽게 되면 당연히 죄가 되는 것처럼, 의사가 그렇게 해도 똑같이 죄가 되지 않을까?	⑤	④	③	②	①
3	사람을 죽이는 일을 하느님이 용서할 수 있을까?	⑤	④	③	②	①
4	의사가 실수한 것처럼 일을 꾸며서 환자의 부탁을 들어 줄 수도 있지 않을까?	⑤	④	③	②	①
5	나라의 법에 스스로 죽고 싶어 하는 사람을 죽지 못하게 할 권리가 있을까?	⑤	④	③	②	①
6	일부러 사람을 죽이는 것을 의사가 해서는 안 되는 일이라고 배우지 않았을까?	⑤	④	③	②	①
7	의사는 환자를 덜 아프게 해주는 일에 신경을 써야 할까, 아니면 다른 사람이 자신을 어떻게 생각할지에 더 신경을 써야 할까?	⑤	④	③	②	①
8	사람이 편안하게 죽도록 도와주는 일이 때로는 더 좋은 일이 아닐까?	⑤	④	③	②	①
9	오직 하느님만이 사람의 목숨을 살리거나 죽일 수 있는 것이 아닐까?	⑤	④	③	②	①
10	의사는 무엇을 가장 중요하게 생각하면서 자신의 일을 해야 할까?	⑤	④	③	②	①
11	어떤 사람이 스스로 죽고 싶어 할 때, 법은 그 사람이 스스로 죽는 것을 허락할 수 있을까?	⑤	④	③	②	①
12	사회는 자살을 허락하면서, 동시에 살고 싶은 사람들의 생명을 지켜주는 두 가지의 반대되는 일을 잘 할 수 있을까?	⑤	④	③	②	①

"환자의 애원"

어느 젊은 여자가 암에 걸려 6개월 밖에 살 수 없게 되었다. 이 암은 그 여자를 너무 아프고 고통스럽게 했다. 너무너무 아파서 그 여자는 정신을 잃기까지 한다. 강한 진통제를 주면 덜 아프게 해줄 수는 있지만, 이것은 너무 강한 것이어서 환자를 오히려 더 빨리 죽게 할 염려가 있었다. 가끔 고통이 멈추었을 때 이 환자는 의사에게 조금 많은 진통제를 주어서 아픔 없이 죽게 해달라고 애원했다. 여자는 너무 아파서 참기도 힘들고 어차피 죽을 것이니까 편안하게 죽도록 도와달라고 의사에게 울면서 부탁했다. 의사는 이 환자의 애원대로 고통 없이 죽을 수 있게 해주어야할지 말아야할지 고민하고 있다.

(1) 만약 당신이 이 의사의 입장에 놓인다면, 당신은 이 환자의 애원을 어떻게 하겠는가?

①들어 준다　　②잘 모르겠다　　③들어주면 안 된다

(2) 환자의 애원을 들어줄까 말까 하는 결정에 다음의 질문들은 어느 정도로 중요한가?

(3) 위의 질문 중에서 중요하다고 생각되는 4개의 질문을 고른 후, 중요한 순서대로 그 질문의 번호를 쓰시오.

1순위	2순위	3순위	4순위

번호	질문	매우 중요하다	대체로 중요하다	약간 중요하다	별로 중요하지 않다	전혀 중요하지 않다
1	감옥에서 도망친 후 그가 한 8년간의 착한 일은, 그 사람이 나쁜 사람이 아니라는 것을 보여주는데 충분하지 않을까?	⑤	④	③	②	①
2	감옥에서 도망쳐도 잡히지 않으면, 감옥에서 도망치려고 하는 범인이 점점 많아지지 않을까?	⑤	④	③	②	①
3	벌을 다 받지 않고 감옥에서 도망치는 일은 나쁜 일이 아닐까?	⑤	④	③	②	①
4	그 범인은 착한 일을 많이 했으니까 옛날에 법을 어긴 일은 용서받을 수 있지 않을까?	⑤	④	③	②	①
5	그 부자를 다시 감옥에 보내게 되면 그 사람이 했던 착한 일을 무시한 것이며, 앞으로 계속해서 착한 일을 하지 못하게 만드는 것은 아닐까?	⑤	④	③	②	①
6	감옥에서 도망치다가 잡히면 더 큰 벌을 받으니까 도망치지 말아야 하지 않을까?	⑤	④	③	②	①
7	그 사람을 다시 감옥으로 보내는 것은 얼마나 인정이 없고 나쁜 것인가?	⑤	④	③	②	①
8	만일 신고하지 않으면, 감옥에서 도망치지 않고 끝까지 벌을 받고 있는 다른 범인들에게는 억울한 일이 아닐까?	⑤	④	③	②	①
9	이 사실을 알기 전에, 그 부인은 이 범인과 어느 정도 친한 사이였을까?	⑤	④	③	②	①
10	이유야 무엇이든 간에 도망친 범인을 신고하는 것은 당연히 해야 할 일이 아닐까?	⑤	④	③	②	①
11	한 사람의 생각과 다른 많은 사람의 생각이 다를 때, 사회는 이 문제를 어떻게 해결할까?	⑤	④	③	②	①
12	그를 다시 감옥으로 보내는 것은 그 범인을 위해서인가, 아니면 다른 사람들을 위해서인가?	⑤	④	③	②	①

※ 끝까지 응답해주셔서 대단히 감사합니다.

제 17 장

도덕판단 역량 검사도구를 활용한 통일·안보의식 측정 도구

MILITARY ETHICS

I 머리말

한반도에서 남북한의 문제는 군사적 영역을 넘어서 정치·경제·사회·문화 등의 모든 영역에서 동시에 고려되어야 하는 매우 복잡한 문제이다. 남북한의 문제는 정치 문제이면서 동시에 경제 문제일 수 있는 것이다. 남북한의 군사적 대치 문제는 상호 긴장완화와 신뢰구축을 위한 노력이 전제되어야 한다.[1] 상호 신뢰를 형성한다는 것은 하나의 평화문화를 형성하려는 의지를 전제해야만 가능하다. 일찍이 서구의 많은 나라들이 상호 협력을 모색해왔지만 이들은 모두 공동체에 대한 평화를 갈구하는 기대감을 전제하고 있다.[2] 평화를 갈망하는 국가는 군사적 문제를 포함하는 제반 사항을 고려하는 포괄적 안보(Comprehensive Security)를 필연적으로 추구해야 한다. 그런데 범위만 확장한다고 해서 모든 것이 다 해결되는 것은 아니다. 문화인류학자 E. B. Tylor가 고전적으로 밝힌 바 있듯이, 사회구성원으로서 인간에 의해 획득되는 지식, 신념, 도덕, 습관 등을 포괄하는 생활양식의 복잡한 총체로서의 문화 개념은 오늘날에도 여전히 유효하다.[3] 이런 면에서 안보의 문제도 문화의 문제이다.[4]

문화적 양태 중에서도 가장 이해하기 힘든 부분은 신념과 도덕과 같은 가치관이다. 한국 사람들에게 있어서 북한은 통일의 대상이기도 하면서 동시에 군사적 도발이 있을 경우 대응해야 할 적(敵)이기도 하다. 과거 권위주의 시대 남한 내의 정권이 가진 스스로의 정통성 시비가 있을 때와 우리의 안보 정책을 수립할 때마다 북한은 여전히 뜨거운 감자 역할을 해왔다. 이와 같은 상황으로 인해 북한이라고 하는 존재는 남한 내의 문화적 갈등을 불러일으키는 '남남갈등'(南南葛藤),

---

* 이 장은 2016년 대한민국 교육부와 한국연구재단의 지원을 받아 수행된 연구되었으며 (2016S1A5A2A01024542), 이후 다음의 학술지에 게재된 것을 이 책의 성격에 맞게 일부 수정하였다. 박균열, "도덕판단 역량 검사도구(MCT)의 구성원리를 활용한 통일·안보의식측정도구 개발 기초 연구", 『국방연구』, 60(3), 국방대학교 국가안전보장문제연구소, 2017, pp.67-92.

1) 한용섭, 『한반도 평화와 군비통제』 (서울: 박영사, 2015), pp. 265-283.

2) Emanuel Adler, Michael Barnett, "A Framework for the study of security communities", Emanuel Adler, Michael Barnett, eds., Security Communities (Cambridge: Cambridge University Press, 1998), p. 30.

3) E. B. Tylor, Primitive Culture (Nabu Press, 2014[1871]), p. 1: "Culture, or civilization, taken in its broad, ethnographic sense, is that complex whole which includes knowledge, belief, art, morals, law, custom, and any other capabilities and habits acquired by man as a member of society."

4) 안보문제를 문화적 관점에서 연구한 대표적인 사례로는 다음이 있다. Alastair Iain Johnston, "Thinking about Strategic Culture", International Security, 19(4) (1995); Peter J. Katzenstein, "Conclusion: National Security in a Changing World", Peter J. Katzenstein, ed., The Culture of National Security (NY: St. Martin's Press, 1996); John S. Duffield, World Power Forsaken: Political Culture, International Institutions, and German Security Policy after Unification (Stanford: Stanford University Press, 1999); Darryl Howlett, "Strategic Culture, Reviewing Recent Literature", Strategic Insights, 4(10) (2005).

의 중심부에 위치해 있다.[5]

이와 같이 안보 문제는 국가의 모든 영역이 관련되면서 그 구성원들의 생활양식 전반과 밀접한 관련을 가지고 있다. 따라서 안보 문제에 대한 가치의식이 어느 정도인지를 알아보기 위해서는 단순하게 구성된 자기보고식 설문의 결과에 따라 도출된 결과값으로는 제한이 있음을 알 수 있다. 가치 의식 측정은 "당신은 사과를 얼마나 좋아하십니까"와 같은 선호도 조사와는 그 성격이 다르다. 이와 같은 선호도 조사가 현재도 통일의식(Unification Consciousness),[6] 안보의식(Security Consciousness)[7]이라는 이름으로 진행되고 있다. 이는 엄격히 말하자면 통일의식, 안보의식이라기보다는 통일여론조사, 안보여론조사로 명명해야 마땅하다.

그런데 남북한의 통일과 관련된 안보의식은 더욱 복잡하다. 이 연구는 이러한 안보의식을 편의상 통일·안보의식(Unification & Security Consciousness)이라고 한다. 대개 의식이 단순한 인식을 의미하지 않기 때문에 더 엄격하게는 '통일과 안보에 대한 가치 의식'이라고 재정의할 수 있다. 가치의식을 측정하면서, "당신의 도덕성은 어느 정도 높다고 생각하십니까?"로 질문한다면 타당성이 높다고 할 수 없으며, 응답자도 신뢰도 높은 응답을 할 수 없게 될 것이다.

이 연구는 매우 복잡하면서도 중층적인 한국인의 통일·안보의식을 측정하기 위해 기왕에 도덕심리학(Moral Psychology) 분야에서 통용되고 있는 도덕성 발달(moral development), 도덕적 추론(moral reasoning), 도덕적 역량(moral competence) 등의 개념을 원용하고자 한다. 이 개념들은 초기 도덕심리학자들인 J. Piaget[8]와 L. Kohlberg[9] 등에 의해 구축되었고, 이후 J. R.

---

5) 남남갈등이라는 용어는 남한 내부의 갈등을 의미하는 신조어인데, 단행본으로 출판되기도 했다. 박찬석, 『남남 갈등 대립으로 끝날 것인가』 (경기: 인간사랑, 2001); 경남대학교극동문제연구소, 『남남 갈등 진단 및 해소방안』 (경남: 경남대학교출판부, 2004); 차문석·마인섭, 『북한 문제와 남남 갈등』 (서울: 성균관대학교출판부, 2012).

6) 서울대학교 통일평화연구원이 2007년 이후 연례적으로 실시해오고 있는 통일의식조사의 문항은 별도의 알고리즘이 없이 경향성을 알아보는 여론조사이다. 그 대표적인 질문은 다음과 같다. "oo님은 남북한 통일이 얼마나 필요하다고 생각하십니까? 혹은 필요 없다고 생각하십니까?" (5단계 서열척도: 필요하다 ↔ 필요하지 않다)

7) 국방대학교 국가안전보장문제연구소가 1989년 이후 연례적으로 실시해오고 있는 안보의식조사의 문항도 별도의 알고리즘이 없이 경향성을 알아보는 여론조사이다. 그 대표적인 질문은 다음과 같다. "본인의 안보의식 수준이 어느 정도라고 생각하십니까?(5단계 서열척도: 높다 ↔ 낮다)

8) 도덕심리학자로서 J. Piaget의 인지발달론에 대한 공헌에 대해서는 다음의 내용이 도움이 된다. John C. Gibbs, "2장 인지발달론적 관점", William M. Kurtines, Jacob L. Gewirtz, 문용린 역, 『도덕성의 발달과 심리』 (서울: 학지사, 2002), pp. 59-64; J. Piaget, Moral Judgment of the Child (M. Gabain, trans.) (NY: Free Press, 1965[1932]); J. Piaget, The Development of Thought: Equilibration of Cognitive Structure (A. Rosin, trans.) (NY: Viking Press, 1977[1975]).

9) 도덕심리학자로서 L. Kohlberg의 인지발달론에 대한 공헌에 대해서는 다음의 내용이 도움이 된다. John C. Gibbs, "2장 인지발달론적 관점", William M. Kurtines, Jacob L. Gewirtz, 문용린 역, 『도덕성의 발달과 심리』 (서울: 학지사, 2002), pp. 65-72; L. Kohlberg, "The Development of Modes of Moral Thinking and Choice in the Years Ten to Sixteen", Unpublished Ph. D. dissertation (Chicago: University of Chicago, 1958); L. Kohlberg, "Moral Development and Identification", H. Stevenson, ed., Child Psychology, 62nd Yearbook of the National Society for the Study of Education, Part 1 (Chicago: University of Chicago Press, 1963); L. Kohlberg, "The Development of Moral Character and Ideology", M. L. Hoffman, ed., Review of Child Development Research, vol.1 (NY: Russell Sage Foundation, 1964); L. Kohlberg, "Stage and Sequence: The Cognitive-Development

Rest,[10] G. Lind와 같은 도덕심리학자들에 의해 발전되었다. 특히 G. Lind가 창안한 도덕판단 역량 검사도구(MCT: Moral Competence Test)는 응답자들의 자기꾸밈(self-faking)을 최소화하는 알고리즘을 구축하고 있기 때문에, 한국의 복잡한 통일·안보상황에 대한 가치 의식을 측정하기 위한 방법론으로 원용한다.[11]

이 연구는 린트가 개발한 MCT의 기본 알고리즘을 활용하여 통일·안보의식을 측정도구를 개발하기 위한 기초적인 시도이다. 따라서 향후 이 연구의 결과를 토대로 더 높은 타당도를 확보하기 위한 후속 연구가 이어지기를 기대한다.

Approach to Socialization", D. A. Goslin, ed., Handbook of Socialization Theory and Research (Chicago: Rand McNally, 1969); L. Kohlberg, R. Kramer, "Continuities and Discontinuities in Childhood and Adult Moral Development", Human Development, 12 (1969), pp. 93–120.

10) J. R. Rest, "New Approaches in the Assessment of Moral Judgment", in T. Lickona, ed., Moral Development and Behavior (NY: Holt, Rinehart & Winston, 1976), pp. 198–220; J. R. Rest, Revised Manual for the Defining Issues Test (Minneapolis: University of Minnesota, 1979a); J. R. Rest, Development in judging moral issues (Minneapolis: University of Minnesota Press, 1979b); J. R. Rest, Moral Development: Advances in research and theory (NY: Praeger, 1986); J. R. Rest, D. Cooper, R. Coder, J. Masanz & D. Anderson, "Judging the Important Issues in Moral Dilemmas: An Objective Measure of Development", Developmental Psychology, Vol.10 (1974), pp. 491–501.

11) 이와 관련한 G. Lind의 선행연구로는 다음이 있다. G. Lind, "Growth and regression in moral-cognitive development", In: C. Harding, ed., Moral Dilemmas: Philosophical and Psychological Issues in the Development of Moral Reasoning (Chicago: Precedent Publishing Inc., 1985b); G. Lind, "How does one measure moral judgment? Problems and alternative ways of measuring a complex construct"[German: Wie mißt man moralisches Urteil? Probleme und alternative Möglichkeiten der Messung eines komplexen Konstrukts], In: G. Portele, ed., Sozialisation und Moral (Weinheim: Beltz, 1978); G. Lind, "The theory of moral-cognitive judgment: A socio-psychological assessment", In: G. Lind, H. A. Hartmann & R. Wakenhut, eds., Moral development and the social environment. Studies in the philosophy and psychology of moral judgment and education (Chicago: Precedents Publishing Inc., 1985a); G. Lind, 박균열·정창우, 『도덕적 민주적 역량 어떻게 가르칠 것인가』(How to Teach Morality: Promoting Deliberation and Discussion, Reducing Violence and Deceit) (서울: 도서출판 양서각, 2017[2016]); G. Lind, Ist Moral lehrbar? Ergebnisse der modernen moralpsychologischen Forschung[Can Morality be Taught? Research Findings from Modern Moral Psychology]. Second Edition (Berlin: Logos-Verlag, 2002); G. Lind, Moral ist lehrbar: Handbuch zur Theorie und Praxis moralischer und demokratischer Bildung[Morality Can be Taught. Handbook on Theory and Practice of Moral and Democratic Education] (Munchen: Oldenbourg-Verlag, 2003). 기타 보다 상세한 내용은 G. Lind의 홈페이지 참고: http://www.uni-konstanz.de/ag-moral

Ⅱ 이론적 배경

1. 도덕성 발달 및 도덕적 추론

미국의 정치철학자이자 교육학자인 M. C. Nussbaum은 인간 자체가 추론적 경향성을 가진 존재임을 강조하면서, 추론을 자유주의 철학의 전통의 핵심적 특징에 기반하고 있다고 다음과 같이 주장했다.

> 이 전통의 핵심은 인간 존재에 관한 이중의 직관이다. 즉 인간이 된다는 것만으로 모두는 사회의 어디에 위치하든 상관없이 평등한 존엄과 가치를 지닌다는 것, 그리고 이러한 가치의 일차적인 원천은 그들 내의 도덕적 선택의 힘이며, 그 힘은 목적에 관한 자기 자신의 평가와 일치하는 삶을 계획하는 능력에 있다. 이러한 두 가지 직관에 대해 - 그것은 그 핵심에 있는 자유주의를 그리스 및 로마 스토아 학파 철학자들의 사고와 연결시킨다 - 자유주의의 전통은 스토아 학파 철학자들이 강조하지 않았던 한 가지를 더 참가한다. 곧 사람들의 도덕적 평등성은 그들에게 사회와 정치에 의한 어떤 대우의 형식들에 대해서 공정한 권리를 수여한다는 것이다. 이 대우가 무엇인가는 전통 내에서 공정한 권리를 수여한다는 것이다. 이 대우가 무엇인가는 전통 내에서 논쟁의 주제가 될 것이지만, 공유된 출발점은 이 대우가 다음의 두 가지를 밀접하게 관련시킨 일들을 행하는 것이어야만 한다는 것이다. 그것은 선택의 자유를 존중하고 증진시켜야만 하며, 선택자로서 개인의 평등한 가치를 존중하고 증진시켜야 한다.[12)]

도덕성은 다양한 사고를 가지고 있는 개별 구성원인 인간들이 각기 바람직하게 지향해야 할 가치 정향이라고 할 수 있다. 그런데 그러한 정향은 학자들에 따라 달리 해석되었다. 전통적으로 도덕성의 개념은 도덕적 성숙, 동기, 행동에 초점을 두고, 도덕성을 문화에 따라 다른 것이라고 보는 문화적 상대성을 가정한다. 반면 인지발달론적 관점은 연령에 따라 발달하는 도덕적 적합성 혹은 성숙성의 문화보편적인 경향을 밝히는 데 초점을 둔다. 즉 인지발달론은 도덕성이 인간의

12) M. C. Nussbaum, Sex and Social Justice (NY: Oxford University Press, 1999), p. 54.

인지 능력의 발달 정도에 따라 결정된다는 것이다.[13]

그런데 이러한 도덕성은 도덕적 행위의 기초인 도덕적 추론에 의해 작동된다. 결국 도덕성의 발달은 도덕적 추론에 의해 이루어지는 것이라고 할 수 있다.[14] 콜버그는 발생학적 인식론(genetic epistemology)[15]에 기반한 피아제의 생각을 발전시켜서,[16] 도덕적 추론에 의한 도덕성 발달의 단계를 구체화했다(〈표 1〉 참조).

〈표 1〉 발달의 수준과 단계에 따른 도덕판단의 분류

수준	도덕 판단의 기반	발달의 단계
I	도덕가치는 사람이나 표준에 귀속하는 것이 아니라, 외적인 類似물리적 사건에, 사악한 행위에, 또는 유사 물리적 욕구에 귀속한다.	단계 1. 복종 및 처벌 정향(orientation). 우월한 힘내지 권능에 대한 자기중심적 존경, 혹은 좋은 게 좋다는(trouble-avoiding)태도. 객관적 책임
	도덕가치는 사람이나 표준에 귀속하는 것이 아니라, 외적인 類似물리적 사건에, 사악한 행위에, 또는 유사 물리적 욕구에 귀속한다.	단계 2. 순수 이기주의 정향. 자기의 욕구를 때로는 다른 사람의 욕구를 도구적으로 충족시켜 주는 행위가 정당한 행위이다. 각 행위자의 욕구 및 관점을 받아들일 수 있는 가치상대주의에 대한 각성. 소박한 평등주의, 그리고 상호성 및 교환에 무게를 둠
II	도덕가치는 훌륭하고 정당한 역할을 수행하는데서 즉 인습적 명령과 타인의 기대에 부응하는 데서 성립한다.	단계 3. 착한 아이 정향. 다른 사람을 돕고 기쁘게 해주고 승인을 얻으려는 정향, 당연한(natural) 요컨대 모두가 하는 대로 따라가는 식의 역할 행동 그리고 의도성에 의거한 판단
	도덕가치는 훌륭하고 정당한 역할을 수행하는데서 즉 인습적 명령과 타인의 기대에 부응하는 데서 성립한다.	단계 4. 권위와 사회질서 유지 정향. "의무수행"에 그리고 권위자에 대한 존경 표시 및 사회질서 유지 그 자체에 무게를 둠. 타인의 응당한 기대에 따름.

13) John C. Gibbs, "2장 인지발달론적 관점", William M. Kurtines, Jacob L. Gewirtz, 『도덕성의 발달과 심리』 (서울: 학지사, 2004), p. 59.

14) L. Kohlberg, "The Claim to Moral Adequacy of a Highest Stage of Moral Judgment", The Journal of Philosophy, 70(18) (1973), pp. 630-646.

15) E. von Glasersfeld, "An exposition of constructivism: Why some like it radical", Journal for Research In Mathematics Education: Monograph, 4 (1990), pp. 19-29, 195-210.

16) 피아제는 아동의 탄생부터 2세까지를 감각운동기(sensorimotor period), 2세부터 7세까지를 전조작기(preoperational period), 7세부터 11세까지를 구체적 조작기(concrete operational period), 그리고 11세 이상을 형식적 조작기(formal operational period)로 분류한다. 인지발달을 분석하기 위한 개념으로는 지식의 범주라고 할 수 있는 구도(Schema), 기존 구도에 대한 새로운 정보 유입 절차인 동화(Assimilation), 기존 구도의 변화를 위한 적응(Accommodation), 동화와 적응 사이의 균형을 맞추기 위한 평형(Equilibration)을 강조했다. 이에 대해서는 다음 참조. J. Piaget, The Development of Thought: Equilibration of Cognitive Structure (A. Rosin, trans.) (NY: Viking Press, 1977[1975]); J. Piaget, The Essential Piaget, H. E. Gruber, J. J. Voneche, eds. (NY: Basic Books, 1977); R. E. Fancher, A. Rutherford, Pioneers of Psychology: A History (NY: W. W. Norton, 2012); J. W. Santrock, A Topical Approach to Lifespan Development (8th ed.) (NY: McGraw-Hill, 2016); https://www.verywell.com/piagets-stages-of-cognitive -development-2795457 (검색일: 2017. 7. 29)

Ⅲ	도덕가치는 공유되거나 공유할만한 표준, 권리, 의무에 대한 자아의 동조에서 성립한다. 도덕가치는 공유되거나 공유할만한 표준, 권리, 의무에 대한 자아의 동조에서 성립한다.	단계 5. 계약맺음과 법 존중 정향. 협약 그 자체를 지키기 위해, 기대나 규칙이 지닌 임의적 요소를 분별해냄 혹은 그것의 출발점이 무엇이어야 하는가를 인식함. 계약, 타인의 권리 내지 의지의 존중, 다수의 복지 등의 견지에서 의무를 규정함. 단계 6. 양심 혹은 원리 정향. 현실적으로 제약을 주는 사회규칙 쪽뿐만 아니라 논리적 보편성 및 일관성에의 호소를 담고 있는 선택의 원리 쪽에 무게를 둠. 행위의 지도력인 양심에 그리고 상호존중 및 신뢰의 무게를 둠.

출처: L. Kohlberg, 김민남·진미숙 역, 『도덕발달의 심리학』 (경기: 교육과학사, 2000[1984]), pp. 44-45.

콜버그는 도덕성의 발달과 추론에 있어서 인지적 이성의 능력뿐만 아니라 정서도 동시에 중요함을 강조했다.[17] 도덕성은 단순히 어떤 원칙에 부합되는지의 여부에 따라 결정된다거나 착한 마음씨를 갖고 있는지의 여부에 따라 결정되는 것도 아니다. 결국 인지발달론자들에게 있어서 도덕성 발달과 도덕적 추론은 도덕성의 관계성과 역동성을 강조하기 위해 고안된 개념적 도구이다.

2. 도덕적 역량

도덕적 역량(moral competence)[18]이란 도덕적 행위자가 스스로에게나 공동체 속에서 바람직한 사고, 정서, 행동의 통합되어 발휘되는 능력이다. 이 용어를 처음 사용한 콜버그는 도덕적 역량을 "내면적 도덕 원리에 바탕을 두고 이루어지는 도덕적 판단 능력과 그 판단과 조응한 행위 능력"이라고 정의한다.[19] 이후 학자에 따라 다양하게 정의되기도 한다. 아시아계 Hing Keung Ma의 주장에 따르면, 도덕적 역량이란 타인에 대한 이타적 행위를 하기 위한 정서적 정향성과 높은 수준이 발달 단계에서 논리적이고 일관되게 도덕적 문제를 판단할 수 있는 능력이다.[20] 도덕적 역량이라는 용어가 본격적으로 사용되게 된 것은 G. Lind가 도덕적 역량 검사 도구(MCT: Moral

17) L. Kohlberg, "Moral development", in J. M. Broughton, D. J. Freeman-Moir, eds., The Cognitive Developmental Psychology of James Mark Baldwin: Current Theory and Research in Genetic Epistemology (Norwood, NJ: Ablex Publishing Corp, 1982), pp. 139-141.

18) 도덕적 역량에 대해, 영어권에서는 moral competence와 moral competency를 혼용한다. 대개 도덕심리학자들은 전자를 선호한다.

19) L. Kohlberg, "Development of moral character and moral ideology", In M. L. Hoffman, L. W. Hoffman, eds., Review of Child Development Research, Vol. I (NY: Russel Sage Foundation, 1964), p. 425.

20) Hing Keung Ma, "Moral competence as a positive youth development construct: conceptual bases and implications for curriculum development,"in Positive Youth Development: Development of a Pioneering Program in a Chinese Context, D. T. L. Shek, H. K. Ma, and J. Merrick, Eds. (Freund Publishing House, London, UK, 2007), pp. 183-191; Hing Keung Ma, "Moral Competence as a Positive Youth Development Construct: A Conceptual Review", The Scientific World Journal, Vol. 2012 (2012), https://www.hindawi. com/journals/tswj/2012/590163/ 재인용 (검색일: 2017. 7. 29.)

Competence Test)를 만들게 되면서부터였다.[21] 그는 콜버그의 인터뷰에 의한 도덕판단력 측정도구(MJI: Moral Judgment Interview)와 이를 객관화한 J. Rest의 주제정의형 도덕판단력 측정도구(DIT: Defining Issues Test)의 자기꾸밈 효과를 최소화하고, 특히 DIT에서 5단계 이하 단계 값들이 거의 역할을 할 수 없었던 점을 고려하여, 도덕적 역량이란 특정 사안에 대해 어느 정도 동의하는가보다는 더 높은 도덕적 사고를 통해 추론할 수 있는 능력이라고 보았다. 즉 린트에게 있어서 도덕적 역량은 도덕적 판단 역량을 말한다.[22]

Ⅲ 조사 대상 및 방법

1. 조사 대상

본 연구를 위한 조사는 경남 진주 소재 중·고·대학생을 대상으로 2016년 9월 중에 실시되었으며, 학교급별 담당 교사와 교수의 협조를 얻어 진행되었다. 표본추출은 비확률표본추출법의 편의표본추출법(convenience sampling)을 활용하여 집단별 총 250명을 목표로 했다. 불성실 응답자를 제외하고, 중학생 49명, 고등학생 57명, 대학생 88명으로 총 194명을 대상으로 분석했다. 성별은 남자는 91명(46.96%), 여자는 103명(53.1%)으로 여성의 비율이 다소 높으며, 평균연령은 18.7±3.1(세)로 10대가 102명(52.6%), 20대는 92명(47.4%)으로 구성되었으며, 전체대상자 중에서 61명(31.4%)이 신앙을 갖고 있었다.

---

21) G. Lind 교수는 2014년 말부터(G. Lind 교수의 홈페이지 내의 다른 설명에서 보면 2013년부터라는 설명도 있다. 필자에게 개인적으로 발송된 이메일을 기준으로 볼 때, 2014년이 맞다고 본다) MCT라는 용어를 사용했다. 그 이전에는 Moral Judgment Test(MJT)라는 용어를 사용했다. 그 이전에도 측정도구와 관련된 논문과 책자 속에서는 여전히 Competence라는 용어를 사용했지만, 측정도구에 명칭이 수정되어 포함된 것은 2014년이며, 이를 기준으로 볼 때 현재 도덕적 역량을 측정하기 위한 도구는 G. Lind 교수의 MCT가 가장 유력하며 희소성을 가진다고 할 수 있다. 최근에 출판된 G. Lind 교수의 저서에 상세한 내용이 기술되어 있다. G. Lind, 박균열·정창우, 『도덕적 민주적 역량 어떻게 가르칠 것인가』 (서울: 도서출판 양서각, 2017[2016]).

22) G. Lind, "Chapter 4. Meaning and Measurement of Moral Competence", ibid., pp. 59-89; https://www.uni-konstanz.de/ag-moral/b-liste.htm#lind_2016_logos (검색일: 2017. 7. 29.)

2. 조사 도구

한국의 실정에 맞는 통일·안보의식을 측정하기 위한 도구는 G. Lind가 L. Kohlberg의 도덕성 발달이론을 계승해서 발전시킨 MCT의 알고리즘을 원용하여 만들어졌다. 2개의 딜레마(대북 인도적 지원, 통일비용)를 상정하였으며, 그 주인공은 각기 여자와 남자로 상정하였다. 논리적 타당도 확보를 위해 조사 도구 제작 단계에서 윤리교육학 전공 교수 3명으로부터 자문을 받아 그 결과를 반영하였다([부록 1] 참조).[23]

MCT를 통해서 얻어진 값을 C-점수라고 한다. MCT는 콜버그의 도덕발달 6단계에 기초한 객관식 선다형 측정으로서 세계 70여 개국의 연구자들이 활용하고 있고, 웹사이트에 하루 2,000명 이상이 접속하고 있는 것으로 알려져 있다. 이 도구는 주로 유럽 및 남미권에서 많이 활용되고 있다. MCT는 두 가지 이야기들('노동자의 딜레마'와 '의사의 딜레마')을 담고 있다. 각 딜레마에 있어서 주인공은 어떤 행동을 결정함에 있어서 행동과 관련한 규칙에 대해 갈등을 겪는다. MCT는 DIT와는 달리 단순 선호도의 정도가 아니라 그 이유를 중시한다. 현대 민주주의의 핵심은 상호 의사소통인데, 그 담화 행태 저변에 깔려있는 논리적 근거는 상황이 달라져도 변함없이 지속된다. MCT는 이와 같은 민주적 의사소통의 가치정향을 측정해낸다는 점에서 현실 적용성이 높은 도덕 판단력 측정도구라고 할 수 있다. MCT의 한국적 표준화는 도덕적 판단력을 측정하고자 하는 일차적 목표 이외에도 그와 같은 부수적인 목표도 동시에 갖고 있다.

MCT는 콜버그의 연구에 의해 입증된 인지발달론에 의해 지지되고 있는데, 그 특징은 다음 몇 가지로 요약된다.[24] 첫째, MCT는 선호도 순서(order of preferences)를 중시한다. 즉 도덕적 딜레마에서 피험자들은 도덕적 추리 단계를 순서대로 선호해야 한다.[25] 둘째, 준단방향구조(quasi-simplex structure)를 가지고 있다. 인접한 단계들 간의 상관관계는 더 멀리 떨어진 단계들 간의 상관관계보다 더 높아야 한다. 셋째, 인지-정서적 평행(cognitive-affective parallelism)을 나타낸다. 인지발달과 정서의 높은 상관성을 전제하고 있는 것이다.[26] 넷째, 문항 속의 논증 과정

---

23) 조사 도구에 대한 설명은 필자가 연구책임자로 수행한 다음의 연구보고서의 일부를 참고한 것이다. 박균열·이상호, 『공직자 청렴판단력 측정도구 개발』, 국민권익위원회 청렴연수원 연구보고서 (2016), pp. 26-30.

24) 이하 MCT의 특징은 그 타당도 조사에서 적용될 기본적인 지침격에 해당된다.

25) 한 북한이탈주민(성별: 여성, 북한에서의 경력: 교사, 고향: 함경북도, 연령: 40대말, 정착 후: 대학원 박사과정)과의 개별 인터뷰 결과 후자의 결과를 보였다. 그녀의 단계별 점수는 1단계 5점으로 가장 높았고, 2단계 3, 3단계 -5, 4단계 1, 5단계 4, 6단계 -7이었는데, C-점수는 27.628로 낮은 점수는 아니었다. (2016. 10. 13. 개별 인터뷰)

26) 이 세 번째의 인지-정서 평행 개념을 적용한 척도의 구성은 -4에서부터 +4까지의 단일한 9점 척도로 구성되는데, 이는 기존의 리커트 척도의 긍정형과 부정형을 함께 붙여놓은 것이라고 할 수도 있고, 어의차별척도(Semantic Differential Scale)의 네 가지 차원(평가 차원, 능력 차원, 활동성 차원, 수용성 차원) 중에서 평가 차원의 척도로도 이해될 수 있다. 이 연구에서는 -4 ~ +4의 구성을 0~8의 리커트 척도로 구성해서 조사하고, 입력 및 처리 과정은 어의차별척도 형식으로 짜여진 MCT 고유 계산자로 진행했다.

에서 비록 가정된 상황이 다르다고 하더라도(equivalence of pro and con argument) 단계 지향은 일정하게 지향해야 한다. 다섯째, MCT는 어려운 도덕적 과업(a difficult moral task)을 측정하는 것이다. 즉 특정주제에 대한 도덕적 태도를 측정하는 것이 아니라, 도덕적 역량(moral competence)을 측정하는 것이다. MCT가 태도가 아닌 역량을 측정하는 것이기 때문에 단계 상향을 가장한다고 해도 높은 점수를 획득할 수 없도록 구성되어 있다.[27]

C-점수는 특정 주제에 대한 자신의 선호태도를 도출한 것이 아니라 자신의 도덕적 관심과 원칙에 의해 결정된 정도를 나타낸 것이다[부록 2]의 계산자 공식 참조). C-점수의 만점은 100점이다. 대체로 1-9점은 '낮음', 10-29점은 '중간', 30-49점은 '높음', 50점 이상은 '아주 높음'으로 평가된다.[28] 이 도구는 이미 한국형 표준화가 완료되어 활용되고 있다.[29]

3. 자료 처리

본 연구는 C-점수 계산을 간편하게 구현하기 위해 자체 제작한 EXCEL 계산자를 활용했으며, 그 수식에 적합하게 SPSS 명령어를 활용하여 모든 수치를 산출하였다. 측정도구의 타당성 검증을 위하여 각 단계별 평균 수준의 변화, 각 단계와 C점수 간의 상관성, 대상자별 인식수준의 차이를 그래프를 통해 확인하였으며, 단계별 차이, 단계유형별 차이는 반복측정분산분석(Repeated Measure ANOVA)과 종속표본 t 검증(Paired Sample t test), 요인분석(Factor Analysis)[30]을 실시했다. 인구통계학적 특성과 대상 그룹별 별 평균 인식차이는 독립표본 t 검증(Independent Samples t test)과 일원변량분석(One-Way ANOVA)을 통하여 알아보았다. 모든 분석의 유의수준 α=.05이다

27) L. Kohlberg, "The Development of Modes of Moral Thinking and Choice in the Years Ten to Sixteen", Unpublished Ph. D. dissertation (Chicago: University of Chicago, 1958); Rest, op. cit., 1979a; 1979b; 박균열, "도덕 판단력 측정도구 MJT의 특징과 활용법", □도덕윤리과교육□, 제23호, 한국도덕윤리과교육학회 (2006), pp. 136-137.

28) J. Cohen, Statistical power analysis for the behavioral sciences, (2nd ed.) (Hillsdale, NJ: Erlbaum, 1988).

29) 이원봉·박균열, 『도덕판단력 측정: MJT와 DIT를 중심으로』 (경기: 한국학술정보(주), 2012); 박균열, "도덕적 판단력 도구 MJT의 한국적 표준화 연구", 『윤리연구』, 제94호, 한국윤리학회 (2014), pp. 249-275.

30) 심사위원 중 한 분이 각 단계에 대한 요인분석 방식에 대해 지적하면서 반복측정분산분석을 권고했다. 그런데 이 연구는 준거타당도를 확보하기 위해 MCT를 만든 G. Lind 교수의 연구절차를 그대로 준수해야 한다. 이 연구에서의 요인분석은 다양한 요인을 찾아내기 위한 검증이 아니라 1~6단계(또는 그 역逆도 가능)가 순서대로 나타나는지, 특히 낮은 단계군(群)(1~3단계)과 높은 단계군(4~6단계)이 잘 구분되는지를 살펴보는 데 주된 목적이 있기 때문에 최초 기술의 방향을 그대로 따르기로 했다.

Ⅳ 조사 도구에 대한 검증

1. 조사대상의 기술통계량

가. Stage별, Stage 유형별 차이

통일문제 MCT에 대한 Stage별, Stage 유형별 차이를 살펴보면, 각 단계별 평균 청렴도 수준은 1단계는 0.09, 2단계는 -1.78, 3단계는 -1.12, 4단계는 0.04, 5단계는 평균 0.74, 6단계는 평균 -0.77로 나타났으며, 각 Stage별로 유의한 차이가 나타났으며(F=9.730, p〈.001), Stage 유형별 차이는 긍정가정유형(M=-0.94)과 부정가정유형(M=0.00)간에는 통계적으로 유의한 차이가 나타났다(F=-3.801, p〈.001). 검사의 전체 C-점수는 평균 31.08점으로 나타났다(〈표 2〉 참조).

〈표 2〉 Stage별, Stage 유형별 차이

	Stage별 차이							Stage 유형별 차이			C-점수
	Stage1	Stage2	Stage3	Stage4	Stage5	Stage6	F(p)	Stage 1-3	Stage 4-6	paired t(p)	
M	.09	-1.78	-1.12	.04	.74	-.77	9.730 *** (.000)	-.94	.00	-3.801 *** (.000)	31.08
SD	6.09	6.25	5.59	5.53	5.85	5.78		4.87	4.72		19.45

*p〈.05 **p〈.01 ***p〈.001

나. 성별에 따른 차이

성별에 따른 통일문제 MCT의 차이를 살펴보면, 남자는 Stage별(F=4.895, p〈.001), Stage 유형별(F=-2.519, p〈.05)로 유의한 차이가 나타났으며, 여자는 Stage별(F=5.156 p〈.001), Stage 유형별(F=-2.844, p〈.01)로 유의한 차이가 나타났다. 또한 각 Stage별 성별차이를 살펴보면, Stage 3, Stage 6을 제외한 모든 유형에서 성별간 인식차이가 나타났으며, 남자보다 여자의 인식수준이 높았다. 또한 C-index는 성별간 차이가 없는 것으로 나타났다(〈표 3〉 참조).

〈표 3〉 성별에 따른 차이

		Stage별 차이							Stage 유형별 차이			C-점수
		Stage1	Stage2	Stage3	Stage4	Stage5	Stage6	F(p)	Stage 1-3	Stage 4-6	paired t(p)	
남자	M	-.86	-2.95	-1.80	-1.05	-.18	-1.54	4.895 *** (.000)	-1.87	-.92	-2.519 * (.014)	31.80
	SD	5.95	5.35	5.34	5.20	6.21	5.61		4.44	4.70		18.95
여자	M	.93	-.76	-.52	1.01	1.55	-.10	5.156 *** (.000)	-.12	.82	-2.844 ** (.005)	30.43
	SD	6.11	6.81	5.76	5.65	5.41	5.87		5.10	4.59		19.96
t(p)		-2.064 * (.040)	-2.464 * (.015)	-1.595 (.112)	-2.636 ** (.009)	-2.073 * (.039)	-1.742 (.083)		-2.536 * (.012)	-2.611 * (.010)		.490 (.625)

*p〈.05 **p〈.01 ***p〈.001

다. 연령에 따른 차이

연령에 따른 통일문제 MCT의 차이를 살펴보면, 10대, 20대는 Stage별(F=5.907, p〈.01; F=4.473, p〈.01), Stage 유형별로는 10대(t=-3.117, p〈.01), 20대(t=-2.332, p〈.05) 모두 부정가정유형의 인식수준이 높은 것으로 나타났다. 또한 각 Stage별 연령차이서에는 C-index는 유의한 차이가 없었으나 Stage 별, Stage 유형별로 연령 간에 모두 유의한 차이가 나타났으며, 10대의 인식수준이 높은 것으로 나타났다(〈표 4〉 참조).

〈표 4〉 연령에 따른 차이

		Stage별 차이							Stage 유형별 차이			C-점수
		Stage1	Stage2	Stage3	Stage4	Stage5	Stage6	F(p)	Stage 1-3	Stage 4-6	paired t(p)	
10대 (a)	M	1.16	-.33	-.18	1.02	2.00	.47	5.907 *** (.000)	.22	1.16	-3.117 ** (.002)	30.75
	SD	5.83	6.04	5.47	5.74	5.36	5.44		4.84	4.78		20.43
20대 (b)	M	-1.09	-3.39	-2.17	-1.04	-.65	-2.15	4.473 ** (.001)	-2.22	-1.28	-2.332 * (.022)	31.43
	SD	6.17	6.12	5.56	5.10	6.07	5.86		4.60	4.31		18.43
t(p)		2.603 * (.010)	3.499 ** (.001)	2.519 * (.013)	2.636 ** (.009)	3.231 ** (.001)	3.232 ** (.001)		3.581 *** (.000)	3.726 *** (.000)		-.241 (.810)

*p〈.05 **p〈.01 ***p〈.001

라. 대상별에 따른 차이

대상별에 따른 통일문제 MCT의 차이를 살펴보면, 중학생은 Stage별 간의 유의한 차이는 없는 것으로 나타났으며, 고등학생(F=3.787, p〈.05)과 대학생(F=7.756, p〈.001)은 Stage간에 유의한 차이가 나타났다. Stage 유형별로는 긍정가정유형과 부정유형간에는 중학생은 유의한 인식차이가 없었으나 고등학생(F=-2.362, p〈.05)과 대학생(F=-3.248, p〈.01)의 경우는 부정가정유형의 인식수준이 높은 것으로 나타났다. 또한 각 Stage별 대상별 차이에서는 Stage6을 제외한 모든 Stage에서 유의한 차이가 나타났으며, Stage 1, Stage4는 중학생과 대학생의 인식수준이 낮았으며, Stage 2, 3, 5은 대학생의 인식수준이 낮게 나타났다. 또한 긍정가정유형(F=6.485, p〈.01), 부정가정유형(F=5.372, p〈.01)에 대해서 대상별간 차이가 나타났으며 긍정가정유형은 대학생의 인식이 가장 낮으며, 부정가정유형은 중학생과 대학생의 인식이 낮은 것으로 나타났다(〈표 5〉 참조).

〈표 5〉 대상별에 따른 차이

		Stage별 차이							Stage 유형별 차이			C-점수
		Stage1	Stage2	Stage3	Stage4	Stage5	Stage6	F(p)	Stage 1-3	Stage 4-6	paired t(p)	
중학생 (a)	M	-.57	-.49	-.29	.04	.29	-.69	.539 (.747)	-.45	-.12	-.663 (.511)	31.23
	SD	6.22	5.19	4.45	5.55	5.89	5.97		4.44	5.15		19.22
고등 학생(b)	M	1.79	.11	-.07	2.00	2.35	.46	3.787 ** (.002)	.61	1.60	-2.362 * (.022)	33.21
	SD	5.39	6.77	6.19	5.83	5.43	5.58		4.95	4.65		21.72
대학생 (c)	M	-.64	-3.73	-2.27	-1.23	-.05	-1.61	7.756 *** (.000)	-2.21	-.96	-3.248 ** (.002)	29.64
	SD	6.28	5.94	5.59	4.98	5.94	5.72		4.76	4.26		18.12
F(p)		3.211 * (.042)	8.515 *** (.000)	3.511 * (.032)	6.216 ** (.002)	3.176 * (.044)	2.253 (.108)		6.485 ** (.002)	5.372 ** (.005)		.576 (.563)
Scheffe		a,c〈b	c〈a,b	c〈a,b	a,c〈b	c〈b			c〈a,b	a,c〈b		

*p〈.05 **p〈.01 ***p〈.001

마. 신앙에 따른 차이

신앙에 따른 통일문제 MCT의 차이를 살펴보면, Stage별 변화는 신앙이 있는 경우(F=2.979,

p<.05), 신앙이 없는 경우(F=7.785, p<.001) Stage별로 유의한 차이가 나타났으며, Stage 유형별로는 신앙이 있는 경우는 유의한 차이가가 존재하지 않았으나 신앙이 있는 경우는 부정가정유형의 인식수준이 높은 것으로 나타났다(t=-4.094, p<.001). 또한 각 Stage별 신앙차이를 살펴보면, Stage 3(t=2.309, p<.05)에서 신앙이 있는 경우의 인식수준이 높았으며, Stage 유형별, C-index에 대해서는 신앙간 차이는 없는 것으로 나타났다(〈표 6〉 참조).

〈표 6〉 신앙에 따른 차이

		Stage별 차이							Stage 유형별 차이			C-점수
		Stage1	Stage2	Stage3	Stage4	Stage5	Stage6	F(p)	Stage 1-3	Stage 4-6	paired t(p)	
있다	M	1.02	-1.41	.23	.16	1.15	-.07	2.979 * (.012)	-.05	.42	-.962 (.340)	30.89
	SD	5.93	5.93	5.03	5.85	6.49	5.94		4.54	5.18		18.57
없다	M	-.33	-1.95	-1.74	-.02	.56	-1.10	7.785 *** (.000)	-1.34	-.19	-4.094 *** (.000)	31.16
	SD	6.13	6.41	5.74	5.40	5.55	5.70		4.98	4.49		19.92
t(p)		1.436 (.153)	.563 (.574)	2.309 * (.022)	.209 (.835)	.653 (.515)	1.156 (.249)		1.721 (.087)	.823 (.411)		-.092 (.927)

*p<.05 **p<.01 ***p<.001

2. 조사 도구에 대한 응답자의 신뢰도

신뢰도는 설문과정 내적인 문제이므로 조사대상의 반응의 일관성을 의미한다. 이 연구에서 신뢰도 확보를 위해 내적 일관성을 나타내는 Cronbach α계수에 의한 내적 일관성을 검증했는데, .782로 비교적 높은 신뢰도를 보였다(〈표 7〉 참조).

〈표 7〉 검사지의 신뢰도

	통일문제		전체
	대북인도적 지원의 딜레마	통일비용 준비에 대한 딜레마	
중학생	.552	.727	.808
고등학생	.570	.795	.810
대학생	.519	.514	.716
전체	.556	.795	.782

3. 조사 도구의 타당도 검증

이 타당도가 이 연구에서 가장 중요하다. 왜냐하면 타당도는 자[尺]의 문제인데, 이 연구가 구명하고자 하는 것이 자를 제작하는 일이기 때문이다. 타당도는 두 가지를 살펴본다. 우선 구성타당도(construct validity)이다. 이는 재고자 하는 내용을 포함하는지의 타당도이다. 즉 한국적 공직자에 맞는 스토리인지의 문제이다. 전문가 자문 등을 통해 충분한 보완한다. 다음으로 공존타당도(concurrent validity)이다. 이는 준거타당도라고도 하는데, 기존에 이미 검증된 준거와 견주에 결과 값이 공존할 수 있는지를 평가하는 타당도이다. 이를 위해 우선 G. Lind교수가 이미 제시해둔 도덕적 발달단계별 선호도 순서 검증, 준단방향구조 검증, 인지-정서적 평행 검증, 연령에 따른 C-점수의 지속 검증을 중심으로 살펴본다.

가. 도덕적 발달단계별 선호도 순서 검증

각 단계별 평균 청렴도 수준은 1단계는 0.09, 2단계는 -1.78, 3단계는 -1.12, 4단계는 0.04, 5단계는 평균 0.74, 6단계는 평균 -0.77로 나타났으며, 각 Stage별로 유의한 차이가 나타났으며(F=9.730, p<.001), 1단계보다는 2단계에 낮아진 것으로 나타났으며, 그 이후 점진적으로 향상되며 6단계에서 다소 감소하는 패턴이었다(〈그림 1〉 참조).

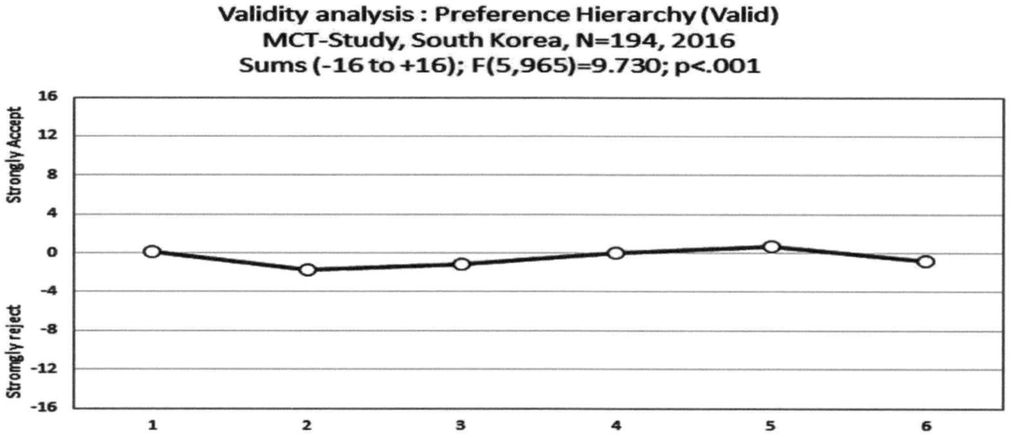

〈그림 1〉 도덕적 발달단계별 선호도 순서 검증 결과

나. 준단방향 구조 검증

고유값 1을 부여하여 2요인 분석을 실시한 결과, 콜버그의 도덕발달 6단계 간의 관계는 낮은 단계에서부터 높은 단계에 이르기까지 가까운 단계끼리의 상관성이 높게 나타났다. 이는 정상 패턴을 보인 것이다(〈그림 2〉 참조).

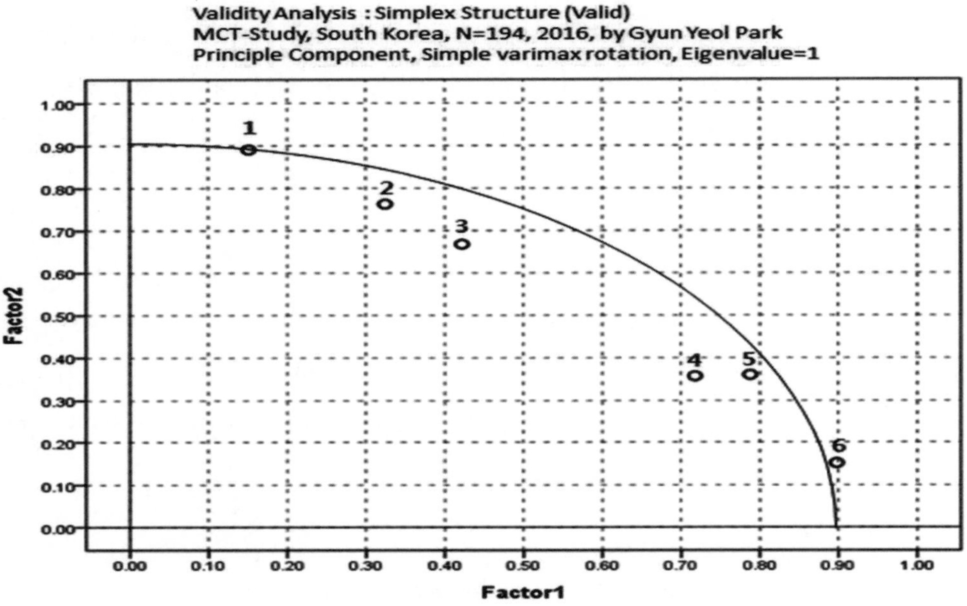

〈그림 2〉 준단방향 구조 검증 결과

다. 인지-정서적 평행 검증

각 Stage와 C-점수 간의 상관성을 살펴본 결과, Stage 1과는 r=-.350, Stage 2와는 r=-.340, Stage 3과는 r=-.035, Stage 4와는 r=-.006, Stage 5와는 r=.033, Stage 6과는 r=-.108로 나타나 1단계부터 점진적으로 상관성이 긍정적인 방향으로 높아졌으며 6단계에서 다소 떨어지는 패턴이었다(〈그림 3〉 참조).

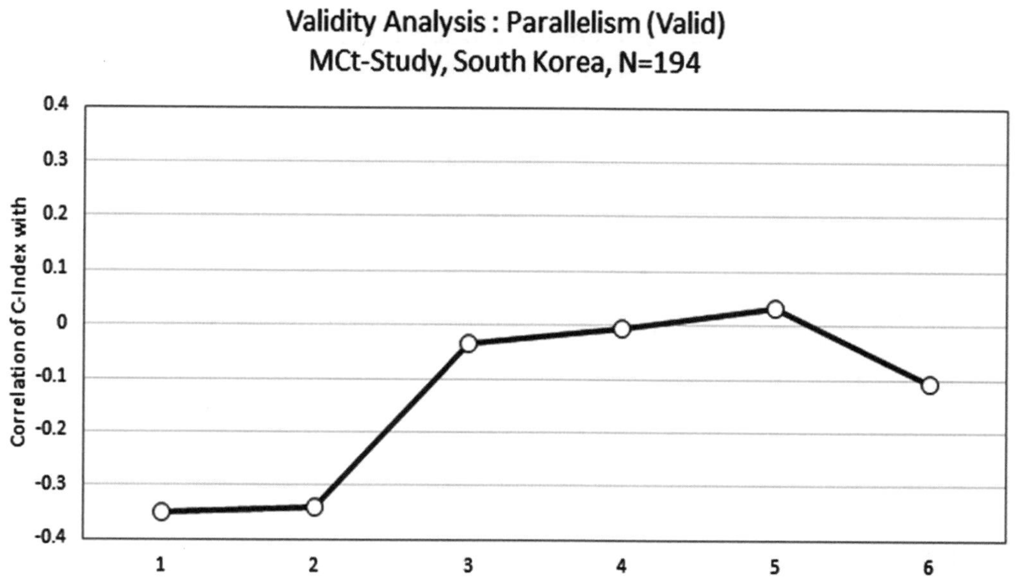

〈그림 3〉 인지-정서적 평행 검증 결과

라. 연령별 C-점수의 지속 검증

각 대상별 인식수준을 살펴보면, 중학생은 평균 31.2, 고등학생은 평균 33.2, 대학생은 평균 29.6로 나타나 대학생의 C-점수가 가장 낮은 것으로 나타났으나 통계적으로 유의한 차이는 없는 것으로 나타났다(〈그림 4〉 참조).

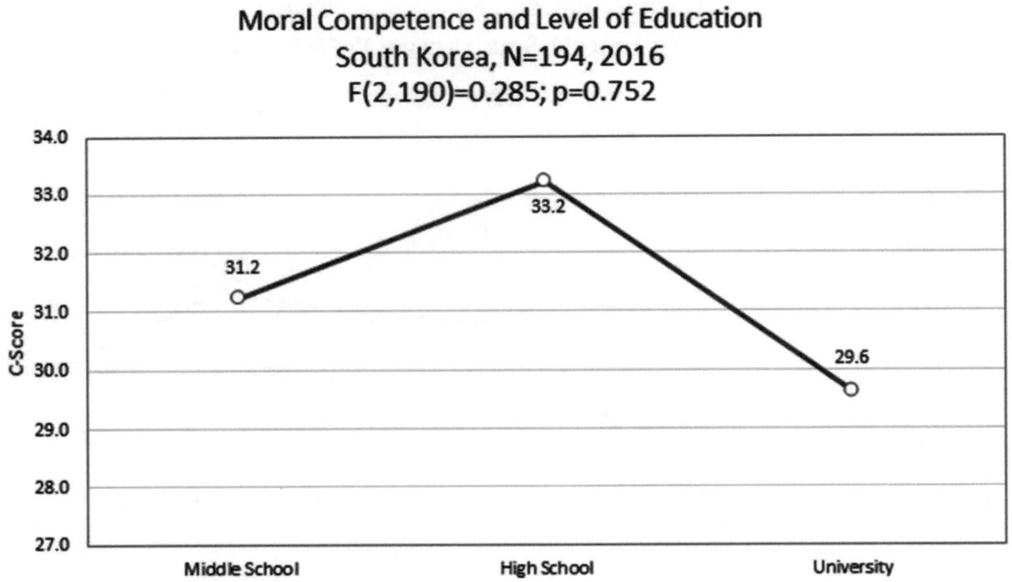

〈그림 4〉 연령별 C-점수의 지속 검증 결과

V 맺음말

이 연구는 도덕성 검사 도구인 MCT의 구성원리를 활용하여 한국적 상황에 부합하는 통일·안보 가치의식을 측정하기 위한 도구를 개발하는 기초적인 시도이다. 이 연구는 MCT가 이미 학교 현장과 공무원 교육에서 활용되고 있는 실정이기 때문에, 통일·안보의식을 측정하는 도구를 개발하는 데 있어서 중요한 시사점을 줄 수 있다는 점을 전제하고 출발했다.

이 연구는 통일·안보의식측정도구 시안에 대한 타당도 검증을 원판 MCT의 타당도 검증 절차에 따라 진행했다. 그 결과는 우선 도덕적 발달단계별 선호도 순서 검증에서 전반적으로 −16에서 +16까지의 응답 폭이 크게 나타나지 않았으며, 1단계 점수가 상대적으로 높았고, 6단계가 5단계보다 낮게 나타나는 등 타당도 높은 도구로 판명되기에는 부족한 점이 있다. 둘째, 준단방향 구조 검증 결과는 정상 패턴을 보였다. 다만 같은 인습수준의 3, 4단계의 거리가 비교적 멀다는 점이 특이하다. 셋째, 인지-정서적 평행 검증 결과는 감내할만한 수준이다. 이는 도덕발달단계와 C-점수 간의 상관성을 말하는데, 6단계 지지자들의 C-점수가 비교적 낮게 난 점은 특이하다. 하지만 이것은 MCT에 대한 세계적인 타당화 검증 선행연구 결과에 비하면 완전히 반하는 것이라고 볼 수는 없다. 넷째, 연령별 C-점수의 지속 검증 결과는 만족스럽지 못했다. 대체로 중고등학생의 경우 연령이 높아지면서 C-점수가 높아졌는데, 대학생이 되면서 낮아졌다. 이는 선행 연구에서도 비슷하게 나타난 현상인데, 세계적인 추세와 견주어보면 정상적인 것은 아니다. 이 검증은 이성적인 도덕성 발달 단계와 감성적인 찬성과 반대 의지 간의 상관성을 나타낸 것인데, 성인이 되면 선호의지가 더 분명해져야 하는데 조사신뢰도의 영향을 받은 것이지 않은가 추정된다.

이 연구는 통일·안보의식을 가치의식이라고 가정하고, 가치의식을 측정하는 기존의 도구의 측정 알고리즘을 원용한 것이다. 이 연구의 결과는 만족스러운 수준은 아니다. 다만 딜레마 스토리 해독에 대한 응답자들이 친화적이지 않을 뿐만 아니라 찬성과 반대에 대한 지지의 지속성에 대한 문제, 통일·안보문제를 포괄할 수 있는 친화성 높은 주제의 발굴 등의 난제를 극복한다면 보다 높은 수준의 타당도를 확보한 도구를 만들 수 있을 것으로 사료된다. 또 하나의 대안으로 당초 교육을 전제하고 상정한 딜레마 스토리를 제거하고, 통일·안보의 주제에 맞는 내용으로 이루어진 문장만으로 질문지를 구성하는 방법도 생각해볼 수 있다.

대한민국 국민의 통일·안보의식은 통일과 안보 문제에 대한 단순한 여론이라고 할 수 없으며, 통일에 대한 염원이며 나라를 지키고자 하는 가치관이다. 통일과 안보에 대한 거시적인 정책을 수립하고 집행하기 위해서는 이 연구가 지향하는 가치의식에 기반한 통일·안보의식측정도구를 개발하는 데서 출발해야 한다. 비록 이 연구가 완전한 결실을 얻지는 못했지만, 후속 연구를 통해서 완성도가 높은 결과가 도출되기를 기대한다.

[부록 1] 통일·안보의식측정도구(안)

안녕하십니까? 저는 다음 통일·안보관련 가상의 딜레마에 대해 여러분의 의견을 듣고자 합니다. 여러분께서 응답하신 내용은 통계적으로만 처리되고, 통계법 제33조에 따라 비밀이 보장됩니다. 이 질문에 대해 평소의 생각이나 느낀 바를 편하게 응답해 주시면 됩니다. 감사합니다.

경상대학교 사범대학 윤리교육과 박균열 교수 올림

〈대북인도적 지원의 딜레마〉

한지원 양은 대북인도적 지원사업을 하고 있는 다국적 기업의 총괄책임자이다. 북한 당국도 그녀를 매우 신뢰하고 있다. 북한 당국이 국제사회의 규탄에도 불구하고 핵무기 개발을 계속해서 하고 있고 미사일 실험발사를 하고 있음에도 불구하고 한지원양은 굶주림에 죽어가는 북한의 어린이들과 약품이 없어 죽어가는 병자들을 돕고 있다. 그런데 1주일 전에 하나밖에 없던 남동생이 해병대에 자원입대해서 서해안의 어떤 섬에서 군복무를 하던 중 북한의 불법 포격 도발로 안타깝게도 목숨을 잃었다. 깊은 고민에 빠진 한지원 양은 북한의 호전적 행위에 환멸을 느껴서 퇴사를 결심했다. 이제 북한 당국의 잔학상을 국제사회에 고발하는 시민단체에서 활동하기로 결심했다. 다음의 주장에 대한 동의 여부의 정도에 해당하는 점수에 ○ 또는 √표시를 해주세요.

	전혀 동의 안함	←			→				매우 동의함
1. 북한이 도발을 자행하는 것은 그동안 강력하게 보복을 하지 않았기 때문이다. (1)*	0	1	2	3	4	5	6	7	8
2. 북한의 만행을 고발하는 공식적인 시민단체에 가입하여 활동하는 것으로도 북한의 인권 개선에 도움을 줄 수 있다. (5)	0	1	2	3	4	5	6	7	8
3. 자신의 동생의 죽음을 모른 체 하면 다른 사람들의 비난을 받게 될 것이다. (3)	0	1	2	3	4	5	6	7	8
4. 설령 북한의 잘못이 있다고 하더라도 그녀가 소속된 시민단체나 국익에 도움이 되지 않는다면 처신을 재고할 필요가 있다. (5)	0	1	2	3	4	5	6	7	8
5. 그녀가 갑자기 퇴사를 결정함에 따라 그동안 그녀에 대한 좋은 평판에 큰 흠집이 생길 수도 있다. (3)	0	1	2	3	4	5	6	7	8
6. 그녀가 퇴사하지 않았다 하더라도 무모한 도발을 자행한 북한 당국자들에 대한 증오심은 계속해서 있었을 것이다. (1)	0	1	2	3	4	5	6	7	8

주: '*'표시의 괄호 속 숫자는 콜버그 6단계 중 해당 단계를 의미함.

〈통일비용 준비의 딜레마〉

정준비 군은 사회봉사활동의 일환으로 통일비용조달 캠페인을 기획하고 있는 고등학교 학생이다. 정군은 10년 전에 부모님과 함께 한국으로 온 북한이탈주민이다. 정군은 평소 부모님으로부터 우리 대한민국이 통일을 이루기 위해서는 다양한 준비를 해야 한다는 말씀을 들어왔다. 그것을 위해서는 통일비용을 마련해서 통일을 준비해야 한다고 생각했다. 그래서 이 캠페인을 준비하게 되었다. 그런데 정군의 주변 친구 중 한 명이 하루는 그에게 그렇게 되면 북한이탈주민들만 잘 살게 하는 것이라면서 오히려 한국으로 들어오는 북한이탈주민을 받아들이지 않으면 그것이 곧 통일비용을 마련하는 것이라는 비판했다. 이에 정군은 깊은 고민을 하게 되었다. 결국 정군은 자신이 극복해야 할 장벽이 너무 높다는 것을 알고 그 일을 포기하게 되었다. 다음의 주장에 대한 동의 여부의 정도에 해당하는 점수에 ○ 또는 √표시를 해주세요.

	전혀 동의 안함	⟵			⟶				매우 동의함
1. 탈북자가 다양한 노력을 하는 것은 의미 있는 일이지만, 그렇다 하더라도 기존의 사회 질서와 관행을 유지하는 데 부담을 주어서는 안 된다. (4)	0	1	2	3	4	5	6	7	8
2. 탈북자는 아직 소수 약자이기 때문에 정군이 캠페인을 계속 고집하게 되면 자기 가족과 본인만 피곤하게 될 것이다. (2)	0	1	2	3	4	5	6	7	8
3. 통일비용을 마련하려고 하는 캠페인은 남북한의 평화를 건설하는 데 필요한 일이다. (6)	0	1	2	3	4	5	6	7	8
4. 만약 통일비용을 마련하기 위한 캠페인이 우리 사회의 전체의 정의를 실현하는 데 방해가 되어서는 안 된다. (6)	0	1	2	3	4	5	6	7	8
5. 정군의 캠페인은 실정법을 위반했거나 정부의 정책에 저촉된다면 해서는 안 된다. (4)	0	1	2	3	4	5	6	7	8
6. 정군의 친구는 부러워서 한 말일지도 모른다. 정군은 자신의 캠페인이 탈북민도 좋고 모든 구성원들도 다 좋은 일이라고 말하면서 캠페인을 계속했었어야 했다. (2)	0	1	2	3	4	5	6	7	8

※ 여러분 본인에 대한 질문입니다. 해당되는 칸에 답을 해주시기 바랍니다.

1. 성별: ___1) 여자 ___2) 남자 **2. 신앙:** ___1) 있다 ___2) 없다 **3. 나이:** ____세

[부록 2] 도덕판단 역량 검사도구(MCT) 계산자

〈근로자의 고민〉

한 공장에서는 명확한 사유도 없이 해고를 당한 일부 근로자들은 관리자가 CC-TV를 통해 그들을 불법적으로 감시했다고 생각하고 있다. 한편 관리자는 감시한 일이 없다고 강하게 부인하고 있다. 그 해고 근로자들은 노동조합을 통해서 관리자의 불법 행위에 대응하려고 해도 명확한 증거가 없어서 그렇게도 할 수 없었다. 그래서 그들 중 두 명의 근로자가 관리자의 사무실에 무단으로 들어가서 증거가 될만한 녹화테이프를 훔쳐 나왔다. 이 내용과 관련하여, 아래의 ①, ②, ③번 질문에 대해 해당되는 칸에 모두 "√"표시를 해주세요.

① 당신은 그 근로자들의 행동에 대해 어떻게 생각하십니까?

전혀 동의하지 않는다						매우 동의한다
−3	−2	−1	0	1	2	3

② 그 근로자들이 옳다고 가정할 때, 당신은 다음의 의견을 어느 정도 받아들일 수 있습니까?	받아들일 수 없다							받아들일 수 있다	
	−4	−3	−2	−1	0	1	2	3	4
1. 그들은 회사에 어떠한 손실도 끼치지 않았다.									
2. 공장 관리자가 먼저 법을 무시했기 때문에, 이로 인해 두 근로자들은 법과 질서를 유지하기 위해 그러한 행동을 했다.									
3. 대부분의 다른 근로자들이 그들의 행동에 지지를 했고, 많은 사람들이 그들의 행동에 대해 기뻐했다.									
4. 사람들 사이의 신뢰와 각 개인의 존엄성은 공장의 자치 규정보다 더 중요하다.									
5. 공장 관리자가 먼저 부당한 행동을 했기 때문에, 두 근로자가 문을 부수고 들어간 행위는 정당화될 수 있다.									
6. 이 두 근로자들은 공장 관리자의 불법적인 행위를 폭로할 길을 찾지 못했기 때문에, 차선책으로 그러한 행동을 선택했다.									

③ 그 근로자들이 옳지 않다고 가정할 때, 당신은 다음의 의견을 어느 정도 받아들일 수 있습니까?	받아들일 수 없다							받아들일 수 있다	
	−4	−3	−2	−1	0	1	2	3	4
7. 만약 모든 사람들이 두 근로자들처럼 행동하게 된다면, 공장 내 법과 질서가 위협받게 될 것이다.									
8. 재산소유권과 같은 기본적인 권리는 보다 보편적이고 명백한 원칙들에 근거하지 않고서는 함부로 침해될 수 없다.									
9. 본인이 해고되는 위험을 감수하면서까지 다른 사람의 일에 관여하는 것은 지혜롭지 못하다.									
10. 두 근로자들은 마땅히 합법적인 수단을 찾아야만 했다. 그들의 성급한 행동은 심각한 법률 위반이다.									
11. 두 근로자들이 교양있고 정직한 사람으로 평가받으려면, 물건을 훔치는 죄를 저질러서는 안된다.									
12. 두 근로자들은 본인들이 해고된 것이 아니기 때문에, 녹화 테이프를 훔칠 이유가 없다.									

〈의사의 고민〉

말기 암 선고를 받은 한 여성이 있다. 그녀는 이로 인해 아무런 희망도 없이 하루하루를 살고 있다. 그녀는 끔찍한 고통에 시달렸고, 점점 허약해졌다. 모르핀과 같은 진통제를 너무 많이 투여하여, 거의 죽음에 이를 지경이었다. 이러한 고통의 와중에 그녀는 의사에게 단번에 죽을 만큼 모르핀을 투여해 달라고 간절히 요청했다. 그녀는 의사에게 자신은 더 이상 고통을 견뎌낼 수 없고 어차피 얼마 살지 못할 것이라고 말했다. 의사는 그녀의 간청을 들어주기로 했다. 이 내용과 관련하여, 아래의 ①, ②, ③번 질문에 대해 해당되는 칸에 모두 "√"표시를 해주세요.

① 당신은 그 의사의 행동에 대해 어떻게 생각하십니까?

전혀 동의하지 않는다					매우 동의한다	
−3	−2	−1	0	1	2	3

② 그 의사가 옳다고 가정할 때, 당신은 다음의 의견을 어느 정도 받아들일 수 있습니까?	받아들일 수 없다								받아들일 수 있다
	−4	−3	−2	−1	0	1	2	3	4
1. 그 의사는 자신의 양심에 따라 행동을 했다. 그렇기 때문에 그 여자가 처한 특수한 상황은 환자의 생명을 연장해야 하는 의사의 의무에 결코 위배되지 않는다.									
2. 오직 그 의사만이 그녀의 간청을 충족시켜 줄 수 있는 유일한 사람이었고, 그렇기 때문에 그 의사의 행위는 그녀의 소원을 존중한 결과였다.									
3. 그 의사는 단지 그녀의 소원을 들어주었을 뿐이고, 그로 인해 발생하는 좋지 않은 결과에 대해 염려할 필요는 없다.									
4. 그 여성은 어차피 암으로 인해 죽게 될 것이기 때문에, 그 의사가 그녀에게 진통제를 과다하게 투여한 것은 그렇게 심각한 문제는 아니다.									
5. 그 의사는 결코 법률을 위반하지 않았을 뿐만 아니라 어느 누구도 그 여자의 생명을 구할 수 없었다. 그 의사는 단지 그 여성의 고통 시간을 단축시켰을 뿐이다.									
6. 그 의사의 동료 의사들도 대부분 그와 같이 결정했을 것이다.									

③ 그 의사가 옳지 않다고 가정할 때, 당신은 다음의 의견을 어느 정도 받아들일 수 있습니까?	받아들일 수 없다								받아들일 수 있다
	−4	−3	−2	−1	0	1	2	3	4
7. 그는 동료의사들의 신념과 반대되는 행동을 했다. 만약 동료의사들이 안락사(환자의 고통을 덜어주기 위해 인위적으로 목숨을 끊는 것)에 반대했다면, 그 의사는 그 여성의 간청을 들어주면 안되었다.									
8. 비록 누군가가 엄청난 고통으로 인해 죽음을 원할지라도, 생명을 지켜야 하는 의사의 본분을 망각해서는 안된다.									
9. 생명을 보호하는 것은 모든 사람들의 최상위의 도덕적 의무이다. 우리가 안락사와 살인을 구별하는 명백한 도덕적 기준을 갖고 있지 않으므로, 한 사람이 다른 사람의 생명을 직접적으로 끊는 행동을 해서는 안된다.									
10. 그 의사는 이 일로 인해 엄청난 어려움을 겪었다. 실제 다른 사람들도 이미 그와 같은 행동을 했다는 이유로 중대한 처벌을 받은 적이 있다.									
11. 그 의사가 좀 더 기다려서 그 여성의 죽음에 개입하지 않았더라면, 그는 상당히 쉽게 이 일을 해결할 수 있었을 것이다.									
12. 그 의사는 법률을 위반했다. 즉 안락사가 불법행위라는 것을 알았더라면 그 요청을 거절했어야 했다.									

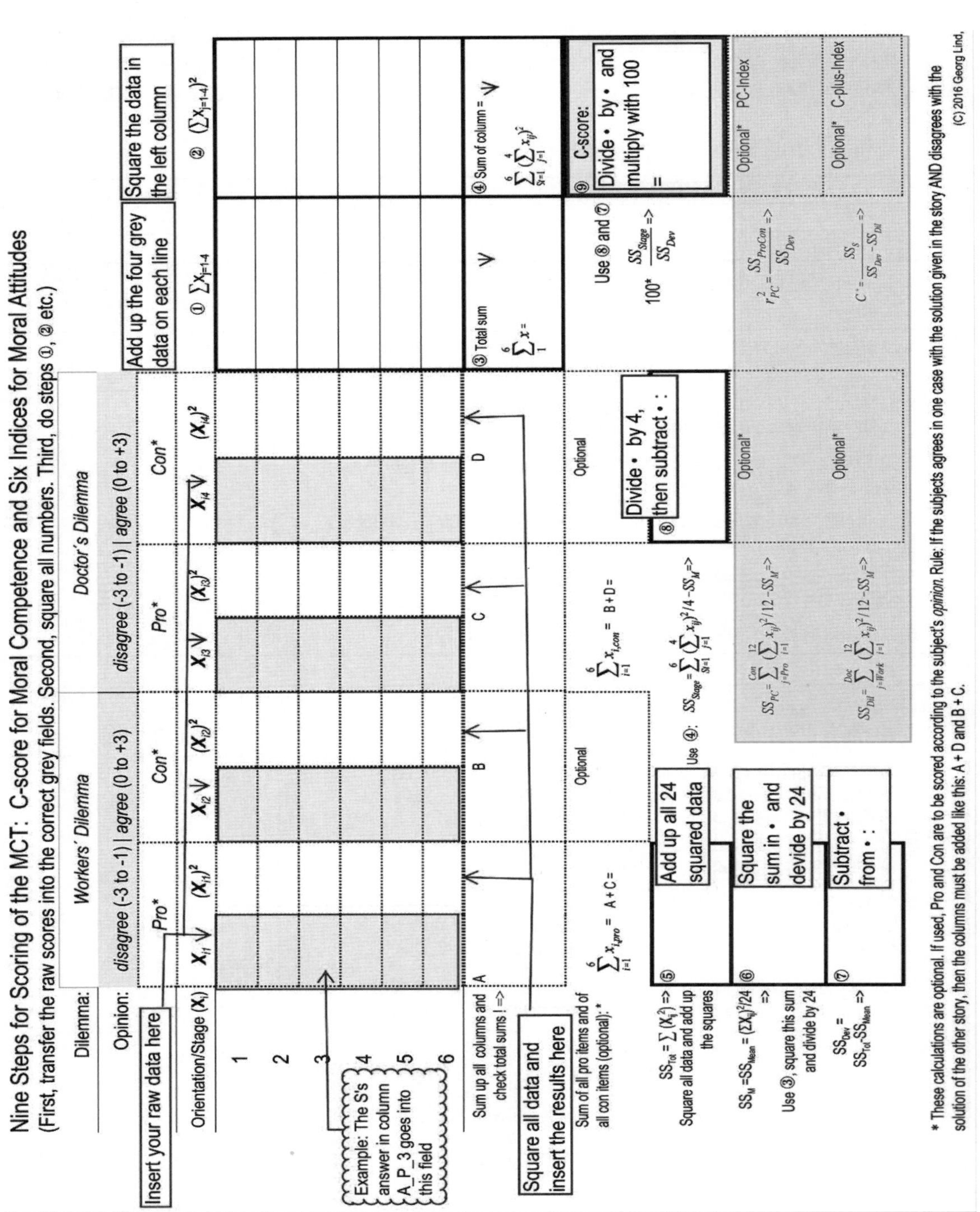

Nine Steps for Scoring of the MCT: C-score for Moral Competence and Six Indices for Moral Attitudes
(First, transfer the raw scores into the correct grey fields. Second, square all numbers. Third, do steps ①, ② etc.)

Dilemma:	Workers´ Dilemma				Doctor´s Dilemma				Add up the four grey data on each line	Square the data in the left column
Opinion:	disagree (-3 to -1) | agree (0 to +3)				disagree (-3 to -1) | agree (0 to +3)					
Insert your raw data here	Pro*		Con*		Pro*		Con*			
Orientation/Stage (X_i)	X_{i1}	$(X_{i1})^2$	X_{i2}	$(X_{i2})^2$	X_{i3}	$(X_{i3})^2$	X_{i4}	$(X_{i4})^2$	① $\sum X_{j=1\text{-}4}$	② $(\sum X_{j=1\text{-}4})^2$
1										
2										
3										
4										
5										
6										
Sum up all columns and check total sums ! =>	A		B		C		D		③ Total sum $\sum_{1}^{6} x =$	④ Sum of column = $\sum_{St=1}^{6}(\sum_{j=1}^{4} x_{ij})^2$

Example: The S's answer in column A_P_3 goes into this field

Square all data and insert the results here

Sum of all pro items and of all con items (optional): * $\sum_{i=1}^{6} x_{i,pro} =$ A + C = | Optional | $\sum_{i=1}^{6} x_{i,con} =$ B + D = | Optional

$SS_{Tot} = \sum (X_{ij}^2)$ => Square all data and add up the squares — ⑤ Add up all 24 squared data

$SS_M = SS_{Mean} = (\Sigma X_{ij})^2/24$ => Use ③, square this sum and divide by 24 — ⑥ Square the sum in • and devide by 24

$SS_{Dev} = SS_{Tot} - SS_{Mean}$ => — ⑦ Subtract • from • :

Use ④: $SS_{Stage} = \sum_{St=1}^{6}(\sum_{j=1}^{4} x_{ij})^2/4 - SS_M$ => — ⑧ Divide • by 4, then subtract • :

Use ⑧ and ⑦ $100^* \frac{SS_{Stage}}{SS_{Dev}}$ => — ⑨ C-score: Divide • by • and multiply with 100 =

$SS_{PC} = \sum_{j=Pro}^{Con}(\sum_{i=1}^{12} x_{ij})^2/12 - SS_M$ => — Optional* — $r_{PC}^2 = \frac{SS_{ProCon}}{SS_{Dev}}$ => — Optional* PC-Index

$SS_{Dil} = \sum_{j=Work}^{Doc}(\sum_{i=1}^{12} x_{ij})^2/12 - SS_M$ => — Optional* — $C^+ = \frac{SS_S}{SS_{Dev} - SS_{Dil}}$ => — Optional* C-plus-Index

* These calculations are optional. If used, Pro and Con are to be scored according to the subject's *opinion*. Rule: If the subjects agrees in one case with the solution given in the story AND disagrees with the solution of the other story, then the columns must be added like this: A + D and B + C.

출처: https://www.uni-konstanz.de/ag-moral/b-liste.htm#lind_2016_logos (검색일: 2017.7.29.)

부록

MILITARY ETHICS

[부록 1] 군인복무규율(최종)

[시행 2015.7.13.] [대통령령 제26394호, 2015.7.13., 일부개정]

국방부(병영정책과) 02-748-5167

국방부(국방여성정책과) 02-748-5173

제1장 총칙

제1조(목적) 이 영은 "군인사법" 제47조의2에 따라 군인의 복무 기타 병영생활에 관한 기본사항을 규정함을 목적으로 한다. 〈개정 1998.12.31., 2009.9.29.〉

제2조(정의) 이 영에서 사용하는 용어의 정의는 다음과 같다. 〈개정 1998.12.31., 2009.9.29.〉

1. "병영생활"이라 함은 내무생활·근무·교육훈련 기타 병영을 중심으로 이루어지는 모든 활동을 말한다.
2. "내무생활"이라 함은 영내 거주의무가 있는 군인의 내무실을 중심으로 이루어지는 일상활동을 말한다.
3. "지휘관"이라 함은 중대이상의 단위부대의 장과 함정 또는 항공기를 지휘하는 자를 말한다.
4. "상관"이란 명령복종관계에 있는 사람 사이에서 명령권을 가진 사람으로써 국군통수권자부터 바로 위 상급자까지를 말한다.
5. "전쟁법"이라 함은 무력충돌 행위에 관련된 모든 국제법중에서 대한민국이 당사자로서 가입한 조약과 일반적으로 승인된 국제법규를 말한다.

제3조(적용범위) 이 영은 현역에 복무하는 장교·준사관·부사관·병과 사관생도·사관후보생·부사관후보생 및 소집되어 군에 복무하는 예비역·보충역인 군인에게 적용한다. 〈개정 2001.3.27.〉

제2장 강령

제4조(강령) 군인의 복무상의 강령은 다음과 같다. 〈개정 1998.12.31.〉

1. 국군의 이념

국군은 국민의 군대로서 국가를 방위하고 자유민주주의를 수호하며 조국의 통일에 이바지함을 그 이념으로 한다.

2. 국군의 사명

국군은 대한민국의 자유와 독립을 보전하고 국토를 방위하며 국민의 생명과 재산을 보호하고 나아가 국제평화의 유지에 이바지함을 그 사명으로 한다.

3. 군인정신

군인정신은 전쟁의 승패를 좌우하는 필수적인 요소이다. 그러므로 군인은 명예를 존중하고 투철한 충성심, 진정한 용기, 필승의 신념, 임전무퇴의 기상과 죽음을 무릅쓰고 책임을 완수하는 숭고한 애국애족의 정신을 굳게 지녀야 한다.

4. 군기

군기는 군대의 기율이며 생명과 같다. 군기를 세우는 목적은 지휘체계를 확립하고 질서를 유지하며 일정한 방침에 일률적으로 따르게 하여 전투력을 보존·발휘하는 데 있다. 그러므로 군대는 항상 엄정한 군기를 세워야 한다. 군기를 세우는 으뜸은 법규와 명령에 대한 자발적인 준수와 복종이다. 따라서 군인은 정성을 다하여 상관에게 복종하고 법규와 명령을 지키는 습성을 길러야 한다.

5. 사기

군대의 강약은 사기에 좌우된다. 사기는 군복무에 대한 군인의 정신적 자세이며, 사기왕성한 군인은 자진하여 어려움에 임하고 즐거이 그 직책을 수행할 수 있다. 그러므로 군인은 자기 직책에 대한 이해와 자신을 가져야 하며 굳센 정신력과 튼튼한 체력을 길러 죽음에 임하여서도 맡은 바 임무를 완수하겠다는 왕성한 사기를 간직하여야 한다.

6. 단결

전쟁의 승리는 오직 단결된 힘에 의하여 얻을 수 있다. 단결의 요체는 전원이 한 마음 한 뜻으로 뭉쳐 준법정신, 희생정신, 공사의 명확한 구분과 상호이해를 바탕으로 공동의 목표를 달성하기 위하여 모든 역량을 통합·집중하는 데 있다. 그러므로 모든 부대는 군기가 상징하는 부대의 전통과 명예를 위하여 지휘관을 중심으로 굳게 단결하여야 한다.

7. 교육훈련

교육훈련은 전투력 배양의 필수요소로서 그 목적은 적과 싸워 이길 수 있는 개인 및 부대를 육성하는 데 있다. 그러므로 군인은 투철한 국가관과 확고한 사상무장을 바탕으로 군인정신을 기르고, 직무수행에 필요한 지식과 기술을 익히며 필승의 전기전술을 연마하고 강인한 체력을 단련하며, 부대훈련에 힘써야 한다.

제3장 복무

제1절 복무태도

제5조(입영 및 임관선서) 군인은 입영 또는 임관시 다음과 같이 선서하여야 한다. 〈개정 2012.2.22.〉

1. 입영선서

(입영계급) ○○○는 대한민국의 군인으로서 국가와 국민을 위하여 충성을 다하고 법규를 준수하며 상관의 명령에 복종하고 맡은 바 임무를 성실히 수행할 것을 엄숙히 선서합니다.

2. 임관선서

(임관계급) ○○○는 대한민국의 장교로서 국가와 국민을 위하여 충성을 다하고 "헌법"과 법규를 준수하며 부여된 직책과 임무를 성실히 수행할 것을 엄숙히 선서합니다.

제6조(충성의 의무) 군인은 국군의 이념과 사명을 자각하여 정치적 중립을 엄정히 지키며 맡은 바 임무를 완수하여 국가와 국민에게 충성을 다하여야 한다.

제7조(성실의 의무) ① 군인은 직무에 태만하여서는 아니되며 직무수행에 있어서 어떠한 위험이나 어려움이 따르더라도 이를 회피함이 없이 성실하게 그 직무를 수행하여야 한다.

② 군인은 직책과 계급에 따라 업무의 범위나 내용이 다를지라도 지향하는 목표는 같으므로 서로 도와서 업무를 유기적으로 수행하여야 하며, 항상 창의력과 진취성을 발휘하여야 한다.

제7조의2(국민에 대한 친절의 의무) 군인은 대민업무 수행시 친절·공정·신속하게 업무를 처리하여야 하고, 작전 및 훈련중 대민피해를 방지하도록 노력하여야 하며, 피해가 발생한 때에는 법규에 따라 신속히 조치하여야 한다. [본조신설 1998.12.31.]

제8조(정직의 의무) 군인은 정직하여야 하며, 명령의 하달이나 전달, 보고 및 통보에는 허위·왜곡·과장 또는 은폐가 있어서는 아니된다. 〈개정 1998.12.31.〉

제9조(품위유지와 명예존중의 의무) ① 군인은 군의 위신과 군인으로서의 명예를 손상시키는 행동을 하여서는 아니되며 항상 용모와 복장을 단정히 하여 품위를 유지하여야 한다. 〈개정 2009.9.29.〉

② 군인은 타인의 명예를 존중하여야 하며 이를 손상하는 행위를 하여서는 아니된다. 정보통

신망을 이용하는 경우에도 또한 같다. 〈신설 2009.9.29.〉 [제목개정 2009.9.29.]

제10조(비밀엄수의 의무) ① 군인은 복무중 뿐만 아니라 전역후에도 직무상 알게 된 비밀을 엄수하여야 한다.

② 군인은 어떠한 경우에도 그가 직무상 알게 된 비밀을 공무외의 목적으로 사용하여서는 아니된다.

제10조의2(전쟁법 준수의 의무) ①군인은 전쟁법을 준수하여야 한다.

② 지휘관은 예하 장병들에게 전쟁법 준수를 위한 교육을 시킬 책무가 있다. [본조신설 1998.12.31.]

제11조(청렴 및 검소의 의무) ① 군인은 항상 청렴결백하고 검소하게 생활하여야 한다.

② 군인은 직무와 관련하여 직접 또는 간접을 불문하고 사례·증여 또는 향응을 주거나 받아서는 아니된다.

③ 군인은 직무상의 관계여하를 불문하고 그 소속상관에게 증여하거나 소속부하로부터 증여를 받아서는 아니된다.

제11조의2(환경보전의 의무) ① 군인은 직무수행시 자연생태계를 보전하고 환경오염을 방지하기 위한 제반대책을 강구하여야 한다.

② 지휘관은 주둔지 시설물의 환경오염물질 배출을 규제·감독하여야 하며, 장병이 환경보전 및 전장정리를 생활화하도록 교육·지도하여야 한다. [본조신설 1998.12.31.]

제12조(직무유기 및 근무지 이탈 금지) 군인은 직무를 유기하거나 소속상관의 허가없이 근무지를 이탈하여서는 아니된다.

제13조(집단행위의 금지) ① 군인은 군무외의 일을 위한 집단행위를 하여서는 아니된다.

② 군인은 국방부장관이 허가하는 경우를 제외하고는 일체의 사회단체에 가입하여서는 아니된다. 그러나 군무에 영향을 주지 아니하는 순수한 친목단체에의 가입이나 친목활동은 예외로 한다.

제14조(직권남용의 금지) 군인은 어떠한 경우에도 직권을 남용하여서는 아니된다.

제15조(사적 제재의 금지) ① 군인은 어떠한 경우에도 구타·폭언 및 가혹행위등 사적 제재를 행하여서는 아니되며, 사적 제재를 일으킬 수 있는 행위를 하여서도 아니된다. 〈개정 1998.12.31.〉

② 지휘관 및 상관은 병영생활의 지도 또는 군기확립을 구실로 구타·폭언 기타 가혹행위가 발생하지 아니하도록 부하를 지도·감독하여야 한다. 〈개정 1998.12.31.〉

제16조(영리행위 및 겸직금지) 군인은 군무외의 영리를 목적으로 하는 업무에 종사하거나 다른 직무를 겸할 수 없다. 그러나 그 직무가 정치적·반사회적 또는 영리적이 아니며 이를 겸직하여도

군무에 지장이 없다고 인정되어 국방부장관이 허가한 것은 예외로 한다.

제16조의2(불온표현물 소지·전파 등의 금지) 군인은 불온유인물·도서·도화 기타 표현물을 제작·복사·소지·운반·전파 또는 취득하여서는 아니되며, 이를 취득한 때에는 즉시 신고하여야 한다. [본조신설 1998.12.31.]

제17조(대외발표 및 활동) ① 군인이 국방 및 군사에 관한 사항을 군외부에 발표하거나, 군을 대표하여 또는 군인의 신분으로 대외활동을 하고자 할 때에는 국방부장관의 허가를 받아야 한다. 그러나 순수한 학술·문화·체육등의 분야에서 개인적으로 대외활동을 하는 경우로서 일과에 지장이 없는 때에는 예외로 한다.

② 국방부장관은 제1항의 규정에 의한 허가권을 각군 참모총장에게 위임할 수 있다.

제18조(정치적 행위의 제한) 군인은 법률이 정하는 바에 의한 선거권 또는 투표권을 행사하는 외에 다음의 행위를 하여서는 아니된다.

1. 정당 기타 정치단체에 가입하거나 그 목적을 달성하기 위한 행위
2. 특정 정당이나 정치단체를 지지 또는 반대하는 행위
3. 법률에 의한 공직선거에 있어서 특정의 후보자를 당선하게 하거나, 낙선하게 하기 위한 행위
4. 각종 투표에 있어서 어느 한 쪽에 찬성하거나 반대하도록 영향을 주는 행위
5. 기타 정치적 중립성을 해하는 행위

제2절 명령 및 복종

제19조(명령) "명령"이라 함은 상관이 부하에게 발하는 직무상의 지시를 말하며, 발령자의 의도와 수명자의 임무가 명확하고 간결하게 표현되어야 한다.

제20조(명령계통) 명령은 지휘계통에 따라 하달하여야 한다. 그러나 부득이한 경우에는 지휘계통에 따르지 아니하고 하달할 수 있으며, 이 경우 발령자와 수명자는 지체없이 각각 이를 지휘계통의 중간지휘관에게 알려야 한다.

제21조(명령의 하달) ① 명령의 하달은 문서·구술 또는 신호로써 이루어지며 정확·신속하여야 한다.

② 발령자는 명령을 해당부하에게 철저히 알릴 책임이 있으며, 수명자는 그 임무를 확인할 의무가 있다.

제22조(발령자의 책임) ① 발령자는 건전한 판단과 결심하에 적시 적절한 명령을 내려야 하며, 직무와 관계가 없거나 법규 및 상관의 정당한 명령에 반하는 사항 또는 자기 권한밖의 사항 등을 명령하여서는 아니된다.

② 발령자는 명령의 하달 및 실행을 감독·확인하여야 한다.

③ 발령자는 자신이 내린 명령의 실행결과에 대하여 책임을 진다.

제23조(복종 및 실행) ① 부하는 상관의 명령에 복종하여야 하며, 명령받은 사항을 신속·정확하게 실행하여야 한다.

② 부하는 명령의 실행에 관하여 적시에 보고하여야 한다.

제23조의2(상호간의 존경과 존중) 부하는 상관에 대한 존경을 바탕으로 직무를 수행하여야 하며, 상관은 부하의 인격을 존중하고 배려하여야 한다. [본조신설 2009.9.29.]

제24조(의견의 건의) ① 부하는 군에 유익하거나 정당한 의견이 있는 경우 지휘계통에 따라 단독으로 상관에게 건의할 수 있다. 이 경우 상관이 자기와 의견을 달리하는 결정을 하더라도 항상 상관의 의도를 존중하고 기꺼이 이에 복종하여야 한다.

② 상관은 부하의 건의를 경시하거나 소홀히 다루어서는 아니되며 부하의 의견이 유익하거나 정당하다고 인정될 때에는 이를 받아들여 필요한 조치를 하여야 한다.

제3절 고충처리

제25조(고충처리) ① 군인은 부당한 대우를 받거나 현저히 불편 또는 불리한 상태에 있다고 판단하거나 질병 기타 일신상의 사정으로 업무수행이 곤란할 경우에는 이를 지휘계통에 따라 상담 또는 건의하거나, "군인사법" 제51조의3 및 같은 법 시행령 제60조의12에 따라 고충심사를 청구할 수 있다. 〈개정 1998.12.31., 2009.9.29., 2015.7.13.〉

② 제1항의 건의 등을 받은 상관이 고충의 청취를 기피하거나 조치가 불만족할 경우 이를 차상급 상관에게 건의하거나 말할 수 있다. 〈개정 1998.12.31.〉

③ 상관은 부하가 복무에 전념할 수 있도록 부하의 고충을 파악하고 이를 해결하기 위하여 노력하여야 한다.

④ 군인은 복무와 관련된 고충사항에 대하여 "국가인권위원회법", "부패방지 및 국민권익위원회의 설치와 운영에 관한 법률" 또는 그 밖에 국방부장관이 정하는 방법에 따라 그 해결을 요청할 수 있다. 〈개정 2015.7.13.〉

제4절 비상소집

제26조(비상소집) ① "비상소집"이라 함은 비상사태에 대처하기 위하여 군인을 긴급히 소집하는 것을 말한다.

② 군인은 비상소집이 발령된 때에는 지체없이 소속부대에 귀영·집결하여야 한다.

제27조(비상소집의 발령) 비상소집은 다음 각호의 1에 해당하는 때에 지휘관이 발령한다.

1. 국가비상사태가 발생한 때
2. 작전비상사태가 발생한 때
3. 천재지변, 기타 재난이 발생한 때
4. 기타 지휘관이 필요하다고 인정한 때

제4장 병영생활

제1절 내무생활

제28조(내무생활의 목적) 내무생활의 목적은 군인으로 하여금 내무생활을 통하여 전우애를 기르고 단체생활에 필요한 협동정신과 자율성을 배양하며, 병영생활에서 오는 심신의 피로를 회복하고, 유사시 즉시 임무를 수행할 준비를 갖추는 데 있다.

제29조(내무생활의 의무) ① 영내에 거주하여야 하는 군인은 내무생활을 하여야 한다.

② 내무생활대상자 및 내무생활에 관하여 필요한 사항은 국방부장관이 정한다. 이 경우 국방부장관은 이를 각군 참모총장에게 위임할 수 있다.

제2절 종교생활

제30조(종교생활) 종교생활은 군인이 참된 신앙을 통하여 인생관을 확립하고 인격을 도야하며 도덕적인 생활을 하게 하는데 그 목적이 있다. 따라서 지휘관은 부대의 임무수행에 지장이 없는 범위안에서 개인의 종교생활을 보장하여야 한다.

제31조(종교행사의 참여) ① 군인은 소속부대장이 정하는 교회·사찰 또는 기타 장소등에서 종교의식에 참여할 수 있다.

② 군종장교가 보직되어 있지 아니하거나 교회 또는 사찰등이 없는 부대의 군인은 소속부대장의 허가를 받아 인근부대의 교회·사찰 또는 민간의 교회·사찰등에서 종교의식에 참여할 수 있다.

제32조(종교생활과 복무) 군인은 자기가 믿는 종교의 교리 또는 종교생활을 이유로 임무수행에 위배되거나 군의 단결을 저해하는 일체의 행위를 하여서는 아니된다.

제3절 특별근무

제33조(특별근무) ① 부대의 인원과 재산을 보호하고 규율과 보안을 유지하며 각종 사고를 예

방하고 비상사태에 대비하기 위하여 부대별로 특별근무를 실시한다.

② 특별근무는 당직근무·영내위병근무 및 기타 근무로 구분하며, 기타 근무는 불침번근무·위생당직근무 및 군기순찰근무로 구분한다.

③ 특별근무는 계급과 직책에 따라 공정하게 배정하여야 한다.

제34조(초병의 무기사용) ① 초병은 다음 각호의 1에 해당하는 경우에 한하여 휴대하고 있는 무기를 사용할 수 있다. 〈개정 1998.12.31.〉

1. 신체·생명 또는 재산을 보호함에 있어서 그 상황이 급박하여 무기를 사용하지 아니하면 보호할 방법이 없을 때

2. 야간에 3회 이상 수하하여도 이에 불응하여 대답이 없거나, 도주하거나, 초병에 접근할 때

3. 폭행을 당하거나 또는 당할 우려가 있는 경우 그 상황이 급박하여 자위상 부득이할 때

② 초병은 지휘계통상의 상관의 명령이나 지시없이 휴대하고 있는 무기나 탄약을 타인에게 넘겨주어서는 아니된다. 〈신설 1998.12.31.〉

제4절 건강관리 및 안전

제35조(건강관리) ① 군인은 항상 보건위생에 유의하고 심신의 단련에 힘써야 하며 고의 또는 부주의로 건강을 손상시켜서는 아니된다.

② 건강관리에 관하여 필요한 사항은 국방부장관이 정한다.

제36조(안전) ①군인은 제반사고에 의한 인원과 재산의 손실을 예방하기 위하여 항상 안전에 유의하여야 한다.

② 안전에 관하여 필요한 사항은 국방부장관이 정한다.

제5절 통신 및 우편

제37조(통신보안) 군인은 부대의 소재·부대이동·편성 및 군인사등 군사보안에 저촉되는 일체의 사항을 통신수단을 이용하여 교신하거나 우편물에 기재하여서는 아니된다.

제38조(서신비밀의 보장) 모든 우편물의 발송과 수신은 신속하고 정확하게 하여야 하며, 서신의 비밀이 보장되어야 한다. 〈개정 1998.12.31.〉

제5장 휴가

제39조(휴가의 종류 및 시행) ① 군인의 휴가는 연가(年暇)·공가(公暇)·청원휴가·특별휴가로

구분한다.

② 근무지나 행선지가 먼 거리일 경우 허가권자는 교통편의 등을 고려하여 제39조의2부터 제39조의5까지의 규정에 따른 휴가기간에 실제 필요한 왕복소요일수를 더하여 휴가를 허가할 수 있다.

③ 하사 이상 군인의 휴가기간 중의 토요일 또는 공휴일은 휴가일수에 산입하지 아니한다. 다만, 휴가일수가 1개월 이상 계속되는 경우에는 그러하지 아니하다. 〈개정 2012.2.22.〉 [전문개정 2007.9.20.]

제39조의2(연가) ① 군인은 연 21일 이내의 연가일수를 갖는다.

② 허가권자는 제1항에 따른 연가일수를 1회나 여러 차례로 나누어 허가할 수 있다.

③ 하사 이상 군인의 연가는 오전 또는 오후의 반일(半日) 단위로 허가할 수 있으며, 반일 연가 2회는 연가 1일로 계산한다. 〈개정 2012.2.22.〉

④ 연가의 허가 일수는 다음 산식에 따라 산출한다. 이 경우 15일 이상은 1개월로 계산하고, 15일 미만은 산입하지 아니하며, 산식에 따라 산출된 소수점 이하의 일수는 반올림한다. 연가의 허가 일수 = 실제 복무 개월 수/12월 ×해당 연도 연가일수

⑤ 다음 각 호의 기간은 제4항에 따른 연가일수 산식에서 실제로 복무한 개월 수에 포함하지 아니한다. 〈개정 2012.2.22.〉

1. 1개월 이상의 교육훈련기간

2. 휴직기간(공무상 질병 또는 부상으로 인한 휴직기간은 제외한다), 정직기간, 직위해제기간 및 강등처분에 따라 직무에 종사하지 못하는 기간

3. 전직지원교육기간

⑥ 공무상의 사유로 하사("군인사법" 제6조제7항제3호에 해당하는 경우는 제외한다) 이상 군인에 대하여 연가를 허가할 수 없거나 해당 군인이 연가를 활용하지 아니할 경우에는 예산의 범위에서 연가일수에 해당하는 연가보상비를 지급하고 연가를 대신할 수 있다. 〈개정 2012.2.22.〉 [본조신설 2007.9.20.]

제39조의3(공가) 허가권자는 소속 부하가 다음 각 호의 어느 하나에 해당할 때에는 이에 필요한 기간 동안 공가를 허가하여야 한다. 다만, 제3호에 따른 공가는 30일 이내로 한정하여 허가한다. 〈개정 2012.2.22., 2012.8.31.〉

1. 국회·법원·검찰 그 밖의 국가기관에 공무가 있을 때

2. 법률의 규정에 따라 투표에 참여할 때

3. 공무상 질병이나 부상으로 직무를 수행할 수 없을 때

4. 외국유학·군사교육 또는 군 시설 외에서의 위탁교육을 위한 시험에 응시할 때

5. 올림픽·전국체육대회 등 국가적인 행사에 참가할 때

6. 천재지변·교통차단 그 밖의 사유로 출근이 불가능할 때

7. "국민건강보험법" 제52조에 따른 건강검진을 받을 때 [본조신설 2007.9.20.]

제39조의4(청원휴가) ① 허가권자는 군인의 신청이 있을 때에는 다음 각 호의 구분에 따른 휴가를 허가할 수 있다. 〈개정 2012.2.22., 2012.8.3.〉

1. 본인이 부상 또는 질병으로 요양이 필요하거나 그 직계가족의 부상 또는 질병 등으로 본인이 간호를 하여야 할 때에는 30일 이내. 다만, 하사 이상 군인이 "국민건강보험법"에 따른 요양기관에서 요양을 하게 될 때에는 그 요양에 필요한 기간

2. 본인이 혼인할 때에는 5일 이내

2의2. 자녀가 혼인할 때에는 1일 이내

3. 배우자가 출산하였을 때에는 다음 각 목의 구분에 따른 일수 이내. 다만, 영내 거주의무가 있는 군인의 배우자가 출산하였을 때에는 7일 이내

가. 첫째 및 둘째 자녀를 출산하였을 때: 5일

나. 셋째 자녀를 출산하였을 때: 7일

다. 넷째 이상의 자녀를 출산하였을 때: 9일

4. 배우자의 사망이나 본인 또는 배우자의 부모가 사망한 때에는 5일 이내

5. 본인 및 배우자의 조부모나 외조부모가 사망한 때에는 2일 이내

6. 자녀나 자녀의 배우자가 사망한 때에는 2일 이내

6의2. 본인 및 배우자의 형제자매가 사망하였을 때에는 1일 이내

7. "입양특례법"에 따라 입양을 실시할 때에는 20일 이내

② 허가권자는 임신 중인 여성 군인에 대하여 출산의 전후를 통하여 90일(한 번에 둘 이상의 자녀를 임신한 경우에는 120일)의 출산휴가를 허가하되, 휴가기간은 출산 후에 45일(한 번에 둘 이상의 자녀를 임신한 경우에는 60일) 이상이 되게 하여야 한다. 다만, 허가권자는 임신 중인 여성 군인이 다음 각 호의 어느 하나에 해당하는 사유로 출산휴가를 신청하는 경우에는 출산 전 어느 때라도 최장 44일(한 번에 둘 이상의 자녀를 임신한 경우에는 59일)의 범위에서 출산휴가를 나누어 사용할 수 있도록 허가하여야 한다. 〈개정 2014.10.28.〉

1. 임신 중인 여성 군인이 유산("모자보건법" 제14조제1항에 따라 허용되는 경우 외의 인공임신중절에 의한 유산은 제외한다. 이하 제3호를 제외하고 같다)·사산의 경험이 있는 경우

2. 임신 중인 여성 군인이 출산휴가를 신청할 당시 연령이 만 40세 이상인 경우

3. 임신 중인 여성 군인이 유산·사산의 위험이 있다는 의료기관의 진단서를 제출한 경우

③ 허가권자는 임신 중인 군인이 유산 또는 사산(死産)한 경우에 그 군인의 신청이 있을 때에는 다음 각 호의 기준에 따라 유산 또는 사산 휴가를 주어야 한다. 〈개정 2009.9.29., 2012.2.22., 2014.10.28.〉

1. 유산 또는 사산한 군인의 임신기간(이하 "임신기간"이라 한다)이 11주 이내인 경우: 유산 또는 사산한 날부터 5일까지

2. 임신기간이 12주 이상 15주 이내인 경우: 유산 또는 사산한 날부터 10일까지

3. 임신기간이 16주 이상 21주 이내인 경우: 유산 또는 사산한 날부터 30일까지

4. 임신기간이 22주 이상 27주 이내인 경우: 유산 또는 사산한 날부터 60일까지

5. 임신기간이 28주 이상인 경우: 유산 또는 사산한 날부터 90일까지

④ 허가권자는 여성 군인에 대하여 매 생리기와 임신한 경우 검진을 위하여 매월 1일의 여성보건휴가를 허가할 수 있다. 다만, 생리로 인한 여성보건휴가는 무급으로 한다.

⑤ 임신 중인 여성 군인으로서 임신 후 12주 이내에 있거나 임신 후 36주 이상에 해당하는 여성 군인은 1일 2시간의 범위에서 휴식이나 병원 진료 등을 위한 모성보호시간을 받을 수 있다. 〈신설 2014.10.28.〉

⑥ 허가권자는 생후 1년 미만의 유아를 가진 여성 군인에 대하여 1일 1시간의 육아 시간을 허가할 수 있다. 〈개정 2014.10.28.〉

⑦ 인공수정 또는 체외수정 등 불임치료 시술을 받는 군인은 시술 당일에 1일의 휴가를 받을 수 있다. 다만, 체외수정 시술의 경우 난자 채취일에 1일의 휴가를 추가로 받을 수 있다. 〈신설 2012.2.22., 2014.10.28.〉 [본조신설 2007.9.20.]

제39조의5(특별휴가) ① 허가권자는 훈련·검열 그 밖에 특별한 근무로 피로가 심한 자 또는 20년 이상 근속한 자에 대하여 7일 이내의 범위에서 위로휴가를 허가할 수 있다. 이 경우 20년 이상 근속한 자에 대한 위로휴가는 재직기간 중 1회에 한정한다.

② 허가권자는 군인의 모범이 되는 공적이 있는 자에 대하여 10일 이내의 범위에서 포상휴가를 허가할 수 있다. 다만, 대간첩작전유공자 등에 대한 휴가기간은 각 군 참모총장이 별도로 정할 수 있다.

③ 허가권자는 명예전역 또는 정년전역하는 자에 대하여 3개월 이내의 범위에서 전역 전 휴가(轉役前休暇)를 허가할 수 있다.

④ 허가권자는 전방 경계업무 등으로 1주일에 40시간을 초과하여 근무하는 군인으로서 국방부장관이 정하는 범위에 해당하는 자에 대하여 한 달에 3일 이내의 범위에서 보상휴가를 허가할

수 있다.

⑤ 허가권자는 풍해·수해·화재 등 재해로 인하여 피해를 입은 군인에 대하여 5일 이내의 범위에서 재해구호휴가를 허가할 수 있다. [본조신설 2007.9.20.]

제40조(허가범위·허가권자 및 절차) ① 휴가의 허가범위는 그 부대 현재 병력의 5분의 1 이내로 함을 원칙으로 하되, 그 부대상황에 따라 조정할 수 있다.

② 허가권자 및 기타 절차에 관하여 필요한 사항은 각군 참모총장이 정한다.

제41조(국외여행) 군인은 다음의 경우에 허가권자의 승인을 얻어 공무외의 목적으로 국외여행을 할 수 있다.

1. 국외거주 친족의 경조사가 있거나 본인의 질병을 치료하기 위하여 필요한 때
2. 휴가중 국외여행을 하고자 할 때

제42조(외출·외박·휴가의 제한 및 보류) ① 지휘관은 부대임무를 수행함에 있어서 긴급한 경우 부대원의 외출·외박 및 휴가를 제한할 수 있다.

② 다음 각호의 1에 해당하는 자의 외출·외박 또는 휴가는 일시 보류할 수 있다.

1. 환자
2. 형사피의자·피고인 또는 징계혐의자
3. 기타 지휘관이 일시 보류가 필요하다고 인정하는 자

제6장 보칙

제43조(시행규칙) ① 이 영 시행에 관하여 필요한 사항은 국방부 및 그 직할부대 또는 직할기관에 근무하는 장병에 대하여는 국방부장관이, 각군 소속의 장병에 대하여는 각군 참모총장이 이를 정한다.

② 해군의 함상생활 및 이에 준하는 생활에 있어서 이 영을 적용할 수 없는 부분에 한하여는 해군참모총장이 이를 따로 정할 수 있다.

부칙 〈제26394호, 2015.7.13.〉

이 영은 공포한 날부터 시행한다.

[부록 2] 국방부 정훈·문화활동 훈령

제정 국방부 훈령 제799호(2006.10.1) 개정 국방부 훈령 제1037호(2006.3.26)
개정 국방부 훈령 제1100호(2009.8.4)
개정 국방부 훈령 제1323호(2011.4.20.)
개정 국방부 훈령 제1582호(2013.11.7.)
개정 국방부 훈령 제1725호(2014.11.28.)
개정 국방부 훈령 제1909호(2016.4.1.)
개정 국방부훈령 제2127호(2018.2.2.)

국방부(정신전력문화정책과) 02-748-6253

제1장 총칙

제1조(목적) 이 훈령은 군 정훈·문화 활동의 방향과 기준을 정함으로써 정훈·문화 업무를 효율적이고 합리적으로 수행함을 목적으로 한다.

제2조(기본목표) 정훈·문화활동의 기본목표는 장병들에게 확고한 국가관, 안보관, 군인정신을 함양하고 장병의 사기진작, 정서함양, 교양증진을 위한 문화활동을 보장함으로써 무형전력을 강화하고 전역 후 건전한 안보관을 견지한 민주시민이 될 수 있도록 하는 데 있다.

제3조(임무) ① 정훈·문화활동의 원활한 수행을 위하여 중대급 이상 각급부대장은 그 부대를 지휘 통솔함에 있어 이 훈령에 따라 정훈·문화활동을 실시하고 이를 감독하여야 한다.

② 정훈·문화·홍보업무를 담당하는 군인 및 군무원은 다음 각 호와 같이 구분하고 정훈·문화·홍보활동에 있어 소속 지휘관을 보좌한다.

1. 정훈공보장교: 정훈·문화·홍보·공보업무를 전담하는 정훈병과의 장교

2. 정훈관: 정훈·문화·홍보업무를 전담하는 정훈병과 이외의 장교 및 군무원

3. 정훈부사관: 정훈장교 또는 정훈관의 지휘를 받아 정훈·문화·홍보업무를 담당하는 부사관

4. 정훈병: 제1호부터 제3호까지 규정된 자의 지휘를 받아 정훈·문화·홍보업무를 보조하는 병

제4조(적용범위) 이 훈령은 국방부 본부, 국방부 소속기관, 국방부 직할기관(직할부대를 포함한다. 이하 "직할기관"이라 한다), 합동참모본부(이하 "합참"이라 한다) 및 육군, 해군, 공군(이하 "각 군"이라 한다), 해병대에 적용한다.

제2장 정훈활동

제5조(목표) 정훈활동의 목표는 투철한 국가관·안보관 및 필승의 군인 정신으로 무장된 정예 장병을 육성하는 데 있다.

제6조(정신교육) ① 정신교육은 가치관, 태도, 신념, 도덕성 확립 등 인간정신을 관리하는 총체적인 교육으로 이는 가치관교육, 생활교육, 각종훈련, 환경조성 활동 등 병영생활 전반에 걸쳐 실시되는 임무에 대한 정당성과 사명감의 제고를 위한 교육을 말한다.

② 정신교육은 다음 각 호와 같이 구분하여 실시한다.

1. 군인정신교육: 군인정신 6대 요소 생활화에 중점을 두고 실시하는 교육

2. 간부교육: 투철한 국가관, 직업관, 가치관을 확립하고 행동으로 실천하는 군 간부로 육성하기 위한 교육

제7조(정신전력교육) ① 정신전력교육은 국가관·안보관 확립, 군인정신 함양을 위해 정과시간에 실시하는 교육이다.

② 정신전력교육은 다음 각 호와 같이 구분하여 실시한다.

1. 기본과제교육: 장병의 국가관, 안보관을 확립하고 필승의 군인정신 함양을 위한 교육

2. 시사안보교육: 장병의 안보관을 확립하기 위해 주요 시사·안보 내용을 올바르게 인식시키는 교육

3. 문화단결활동: 장병의 정서함양, 소질계발, 사기진작 및 부대단결을 위하여 실시하는 문화·예술 활동

③ 정신전력교육 활동간 정치적 중립 의무를 준수하며, 왜곡·편향된 내용 등 정신전력을 저해할 수 있는 내용의 교육을 금지한다.

1. 교육 대상 및 과정, 교육 방법 및 수단, 교육 시기를 불문하고 정치적 중립 의무를 준수

2. 용어 사용 및 표현에 유의하고 특정 정당, 특정 정치인, 특정 정치행위 등 거론 금지

제8조(부대 및 학교 정신전력교육) ① 각급 부대에서 정과시간에 실시하는 부대정신전력교육은 다음 각 호와 같이 구분하여 시행한다. 다만, 군별 부대임무의 특성 또는 긴급한 작전임무 수행 등으로 조정이 필요할 때에는 연대장급 이상 부대장의 승인을 얻어 다른 날로 조정할 수 있다.

1. 일일 정신전력교육: 부대 임무수행의지 제고를 위해 일일단위 실시
2. 주간 정신전력교육: 매주 각급 제대 지휘관 주관으로 "정신전력교육의 날"에 실시
3. 반기 집중 정신전력교육: 대대단위로 연 2회 실시

② 학교 정신전력교육은 간부에게 요구되는 가치관 정립을 목표로 정신전력교육 지도능력 구비 및 교관능력 향상에 중점을 두고 실시하되, 학교별 총 교육시간의 5퍼센트 이상으로 유지한다. 교육 요망수준은 각 군의 특성에 맞게 신분별로 차등화하고, 세부내용은 해당 연도 정훈·문화활동 지시에 따른다.

제3장 문화활동

제9조(목표) 문화활동 목표는 각종 문화·예술활동과 문화행사를 통하여 장병의 사기를 진작시키고, 정서함양 및 교양증진을 도모하는 데 있다.

제10조(군가제정 및 가창 활성화) ① 국방부장관과 각 군 참모총장, 해병대사령관은 부대의 단결과 장병의 사기를 고취하기 위하여 군가를 제정할 수 있다. 각 군 참모총장, 해병대사령관이 군가를 제정할 경우에는 그 결과를 국방부장관에게 보고하여야 한다.

② 여단급 이상 각급 부대장은 소속 군 참모총장의 및 해병대사령관이 승인을 얻어 부대가를 제정할 수 있다.

③ 개인이나 단체 등이 기증한 곡을 군가로 채택·등록할 경우에는 제25조의 정훈·문화자료 심의위원회의 심의를 거쳐야 한다.

④ 군가 제정시는 악보와 음원(CD 또는 DVD 등)을 보존하여야 하며, 작사 및 작곡가와 계약시에는 저작권이 국방부 또는 각 군에 있음을 명시하여야 한다.

⑤ 중대급 이상의 각급 부대장은 군가경연대회, 교육훈련 및 진중방송 등을 통하여 병영생활에서 군가의 가창을 활성화하여야 한다.

제11조(문화·예술활동) ① 각 군 참모총장과 해병대사령관은 장병의 사기진작과 정서 함양을 위하여 영화 및 공연 관람, 문화·예술체험, 문예작품 공모 등 문화·예술활동이 활성화되도록 노력하여야 한다.

② 국방부장관은 매년 장병의 문학소질 계발을 위하여 병영문학상을 시행하고, 포상금을 지

급할 수 있다.

③ 각 군과 해병대사령부, 국방부 소속기관, 직할기관 등은 국군의 날 및 6.25전쟁 기념일 등을 계기로 국민과 장병의 애국정신 고양을 위하여 호국 문예작품 공모 및 문화·예술 공연 등 문화활동을 실시할 수 있다. 이 경우 행사 계획을 사전에 국방부장관에게 보고한다.

④ 국방부장관은 장병의 영화·공연관람 및 문화·예술체험 활동을 위하여 정부 부처, 지방자치단체 및 민간 예술단 등과 유기적으로 협조한다.

제12조(문화행사 지원) ① 국방부장관 및 각 군 참모총장, 해병대사령관은 국익, 국가안보·호국, 민·군 화합, 유대강화 및 군 문화 발전 등을 위하여 국내 문화행사를 지원할 수 있다. 다만, 정부나 국방정책에 반하는 행사, 군의 작전 또는 기본업무에 지장을 주는 행사, 정치적 목적이나 개인 영리 목적의 행사는 지원할 수 없다.

② 정부 부처, 지방자치단체, 공공단체 등이 주최하는 문화행사에 군 지원의 요청이 있는 경우 국제행사·국가행사 등 전국 규모의 문화행사에 대하여는 국방부장관이 승인하고, 지역 문화행사에 대하여는 각 군 참모총장 및 해병대사령관, 지역 부대장이 승인한다.

③ 제2항에도 불구하고 국가안보나 군 작전 등에 영향을 미치는 행사와 2개 군 이상의 지원이 필요한 행사는 국방부장관의 승인을 받아야 한다.

④ 군외 기관 및 단체에서 부대 및 안보현장 견학, 호국수련활동, 병영체험 등의 행사에 지원을 요청한 경우에는 군 본연의 업무에 지장을 주지 않는 범위 내에서 지원한다.

제13조(국제 문화활동) ① 외국과의 문화교류 및 협력을 위한 군 문화정보, 자료교환, 상호방문 및 군 문화행사 참가 등의 국제 문화활동은 국방외교 활동으로서 국가간의 우호증진, 군사외교 및 국익 등을 고려하여야 하며, 그 검토기준은 별표와 같다.

② 국군교향악단, 군악대 및 의장대 등이 해외 문화행사에 참가하고자 할 경우에는 국방부장관의 승인을 받아야 한다.

③ 해외 문화행사에 참가하는 부대는 국익과 군의 위상을 높이기 위하여 노력하여야 하며, 참가계획 및 결과를 국방부장관에게 보고하여야 한다.

제4장 군악대 운영

제14조(운영 목적) 군악대 운영 목적은 장병 사기진작, 정서함양, 부대 단결심 제고, 군인정신 함양과 공익 증진에 기여함에 있다.

제15조(임무) ① 국방부장관(정책기획관)은 군악대 운영에 필요한 전반적인 사항을 조정·통제

하며 관련 훈령, 지침 등을 제·개정한다.

② 국방부장관(정책기획관)은 군 내·외 행사에 군악대를 참가시키거나, 행사 지원을 위하여 국방부 직할부대(기관) 및 각 군 소속 군악대 병력을 통합하여 운영할 수 있다.

③ 각 군 참모총장(정훈공보실장)과 해병대사령관(정훈공보실장)은 국방부장관(정책기획관)의 훈령, 지 침 등에 따라 각 군 소속 군악대를 조정·통제한다.

④ 각 군 참모총장(정훈공보실장)과 군악대를 운영하는 각급부대 및 국방부 직할부대(기관)의 장은 소관 군악대 운영에 필요한 세부사항을 자체 규정으로 제정하여 시행할 수 있다. 다만, 국방부장관(정책기획관)이 정하는 규정의 범위를 준수하여야 한다.

제16조(군악대 지원기준) ① 군악대는 정부기관, 국방부본부, 합참, 장관급장교가 지휘하는 직할기관, 각 군 본부 및 장관급 장교가 지휘하는 각 급 부대의 공식행사를 우선적으로 지원한다.

② 정부주관 행사는 각급 중앙행정기관(서울특별시 포함)과 그 소속기관이 주관하여 시행하는 공식행사로 다음 각 호와 같다.

1. 국경일 경축행사

2. 대통령 관련 다음 각 목의 공식행사

가. 대통령 이·취임식

나. 대통령 외국 방문 행사시, 공항 환송·환영 행사

다. 그 밖의 대통령 주관 각종 공식행사

3. 외국의 국가 원수 및 주요 외빈 국내공항 환송·환영 행사

4. 국장(國葬) 및 국민장(國民葬) 등 장례의식

5. 국내·외 주요인사의 국립현충원 참배 행사(주요인사의 범위는 국립현충원에서 정한 바에 따른다)

6. 각종 기념일 등에 관한 규정에 의한 법정 기념일 행사

7. 국내 개최 국제행사(정부기관 요청시)

8. 정부 주관의 전통의식 행사(정부기관 요청시)

9. 각 부처에서 주요시책과 관련하여 국무회의에서 보고 후 시행하는 각종 기념행사(정부기관 요청시)

③ 그 밖의 군악대 지원대상 기준은 다음 각 호와 같다.

1. 대령급 이상 지휘관이 주관하는 부대 공식행사

2. 군악대를 활용한 장병 정신전력교육

3. 부대 내 공식 종교행사로 시행되는 성탄절, 석가탄신일, 대각개교절 행사

4. 각 군 참모총장, 해병대사령관이 공식적으로 승인한 임관·근속 20주년 및 30주년 기념행사(군 시설을 이용할 경우에 한함)

5. 장관 및 차관, 장관급장교인 부대(기관)의 장이 직접 주관하는 공식 오·만찬 행사

6. 한미동맹 강화를 위한 주한미군 대상 각 종 협연행사

7. 대 국민 홍보 및 민군 유대강화를 위한 다음 각 목의 행사

가. 국가기관 및 지방자치단체가 주관하는 공공행사

나. 소음피해지역, 도서지역 및 격오지 소재 교육기관, 기타 군부대와 자매결연 등 밀접한 관계가 있는 교육기관 입학식, 졸업식

다. 사회복지시설 위문행사

8. 그 밖에 제12조에 따라 군악대 지원이 필요하다고 인정한 문화행사

④ 다음 각 호의 사항에 대해서는 군악대를 지원할 수 없다.

1. 군의 정치적 중립성이 훼손될 우려가 있는 행사

2. 일반 교육기관의 입학식, 졸업식 행사(다만, 학군단 공식행사는 예외로 한다.)

3. 현역, 예비역, 민간인의 결혼식, 동창회, 각종 기념일, 경조사 등 사적 성격의 행사

4. 성탄절, 석가탄신일, 대각개교절, 송구영신 행사를 제외한 일반적인 종교행사

제5장 국방매체 운영

제17조(목적) 각 군 참모총장, 해병대사령관 및 직할기관의 장은 장병의 정신전력교육 및 문화활동을 위하여 군에서 제작·운영하는 신문, 잡지 및 방송 등의 국방매체를 효율적으로 활용하여야 한다.

제18조(책임) 국방매체 운영 기관 및 부서장은 장병의 문화 수준을 높이고, 장병의 사기진작 및 전투력 증강에 기여하기 위하여 장병의 정신전력교육 및 문화활동을 적극 지원하여야 한다.

제19조(국방홍보원의 역할) 국방홍보원장은 국방TV, 국방FM, 국방일보 등을 통하여 국방부장관(정책기획관)이 주관하는 장병의 정신전력교육 및 문화활동이 원활이 이루어 질 수 있도록 지원하여야 하며, 이를 위하여 방송 프로그램, 문화 콘텐츠 개발 등에 노력하여야 한다.

제20조(진중방송 활용 등) ① 각 군 참모총장, 해병대사령관 및 직할기관의 장은 부대 소식지, 진중방송 등의 부대 홍보매체를 효율적으로 운용하여야 한다.

② 대대급 이상의 각급 부대장은 진중방송 등 방송 프로그램 제작시 장병의 정신전력교육 및 문화활동을 위한 계획을 수립 시행하여야 하며, 부대 소식지 발간시도 이를 우선 고려하여야 한다.

③ 각급 부대장은 부대여건을 고려하여 장병들이 국방TV, 국방FM을 시청 및 청취할 수 있는 여건을 보장한다.

제21조(공익광고) ① 홍보물 제작기관 또는 부대장은 그 책임하에 각종 홍보물 및 그 밖에 군에서 제작하는 간행물에 특정인이나 특정단체(사기업체를 포함한다)의 이익을 수반하지 않는 내용의 공익광고를 게재할 수 있다. 다만, 장병의 정신계도 및 복리 증진을 저해하는 광고는 게재할 수 없다.

② 국방홍보원 이외의 군 홍보물 및 그 밖에 군 간행물 제작기관 또는 부대장은 광고의 내용이 제1항단서에 해당하는지를 심의하기 위하여 광고심의회를 설치 운영하여야 한다.

③ 제2항에 따른 광고심의회의 구성 및 운영에 관한 사항은 군 홍보물 제작기관 또는 부대의 장이 정한다.

제6장 군 관련 영상물 제작지원 활동

제22조(승인권자) ① 군내·외 기관의 장 또는 민간단체로부터 군 관련 영상물 제작에 따른 지원요청이 있을 경우 이에 대한 승인권자는 다음 각 호와 같다.

1. 지상파(TV), 위성방송채널, 종합유선방송 제작지원

가. 국방부 장관: 국방부 장관의 결정이 필요한 중요한 사항으로 『국방홍보훈령』에서 정하는 사항

나. 합참의장: 합참 및 해외파병 부대 관련 소재

다. 각 군 참모총장, 해병대사령관: 각 군 관련 소재

2. 민간영화 제작지원

가. 국방부 장관: 국방부 장관의 결정이 필요한 중요한 사항으로 『국방홍보훈령』에서 정하는 사항

나. 합참의장: 합참 및 해외파병 부대 관련 소재

다. 각 군 참모총장, 해병대사령관: 각 군 관련 소재

② 제1항의 지원요청을 받은 각 승인권자는 제23조 및 제24조에 따라 지원여부를 결정하고, 그 결과를 요청자에게 통보하여야 한다.

제23조(지원가능 영상물) ① 지원을 요청받은 영상물이 다음 각 호에 해당될 경우에는 군사기밀보호, 군 기본임무, 작전 및 훈련에 지장이 없는 범위 내에서 지원 규모와 범위를 결정하여 병력, 장비, 물자, 시설물 등을 지원할 수 있다.

1. 국가안보와 정부시책 및 국방정책에 부합되는 작품

2. 국가 및 군의 이익에 기여할 수 있는 작품

3. 일반국민의 애국심 및 장병들의 자긍심을 고취할 수 있는 작품

4. 군 전투력 증강 및 장병들의 사기진작에 도움이 되는 작품

5. 민·군 화합 및 유대강화에 기여할 수 있는 작품

6. 국가 및 사회발전에 기여하는 군의 역할 및 모습을 그린 작품

7. 대국민 상무정신 및 안보의식 고양에 기여할 수 있는 작품

8. 정통 군사물로서 참 군인상 및 전우애 등을 부각시킬 수 있는 작품

9. 국난극복이나 호국 인물들을 주제로 한 작품

10. 군 및 장병 개인의 미담, 봉사활동 등 선행을 주제로 한 작품

② 그 밖에 제1항의 각 호에 해당하지 않는 내용으로서 촬영금지구역이 아닌 군 관할지역에서의 병력, 장비 등 군의 직접지원을 수반하지 않는 단순 촬영(자연 생태계 촬영, 드라마, 다큐멘터리 프로그램 등)으로 사회일반의 보편적 정서와 상식에 부합하고 건전한 사회기풍 진작 등에 기여할 수 있는 작품도 지원할 수 있다.

제24조(지원불가 영상물) 다음 각 호에 해당하는 내용의 영상물에 대하여는 지원하지 아니한다.

1. 군의 정치적 중립을 훼손할 우려가 있거나 국방정책과 배치되는 작품

2. 국가이념과 정책에 반하는 단체나 인물을 긍정적으로 묘사한 작품

3. 민·군 화합을 저해하는 작품

4. 주변국과 외교적 마찰을 일으킬 소지가 있는 작품

5. 자발적인 병역의무 이행 분위기를 저해할 우려가 있는 작품

6. 군의 현실을 왜곡하여 대군불신을 야기 시킬 수 있는 작품

7. 기획의도가 불분명하고 군을 비하하거나 희화화한 작품

8. 역사적으로 입증되지 않은 사건을 주제로 한 작품

9. 역사적 사실(사건내용, 인물, 장소 등)을 의도적으로 변경하거나 왜곡한 작품

10. 군의 명예를 실추시키고 군 이미지에 부정적 영향을 미칠 우려가 있는 작품

11. 군 기본임무 수행 및 지휘관리에 지장을 초래할 수 있는 규모의 병력, 장비(무기류 포함), 시설물 지원을 요하는 작품

12. 그 밖에 장병들의 사적 출연을 요하는 연예·오락 프로그램

제25조(영상물 지원 협의 및 절차 등) ① 군 관련 영상물에 대한 제작지원을 받고자 하는 자는 다음 각 호의 내용을 포함하여 촬영개시 전(방송영상물: 1주, 일반 영상물: 1개월, 영화: 3개월)에

제22조에서 정하는 승인권자에게 서면으로 지원을 요청하여야 한다.

1. 영상물 제목
2. 영상물 내용
3. 제작 영상물 종류 및 규격
4. 제작 일정 및 방영 예정일
5. 군 지원 세부 요청 사항
6. 군 지원시 제작비 절감 산정액 및 보상계획
7. 제작 기획서와 시나리오 각 1부
8. 그 밖에 제작 지원에 필요한 서류 등

② 군 관련영상물 제작 지원은 제22조의 승인권자와 지원 요청자간 합의각서 체결에 의하며, 합의각서에는 다음 각 호의 사항이 포함되어야 한다.

1. 지원기간, 지원범위 및 규모, 제작비용 부담에 관한 사항
2. 촬영시 안전 및 보안 관련 사항
3. 지원인력·장비·시설물 등 손실에 대한 보장(보험증서 또는 계약서 첨부)
4. 제작 지원 절차에 관한 세부 사항
5. 시사회 전, 편집내용 확인 관련 사항
6. 제작 영상물 군내 활용 관련 사항
7. 합의 사항 이행 책임 및 변경에 관한 사항
8. 그 밖에 필요한 사항

③ 제22조의 승인권자는 대외기관의 요청에 의해 영상물 제작 지원시 소요되는 유류 및 탄약과 그 밖의 소모성 군수품의 소요경비를 제작자로 하여금 부담하게 할 수 있다.

④ 제22조의 승인권자는 지원 요청자가 합의각서를 위반할 경우 합의각서 내용에 따라 법적대응 등 제재 조치를 취하여야 한다.

제26조(보고 및 통보) 삭제

제7장 정훈·문화자료 지원활동

제27조(정훈·문화자료) ① 정훈·문화자료란 장병 정신전력교육 및 문화활동에 활용되는 자료로서 정신전력교육 교재, 영상물, 도서 및 간행물, 문화콘텐츠 등을 말하며, 군내자료와 외부자료로 구분한다.

② 제1항의 군내자료는 다음 각 호와 같다.

1. 정훈교재: 각급부대 및 학교의 정신전력교육 지원을 위하여 발행하는 다음 각 목의 교재

가. 기본교재: 정예 국군장병 육성을 위하여 국방부에서 발행하는 정신전력교육 기본교재

나. 시사안보교육교재: 장병들에게 안보현실 및 중요 국가정책 등에 대한 올바른 인식을 확립시키기 위해 국방부에서 발행하는 교재

다. 참고교재: 정신전력교육에 참고용으로 활용하기 위하여 각 군 본부, 해병대사령부에서 발행하는 교재

2. 그 밖의 간행물: 화보·표어·포스터 등 교육 및 홍보를 목적으로 국방부와 각 군 본부에서 발행하는 간행물

③ 제1항의 외부자료는 군외에서 제작되는 도서·간행물 또는 시청각 자료 등으로 정훈·문화활동에 활용하기 위하여 구매 또는 기증된 자료를 말한다.

④ 정훈·문화자료를 편찬·제작하거나 획득하고자 할 때에는 해당 기관 또는 부대장은 자체 심의위원회를 구성하여 자료의 적합성, 필요성, 활용성 등을 심의하여야 한다.

제28조(정훈·문화자료 심의위원회) ① 장병의 정신전력교육, 문화활동을 지원할 목적으로 편찬·제작하거나 구입 또는 획득하는 정훈·문화자료에 대한 적합성, 필요성, 활용성 등을 심의하기 위하여 국방부에 정훈·문화자료 심의위원회(이하 "위원회"라 한다)를 둔다.

② 위원회는 다음 각 호의 사항을 심의한다.

1. 국방부 자체 제작 또는 외부 획득 자료에 대한 정신전력교육, 문화활동자료로서의 적합성 심의

2. 내용 등 유사 간행물의 통폐합 및 조정

3. 자료의 발행 및 구입, 획득에 필요한 사항

4. 그 밖에 위원회 운영에 필요한 사항

③ 위원회는 위원장 1명을 포함한 5명 이상 11명 이하의 위원으로 구성한다.

④ 위원장은 국방부 정책기획관이 되고, 위원은 정책기획관실 소속과장 중에서 선임한다. 다만, 안건이 중요한 경우 국방부 국방정책실장이 위원장이 되고 위원은 정책기획관, 감사관, 인사기획관이 된다.

⑤ 제4항의 각 위원장은 필요시 국방부 및 군 관계관과 외부 전문가를 심의에 참여하게 할 수 있다.

⑥ 위원장은 위원회를 대표하며, 위원회의 업무를 총괄한다.

⑦ 위원회의 사무를 처리하고 자료의 편찬, 제작, 구입, 획득업무를 처리하기 위하여 간사 1명

을 둔다. 간사는 회의 시 위원장의 승인을 받아 의견을 개진할 수 있다.

⑧ 위원장은 심의안건 발생 시 간사의 건의로 위원회를 소집하고, 그 의장이 된다.

⑨ 위원회의 회의는 위원의 3분의 2이상의 출석으로 개의하고, 출석위원 3분의 2이상의 찬성으로 의결 한다. 다만, 사안이 경미할 경우에는 위원장의 결정에 따라 서면으로 심의·의결할 수 있다.

⑩ 제2항에 따라 위원회가 심의하는 자료는 정신전력교육, 문화활동을 지원할 목적으로 발행하거나 구입 또는 획득하여 보급하는 자료를 말한다. 다만, 다음 각 호의 자료는 심의 대상에서 제외한다.

1. 비밀자료
2. 회의자료 및 업무상의 단순한 참고 자료 또는 그 밖의 유인물
3. 공문서와 동일한 성격을 가진 자료
4. 그 밖에 위원회가 지정하는 자료

⑪ 정훈·문화자료를 편찬·제작하거나 구입·획득하고자 할 경우, 간사는 심의요구서를 위원장에게 제출하여야 한다.

⑫ 심의안건은 회의소집 최소 2일 전에 위원장 및 위원들에게 배부한다. 다만, 긴급을 요할 때에는 그러하지 아니하다.

⑬ 위원회 운영에 관하여 이 훈령에서 정하지 않은 사항은 위원회의 의결을 거쳐 위원장이 정한다.

제29조(자료 심의기준) 장병을 위한 정훈·문화자료는 장병의 정신전력교육, 정서함양, 교양증진에 적합한 자료로 선정하여야 하며, 위원회의 심의에 의해 다음 각 호의 어느 하나에 해당하는 자료로 선정되면 제작, 획득, 배포할 수 없다.

1. 북한체제를 찬양·미화하거나 이적단체를 옹호하는 자료
2. 국가의 정체성을 부정하거나 정부정책 및 국방정책을 비난하는 자료
3. 자유민주주의 시장경제체제를 부정하거나 국가안보를 위협하는 자료
4. 국제평화 및 국제질서를 해할 우려가 있는 자료
5. 장병의 국가관, 안보관, 군인정신에 위배되는 자료
6. 군을 왜곡하거나 군의 사기를 저해하는 자료
7. 음란한 내용으로 사회윤리나 공중도덕을 해치는 자료
8. 반인륜적, 반사회적 행위를 묘사하여 인간의 존엄성을 해치는 자료
9. 정부, 학계에서 검증되지 않아 논란의 소지가 있는 자료

10. 그 밖에 군의 정신전력교육 방향과 배치되는 내용을 포함한 자료

제30조(진중문고 및 정기간행물의 활용) ① 국방부장관(정책기획관)은 장병 교양증진 및 정신전력 강화를 위하여 진중문고를 선정하여 보급한다.

② 진중문고는 중대급 이상 부대에 배부하여 문화자료로 활용한다.

③ 보급된 지 1년 이상 경과된 진중문고는 병영도서관으로 이관할 수 있으며, 보급된 지 1년 이상 경과된 진중문고 중에서 동일한 책이 3권 이상 비치되어 있을 경우 2권을 제외한 나머지 도서는 자체 도서관 운영 절차에 따라 폐기할 수 있다.

제31조(진중문고 및 정기간행물 선정 기준) ① 진중문고 심의 대상 도서는 전국 대형서점 또는 인터넷서점에서 집계한 판매량 상위순위 도서로 한다.

② 위원회(위원장을 정책기획관으로 한다)는 제1항에서 선정된 도서를 심의하여 진중문고 및 예비도서(계약이 성립되지 않는 경우를 대비하여 예비적으로 선정된 도서를 말한다)를 선정한다.

③ 삭제

④ 국방부에서 구매하여 보급하는 정기간행물(우수교양 및 군사·시사안보지를 말한다. 이하 같다)은 다음 각 호에 따라 선정(수량 및 종류의 결정을 포함한다)하여 배부한다.

1. 필요성
2. 각 군 추천과 선호도
3. 교육자료 활용성 등

제32조(정훈교재 제작 통제) ① 기본교재 이외의 정훈교재 제작은 각 군 참모총장과 해병대사령관에게 위임할 수 있다. 이 경우 각 군 참모총장과 해병대사령관은 정훈교재 제작계획을 사전에 국방부장관(정책기획관)에게 보고하여야 한다.

② 군 사령부급 부대에서 참고교재를 제작할 경우에는 제1항에 따라 각 군 본부에 계획 및 결과를 보고하여야 한다.

③ 제24조제2항제1호에서 규정한 정훈교재 이외의 정신전력교육 참고자료는 장관급 이상 지휘관의 승인 하에 제작할 수 있다.

제33조(자료의 배부 및 활용) ① 장병의 정훈·문화활동을 위하여 군내에 배부하는 정훈·문화자료는 그 내용이 건전하고 장병의 정신전력교육, 정서 함양, 교양증진에 적합하다고 인정되는 것이어야 한다.

② 제1항에 따른 자료를 군내에 배부할 때에는 자체 심의위원회를 거쳐야 한다.

③ 군내 배부된 정훈·문화자료는 정훈·문화활동을 위하여 활용하여야 하며 관리에 관한 세부사항은 각 군 규정에서 정한다.

제8장 정훈·문화활동 평가 및 기타활동

제34조(평가 및 확인지도) ① 국방부장관은 각종 보고 또는 부대 방문, 조사 등의 방법에 의하여 각 군 및 해병대, 부대의 정훈·문화활동에 관한 시행상태를 파악하여 각 군 참모총장, 해병대사령관 또는 직할기관의 장에게 시정·개선을 지시하고 부대별 또는 개인별 표창을 수여할 수 있다.

② 국방부장관은 연 2회 이상 각 군 및 해병대의 부대를 방문하여 정훈·문화활동에 관한 확인지도를 실시할 수 있다.

제35조(부대역사관 운영) ① 각 군 참모총장 및 직할기관의 장은 장병의 실증적인 정신전력교육을 위하여 장관급 지휘관이 지휘하는 부대단위로 부대역사관을 설치 운영할 수 있다.

② 부대역사관은 필요한 경우에는 지역주민, 학생 및 예비군 등 부대 방문자에게 개방할 수 있다.

제36조(견학활동) ① 각 군 참모총장, 해병대사령관 및 직할기관의 장은 장병의 호국정신과 자주국방 의지 고양을 위해 전적지, 전적기념물, 부대 인근의 안보관광지, 전쟁기념관, 박물관, 문화유적 및 산업시설 등을 견학하도록 조치한다.

② 각 군 참모총장, 해병대사령관 및 직할기관의 장은 국민의 군에 대한 신뢰감 증진과 안보의식 고취를 위하여 견학에 필요한 활동을 지원한다.

제37조(설문조사) ① 국방부장관은 설문을 통하여 장병 정신전력교육 효과 분석을 정기적으로 실시할 수 있으며, 각 군 참모총장 및 각급 부대장은 자체적으로 정신전력교육 및 문화활동 효과를 측정하여 활용할 수 있다.

② 장병을 대상으로 설문 및 여론조사를 하고자 할 때에는 사전 승인을 받아야 하며, 그 승인권자는 다음 각 호와 같다.

1. 국방부장관: 국방부 본부, 대외기관(민간 개인 포함), 2개 군 이상
2. 각 군 참모총장·합참의장, 해병대사령관: 각 군 본부 및 각 군 직할 부대, 합참, 해병대
3. 군사령관: 군사령부 이하
4. 관할 기관장(국방부 소속기관 및 직할기관 포함): 그 밖에 포함되지 않은 기관(부대)

③ 제2항에도 불구하고 국방대학교 학생 논문 작성을 위한 설문조사의 승인권자는 국방대학교 총장으로 한다.

④ 국방부장관 승인 대상 설문 및 여론 조사는 설문(여론) 내용과 관련된 업무 소관 부서에서 처리한다.

⑤ 장병대상 설문 및 여론조사 결과의 대외활용 및 언론 제공시는 사전에 「군사보안업무훈령」

및 「국방홍보훈령」에서 정한 절차에 따른다.

⑥ 그 밖에 장병대상 설문 및 여론조사에 필요한 구체적인 사항은 별도 지시로 정한다.

제9장 보칙

제38조(정훈기재의 운영) 정훈기재는 정훈·문화활동을 위하여 사용하는 일체의 기재로 「군수품관리법」에 따라 관리·운용한다.

제39조(행정사항) ① 국방부장관(정책기획관)은 군 정훈·문화 정책을 수립하고 이에 따른 연도별 「정훈·문화활동 지시」를 국방부 소속기관, 직할기관 및 각 군에 시달한다.

② 각 군 참모총장, 해병대사령관, 국방부 소속기관 및 직할기관의 장은 「정훈·문화활동 지시」에 따라 연간 자체 세부계획을 수립하여 정훈·문화활동을 실시하고, 그 결과를 국방부장관(정책기획관)에게 보고하여야 한다.

제40조(전시 정훈·문화활동) 전시 정훈·문화활동은 국방부 전시계획에 따른다.

제41조(유효기간) 이 훈령은 「훈령·예규 등의 발령 및 관리에 관한 규정」에 따라 이 훈령을 발령한 후의 법령이나 현실여건의 변화 등을 검토하여야 하는 2020년 00월00일까지 효력을 가진다.

부칙 〈제2127호, 2018. 2. 2.〉

이 훈령은 발령한 날부터 시행한다.

[별표] 국제문화활동 검토기준(제12조제1항 관련)

행사형태	기대효과	초청주체	참가원칙	순위
국가기념행사	군사외교협력 강화	국가	참 가	1
세계국제군악제	참가국간 우호증진	국가	참 가	2
지방차원 국제군악제	지방 및 군간 우호증진	지방정부	참 가 (단, 국방부나 군이 후원하는 행사에 한하여 검토)	3
민간단체 주관행사	문화홍보 /군악발전	국가「 지방정부/ 단체	참 가 (단, 개최국 정부 또는 지방정부의 공식요청 및 국내 정부기관의 협조 요청시 검토)	4

[부록 3] 군인의 지위 및 복무에 관한 기본법

[시행 2017.6.22.] [법률 제14609호, 2017.3.21., 타법개정]

제1장 총칙

제1조(목적) 이 법은 국가방위와 국민의 보호를 사명으로 하는 군인의 기본권을 보장하고, 군인의 의무 및 병영생활에 대한 기본사항을 정함으로써 선진 정예 강군 육성에 이바지하는 것을 목적으로 한다.

제2조(정의) 이 법에서 사용하는 용어의 뜻은 다음과 같다.

1. "군인"이란 현역에 복무하는 장교·준사관·부사관 및 병(兵)을 말한다.
2. "지휘관"이란 중대급 이상의 단위부대의 장, 함선부대의 장 또는 함정, 항공기를 지휘하는 자를 말한다.
3. "상관"이란 명령복종관계에 있는 사람 사이에서 명령권을 가진 사람으로서 국군통수권자부터 당사자의 바로 위 상급자까지를 말한다.
4. "명령"이란 상관이 직무상 내리는 지시를 말한다.
5. "병영생활"이란 내무생활, 근무, 교육훈련, 그 밖의 병영을 중심으로 이루어지는 모든 활동을 말한다.
6. "내무생활"이란 영내 거주의무가 있는 군인의 생활관을 중심으로 이루어지는 일상활동을 말한다.

제3조(적용범위) 이 법은 군인에게 적용하되, 다음 각 호의 사람에게는 군인에 준하여 이 법을 적용한다.

1. 사관생도·사관후보생·준사관후보생 및 부사관후보생
2. 소집되어 군에 복무하는 예비역 및 보충역

3. 군무원

제4조(국가의 책무) ① 국가는 군인의 기본권을 보장하기 위하여 필요한 제도를 마련하여야 하며 이를 위한 시책을 적극적으로 추진하여야 한다.

② 국가는 군인이 임무를 충실히 수행하고 군 복무에 대한 자긍심을 높일 수 있도록 복무여건을 개선하고 군인의 삶의 질 향상을 위하여 노력하여야 한다.

제5조(국군의 강령) ① 국군은 국민의 군대로서 국가를 방위하고 자유 민주주의를 수호하며 조국의 통일에 이바지함을 그 이념으로 한다.

② 국군은 대한민국의 자유와 독립을 보전하고 국토를 방위하며 국민의 생명과 재산을 보호하고 나아가 국제평화의 유지에 이바지함을 그 사명으로 한다.

③ 군인은 명예를 존중하고 투철한 충성심, 진정한 용기, 필승의 신념, 임전무퇴의 기상과 죽음을 무릅쓰고 책임을 완수하는 숭고한 애국애족의 정신을 굳게 지녀야 한다.

제6조(다른 법률과의 관계) 군인의 복무에 관한 다른 법률을 제정 또는 개정하는 경우에는 이 법의 목적과 기본이념에 맞도록 하여야 한다.

제2장 군인복무기본정책 등

제7조(군인복무기본정책) ① 국방부장관은 군인복무기본정책(이하 "기본정책"이라 한다)을 5년마다 수립하여야 한다.

② 기본정책에는 다음 각 호의 사항이 포함되어야 한다.

1. 기본목표
2. 연도별·과제별 추진계획
3. 재원(財源) 확보에 관한 사항
4. 그 밖에 군인의 복무에 관하여 중요한 사항

③ 기본정책은 제8조에 따른 군인복무정책심의위원회의 심의를 거쳐 확정한다.

④ 국방부장관은 기본정책에 따라 그 시행계획을 수립하고 시행하여야 한다.

⑤ 기본정책과 제4항에 따른 시행계획의 수립에 필요한 사항은 대통령령으로 정한다.

제8조(군인복무정책심의위원회의 설치) 다음 각 호의 사항을 심의하기 위하여 국방부장관 소속으로 군인복무정책심의위원회(이하 "위원회"라 한다)를 둔다.

1. 군인의 기본권 보장에 관한 사항
2. 군인의 의무에 관한 사항

3. 기본정책의 수립에 관한 사항
4. 군인복무와 관련한 법령과 제도의 개선에 관한 사항
5. 그 밖에 군인복무와 관련하여 위원장이 심의에 부치는 사항

제9조(위원회의 구성 등) ① 위원회는 위원장 1명을 포함한 12명 이내의 위원으로 구성한다.

② 위원장은 국방부장관으로 하고, 위원은 다음 각 호의 사람으로 한다.

1. 합참의장, 각 군 참모총장 및 해병대 사령관
2. 국회 소관 상임위원회에서 추천하는 사람 중에서 국방부장관이 위촉하는 사람 3명
3. 군인의 기본권 보장 등에 관하여 전문적 학식과 경험이 풍부한 사람 중에서 국방부장관이 위촉하는 사람 3명

③ 제2항제2호 및 제3호에 따라 위촉된 위원의 임기는 2년으로 하고, 한 차례만 연임할 수 있다.

④ 그 밖에 위원회의 운영에 필요한 사항은 대통령령으로 정한다.

제3장 군인의 기본권

제10조(군인의 기본권과 제한) ① 군인은 대한민국 국민으로서 일반 국민과 동일하게 헌법상 보장된 권리를 가진다.

② 제1항에 따른 권리는 법률에서 정한 군인의 의무에 따라 군사적 직무의 필요성 범위에서 제한될 수 있다.

제11조(평등대우의 원칙) 군인은 이 법의 적용에 있어 평등하게 대우받아야 하며 차별을 받지 아니한다.

제12조(영내대기의 금지) ① 지휘관은 영내 거주 의무가 없는 군인을 근무시간 외에 영내에 대기하도록 하여서는 아니된다. 다만, 다음 각 호의 어느 하나에 해당하는 경우에는 그러하지 아니하다.

1. 전시·사변 또는 이에 준하는 국가비상사태가 발생한 경우
2. 침투 및 국지도발(局地挑發) 상황 등 작전상황이 발생한 경우
3. 경계태세의 강화가 필요한 경우
4. 천재지변이나 그 밖의 재난이 발생한 경우
5. 소속 부대의 교육훈련·평가·검열이 실시 중인 경우

② 제1항 단서에 따라 영내대기를 시킬 수 있는 세부기준 등 필요한 사항은 대통령령으로 정

한다.

제13조(사생활의 비밀과 자유) 국가는 병영생활에서 군인의 사생활의 비밀과 자유가 최대한 보장되도록 하여야 한다.

제14조(통신의 비밀보장) ① 군인은 서신 및 통신의 비밀을 침해받지 아니한다.

② 군인은 작전 등 주요임무수행과 관련된 부대편성·이동·배치와 주요직위자에 관한 사항 등 군사보안에 저촉되는 사항을 통신수단 및 우편물 등을 이용하여 누설하여서는 아니된다.

제15조(종교생활의 보장) ① 지휘관은 부대의 임무 수행에 지장이 없는 범위에서 군인의 종교생활을 보장하여야 한다.

② 영내 거주 의무가 있는 군인은 지휘관이 지정하는 종교시설 및 그 밖의 장소(이하 "종교시설등"이라 한다)에서 행하는 종교의식에 참여할 수 있으며, 종교시설등 외에서 행하는 종교의식에 참여하고자 할 때에는 지휘관의 허가를 받아야 한다.

제16조(대외발표 및 활동) 군인이 국방 및 군사에 관한 사항을 군 외부에 발표하거나, 군을 대표하여 또는 군인의 신분으로 대외활동을 하고자 할 때에는 국방부장관의 허가를 받아야 한다. 다만, 순수한 학술·문화·체육 등의 분야에서 개인적으로 대외활동을 하는 경우로서 직무수행에 지장이 없는 경우에는 그러하지 아니하다.

제17조(의료권의 보장) 군인은 건강을 유지하고 복무 중에 발생한 질병이나 부상을 치료하기 위하여 적절하고 효과적인 의료처우를 받을 권리가 있다.

제18조(휴가 등의 보장) ① 군인은 대통령령으로 정하는 바에 따라 휴가·외출·외박을 보장받는다.

② 지휘관은 다음 각 호의 어느 하나에 해당하는 경우에는 군인의 휴가·외출·외박을 제한하거나 보류할 수 있다.

1. 전시·사변 또는 이에 준하는 국가비상사태가 발생한 경우
2. 침투 및 국지도발 상황 등 작전상황이 발생한 경우
3. 천재지변이나 그 밖의 재난이 발생한 경우
4. 소속부대의 교육훈련·평가·검열이 실시 중이거나 실시되기 직전인 경우
5. 형사피의자·피고인 또는 징계심의대상자인 경우
6. 환자로서 휴가를 받기에 적절하지 아니한 경우
7. 전투준비 등 부대임무수행을 위해 부대병력유지가 필요한 경우

제4장 군인의 의무 등

제19조(선서) 군인은 입영하거나 임관할 때에는 대통령령으로 정하는 바에 따라 선서하여야 한다.

제20조(충성의 의무) 군인은 국군의 사명인 국가의 안전보장과 국토방위의 의무를 수행하고, 국민의 생명·신체 및 재산을 보호하여 국가와 국민에게 충성을 다하여야 한다.

제21조(성실의 의무) 군인은 직무 수행에 따르는 위험과 책임을 회피하지 아니하고 성실하게 그 직무를 수행하여야 한다.

제22조(정직의 의무) 군인은 명령의 하달이나 전달, 보고 및 통보를 할 때에 정직하여야 한다.

제23조(청렴의 의무) ① 군인은 직무와 관련하여 직접 또는 간접을 불문하고 사례·증여 또는 향응을 주거나 받아서는 아니된다.

② 군인은 직무상의 관계 여하를 불문하고 그 소속 상관에게 증여하거나 소속 부하로부터 증여를 받아서는 아니된다.

제24조(명령 발령자의 의무) ① 군인은 직무와 관계가 없거나 법규 및 상관의 직무상 명령에 반하는 사항 또는 자신의 권한 밖의 사항에 관하여 명령을 발하여서는 아니된다.

② 명령은 지휘계통에 따라 하달하여야 한다. 다만, 부득이한 경우에는 지휘계통에 따르지 아니하고 하달할 수 있고, 이 경우 명령자와 수명자는 이를 지체 없이 지휘계통의 중간지휘관에게 알려야 한다.

③ 명령의 하달은 신속·정확하게 이루어져야 한다.

④ 군인은 자신이 내린 명령의 이행 결과에 대하여 책임을 진다.

제25조(명령 복종의 의무) 군인은 직무를 수행할 때 상관의 직무상 명령에 복종하여야 한다.

제26조(사적 제재 및 직권남용의 금지) 군인은 어떠한 경우에도 구타, 폭언, 가혹행위 및 집단 따돌림 등 사적 제재를 하거나 직권을 남용하여서는 아니된다.

제27조(군기문란 행위 등의 금지) ① 군인은 다음 각 호의 행위를 하여서는 아니된다.

1. 성희롱·성추행 및 성폭력 등의 행위
2. 상급자·하급자나 동료를 음해(陰害)하거나 유언비어를 유포하는 행위
3. 의견 건의 또는 고충처리 등을 고의로 방해하거나 부당한 영향을 주는 행위
4. 그 밖에 군기를 문란하게 하는 행위

② 제1항에 따른 금지행위에 관한 세부기준은 국방부령으로 정한다.

제28조(비밀 엄수의 의무) ① 군인은 복무 중일 때뿐만 아니라 전역 후에도 복무 중 알게 된

비밀을 엄격히 지켜야 한다.

② 군인은 직무상 알게 된 비밀을 공무 외의 목적으로 사용하여서는 아니된다.

第29조(직무이탈 금지) 군인은 상관의 허가 또는 정당한 사유 없이 직무를 이탈하여서는 아니 된다.

第30조(영리행위 및 겸직 금지) ① 군인은 군무(軍務) 외에 영리를 목적으로 하는 업무에 종사하지 못하며 국방부장관의 허가를 받지 아니하고는 다른 직무를 겸할 수 없다.

② 제1항에 따른 영리를 목적으로 하는 업무의 범위 등에 관한 사항은 대통령령으로 정한다.

第31조(집단행위의 금지) ① 군인은 다음 각 호에 해당하는 집단행위를 하여서는 아니된다.

1. 노동단체의 결성, 단체교섭 및 단체행동
2. 군무에 영향을 주기 위한 목적의 결사 및 단체행동
3. 집단으로 상관에게 항의하는 행위
4. 집단으로 정당한 지시를 거부하거나 위반하는 행위
5. 군무와 관련된 고충사항을 집단으로 진정 또는 서명하는 행위

② 군인은 사회단체에 가입하고자 하는 경우에는 국방부장관의 허가를 받아야 한다. 다만, 순수한 학술·문화·체육·친목·종교 활동을 목적으로 하는 단체 등 대통령령으로 정하는 단체의 경우에는 그러하지 아니하다.

③ 국방부장관은 제2항 단서에 따른 단체의 목적이나 활동이 군인의 의무에 위반되거나 직무수행에 지장을 준다고 인정하는 경우에는 그 단체의 가입을 제한하거나 탈퇴를 명할 수 있다.

第32조(불온표현물 소지·전파 등의 금지) 군인은 불온 유인물·도서·도화, 그 밖의 표현물을 제작·복사·소지·운반·전파 또는 취득하여서는 아니 되며, 이를 취득한 때에는 즉시 상관 또는 수사기관 등에 신고하여야 한다.

第33조(정치 운동의 금지) ① 군인은 정당이나 그 밖의 정치단체의 결성에 관여하거나 이에 가입할 수 없다.

② 군인은 선거에서 특정 정당 또는 특정인을 지지 또는 반대하기 위한 다음 각 호의 행위를 하여서는 아니된다.

1. 투표를 하거나 하지 아니하도록 권유 운동을 하는 것
2. 서명 운동을 기도·주재하거나 권유하는 것
3. 문서나 도서를 공공시설 등에 게시하거나 게시하게 하는 것
4. 기부금을 모집 또는 모집하게 하거나, 공공자금을 이용 또는 이용하게 하는 것
5. 타인에게 정당이나 그 밖의 정치단체에 가입하게 하거나 가입하지 아니하도록 권유 운동을

하는 것

③ 군인은 다른 군인에게 제1항과 제2항에 위배되는 행위를 하도록 요구하거나, 정치적 행위에 대한 보상 또는 보복으로서 이익 또는 불이익을 약속하여서는 아니된다.

제34조(전쟁법 준수의 의무) ① 군인은 무력충돌 행위에 관련된 모든 국제법 중에서 대한민국이 당사자로서 가입한 조약과 일반적으로 승인된 국제법규(이하 "전쟁법"이라 한다)를 준수하여야 한다.

② 군인은 전쟁법을 숙지하여야 하며, 국방부장관은 대통령령으로 정하는 바에 따라 군인에게 전쟁법에 대한 교육을 실시하여야 한다.

제5장 병영생활

제35조(군인 상호간의 관계) ① 군인은 동료의 인격과 명예, 권리를 존중하며, 전우애에 기초하여 동료를 곤경과 위험으로부터 보호하여야 한다.

② 군인은 동료의 가치관을 존중하고 배려하여야 한다.

③ 병 상호간에는 직무에 관한 권한이 부여된 경우 이외에는 명령, 지시 등을 하여서는 아니된다.

제36조(상관의 책무) ① 상관은 직무수행 시는 물론 직무 외에서도 부하에게 모범을 보여야 한다.

② 상관은 직무에 관하여 부하를 지휘·감독하여야 한다.

③ 상관은 부하의 인격을 존중하고 배려하여야 한다.

④ 상관은 직무와 관계가 없거나 법규 및 상관의 직무상 명령에 반하는 사항 또는 자신의 권한 밖의 사항 등을 명령하여서는 아니된다.

제37조(다문화 존중) ① 군인은 다문화적 가치를 존중하여야 한다.

② 국방부장관은 군인에게 다문화적 가치의 존중과 이해를 위한 교육을 실시하여야 한다.

제38조(기본권교육 등) ① 국방부장관은 "대한민국헌법"과 이 법에서 보장하고 있는 군인의 기본권과 의무 및 기본권 침해시 구제절차 등에 관한 교육(이하 "기본권교육"이라 한다)을 대통령령으로 정하는 바에 따라 주기적으로 실시하여야 한다.

② 다음 각 호의 어느 하나에 해당하는 사람은 대통령령으로 정하는 바에 따라 기본권교육을 필수적으로 이수하여야 한다.

1. 대대급 이상의 부대 또는 대대급 이상의 부대에 상응하는 조직의 지휘관 또는 책임자로 임명이 예정된 사람

2. 이 법 제3조제1호에 따른 사람

제39조(의견 건의) ① 군인은 군과 관련된 제도의 개선 등 군에 유익한 의견이나 복무와 관련된 정당한 의견이 있는 경우에는 지휘계통에 따라 단독으로 상관에게 건의할 수 있다.

② 군인은 제1항에 따른 의견 건의를 이유로 불이익한 처분이나 대우를 받지 아니한다.

③ 제1항에 따른 건의를 접수한 상관은 그 내용을 검토한 후 검토 결과를 14일 이내에 건의한 당사자에게 서면이나 구술 등의 방법으로 통보하여야 한다.

제40조(고충 처리) ① 군인은 근무여건·인사관리 및 신상문제 등에 관하여 군인고충심사위원회에 고충의 심사를 청구할 수 있다.

② 군인은 제1항에 따른 고충심사 청구를 이유로 불이익한 처분이나 대우를 받지 아니한다.

③ 제1항에 따라 청구된 고충을 심사하기 위하여 국방부, 각 군 본부 및 장성급(將星級) 장교가 지휘하는 부대에 군인고충심사위원회를 둔다. 〈개정 2017.3.21.〉

④ 청구인은 심사 결과에 이의가 있는 경우에는 다음 각 호에 따른 위원회에 재심(再審)을 청구할 수 있다. 〈개정 2017.3.21.〉

1. 장교·준사관·부사관: "군인사법" 제51조에 따른 중앙 군인사소청심사위원회
2. 병: 차상급 장성급 장교 지휘 부대에 설치된 군인고충심사위원회

⑤ 군인고충심사위원회의 구성·운영과 심사절차에 필요한 사항은 대통령령으로 정한다.

제41조(전문상담관) ① 군인이 다음 각 호의 사항으로 군 생활의 고충이나 어려움을 호소하는 경우에 이에 대한 상담 등을 하기 위하여 대통령령으로 정하는 규모 이상의 부대 또는 기관에 병영생활 전문상담관을 둔다.

1. 군 생활에 따른 부적응에 관한 사항
2. 가족관계 및 개인 신상에 관한 사항
3. 구타, 폭언, 가혹행위 및 집단 따돌림 등 군 내 기본권 침해에 관한 사항
4. 질병·질환 및 건강 악화 등 신체에 관한 사항
5. 장기복무 군인가족의 자녀교육 및 현지생활 부적응 등 사회복지에 관한 사항
6. 그 밖에 군 생활로 인하여 발생하는 고충이나 어려움에 관한 사항

② 성희롱, 성폭력, 성차별 등 성(性)관련 고충 상담을 전담하기 위하여 대통령령으로 정하는 규모 이상의 부대 또는 기관에 성(性)고충 전문상담관을 둔다.

③ 제1항에 따른 병영생활 전문상담관과 제2항에 따른 성고충 전문상담관(이하 "전문상담관"이라 한다)은 군 생활 또는 개인 신상문제 등으로 인한 어려움을 겪고 있는 군인에 대하여 상담을 실

시하고, 전문상담관이 배치되어 있는 부대 또는 기관의 장에게 필요한 조치를 요청할 수 있다.

④ 전문상담관은 다음 각 호의 어느 하나에 해당하는 사람 중에서 국방부장관이 임명한다.

1. 대통령령으로 정하는 심리상담 또는 사회복지분야 관련 자격증을 소지하고 일정 기간 이상의 상담경험이 있는 사람

2. 대통령령으로 정하는 자격을 갖추고 일정 기간 이상의 군 복무 경력이 있는 사람

⑤ 전문상담관의 구체적 자격기준, 채용절차, 신분, 업무 및 그 운영 등에 관한 사항은 대통령령으로 정한다.

제42조(군인권보호관) ① 군인의 기본권 보장 및 기본권 침해에 대한 권리구제를 위하여 군인권보호관을 두도록 한다.

② 제1항에 따른 군인권보호관의 조직과 업무 및 운영 등에 관하여는 따로 법률로 정한다.

제43조(신고의무 등) ① 군인은 병영생활에서 다른 군인이 구타, 폭언, 가혹행위 및 집단 따돌림 등 사적 제재를 하거나, 성추행 및 성폭력 행위를 한 사실을 알게 된 경우에는 즉시 상관에게 보고하거나 제42조제1항에 따른 군인권보호관 또는 군 수사기관 등에 신고하여야 한다.

② 군인은 제1항과 관련된 사항에 대하여 별도로 "국가인권위원회법", "부패방지 및 국민권익위원회의 설치와 운영에 관한 법률" 또는 그 밖에 다른 법령에서 정하는 방법에 따라 국가인권위원회 등에 진정을 할 수 있다.

제44조(신고자에 대한 비밀보장) 누구든지 제43조에 따른 보고, 신고 또는 진정 등(이하 "신고 등"이라 한다)을 한 사람(이하 "신고자"라 한다)이라는 사정을 알면서 그의 인적사항이나 그가 신고자임을 미루어 알 수 있는 사실을 다른 사람에게 알려주거나 공개 또는 보도하여서는 아니된다. 다만, 신고자가 동의한 때에는 그러하지 아니하다.

제45조(신고자 보호) ① 누구든지 신고 등을 이유로 신고자에게 징계조치 등 어떠한 신분상 불이익이나 근무조건상의 차별대우(이하 "불이익조치"라 한다)를 하여서는 아니된다.

② 국방부장관은 신고자와 신고 등의 내용에 대한 비밀을 보장하고 신고자가 신고 등을 이유로 불이익조치를 받지 않도록 하여야 한다.

③ 국방부장관은 신고자가 신고 등을 이유로 불이익조치를 받은 경우에는 원상회복 또는 시정을 위하여 필요한 조치를 취하여야 한다.

제7장 특별근무 등

제46조(특별근무) ① 부대의 인원과 재산을 보호하고 규율과 보안을 유지하며 각종 사고를 예

방하고 비상사태에 대비하기 위하여 부대별로 당직근무·영내위병근무 등 특별근무를 실시한다.

② 특별근무는 계급과 직책에 따라 공정하게 배정하여야 한다.

③ 특별근무의 구분 및 실시 등에 필요한 사항은 대통령령으로 정한다.

제47조(비상소집 등) ① 군인은 대통령령으로 정하는 비상소집이 발령된 때에는 지체 없이 소속 부대에 집결하여야 한다.

② 장성급 지휘관은 전시·사변 또는 이에 준하는 국가비상사태에 신속히 대응하기 위하여 필요한 경우에는 대통령령으로 정하는 바에 따라 소속 부대원의 휴가·외박·외출 등에 있어 이동지역을 제한할 수 있다. 〈개정 2017.3.21.〉

제48조(초병의 무기사용 등) ① 초병은 다음 각 호의 어느 하나에 해당하는 경우에 한정하여 필요한 최소한의 범위에서 휴대하고 있는 무기(초병이 임무수행을 위해 휴대한 소총, 도검 등 모든 장비를 말한다. 이하 같다)를 사용할 수 있다.

1. 책임구역 내 인원의 생명·신체 또는 재산을 보호함에 있어서 그 상황이 급박하여 무기를 사용하지 아니하면 보호할 방법이 없을 때

2. 국방부장관이 정하는 방법에 따라 수하(誰何)하여도 이에 불응하여 대답이 없거나, 도주하거나 또는 초병에게 접근할 때

3. 초병이 폭행을 당하거나 또는 당할 우려가 있는 경우 그 상황이 급박하여 자위상 부득이할 때

② 초병은 지휘계통상의 상관의 명령이나 지시 없이 휴대하고 있는 무기나 탄약을 타인에게 넘겨주어서는 아니된다.

제8장 보칙 및 벌칙

제49조(권한의 위임) 이 법에 따른 국방부장관의 권한은 대통령령으로 정하는 바에 따라 그 일부를 각 군 참모총장에게 위임할 수 있다.

제50조(복무규정) 군인의 복무에 관하여 이 법에 규정한 것을 제외하고는 따로 대통령령으로 정한다.

제51조(벌칙 적용에서 공무원 의제) 위원회 위원 중 공무원이 아닌 사람은 "형법" 제129조부터 제132조까지를 적용할 때에는 공무원으로 본다.

제52조(벌칙) ① 제44조를 위반하여 신고자의 인적사항이나 신고자임을 미루어 알 수 있는 사실을 다른 사람에게 알려주거나 공개 또는 보도한 자는 3년 이하의 징역 또는 3천만원 이하의 벌금에 처한다.

② 제39조제2항 또는 제40조제2항을 위반하여 의견 건의 또는 고충심사 청구를 이유로 불이익한 처분이나 대우를 한 자는 1년 이하의 징역 또는 1천만원 이하의 벌금에 처한다.

부칙 〈제14609호, 2017.3.21.〉 (군인사법)

제1조(시행일) 이 법은 공포 후 3개월이 경과한 날부터 시행한다. 〈단서 생략〉

제2조(다른 법률의 개정) ①부터 ⑪까지 생략

⑫ 군인의 지위 및 복무에 관한 기본법 일부를 다음과 같이 개정한다.

제40조제3항 중 “장관급”을 “장성급(將星級)”으로 하고, 같은 조 제4항제2호 중 “장관급”을 "장성급"으로 한다.

제47조제2항 중 “장관급”을 “장성급”으로 한다.

⑬부터 ⑲까지 생략

제3조 생략

참고문헌

1. 국내문헌

강두호, "도덕성 발달론에 입각한 도덕과 수업 방법의 개선", 『교육논총』, 21, 전북대학교 교육대학원, 2001. pp.103-117.

경남대학교극동문제연구소, 『남남 갈등 진단 및 해소방안』 (경남: 경남대학교출판부, 2004).

고미숙, "도덕성의 세 가지 측면(인지적·정의적·행동적 측면)의 구분에 따른 도덕교육의 오해와 이해", 『교육철학』, 23, 교육철학회, 2000, pp.1-26.

국방대학교 국가안전보장문제연구소, 『안보의식조사』 (각년도)

국방부 정훈공보관실, 『군대윤리(직업군인의 가치관)』, 2004.

국방부, 『(교관교육지도서) 국군정신교육기본교재』, 1998.

국방부, 『군인복무규율』

국방부, 『군진수칙』, 국방부훈령 제27호, 1956. 12. 20.

김경희, "한국 아동과 청소년의 도덕적 정서: 죄책감을 중심으로", 『한국심리학회지: 발달』, 15(1), 한국심리학회, 2002, pp.35-55.

김상윤, 『한국인의 도덕판단발달 연구』, 청목출판사, 2006.

김정탁, "민족국가에서 글로벌화로,"『새천년 emerge』, 중앙일보새천년 (주), 2000년 9월호.

김진만·박균열, 『군대와 윤리』, 양서각, 2010.

김항인, "도덕판단 발달과 측정에 관한 연구", 『초등도덕교육』, vol.4, 경인초등도덕교육학회, 2005, pp.57-81.

김항인, "도덕판단력 측정에 대한 고찰: DIT와 MJT를 중심으로", 『도덕윤리과교육』, 12, 한국도덕윤리과교육학회, 2000, pp.227-242.

김항인, "미국 도덕교육 및 도덕교육연구의 역사와 과제", 한국도덕과교육학회, 『도덕과교육론』, 교육과학사, 2001, pp.371-395.

노영란, "도덕성과 도덕이론", 『범한철학』 37, 범한철학회, 2005. pp.147-173.

문미희, "사범대 학생을 위한 인권교육 프로그램 개발 연구", 서울대학교 대학원 박사학위 논문, 2004.

문미희, "예비교사를 위한 인권의식 함양 프로그램의 개발과 효과 검증: Rest의 도덕성 4구성요소 모형을 중심으로", 『교육심리연구』, 20(2), 한국교육심리학회, 2006, pp.341-362.

문미희, “예비교사를 위한 전문가 도덕성 교육 프로그램이 도덕성 4구성요소 발달에 미치는 효과”, 『학습자중심교과교육연구』, 7(1), 학습자중심교과교육학회, 2007, pp.165-188.

문미희, “학교급에 따른 도덕판단력 발달 경향 분석: N2, 도덕적 도식 및 도식 발달 유형을 중심으로,”『교육심리연구』, 20(3), 2006, pp.703-724.

문용린 외, “한국청소년의 도덕성발달진단을 위한 연구: 도덕판단력 진단검사(DIT)를 위한 표준화 연구”, 서울대학교 사범대학 교육학과 도덕심리연구실, 1994(미간행).

문용린, “생활문제설문지”(한국어판 DIT 설문지), 한국교육개발원 도덕교육연구실, 1986.

문용린, 『도덕과교육론』, 갑을출판사, 1988.

문용린·김민강·엄채윤, “한국판 도덕판단력검사(KDIT) 세 가지 지수의 타당도 비교”, 『교육심리연구』, 22(4), 한국교육심리학회, 2008, pp.783-800.

문용린·문미희, “한국 청소년의 도덕판단력 발달 연구 개관”, 『청소년학연구』, 1(1), 한국청소년학회, 1993, pp.43-57.

박균열 외, 『미래를 꿈꾸는 사관생도』, 미간행.

박균열, “군의 기본가치 정립 및 구현방안”, 『정신전력논집』, 제11집, 2009, pp.45-102.

박균열, “군인과 윤리”, 김대군·박균열, 『현대인의 전문직업윤리』, 철학과현실사, 2006, pp.249-272

박균열, “도덕 판단력 측정도구 MJT의 특징과 활용법”, 『도덕윤리과교육』, 23, 한국도덕윤리과교육학회, 2006. pp.125-162.

박균열, “도덕과교육과 덕목의 위상: 초등교육을 중심으로”, 『초등도덕교육』, 13, 한국초등도덕교육학회, 2003, pp.83-104.

박균열, “도덕적 판단력 도구 MJT의 한국적 표준화 연구”, 『윤리연구』, 제94호, 한국윤리학회, 2014.

박균열, “도덕판단역량 검사도구(MCT)의 구성원리를 활용한 통일·안보의식측정도구 개발 기초 연구”, 『국방연구』, 60(3), 국방대학교 국가안전보장문제연구소, 2017, pp.67-92.

박균열, “사이버 전쟁 확산과 전쟁윤리의 과제”, 『안보학술논집』, 27, 국방대학교 국가안전보장문제연구소, 2016.12, pp.299-345.

박균열, “제2장 한국의 병영문화 전통”, 김창주 외, 『병영문화와 인권친화리더십』, 한국학술정보(주), 2008, pp.37-51.

박균열, “제5장 국가안보 판단력 측정 도구”, 도재숙 외, 『동북아 전략환경과 한국 안보』, 한국학술정보(주), 2007, pp.257- 308.

박균열, “통일 한국의 군 통합과 군대문화,”서울대학교 대학원 박사학위논문, 2000.

박균열, “한국군 장병의 도덕 판단력 실증연구”, 『도덕윤리과교육』, 24, 한국도덕윤리과교육학회, 2007. pp.141-153.

박균열, “한국군의 정신교육 진단과 발전 방향”, 『윤리연구』, 91(1), 한국윤리학회, 2013, pp.325-352.

박균열, 『국가윤리교육론』, 철학과현실사, 2005,

박균열, 『장병 정신전력 강화를 위한 사회적 인프라 구축 방안 연구』(정신전력 연구보고서), 국방대학교 국가안전보장문제연구소, 2012.

박균열, 『통일 한국군의 문화통합과 가치교육』, 한국학술정보(주), 2006.

박균열, 『평화안보와 가치교육』, 한국학술정보(주), 2006.

박균열·이상호, 『공직자 청렴판단력 측정도구 개발』, 국민권익위원회 청렴연수원 연구보고서, 2016.

박윤명, "도덕성의 구성요소와 도덕교육", 『사회과학교육연구』, 2, 한국교원대학교 사회과학교육연구소, 1997. pp.99-118.
박재주, 『문학 속의 도덕철학』, 철학과현실사, 2010.
박찬석, 『남남 갈등 대립으로 끝날 것인가』 (경기: 인간사랑, 2001).
박찬주, 『한국인의 도덕판단과 행동선택에 관한 DIT적용 연구』, 건국대학교 대학원 박사학위논문, 1989.
서강식, "도덕과의 통합적 평가 방안,"한국도덕과교육학회, 『도덕과교육론』, 교육과학사, 2001, pp.305-323.
서미옥, 褟구성요소 모델을 중심으로 살펴본 도덕발달 연구의 지향점", 『중등교육연구』, 53(2), 경북대학교 중등교육연구소, 2005, pp.159-182.
서울대학교 통일평화연구원, 『통일의식조사』 (각년도)
손충기·김영태, "한국판 중학생용 도덕성 발달 측정 도구(KDIT) 개발의 가능성 탐색 연구", 『교육평가연구』 19(2), 한국교육평가학회, 2006, pp.41-65.
신용도 외, 『군 사고예방을 위한 문진기법개발 I』, 국방대학교 안보문제연구소, 2007. 2.
이민수, 『전쟁과 윤리』, 철학과현실사, 1998.
이병희, "한국판 초등용 DIT 개발 연구", 서울대학교 대학원 석사학위논문, 2004.
이원봉·박균열, "신세대 장병 복무부적응 해소를 위한 상담교육방법 연구", 『정신전력연구』, 제39호, 국방대학교 국방리더십개발원, 2008, pp.3-43.
이원봉·박균열, 『도덕판단력 측정: MJT와 DIT를 중심으로』 (경기: 한국학술정보(주), 2012).
이인재, "도덕적 자아 형성을 위한 도덕교육의 과제", 『초등도덕교육』, 23, 한국초등도덕교육학회, 2007, pp.95-118.
이인재, "영역 구분 모형에 근거한 초등학생의 도덕 및 사회 인습의 발달 특성 연구", 『초등도덕교육』, 24, 한국초등도덕교육학회, 2007, pp.235-282.
이인재, "영역에 적합한 초등교육의 실천 전략을 통한 초등학생들의 도덕성 함양 방안 연구", 『초등도덕교육』, 26, 한국초등도덕교육학회, 2008, pp.261-294.
임용경외, 『도덕과 교육의 이론과 실제』, 양서원, 2010.
정창우, 『도덕교육의 새로운 해법』, 교육과학사, 2004.
차문석·마인섭, 『북한 문제와 남남 갈등』 (서울: 성균관대학교출판부, 2012).
한용섭, 『한반도 평화와 군비통제』 (서울: 박영사, 2015).
한혜민, "A Survey of Effects of STS Education on the University Students' Moral Development and Epistemological Beliefs: Using DIT and EBI", 『윤리교육연구』, 9, 한국윤리교육학회, 2006, pp.201-217.
홍성훈, "도덕심리학 연구의 최근 동향과 향후 전망: 인지발달론적 접근의 이론 확장과 적용 확대의 과정을 중심으로", 『도덕윤리과교육』, 16, 한국도덕윤리과교육학회, 2003, pp.1-17.

[2] 국외문헌

Adler, Emanuel, Michael Barnett, "A Framework for the study of security communities", Emanuel Adler, Michael Barnett, eds., Security Communities (Cambridge: Cambridge University Press, 1998).

April, Nathan, "An Inquiry into the Juridical Basis for the Nuremberg War Crimes Trial", Minnesota Law Review, Vol. 30, 1946.

Aronfreed, J. (1968), Conduct and conscience: The Socialization of Internalized Control Over Behavior. New York: Academic Press.

Baldwin, J. M. (1906), Social and Ethical Interpretations in Mental Development, New York: MacMillan.

Bandura, A., and Walters, R.H. (1959), Adolescent Aggression. New York: Ronald.

Ben-Ze'ev, A. (1997), Emotions and Morality, J. Value Inq., 31: 195-212.

Berkowitz, L. (1964), Development of Motive and Values in a Child. New York: Basic Books.

Blackner, B. L. (1975), Moral Development of Young Adults Involved in Weekday Religious Education and Self-Concept Relationships. Dissertation Abstracts International, 35: 5009A (University Microfilms no. 75-4160).

Blum, L. A. (1980), Friendship, Altruism, and Morality, London: Routledge & Kegan Paul.

Brown, D. M., & Annis, L. (1978), Moral Development and Religious Behavior. Psychological Reports, 43: 1230.

Buck, R. (1999), "The Biological Affects: A typology", Psychological Review, 106(2), 301-336.

Bull, N. J., Moral Education. London: Routledge, 1969.

Cady, M. (1982), Assessment of Moral Development among Clergy in Bloomington. Unpublished manuscript. Minneapolis, MN: Augsburg College.

Clouse, B. (1979), Moral Judgment of Teacher Education Students as Related to Sex, Politics and Religion. Unpublished manuscript. Bloomington, IN: Indiana State University.

Cohen, J. (1988), Statistical power analysis for the behavioral sciences (2nd ed.), Hillsdale, NJ: Erlbaum.

Cohen, J., Statistical power analysis for the behavioral sciences, (2nd ed.) (Hillsdale, NJ: Erlbaum, 1988).

Dewey, J., and Tufts, J. H., Ethics, New York: Holt, 1982[1932].

Duffield, John S., World Power Forsaken: Political Culture, International Institutions, and German

Security Policy after Unification (Stanford: Stanford University Press, 1999).

Eagleton, Clyde, "Punishment of War Criminals by the United Nations", American Journal of International Law, Vol. 37, 1943.

Emler, N., S. Renwick & B. Malone, (1983), "The relationship between moral reasoning and political orientation", Journal of Personality and Social Psychology.

Ernsberger, D. J. (1977), "Intrinsic-Extrinsic Religious Identification and Level of Moral Development", Dissertation Abstracts International, 37: 6302B (University Microfilms no. 77-11, 510.

Ernsberger, D. J., & Manaster, G. J. (1981), "Moral Development, Intrinsic/Extrinsic Religious Orientation and Denominational Teachings", Genetic/Psychology Monographs, 104: 23-41.

Fancher, R. E., A. Rutherford, Pioneers of Psychology: A History (NY: W. W. Norton, 2012).

Flugel, J. C. (1955), Man, Morals, and Society: A Psychoanalytic Study. New York: International Universities.

Fowler, J. (1976), "Stage in Faith: The Structural Developmental Approach", In T. Hennessey, ed., Values and Moral Development. New York: Paulist Press.

Frankena, William K., 황경식 역, 『윤리학』, 종로서적, 1992.

Fromm, E. (1955), Man for Himself: An Inquiry into the Psychology of Ethics, Greenwich, Conn.: Fawcett, 1947. New York: Rinehart.

Garner, James Wilford, International Law and the World War, Vol. 2, London, 1920.

Getz, I. (1984), The Relation of Moral Reasoning and Religion: A Review of the Literature. Counseling and Values, 28:94-116.

Gibbs, J. C. (1995), "The cognitive development perspective", in W. M. Kurtines & J. L. Gerwirtz, eds., Moral Development: An introduction(pp.27-28), Boston: Allyn & Bacon.

Gibbs, J. C., Basinger, K.S. & Fuller, R. (1992), Moral Maturity: Measuring the development of sociomoral reflection, Hillsdale, NJ: Erlbaum.

Gibbs, John C., 禮장 인지발달론적 관점", William M. Kurtines, Jacob L. Gewirtz, 문용린 역, 『도덕성의 발달과 심리』 (서울: 학지사, 2002).

Gielen, U. P., Comunian, A.I. & Antoni, G. (1994), "An Italian Cross-sectional study of Gibbs' Sociomoral Reflection Measue-short form", in U.P. Gielen & A.I. Comunian, eds., Advancing psychology and its application: International perspectives (pp.125-134), New York: Cambridge University Press.

Glasersfeld, E. von, "An exposition of constructivism: Why some like it radical", Journal for Research

In Mathematics Education: Monograph, 4 (1990).

Glueck, Sheldon, War Criminals, New York, 1944.

Gross, M. L. (1994), "Jewish Rescue in Holland and France during the Second World War: Moral cognition and collective action", Social Forces, 73, pp.463-496.

Gross, M. L. (1995), "Moral judgment, organizational incentives and collective action: Participation in abortion politics", Political Research Quarterly, 48, pp.507-534.

Gross, M. L. (1996), "Moral reasoning and ideological affiliation: a cross-national study", Political Psychology, 17, pp.317-338.

Hare, R. M., Freedom and Reason, New York: Oxford University Press, 1963.

Harris, A. T. (1981), "A Study of the Relationship between Stages of Moral Development and the Religious Factors of Knowledge, Belief and Practice in Catholic Highschool Adolescents", Dissertation Abstracts International, 42: 638A-639A (University Microfilms no. 8116131).

Hartshorne, H. & May, M. A. (1928-1930), Studies in the Nature of Character, Vol. 1: Studies in Deceit. Vol. 2: Studies in Self-Control. Vol. 3: Studies in the Organization of Character. New York: MacMillan.

Harvey, O. J., Hunt, D. and Schroeder, D. (1961[1951]), Conceptual System. New York: Wiley.

Hobhouse, J. T. (1923[1906]), Morals in Evolution: A Study in comparative Ethics, New York: Holt.

Hoffman, M. L. (1970), "Conscience, Personality and Socialization Techniques", Human Development, 13: 90-126.

Hoffman, M. L. (1998), "Varieties of empathy based guilt", in J. Bybee, ed., Guilt and Children, vol.4, 91-112, New York: Academic Press.

Hoffman, M. L., (1983), "Affective and Cognitive Processes in Moral Internalization", in E. T. Higgins, D. N. Ruble, & W. W. Hartup, eds., Social Cognition and Social Development: A Sociocultural Perspective, Cambridge, UK: Cambridge University Press, pp.236-274.

Howlett, Darryl, "Strategic Culture. Reviewing Recent Literature", Strategic Insights, 4(10) (2005).

Johnson, Mark, 노양진 역, 『도덕적 상상력』, 서광사, 2008.

Johnston, Alastair Iain, "Thinking about Strategic Culture", International Security, 19(4) (1995).

Katzenstein, Peter J., "Conclusion: National Security in a Changing World", Peter J. Katzenstein, ed., The Culture of National Security (NY: St. Martin's Press, 1996).

Killeen, O. P. (1977), "The Relationship between Cognitive Levels of Thinking and Levels of Moral Judgment as Compared in Adolescents 12-18 in Catholic and Public Schools", Dissertation

Abstracts International, 38: 6621A (University Microfilms no. 7804596)
Killen, Melanie & Judith Smetana 편, 김태훈 역, 『도덕성 발달 핸드북』, 인간사랑, 2010.
Knieriem, August, The Nuremberg Trials, Chicago, 1959.
Kohlberg, L. & Kramer, R. (1969), "Continuities and discontinuities in childhood and adult moral development", Human Development, vol.12, pp.93-120.
Kohlberg, L. (1958), "The Development of Modes of Moral Thinking and Choice in the Years Ten to Six-teen", Unpublished Ph. D. dissertation, University of Chicago.
Kohlberg, L. (1963), "Moral Development and Identification", In H. Stevenson, ed., Child Psychology. 62nd Yearbook of the National Society for the Study of Education, Part I. Chicago: University of Chicago Press.
Kohlberg, L. (1964), "The development of Moral Character And Ideology", In M.L. Hoffman, ed., Review of Child Development Research, Vol. 1. New York: Russell Sage Foundation.
Kohlberg, L. (1967), "Moral and Religious Education and the Public Schools: A Developmental View", in T. Sizer, ed., Religion and Public Education, Boston: Houghton Mifflin.
Kohlberg, L. (1969), "Stage and Sequence: the Cognitive-Developmental Approach to Socialization"in D.A. Goslin, ed., Handbook of Socialization Theory and Research, Chicago, Ill.: Rand McNally.
Kohlberg, L. (1971), "From is no to Ought: How to commit the naturalistic fallacy and get away with it in the study of moral development", In Mischel, Cognitive Development and Epistemology. New York: Academic Press.
Kohlberg, L. (1973), "Continuities in Childhood and Adult Moral Development Revisited", in P. B. Baltes and K. W. Schaie, eds., Life-span Developmental Psychology: Personality and Socialization, New York and London: Academic Press.
Kohlberg, L. (1984), Essays on moral development: The nature and validity of moral stages, vol. 2. San Francisco: Harper & Raw.
Kohlberg, L. (1986), "A current statement on some theoretical issues", In S. Modgil and C. Modgil (Eds.) Lawrence Kohlberg: Consensus and Controversy (pp.485-546), Philadelphia: Falmer Press.
Kohlberg, L. (1987), "The young child as a philosopher", in L. Kohlberg, ed., Child Psychology and Childhood Education: A cognitive-developmental view, New York: Longman, pp.13-44.
Kohlberg, L. "Development of moral character and moral ideology", In M. L. Hoffman, L. W. Hoffman, eds., Review of Child Development Research, Vol. I (NY: Russel Sage Foundation, 1964).
Kohlberg, L. et. al., 문용린 역, 『콜버그의 도덕성 발달이론』, 아카넷, 2000.

Kohlberg, L., "Moral Development and Identification", H. Stevenson, ed., Child Psychology, 62nd Yearbook of the National Society for the Study of Education, Part 1 (Chicago: University of Chicago Press, 1963).

Kohlberg, L., "Moral development", in J. M. Broughton, D. J. Freeman-Moir, eds., The Cognitive Developmental Psychology of James Mark Baldwin: Current Theory and Research in Genetic Epistemology (Norwood, NJ: Ablex Publishing Corp, 1982).

Kohlberg, L., "Stage and Sequence: The Cognitive-Development Approach to Socialization", D. A. Goslin, ed., Handbook of Socialization Theory and Research (Chicago: Rand McNally, 1969).

Kohlberg, L., "The Claim to Moral Adequacy of a Highest Stage of Moral Judgment", The Journal of Philosophy, 70(18) (1973).

Kohlberg, L., "The Development of Modes of Moral Thinking and Choice in the Years Ten to Sixteen", Unpublished Ph. D. dissertation (Chicago: University of Chicago, 1958).

Kohlberg, L., "The Development of Moral Character and Ideology", M. L. Hoffman, ed., Review of Child Development Research, vol.1 (NY: Russell Sage Foundation, 1964).

Kohlberg, L., R. Kramer, "Continuities and Discontinuities in Childhood and Adult Moral Development", Human Development, 12 (1969).

Kohlberg, L., 김민남·진미숙 역, 『도덕발달의 심리학』, 교육과학사, 2000[1984].

Kramer, R. (1968), "Moral Development in Young Adulthood", unpublished Ph. D. dissertation, University of Chicago.

Krettenauer, T. & Becker, G. (2001), Entwicklungsniveaus sozio-moralischen Denkens[Developmental levels of socio-moral thinking], Diagnostica, 47, pp.188-195.

Kurtines, William M. & Jacob L. Geeirtz 편저, 문용린 역, 『도덕성의 발달과 심리』, 학지사, 2004.

Lapsley, D. K., 정창우 역, 『도덕심리학과 도덕교육』, 인간사랑, 2008.

Lawrence, J. A. (1979), The Component Procedure of Moral Judgment Making. Dissertation Abstracts International, 40: 896B (University Microfilms no. 7918360).

Lawrence, J. A., "The Component Procedure of Moral Judgment Making", Dissertation Abstracts International, 40: 896B, University Microfilms no.7918360.

Levinson, Sanford, "Responsibility for Crimes of War", War and Moral Responsibility, Princeton University Press, 1974.

Lind, G. & Raschert, J., Hg. (1987), Moralische Urteilsfähigkeit: Eine Auseinandersetzung mit Lawrence Kohlberg über Moral, Erziehung und Demokratie[Moral judgment competence:

An exchange with Lawrence Kohlberg on morality, education and democracy]. (With original contributions by Lawrence Kohlberg, Ann Higgins, Georg Lind, Gertrud Nunner-Winkler, Fritz Oser), Weinheim: Beltz

Lind, G. & Wakenhut, R. (1985), "Testing for moral judgment competence", In: G. Lind, H. A. Hartmann & R. Wakenhut, eds., Moral development and the social environment. Studies in the philosophy and psychology of moral judgment and education, Chicago: Precedent Publishing Inc., pp.79-105.

Lind, G. (1978), "How does one measure moral judgment? Problems and alternative ways of measuring a complex construct.[German: Wie mißt man moralisches Urteil? Probleme und alternative Möglichkeiten der Messung eines komplexen Konstrukts]", In: G. Portele, ed., Sozialisation und Moral, Weinheim: Beltz, pp.171-201.

Lind, G. (1985a), "The theory of moral-cognitive judgment: A socio-psychological assessment", In: G. Lind, H.A. Hartmann & R. Wakenhut, eds., Moral development and the social environment. Studies in the philosophy and psychology of moral judgment and education, Chicago: Precedents Publishing Inc., pp.21-53.

Lind, G. (1985b), "Growth and regression in moral-cognitive development", In: C. Harding, ed., Moral Dilemmas. Philosophical and Psychological Issues in the Development of Moral Reasoning, Chicago: Precedent Publishing Inc., pp.99-114.

Lind, G. (1985c), "Attitude change or cognitive-moral development? How to conceive of socialization at the university", In: G. Lind, H.A. Hartmann & R. Wakenhut, eds., Moral development and the social environment. Studies in the philosophy and psychology of moral judgment and education, pp.173-192. Chicago: Precedent Publishing Inc.

Lind, G. (1992), "Rekonstruktion des Kohlberg-Ansatzes: Das Zwei-Aspekte-Modell der Moralentwicklung"[Reconstruction of the Kohlberg approach: The Dual-Aspect Model of moral development]. In F. Oser & W. Althof, Ed(s)., Moralische Selbstbestimmung.[Moral Selfdetermination]. Stuttgart: Klett-Cotta, pp.204-208.

Lind, G. (1998.11.29.), "An Introduction to the Moral Judgment Test", http://www.uni-konstanz.de/agmoral.

Lind, G. (2003), Moral ist lehrbar. Handbuch zur Theorie und Praxis moralischer und demokratischer Bildung[Morality Can be Taught. Handbook on Theory and Practice of Moral and Democratic Education]. München: Oldenbourg-Verlag.

Lind, G. (2003[2000]), "Review and Appraisal of the Moral Judgment Test", unpublished, pp.5-6.

Lind, G. (2004.11.23.), "The Meaning and Measurement of Moral Judgment Competence: A Dual-Aspect Model", http://www.uni-konstanz.de/ag-moral.

Lind, G. (2006. 7), "The Konstanz Method of Moral Dilemma Discussion(KMDD)", revised edition, http://www.uni-konstanz.de/ag-moral/moral/dildisk-e.htm.(2016. 10. 30 검색).

Lind, G. (2006. 7), "The Konstanz Method of Moral Dilemma Discussion(KMDD)", revised edition, http://www.uni-konstanz.de/ag-moral/moral/dildisk-e.htm.(2016. 10. 30 검색).

Lind, G. (2008), "The Meaning and Measurement of Moral Judgment Competence", Daniel Fasko & Wayne Willis, eds., Contemporary Philosophical and Psychological Perspectives on Moral Development and Education, pp.185-220.

Lind, G., (2002), Ist Moral lehrbar? Ergebnisse der modernen moralpsychologischen Forschung[Can Morality be Taught? Research Findings from Modern Moral Psychology]. Second Edition. Berlin: Logos-Verlag.

Lind, G., "Growth and regression in moral-cognitive development", In: C. Harding, ed., Moral Dilemmas. Philosophical and Psychological Issues in the Development of Moral Reasoning, Chicago: Precedent Publishing Inc., pp.99-114.

Lind, G., "How does one measure moral judgment? Problems and alternative ways of measuring a complex construct"[German: Wie mißt man moralisches Urteil? Probleme und alternative Möglichkeiten der Messung eines komplexen Konstrukts], In: G. Portele, ed., Sozialisation und Moral (Weinheim: Beltz, 1978).

Lind, G., "The theory of moral-cognitive judgment: A socio-psychological assessment", In: G. Lind, H. A. Hartmann & R. Wakenhut, eds., Moral development and the social environment: Studies in the philosophy and psychology of moral judgment and education (Chicago: Precedents Publishing Inc., 1985b).

Lind, G., "What does the MJT measure?"; "What is the psychological and methodological background of the MJT?"; "Is the MJT a similar test to the Defining-Issues-Test, DIT?"; "Is the MJT valid?"; "Can one apply the rationale behind the C-score to any test?"ect., Psychology and Education of Morality and Democracy: Moral Judgment Test, http://www.uni-konstanz.de/ag-moral/ (2016.6.1.검색)

Lind, G., Ist Moral lehrbar? Ergebnisse der modernen moralpsychologischen Forschung[Can Morality be Taught? Research Findings from Modern Moral Psychology], Second Edition

(Berlin: Logos-Verlag, 2002).

Lind, G., Moral ist lehrbar: Handbuch zur Theorie und Praxis moralischer und demokratischer Bildung[Morality Can be Taught: Handbook on Theory and Practice of Moral and Democratic Education] (Munchen: Oldenbourg-Verlag, 2003).

Lind, G., 박균열·정창우 역, 『도덕적 민주적 역량 어떻게 가르칠 것인가』(How to Teach Morality: Promoting Deliberation and Discussion, Reducing Violence and Deceit) (서울: 도서출판 양서각, 2017[2016]).

Loevinger, J. (1969), "The Meaning and Measurement of Ego Development", American Psychologist 21, pp.195-217.

Loevinger, J. (1976), Ego Development: Conceptions and Theories, San Francisco: Jossey-Bass.

Lourenço, O. & Machado, A. (1996), "In defense of Piaget's theory: a reply to 10 common criticisms", Psychological Review, vol.103.

Ma, Hing Keung, "Moral Competence as a Positive Youth Development Construct: A Conceptual Review", The Scientific World Journal, Vol. 2012 (2012).

Ma, Hing Keung, "Moral competence as a positive youth development construct: conceptual bases and implications for curriculum development,"in Positive Youth Development: Development of a Pioneering Program in a Chinese Context, D. T. L. Shek, H. K. Ma, and J. Merrick, Eds. (Freund Publishing House, London, UK, 2007).

McDougall, W., An Introduction to Social Psychology. London: Methuen, 1908.

Mead, G.H. (1934), Mind, Self and society. Chicago: University of Chicago Press.

Melzer, Yehuda, Concepts of Just War, A. W. Sijithoff Company, 1975.

Miller, D., and Swanson, G. (1960[1906]), Inner Conflict and Defense. New York: Holt, Rinehart & Winston.

Narvaez, D. & Rest, J. (1995), "The Four Component of Acting Morally", In W. M. Kurtines & J. L. Gewirtz, eds., Moral Development: An Introduction, Allyn & Bacon.

Nunnally, J. C. and Bernstein, I. H. (1994), Psychometric Theory, New York: McGraw-Hill.

Nussbaum, M. C., Sex and Social Justice (NY: Oxford University Press, 1999).

Nussbaum, Martha (1990), Love's Knowledge: Essays on Philosophy and Literature, Oxford: Oxford University Press.

Nussbaum, Martha, (1986), The Fragility of Goodness: Luck and Ethics in Greek Tragedy and Philosophy, Cambridge: Cambridge University Press.

O'Gorman, T. P. (1979), An Investigation of Moral Judgment and Religious Knowledge Scores of Catholic Highschool Boys from Catholic and Public Schools. Dissertation Abstracts International, 40: 1365A (University Microfilms no. 7920460).

Oppenheim, Lassa Francis Lawren, International Law, London, 1906.

Peck, R. F., and Havighurst, R. J., The Psychology of Character Development, New York: Wiley, 1960[1906].

Piaget, J. (1948, 1965, 1972[1932]), The Moral Judgmental of the Child. Glencoe, Ill.: Free Press.

Piaget, J. (1970), Genetic Epistemology, New York: Norton.

Piaget, J. (1976), "The affective unconscious and the cognitive unconscious", In B. Inhelder & H.H. Chipman (eds.), Piaget and his school (pp.63-71), New York: Springer.

Piaget, J., Moral Judgment of the Child (M. Gabain, trans.) (NY: Free Press, 1965[1932]).

Piaget, J., The Development of Thought: Equilibration of Cognitive Structure (A. Rosin, trans.) (NY: Viking Press, 1977[1975]).

Piaget, J., The Essential Piaget, H. E. Gruber, J. J. Voneche, eds. (NY: Basic Books, 1977).

Rest, G. (1977), Voting Preference in the 1976 Presidential Election and the Influence of Moral Reasoning, Unpublished manuscript, Ann Arbor, MI: University of Michigan.

Rest, J. R. & S. J. Thoma, "The Relation of Moral Judgement Structures to Decision-Making in Specific Situations: The Utilizer and NonUtilizer Dimension", Unpublished Manuscript, Minneapolis, MN: University of Minnesota, 1984.

Rest, J. R. (1976), "New Approaches in the Assessment of Moral Judgment", in T. Lickona, ed., Moral Development and Behavior, New York: Holt, Rinehart & Winston, pp.198-220.

Rest, J. R. (1979a), Development in judging moral issues, Minneapolis: University of Minnesota Press.

Rest, J. R. (1979b), Revised Manual for the Defining Issues Test, University of Minnesota.

Rest, J. R. (1986), Moral Development: Advances in research and theory, New York: Praeger.

Rest, J. R. "New Approaches in the Assessment of Moral Judgment", in T. Lickona, ed., Moral Development and Behavior (NY: Holt, Rinehart & Winston, 1976).

Rest, J. R., "Longitudinal of the Defining Issues Test of Moral Judgement", Developmental Psychology 11, 1975.

Rest, J. R., "Morality", in J. H. Fravell & E. M. Markman, eds., Handbook of Child Psychology, Cognitive Development, vol.3, NY: John Wiley & Sons, 1983, pp.559-570.

Rest, J. R., Cooper, D., Coder, R., Masanz, J. & Anderson, D. (1974), "Judging the Important Issues in

Moral Dilemmas: an Objective Measure of Development", Developmental Psychology, vol.10: 491-501.

Rest, J. R., D. Cooper, R. Coder, J. Masanz & D. Anderson, "Judging the Important Issues in Moral Dilemmas: An Objective Measure of Development", Developmental Psychology, Vol. 10 (1974).

Rest, J. R., Development in judging moral issues (Minneapolis: University of Minnesota Press, 1979a).

Rest, J. R., Moral Development: Advances in research and theory (NY: Praeger, 1986).

Rest, J. R., Revised Manual for the Defining Issues Test (Minneapolis: University of Minnesota, 1979b).

Rest, J. R., 문용린 외역, 『도덕발달 이론과 연구』, 학지사, 2008.

Rest, J. R., 문용린 외역, 『윤리경영시대의 전문직업인의 윤리발달과 교육』, 학지사, 2006.

Riesman, D. (1950), The Lonely Crowd. New Haven: Yale University Press.

Rorty, Richard (1989), Contingency, Irony, and Solidarity, Cambridge: Cambridge University Press.

Sack, Alexander, "War Criminals and the Defence of Superior Order in International Law", Lawyers Guild Review, Vol. 5, 1945.

Santrock, J. W., A Topical Approach to Lifespan Development (8th ed.) (NY: McGraw-Hill, 2016).

Sears, P. R., Rau, L. and Alpert, R. (1965), Identification and Child Rearing. Stanford, Calif.: Stanford University Press.

Stoop, D. A. (1979), The Relation between Religious Education and the Process of Maturity through the Developmental Stages of Moral Judgment (doctoral dissertation, University of Southern California, 1979), Dissertation Abstracts International, 40: 3912A.

Tangney, J. P. (1991), "Moral affect: The good, the bad, and the ugly", Journal of Personality and Social Psychology, Vol.61. No.4.

Thoma, S. J. (2002), "An overview of the Minnesota approach in moral development", Journal of Moral Education, vol.31: 225-246.

Thoma, S. J., "도덕판단력 검사에 관한 연구", Melanie Killen & Judith Smetana 편, 김태훈 역, 『도덕성 발달 핸드북』, 인간사랑, 2010.

Thoma, S. J., J. R. Rest & M. L. Davison, "Describing and Testing a Moderator of the Moral Judgement and Action Relationship", Paper presented to the American Educational Research Association, Washington, 1987.

Turiel, E. (1983), The development of social knowledge: Morality and convention. Cambridge: Cambridge University Press.

Tylor, E. B., Primitive Culture (Nabu Press, 2014[1871]).

Walzer, Michael, Just and Unjust War, Basic Books, 1977.

Wasserstrom, Richard, "The Responsibility of the Individual for War Crimes", Philosophy, Morality, and International Affairs, Oxford University Press, 1974.

Whiting, J. W. M. and Child, I. L., Child Training and Personality: A Cross-Cultural Study. New Haven: Yale University Press, 1953.

Wilson, J., 남궁달화 역, 『도덕교육평가』, 한국교원대학교출판부, 2002.

Wolf, R. J. (1980), A Study of the Relationship between Religious Education. Religious Experience, Maturity, and Moral Development. Dissertation Abstracts International, 40: 6219A-6220A(University Microfilms no. 8010312)

[3] 인터넷 자료

http://www.uni-konstanz.de/ag-moral

https://www.hindawi.com/journals/tswj/2012 /590163/

https://www.verywell.com/piagets-stages-of-cognitive-development-2795457

찾아보기

가상 공동체 210, 213
가상 공보 공동체 210, 211, 212, 213, 216
가치교육 26, 27, 72, 143, 147, 149, 158
가치지향 22, 269
간부교육 86, 188, 421
개인의 특정 신념에 의한 병역거부 74
객관적 문민통제 15, 16, 86, 251
건군기 12, 13, 15, 19
격정 25
결과적 비례성 110, 112
경제안보 184, 264
계기성 39, 42
계백무공훈장 73
공동체 윤리 194, 209, 211
공동체주의 140, 208, 209, 210, 211, 214, 215, 216
공동체주의적 자유주의 210
공보 62, 69, 193, 194, 195, 196, 197, 198, 199, 201, 202, 206, 207
공보윤리 205, 206, 207, 208, 209, 210, 214
공보정훈 4
국가관 36, 52, 53, 54, 55, 56, 57, 58, 60, 67, 68, 133, 144, 149, 150, 154, 165, 168, 169, 173, 174, 185, 186, 242, 250, 281, 289, 292, 293, 294, 342, 343, 360, 418, 428, 429, 438
국가안보 36, 98, 99, 109, 135, 150, 160, 161, 162, 181, 182, 190, 246, 250, 260, 279, 290, 291, 293, 297, 301, 306, 344, 356, 357, 359, 366, 369, 371, 372, 375, 376, 431, 435, 438,
국가안보의식지수 357, 365, 366, 369, 376, 467
국가안전보장회의 167, 273
국군의 사명 23, 32, 41, 42, 52, 53, 54, 55, 56, 57, 58, 59, 67, 81, 132, 249, 253, 300, 417, 446
국군의 이념 23, 31, 32, 36, 40, 43, 45, 47, 49, 51, 52, 53, 54, 55, 56, 57, 58, 59, 67, 81, 134, 242, 417, 418
국군정신전력학교 62, 133, 140, 183, 262, 268, 340
국군조직법 35, 36, 37, 38, 40, 42, 66, 139, 253
국기법 64, 137
국민국가 78, 79
국민군대 78
국민병사 25,
국민정신교육 239, 299
국방백서 66, 69, 133, 134, 135, 378
국방정신교육원 62, 140, 147, 183, 244, 262, 263, 264,

300, 311, 340, 341
국방정신전력원 69, 299
국제관습법 104
국제법 75, 81, 82, 95, 98, 103, 104, 119, 127, 325, 416, 448
군대문화 12, 13, 14, 15, 16, 18, 19, 216, 228, 341,
군대사회학 247
군대윤리 4, 23, 92, 97, 109, 149, 191, 202, 204, 205, 207, 209, 214, 260, 455
군사안보 40, 94, 166, 181, 182, 297, 301, 311
군악 62, 69,
군인기질 89,
군인복무규율 22, 23, 31, 32, 33, 34, 36, 37, 38, 40, 42, 44, 46, 48, 50, 52, 53, 54, 55, 56, 57, 58, 59, 64, 67, 75, 81, 82, 83, 85, 88, 113, 133, 134, 135, 140, 141, 146, 166, 184, 205, 249, 256, 263, 300, 416, 455
군인사법 4, 22, 23, 31, 35, 36, 38, 42, 66, 113, 139, 253, 300, 416, 421, 424, 449, 452
군인의지위및복무에관한기본법 64, 66, 67, 68, 134, 135
군인정신 4, 22, 23, 25, 33, 34, 36, 37, 40, 41, 42, 43, 44, 62, 63, 65, 66, 67, 68, 69, 70, 71, 73, 75, 76, 80, 84, 86, 88, 89, 101, 116, 121, 122
금지된 수단 사용 금지 110, 113,
기본가치 22, 26, 27, 33, 35, 36, 37, 38, 39, 40, 41, 42, 43, 59, 136, 140, 348
기본정훈 68
기본정훈교육 175, 179
기본정훈교재 66, 67, 68, 69, 174
나라사랑 122, 149, 246, 250, 273, 279, 280, 281, 282, 289, 290, 301, 303
나폴레옹 261
남남갈등(南南葛藤) 392, 393
내적 지휘통솔 345
니버 206
다물무공훈장 73
대의제 190
덕목 5, 22, 23, 26, 27, 33, 36, 40, 42, 43, 68, 70, 84, 89, 97, 112, 113, 116, 122, 140, 154, 180, 185, 205, 206, 207, 210, 211, 213, 454
데카르트 230
도덕성 26, 69, 70, 91, 141, 361, 362, 364, 380, 393, 395, 396, 397, 399, 408, 409, 429, 453
도덕적 감수성 70, 366, 382
도덕적 동기화 70
도덕적 실행력 70
도덕적 지휘통솔 316, 325, 330, 345, 346
도덕적 추론 395, 396, 397,
도덕적 판단력 70, 71, 72, 362, 380, 399, 400, 455
도덕적 역량 70, 71, 72, 393, 397, 398, 400
도덕판단 역량 검사도구 71, 362, 370, 392, 412, 414
도전 23, 35, 114, 172, 268, 294, 317
동화교육 141, 332, 333
드론 114, 115
레스트 70, 71, 361, 365, 368, 369,
명령에 대한 복종 84, 86, 87, 88, 89, 97
명예 17, 23, 25, 33, 34, 35, 36, 40, 41, 44, 66, 82, 88, 89, 90, 91, 113, 134, 135, 140, 191, 198, 248, 417, 418, 435, 443, 448,

무공훈장 73, 114, 115
무력공격 103, 104
문민정부 12, 13, 15, 16, 17, 239
문민통제 15, 16, 18, 19, 20, 86, 239, 247
민간군사계약자 97, 100, 101
민간군사기업 100, 101, 116, 117, 118
민군관계 247, 248, 309
민주주의 13, 16, 19, 28, 31, 44, 64, 66, 117, 138, 140, 148, 171, 172, 184, 242, 260, 314, 324, 326, 328, 336, 358, 363, 399, 443
바늘 막대기 전술 102, 103
발생학적 인식론 396
병역문화 16
병영체험 250, 251, 252, 253, 254, 257, 431
보댕 78
보도 190, 191, 193, 194, 196, 198, 201, 206, 211, 212, 213, 214, 223, 372, 450, 451
본원성 89
북방한계선 295
비국가 행위자 103
비례성 109, 110, 112
사건의 누적 102
사관캠프 246, 250, 251, 252, 253, 254, 255, 256, 257
사생관 23, 68, 87, 88, 89, 186
사이버 전쟁 94, 95, 96, 97, 98, 99, 100, 101, 102, 104, 105, 107, 108, 109, 110, 111, 112, 113, 116, 117, 118, 119, 121, 122
사회안보 260, 302
사회적 인프라 260, 266, 267, 268, 269, 270, 274, 275, 278, 279, 288, 298, 299, 300, 303, 306, 311,
상담 217, 218, 219, 220, 221, 229, 230. 231, 232, 234, 235, 421, 449
상담교육 216, 217, 219, 227, 229, 230, 231, 232, 233, 235
상호의존성
생활양식 392, 393
성장기 12, 13, 14, 15, 16,
세계평화지수 357, 358
셀즈닉 212
소통성 254
수구보수 162
승리할 가능성 109, 110, 112
시민무공훈장 73
안보 17, 36, 40, 67, 68, 78, 87, 94, 100, 118, 119, 122, 127, 134, 135, 139, 160, 161, 162, 163, 166, 168, 169, 172, 173, 182, 187, 192, 196, 197,199
안보관 67, 68, 144, 150, 160, 165, 169, 173, 174, 185, 250, 284, 289, 292, 297, 307, 343, 428, 429
안보논리 162
안보감수성지수 356
안보실천지수 356, 366, 368, 376
안보의식 162, 166, 174, 182, 187, 246, 250, 254, 256, 292, 294, 307, 308, 356, 358, 359, 366, 372, 375, 376, 393, 394, 399, 408, 409, 435
안보지식지수 356, 366
안보판단의식 355
안보판단지수 356, 360, 365, 366, 368, 370, 371, 374, 376
알 권리 190, 196, 197, 199
애국정신 431

양심적 병역거부 74, 97
예방적 자위권 103
외상후스트레스장애 113
요나스 211
용기 23, 24
우수비행십자훈장 114
유대감 309
윤리적 문맹 26
을지무공훈장 73
의병무공훈장 73
의사소통 224
이스튼 196
이중효과 98
인간안보 182
인간안보지수 358
인성교육 179
인지발달이론 360
인헌무공훈장 73
임무달성 무해성 253
자노윗츠 247
자유주의 208
자유주의적 공동체주의 208
적법성 253
전문성 195
전체론적 책임
정당한 명분 108
정당한 의도 109
정신교육 146
정신무장 146
정신전력 122
정훈병과 62, 63
정훈장교 72, 73, 145, 147
정의전쟁론 96
정체성 307
정치교육 314
정치안보 260
정훈 145
정훈교육 134
제네바의정서 111
제복입은 시민
제한된 목표 109
존재이유 166
존중 117
종족학살 110
주관적 문민통제 247
주변가치 183
주적 323
주정치교육본부 321
주제정의형 도덕적 판단력 측정도구(DIT) 380
중용 23
지구적 책임 211
진기지위충 89
진취 35
차별성 146
창의 23
책임 197
체계 이론 196
최후의 수단 110
충무공 정신 35
충무무공훈장 73

충성 417
콜버그 361
퀑 211
탐구 96
태극무공훈장 73
통일교육 168
통일교육지침 168
통일의식 393
통일·안보의식 392
특수성 302
특수 지지 196
패튼 261
평화문화 392
평화유지군 37
평화유지활동 372
포괄적 안보 119
하버마스 106
하이데거 105
한국군 116
합법적 권위 109
해군의 다짐 35
핵심가치 23
헌법 213
헌신 212
헌팅턴 204
헤이그협약 95
호혜성 212
홍보 73
화랑무공 훈장 73
확산지지 87
환경(생태)안보 260
황산무공훈장 73
후설 230

저자 박균열

박균열교수는 경상대학교 사범대학 윤리교육과에 재직 중이다. 주로 정치윤리 분야를 가르치고 연구하고 있다. ROTC 정훈장교로 임관하여, 현역 복무 중에는 서부사하라에서 유엔 평화유지활동(PKO)을 수행한 바 있고, 국방부 대변인실에서 외신보도장교, 육군3사관학교 교수 등을 역임했다. 이후 국방대학교 국가안전보장문제연구소에서 연구교수로 근무한 바 있다. 대외 봉사활동으로 대한변호사협회 법관 및 검사평가특별위원회 위원을 맡고 있으며, 국가보훈위원을 역임한 바 있다. 또한 콘스탄츠대학에서 린트 교수가 주관한 KMDD 심포지움에 두 차례 참가한 바 있으며, KMDD 교사 자격증을 획득했다. 주요 저서로는 *Community, Ethics and Security on the Korean Peninsula*(공저), 『도덕판단력 측정』(공저), 『안보관련 교과서 연구』, 『국가안보와 군대윤리』(공저), 『평화안보와 가치교육』, 『국가윤리교육론』 등이 있고, 주요 역서로는 『음악윤리학』, 『인간안보』(공역), 『심리치료와 상담의 윤리학』(공역), 『공감과 도덕발달』(공역), 『윤리탐구공동체교육론』(공역), 『다문화주의 윤리학』(공역), 『도덕적 민주적 역량 어떻게 기를 것인가』(공역) 등이 있다.

한국 군대의 윤리학

초판 인쇄 2019년 2월 26일
초판 발행 2019년 3월 3일

지 은 이 박균열
펴 낸 이 김재광
펴 낸 곳 솔과학
등 록 제10-140호 1997년 2월 22일
주 소 서울특별시 마포구 독막로 295번지 302호(염리동 삼부골든타워)
전 화 02-714-8655
팩 스 02-711-4656
E-mail solkwahak@hanmail.net

I S B N 979-11-87124-45-0 (93390)

값 35,000원